소성가공핸드북시리즈 I

탄소성변형이론

Theory of Elastic-Plastic Deformation

김낙수 편저

도서출판 디자인21

탄소성변형이론

Theory of Elastic-Plastic Deformation

김낙수 편저

2021년판
머리말

물체가 외력을 받아서 변형할 때, 그 변형이 가역적(可逆的)이고, 시간에 무관하여 외력이 제거되는 순간 곧바로 사라지는 변형을 탄성변형(彈性變形, elastic deformation), 변형이 비가역적이고 영구히 남는 경우를 소성변형(塑性變形, plastic deformation)이라고 한다. 고체 형태의 많은 금속 및 비금속 공업재료는 어느 수준 이하의 응력을 받을 때에는 탄성변형만 일어나지만, 응력이 높아지면 탄성변형과 소성변형이 같이 일어나는 탄소성변형 거동을 보인다.

이 책은 공업재료의 탄소성변형 거동을 설명하기 위해서 편집되었다. 물체의 탄성변형이나 소성변형 같은 변형거동과, 변형으로 인해 물체에 생기는 응력과 같은 역학적인 물리량은 관찰이나 통찰의 결과를 잘 정리해야 이해될 수 있다. 외력에 대한 탄소성변형거동 즉, 응력과 변형률의 관계를 수식으로 나타낸 구성방정식을 설명하고 활용하는 방법을 소개하고자 하였다. 특정 구성방정식 모델은 특정 재료나 특정 변형거동에만 잘 맞는다. 바로 이 점이 탄소성변형과 관련된 여러가지 모델들을 잘 이해하여 올바르게 사용하여야 하는 이유다.

공학설계에서 어떤 부품이 주어진 외력을 제대로 지탱할 수 있는지 여부는 그 부품의 신뢰도와 직결된다. 부품 하나의 변형거동을 잘못 이해한 채로 사용한다면, 예상하지 못한 상태에서 부품이 파손되어서 항공기가 추락하거나 건축물이 붕괴될 수 있다. 극단적인 예가 아니더라도, 변형거동을 잘 이해하면 부품을 가공할 때 생길 수도 있는 결함을 해소하거나 에너지를 절감하여, 부품을 생산하는 기업에서 신공정 개발, 원가절감의 효과를 얻어서 자체 경쟁력이 강화될 것이다.

최근에는 공학설계에서 몇 가지 획기적인 경향이 생겨났다. 그 하나는 부품 경량화를 위한 다종소재(multi-material)의 활용이다. 예를 들면, 철강 소재를 탄소섬유 복합재료(CFRP)와 금속재료의 적층판으로 대체하여 비강성이나 비강도를 증대시키고자 한다. 이 경향은 특히 자동차산업에서 전기자동차나 자율주행 자동차의 개발에 필수적인 사항으로 부각되었다. 하지만, 기존의 소재를 대체하여 새로운 소재를 사용할 때에 문제가 되는 것이 신뢰성이다. 즉, 정하중이나 반복하중을 받을 때, 재료의 탄소성 변형거동을 잘 이해하고 있느냐에 따라서 부품 개발의 성패가 달려 있다.

유한요소해석으로 대표되는 수치해석 기법 또한 이전에 비해 그 기법이 고도화되고 사용편의성이 증가함에 따라서, 복잡한 탄소성변형거동 모델들을 보다 적극적으로 수치해석에 사용하여 공학설계에서 유용한 해를 얻고 있다. 여기에 추가하여, 재료의 파단과 피로현상을 손상(damage)이라는 관점으로 이해하기 시작하면서 손상모델을 변형거동에 연동시켜서 파단이나 피로수명에 대하여 높은 정밀도로 해를 얻고 있다.

공학설계에서 또 하나의 중요한 전환점은 인공지능의 활용이다. 해석이나 측정 결과는 많은 가정을 포함하는 모델로부터 얻는 것이다. 하지만, 현실에서는 이들 단순화된 모델들이 복잡하게 얽힌 결과를 얻는다. 우리는 숫자로 표현하지 못하는 상호작용의 결과를 단지 정성적으로만 받아들였다. 공학설계의 결과를 향상시키거나 중요한 판단을 내릴 때에는 많은 곤란을 겪어 왔다. 하지만, 인공지능 기술의 발달로 인해서 많은 양의 데이터를 종합시켜서 인공지능을 학습시켜서 우리가 원하는 방향으로 설계결과를 얻을 수 있게 되었다. 이 경우에 인공지능을 제대로 학습시키기 위해서라도 재료의 탄소성변형거동에 대한 명확한 이해가 필요하다.

이 책의 상당부분은 Akhtar S. Khan와 Sujian Huang가 저술한 “Continuum Theory of Plasticity” (John Wiley & Sons, 1995)을 참조하였다. 이방성 부분은 Dorel Banabic교수가 편집한 “Formability of Metallic Materials”(Springer, 2000)을 기초로 하여 정리하였고, 손상과 성형성에 대하여는 최근의 논문들을 참조하였다. 필자는 이들 위대한 저술에서 제시한 이론과 모델들을 정리했을 뿐이다. 정리과정에서 일부 모델에 나타난 불명확한 부분을 보완하거나 확장하였다.

2021년판에서는 독자들이 개념을 이해하는데 도움이 되도록 단순한 예제들을 추가하였다. 아무쪼록 독자들이 이 책을 통하여 탄소성변형거동을 잘 이해하고 공학에 활용하여 인류사회에 유익한 결과를 주었으면 한다. 이 책의 정리를 도와준 서강대학교 기계공학과의 정형가공 연구실 소속 연구원 제군들과 박현주 선생님에게 감사드린다.

2021년 4월

김 낙 수

차례

제3장 일반 법칙 | 95

제4장 항복조건과 경화현상 | 121

제5장 미소변형이론 | 173

제9장 다결정 소성이론 | 355

제10장 소성이방성 | 393

제11장 손상과 성형한계 | 431

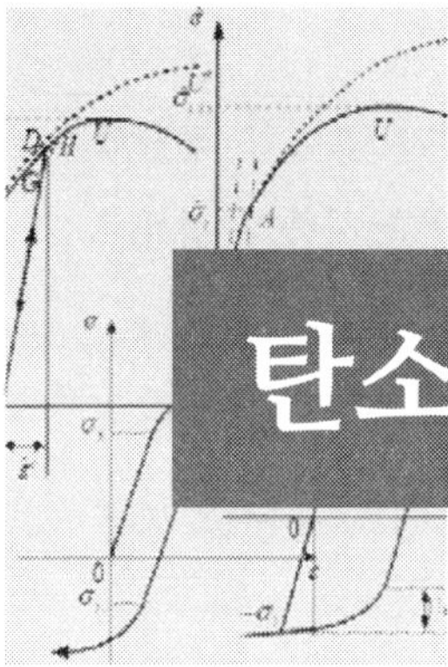

제1장 탄소성변형의 개요

1.1 주제의 정의

모든 물체는 외력을 받으면 변형한다. 그 변형이 가역적(可逆的)이고, 시간에 무관하여 외력이 제거되는 순간 곧바로 사라지는 변형을 탄성변형(彈性變形, elastic deformation)이라고 한다. 한편, 가역적이지만, 시간에 의존하는 변형은 점탄성(粘彈性, viscoelastic) 변형이라고 한다. 이 경우에는 하중을 가하면 시간에 따라 변형이 증가하고, 하중을 제거하면 시간이 지남에 따라 변형이 천천히 감소한다. 변형이 비가역적인 경우, 즉, 영구히 남는 경우를 소성변형(塑性變形, plastic deformation)이라고 한다. 유리, 콘크리트, 암석 같은 취성재료는 탄성변형 도중에 극한하중(極限荷重, ultimate load)에 이르러 파단 된다. 반면에, 금속이나 높은 정수압력(靜水壓力, hydrostatic pressure)이 작용하는 암석의 경우에는 상당한 소성변형을 겪은 후에 파단 되므로, 연성재료라고 한다.

소성변형을 겪는 연성재료도 처음에는 탄성변형을 겪는다. 이 책에서는 탄소성변형(elastic-plastic deformation)을 겪는 연성재료나 구조물에 대하여 응력-변형률 관계를 다룬다. 이 관계를 설정하려면 (1) 실험적인 관찰과, (2) 수학적인 표현 즉, 수식 모델링의 단계를 거쳐야 한다. 재료거동을 관찰하려는 대부분의 실험에서는 단순하고 균일한 응력상태를 얻고자 한다. 하지만, 탄소성이론은 수식 모델링을 일반화하여 복잡한 하중과 경계조건 하에서 탄소성변형을 겪는 재료의 거동을 잘 예측하는 것을 궁극적인 목표로 삼는다.

소성이론의 역사는 1864년에 Tresca가 압입과 압출에 대한 실험결과에 근거하여 항복조건을 발표한 것으로부터 시작된다. 그 이후로 150여년 동안 소성이론에 주춧돌을 세운 Saint-Venant, Levy, von Mises, Hencky, Prandtl, Taylor 등의 여러 연구자들에 의해 많은 진보가 이루어졌다. 소성이론은 **수리적 소성론**과 **물리적 소성론**의 두 분야로 나뉘어 정립되었다. 전자는 실험적 관찰결과를 일반적인 수식화를 통하여 현상학적으로 표현하려는 이론으로, 소성변형의 물리적 현상에 대한 깊은 지식을 필요로 하지 않고, 실험결과에서 얻은 가설과 가정에 근거한다. 따라서, 수리적 소성론은 **현상학적 소성론**이라고도 한다. 이에 반하여, 물리적 소성론은 미시적인 수준에서 관찰되고 추론된 소성변형을 정량화하고자 하여, 그 근원과 과정을 설명하려는 이론이다. 즉, 원자의 이동과 결정구조 및 결정립의 변형이 주요 고려대상이다. 금속을 단결정이나 다결정 집합체로 보고, 하중에 대한 반응을 재료의 구성요소들인 단결정과 다결정 결정립들로부터 파악한다.

구조설계나 소성가공에서처럼 탄소성이론은 대부분 거시적 수준에서 적용된다. 따라서, 모든 탄소성이론은 거시적 수준의 실험에서 측정 가능한 수학적 변수로 나타낼 수 있어야 한다. 실험으로부터 적절한 가설과 가정을 내리고, 제안된 이론의 의미와 한계를 완전히 이해하려면, 재료의 구조와 물리에 대한 지식이 매우 도움이 된다. 이를 위하여 이 책에서는 수리적 소성론과 함께 물리적 소성론도 함께 다룬다.

1.2 탄소성변형의 거시적 특성

재료의 탄소성변형을 간단하고 명확하게 관찰할 수 있는 방법은 단축인장시험이다. 이 시험에서는 시편에 네킹(necking)이 일어나기 전까지 균질변형(homogeneous deformation)하는 동안에 하중방향 즉, 시편의 길이방향으로만 인장응력이 작용한다. 시편은 길이 방향으로는 늘어나지만, 폭방향으로는 줄어드는 변형거동을 보인다. 이 시험으로 응력-변형률 곡선을 포함하여 탄소성변형의 기본거동과 많은 재료상수들을 얻을 수 있다.

1.2.1 단축인장시험에서 얻는 응력-변형률 곡선

단축인장시험에서 초기 단면적과 표점길이가 각각 A_0와 l_0인 시편에 하중 P가 작용한다고 하자. 공칭응력(公稱應力, nominal stress) $\hat{\sigma}$과 공칭변형률(公稱變形率, nominal strain) $\hat{\varepsilon}$은 각각 다음과 같이 정의된다.

$$\hat{\sigma} = \frac{P}{A_0} \tag{1.1}$$

$$\hat{\varepsilon} = \frac{\Delta l}{l_0} = \frac{l - l_0}{l_0} \tag{1.2}$$

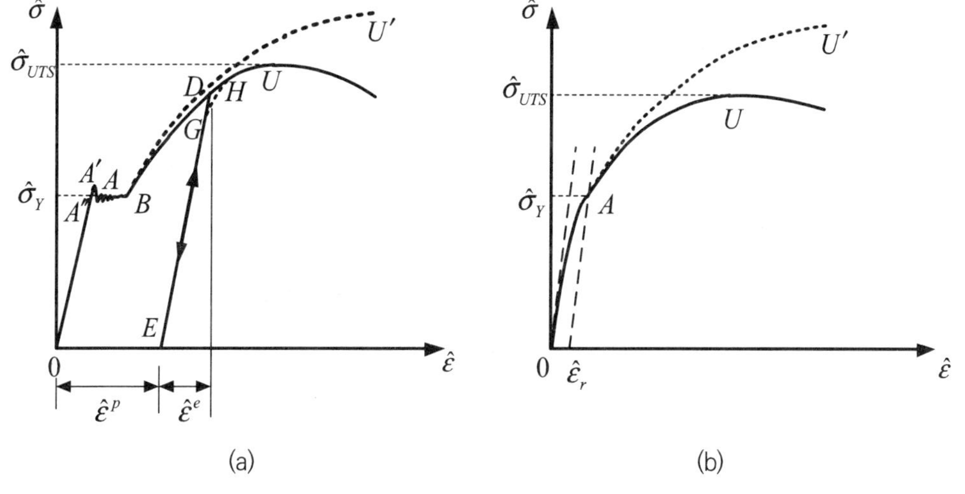

Fig. 1.1 단축인장시험에서 얻는 응력-변형률 곡선: (a) 연강, (b) 알미늄

연강의 전형적인 $\hat{\sigma} - \hat{\varepsilon}$ 곡선을 그림 1.1(a)에 나타내었다. 응력수준이 A''에 도달하기 전까지의 응력과 변형률의 관계는 선형적이므로, 점 A''를 비례한도(比例限度, proportional limit)라고 한다. 선분 OA''는 후크(Hooke)의 법칙으로 수식화할 수 있다.

비례한도인 점 A''를 넘어서면 상항복점(上降伏點, upper yield point) A'에 도달할 때까지 탄성변형을 지속한다. 변형이 지속되면 변형률이 증가함에 따라 응력수준이 점 A로 약간 떨어진 후, 몇 차례 진동한다. 이 상황은 B점에 도달할 때까지 지속된다. 이렇게 항복응력이 일정한 경우를 완전소성거동(perfectly plastic behavior)이라고 한다. 점 A로 표시한 응력진동의 하한선을 하항복점(下降伏點, lower yield point)이라고 하여, 탄성한도 즉, 항복응력 σ_Y로 삼는다.

점 B에서 응력을 계속 증가시키면, 재료는 경화되면서 극한응력 점 U에 도달할 때까지 응력이 증가한다. 이후에는 공칭응력이 감소하여도 변형률이 증가하는, 불안정성(instability)이라는 거동을 보인다. 구간 BU를 가공경화(work hardening) 혹은 변형경화(strain hardening) 구간이라고 한다. 재료는 ABU구간 전체에서 탄소성변형을 받는다. 이 영역내의 한 점 D에서 시편에 가해지던 하중을 제거하면 원래의 탄성 가중(加重)경로 OA''와 평행한 경로 DE를 따라서 응력이 감소한다. 그 결과로 전체 변형률의 일부인 탄성변형률 ε^e만이 회복되고, 나머지 영구변형률 즉, 소성변형률 ε^p는 시편에 그대로 남는다. 즉, 탄소성영역에서 겪었던 총변형률은 다음과 같이 두 개의 성분으로 구분된다.

$$\varepsilon = \varepsilon^e + \varepsilon^p \tag{1.3}$$

점 E로부터 다시 하중을 가하면, 응력은 제하(除荷, unloading, 解重이라고도 함.)시의 경로 EG를 따라서 증가한다. 점 G에서 시편은 또 다시 항복하여 소성변형을 일으키기 시작한다. 점 H 이후의 변형거동은 마치 제하와 재가중(reloading)이 없었던 것처럼, 원래의 경로 HU를 따라간다. 점 G를 후속항복응력점, 최초에 항복을 일으켰던 점 A를 초기항복응력점이라고 한다. 실제의 재료에서는 후속항복점 G는 원래의 응력-변형률 곡선상의 점 D보다 낮아서 G로부터 H까지의 천이구간이 생긴다. 초기항복 이후의 응력곡선은 마치 후속항복점을 연속적으로 연결한 것과 같다. 이 곡선을 유동응력(流動應力, flow stress) 곡선이라고 한다.

알미늄, 구리, 스테인리스강 같은 대부분의 금속은 명확한 항복점을 보이지 않는다. 그 대신에 그림 1.1(b)에 나타낸 것처럼, 선형 탄성거동으로부터 비선형 소성거동으로 점진적으로 변화한다. 하지만, 항복응력을 제외하고는 소성영역에서의 제하 및 재가중으로 인한 후속항복응력은 연강의 거동과 유사하다. 이 경우에는 항복이 일어나는 점을 정확하게 결정하기가 어렵다. 따라서, 지정된 변형률 ε_r (예를 들면 0.2%)에 상응하는 응력인 내력(耐力, proof stress)을 항복응력이라고 정의하는 곡선이동법(offset method)을 사용한다. 이 방법을 사용하면, 항복응력에 도달한 후 곧바로 제하하여도 약간의 소성변형률이 남게 된다.

1.2.2 진응력-진변형률 곡선

공칭응력 $\hat{\sigma}$ 과 공칭변형률 $\hat{\varepsilon}$ 은 초기치수를 기준으로 정의된 것이다. 초기치수 대신에 현재치수를 사용하여 응력과 변형률을 정의할 수도 있다 진응력 σ 와 진변형률 혹은 대수변형률 ε 은 다음과 같이 현재 치수로 정의된다.

$$\sigma = \frac{P}{A} \tag{1.4}$$

$$d\varepsilon = \frac{dl}{l} \quad \text{또는} \quad \varepsilon = \int_{l_0}^{l} \frac{dl}{l} = \ln\frac{l}{l_0} \tag{1.5}$$

여기에서, A 는 현재 즉, 변형된 시편의 단면적이고 l 은 현재 즉, 변형된 시편의 길이이다. 식(1.2)와 (1.5)로부터 ε 와 $\hat{\varepsilon}$ 간에 다음과 같은 관계가 있음을 유추할 수 있다.

$$\varepsilon = \ln(1 + \hat{\varepsilon}) \tag{1.6}$$

실험결과에 근거하면 금속재료의 소성변형에서 재료는 비압축성을 보인다. 이 경우에 탄성변형을 무시하면

$$A_0 l_0 = Al \tag{1.7}$$

이 성립하므로, σ 와 $\hat{\sigma}$ 간에 다음과 같은 관계를 갖는다.

$$\sigma = \frac{P}{A} = \frac{P}{A_0}\frac{l}{l_0} = \hat{\sigma}(1 + \hat{\varepsilon}) \tag{1.8}$$

식(1.6)과 (1.8)을 이용하면, 불안정점 이전까지의 공칭응력-공칭변형률 곡선을 진응력-진

변형률 곡선으로 변환시킬 수 있다. 그 결과는 그림 1.1(a)와 (b)에서 점선으로 나타낸 것과 같다. 공칭응력과는 달리, 진응력은 파단에 이르기까지 지속적으로 증가함을 볼 수 있다. 이 현상은 다음과 같이 쉽게 해석될 수 있다. 즉, 식(1.6)과 (1.8)로부터,

$$\hat{\varepsilon} = e^{\varepsilon} - 1 \tag{1.9}$$

$$\hat{\sigma} = \sigma e^{-\varepsilon} \tag{1.10}$$

공칭변형률에 대한 공칭응력의 변화율을 구하면,

$$\frac{d\hat{\sigma}}{d\hat{\varepsilon}} = \frac{d\hat{\sigma}}{d\varepsilon}\frac{d\varepsilon}{d\hat{\varepsilon}} = \left[e^{-\varepsilon}\frac{d\sigma}{d\varepsilon} - e^{-\varepsilon}\sigma \right]\frac{1}{1+\hat{\varepsilon}} = \left(\frac{d\sigma}{d\varepsilon} - \sigma \right) e^{-2\varepsilon} \tag{1.11}$$

따라서, 다음과 같은 대응 관계가 성립한다.

$$\frac{d\hat{\sigma}}{d\hat{\varepsilon}} = 0 \quad \Leftrightarrow \quad \frac{d\sigma}{d\varepsilon} = \sigma \tag{1.12}$$

σ는 양이므로, $d\sigma/d\varepsilon$도 양이 된다. 이는 $\hat{\sigma}$가 최대값에 도달한 이후에도 진응력-진변형률 곡선은 계속 단조증가한다는 의미이다. $d\hat{\sigma}/d\hat{\varepsilon} = 0$은 불안정이 시작되는 점에 해당하므로, 식(1.12)는 불안정 시작점에서의 진응력값을 나타내고 있다.

공칭변형률에 비해 진변형률이 갖는 장점중의 하나는 변형률을 누적하여 계산할 수 있다는 점이다. 예로써, 초기길이 l_o인 시편이 단축인장으로 길이가 l_1으로 늘어났다고 하자. 이 경우에 진변형률은 $\varepsilon^{(1)} = \ln(l_1/l_o)$이고 공칭변형률은 $\hat{\varepsilon}^{(1)} = (l_1 - l_o)/l_o$이다. 이제 시편을 좀더 잡아 늘려서 길이가 l_2가 되었다면, 추가되는 /2진변형률과 공칭변형률은 각각 $\varepsilon^{(2)} = \ln(l_2/l_1)$ 및 $\hat{\varepsilon}^{(2)} = (l_2 - l_1)/l_1$가 된다. 진변형률로 각 단계의 변형률을 나타내면 다음과 같이 최종변형률을 나타낼 수 있다.

$$\varepsilon = \varepsilon^{(1)} + \varepsilon^{(2)} = \ln\left(\frac{l_1}{l_0}\right) + \ln\left(\frac{l_2}{l_1}\right) = \ln\left(\frac{l_2}{l_0}\right) \tag{1.13}$$

반면에, 공칭변형률은 다음과 같이 누적시킬 수 없음을 알 수 있다.

$$\hat{\varepsilon} = \frac{l_2 - l_0}{l_0} \neq \hat{\varepsilon}^{(1)} + \hat{\varepsilon}^{(2)} \tag{1.14}$$

1.2.3 정수압력에 대한 비압축성 효과

지금까지 많은 연구자들이 실험을 통하여 매우 높은 정수압력에서 금속재료의 거동을 조사한 바 있다. Bridgman(1952)은 최고 24,000기압에 이르는 정수압력 하에서 인장시험을 수행하여, 그 결과를 다음과 같이 요약하였다.

(1) 금속재료의 체적은 높은 정수압력에서도 영구변형하지 않는다. 따라서, 금속재료는 소성변형 동안에 비압축성이라고 가정할 수 있다.

(2) 변형률이 작은 동안에는 응력-변형률 곡선이 정수압력의 영향을 받지 않는다.

(3) 정수압력에 따라 재료의 연성은 증가한다.

(4) 대부분의 금속재료에 대하여 정수압력이 항복에 미치는 영향은 무시할 만하다.

위의 결과들 중에서 (1) 비압축성과 (4) 항복거동이 정수압력에 무관하다는 결과는 비압축성 소성이론의 근간이 되고 있다. 비압축성을 수식으로 나타내면 다음과 같이 진변형률의 주값(principal values), 즉 주변형률들로 표현할 수 있다.

$$\varepsilon_1 + \varepsilon_2 + \varepsilon_3 = 0 \tag{1.15}$$

비압축성 조건을 표현함에 있어서도 공칭변형률보다 진변형률을 사용하는 것이 편리하다. 비압축성을 굳이 공칭변형률로 나타내면, 다음과 같다.

$$(\hat{\varepsilon}_1 + 1)(\hat{\varepsilon}_2 + 1)(\hat{\varepsilon}_3 + 1) = 1 \tag{1.16}$$

미소변형률의 경우에는 공칭변형률의 고차항을 무시하고 비압축성 조건을 다음과 같이 근사적으로 표현할 수도 있지만 실용적으로 잘 사용되지 않는다.

$$\hat{\varepsilon}_1 + \hat{\varepsilon}_2 + \hat{\varepsilon}_3 \cong 0 \tag{1.17}$$

1.2.4 바우싱거 효과

어떤 재료의 시편이 인장이나 압축을 받아서 소성영역에 도달하였다고 하자. 하중을 제거한 후, 시편에 반대방향으로 하중을 가하여 다시 항복을 일으키는 경우, 처음 하중방향에서의 항복응력보다 상당히 낮은 항복응력에서 항복을 일으킴이 실험적으로 관찰된다. 이 현상을 바우싱거(Bauschinger) 효과라고 한다. 그림 1.2에 이 현상을 개략적으로 나타내었다. 바우싱거 효과는 단결정이나 다결정 금속에서 모두 관찰된다. 이 현상은 이전 가중시에 생겼던 전위장(轉位場, dislocation field)의 이방성(異方性, anisotropy)으로 설명된다.

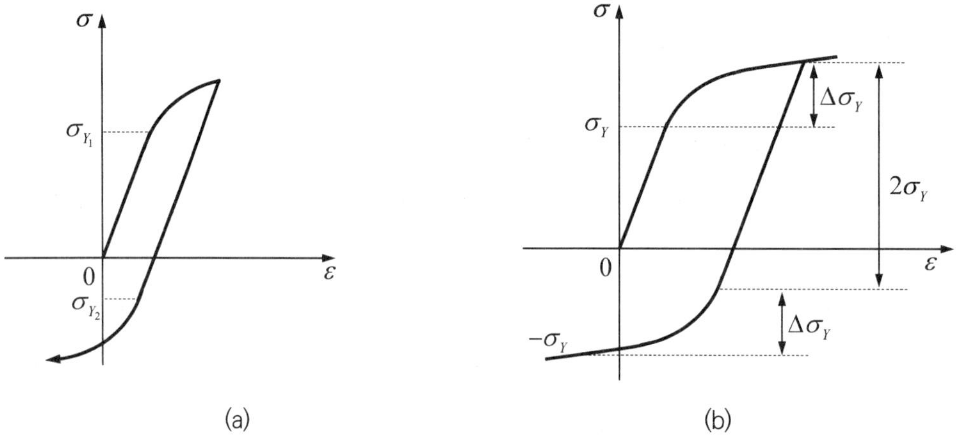

Fig. 1.2 바우싱거 효과: (a) 실험적 관찰결과, (b) 운동성 경화모델

이 효과로 인해 소성변형을 모델링하는 것이 매우 복잡해진다. 바우싱거 효과는 **운동성 경화** 혹은 **이동경화 모델**(kinematic hardening model)로 나타내는데, 제4장에서 자세하게 설명한다. 그 중에는 그림 1.2(b)에 나타낸 것처럼, 반대 가중방향에서 항복응력이 감소하는 정도가 원래 가중방향에서 초기항복응력을 초과하는 것과 같은 크기라고 가정하는 경우가 있다.

1.2.5 속도효과

대부분의 단축인장시험에서는 일차원 하중을 매우 천천히 가하는, 소위 준정적 하중상태에서의 재료거동을 관찰한다. 특별하게 지정된 값은 없지만, 보통 초당 10-2~10-3 정도의 변형률속도를 주는 하중을 준정적 하중이라고 볼 수 있다. 하지만, 소성영역에서

변형률속도 혹은 하중속도가 재료거동에 주는 효과는 매우 크다. 하중속도를 증가시키면 다음과 같은 효과가 보통 나타난다.

(1) 하중속도가 증가함에 따라 초기 및 후속항복응력이 증가한다(그림 1.3).

(2) 하중속도가 크면 소재의 연성은 감소한다.

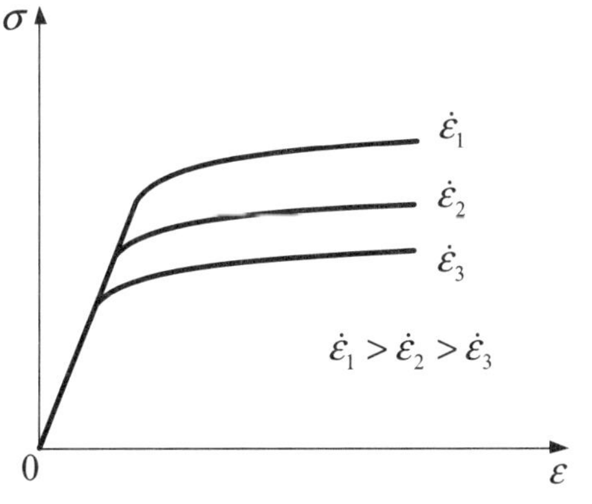

Fig. 1.3 변형률속도가 유동응력에 미치는 영향

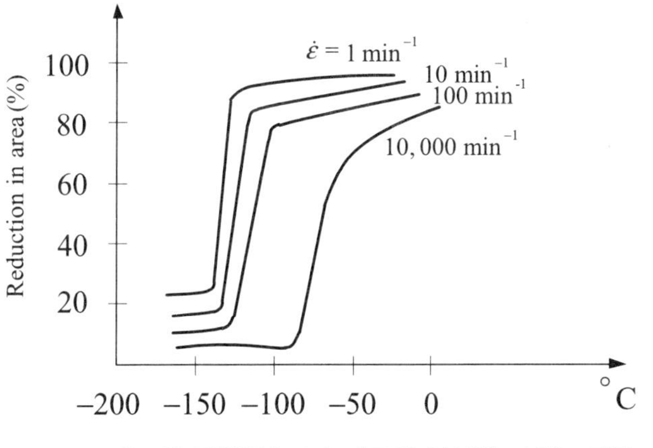

Fig. 1.4 온도와 변형률속도가 재료의 연성에 미치는 영향

속도효과는 변형속도에 따라서 재료의 기계적 성질이 영향을 받는 정도만을 나타낸 것으로 시간효과와 구분하여야 한다. 시간효과는 "시간척도(time scale)의 영향을 받는다"는 의미로 하중이 가해졌을 때 변형거동이 시간에 의존함을 의미한다. 시간에 의존하는 변형의 예를 들면 점탄성(viscoelasticity) 효과 등이 있다. 이 책에서는 점성효과를 고려하지 않고, 하중이 가해지면 즉시 변형이 일어나는 **"시간척도 무관성"**의 가정을 사용한다.

1.2.6 온도효과

온도도 변형률속도처럼 재료상수에 큰 영향을 준다. 온도가 증가하면 금속의 연성은 취성거동에서 연성거동으로 바뀐다. 실온에서 연성인 금속도 훨씬 낮은 온도에서는 취성을 보이고, 실온에서 취성인 금속이라도 고온에서는 연성이 된다. 온도와 변형률속도가 금속의 연성에 미치는 효과를 그림 1.4에 나타내었다. 그림으로부터, 소재의 연성이 온도나 변형률속도에 따라 바뀌는 성질임을 볼 수 있다.

온도가 응력-변형률 곡선의 모양에 미치는 영향은 그림 1.5에 나타낸 것과 같다. 낮은 온도에서는 응력-변형률 곡선의 위치가 높고 짧아지는데, 이는 온도가 낮을수록 재료는 강해지는 반면 연성은 저하된다는 것을 의미한다.

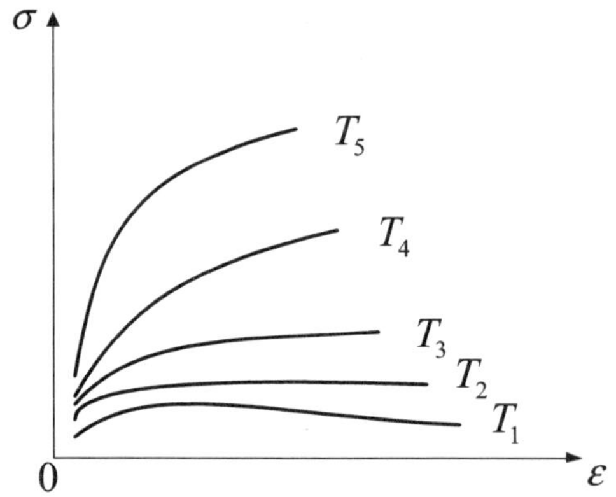

Fig. 1.5 온도가 응력-변형률 곡선에 미치는 영향($T_1 > T_2 > \cdots > T_5$)

1.3 거시적 소성변형거동의 이상화

소성변형 영역에서 재료의 실제거동은 꽤 복잡하다. 이 거동을 이상화 내지는 근사화시킨 단순한 모델들을 그림 1.6에 나타내었다. 각 모델은 적용하는 경우에 따라 적절성이 달라진다. 예를 들어, 탄성변형률에 비해 총변형률이 매우 큰 경우에는 탄성변형률을 무시하고 강소성모델을 사용하여도 적절한 해를 줄 수 있다. 또한, 연강으로 만들어진 어떤 구조물이 받는 최대 변형률이 그림 1.1(a)의 점 B 보다 작다면, 변형경화가 없는 탄성-완전소성모델을 사용하여도 무방하다.

그림 1.1에 나타낸 응력-변형률 곡선에서 특히, 경화구간 AU'을 잘 표현하기 위해서 많은 실험식들 즉, 유동응력 곡선의 모델들이 제안되었다. 다음에 예시한 유동응력 모델들에서 σ와 ε은 각각 진응력과 진변형률을 나타낸다. 경우에 따라서는 전체변형률 ε 대신에 소성변형률 ε^p를 사용하는 경우도 있다.

$$\sigma = H\varepsilon^n \quad \text{(Hollomon, 1944)} \tag{1.18}$$

$$\sigma = \sigma_Y + H\varepsilon^n \quad \text{(Ludwick, 1909)} \tag{1.19}$$

$$\sigma = \sigma_Y + (\sigma_S - \sigma_Y)(1 - e^{-n\varepsilon}) \quad \text{(Voce, 1948)} \tag{1.20}$$

$$\sigma = H(\varepsilon_S + \varepsilon)^n \quad \text{(Swift, 1947)} \tag{1.21}$$

$$\sigma = \sigma_Y \tanh\left(\frac{E\varepsilon}{\sigma_Y}\right) \quad \text{(Prager, 1938)} \tag{1.22}$$

$$\varepsilon = \frac{\sigma}{E} + H\left(\frac{\sigma}{E}\right)^n \quad \text{(Ramberg and Osgood, 1943)} \tag{1.23}$$

여기에서 $E, \sigma_Y, \sigma_s, \varepsilon_s, H, n$은 모두 재료상수이므로, 실험적으로 결정하여야 한다.

그림 1.6에서처럼 탄성변형률과 소성변형률의 합인 전체변형률을 사용한 유동응력 곡선 위의 한 응력점에서 $\Delta\sigma = E_t\Delta\varepsilon$ 만큼 약간 가중된다고 할 때, 전체변형률이 탄성성분과 소성성분으로 $\Delta\varepsilon = \Delta\varepsilon^e + \Delta\varepsilon^p$와 같이 덧셈분해된다고 가정하고, $\Delta\sigma = E\Delta\varepsilon^e = E_p\Delta\varepsilon^p$로 응력증분과 변형률증분 간의 비례상수를 정의하면, 다음과 같은 관계를 얻을 수 있다.

$$\frac{1}{E_t}=\frac{1}{E}+\frac{1}{E_p} \tag{1.24}$$

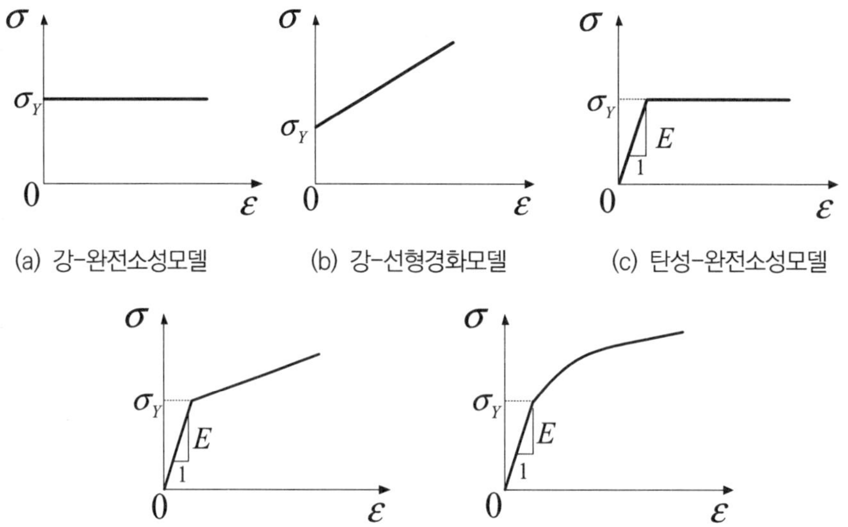

(a) 강-완전소성모델 (b) 강-선형경화모델 (c) 탄성-완전소성모델

(d) 탄성-선형경화모델 (e) 탄성-비선형경화모델

Fig. 1.6 이상화된 변형경화 모델들

1.4 미소변형과 유한변형

앞에서 비압축성 조건을 진변형률 항이나 공칭변형률 항으로 표현했을 때, 그 결과가 같아지는 것은 변형이 크지 않은 경우, 즉, **미소변형**(微小變形, infinitesimal deformation)을 가정하는 경우에만 국한한다고 하였다. 일반적으로는 공칭변형률을 진변형률 항으로 테일러(Taylor) 급수전개시킴으로써 둘 간의 차이를 알 수 있다.

$$\hat{\varepsilon}=e^{\varepsilon}-1=\varepsilon+\frac{\varepsilon^2}{2!}+\frac{\varepsilon^3}{3!}+\frac{\varepsilon^4}{4!}+\cdots+\frac{\varepsilon^n}{n!}+\cdots \tag{1.25}$$

위 식에서 알 수 있듯이, 진변형률 ε 이 작아서 고차항을 무시할 수 있을 때만 $\hat{\varepsilon}\cong\varepsilon$ 이

성립한다. 공칭변형률 $\hat{\varepsilon}$ 는 초기모양 즉, 변형전 모양을 기준으로 하는 반면에, 진변형률 ε 는 변형 도중의 현재모양에 근거하여 정의된다. 변형률이 작을 때는 초기치수와 현재치수 간의 차이를 무시할 수 있지만, 변형률이 커져서 초기치수와 현재치수가 뚜렷이 달라지면, 그 차이를 더 이상 무시할 수 없다. 이렇듯 초기모양과 현재모양의 개념을 도입하여, 기준으로 삼는 모양이 달라지면 응력과 변형률도 다르게 정의된다.

최초의 모양에서 변형후의 모양이 많이 달라지는 경우에는 변형률이 크다는 의미에서, 대변형이라고 한다. 대변형은 미소변형을 여러 번 누적하여 구할 수 있다. 또한, "초기모양을 기준모양으로 하고 변형 후의 모양을 현재모양으로 삼는" **유한변형**(有限變形, finite deformation) 이론을 통하여 구할 수도 있다. 대변형 시에는 상당량의 강체회전이 함께 일어날 수 있다. 따라서, **동시회전속도**(corotational rate)의 개념을 도입하여, 소성변형시 구성방정식의 **객관성**을 유지하고 강체회전의 효과를 배제하여야 한다. 초기모양과 현재모양의 차이가 심한 유한변형에 대한 소성이론은 필연적으로 꽤 복잡한 양상을 갖는다.

유한변형 소성이론에서는 수학적인 복잡성 외에도, 실제 재료상수를 결정하는 것도 문제가 된다. 유한변형에 대한 실험은 미소변형에 대한 실험의 경우보다 훨씬 더 까다롭다. 예를 들어, 관재시편의 단순비틂시험에서 비틂좌굴을 피하려면 시편의 길이를 짧게 해야 하는데, 그렇게 되면 상당한 끝단효과가 야기되어 실험결과를 분석하기가 어려워진다. 이러한 어려움으로 인해 실험에 대한 대부분의 연구는 미소변형률의 범위에 집중되어 있고, 유한변형률에 대한 실험은 극소수이다. 따라서, 몇 가지 유한변형 소성이론이 수리적으로 제안되어 있긴 하지만, 유한 소성변형에 대한 유용한 연구결과물은 미소변형률에 대한 경우보다 훨씬 뒤떨어져 있다.

이 책에서는 유한변형에 대한 기본적인 운동학과 응력척도를 2장에서 설명하고, 현상학적인 유한변형이론을 6장에서 다룬다. 7, 8, 9장에서는 유한 소성변형의 미시적 기구와 미시적 고찰에 근거한 소성이론을 다룬다.

1.5 소성변형의 미시적 현상

거시적인 소성변형의 본질을 설명할 때, 소재(예를 들면, 금속물체)를 하나의 연속체로 간주하면, 실험적인 관찰결과로부터 유용한 가설과 가정을 도출할 수 있다. 이에 근거한 수리적 소성론은 실용적으로 적용되기 위해 단순화되어 있고, 재료거동의 실제현상을 매우 한정된 범위에서만 예측할 수 있다. 이 책에서는 실험적으로 관찰된 거시적 수준의 결과를 놓고 소성변형의 기구를 논하거나 명백히 하려는 대신에, 재료의 미세구조를 들여다보고 미시적 수준에서 소성변형 혹은 유동을 살펴봄으로써, 거시적 현상을 이해하고 정량화하고자 한다.

금속의 표준시편으로 단축인장시험을 수행하는 경우를 예로 들어서, 재료의 미세구조가 소성변형에 미치는 영향을 살펴보자. 인장시험이 잘 계획되고 수행되어 시험을 하는 동안 완벽한 정렬을 유지하였다면, 끝단효과가 미치지 않는 시편의 중앙부분 근처에서는 그런대로 균일한 길이방향 응력분포가 얻어질 것이다. 그러나 실제로는 시편이 응력을 받아서 소성영역에 들어가면, 변형이 균질하지 않다. 거시적 관점에서 보면, 이 부분에서 길이 방향으로 불균질한 변형이 일어날 이유가 도대체 없다. 20세기 초반에 Rosenhain과 Ewing은 금속의 소성변형에서 슬립띠(slip band) 혹은 전단띠라는, 표면에 나타나는 다수의 미시적 계단이 생기는 것을 관찰했다. 이는 금속이 거시적으로는 인장이나 압축응력을 받고 있다 할지라도, 시편은 어떤 이유로 이 띠들을 따라서 전단을 받고 있음을 시사한다. 여기에 더하여, 단결정 결정립의 경계에서 전단띠의 방향이 바뀌고 각 결정립에서는 서로 다른 방향과 크기로 발달된다는 것도 발견하였다.

이것이 동기가 되어 단결정을 크게 성장시키는 기술을 개발하였고, 곧이어 많은 과학자들이 단결정의 소성변형에 대한 기초적이고 근본적인 실험결과들을 얻었다. 이들 초기 연구로부터, 결정학적 방향과 면을 따라서 슬립이 일어난다는 사실이 밝혀졌다. 따라서, 미시적인 수준에서 소성변형은 본질적으로 균질한 것이 아니다. 한편, 결정학적 슬립이 소성변형의 기구라고는 하나, 금속의 강도를 정확하게 예측하지는 못하였다. 슬립기구를 이용하여 실제로 예측되는 강도는 실험적으로 관찰되는 강도보다 몇 차수 더 높았다. 이 불일치는 Orowan(1934), Polanyi(1934), Taylor(1934)에 의하여 각각 소개된 전위이론으로 해소될 수 있었다. Taylor(1938)는 단결정 소성론의 결과를 이용하고 몇 가지 일관된 가정을 도입함으로써 다결정체의 소성거동을 계산하여 꽤 적절한 결과를 얻었다. Taylor의 결과는 8장과 9장에서 보다 자세히 다루기로 한다.

1.6 재료의 이방성과 성형한계

금속재료는 판재의 형태로 많이 사용된다. 판재는 주로 압연(rolling) 공정을 통하여 제조되는데, 이 과정에서 두께방향으로 심한 변형을 받으므로, 재료의 기계적 섬유화에 따라서 방향별로 변형거동이 달라지는 이방성(異方性, anisotropy)을 나타낸다. 이방성의 척도와 이방성이 소성변형 거동에 미치는 효과를 다룬 이방성이론과 이방성 항복함수에 대하여 제10장에 설명하였다.

판재를 성형할 때, 변형이 심해지면 단면적의 감소폭이 작용응력의 증가폭보다 커지는 불안정성(instability), 즉 판재에 네킹(necking)이 생겨서 결국은 파단에 이르게 된다. 따라서, 재료를 적절하게 가공하려면, 네킹이나 파단이 일어나는 한계를 미리 예측 할 수 있는 모델이 필요하다. 이 책의 제11장에서는 이러한 주제들에 관하여 소개한다. 판재의 성형한계를 나타내는 성형한계 변형률선도와 성형한계 응력선도에 대하여 설명한다.

1.7 재료의 손상

재료가 소성변형을 받으면 재료 내부에 미세한 손상이 생기고, 손상이 누적되면 재료의 기계적 성질이 저하되면서 궁극적으로는 재료가 분리되어 가해진 하중을 견딜 수 없는 파단에 이르게 된다. 손상역학은 손상이 포함된 재료를 연속체로 가정하고 손상모델(damage model)에 따라서 손상의 발생, 전파와 누적, 최종 파단에 이루는 과정을 연구하는 학문이다. 손상모델은 물체가 변형을 받음에 따라서 이웃한 질점끼리의 접합층에 손상이 누적되고 이 손상값이 특정한 값에 도달하면 물체 내부의 질점 간에 분리가 일어난다고 보는 정량적인 모델이다. 이들 모델은 파단이라고 하는 현상을 예측하기 위해서, 그 원인이 되는 미소 파단기구에 근거하는 모델식에 계수를 포함시키고, 파단 결과로부터 계수를 결정하는 현상학적인 모델이다. 재료의 연성파단 시점, 금속판재의 성형한계, 반복응력이 가해질 때의 수명 예측에 잘 사용된다.

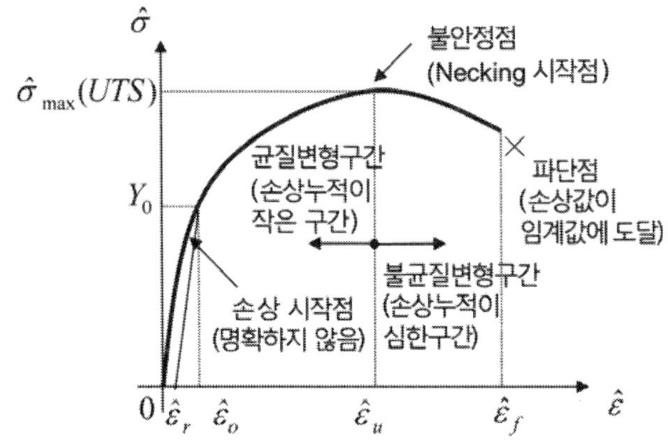

Fig. 1.7 공칭응력-공칭변형률 곡선에서 손상의 시작, 누적, 임계값 도달 과정

많이 사용되는 손상모델을 제11장에 소개하고, 물리적인 의미와 사용방법에 대하여 설명하였다. 손상모델에서는 재료의 인장시험에서 인장강도(UTS, ultimate tensile strength)에 도달한 이후에 국부적인 대변형이 생기면서 손상이 본격적으로 누적되기 시작하고 파단점에서 그 재료의 임계값에 도달한다고 설정된다(그림 1.7). 하지만, 최근에는 재료의 피로거동과 연계하여 항복점 이하에서 발생하는 미세한 소성변형에서도 손상이 누적된다고 보고 피로수명을 결정하려는 연구가 진행되고 있다.

1.8 사용기호와 연산규칙

1.8.1 사용기호

이 책에서는 많은 용어, 기호, 그리고 기호로 이루어진 규약을 사용한다. 일반적으로, 굵은 소문자 글자체는 벡터(vector), 굵은 대문자 글자체는 텐서(tensor)를 나타낸다. 이탤릭체에 붙는 하첨자는 벡터나 텐서의 성분을 나타낸다. 벡터나 텐서의 성분 전체가 모여 있다는 것을 표시할 때는 각각 중괄호{ }와 대괄호[ ] 안에 대표성분이나 성분 전체를 표시한다. 물체의 기준 모양(reference configuration)과 현재 모양(current configuration)에 따라서 각각의 좌표계를 사용한다고 할 때, 많이 사용되는 기호들을 나타내면 다음과 같다.

$\boldsymbol{x}$, $\boldsymbol{v}$, $\boldsymbol{a}$: 벡터(현재 좌표계)

x_i, v_i, a_i: 벡터 $\boldsymbol{x}$, $\boldsymbol{v}$, $\boldsymbol{a}$의 (i) 번째 성분(소문자는 현재 좌표계를 뜻함.)

$\boldsymbol{X}$: 벡터(기준 좌표계)

X_K: 벡터 $\boldsymbol{X}$의 (K) 번째 성분(대문자는 기준 좌표계를 뜻함.)

$\boldsymbol{A}=[\alpha_{ij}]$, $\boldsymbol{F}=[F_{iK}]$, $\boldsymbol{B}=[B_{AB}]$, $\boldsymbol{C}=[C_{ijkl}]$: 텐서와 그 성분

$\boldsymbol{B}^{-1}$, $\boldsymbol{B}^T$, $(\boldsymbol{B}^{-1})^T=\boldsymbol{B}^{-T}$: 텐서 $\boldsymbol{B}$의 역텐서, 전치(transpose)텐서, 역텐서의 전치텐서

$\Re_0$, $\Re$, $\partial\Re$: 기준모양, 현재모양, 현재모양의 경계면

$\wp_o$, $\wp$, $\partial\wp$: 기준모양의 임의부분, $\wp_o$의 현재모양, 임의부분 $\wp$의 경계면

t, t_o: 시간, 기준시간

$\hat{\sigma}$, σ: 일차원 공칭응력, 진응력

$\boldsymbol{\sigma}=[\sigma_{ij}]$: 응력텐서와 그 성분

$\boldsymbol{\Sigma}^{\mathrm{I}}$, $\boldsymbol{\Sigma}^{\mathrm{II}}$, $\boldsymbol{S}$: 각종 응력척도

$\dot{\boldsymbol{\sigma}}$, $\overset{\circ}{\boldsymbol{\sigma}}$, $\overset{\Delta}{\boldsymbol{\sigma}}$, $\overset{\nabla}{\boldsymbol{\sigma}}$: 각종 응력속도(stress rate)

$\sigma_1, \sigma_2, \sigma_3$: 주응력. 여기에서, 하첨자는 크기 순서를 나타낸다.

$\hat{\varepsilon}$, ε: 일차원 공칭변형률, 진변형률

$\boldsymbol{E}$, $\boldsymbol{e}$, $\boldsymbol{\varepsilon}=[\varepsilon_{ij}]$: 변형률텐서와 그 성분

$\boldsymbol{\varepsilon}^e$, $\boldsymbol{\varepsilon}^p$: 탄성변형률성분 텐서, 소성변형률성분 텐서

$\boldsymbol{n}$, $\boldsymbol{N}$: 법선벡터(현재좌표계, 기준좌표계)

$\boldsymbol{t}$, $\boldsymbol{t}^{(\boldsymbol{n})}$: 단위표면력(traction), $\boldsymbol{n}$방향 법선벡터를 가진 면요소에 작용하는 단위표면력

$\boldsymbol{I}=[\delta_{ij}]$: 단위텐서 및 크로네커 델타 성분

1.8.2 벡터와 텐서의 연산과 변환법칙

벡터는 크기와 방향을 가진 물리량이다. 삼차원 공간에서 벡터의 성분 3개는 중괄호 속에 세로로 나타낸다. 벡터의 성분을 가로로 나타내고 싶으면 전치(transpose) 기호 T를 사용한다. 이렇게 나타내면, 행렬의 연산법칙을 그대로 적용할 수 있다. 벡터의 내적은 다음과 같이 정의한다.

$$\boldsymbol{a}\cdot\boldsymbol{b}=\boldsymbol{a}^T\boldsymbol{b}=(a_1,a_2,a_3)\begin{Bmatrix}b_1\\b_2\\b_3\end{Bmatrix}=a_1b_1+a_2b_2+a_3b_3=\sum_{i=1}^{3}a_ib_i=a_ib_i \tag{1.26}$$

위 표현에서 가장 오른쪽 식에는 Σ기호를 생략하고, 같은 하첨자를 두 번 연속 사용함으로써, 합산규약(summation rule 혹은 Einstein's rule)이 적용된다는 것을 나타내었다. 합산규약에 사용되는 하첨자를 'dummy index'라고 한다. 한편, 벡터나 텐서의 성분을 하첨자를 써서 수식을 나타낼 때, 수식에서 하첨자가 한 번만 사용되면 'free index'라고 한다. 이는 보통 삼차원에서 정의된 좌표축 방향으로의 수식을 나타낸다.

2계 텐서(second order tensor)는 하첨자 두 개를 사용하여 각 성분을 나타낼 수 있고, 성분 전체는 3×3행렬로 표시할 수 있다. 두 텐서의 내적(텐서적, tensor product라고도 함.)은 다음과 같이 두 행렬의 곱으로 정의한다.

$$\boldsymbol{A}:\boldsymbol{B}=\boldsymbol{AB}=[A_{i1}B_{1k}+A_{i2}B_{2k}+A_{i3}B_{3k}]=[\sum_{j=1}^{3}A_{ij}B_{jk}]=[A_{ij}B_{jk}] \tag{1.27}$$

위 행렬의 곱과 합산규약을 적용하면, $\boldsymbol{C}=\boldsymbol{AB}$ 의 성분은 $C_{ik}=A_{ij}B_{jk}$로 나타낼 수 있다.

같은 원점을 갖는 두 개의 좌표계 즉, 123-좌표계와 $1'2'3'$-좌표계에서 하나의 벡터 $\boldsymbol{v}$를 각각 표시한다고 하자. $\boldsymbol{e}_i$와 $\boldsymbol{e}'_p$가 각각 123-좌표계의 i-좌표축과 $1'2'3'$-좌표계의 p-좌표축 방향으로의 기저벡터(base vector)를 나타낸다고 할 때, 두 좌표계의 성분

간에는 다음과 같은 변환법칙을 만족하여야 한다.

$$\boldsymbol{v}' = \begin{Bmatrix} v_{1'} \\ v_{2'} \\ v_{3'} \end{Bmatrix} = \begin{Bmatrix} v_1' \\ v_2' \\ v_3' \end{Bmatrix} = \begin{Bmatrix} \boldsymbol{v}\cdot\boldsymbol{e}_1' \\ \boldsymbol{v}\cdot\boldsymbol{e}_2' \\ \boldsymbol{v}\cdot\boldsymbol{e}_3' \end{Bmatrix} = \begin{Bmatrix} (v_1\boldsymbol{e}_1 + v_2\boldsymbol{e}_2 + v_3\boldsymbol{e}_3)\cdot\boldsymbol{e}_1' \\ (v_1\boldsymbol{e}_1 + v_2\boldsymbol{e}_2 + v_3\boldsymbol{e}_3)\cdot\boldsymbol{e}_2' \\ (v_1\boldsymbol{e}_1 + v_2\boldsymbol{e}_2 + v_3\boldsymbol{e}_3)\cdot\boldsymbol{e}_3' \end{Bmatrix}$$
$$= \begin{bmatrix} \boldsymbol{e}_1'\cdot\boldsymbol{e}_1 & \boldsymbol{e}_1'\cdot\boldsymbol{e}_2 & \boldsymbol{e}_1'\cdot\boldsymbol{e}_3 \\ \boldsymbol{e}_2'\cdot\boldsymbol{e}_1 & \boldsymbol{e}_2'\cdot\boldsymbol{e}_2 & \boldsymbol{e}_2'\cdot\boldsymbol{e}_3 \\ \boldsymbol{e}_3'\cdot\boldsymbol{e}_1 & \boldsymbol{e}_3'\cdot\boldsymbol{e}_2 & \boldsymbol{e}_3'\cdot\boldsymbol{e}_3 \end{bmatrix} \begin{Bmatrix} v_1 \\ v_2 \\ v_3 \end{Bmatrix} \tag{1.28}$$

즉, $\boldsymbol{e}_p' \cdot \boldsymbol{e}_i = \alpha_{pi}$라고 할 때, 다음과 같이 정리된다.

$$\boldsymbol{v}' = \{v_p'\} = [\boldsymbol{e}_p' \cdot \boldsymbol{e}_i]\{v_i\} = \boldsymbol{A}\boldsymbol{v} = \{\alpha_{pi} v_i\} \tag{1.29}$$

위에서 벡터 $\boldsymbol{v}'$ 는 본질적으로 벡터 $\boldsymbol{v}$ 와 동일하지만, 그 성분을 $1'2'3'$-좌표계에서 나타낸 것을 강조하기 위하여 $\boldsymbol{v}'$ 라고 표현한 것이다. 변환텐서 $\boldsymbol{A} = [\alpha_{pi}]$는 $\boldsymbol{A}\boldsymbol{A}^T = \boldsymbol{I}$ 의 성질을 갖는 직교텐서(orthogonal tensor)이다. 즉, $\boldsymbol{A}^{-1} = \boldsymbol{A}^T$ 이다.

2계 텐서의 성분도 벡터의 경우와 마찬가지로 반드시 좌표계의 변환법칙을 만족하여야 한다. 즉, 하나의 텐서를 서로 다른 두 개의 좌표계에서 성분을 나타내면 그 성분들 간에 변환관계가 있다는 것이다. 2계 텐서 $\boldsymbol{B}$ 의 성분을 각각 123-좌표계와 $1'2'3'$-좌표계에서 나타낸 것을 각각 $\boldsymbol{B} = [B_{ij}]$, $\boldsymbol{B}' = [B'_{pq}]$로 표시할 때, 다음과 같은 변환법칙을 만족하여야 한다.

$$B'_{pq} = \alpha_{pi}\alpha_{qj}B_{ij} \quad \text{혹은} \quad \boldsymbol{B}' = \boldsymbol{A}\boldsymbol{B}\boldsymbol{A}^T \tag{1.30}$$

이와 같은 변환법칙은 모든 텐서에 적용된다.

1.8.3 발산정리(divergence theorem)

어떤 특정 영역 내에서 특정함수를 적분한 값을 구한다고 하자. 만일, 피적분함수가 공간도함수의 형태로 주어지면 적분의 차원을 한 차원 낮출 수 있다. 이를 발산정리라고 한다. 예를 들어, 함수 G 의 공간도함수를 $G_{,i} = \partial G / \partial x_i$ 라 하고, 어떤 영역 $\wp$ 에서

$G_{,i}$를 적분한다고 하자. 이때, 영역 $\wp$의 경계면 $\partial\wp$ 위의 한 점에서 바깥방향 법선벡터성분을 n_i라 할 때, $\wp$ 내에서 $G_{,i}$를 적분한 값은 $\partial\wp$ 위에서 $(n_i G)$를 적분한 값과 같다. 이를 수식으로 정리하면 다음과 같다.

$$\int_{\wp} G_{,i} dv = \int_{\partial\wp} n_i G da \tag{1.31}$$

여기에서 함수 G는 스칼라 함수, 벡터 함수, 텐서 함수 모두에 적용된다.

1.8.4 고유값 정리(eigenvalue theorem)

텐서 $\boldsymbol{A}=[\alpha_{ij}]$로 벡터 $\boldsymbol{v}$를 변환시킨 후의 벡터가 원래의 벡터 $\boldsymbol{v}$와 같은 방향을 갖는 경우를 생각해 보자. 이런 종류의 문제를 고유치문제(eigenvalue problem)라고 한다. 즉,

$$\boldsymbol{Av} = a\boldsymbol{v} \tag{1.32}$$

위 식은 양변에 임의 수를 곱해도 성립하므로, 편의상 벡터 $\boldsymbol{v}$와 방향은 같지만 크기가 1인 단위벡터 $\boldsymbol{n}$을 사용하여 아래와 같이 정리할 수 있다.

$$(\boldsymbol{A} - \lambda \boldsymbol{I})\boldsymbol{n} = \boldsymbol{0} \tag{1.33}$$

위 방정식은 영벡터가 아닌 실용해(non-trivial solution) $\boldsymbol{n}$을 갖는다. 따라서, 식 (1.33)에서 계수들에 대한 행렬식(determinant)은 다음과 같은 조건을 만족하여야 한다.

$$\det(\boldsymbol{A} - \lambda \boldsymbol{I}) = |\alpha_{ij} - \lambda\delta_{ij}| = 0 \tag{1.34}$$

$\boldsymbol{A}=[\alpha_{ij}]$가 3×3 행렬이라면,

$$\left\| \begin{bmatrix} (\alpha_{11}-\lambda) & \alpha_{12} & \alpha_{13} \\ \alpha_{21} & (\alpha_{22}-\lambda) & \alpha_{23} \\ \alpha_{31} & \alpha_{31} & (\alpha_{33}-\lambda) \end{bmatrix} \right\| = 0 \tag{1.35}$$

위 행렬식은 λ에 대한 3차 방정식을 나타내며, 방정식의 해 λ를 텐서 $\boldsymbol{A}=[\alpha_{ij}]$의 고

유값(eigenvalue)이라고 한다. 고유값 정리는 다음과 같이 요약된다.

(1) 일반적인 $n \times n$ 의 정방행렬에 대하여도 성립한다.

(2) 고유값 λ_i 을 (1.33)식에 대입하면 고유벡터 $\boldsymbol{n}^{(i)}$ 을 얻고, 고유벡터는 다음과 같은 직교성을 갖는다.

$$\boldsymbol{n}^{(i)} \cdot \boldsymbol{n}^{(j)} = \delta_{ij} \tag{1.36}$$

(3) 행렬로 나타낸 $\boldsymbol{A} = [\alpha_{ij}]$의 성분이 실수(real number)로 구성될 때, $\boldsymbol{A} = \boldsymbol{A}^T$이면 고유값은 실수이다.

(4) $\boldsymbol{A} = [\alpha_{ij}]$를 삼각행렬로 나타날 때, 주 대각선 성분은 $\boldsymbol{A}$의 고유값이다. 예를 들어 행렬 $\boldsymbol{A}$가 다음과 같이 하삼각행렬로 주어졌을 때, 행렬 $\boldsymbol{A}$의 고유값은 주 대각선의 성분으로 $\lambda_1 = 4,\ \lambda_2 = -3,\ \lambda_3 = 7$ 이다.

$$[A] = \begin{bmatrix} 4 & 0 & 0 \\ -1 & -3 & 0 \\ 6 & 4 & 7 \end{bmatrix} \tag{1.37}$$

(5) $\boldsymbol{A}$ 의 고유값을 $\lambda_1, \ldots, \lambda_n$ 라고 할 때, 행렬 $\boldsymbol{A}$ 의 행렬식(determinant)의 절댓값은 고유값을 서로 곱한 값의 절댓값과 같다.

$$|\det \boldsymbol{A}| = |\lambda_1 \cdot \lambda_1 \cdot \ldots \cdot \lambda_n| = \left| \prod_{i=1}^{n} \lambda_i \right| \tag{1.38}$$

따라서, 행렬 $\boldsymbol{A}$ 의 고유값 중 하나라도 0이면, $|\det \boldsymbol{A}| = 0$ 이고 행렬 $\boldsymbol{A}$ 는 특이행렬(singular matrix) 임을 의미한다.

제1장

예제와 풀이

예제

1. $x, y, z-$좌표계에서 제2계 텐서의 성분들이 $\boldsymbol{A}=[A_{ij}]=\begin{bmatrix}1 & 2 & 3\\ 2 & 4 & 5\\ 3 & 5 & 6\end{bmatrix}$로 주어졌다. 다음과 같이 변환되는 $x', y', z'-$좌표계에서 텐서의 성분 $\boldsymbol{A}=[A_{i'j'}]=[A'_{ij}]$을 계산하시오.

$$\boldsymbol{e}_{x'}=\cos 30°\boldsymbol{e}_x+\sin 30°\boldsymbol{e}_y,\quad \boldsymbol{e}_{y'}=-\sin 30°\boldsymbol{e}_x+\cos 30°\boldsymbol{e}_y,\quad \boldsymbol{e}_{z'}=\boldsymbol{e}_z.$$

2. 텐서식의 성분표시방식에서 하첨자가 두 번 연속 사용되면 합산규약을 적용한다고 하자. $A_{ij}A_{ij}\,(i,j=x,y,z\ \text{ or }\ i,j=1,2,3)$을 계산하시오.

3. $A'_{ij}A'_{ij}$을 계산하고 위 결과와 비교하시오.

4. 단위행렬을 $\boldsymbol{I}=[\delta_{ij}]=\begin{bmatrix}1 & 0 & 0\\ 0 & 1 & 0\\ 0 & 0 & 1\end{bmatrix}$로 정의할 때, $\delta_{ij}A_{ij}$을 계산하시오.

5. $\delta_{ij}A'_{ij}$을 계산하고 위 결과와 비교하시오.

예제 풀이

1. 두 좌표계 간의 변환행렬은 다음과 같다.

$$[Q]=\begin{bmatrix} \sqrt{3}/2 & -1/2 & 0 \\ -1/2 & \sqrt{3}/2 & 0 \\ 0 & 0 & 1 \end{bmatrix}=\frac{1}{2}\begin{bmatrix} \sqrt{3} & -1 & 0 \\ 1 & \sqrt{3} & 0 \\ 0 & 0 & 2 \end{bmatrix},$$

따라서 x', y', z' – 좌표계에서 텐서 $\boldsymbol{A}=[A_{i'j'}]=[A'_{ij}]$의 성분은 다음과 같이 계산된다.

$$[A_{i'j'}]=[Q]^T[A_{ij}][Q]=\frac{1}{4}\begin{bmatrix} \sqrt{3} & 1 & 0 \\ -1 & \sqrt{3} & 0 \\ 0 & 0 & 2 \end{bmatrix}\begin{bmatrix} 1 & 2 & 3 \\ 2 & 4 & 5 \\ 3 & 5 & 6 \end{bmatrix}\begin{bmatrix} \sqrt{3} & -1 & 0 \\ 1 & \sqrt{3} & 0 \\ 0 & 0 & 2 \end{bmatrix}=\begin{bmatrix} 3.482 & 2.299 & 5.098 \\ 2.299 & 1.518 & 2.830 \\ 5.098 & 2.830 & 6 \end{bmatrix}$$

2. 합산규약을 적용하면 다음과 같이 정리된다.

$$\begin{aligned}\sum A_{ij}A_{ij} &= A_{11}A_{11}+A_{12}A_{12}+A_{13}A_{13}+ \\ &\quad A_{21}A_{21}+A_{22}A_{22}+A_{23}A_{23}+ \\ &\quad A_{31}A_{31}+A_{32}A_{32}+A_{33}A_{33}=129\end{aligned}$$

3.

$$\sum A'_{ij}A'_{ij}$$

$$=A'_{11}A'_{11}+A'_{12}A'_{12}+A'_{13}A'_{13}+A'_{21}A'_{21}+A'_{22}A'_{22}+A'_{23}A'_{23}+A'_{31}A'_{31}+A'_{32}A'_{32}+A'_{33}A'_{33}=129$$

4.

$$\begin{aligned}\sum \delta_{ij}A_{ij} &= \delta_{11}A_{11}+\delta_{12}A_{12}+\delta_{13}A_{13}+\delta_{21}A_{21}+\delta_{22}A_{22}+\delta_{23}A_{23}+\delta_{31}A_{31}+\delta_{32}A_{32}+\delta_{33}A_{33} \\ &= 1\cdot A_{11}+0\cdot A_{12}+0\cdot A_{13}+0\cdot A_{21}+1\cdot A_{22}+0\cdot A_{23}+0\cdot A_{31}+0\cdot A_{32}+1\cdot A_{33} \\ &= A_{11}+A_{22}+A_{33}=\sum A_{kk}=1+4+6=11\end{aligned}$$

5. $\boldsymbol{A}=[A_{i'j'}]=[A'_{ij}]$로부터

$$\sum \delta_{ij}A'_{ij}=A'_{kk}=A'_{11}+A'_{22}+A'_{22}=3.482+1.518+6=11$$

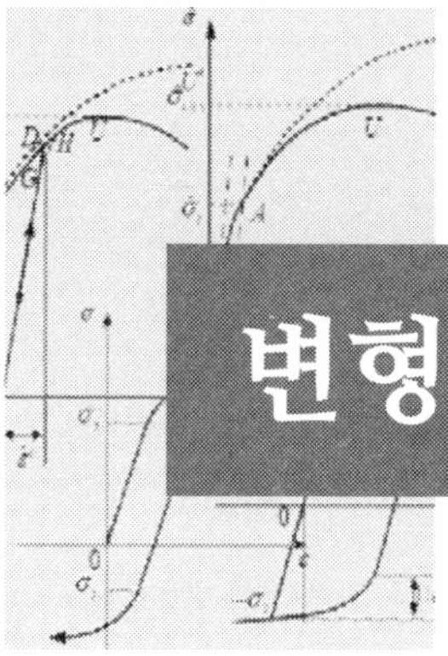

제2장 변형률과 응력

역학에서의 **구성이론**(構成理論, constitutive theory)은 응력과 변형률 간의 관계를 정식화하는 것이다. 이 관계를 알려면 하중을 받는 재료의 변형에 응력과 변형률이 어떻게 연관되는지를 이해하여야 한다. 일차원문제의 경우라면, 비교적 간단하게 제1장에서 설명한 공칭응력과 공칭변형률 $(\hat{\sigma},\hat{\varepsilon})$ 이나 진응력과 진변형률 (σ,ε) 를 사용하여 그 관계를 나타낼 수 있다. 미소변형률의 경우에는 두 척도간에 별 차이가 없다. 그러나, 유한변형률이 개입되는 삼차원문제에서는 응력과 변형률에 대한 개념을 비롯해 여러 종류의 척도가 있으므로, 문제는 꽤 복잡해진다.

이 장에서는 연속체역학의 관점에서 기본적인 운동학과 다양한 응력척도에 대하여 기술한다. 이들 주제는 후속되는 장에서 논의될 유한변형 소성이론을 이해하는데 필요하다. 설명의 명료성을 유지하기 위해서, 이 장에서는 Cartesian 직교좌표계만을 사용한다.

2.1 물체와 질점

2.1.1 질점의 이동과 모양의 변화

모든 물질은 물리적으로 분자, 원자, 그리고 심지어 보다 작은 미립자들로 구성되어 있다. 다시 말하면, 물질의 구조는 본질적으로 이산적(離散的, discrete)이다. 하지만, 대상 물체나 관심 영역의 크기가 원자나 분자의 크기에 비해 훨씬 크다면, 이산적 본질을 무시하고, 물질 입자들이 공간상에 연속적으로 분포된 하나의 연속된 물질로 봐줄 수 있다. 이렇게 이상화시킨 모델을 연속체(連續體, continuum) 모델이라고 한다. 이 모델, 혹은 물질을 구성하는 모든 입자들의 집합을 물체(物體, body)라고 한다. 일반적으로 물체의 운동학은 외력 즉, 운동이나 변형을 초래하는 모든 근원을 고려하지 않은 상태에서 물체의 운동과 변형만을 다루는 학문이다.

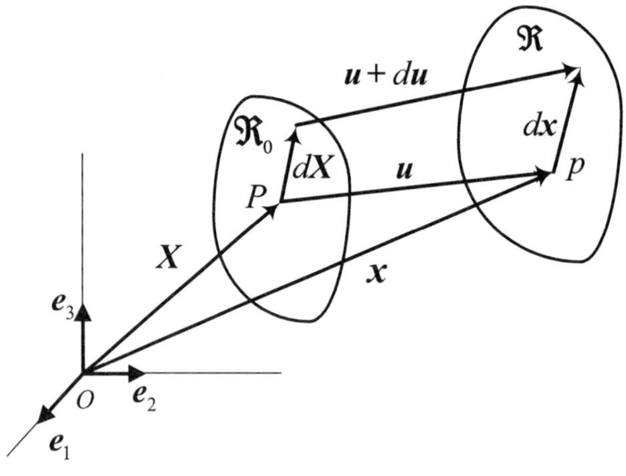

Fig. 2.1 물체의 변형에 따른 모양의 변화

고정된 Cartesian 직교좌표계에서 벡터나 텐서의 성분을 나타낼 때는, 좌표계의 원점을 O로 표시하고, 기저벡터를 $e_K(K=1,2,3)$로 나타낸다. 운동은 이 좌표계에 대하여 상대적인 것으로 정의한다. 주어진 기준시간(reference time) $t=t_o$(보통은 영으로 잡는다)에서 물체B가 공간영역 $\mathfrak{R}_0$를 차지하고 있다고 하자. $\mathfrak{R}_0$는 물체의 범위에 따라서 유한하거나 무한하다. 물체B를 구성하는 입자들은 영역$\mathfrak{R}_0$에서 연속적으로 분포한다고 가정한다. 즉, 공간영역 $\Re_0$내의 공간점과 입자 하나에 해당하는 질점(質點, material point)이 수학적으로 **일대일 대응관계**에 있다고 하자. B의 한 질점을 P로 표시하고, 이 질점을 그림 2.1에서처럼 위치벡터 $\boldsymbol{X}$로 표시하면, 고정좌표계에서 $\boldsymbol{X}$는 다음과 같이 나타낼 수 있다.

$$\boldsymbol{X} = X_1\boldsymbol{e}_1 + X_2\boldsymbol{e}_2 + X_3\boldsymbol{e}_3 = \sum_{K=1}^{3} X_K\boldsymbol{e}_K \equiv X_K\boldsymbol{e}_K \tag{2.1}$$

위 식의 마지막 항에서 두 개의 중복되는 하첨자는 “합산의 법칙(summation convention)”을 나타낸다.

이제, 어떤 후속시간 t에 물체B가 움직여서 공간내의 다른 영역$\Re$을 차지한 경우를 생각하자. B의 모든 입자는 영역$\Re$에서 연속분포하고 B의 질점들과 $\Re$의 공간점들은 일대일로 대응한다. 마찬가지로 물체B의 질점 P가 새로운 모양 $\Re$내에서 차지하는 위치를 p로 표시하면, 이 질점의 위치벡터를 다음과 같이 나타낼 수 있다.

$$\boldsymbol{x} = x_k\boldsymbol{e}_k \tag{2.2}$$

참고로, 하첨자(K와 k)는 삼차원공간에서의 좌표성분을 나타내며, 대문자로 표시하면 초기모양, 소문자로 표시하면 현재모양에 대한 좌표를 의미한다. 이 책에서는 고정된 Cartesian 직교좌표계를 하나만 사용하므로, $\boldsymbol{e}_k = \boldsymbol{e}_K$이다. 영역$\Re_0$에서 위치벡터 $\boldsymbol{X}$인 질점 P가 영역$\Re$에서 위치벡터 $\boldsymbol{x}$인 공간점 p를 차지하고 있으므로, 질점의 현재위치 $\boldsymbol{x}$는 다음과 같이 초기위치 $\boldsymbol{X}$와 시간 t에 의존하는 함수가 된다.

$$\boldsymbol{x} = \boldsymbol{x}(\boldsymbol{X}, t) \tag{2.3}$$

위 식을 성분형태로 나타내면 다음과 같다.

$$x_k = x_k(X_K, t) \tag{2.4}$$

위의 운동은 부드러워서 미분가능하다고 가정하자. 그러면, 식(2.3) 혹은 (2.4)는 다음과 같이 역변환될 수 있다.

$$\boldsymbol{X} = \boldsymbol{X}(\boldsymbol{x}, t) \tag{2.5}$$

$$X_K = X_K(x_k, t) \tag{2.6}$$

식(2.3) 혹은 (2.4)의 역함수가 존재하려면, 함수 $\boldsymbol{x} = \boldsymbol{x}(\boldsymbol{X}, t)$는 단일값을 갖고 시간 t에 대하여 연속적으로 미분가능하여야 한다. 따라서, 영역$\Re$에서 함수 $\boldsymbol{x} = \boldsymbol{x}(\boldsymbol{X}, t)$의 Jacobi 행렬식(determinant)이 영이 되어서는 안된다. 즉,

$$\left| \frac{\partial x_k}{\partial X_K} \right| = \left| x_{k,K} \right| \neq 0 \tag{2.7}$$

여기에서, 하첨자 앞에 사용된 쉼표기호(comma)는 하첨자가 나타내는 좌표에 대한 편미분을 의미한다. 식(2.7)은 연속체역학에서 "연속의 공리"라고 한다.

지금까지 물체의 한 질점의 운동을 나타내기 위해, 두 종류의 좌표 X_K와 x_k, 혹은 두 종류의 위치벡터 $\boldsymbol{X}$와 $\boldsymbol{x}$를 소개하였다. 공간을 움직이는 질점 P는 식(2.3) 혹은 (2.4)에 따라서 항상 영역$\Re_0$에서의 기준위치 $\boldsymbol{X}$로부터 출발한 점이다. 따라서, 공간점$\boldsymbol{X}$는 질점이 운동하기 시작한 점이 되는 셈이므로, 이를 기준점이라고 한다. 질점의 시작점, 즉, 기준점이 주어지면 어떤 후속 시간에 대하여도, 질점의 위치를 알 수 있다. 질점이 운동하면, 그 양상이나 거리에 무관하게 현재 시간에서의 위치는 달라지지만, 당초의 기준위치는 언제나 동일하다. 이런 의미에서 좌표X_K는 한 질점에 고정되어 붙어있는 이름표와 같으며, 일단 주어지면 변하지 않는다고 할 수 있다. 따라서 이 좌표를 물질좌표 혹은 기준좌표라고 한다. 이 용어는 라그랑지안 좌표라고 잘못 불리우기도 한다.

동일한 용어를 사용한다면, $t = t_o$에서 물체 B를 구성하는 모든 입자들의 집합(즉, 공간상의 영역$\Re_0$)을 기준모양(reference configuration)이라고 할 수 있다. '모양'이란 임의의 주어진 시간에서 물체가 차지하는 공간영역을 의미한다. 기준모양이 얼마전의 시간에 물질이 실제로 차지했던 영역이라고 본다면, 위치 $\boldsymbol{X}$는 입자 P의 출발점이라고 간주할 수 있다. 반면에, 위치벡터 $\boldsymbol{x}$는 하나의 공간점을 나타내는데, 이 공간점은 다른 시간에 다른 입자가 차지할 수도 있다. 좌표 x_k는 공간좌표 혹은 오일러리안(Eulerian) 좌표라고 한다(실제로는, 1752년에 d'Alembert에 의하여 도입되었다). '모양'에 대한 정의에 따르면, 시간 t에 물체가 차지하는 공간영역 $\Re$을 현재모양(current configuration)이라고 한다.

식(2.3) 혹은 (2.4)로 기술되는 운동은 서로 역함수를 갖기 때문에, 물질좌표 X_K 나 공간좌표 x_k 모두, 물질의 운동이나 변형에서 입자를 정의하는 독립변수로 사용할 수 있다. 만일, 기준좌표 $\boldsymbol{X}$를 안다면, 입자의 현재위치 $\boldsymbol{x}$를 결정할 수 있다. 역으로, 시간 t 에서의 현재위치 $\boldsymbol{x}$를 안다면, 입자의 원래 기준위치 $\boldsymbol{X}$를 찾을 수 있다. 식(2.5) 혹은 (2.6)에 따르면, 현재위치 $\boldsymbol{x}$를 차지하고 있는 입자는 $t=t_o$ 일 때, 기준위치 $\boldsymbol{X}$로부터 출발한 것이다. 물질좌표 X_K 를 독립변수로 사용하는 경우를 '물질기술(material description)방식' 혹은 '라그랑지안 기술방식'이라고 한다.

반면에, 공간좌표를 독립변수로 사용하면 '공간기술(spatial description)방식' 혹은 '오일러리안 기술방식'이라고 한다. 물질기술방식은 입자를 따라다니면서 입자에 일어나는 현상을 기술한다. 공간기술방식은 다른 시간에 다른 입자가 차지하는 공간상의 특정점에서 일어나는 현상에 관심을 둔다. 두 가지 기술방식 모두 유용하지만, 둘 중 어떤 기술방식을 사용할 것인가의 여부는 다루는 문제의 본질과 관심사에 따라 결정될 일이다.

2.1.2 질점의 변위

이미 설명한 것처럼, $t=t_o$ 일 때 위치 $\boldsymbol{X}$ 를 차지했던 입자 P 가 이동하여, 시간 t 일 때 공간상의 위치 $\boldsymbol{x}$를 차지하면서 p 라고 표시하였다. 그림 2.2에 나타낸 것처럼 변위벡터 $\boldsymbol{u}$를 도입함으로써, 입자운동은 $\boldsymbol{X}$ 와 $\boldsymbol{x}$ 간에 다음과 같은 관계로 표현된다.

$$\boldsymbol{x} = \boldsymbol{X} + \boldsymbol{u} \tag{2.8}$$

물질기술방식을 따르면 변위 $\boldsymbol{u}$ 는 $\boldsymbol{X}$ 와 t 의 함수이다.

$$\boldsymbol{u}(\boldsymbol{X},t) = \boldsymbol{x}(\boldsymbol{X},t) - \boldsymbol{X} \tag{2.9}$$

다른 한편으로는, 공간기술방식에 따라 변위 $\boldsymbol{u}$ 를 $\boldsymbol{x}$ 와 t 의 함수로 나타낼 수도 있다.

$$\boldsymbol{u}(\boldsymbol{x},t) = \boldsymbol{x} - \boldsymbol{X}(\boldsymbol{x},t) \tag{2.10}$$

식(2.9)와 (2.10)는 물리적 의미가 서로 다름에 유의해야 한다. 식(2.9)는 현재시간 t

에 기준모양에서의 위치벡터 $\boldsymbol{X}$ 로 입자의 변위를 나타낸 반면, 식(2.10)는 현재위치 $\boldsymbol{x}$ 를 차지하고 있는 입자의 변위이다.

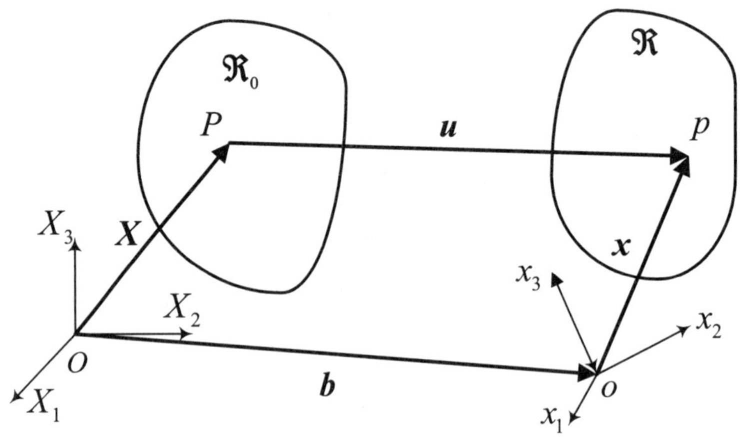

Fig. 2.2 물질좌표계와 공간좌표계

설명의 단순성과 명료성을 유지하기 위해서 물질좌표 X_K 와 공간좌표 x_k 를 동일한 직교좌표계에서 나타내지만, 실제로는 그림 2.2에 나타낸 것처럼 두 개의 별개 좌표계로 나타낼 수도 있다. 심지어 어떤 문제에서는 물질기술방식이나 공간기술방식에서 곡선좌표계를 사용하는 것이 편리할 때도 있다. 예를 들어, 처음에 직사각형이었던 보가 굽혀져서 부채꼴 모양으로 변형하는 문제에서는(그림 2.3), 원래모양에는 직교좌표계, 현재모양에는 극좌표계를 사용하는 것이 편리하다.

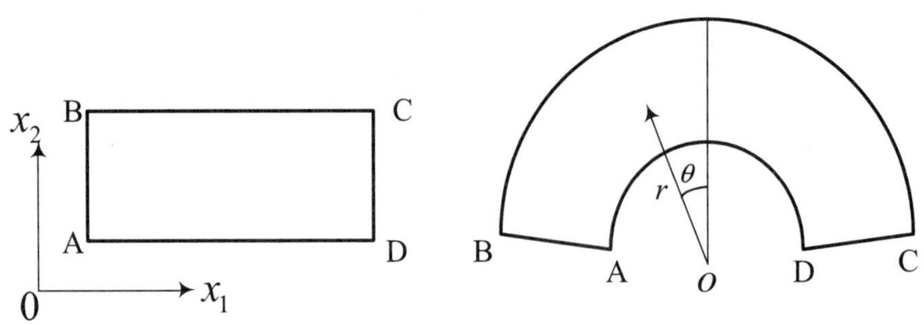

Fig. 2.3 물질좌표계와 공간좌표계를 다르게 잡는 경우의 예

2.2 물질요소의 변형

2.2.1 변형구배(deformation gradient)

물체의 운동이 식(2.3) 혹은 (2.4)로 주어지면, 이로 인해 기준모양 $\Re_0$내부의 점, 선, 면, 체적 등은 변환되어 현재모양 $\Re$내부에 있게 된다. 선 요소(line element)의 변환식을 구하기 위해, 그림 2.1의 점 $\boldsymbol{X}$ 에서 $d\boldsymbol{X}$ 라고 표시한 물질 선요소를 하나 생각하고, 이 선요소는 변형후에 $d\boldsymbol{x}$ 가 되었다고 하자. 식(2.3) 혹은 (2.4)로부터, 다음 관계를 얻는다.

$$d\boldsymbol{x} = \frac{\partial \boldsymbol{x}}{\partial \boldsymbol{X}} d\boldsymbol{X} = \nabla \boldsymbol{x} d\boldsymbol{X} = \boldsymbol{F} d\boldsymbol{X} \quad \text{혹은} \quad dx_i = F_{iK} dX_K \tag{2.11}$$

위 식에서 $\boldsymbol{F}$ 를 변형구배(deformation gradient)텐서라고 하며, 직교좌표계에서는 다음과 같은 성분을 갖는다.

$$F_{iK} = \frac{\partial x_i}{\partial X_K} = x_{i,K} = \delta_{iK} + u_{i,K} \tag{2.12}$$

여기에서 δ_{iK} 는 크로넥커(Kronecker) 델타이다. $\boldsymbol{F} = F_{iK} \boldsymbol{e}_i \boldsymbol{e}_K$ 와 같이 두 개의 좌표계(물질좌표계와 공간좌표계)를 사용하는 텐서를 두점(two-point) 텐서라고 한다. 변형구배텐서 $\boldsymbol{F}$ 는 $\Re_0$에 있는 모든 물질 선요소 $d\boldsymbol{X}$ 를 $\Re$에 있는 $d\boldsymbol{x}$ 로 대응시키는 선형연산자이다. 식(2.7)로 표현되는 연속의 공리에 따르면, 변형구배텐서에 대하여 다음 조건이 유지되어야 한다.

$$J = \det(\boldsymbol{F}) \neq 0 \tag{2.13}$$

따라서, 식(2.11)을 다음과 같이 바꿀 수 있다.

$$d\boldsymbol{X} = \boldsymbol{F}^{-1} d\boldsymbol{x} \quad \text{혹은} \quad dX_K = F_{iK}^{-1} dx_i \tag{2.14}$$

여기에서 $\boldsymbol{F}^{-1}$은 $\boldsymbol{F}$ 의 역텐서로 다음과 같은 성분을 갖는다.

$$F_{iK}^{-1} = X_{K,i} \tag{2.15}$$

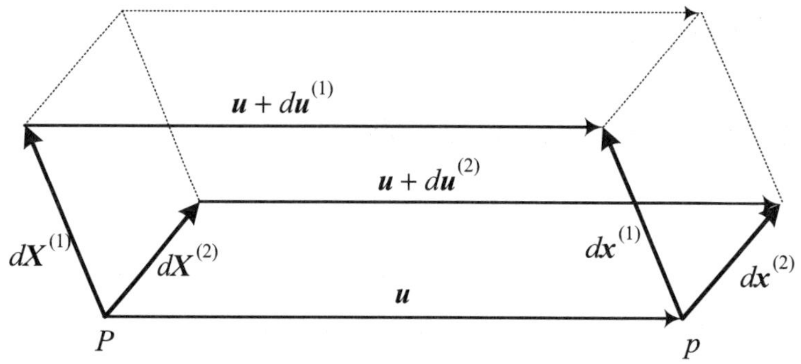

Fig. 2.4 면요소의 변형

2.2.2 면요소와 체적요소의 변형

면요소와 체적요소의 변환식을 정리하기 위해서는 다음과 같이 정의되는 순환기호(permutation symbol) e_{ijk}와 이를 활용한 몇 가지 관계를 미리 알고 있어야 한다.

$$
\begin{aligned}
e_{ijk} &= (\boldsymbol{e}_i \times \boldsymbol{e}_j)\cdot \boldsymbol{e}_k = 1,\ (i,j,k)\text{가 (1,2,3)의 정순환(even permutation)인 경우,} \\
&= 0,\ (i,j,k)\text{중 두 개 이상이 서로 같은 경우,} \\
&= -1,\ (i,j,k)\text{가 (1,2,3)의 역순환(odd permutation)인 경우,}
\end{aligned} \tag{2.16}
$$

$$
\boldsymbol{e}_k \times \boldsymbol{e}_l = e_{klm}\boldsymbol{e}_m \tag{2.17}
$$

$$
e_{ijk}A_{im}A_{jn}A_{kl} = e_{mnl}\det(\boldsymbol{A}) \quad \text{혹은} \quad \det(\boldsymbol{A}) = \tfrac{1}{6}e_{ijk}e_{mnl}A_{im}A_{jn}A_{kl} \tag{2.18}
$$

여기에서 $\boldsymbol{e}_k$와 $\boldsymbol{A}$는 각각 기저벡터(base vector) 및 2차텐서를 나타낸다. 이제 $\mathfrak{R}$에서의 면요소벡터 $d\boldsymbol{a} = d\boldsymbol{x}^{(1)} \times d\boldsymbol{x}^{(2)}$를 하나 생각하자. 그림 2.4에 나타낸 것처럼, 기준모양에서의 면요소 $d\boldsymbol{A} = d\boldsymbol{X}^{(1)} \times d\boldsymbol{X}^{(2)}$는 물체가 변형한 후에 $d\boldsymbol{a}$로 된다. 식(2.11)과 (2.12)에 따르면 $d\boldsymbol{a}$는 다음과 같이 정리된다.

$$
\begin{aligned}
d\boldsymbol{a} &= d\boldsymbol{x}^{(1)} \times d\boldsymbol{x}^{(2)} = (\boldsymbol{F}d\boldsymbol{X}^{(1)}) \times (\boldsymbol{F}d\boldsymbol{X}^{(2)}) = F_{iK}dX_K^{(1)}F_{jL}dX_L^{(2)}\boldsymbol{e}_i \times \boldsymbol{e}_j \\
&= F_{iK}F_{jL}dX_K^{(1)}dX_L^{(2)}(e_{ijm}\boldsymbol{e}_m) = e_{ijm}F_{iK}F_{jL}F_{mN}(F_{lN})^{-1}dX_K^{(1)}dX_L^{(2)}\boldsymbol{e}_l \\
&= \det(\boldsymbol{F})e_{KLN}(F_{lN})^{-1}dX_K^{(1)}dX_L^{(2)}\boldsymbol{e}_l = J(d\boldsymbol{X}^{(1)} \times d\boldsymbol{X}^{(2)})\cdot \boldsymbol{F}^{-1} \\
&= Jd\boldsymbol{A}\cdot \boldsymbol{F}^{-1} = J\boldsymbol{F}^{-T}d\boldsymbol{A} = J\{X_{K,i}dA_K\}
\end{aligned} \tag{2.19}
$$

위에서 마지막 결과에 도달하는데는 식(2.14)와 (2.15)이 사용되었다. 이미 언급한 것처럼, 물질좌표와 공간좌표 모두 하나의 고정 직교좌표계를 사용하므로, $\boldsymbol{e}_m = \boldsymbol{e}_M$이다.

식(2.19)로부터 $d\boldsymbol{A}$와 $d\boldsymbol{a}$ 간의 역변환관계를 다음과 같이 쉽게 얻을 수 있다.

$$d\boldsymbol{A} = \left[\det(\boldsymbol{F})\right]^{-1} \boldsymbol{F}^{\mathrm{T}} d\boldsymbol{a} = J^{-1}\boldsymbol{F}^{\mathrm{T}} d\boldsymbol{a} = \{x_{i,K} da_i\} / J \tag{2.20}$$

식(2.19)와 (2.20)를 각각 성분형태로 나타내면 다음과 같다.

$$da_i = \det(\boldsymbol{F}) X_{K,i} dA_K = J X_{K,i} dA_K \tag{2.21}$$

$$dA_K = \left[\det(\boldsymbol{F})\right]^{-1} x_{i,K} da_i = J^{-1} x_{i,K} da_i \tag{2.22}$$

체적요소의 변형을 고려하기 위해, 그림 2.5에 나타낸 것처럼 원래모양 $\mathfrak{R}_0$에서의 사면체 요소의 체적을 다음과 같이 나타내자.

$$dV = \tfrac{1}{6}(d\boldsymbol{X}^{(1)} \times d\boldsymbol{X}^{(2)}) \cdot d\boldsymbol{X}^{(3)} \tag{2.23}$$

여기에서 $d\boldsymbol{X}^{(1)}, d\boldsymbol{X}^{(2)}, d\boldsymbol{X}^{(3)}$는 기준모양에서 동일평면 위에 있지 않은 세 개의 선요소이고, 변형 후에는 현재 모양에서 $d\boldsymbol{x}^{(1)}, d\boldsymbol{x}^{(2)}, d\boldsymbol{x}^{(3)}$가 된다. 식(2.23)과 마찬가지로 현재 모양에서의 체적요소 dv는 다음과 같이 나타낸다.

$$dv = \tfrac{1}{6}(d\boldsymbol{x}^{(1)} \times d\boldsymbol{x}^{(2)}) \cdot d\boldsymbol{x}^{(3)} \tag{2.24}$$

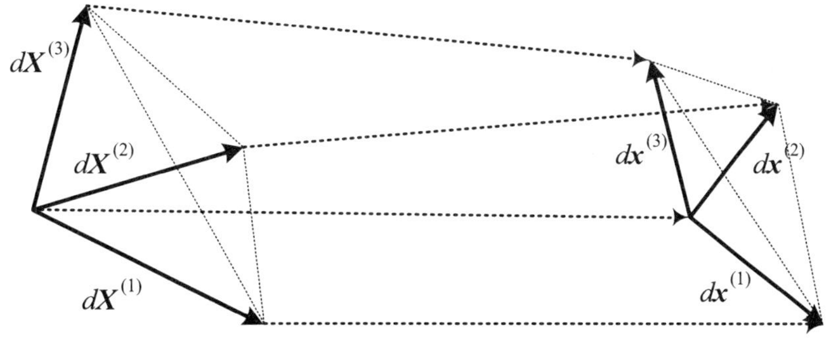

Fig. 2.5 체적요소의 변형

식(2.11)을 식(2.24)에 대입하여 정리하면,

$$\begin{aligned} dv &= \tfrac{1}{6}(\boldsymbol{F}d\boldsymbol{X}^{(1)} \times \boldsymbol{F}d\boldsymbol{X}^{(2)}) \cdot \boldsymbol{F}d\boldsymbol{X}^{(3)} = \tfrac{1}{6}F_{iK}F_{jL}F_{lM}dX_K^{(1)}dX_L^{(2)}dX_M^{(3)}(\boldsymbol{e}_i \times \boldsymbol{e}_j) \cdot \boldsymbol{e}_l \\ &= \tfrac{1}{6}e_{ijl}F_{iK}F_{jL}F_{lM}dX_K^{(1)}dX_L^{(2)}dX_M^{(3)} = \det(\boldsymbol{F})dV = JdV \end{aligned} \tag{2.25}$$

따라서, 다음 식이 성립한다.

$$\frac{dv}{dV} = \det(\boldsymbol{F}) = J \tag{2.26}$$

위 식은 모양 $\Re_0$와 $\Re$에서의 체적요소간의 관계를 나타낸다. 식(2.12)를 이용하면,

$$J = \det(\boldsymbol{F}) = \det(\delta_{iK} + u_{i,K}) = 1 + u_{i,i} + O(u_{i,K})^2 \tag{2.27}$$

여기에서 $u_{i,K} = (F_{iK} - \delta_{iK})$는 변위구배이다. 위 식에서 변위구배가 충분히 작다면, $u_{i,K}$ 보다 고차항은 무시할 수 있으므로,

$$\frac{dv}{dV} = \det(\boldsymbol{F}) = J \approx 1 + u_{i,i} \tag{2.28}$$

따라서, 변위구배 $u_{i,K}$의 고차항을 무시하는 고전 미소변형이론에서의 체적변형률은 다음과 같이 정리된다.

$$\frac{dv - dV}{dV} = \frac{dv}{dV} - 1 = J - 1 \approx \mathrm{tr}(u_{i,K}) = u_{i,i} \tag{2.29}$$

2.3 유한변형의 척도

2.3.1 코쉬-그린 변형텐서

변형 전후의 모양 $\Re_0$와 $\Re$에서 임의 선요소의 길이 제곱은 각각 다음과 같다.

$$dS^2 = d\boldsymbol{X} \cdot d\boldsymbol{X} = dX_K dX_K \tag{2.30}$$

$$ds^2 = d\boldsymbol{x} \cdot d\boldsymbol{x} = dx_k dx_k \tag{2.31}$$

한편, dS^2 및 ds^2은 변형구배 $\boldsymbol{F}$를 이용하여 다음 식으로 정리된다.

$$dS^2 = d\boldsymbol{X} \cdot d\boldsymbol{X} = (\boldsymbol{F}^{-1}d\boldsymbol{x}) \cdot (\boldsymbol{F}^{-1}d\boldsymbol{x}) = d\boldsymbol{x}^{\mathrm{T}}\{(\boldsymbol{F}^{-1})^{\mathrm{T}}(\boldsymbol{F}^{-1})\}d\boldsymbol{x} \tag{2.32}$$

$$ds^2 = d\boldsymbol{x} \cdot d\boldsymbol{x} = (\boldsymbol{F}d\boldsymbol{X}) \cdot (\boldsymbol{F}d\boldsymbol{X}) = d\boldsymbol{X}^{\mathrm{T}}(\boldsymbol{F}^{\mathrm{T}}\boldsymbol{F})d\boldsymbol{X} \tag{2.33}$$

코쉬(Cauchy, 1827)는 다음과 같이 정의되는 변형텐서 $\boldsymbol{B}^{-1}$를 도입하였다.

$$\boldsymbol{B}^{-1} = (\boldsymbol{F}^{-1})^{\mathrm{T}}\boldsymbol{F}^{-1} \quad \text{혹은} \quad B_{ij}^{-1} = X_{K,i}X_{K,j} \tag{2.34}$$

또한, 그린(Green, 1841)은 유한변형을 기술할 때, 다음과 같은 텐서를 사용하였다.

$$\boldsymbol{C} = \boldsymbol{F}^{\mathrm{T}}\boldsymbol{F} \quad \text{혹은} \quad C_{KL} = x_{i,K}x_{i,L} \tag{2.35}$$

이들 두 텐서 $\boldsymbol{C}$와 $\boldsymbol{B}^{-1}$를 각각 우측 및 좌측 코쉬-그린 텐서라고 한다. 코쉬-그린 텐서를 사용하면, dS^2과 ds^2은 각각 다음과 같이 나타낼 수 있다.

$$dS^2 = d\boldsymbol{x}^{\mathrm{T}}\boldsymbol{B}^{-1}d\boldsymbol{x} = dx_i B_{ij}^{-1} dx_j \tag{2.36}$$

$$ds^2 = d\boldsymbol{X}^{\mathrm{T}}\boldsymbol{C}d\boldsymbol{X} = dX_K C_{KL} dX_L \tag{2.37}$$

위의 표현을 이용하여 dS^2과 ds^2의 차를 나타내면 다음과 같다.

$$\begin{aligned} ds^2 - dS^2 &= d\boldsymbol{X}^{\mathrm{T}}(\boldsymbol{C} - \boldsymbol{I})d\boldsymbol{X} = d\boldsymbol{x}^{\mathrm{T}}(\boldsymbol{I} - \boldsymbol{B}^{-1})d\boldsymbol{x} \\ &= dX_K(C_{KL} - \delta_{KL})dX_L = dx_i(\delta_{ij} - B_{ij}^{-1})dx_j \end{aligned} \tag{2.38}$$

2.3.2 신장비

$\boldsymbol{C}$와 $\boldsymbol{B}^{-1}$의 물리적 의미를 좀더 파악하기 위해서는 선요소, 면요소, 체적요소의 변형전후 비율을 살펴보아야 한다. $\mathfrak{R}_0$에서의 선요소 $d\boldsymbol{X}$에 대하여, $d\boldsymbol{X}$ 방향으로의 단위 벡터를 다음과 같이 정의하자.

$$\boldsymbol{N} = \frac{d\boldsymbol{X}}{|d\boldsymbol{X}|} \tag{2.39}$$

$\boldsymbol{N}$ 방향성분으로 나타낸 신장비(stretch ratio) λ_N은 다음과 같이 표현된다.

$$\lambda_N = \frac{ds}{dS} = \frac{|d\boldsymbol{x}|}{|d\boldsymbol{X}|} = \frac{\sqrt{d\boldsymbol{X}^{\mathrm{T}}\boldsymbol{C}d\boldsymbol{X}}}{|d\boldsymbol{X}|} = \sqrt{\boldsymbol{N}^{\mathrm{T}}\boldsymbol{C}\boldsymbol{N}} \tag{2.40}$$

마찬가지로, $\mathfrak{R}$에서의 미소 선요소 $d\boldsymbol{x}$ 방향으로의 단위벡터를 정의한다.

$$\boldsymbol{n} = \frac{d\boldsymbol{x}}{|d\boldsymbol{x}|} \tag{2.41}$$

$\boldsymbol{n}$ 방향성분으로 나타낸 신장비 $\lambda_{\boldsymbol{n}}$는 다음과 같다.

$$\lambda_n = \frac{ds}{dS} = \frac{|d\boldsymbol{x}|}{|d\boldsymbol{X}|} = \frac{|d\boldsymbol{x}|}{\sqrt{d\boldsymbol{x}^{\mathrm{T}}\boldsymbol{B}^{-1}d\boldsymbol{x}}} = \frac{1}{\sqrt{\boldsymbol{n}^{\mathrm{T}}\boldsymbol{B}^{-1}\boldsymbol{n}}} \tag{2.42}$$

$d\boldsymbol{x}$와 $d\boldsymbol{X}$가 동일한 물질요소에 대한 것이라면, $\lambda_N = \lambda_{\boldsymbol{n}}$이 성립하고, 식(2.40)과 (2.42)는 동일한 선요소의 신장비를 각각 기준기술 및 공간기술한 것이 된다.

2.3.3 면적비와 체적비

이제 $da = |d\boldsymbol{a}|$ 및 $dA = |d\boldsymbol{A}|$라 할 때, 면적비$= da/dA$를 생각해 보자. 식(2.40)과 (2.42)를 전개할 때와 비슷한 방법으로 다음 관계를 얻을 수 있다.

$$\Lambda_N = \frac{da}{dA} = \det(\boldsymbol{F})\sqrt{\boldsymbol{N}^{\mathrm{T}}\boldsymbol{C}^{-1}\boldsymbol{N}} = J\sqrt{\boldsymbol{N}^{\mathrm{T}}\boldsymbol{C}^{-1}\boldsymbol{N}} \tag{2.43}$$

$$\Lambda_n = \frac{da}{dA} = \det(\boldsymbol{F})\frac{1}{\sqrt{\boldsymbol{n}^{\mathrm{T}}\boldsymbol{B}\boldsymbol{n}}} = \frac{J}{\sqrt{\boldsymbol{n}^{\mathrm{T}}\boldsymbol{B}\boldsymbol{n}}} \tag{2.44}$$

여기에서 $\boldsymbol{N}$과 $\boldsymbol{n}$은 각각 다음 식으로 주어진 방향단위벡터이다.

$$\boldsymbol{N} = \frac{d\boldsymbol{A}}{|d\boldsymbol{A}|}, \quad \boldsymbol{n} = \frac{d\boldsymbol{a}}{|d\boldsymbol{a}|} \tag{2.45}$$

체적비의 경우에는 식(2.34)과 (2.35)로부터 다음 식을 얻을 수 있다.

$$\det(\boldsymbol{C}) = \det(\boldsymbol{F}^{\mathrm{T}}\boldsymbol{F}) = \det{}^2(\boldsymbol{F}) = J^2 \tag{2.46}$$

$$\det(\boldsymbol{B}^{-1}) = \det\left[(\boldsymbol{F}^{-1})^{\mathrm{T}}\boldsymbol{F}^{-1}\right] = \left[\det{}^2(\boldsymbol{F})\right]^{-1} = J^{-2} \tag{2.47}$$

따라서, 식(2.26)로 표현되는 체적비는 텐서 $\boldsymbol{C}$ 혹은 $\boldsymbol{B}^{-1}$의 항으로 나타낼 수 있다.

$$\frac{dv}{dV} = J = \sqrt{\det(\boldsymbol{C})} = \left[\sqrt{\det\left(\boldsymbol{B}^{-1}\right)}\right]^{-1} \tag{2.48}$$

2.3.4 각도의 변화

선, 면, 체적의 변화 외에도 각도의 변화를 생각해 볼 수 있다. 전단변형이 생기는 변형에서는 각도의 변화가 중요하게 고려되어야 한다. $\Re_0$에서 두 개의 단위벡터 $\boldsymbol{N}^{(1)} = d\boldsymbol{X}^{(1)} / |d\boldsymbol{X}^{(1)}|$ 및 $\boldsymbol{N}^{(2)} = d\boldsymbol{X}^{(2)} / |d\boldsymbol{X}^{(2)}|$간에 이루는 각을 Θ라 하고, 이 각도가 변형후에 θ로 되었다고 하자. 전단변형은 Θ와 θ간의 차이로 정의된다(즉, $\gamma = \Theta - \theta$). 따라서, 다음과 같은 관계를 쉽게 유도할 수 있다.

$$\begin{aligned} \cos\theta = \cos(\Theta - \gamma) &= \frac{d\boldsymbol{x}^{(1)} \cdot d\boldsymbol{x}^{(2)}}{\left|d\boldsymbol{x}^{(1)}\right|\left|d\boldsymbol{x}^{(2)}\right|} = \frac{d\boldsymbol{X}^{(1)^{\mathrm{T}}} \boldsymbol{F}^{\mathrm{T}} \boldsymbol{F} d\boldsymbol{X}^{(2)}}{\lambda_{\boldsymbol{N}^{(1)}} \lambda_{\boldsymbol{N}^{(2)}} \left|d\boldsymbol{X}^{(1)}\right|\left|d\boldsymbol{X}^{(2)}\right|} \\ &= \frac{1}{\lambda_{\boldsymbol{N}^{(1)}} \lambda_{\boldsymbol{N}^{(2)}}} \boldsymbol{N}^{(1)^{\mathrm{T}}} \boldsymbol{C} \boldsymbol{N}^{(2)} = \frac{1}{\lambda_{\boldsymbol{N}^{(1)}} \lambda_{\boldsymbol{N}^{(2)}}} C_{KL} N_K^{(1)} N_L^{(2)} \end{aligned} \tag{2.49}$$

$\Theta = \pi / 2$ 인 경우에, 식(2.49)은 다음과 같이 정리된다.

$$\sin\gamma = \frac{1}{\lambda_{\boldsymbol{N}^{(1)}} \lambda_{\boldsymbol{N}^{(2)}}} C_{KL} N_K^{(1)} N_L^{(2)} \tag{2.50}$$

식(2.49)와 (2.50)는 전단변형의 기준기술, 즉, 라그랑지안 기술에 해당한다. 이 경우에 $\boldsymbol{N}^{(1)}$과 $\boldsymbol{N}^{(2)}$는 미리 정의되어 있으므로, $\cos\Theta = \boldsymbol{N}^{(1)} \cdot \boldsymbol{N}^{(2)}$로부터 각도 Θ를 쉽게 계산할 수 있다. 식(2.49)로 결정되는 θ를 Θ로부터 빼면 각도변화(즉, 전단변형 γ)를 알 수 있다. 마찬가지로, $\Re$에서 단위벡터 $\boldsymbol{n}^{(1)}$, $\boldsymbol{n}^{(2)}$를 정의하면, $\cos\theta = \boldsymbol{n}^{(1)} \cdot \boldsymbol{n}^{(2)}$로부터 각도 θ를 알 수 있다. 식(2.42)를 이용하면 각도 Θ를 다음과 같이 계산할 수 있다.

$$\cos\Theta = \cos(\theta + \gamma) = \frac{d\boldsymbol{X}^{(1)} \cdot d\boldsymbol{X}^{(2)}}{\left|d\boldsymbol{X}^{(1)}\right|\left|d\boldsymbol{X}^{(2)}\right|} = \lambda_{\boldsymbol{N}^{(1)}} \lambda_{\boldsymbol{N}^{(2)}} \boldsymbol{n}^{(1)^{\mathrm{T}}} \boldsymbol{B}^{-1} \boldsymbol{n}^{(2)} = \lambda_{\boldsymbol{N}^{(1)}} \lambda_{\boldsymbol{N}^{(2)}} B_{ij}^{-1} n_i^{(1)} n_j^{(2)} \tag{2.51}$$

위 식은 전단변형의 공간기술, 즉, 오일러리안 기술에 해당한다. 전단변형 γ는 Θ에서

θ를 뺌으로써 계산할 수 있다. 식(2.30)에서 (2.51)에 걸쳐서 보여준 것처럼, 변형의 여러 측면을 코쉬-그린 텐서 $\boldsymbol{C}$와 $\boldsymbol{B}^{-1}$로 나타낼 수 있다.

2.3.5 변형률 텐서

강체운동의 경우에는 다음 관계가 성립한다.

$$\boldsymbol{C} = \boldsymbol{I} \quad \text{및} \quad \boldsymbol{B}^{-1} = \boldsymbol{I} \tag{2.52}$$

강체운동에서는 모든 방향으로 $\lambda_N = \lambda_n = 1$임을 염두에 둔다면, 위 관계는 식(2.40)와 (2.42)를 이용하여 쉽게 증명할 수 있다. 강체운동에서는 변형척도가 영텐서가 되는 것이 바람직하다. 따라서, 다음과 같은 Almansi-Hemel 변형률텐서를 각각 라그랑지안 및 오일러리안 기술방식으로 정의한다.

$$\boldsymbol{E} = \tfrac{1}{2}(\boldsymbol{C} - \boldsymbol{I}) \quad \text{즉,} \quad E_{KL} = \tfrac{1}{2}(x_{i,K}x_{i,L} - \delta_{KL}) \tag{2.53}$$

$$\boldsymbol{e} = \tfrac{1}{2}(\boldsymbol{I} - \boldsymbol{B}^{-1}) \quad \text{즉,} \quad e_{ij} = \tfrac{1}{2}(\delta_{ij} - X_{K,i}X_{K,j}) \tag{2.54}$$

위의 식들을 변위벡터 $\boldsymbol{u}$의 항으로 나타내면 각각 다음과 같다.

$$E_{KL} = \tfrac{1}{2}(u_{K,L} + u_{L,K} + u_{M,K}u_{M,L}) \tag{2.55}$$

$$e_{ij} = \tfrac{1}{2}(u_{i,j} + u_{j,i} - u_{m,i}u_{m,j}) \tag{2.56}$$

식(2.53)~(2.56)로부터, 강체운동의 경우에는 $\boldsymbol{E} = \boldsymbol{e} = \boldsymbol{0}$임을 쉽게 알 수 있다.

미소변형의 경우에는 $|u_{i,K}| << 1$이므로, 식(2.55) 및 (2.56)에서 변위구배의 고차항을 무시할 수 있어서 다음과 같이 보통 사용되는 변형률텐서를 얻을 수 있다.

$$\varepsilon_{ij} = \tfrac{1}{2}(u_{i,j} + u_{j,i}) \tag{2.57}$$

이 경우에는 기준기술과 공간기술 간에 차이를 보이지 않으므로, 두 기술방식을 따로 구분할 필요가 없다.

변형률텐서의 정의는 유일한 것이 아니다. 그렇지만, 변형률텐서의 기본조건은 임의의 질점에서의 변형상태를 완전하게 결정할 수 있는 것이어야 한다. 변형상태는 모든 방향으로의 신장과 전단을 포함한다. 변형텐서 $\boldsymbol{C}$와 $\boldsymbol{B}^{-1}$은 이러한 목적으로 사용하기에 충분하다. 따라서, $\boldsymbol{C}$를 이용하여 단일값을 주는 단조롭고(monotonic) 가역적인(invertible) 텐서함수는 모두 라그랑지안 변형률텐서로 정의될 수 있다. 마찬가지 조건으로 $\boldsymbol{B}^{-1}$를 이용하는 오일러리안 변형률텐서를 정의할 수 있다. 사실, 이는 변형률텐서에 대한 동등정리이다.

이 정리를 바탕으로, Hencky(1928)가 사용하였던 대수변형률텐서를 소개한다(1.2절에서 단축변형의 변형률척도로 이 변형률을 이미 정의한 바 있다). 대수변형률텐서(진변형률텐서 혹은 자연변형률텐서라고도 함)를 기준기술방식 혹은 공간기술방식으로 정의하면 각각 다음과 같다.

$$\bar{\boldsymbol{E}} = \tfrac{1}{2}\ln \boldsymbol{C} = \ln \boldsymbol{C}^{1/2} \tag{2.58}$$

$$\bar{\boldsymbol{e}} = -\tfrac{1}{2}\ln \boldsymbol{B}^{-1} = \ln(\boldsymbol{B}^{-1})^{-1/2} \tag{2.59}$$

여기에서 텐서함수 $\ln \boldsymbol{A}$의 정의는 $\boldsymbol{A}$와 주방향(principal direction)이 같고 주값(principal value)이 $\ln \lambda_i$인 텐서이다. 단, λ_i는 텐서 $\boldsymbol{A}$의 주값이다. 식(2.52)로부터 강체변형의 경우에는 $\bar{\boldsymbol{E}}$ 및 $\bar{\boldsymbol{e}}$ 모두 영텐서 임을 알 수 있다. 참고로, 텐서 $\boldsymbol{A}$의 주값을 A_1, A_2, A_3라 하면, $\boldsymbol{A}$는 주축좌표계에서 다음과 같이 표현된다.

$$\boldsymbol{A} = \begin{bmatrix} A_1 & 0 & 0 \\ 0 & A_2 & 0 \\ 0 & 0 & A_3 \end{bmatrix}$$

이로부터, $\ln \boldsymbol{A}$은 다음과 같이 정의된다.

$$\ln \boldsymbol{A} = \begin{bmatrix} \ln A_1 & 0 & 0 \\ 0 & \ln A_2 & 0 \\ 0 & 0 & \ln A_3 \end{bmatrix}$$

위 식에서 보인 것처럼, $\ln \boldsymbol{A}$은 $\boldsymbol{A}$과 동축이면서 $\ln A_i$ $(i = 1,2,3)$의 주값을 갖는 것으로 정의된다. 이와 마찬가지로 하여, 텐서$\boldsymbol{A}$의 함수 $e^{\mathbf{A}}$, $\sin \boldsymbol{A}$ 등을 정의할 수 있다. 이렇게 텐서 $\boldsymbol{A}$의 함수를 정의하면, 함수 $\ln \boldsymbol{A}$가 텐서의 특성을 그대로 유지하면서 여전히 텐서가 되는 것을 보장할 수 있다. 반면에, 임의의 좌표계에서 $\ln \boldsymbol{A}$의 성분을 $\ln A_{ij}$로 정의해 버리면, $\ln \boldsymbol{A}$는 일반적으로 텐서의 좌표변환법칙을 만족하지 못하므로, 텐서가 아니게 된다.

2.4 변형구배의 극분해

질점에서의 변형을 좀더 설명하기 위해, 극분해(極分解, polar decomposition)에 관한 코쉬정리를 소개한다. 극분해정리란 "비특이(非特異, non-singular) 2차텐서 $\boldsymbol{A}$가 다음과 같이 두 텐서의 곱으로 유일하게 분해된다는 것"이다.

$$\boldsymbol{A} = \boldsymbol{RU} = \boldsymbol{VR} \tag{2.60}$$

단, $\boldsymbol{R}$은 $\boldsymbol{RR}^{\mathrm{T}} = \boldsymbol{I}$인 직교(orthogonal)텐서이고, $\boldsymbol{U}$와 $\boldsymbol{V}$는 대칭텐서이다. 이 정리에 대한 증명은 각종 문헌에 수록되어 있다. 2.2절에서 이미 살펴본 것처럼, 변형구배텐서 $\boldsymbol{F}$는 비특이 2차텐서이다. 따라서, $\boldsymbol{F}$에 대하여 극분해정리를 적용하면,

$$\boldsymbol{F} = \boldsymbol{RU} = \boldsymbol{VR} \tag{2.61}$$

여기에서 $\boldsymbol{R}$은 직교회전텐서이고, $\boldsymbol{U}$와 $\boldsymbol{V}$(Cauchy 텐서)는 대칭이며, 양한정(陽限定, positive definite)[1]인 텐서로 각각 우측 및 좌측 코쉬 텐서라고 부른다.

$\boldsymbol{B}$와 $\boldsymbol{C}$에 대한 정의와 $\boldsymbol{F}$의 극분해를 이용하면, 다음 식을 얻는다.

$$\boldsymbol{B} = \boldsymbol{FF}^{\mathrm{T}} = \boldsymbol{VRR}^{\mathrm{T}}\boldsymbol{V} = \boldsymbol{V}^2 \tag{2.62}$$

$$\boldsymbol{C} = \boldsymbol{F}^{\mathrm{T}}\boldsymbol{F} = \boldsymbol{UR}^{\mathrm{T}}\boldsymbol{RU} = \boldsymbol{U}^2 \tag{2.63}$$

또한, 식(2.11)은 다음과 같이 여러 형태로 나타낼 수 있다.

$$\begin{aligned} d\boldsymbol{x} &= \boldsymbol{F}d\boldsymbol{X} = \boldsymbol{R}d\boldsymbol{X}' = \boldsymbol{RU}d\boldsymbol{X} \\ &= \boldsymbol{V}d\boldsymbol{x}' = \boldsymbol{VR}d\boldsymbol{X} \end{aligned} \tag{2.64}$$

강체병진운동의 경우에는 $\boldsymbol{F} = \boldsymbol{I}$이 되어, 위의 표현을 근거로 다음과 같이 정리할 수 있다. 즉, 임의 질점에서의 변형은 강체병진, 회전, 순수신장의 세 부분으로 구성된다. 이들 세 구성요소는 순서에 무관하다. 그림 2.6에 나타낸 것처럼, $\boldsymbol{F}$로 주어지는 변형은 처음에 $\mathfrak{R}_0$에서 상호 직교하는 세 방향 $\boldsymbol{N}_K (K = 1,2,3)$로 λ_K만큼 물체를 신장시킨 후, 각 방향으로 강체회전시킴으로써 달성될 수 있다.

---

1) $\boldsymbol{U}^2 \geq 0$이고, $\boldsymbol{U} = 0$인 경우에만 $\boldsymbol{U}^2 = 0$될 때를 말한다.

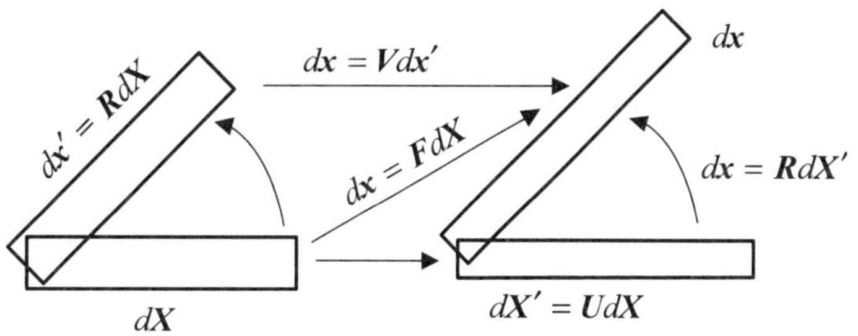

Fig. 2.6 선요소의 변형을 신장과 회전으로 분해한 개략도

동일한 변형이 이번에는 동일한 강체회전운동을 먼저 받고, 후에 $\mathfrak{R}$에서 상호 직교하는 세 방향 $\boldsymbol{n}_k(k=1,2,3)$로 λ_k만큼 신장됨으로써 달성될 수도 있다. 물론 도중에 강체병진운동이 개입될 수 있다. 신장되는 비율 $\lambda_K(=\lambda_k)$를 각각 $\mathfrak{R}_0$ 및 $\mathfrak{R}$에서 $\boldsymbol{U}$ 및 $\boldsymbol{V}$의 주축방향으로의 주신장비(主伸張比, principal stretch ratio)라고 한다. 수학적으로는 λ_K와 λ_k는 각각 $\boldsymbol{U}$와 $\boldsymbol{V}$의 고유치(eigenvalue)로서, 다음의 관계를 만족한다.

$$\boldsymbol{U}\boldsymbol{N}_K = \lambda_K \boldsymbol{N}_K \tag{2.65}$$

$$\boldsymbol{V}\boldsymbol{n}_k = \lambda_k \boldsymbol{n}_k \tag{2.66}$$

변형체의 한 질점에서 신장되는 양은 선후에 관계없이 동일하다는 점을 인정한다면, 등식 $\lambda_K=\lambda_k$가 성립함을 쉽게 이해할 수 있을 것이다. 식(2.61)에서 $\boldsymbol{V}=\boldsymbol{R}\boldsymbol{U}\boldsymbol{R}^{\mathrm{T}}$임을 안다면, 다음과 같은 수식전개가 가능하다.

$$\boldsymbol{V}(\boldsymbol{R}\boldsymbol{N}_K) = (\boldsymbol{R}\boldsymbol{U}\boldsymbol{R}^{\mathrm{T}})(\boldsymbol{R}\boldsymbol{N}_K) = \boldsymbol{R}\boldsymbol{U}\boldsymbol{N}_K = \lambda_K(\boldsymbol{R}\boldsymbol{N}_K) \tag{2.67}$$

위의 결과와 식(2.66)을 비교함으로써, 다음 결론을 내릴 수 있다.

$$\lambda_k = \lambda_K \tag{2.68a}$$

$$\boldsymbol{n}_k = \boldsymbol{R}\boldsymbol{N}_K \tag{2.68b}$$

이로부터 $\boldsymbol{U}$와 $\boldsymbol{V}$의 주값은 서로 같고, $\boldsymbol{V}$의 주축은 $\boldsymbol{U}$의 주축을 $\boldsymbol{R}$만큼 회전시킨 것임을 알 수 있다. 또한, 식(2.62) 및 (2.63)로부터 다음 사항을 유도할 수 있다.

$$\boldsymbol{C}\boldsymbol{N}_K = \lambda_K^2 \boldsymbol{N}_K \tag{2.69}$$

$$\boldsymbol{B}\boldsymbol{n}_k = \lambda_k^2 \boldsymbol{n}_k \tag{2.70}$$

따라서, 변형텐서 $\boldsymbol{C}$와 $\boldsymbol{B}$는 각각 $\boldsymbol{U}$와 $\boldsymbol{V}$의 주축과 동일한 주축을 갖는다. 게다가, $\boldsymbol{C}$와 $\boldsymbol{B}$의 주값은 $\boldsymbol{U}$와 $\boldsymbol{V}$의 주값의 제곱에 해당한다.

식(2.58), (2.59), (2.62), (2.63)를 이용한 대수변형률텐서를 소개함으로써 본 절을 끝맺는다.

$$\bar{\boldsymbol{E}} = \ln \boldsymbol{U} \tag{2.71}$$

$$\bar{\boldsymbol{e}} = \ln \boldsymbol{V} \tag{2.72}$$

2.5 속도, 가속도, 물질미분

질점의 속도벡터는 변위의 시간에 대한 변화율이다. 이를 식으로 표현하면,

$$\boldsymbol{v} = \lim_{\Delta t \to 0} \frac{\boldsymbol{x}(\boldsymbol{X}, t+\Delta t) - \boldsymbol{x}(\boldsymbol{X}, t)}{\Delta t} = \left(\frac{\partial \boldsymbol{x}}{\partial t} \right)_X \tag{2.73}$$

여기에서 하첨자로 사용된 x는 시간에 대한 편미분을 할 때, $\boldsymbol{X}$를 상수로 고정시킨다는 의미이다. 따라서, 질점의 속도는 $\boldsymbol{X}$를 상수로 보고, 위의 정의에 따라 구할 수 있다. 속도벡터 $\boldsymbol{v}$를 성분별로 나타내면, 다음과 같다.

$$v_i = \left[\frac{\partial x_i(X_K, t)}{\partial t} \right]_X \tag{2.74}$$

마찬가지로, 가속도벡터 $\boldsymbol{a}$는 다음과 같이 정의된다.

$$\boldsymbol{a} = \lim_{\Delta t \to 0} \frac{\boldsymbol{v}(\boldsymbol{X}, t+\Delta t) - \boldsymbol{v}(\boldsymbol{X}, t)}{\Delta t} = \left(\frac{\partial \boldsymbol{v}}{\partial t} \right)_X \tag{2.75}$$

$$a_i = \left(\frac{\partial v_i}{\partial t} \right)_X \tag{2.76}$$

이미 설명한 것처럼, 변형체의 운동이나 변형을 기술할 때는 기준(Lagrangian)기술방

식이나 공간(Eulerian)기술방식을 모두 사용할 수 있다. 이는 속도벡터 $\boldsymbol{v}$에 대하여도 다음과 같은 두 가지 표현이 가능하다는 것을 의미한다.

$$\boldsymbol{v} \equiv \hat{\boldsymbol{v}}(\boldsymbol{X},t) \tag{2.77a}$$

$$\equiv \boldsymbol{v}(\boldsymbol{x},t) \tag{2.77b}$$

입자 P의 가속도에 대한 표현은 식(2.75)에서처럼 기준기술, 즉, 식(2.77a)로 나타낼 수 있다. 식(2.73)와 (2.75)에 나타낸 것처럼, 물질좌표 $\boldsymbol{X}$를 상수로 잡고 시간에 대한 도함수를 구하는 것을 시간 t에 대한 물질미분(material derivative)이라고 한다. 만일 속도벡터 $\boldsymbol{v}$가 식(2.77b)로 정의되었다면, 가속도 $\boldsymbol{a}$를 구하고자 할 때, 식(2.75)은 더 이상 사용될 수 없다. 그러나, 2.1절에서 설명한 것처럼, 가정에 의해 충분히 부드러운 함수 $\boldsymbol{x}(\boldsymbol{X},t)$가 있으므로, 식(2.77b)를 다음과 같은 식으로 나타낼 수 있다.

$$\boldsymbol{v} = \boldsymbol{v}(\boldsymbol{x},t) = \boldsymbol{v}\left[\boldsymbol{x}(\boldsymbol{X},t),t\right] = \hat{\boldsymbol{v}}(\boldsymbol{X},t) \tag{2.78}$$

따라서, 다음과 같이 물질미분이 가능하다.

$$\boldsymbol{a} = \left(\frac{\partial \boldsymbol{v}}{\partial t}\right)_{\boldsymbol{X}} = \left(\frac{\partial \boldsymbol{v}(\boldsymbol{x},t)}{\partial t}\right)_{\boldsymbol{x}} + \frac{\partial \boldsymbol{v}(\boldsymbol{x},t)}{\partial \boldsymbol{x}}\left(\frac{\partial \boldsymbol{x}}{\partial t}\right)_{\boldsymbol{X}} \tag{2.79a}$$

$$a_i = \left(\frac{\partial v_i}{\partial t}\right)_{\boldsymbol{x}} + \frac{\partial v_i}{\partial x_j}\left(\frac{\partial x_j}{\partial t}\right)_{\boldsymbol{X}} \tag{2.79a}$$

식(2.73)의 정의에 따라 $[\partial \boldsymbol{x}/\partial t]_X = \boldsymbol{v}$ 혹은 $[\partial x_j/\partial t]_X = v_j$이므로, 식(2.79b)를 다시 쓰면,

$$a_i = \left(\frac{\partial v_i}{\partial t}\right)_{\boldsymbol{x}} + v_{i,j}v_j \tag{2.80}$$

이 경우에 물질미분은 기호 D/Dt를 사용하거나, 점을 찍어서 나타낸다(즉, $\boldsymbol{a} \equiv D\boldsymbol{v}/Dt \equiv \dot{\boldsymbol{v}}$). 우리가 사용하는 좌표계에는 물질좌표 $\boldsymbol{X}$와 공간좌표 $\boldsymbol{x}$의 두 가지가 있으므로, $\boldsymbol{X}$ 및 $\boldsymbol{x}$에 대한 구배를 나타낼 때 서로 다른 기호를 사용하는 것이 편리하다. 이 책에서는 다음과 같은 기호를 사용한다.

$$\nabla \boldsymbol{A} = \text{물질좌표 혹은 기준좌표 } \boldsymbol{X} \text{ 에 대한 } \boldsymbol{A}\text{의 구배 } \boldsymbol{A}_{,k} \tag{2.81}$$

$$\text{grad}\,\boldsymbol{A} = \text{공간좌표 } \boldsymbol{x}\text{에 대한 } \boldsymbol{A}\text{의 구배 } \boldsymbol{A}_{,k} \tag{2.82}$$

위의 정의에 따르면,

$$\boldsymbol{a} = \frac{D\boldsymbol{v}}{Dt} = \left(\frac{\partial \boldsymbol{v}}{\partial t}\right)_{\boldsymbol{x}} + \boldsymbol{v} \cdot \operatorname{grad} \boldsymbol{v} \tag{2.83}$$

물질미분은 $\boldsymbol{v}$뿐 아니라, 임의의 스칼라함수 $g(\boldsymbol{x},t)$나 텐서함수 $\boldsymbol{G}(\boldsymbol{x},t)$에도 적용되므로,

$$\dot{g} \equiv \frac{Dg}{Dt} = \left(\frac{\partial g}{\partial t}\right)_{\boldsymbol{x}} + \boldsymbol{v} \cdot \operatorname{grad} g \tag{2.84}$$

$$\dot{\boldsymbol{G}} \equiv \frac{D\boldsymbol{G}}{Dt} = \left(\frac{\partial \boldsymbol{G}}{\partial t}\right)_{\boldsymbol{x}} + \boldsymbol{v} \cdot \operatorname{grad} \boldsymbol{G} \tag{2.85}$$

이상을 정리하면, 물질미분은 다음과 같은 연산자로 정의하여 표현할 수 있다.

$$\frac{D}{Dt} = \left[\left(\frac{\partial}{\partial t}\right)_{\boldsymbol{x}} + \boldsymbol{v} \cdot \operatorname{grad}\right] \tag{2.86}$$

2.6 속도구배와 선, 면, 체적요소의 물질미분

본 절에서는 변형구배 $\boldsymbol{F}$를 계산할 때, 물질좌표 $\boldsymbol{X}$와 공간좌표 $\boldsymbol{x}$를 사용함으로써 유한변형을 받는 물체의 완전한 변형에 대하여 설명하고자 한다. 2.2절에서 보았듯이, 현재모양 $\mathfrak{R}$에서의 미소 선요소, 면요소, 체적요소는 기준모양 $\mathfrak{R}_0$내의 상응하는 원래의 요소들과 $\boldsymbol{F}$를 통하여 연관된다. 2.5절에서는 속도 즉, 변위의 시간에 대한 변화율이라는 개념을 소개하였다. 이 개념으로부터, $\mathfrak{R}_0$이나(물질좌표를 사용하는 경우) $\mathfrak{R}$에서(공간좌표를 사용하는 경우) 정의되는, 벡터값을 갖는 속도장을 얻었다. 그렇다면, 유한변형된 물체가 속도장에 놓여있을 때, 선요소, 면요소, 체적요소의 변화율은 무엇일까? 이제 속도구배(velocity gradient)라고 하는 2계텐서 $\boldsymbol{L}$로 이들 변화율(2.5절에서 물질미분이라고 정의한)에 대하여 설명한다. 본 절에서 얻은 결과들을 2.2절에서 얻은 결과들과 비교해보기 바란다.

물체 B를 구성하는 각 질점에서의 속도들이 속도장 $\boldsymbol{v}(\boldsymbol{x},t)$를 형성한다는 점을 상기하자. 일반적으로, 이 속도장은 시간에 따라 변한다. 그러나 고정된 시간 t에서 $\boldsymbol{v}(\boldsymbol{x},t)$는 공간좌표 $\boldsymbol{x}$에 의해서만 달라진다. 즉, 위치좌표의 미소한 차이 $d\boldsymbol{x}$에 따른 속도의 차이 $d\boldsymbol{v}$를 다음과 같이 계산할 수 있다.

$$d\boldsymbol{v} = \frac{\partial \boldsymbol{v}}{\partial \boldsymbol{x}} d\boldsymbol{x} = [\text{grad}\, \boldsymbol{v}] d\boldsymbol{x} = \boldsymbol{L} d\boldsymbol{x} \tag{2.87}$$

여기에서,

$$\boldsymbol{L} = \text{grad}\, \boldsymbol{v} = \frac{\partial \boldsymbol{v}}{\partial \boldsymbol{x}} \quad \text{즉,}\ L_{ij} = v_{i,j} = \dot{x}_{i,j} \tag{2.88}$$

$\boldsymbol{L}$은 공간좌표 $\boldsymbol{x}$에 대한 속도 $\boldsymbol{v}$의 구배이고, $d\boldsymbol{v}$는 공간점 $\boldsymbol{x}$와 $(\boldsymbol{x}+d\boldsymbol{x})$간의 속도 차라고 볼 수 있다. 미분에 대한 연쇄법칙을 적용하면,

$$\frac{D}{Dt}(F_{iK}) = \frac{D}{Dt}(x_{i,K}) = \dot{x}_{i,K} = \frac{\partial \dot{x}_i}{\partial X_K} = \frac{\partial \dot{x}_i}{\partial x_j}\frac{\partial x_j}{\partial X_K} = L_{ij}F_{jK} \quad \text{즉,}\ \dot{\boldsymbol{F}} = \boldsymbol{L}\boldsymbol{F} \tag{2.89}$$

즉, $\boldsymbol{F}$의 물질미분을 $\boldsymbol{L}$과 $\boldsymbol{F}$의 항으로 나타낼 수 있다. 한편,

$$\boldsymbol{F}\boldsymbol{F}^{-1} = \boldsymbol{I}$$

이므로, 위 식의 양변에 물질미분을 취하고, $D\boldsymbol{I}/Dt = \boldsymbol{0}$인 점을 이용하면,

$$\dot{\boldsymbol{F}}\boldsymbol{F}^{-1} + \boldsymbol{F}\dot{\boldsymbol{F}}^{-1} = \boldsymbol{0} \quad \text{즉,}\ \dot{\boldsymbol{F}}^{-1} = -\boldsymbol{F}^{-1}\dot{\boldsymbol{F}}\boldsymbol{F}^{-1}$$

식(2.89)을 위 식에 대입하여 정리하면, 다음 결과를 얻는다.

$$\dot{\boldsymbol{F}}^{-1} = -\boldsymbol{F}^{-1}\boldsymbol{L} \tag{2.90}$$

현재모양 $\Re$에서의 선요소, 면요소, 체적요소의 물질미분을 얻으려면, 우선 다음 사항을 알고 있어야 한다.

$$\frac{D}{Dt}(d\boldsymbol{X}) = \frac{D}{Dt}(d\boldsymbol{A}) = \frac{D}{Dt}(dV) = 0 \tag{2.91}$$

이 식이 뜻하는 바는 초기모양 $\Re_0$에서 이들 요소의 물질미분은 영이라는 것이다. 즉, 이들 요소는 일단 선택되면 후속되는 운동에 무관하게 초기모양 즉, 기준모양에 고정되어 붙어있는 것으로 볼 수 있다. 이제 $d\boldsymbol{x} = \boldsymbol{F}d\boldsymbol{X}$이므로, 다음과 같이 선요소의 물

질미분을 계산할 수 있다.

$$\frac{D}{Dt}(d\mathbf{x}) = \frac{D}{Dt}\left[\boldsymbol{F}d\boldsymbol{X}\right] = \dot{\boldsymbol{F}}d\boldsymbol{X} = (\boldsymbol{L}\boldsymbol{F})d\boldsymbol{X} = \boldsymbol{L}d\mathbf{x} \tag{2.92}$$

$\Re$에서의 체적요소 dv의 물질미분을 계산하려면, 다음 식을 알고 있어야 한다. 즉, 식(2.20b)에 의거하여,

$$J = \det(\boldsymbol{F}) = \tfrac{1}{6} e_{ijk} e_{LMN} x_{i,L} x_{j,M} x_{k,N} \tag{2.93}$$

성분 $x_{j,K}$에 대하여 위 식의 도함수를 구하면

$$\frac{\partial \det(\boldsymbol{F})}{\partial x_{i,K}} = \frac{\partial J}{\partial x_{i,K}} = \text{cofactor}\, x_{i,K} = JX_{K,i} \tag{2.94}$$

한편, 체적요소 간에는 $dv = \det(\boldsymbol{F})dV = JdV$의 관계가 있으므로,

$$\begin{aligned}\frac{D}{Dt}(dv) &= \frac{DJ}{Dt}dV = \frac{\partial J}{\partial x_{i,K}}\frac{Dx_{i,K}}{Dt}dV \quad = JX_{K,i}L_{ij}x_{j,K}dV \\ &= L_{ii}JdV = \text{tr}(\boldsymbol{L})(JdV) = \text{tr}(\boldsymbol{L})dv = \text{tr}(\boldsymbol{D})dv\end{aligned} \tag{2.95}$$

위 식을 유도하는데는 식(2.89) 및 (2.94)과 $X_{K,i}\, x_{j,K} = \delta_{ij}$의 관계가 사용되었다.

면요소에 대하여는 식(2.19)을 물질미분함에 있어서, 식(2.90)와 (2.95)을 사용하여 다음과 같이 정리할 수 있다.

$$\begin{aligned}\frac{D}{Dt}(d\boldsymbol{a}) &= \frac{DJ}{Dt}\boldsymbol{F}^{-T}d\boldsymbol{A} + J\frac{D\boldsymbol{F}^{-T}}{Dt}d\boldsymbol{A} = \text{tr}(\boldsymbol{L})J\boldsymbol{F}^{-T}d\boldsymbol{A} - J\boldsymbol{L}^{\mathrm{T}}\boldsymbol{F}^{-T}d\boldsymbol{A} \\ &= \left[\text{tr}(\boldsymbol{L})\boldsymbol{I} - \boldsymbol{L}^{T}\right]J\boldsymbol{F}^{-T}d\boldsymbol{A} = \left[\text{tr}(\boldsymbol{L})\boldsymbol{I} - \boldsymbol{L}^{T}\right]d\boldsymbol{a}\end{aligned} \tag{2.96}$$

식(2.92), (2.95), (2.96)에 의하면, 모양 $\Re$을 기준모양으로 삼는 경우, 속도구배 $\boldsymbol{L}$을 사용하여 미소요소들 $d\boldsymbol{x}$, $d\boldsymbol{a}$, dv가 $\Re$에서 변화하는 속도를 구할 수 있음을 알 수 있다. 반면에 이들 요소가 초기모양 $\Re_0$에 대하여 달라지는 속도(즉, 초기모양 $\Re_0$에서 멀어지는 속도)를 알고자 하면, 속도구배 $\boldsymbol{L}$에 추가하여 변형구배 $\boldsymbol{F}$를 알아야 한다.

2.2절에서 설명한 것처럼, 현재모양 $\Re$에서의 미소 물질요소는 변형구배 $\boldsymbol{F}$를 통하여 $\Re_0$에서의 상응하는 요소와 연관되어 있다. 물체의 유한변형을 다룰 때는 단순성을 기하

기 위해 현재모양 $\mathfrak{R}$을 기준모양으로 삼는 경우가 종종 있는데, 이를 "상대기술(relative description)방식"이라고 한다. 지금까지는 시간에 무관한 초기모양 $\mathfrak{R}_0$만을 기준으로 삼아 왔다. 그렇지만, 시간에 따라 변하는 모양을 기준으로 삼을 수도 있다. 상대기술방식에서 현재모양 $\mathfrak{R}$을 기준으로 삼는 이유는 $\mathfrak{R}$이 시간에 따라 변하면서 물리적 의미를 갖기 때문이기도 하지만, 이로 인해 운동학을 기술하기가 간편하다는 측면도 있다.

2.7 변형속도와 스핀텐서

2.3절에서 설명한 것처럼, $\mathfrak{R}$에서의 미소요소 $d\boldsymbol{x}$, $d\boldsymbol{a}$, dv는 오직 $\boldsymbol{F}$를 통하여 $\mathfrak{R}_0$의 $d\boldsymbol{X}$, $d\boldsymbol{A}$, dV와 연관된다. 그렇지만, 한 질점에서의 변형상태(즉, 신장비, 전단변형, 변형전후 미소 물질요소들 간의 비에 관한 정보들)는 $\boldsymbol{F}$가 아니라, $\boldsymbol{C}$와 $\boldsymbol{B}^{-1}$에 의해서 주어진다. 마찬가지로 $\boldsymbol{L}$은 이들 요소의 물질미분을 결정하는 기본적인 역할을 하지만(2.6절 참조), 물질미분을 완전하게 나타낼 때는 $\boldsymbol{L}$이 아니라, $\boldsymbol{L}$의 대칭부분 텐서이다.

물체자체 즉, 물질요소의 변화율보다 물체의 형상변화율에 일차적인 관심을 두는 많은 문제에서는 물질미분에 의한 도함수가 보다 중요하다. 물질요소의 변화율을 구할 때는 현재모양 $\mathfrak{R}$을 기준으로 삼고, 이 모양에 대한 변화율을 생각하는 것이 간편하다. 우선, $d_{\boldsymbol{n}} = |d\dot{\boldsymbol{x}}|/|d\boldsymbol{x}|$로 정의되는 신장속도(stretch rate)를 생각하자. $\mathfrak{R}$에서 선요소방향의 단위벡터를 $\boldsymbol{n} = d\boldsymbol{x}/|d\boldsymbol{x}|$로 정의하면,

$$\begin{aligned} d_{\boldsymbol{n}} &= \frac{|d\dot{\boldsymbol{x}}|}{|d\boldsymbol{x}|} = \frac{(D/Dt)\sqrt{d\boldsymbol{x}\cdot d\boldsymbol{x}}}{|d\boldsymbol{x}|} = \frac{d\dot{\boldsymbol{x}}\cdot d\boldsymbol{x} + d\boldsymbol{x}\cdot d\dot{\boldsymbol{x}}}{2|d\boldsymbol{x}|^2} \\ &= \frac{d\boldsymbol{x}^{\mathrm{T}}\boldsymbol{L}^{\mathrm{T}}d\boldsymbol{x} + d\boldsymbol{x}^{\mathrm{T}}\boldsymbol{L}d\boldsymbol{x}}{2|d\boldsymbol{x}|^2} = \boldsymbol{n}^{\mathrm{T}}\frac{(\boldsymbol{L}^{\mathrm{T}}+\boldsymbol{L})}{2}\boldsymbol{n} = \boldsymbol{n}^{\mathrm{T}}\boldsymbol{D}\boldsymbol{n} \end{aligned} \tag{2.97}$$

여기에서 $\boldsymbol{D}$는 $\boldsymbol{L}$의 대칭부분 텐서로 "변형속도(deformation rate)텐서"라고 한다. 위 식이 뜻하는 바는, "임의 방향 $\boldsymbol{n}$으로의 신장속도는 변형속도 $\boldsymbol{D}$의 $\boldsymbol{n}$방향 수직성분으로 주어진

다"는 것이다. $\boldsymbol{D}$의 물리적 의미를 좀더 파악하기 위하여 다음 계산을 해보자.

$$\frac{D}{Dt}\left(ds^2\right)=\frac{D}{Dt}(dx_i dx_i)=2d\dot{x}_i dx_i=2dx_i v_{i,j}dx_j=2dx_i L_{ij}dx_j=2d\boldsymbol{x}\cdot(\boldsymbol{D}+\boldsymbol{W})d\boldsymbol{x} \quad (2.98)$$

여기에는 식(2.92)가 사용되었고, 속도구배를 다음과 같이 두 부분으로 나누었다.

$$\boldsymbol{L}=\boldsymbol{D}+\boldsymbol{W} \quad (2.99)$$

$$\boldsymbol{W}=\tfrac{1}{2}(\boldsymbol{L}-\boldsymbol{L}^{\mathrm{T}}) \text{ 및 } \boldsymbol{D}=\tfrac{1}{2}(\boldsymbol{L}+\boldsymbol{L}^{\mathrm{T}}) \quad (2.100)$$

$\boldsymbol{W}$를 스핀텐서라고 하며, 이는 $W_{ij}=-W_{ji}$인 특성을 갖고 있다. 즉,

$$d\boldsymbol{x}\cdot\boldsymbol{W}d\boldsymbol{x}=0 \quad (2.101)$$

이 되므로, 식(2.98)은 다음과 같이 정리된다.

$$\frac{D}{Dt}\left(ds^2\right)=2d\boldsymbol{x}\cdot\boldsymbol{D}d\boldsymbol{x}=2\left(ds^2\right)d_{\boldsymbol{n}} \quad (2.102)$$

또한,

$$\mathrm{tr}(\boldsymbol{L})=\mathrm{tr}(\boldsymbol{D})+\mathrm{tr}(\boldsymbol{W})=\mathrm{tr}(\boldsymbol{D}) \quad (2.103)$$

이므로, 식(2.95)와 (2.96)에 나타난 $\mathrm{tr}(\boldsymbol{L})$도 $\mathrm{tr}(\boldsymbol{D})$로 대체될 수 있다.

질점 주위의 전단변형은 질점을 포함하는 두 개의 선요소가 이루는 각도의 변형에 해당하며, 전단속도는 이 각도가 시간에 따라 변하는 속도이다. 전단속도를 구하려면 우선 다음과 같이 $\dot{\boldsymbol{n}}$을 계산하여야 한다.

$$\dot{\boldsymbol{n}}=\frac{D}{Dt}\left(\frac{d\boldsymbol{x}}{|d\boldsymbol{x}|}\right)=\frac{d\dot{\boldsymbol{x}}}{|d\boldsymbol{x}|}-\frac{D|d\boldsymbol{x}|/Dt}{|d\boldsymbol{x}|^2}d\boldsymbol{x}=\boldsymbol{L}\boldsymbol{n}-(\boldsymbol{n}^{\mathrm{T}}\boldsymbol{D}\boldsymbol{n})\boldsymbol{n}=(\boldsymbol{L}-d_n\boldsymbol{I})\boldsymbol{n} \quad (2.104)$$

두 개의 단위벡터 $\boldsymbol{n}^{(1)}$과 $\boldsymbol{n}^{(2)}$을 사용하면, 식(2.49)에 따라 각도변화율 계산이 가능하다.

$$\begin{aligned}\frac{D}{Dt}(\cos\theta)&=\dot{\gamma}\sin\theta=\frac{D}{Dt}\left(\boldsymbol{n}^{(1)}\cdot\boldsymbol{n}^{(2)}\right)=\dot{\boldsymbol{n}}^{(1)}\cdot\boldsymbol{n}^{(2)}+\boldsymbol{n}^{(1)}\cdot\dot{\boldsymbol{n}}^{(2)}\\&=(\boldsymbol{L}\boldsymbol{n}^{(1)})\cdot\boldsymbol{n}^{(2)}-d_{\boldsymbol{n}^{(1)}}\boldsymbol{n}^{(1)}\cdot\boldsymbol{n}^{(2)}+\boldsymbol{n}^{(1)}\cdot\boldsymbol{L}\boldsymbol{n}^{(2)}-d_{\boldsymbol{n}^{(2)}}\boldsymbol{n}^{(1)}\cdot\boldsymbol{n}^{(2)}\\&=2\boldsymbol{n}^{(1)^{\mathrm{T}}}\boldsymbol{D}\boldsymbol{n}^{(2)}-\boldsymbol{n}^{(1)}\cdot\boldsymbol{n}^{(2)}(d_{\boldsymbol{n}^{(1)}}+d_{\boldsymbol{n}^{(2)}})\end{aligned} \quad (2.105)$$

이 식으로부터, $\boldsymbol{D}$를 알면 전단속도를 완전하게 결정할 수 있다. $\boldsymbol{n}^{(1)}\cdot\boldsymbol{n}^{(2)}=0$인 경우에는 $\sin\theta=1$이며, 이 경우의 전단속도는 다음과 같이 간단하게 표현된다.

$$\dot{\gamma} = 2\boldsymbol{n}^{(1)^{\mathrm{T}}} \boldsymbol{D}\boldsymbol{n}^{(2)} \tag{2.106}$$

즉, 현재모양 $\Re$에서 직교하는 두 선요소가 이루는 각도의 변화율은 $\boldsymbol{n}^{(1)}$과 $\boldsymbol{n}^{(2)}$방향으로 $\boldsymbol{D}$의 전단성분의 두 배가 된다.

지금까지 현재모양 $\Re$내의 임의 질점에서 변형상태의 변화율을 기술함에 있어서 $\boldsymbol{L}$의 대칭부분텐서(즉, $\boldsymbol{D}$)가 핵심적 역할을 한다는 것을 논의하였다. 변형텐서 $\boldsymbol{C}$나 $\boldsymbol{B}$, 혹은 그에 상응하는 $\boldsymbol{E}$나 $\boldsymbol{e}$가 임의 질점에서의 변형상태를 완전하게 결정하였다면, $\Re$에 대한 변형속도는 $\boldsymbol{D}$에 의해서 완전하게 결정된다. 이 점이 $\boldsymbol{D}$를 변형의 빠른 정도를 나타내는 변형속도텐서라고 부르는 이유이다.

식(2.100)로 주어지는 $\boldsymbol{L}$의 반대칭(antisymmetric)텐서 $\boldsymbol{W}$는 단지 회전을 나타내는데, 이는 미소변형에서 변위구배의 반대칭부분 $\frac{1}{2}(u_{i,j} - u_{j,i})$가 미소회전을 나타내는 것과 같다(Eringen, 1965). 이러한 이유로 $\boldsymbol{W}$를 "스핀텐서"라고 한다.

2.8 변형률텐서와 신장비의 물질미분

변형텐서 $\boldsymbol{C}$나 $\boldsymbol{B}$, 그리고 변형률텐서 $\boldsymbol{E}$나 $\boldsymbol{e}$의 물질미분에 대하여 알아보자. 변형속도 $\boldsymbol{D}$로부터 모든 물질요소의 변화율을 현재모양 $\Re$에 대하여 결정할 수 있지만, 초기모양 $\Re_0$에 대한 이들 요소의 변화율을 결정하기에는 변형속도 $\boldsymbol{D}$만으로는 부족하고, 변형텐서와 변형률텐서의 물질미분이 개입된다. 2.3절의 설명에서 $\boldsymbol{C}$와 $\boldsymbol{E}$는 $\Re_0$에서 변형의 물질기술방식이라고 하였다. 따라서, $\boldsymbol{C}$나 $\boldsymbol{E}$의 물질미분은 신장비의 변화율 $\dot{\lambda}_N$와 면적비의 변화율 $\dot{\Lambda}_N$을 구하는데 있어서 중요한 역할을 한다.

식(2.35)과 $\boldsymbol{F}$의 물질미분에 대한 식(2.89)로부터,

$$\dot{\boldsymbol{C}} = \dot{\boldsymbol{F}}^{\mathrm{T}}\boldsymbol{F} + \boldsymbol{F}^{\mathrm{T}}\dot{\boldsymbol{F}} = \boldsymbol{F}^{\mathrm{T}}\boldsymbol{L}^{\mathrm{T}}\boldsymbol{F} + \boldsymbol{F}^{\mathrm{T}}\boldsymbol{L}\boldsymbol{F} = \boldsymbol{F}^{\mathrm{T}}\left(\boldsymbol{L} + \boldsymbol{L}^{\mathrm{T}}\right)\boldsymbol{F} = 2\boldsymbol{F}^{\mathrm{T}}\boldsymbol{D}\boldsymbol{F} \tag{2.107}$$

$\boldsymbol{C}\boldsymbol{C}^{-1} = \boldsymbol{I}$이므로, 양변의 물질미분을 취한 후, $\boldsymbol{C}^{-1}$을 곱하면,

$$\dot{\boldsymbol{C}}^{-1} = -\boldsymbol{C}^{-1}\dot{\boldsymbol{C}}\boldsymbol{C}^{-1} = -\boldsymbol{F}^{-1}\left(\boldsymbol{F}^{-1}\right)^{\mathrm{T}} 2\boldsymbol{F}^{\mathrm{T}}\boldsymbol{D}\boldsymbol{F}\boldsymbol{F}^{-1}\left(\boldsymbol{F}^{-1}\right)^{\mathrm{T}} = -2\boldsymbol{F}^{-1}\boldsymbol{D}\boldsymbol{F}^{-\mathrm{T}} \tag{2.108}$$

위 식들로부터 $\dot{\boldsymbol{C}}$와 $\dot{\boldsymbol{C}}^{-1}$은 여전히 대칭텐서임을 알 수 있다. 마찬가지로, $\boldsymbol{B}^{-1}$를 정의하는 식(2.34)과 식(2.89)을 이용하면 다음 관계를 얻을 수 있다.

$$\begin{aligned}\dot{\boldsymbol{B}}^{-1} &= (\dot{\boldsymbol{F}}^{-1})^{\mathrm{T}}\boldsymbol{F}^{-1} + (\boldsymbol{F}^{-1})^{\mathrm{T}}\dot{\boldsymbol{F}}^{-1} = -\boldsymbol{L}^{\mathrm{T}}(\boldsymbol{F}^{-1})^{\mathrm{T}}\boldsymbol{F}^{-1} - (\boldsymbol{F}^{-1})^{\mathrm{T}}\boldsymbol{F}^{-1}\boldsymbol{L} \\ &= -(\boldsymbol{L}^{\mathrm{T}}\boldsymbol{B}^{-1} + \boldsymbol{B}^{-1}\boldsymbol{L})\end{aligned} \tag{2.109}$$

$$\dot{\boldsymbol{B}} = -\boldsymbol{B}\dot{\boldsymbol{B}}^{-1}\boldsymbol{B} = \boldsymbol{B}(\boldsymbol{L}^{\mathrm{T}}\boldsymbol{B}^{-1} + \boldsymbol{B}^{-1}\boldsymbol{L})\boldsymbol{B} = \boldsymbol{B}\boldsymbol{L}^{\mathrm{T}} + \boldsymbol{L}\boldsymbol{B} \tag{2.110}$$

$\dot{\boldsymbol{B}}$와 $\dot{\boldsymbol{B}}^{-1}$도 역시 대칭텐서이다. $\dot{\boldsymbol{C}}$와 $\dot{\boldsymbol{B}}^{-1}$이 결정되었으므로, $\dot{\boldsymbol{E}}$와 $\dot{\boldsymbol{e}}$는 식(2.53)와 (2.54)을 이용하여 계산할 수 있다.

$$\dot{\boldsymbol{E}} = \tfrac{1}{2}\dot{\boldsymbol{C}} = \boldsymbol{F}^{\mathrm{T}}\boldsymbol{D}\boldsymbol{F} \tag{2.111}$$

$$\dot{\boldsymbol{e}} = -\tfrac{1}{2}\dot{\boldsymbol{B}}^{-1} = \tfrac{1}{2}(\boldsymbol{L}^{\mathrm{T}}\boldsymbol{B}^{-1} + \boldsymbol{B}^{-1}\boldsymbol{L}) = \tfrac{1}{2}[\boldsymbol{L}^{\mathrm{T}}(\boldsymbol{I} - 2\boldsymbol{e}) + (\boldsymbol{I} - 2\boldsymbol{e})\boldsymbol{L}] = \boldsymbol{D} - (\boldsymbol{e}\boldsymbol{L} + \boldsymbol{L}^{\mathrm{T}}\boldsymbol{e}) \tag{2.112}$$

이제 신장비의 물질미분에 대하여 알아보자. 우선, 식(2.95)의 양변을 체적요소 dv로 나누면 다음과 같이 체적변화율을 얻는다.

$$\frac{d\dot{v}}{dv} = \frac{(DJ/Dt)dV}{dv} = \frac{\mathrm{tr}(\mathbf{D})JdV}{dv} = \mathrm{tr}(\mathbf{D}) \tag{2.113}$$

따라서,

$$\dot{J} = \mathrm{tr}(\mathbf{D})J \tag{2.114}$$

한편, 면요소의 변화율$(=|d\dot{\boldsymbol{a}}|/|d\boldsymbol{a}|)$은 식(2.96)과 (2.97)를 이용하여 유도할 수 있다.

$$\begin{aligned}\frac{|d\dot{\boldsymbol{a}}|}{|d\boldsymbol{a}|} &= \frac{D/Dt\sqrt{d\boldsymbol{a}\cdot d\boldsymbol{a}}}{|d\boldsymbol{a}|} = \frac{d\dot{\boldsymbol{a}}\cdot d\boldsymbol{a} + d\boldsymbol{a}\cdot d\dot{\boldsymbol{a}}}{2|d\boldsymbol{a}|^2} \\ &= \frac{\left[\mathrm{tr}(\boldsymbol{D})\boldsymbol{I} - \boldsymbol{L}^{\mathrm{T}}\right]\cdot d\boldsymbol{a}\cdot d\boldsymbol{a} + d\boldsymbol{a}\cdot\left[\mathrm{tr}(\boldsymbol{D})\boldsymbol{I} - \boldsymbol{L}^{\mathrm{T}}\right]\cdot d\boldsymbol{a}}{2|d\boldsymbol{a}|^2} \\ &= \frac{d\boldsymbol{a}^{\mathrm{T}}\left[2\mathrm{tr}(\boldsymbol{D})\boldsymbol{I} - \left(\boldsymbol{L}^{\mathrm{T}} + \boldsymbol{L}\right)\right]d\boldsymbol{a}}{2|d\boldsymbol{a}|^2} = \boldsymbol{n}^{\mathrm{T}}\left(\mathrm{tr}(\boldsymbol{D})\boldsymbol{I} - \boldsymbol{D}\right)\boldsymbol{n} = \mathrm{tr}(\boldsymbol{D}) - d_n\end{aligned} \tag{2.115}$$

여기에서 $\boldsymbol{n}$은 면요소의 단위법선벡터$(=d\boldsymbol{a}/|d\boldsymbol{a}|)$를 나타내고, $d_{\boldsymbol{n}}$은 신장속도이다.

2.3절에서 식(2.42)와 (2.44)으로 λ_n과 Λ_n을 각각 정의한 바 있다. 식(2.97)와 (2.115)를 이용하면, 현재모양 $\Re$에 대하여 즉, 오일러리안 기술방식으로 $\dot{\lambda}_n$과 $\dot{\Lambda}_n$을 구할 수 있다.

$$\dot{\lambda}_n = \frac{D|d\boldsymbol{x}|/Dt}{|d\boldsymbol{X}|} = \frac{|d\boldsymbol{x}|}{|d\boldsymbol{X}|}\frac{D|d\boldsymbol{x}|/Dt}{|d\boldsymbol{x}|} = \frac{|d\boldsymbol{x}|}{|d\boldsymbol{X}|}\frac{|d\dot{\boldsymbol{x}}|}{|d\boldsymbol{x}|} = \lambda_n d_n \tag{2.116}$$

$$\dot{\Lambda}_n = \frac{D|d\boldsymbol{a}|/Dt}{|d\boldsymbol{A}|} = \frac{|d\boldsymbol{a}|}{|d\boldsymbol{A}|}\frac{D|d\boldsymbol{a}|/Dt}{|d\boldsymbol{a}|} = \Lambda_n\left(\mathrm{tr}(\boldsymbol{D}) - d_n\right) \tag{2.117}$$

위의 결과와 식(2.114)로부터 다음 관계가 성립한다.

$$\frac{D}{Dt}\left\{\ln\left[\det(\boldsymbol{F})\right]\right\} = \frac{D(\ln J)}{Dt} = \mathrm{tr}(\boldsymbol{D}) \tag{2.118}$$

$$\frac{D}{Dt}(\ln\lambda_n) = d_n \tag{2.119}$$

$$\frac{D}{Dt}(\ln\Lambda_n) = \mathrm{tr}(\boldsymbol{D}) - d_n \tag{2.120}$$

식(2.119)와 (2.120)을 더하여 그 결과를 식(2.118)과 비교하여 같게 놓으면,

$$\frac{D(\ln J)}{Dt} = \frac{D}{Dt}(\ln\lambda_n) + \frac{D}{Dt}(\ln\Lambda_n) = \frac{D}{Dt}\left[\ln(\lambda_n\Lambda_n)\right] \tag{2.121}$$

이로부터, 다음과 같이 체적비를 신장비와 면적비의 곱으로 나타낼 수 있음을 알 수 있다.

$$J = \frac{dv}{dV} = \det(\boldsymbol{F}) = \lambda_n\Lambda_n \tag{2.122}$$

한편, 초기모양에 대한 신장비의 변화율 $\dot{\lambda}_N$와 면적비의 변화율 $\dot{\Lambda}_N$은 다음과 같이 구할 수 있다. 식(2.40)로 주어지는 λ_N의 물질(Lagrangian)기술로부터

$$\dot{\lambda}_N = \frac{D}{Dt}\sqrt{\boldsymbol{N}^{\mathrm{T}}\boldsymbol{C}\boldsymbol{N}} = \frac{\boldsymbol{N}^{\mathrm{T}}\dot{\boldsymbol{C}}\boldsymbol{N}}{2\sqrt{\boldsymbol{N}^{\mathrm{T}}\boldsymbol{C}\boldsymbol{N}}} = \frac{2\boldsymbol{N}^{\mathrm{T}}\boldsymbol{F}^{\mathrm{T}}\boldsymbol{D}\boldsymbol{F}\boldsymbol{N}}{2\lambda_N} = \frac{(\boldsymbol{F}\boldsymbol{N})\cdot\boldsymbol{D}(\boldsymbol{F}\boldsymbol{N})}{\lambda_N} \tag{2.123}$$

식(2.43)에서 $\Lambda_N = J\sqrt{\boldsymbol{N}^{\mathrm{T}}\boldsymbol{C}^{-1}\boldsymbol{N}}$이고 식(2.108)에서 $\dot{\boldsymbol{C}}^{-1} = -2\boldsymbol{F}^{-1}\boldsymbol{D}\boldsymbol{F}^{-\mathrm{T}}$이므로, $\dot{\Lambda}_N$은 다음과 같이 정리된다.

$$\dot{\Lambda}_N = \frac{D}{Dt}\left[J\sqrt{\boldsymbol{N}^{\mathrm{T}}\boldsymbol{C}^{-1}\boldsymbol{N}}\right] = \frac{DJ}{Dt}\sqrt{\boldsymbol{N}^{\mathrm{T}}\boldsymbol{C}^{-1}\boldsymbol{N}} + J\frac{D}{Dt}\sqrt{\boldsymbol{N}^{\mathrm{T}}\boldsymbol{C}^{-1}\boldsymbol{N}}$$

$$= \left(\mathrm{tr}(\boldsymbol{D})J\right)\sqrt{\boldsymbol{N}^{\mathrm{T}}\boldsymbol{C}^{-1}\boldsymbol{N}} + J\frac{\boldsymbol{N}^{\mathrm{T}}\dot{\boldsymbol{C}}^{-1}\boldsymbol{N}}{2\sqrt{\boldsymbol{N}^{\mathrm{T}}\boldsymbol{C}^{-1}\boldsymbol{N}}} \tag{2.123}$$

$$= \mathrm{tr}(\boldsymbol{D})\Lambda_N - J^2\frac{(\boldsymbol{F}^{-\mathrm{T}}\boldsymbol{N})\cdot\boldsymbol{D}(\boldsymbol{F}^{-\mathrm{T}}\boldsymbol{N})}{\Lambda_N}$$

위 식들을 식(2.116) 및 (2.117)과 비교해보면, 현재모양 $\mathfrak{R}$에 대한 신장비 및 면적비의 변화율은 변형속도 $\boldsymbol{D}$로만 결정되는 반면, 초기모양 $\mathfrak{R}_0$를 기준으로 삼을 때의 이들 변화율은 변형속도 $\boldsymbol{D}$ 외에도, J 즉, 변형구배 $\boldsymbol{F}$에 의존함을 알 수 있다.

식(2.111)에서 추론할 수 있는 것처럼 $\boldsymbol{D}$와 $\dot{\boldsymbol{E}}$는 서로 다르다는 점을 지적해 둔다. $\boldsymbol{x} = \boldsymbol{X} + \boldsymbol{u}$이므로, $\boldsymbol{F} = \boldsymbol{I} + \nabla\boldsymbol{u}$가 된다. 변위구배 $\nabla\boldsymbol{u}$가 단위텐서 $\boldsymbol{I}$에 비하여 작다면 (즉, 고전적 미소변위구배의 경우), 다음과 같은 근사가 가능하다.

$$\boldsymbol{F} \approx \boldsymbol{I} \tag{2.124}$$

$$\dot{\boldsymbol{E}} \approx \boldsymbol{IDI} = \boldsymbol{D} \tag{2.125}$$

변위구배가 작으면, 물질좌표와 공간좌표 간의 차이나 식(2.55)로 주어지는 E_{KL}에 대한 표현에서 비선형항을 모두 무시할 수 있다. 따라서,

$$E_{KL} \approx \tfrac{1}{2}(u_{K,L} + u_{L,K}) \tag{2.127}$$

는 식(2.57)로 주어지는 미소 변형률텐서 ε_{ij}가 된다. 이 경우에 X_K와 x_i 간의 차이는 무시할 수 있으므로, 하첨자에서 소문자와 대문자를 구분없이 사용할 수 있다. 따라서, $\dot{\boldsymbol{E}}$와 $\boldsymbol{D}$는 '미소변형인 경우에 국한해서' 서로 같다. 하지만, 일반적으로는

$$\frac{d\boldsymbol{E}}{dt} \neq \boldsymbol{D} \tag{2.128}$$

라고 할 수 있다.

2.3절과 2.4절에 소개한 대수변형률텐서에 대하여는 신장비의 주축이 회전하지 않는 경우에(즉, 변형률의 주축이 공간에 고정되어 있을 때), 다음 관계가 성립한다.

$$\boldsymbol{D} = \dot{\boldsymbol{e}} = \frac{D}{Dt}\left[\ln\boldsymbol{V}\right] \tag{2.129a}$$

하지만, 위의 관계식이 일반적으로 성립하는 것은 아니다.

변형속도 $\boldsymbol{D}$는 기준모양으로부터 현재모양 $\Re$로의 변형상태를 결정한다. 따라서, 시간 t에서의 현재모양 $\Re$을 기준모양으로 삼고 미소시간증분 동안에 미소변형이 일어났다면, 다음과 같이 미소변형률 텐서를 정의할 수 있다.

$$d\varepsilon_{ij} = \tfrac{1}{2}(du_{i,j} + du_{j,i}) = D_{ij}dt \tag{2.129b}$$

$\Re$에서의 미소변형률 $d\varepsilon_{ij}$가 위와 같이 명확하게 정의되는 반면에, $d\varepsilon_{ij}$을 직접 적분하여 변형률 척도로 삼을 만한 것은 일반적으로 없다. 변형률의 주축이 고정되어, $\dot{\boldsymbol{e}} = \boldsymbol{D}$인 경우에 한하여, 다음 식이 성립한다.

$$\boldsymbol{e} = \int \boldsymbol{D}dt \tag{2.129c}$$

다시 강조하지만, 위 식은 일반적으로 성립하는 것이 아니므로, 우변의 적분은 물리적 의미가 없을뿐더러, 심지어는 텐서가 아니다. 이러한 이유로, 대수변형률은 변형률의 주축이 고정된 경우에만 사용할 수 있다.

2.9 응력텐서

지금까지 물체의 기하학적 측면 즉, 운동과 변형의 수학적 표현만을 다루었다. 이제, 물체에 작용하여 운동과 변형을 야기하는 힘에 대하여 논하기로 한다. 힘은 외력과 내력으로 구분한다. 외력(external force)이란, 물체 외부에 근원하면서 물체의 경계면이나 물체내 입자에 작용하는 하중을 말한다. 내력(internal force)이란 외력에 반응하여 물체의 일부가 동일 물체의 다른 부분에 작용하는 하중을 말한다. 여기에서는 물체의 변형으로 야기되는 '추가내력'만을 고려하기로 한다. 즉, 외력의 작용없이도 존재하는, 물체를 구성하는 입자간의 체결력은 여기에서 고려하지 않는다.

외력은 다시 물체력과 표면력으로 구분된다. 물체력(物體力, body force)은 물체의 각 입자에 모두 분포하는 하중으로, 물체 외부에서 멀리 떨어져서 넓은 범위에 걸쳐 작용하는 힘이다. 가장 흔히 겪는 물체력으로는 지구의 중력을 들 수 있다. 표면력(表面力, surface force)은 물체의 경계표면에 작용하는 힘으로, 두 물체간의 접촉에 의해 발생한다. 따라서, 표면력은 물체력에 비해 좁은 범위에서 작용한다고 볼 수 있다.

경계표면이 $\partial\mathfrak{R}$인 공간영역 $\mathfrak{R}$을 차지하고 있는 변형체 B를 하나 생각하고, 이 물체의 미소체적요소 dv에 작용하는 단위질량당 물체력을 $\boldsymbol{b}$라고 하자. 현재모양 $\mathfrak{R}$에서 물체의 밀도를 ρ라 하면, 체적요소 dv에 작용하는 물체력은 $\rho\boldsymbol{b}dv$가 된다. 따라서, 물체 B에 작용하는 물체력의 합력은 다음 식으로 주어진다.

$$\boldsymbol{B} = \int_{\mathfrak{R}} \rho\boldsymbol{b}dv \tag{2.130}$$

마찬가지로, 경계표면 $\partial\mathfrak{R}$ 위의 미소표면요소 da를 생각하고, 이 요소에 작용하는 단위면적당 표면력을 즉, '단위표면력(traction)'을 $\boldsymbol{t}$라 하자. da에 작용하는 표면력은 $\boldsymbol{t}da$이므로, $\partial\mathfrak{R}$에 작용하는 표면력의 합력은 다음과 같다.

$$\boldsymbol{T} = \int_{\partial\mathfrak{R}} \boldsymbol{t}da \tag{2.131}$$

구성방정식을 통하여 물체의 거동을 특성화시킬 때, 내력은 중요한 변수로 사용된다. 눈에 보이지 않는 내력은 다음과 같이 기술되는 '오일러-코쉬 응력원리'라는 가정을 통하여 정의된다.

- 오일러-코쉬 응력원리의 가정: "단위표면력은 물체 내부의 모든 면요소에 작용하며, 단위표면력의 항으로 나타낸 운동법칙은 물체 전체뿐 아니라 임의의 내부영역에도 적용될 수 있다."

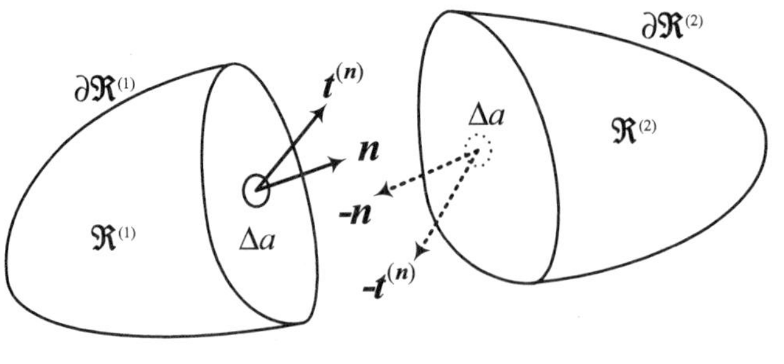

Fig. 2.7 가상으로 절단된 물체에 작용하는 표면력

이러한 오일러-코쉬 응력원리에 따라, 그림 2.7에 나타낸 것처럼 물체의 두 부분을 나누는 경계면에 작용하는 단위표면력을 $\boldsymbol{t}^{(\boldsymbol{n})}$으로 나타낼 수 있다. $\boldsymbol{n}$은 가상으로 두 부분을 나눈 단면상의 단위법선벡터이다. 그림에서처럼 가상단면상의 미소 면요소 Δa를 생각하자. 물체부분 $\mathfrak{R}^{(2)}$에 의해 물체부분 $\mathfrak{R}^{(1)}$에 작용하는 하중은 다음과 같다.

$$\Delta \boldsymbol{p} = \boldsymbol{t}^{(\boldsymbol{n})} \Delta a \tag{2.132}$$

여기에서 Δa의 단위법선벡터는 $\boldsymbol{n}$이고, $\boldsymbol{t}^{(\boldsymbol{n})}$은 단위표면력벡터로 Δa에 작용하는 단위면적당 표면력이다. 오일러-코쉬 응력원리에 따른다면 $\Delta a \to 0$일 때, $\Delta \boldsymbol{p} / \Delta a$의 극한값이 존재하며, 그 값은 $\boldsymbol{t}^{(\boldsymbol{n})}$과 같다.

$$\boldsymbol{t}^{(\boldsymbol{n})} = \lim_{\Delta a \to 0} \frac{\Delta \boldsymbol{p}}{\Delta a} \tag{2.133}$$

위 식에서 극한값은 Δa의 모양이나 $\Delta a \to 0$으로 되는 방법의 영향을 받지 않는다. 이 때, 극한값 $\boldsymbol{t}^{(\boldsymbol{n})}$을 '응력벡터(stress vector)'라고도 한다. $\boldsymbol{t}^{(\boldsymbol{n})}$이 $\boldsymbol{n}$에 따라서 달라지는 것은 명백하지만, $\boldsymbol{t}^{(\boldsymbol{n})}$이 $\boldsymbol{n}$의 방향과 일치하는 것은 아니다.

오일러-코쉬 응력원리로부터 실용적인 결과를 얻기 위해, 코쉬는 다음과 같은 보조정리를 제안하였다.

- 보조정리: 응력벡터 $\boldsymbol{t}^{(\boldsymbol{n})}$과 법선벡터 $\boldsymbol{n}$을 연관시켜주는 다음과 같은 응력텐서 $\boldsymbol{\sigma}$가 존재한다.

$$\boldsymbol{t}^{(\boldsymbol{n})} = \boldsymbol{\sigma} \boldsymbol{n} \tag{2.134}$$

위 식으로부터, 응력텐서 $\boldsymbol{\sigma}$는 변형체의 각 질점에서의 특성변수이며, 응력텐서를 $\boldsymbol{n}$방향으로 투영하면 응력벡터 $\boldsymbol{t}^{(\boldsymbol{n})}$를 얻을 수 있음을 알 수 있다. 2.1절에서 소개한 직교좌표계에서 세 개의 기저벡터를 $\boldsymbol{e}_1, \boldsymbol{e}_2, \boldsymbol{e}_3$이라 하자.(기저벡터에 사용한 기호를 변형률텐서 $\boldsymbol{e} = [e_{ij}]$와 혼동하지 말자.) 법선벡터의 방향이 $\boldsymbol{e}_l (l = 1, 2, 3)$인 면에 작용하는 응력벡터는 다음과 같다.

$$\boldsymbol{t}^{(\boldsymbol{e}_l)} = \boldsymbol{\sigma} \boldsymbol{e}_l \tag{2.135}$$

$\boldsymbol{t}^{(\boldsymbol{e}_l)}$는 벡터이지만, 일반적으로는 그 방향이 $\boldsymbol{e}_l$과 일치하지는 않으므로, $\boldsymbol{e}_1, \boldsymbol{e}_2, \boldsymbol{e}_3$방향으로의 성분 $t_k^{(\boldsymbol{e}_l)}$을 계산하면 다음과 같다.

$$t_k^{(e_l)} = \boldsymbol{t}^{(e_l)} \cdot \boldsymbol{e}_k = (\boldsymbol{\sigma} \boldsymbol{e}_l) \cdot \boldsymbol{e}_k = (\boldsymbol{\sigma} \boldsymbol{e}_l)^{\mathrm{T}} \boldsymbol{e}_k = \boldsymbol{e}_l^{\mathrm{T}} \boldsymbol{\sigma} \boldsymbol{e}_k = \sigma_{lk} \quad (k = 1,2,3) \tag{2.136}$$

위 식에서 $\boldsymbol{t}^{(e_l)}$의 $\boldsymbol{e}_k$ 방향성분 σ_{lk}을 응력성분이라고 한다. 따라서, 직교좌표계에서 응력텐서 $\boldsymbol{\sigma}$는 다음과 같이 행렬형태 $[\sigma_{lk}]$로 나타낼 수 있다.

$$\left[\sigma_{ij}\right] = \begin{bmatrix} \sigma_{11} & \sigma_{12} & \sigma_{13} \\ \sigma_{21} & \sigma_{22} & \sigma_{23} \\ \sigma_{31} & \sigma_{32} & \sigma_{33} \end{bmatrix} \tag{2.137}$$

응력텐서 $\boldsymbol{\sigma}$는 후술하는 각운동량보존의 법칙에 따라(3.4절), $\boldsymbol{\sigma} = \boldsymbol{\sigma}^{\mathrm{T}}$, 즉, 대칭인 텐서이다. 참고로, $\boldsymbol{\sigma}$는 텐서이므로, 다음과 같은 변환법칙을 만족하여야 한다.

$$\sigma'_{ij} = \alpha_{ik} \alpha_{jl} \sigma_{kl} \tag{2.138}$$

여기에서 $\alpha_{ik} = \boldsymbol{e}_i \cdot \boldsymbol{e}'_k$로 구좌표축과 신좌표축이 이루는 방향코사인이다.

2.10 기타의 응력척도

앞절에서 소개한 코쉬 응력텐서 $\boldsymbol{\sigma}$는 현재모양 $\mathfrak{R}$에서 정의한 것이다. 따라서, 공간좌표 $\boldsymbol{x}$에 따라 달라지며, 변형체 내부의 진응력을 나타낸다. 이 장의 서두에서 언급한 것처럼, 물질좌표 $\boldsymbol{X}$나 공간좌표 $\boldsymbol{x}$중 어느 것을 사용하느냐에 따라서 유한변형의 기술에는 두 가지 방식이 있다고 하였다. 어떤 경우에는 기준모양에서 정의한 응력텐서를 사용하는 것이 편리할 때가 있다(즉, 응력텐서의 라그랑지안 혹은 기준기술방식)

기준모양 $\mathfrak{R}_0$에서 단위법선벡터가 $\boldsymbol{N}$인 물질 면요소 ΔA를 생각하자. 이 요소 $\Delta \boldsymbol{A} = \Delta A \boldsymbol{N}$가 변형후의 현재모양에서 $\Delta \boldsymbol{a} = \Delta a \boldsymbol{n}$가 된다고 하자. 식(2.19)로부터

$$\boldsymbol{n} = \det(\boldsymbol{F})(\boldsymbol{F}^{-1})^T \left(\frac{\Delta A}{\Delta a}\right) \boldsymbol{N} = J \boldsymbol{F}^{-T} \left(\frac{\Delta A}{\Delta a}\right) \boldsymbol{N} \tag{2.139}$$

식(2.134)의 코쉬 응력텐서의 정의에 따르면, 현재의 변형된 모양 $\mathfrak{R}$에서의 변형된 면요소

Δa에 실제로 작용하는 하중 $\Delta \boldsymbol{p}$를 기준모양(보통은 변형되기 이전의 모양)에서의 면요소 ΔA에 대하여, 다음과 같이 정의되는 제1종 Piola-Kirchhoff 응력 $\boldsymbol{\Sigma}^{\mathrm{I}}$로 나타낼 수 있다.

$$(\boldsymbol{\Sigma}^{\mathrm{I}}\boldsymbol{N})\Delta A = \Delta \boldsymbol{p} = (\boldsymbol{\sigma}\boldsymbol{n})\Delta a \tag{2.140}$$

식(2.139)을 위 식의 우변에 대입하면,

$$[\boldsymbol{\Sigma}^{\mathrm{I}} - J\boldsymbol{\sigma}\boldsymbol{F}^{-T}]\boldsymbol{N} = \boldsymbol{0}$$

그런데, $\boldsymbol{N}$은 임의이므로, 위 식으로부터 다음 결과를 얻는다.

$$\boldsymbol{\Sigma}^{\mathrm{I}} = \det(\boldsymbol{F})\boldsymbol{\sigma}(\boldsymbol{F}^{-1})^T = J\boldsymbol{\sigma}\boldsymbol{F}^{-T} \tag{2.141}$$

$\boldsymbol{\Sigma}^{\mathrm{I}}$의 정의로부터 성분 Σ^{I}_{iK}은 기준모양 $\Re_0$에서 X_K축에 수직한 면요소에 작용하는 단위면적당 (현재)하중의 x_i방향성분이라고 할 수 있다. 이러한 이유로 제1종 Piola-Kirchhoff 응력텐서를 공칭응력텐서라고도 한다. 식(2.141)에서 $\boldsymbol{\sigma}$는 대칭이지만, $\boldsymbol{\Sigma}^{\mathrm{I}}$는 대칭이 아님을 유의할 필요가 있다.

제1종 Piola-Kirchhoff 응력텐서 $\boldsymbol{\Sigma}^{\mathrm{I}}$이 대칭이 아닌 단점을 극복하기 위해 다음과 같이 정의되는 제2종 Piola-Kirchhoff 응력 $\boldsymbol{\Sigma}^{\mathrm{II}}$을 사용한다.

$$\boldsymbol{\Sigma}^{\mathrm{II}} = \boldsymbol{F}^{-1}\boldsymbol{\Sigma}^{\mathrm{I}} = J\boldsymbol{F}^{-1}\boldsymbol{\sigma}\boldsymbol{F}^{-T} \tag{2.142}$$

위 식에서 $\boldsymbol{\sigma}$가 대칭이므로, $\boldsymbol{\Sigma}^{\mathrm{II}}$도 대칭임을 쉽게 알 수 있다. 식(2.141)과 (2.142)로부터, 다음과 같은 관계를 정리할 수 있다.

$$\boldsymbol{\sigma} = \frac{1}{\det(\boldsymbol{F})}\boldsymbol{\Sigma}^{\mathrm{I}}\boldsymbol{F}^{\mathrm{T}} = \frac{1}{J}\boldsymbol{\Sigma}^{\mathrm{I}}\boldsymbol{F}^{\mathrm{T}} \tag{2.143}$$

$$\boldsymbol{\sigma} = \frac{1}{\det(\boldsymbol{F})}\boldsymbol{F}\boldsymbol{\Sigma}^{\mathrm{II}}\boldsymbol{F}^{\mathrm{T}} = \frac{1}{J}\boldsymbol{F}\boldsymbol{\Sigma}^{\mathrm{II}}\boldsymbol{F}^{\mathrm{T}} \tag{2.144}$$

$$\boldsymbol{\Sigma}^{\mathrm{I}} = \boldsymbol{F}\boldsymbol{\Sigma}^{\mathrm{II}} \tag{2.145}$$

유한변형시 변형률척도에 대한 정의와 마찬가지로, 응력척도 역시 한 가지만 사용할 수 있는 것은 아니다. 지금까지 정의된 세 가지 응력척도 외에도 다른 종류의 응력텐서를 정의하여 사용할 수도 있다. 예를 들어, 일반적인 유한 소성변형이론을 전개할 때, Green과 Naghdi (1965)는 다음과 같이 정의되는 동시회전 코쉬 응력 $\boldsymbol{\sigma}_u$가 사용하기에 적절하다고 보았다.

$$\boldsymbol{\sigma}_u = \frac{1}{\det(\boldsymbol{F})}\boldsymbol{U}\boldsymbol{\Sigma}^{\mathrm{II}}\boldsymbol{U} = \frac{1}{J}\boldsymbol{U}\boldsymbol{\Sigma}^{\mathrm{II}}\boldsymbol{U} = \boldsymbol{R}^{\mathrm{T}}\boldsymbol{\sigma}\boldsymbol{R} \tag{2.146}$$

또한, 유한변형 소성론에서는 다음과 같은 Kirchhoff 응력텐서 $\boldsymbol{\tau}$를 사용하기도 한다.

$$\boldsymbol{\tau} = \det(\boldsymbol{F})\boldsymbol{\sigma} = J\boldsymbol{\sigma} \tag{2.147}$$

어떤 응력척도를 사용하느냐 하는 문제는 응력을 실제 적용할 때의 단순성보다는 응력과 짝을 이루어 일(work)을 나타낼 수 있는 변형률척도를 얼마나 쉽게 찾을 수 있느냐에 달려 있다.

2.11 단순응력상태

지금까지 소개한 각종 변형률 및 응력텐서를 몇 가지 간단한 예에 대하여 계산해 보자. 여기에 제시된 예제는 재료의 탄소성거동을 실험적으로 파악하고자 할 때, 가장 간단하게 적용할 수 있는 실험방법이기도 하다. 실험측정치들로부터 변형률을 계산하는 방법과 각기 다른 변형률 및 응력척도들을 서로 연관짓는 방법에 대하여도 설명한다.

2.11.1 단축인장 혹은 단축압축조건

그림 2.8에 단축인장을 받고있는 원주형 시편을 나타내었다. 단축압축의 경우에도 단축인장과 마찬가지로 취급할 수 있다. 임의의 변형된 상태(현재모양 $\mathfrak{R}$)에서 시편의 길이와 반경을 각각 l 및 r이라고 하자. 변형되기 전의 상태, 즉, 기준모양 $\mathfrak{R}_0$에서 상응하는 원래 길이와 반경은 L 및 R로 나타낸다. 그림 2.8에 나타낸 길이 l을 실제실험에서의 표점거리에 해당한다고 보고, 표점거리 전체에서 변형이 균일하게 일어났다고 하자.

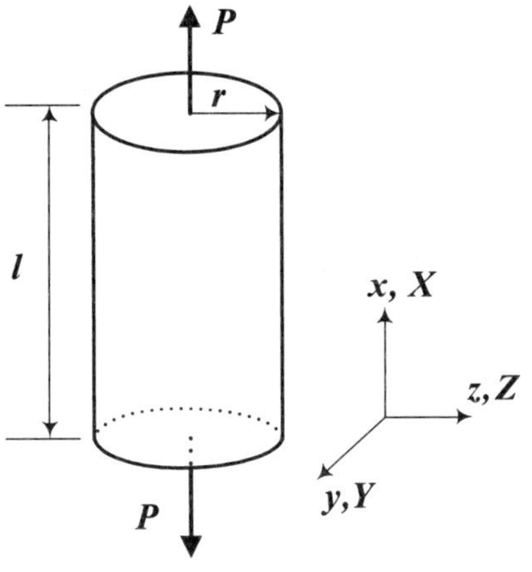

Fig. 2.8 단축인장조건

그림과 같은 좌표계를 사용하면, 변형후 질점의 좌표를 다음과 같이 표현할 수 있다.

$$x = \lambda_1 X, \quad y = \lambda_2 Y, \quad z = \lambda_2 Z \tag{2.148}$$

여기서, λ_1과 λ_2는 주신장비로서 다음과 같다.

$$\lambda_1 = \frac{l}{L}, \lambda_2 = \frac{r}{R} \tag{2.149}$$

변형을 비압축성이라고 가정한다면, $\lambda_1 \lambda_2^2 = 1$이므로 $\lambda_2 = (\lambda_1)^{-1/2}$이 된다.

식(2.148)과 2.4절의 식들을 사용하면 다음과 같은 관계식을 얻는다.

$$\boldsymbol{R} = \boldsymbol{I}, \quad \boldsymbol{F} = \boldsymbol{U} = \boldsymbol{V} = \begin{bmatrix} \lambda_1 & 0 & 0 \\ 0 & \lambda_2 & 0 \\ 0 & 0 & \lambda_2 \end{bmatrix}, \quad \boldsymbol{F}^{-1} = \begin{bmatrix} \lambda_1^{-1} & 0 & 0 \\ 0 & \lambda_2^{-1} & 0 \\ 0 & 0 & \lambda_2^{-1} \end{bmatrix} \tag{2.150}$$

$$\boldsymbol{C} = \boldsymbol{U}^2 = \boldsymbol{F}^{\mathrm{T}} \boldsymbol{F} = \begin{bmatrix} \lambda_1^2 & 0 & 0 \\ 0 & \lambda_2^2 & 0 \\ 0 & 0 & \lambda_2^2 \end{bmatrix} \tag{2.151}$$

$$\boldsymbol{B}^{-1} = \boldsymbol{V}^{-2} = \left(\boldsymbol{F}^{-1}\right)^{\mathrm{T}} \left(\boldsymbol{F}^{-1}\right) = \begin{bmatrix} 1/\lambda_1^2 & 0 & 0 \\ 0 & 1/\lambda_2^2 & 0 \\ 0 & 0 & 1/\lambda_2^2 \end{bmatrix} \tag{2.152}$$

$$\boldsymbol{E} = \tfrac{1}{2}(\boldsymbol{C}-\boldsymbol{I}) = \tfrac{1}{2}\begin{bmatrix} \lambda_1^2-1 & 0 & 0 \\ 0 & \lambda_2^2-1 & 0 \\ 0 & 0 & \lambda_2^2-1 \end{bmatrix} \tag{2.153}$$

$$\boldsymbol{e} = \tfrac{1}{2}(\boldsymbol{I}-\boldsymbol{B}^{-1}) = \tfrac{1}{2}\begin{bmatrix} 1-1/\lambda_1^2 & 0 & 0 \\ 0 & 1-1/\lambda_2^2 & 0 \\ 0 & 0 & 1-1/\lambda_2^2 \end{bmatrix} \tag{2.154}$$

대수변형률의 정의에 따르면,

$$\overline{\boldsymbol{e}} = \ln \boldsymbol{V} = \begin{bmatrix} \ln\lambda_1 & 0 & 0 \\ 0 & \ln\lambda_2 & 0 \\ 0 & 0 & \ln\lambda_2 \end{bmatrix} = \begin{bmatrix} \ln(l/L) & 0 & 0 \\ 0 & \ln(r/R) & 0 \\ 0 & 0 & \ln(r/R) \end{bmatrix} \tag{2.155}$$

식(2.89)를 사용하여 속도구배 $\boldsymbol{L}$을 구하면,

$$\begin{aligned} \boldsymbol{L} = \dot{\boldsymbol{F}}\boldsymbol{F}^{-1} &= \begin{bmatrix} \dot{\lambda}_1 & 0 & 0 \\ 0 & \dot{\lambda}_2 & 0 \\ 0 & 0 & \dot{\lambda}_2 \end{bmatrix}\begin{bmatrix} \lambda_1^{-1} & 0 & 0 \\ 0 & \lambda_2^{-1} & 0 \\ 0 & 0 & \lambda_2^{-1} \end{bmatrix} \\ &= \begin{bmatrix} \dot{\lambda}_1/\lambda_1 & 0 & 0 \\ 0 & \dot{\lambda}_2/\lambda_2 & 0 \\ 0 & 0 & \dot{\lambda}_2/\lambda_2 \end{bmatrix} = \begin{bmatrix} \dot{l}/l & 0 & 0 \\ 0 & \dot{r}/r & 0 \\ 0 & 0 & \dot{r}/r \end{bmatrix} \end{aligned} \tag{2.156}$$

이 경우, 다음 식이 성립한다.

$$\boldsymbol{L} = \boldsymbol{D} \quad \text{및} \quad \boldsymbol{W} = \boldsymbol{0} \tag{2.157}$$

식(2.155)로부터,

$$\dot{\overline{\boldsymbol{e}}} = \begin{bmatrix} \dot{\lambda}_1/\lambda_1 & 0 & 0 \\ 0 & \dot{\lambda}_2/\lambda_2 & 0 \\ 0 & 0 & \dot{\lambda}_2/\lambda_2 \end{bmatrix} = \boldsymbol{D} \tag{2.158}$$

위 식에서는 변형률의 주축이 공간에 고정되어 있기 때문에, 등식이 성립할 수 있다. 인장시험을 수행하는 동안, 표점거리를 읽음으로써 소위 공칭변형률을 계속 측정할 수 있고, 이는 이미 정의된 기호들을 사용하여 다음과 같이 나타낼 수 있다.

$$\hat{\boldsymbol{E}} = \begin{bmatrix} (l-L)/L & 0 & 0 \\ 0 & (r-R)/R & 0 \\ 0 & 0 & (r-R)/R \end{bmatrix} = \begin{bmatrix} \lambda_1 - 1 & 0 & 0 \\ 0 & \lambda_2 - 1 & 0 \\ 0 & 0 & \lambda_2 - 1 \end{bmatrix} = \boldsymbol{V} - \boldsymbol{I} \quad (2.159)$$

$$\dot{\hat{\boldsymbol{E}}} = \begin{bmatrix} \dot{l}/L & 0 & 0 \\ 0 & \dot{r}/R & 0 \\ 0 & 0 & \dot{r}/R \end{bmatrix} \quad (2.160)$$

위에서 구한 $\dot{\hat{\boldsymbol{E}}}$를 $\boldsymbol{D}$와 혼동하면 안된다. 식(2.156), (2.159)와 (2.160)을 사용하면,

$$\boldsymbol{D} = \dot{\hat{\boldsymbol{E}}}(\hat{\boldsymbol{E}} + \boldsymbol{I})^{-1} \quad (2.161)$$

인장시험을 하는 동안, 시간간격 Δt마다 측정이 계속 이루어졌다면, 매 시간단계에서의 공칭변형률 증분과 진변형률 증분은 각각 다음과 같이 근사된다.

$$\dot{\hat{\boldsymbol{E}}}\Delta t \approx \begin{bmatrix} (l_2 - l_1)/L & 0 & 0 \\ 0 & (r_2 - r_1)/R & 0 \\ 0 & 0 & (r_2 - r_1)/R \end{bmatrix},$$

$$\boldsymbol{D}\Delta t \approx \begin{bmatrix} (l_2 - l_1)/l_1 & 0 & 0 \\ 0 & (r_2 - r_1)/r_1 & 0 \\ 0 & 0 & (r_2 - r_1)/r_1 \end{bmatrix} \quad (2.162)$$

시편에 가해진 축방향 하중이 P라면, 코쉬응력은 다음과 같은 행렬로 주어진다.

$$\boldsymbol{\sigma} = \begin{bmatrix} \dfrac{P}{\pi r^2} & 0 & 0 \\ 0 & 0 & 0 \\ 0 & 0 & 0 \end{bmatrix} = \begin{bmatrix} \dfrac{P}{\lambda_2^2 \pi R^2} & 0 & 0 \\ 0 & 0 & 0 \\ 0 & 0 & 0 \end{bmatrix} = \begin{bmatrix} \dfrac{P}{\lambda_2^2 A_0} & 0 & 0 \\ 0 & 0 & 0 \\ 0 & 0 & 0 \end{bmatrix} \quad (2.163)$$

식(2.141)을 사용하면, 다음과 같이 제1종 Piola-Kirchhoff 응력 $\boldsymbol{\Sigma}^{\mathrm{I}}$를 얻는다.

$$\boldsymbol{\Sigma}^{\mathrm{I}} = J\boldsymbol{\sigma}\boldsymbol{F}^{-T} = \lambda_1\lambda_2^2 \begin{bmatrix} P/(\lambda_2^2 A_0) & 0 & 0 \\ 0 & 0 & 0 \\ 0 & 0 & 0 \end{bmatrix} \begin{bmatrix} 1/\lambda_1 & 0 & 0 \\ 0 & 1/\lambda_2 & 0 \\ 0 & 0 & 1/\lambda_2 \end{bmatrix}$$

$$= \begin{bmatrix} P/A_0 & 0 & 0 \\ 0 & 0 & 0 \\ 0 & 0 & 0 \end{bmatrix} \tag{2.164}$$

이 식으로부터 $\boldsymbol{\Sigma}^{\mathrm{I}}$은 공칭응력이라는 것을 알 수 있다. 마찬가지 방법으로 제2종 Piola-Kirchhoff 응력을 다음과 같이 구할 수 있다.

$$\boldsymbol{\Sigma}^{\mathrm{II}} = J\boldsymbol{F}^{-1}\boldsymbol{\sigma}\boldsymbol{F}^{-T} = \begin{bmatrix} \dfrac{P}{\lambda_1 A_0} & 0 & 0 \\ 0 & 0 & 0 \\ 0 & 0 & 0 \end{bmatrix} \tag{2.165}$$

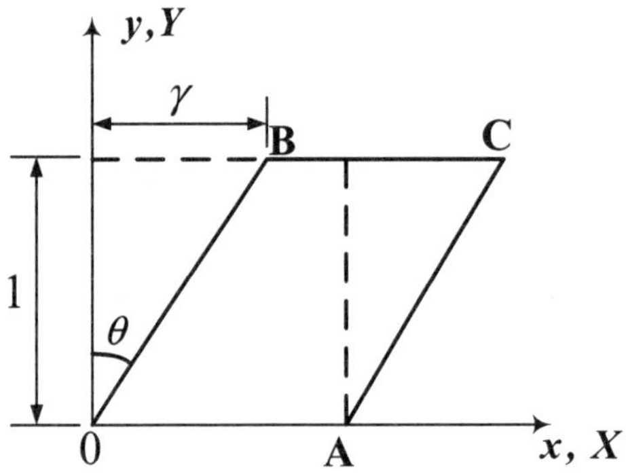

Fig. 2.9 단순전단

2.11.2 단순전단조건

그림 2.9에 나타낸 것과 같은 단순전단조건에서, 질점의 운동은 다음과 같다.

$$x = X + \gamma Y, \quad y = Y, \quad z = Z \tag{2.166}$$

단,

$$\gamma = \tan\theta \tag{2.167}$$

이로부터, 다음 양들을 계산할 수 있다.

$$\boldsymbol{F}=\begin{bmatrix}1 & \gamma & 0\\ 0 & 1 & 0\\ 0 & 0 & 1\end{bmatrix},\quad \boldsymbol{F}^{-1}=\begin{bmatrix}1 & -\gamma & 0\\ 0 & 1 & 0\\ 0 & 0 & 1\end{bmatrix},\quad \det(\boldsymbol{F})=1 \tag{2.168}$$

$$\boldsymbol{C}=\boldsymbol{U}^2=\boldsymbol{F}^{\mathrm{T}}\boldsymbol{F}=\begin{bmatrix}1 & \gamma & 0\\ \gamma & 1+\gamma^2 & 0\\ 0 & 0 & 1\end{bmatrix} \tag{2.169a}$$

$$\boldsymbol{B}^{-1}=\boldsymbol{V}^{-2}=(\boldsymbol{F}^{-1})^{\mathrm{T}}(\boldsymbol{F})^{-1}=\begin{bmatrix}1 & -\gamma & 0\\ -\gamma & 1+\gamma^2 & 0\\ 0 & 0 & 1\end{bmatrix} \tag{2.169b}$$

$$\boldsymbol{E}=\tfrac{1}{2}(\boldsymbol{C}-\boldsymbol{I})=\tfrac{1}{2}\begin{bmatrix}0 & \gamma & 0\\ \gamma & \gamma^2 & 0\\ 0 & 0 & 0\end{bmatrix},\quad \boldsymbol{e}=\tfrac{1}{2}(\boldsymbol{I}-\boldsymbol{B}^{-1})=\tfrac{1}{2}\begin{bmatrix}0 & \gamma & 0\\ \gamma & -\gamma^2 & 0\\ 0 & 0 & 0\end{bmatrix} \tag{2.170}$$

단순전단변형은 $x-y$평면에서만 일어난다고 보고, 다음 절차를 따라서, $\boldsymbol{U}$와 $\boldsymbol{V}$를 구해 나간다.

$$\boldsymbol{U}=\begin{bmatrix}U_{xx} & U_{xy} & 0\\ U_{xy} & U_{yy} & 0\\ 0 & 0 & 1\end{bmatrix},\quad \boldsymbol{V}=\begin{bmatrix}V_{xx} & V_{xy} & 0\\ V_{xy} & V_{yy} & 0\\ 0 & 0 & 1\end{bmatrix} \tag{2.171}$$

$$\boldsymbol{R}=\begin{bmatrix}\cos\phi & \sin\phi & 0\\ -\sin\phi & \cos\phi & 0\\ 0 & 0 & 1\end{bmatrix} \tag{2.172}$$

여기에서, $\boldsymbol{R}$은 $x-y$평면에서의 회전을 나타내는 가장 일반적인 형태의 직교텐서이다. 위 식들과 식(2.168)을 식(2.61)에 대입하고, 식의 양변을 비교하면서 대수방정식을 풀면 다음과 같이 회전각과 $\boldsymbol{U}$와 $\boldsymbol{V}$의 성분들을 구할 수 있다.

$$\cos\phi=\frac{2}{\sqrt{4+\gamma^2}},\quad \sin\phi=\frac{\gamma}{\sqrt{4+\gamma^2}} \tag{2.173}$$

$$\boldsymbol{U}=\begin{bmatrix}\cos\phi & \sin\phi & 0\\ \sin\phi & \cos\phi+\gamma\sin\phi & 0\\ 0 & 0 & 1\end{bmatrix},\quad \boldsymbol{V}=\begin{bmatrix}\cos\phi+\gamma\sin\phi & \sin\phi & 0\\ \sin\phi & \cos\phi & 0\\ 0 & 0 & 1\end{bmatrix} \tag{2.174}$$

속도구배는 다음과 같이 계산된다.

$$\boldsymbol{L} = \dot{\boldsymbol{F}}\boldsymbol{F}^{-1} = \begin{bmatrix} 0 & \dot{\gamma} & 0 \\ 0 & 0 & 0 \\ 0 & 0 & 0 \end{bmatrix} \begin{bmatrix} 1 & -\gamma & 0 \\ 0 & 1 & 0 \\ 0 & 0 & 1 \end{bmatrix} = \begin{bmatrix} 0 & \dot{\gamma} & 0 \\ 0 & 0 & 0 \\ 0 & 0 & 0 \end{bmatrix} \tag{2.175}$$

이로부터,

$$\boldsymbol{D} = \begin{bmatrix} 0 & \dot{\gamma}/2 & 0 \\ \dot{\gamma}/2 & 0 & 0 \\ 0 & 0 & 0 \end{bmatrix}, \quad \boldsymbol{W} = \begin{bmatrix} 0 & \dot{\gamma}/2 & 0 \\ -\dot{\gamma}/2 & 0 & 0 \\ 0 & 0 & 0 \end{bmatrix} \tag{2.176}$$

이 경우에는 앞의 경우와 달리 신장비의 주축이 변형중에 회전하므로, $\boldsymbol{D}$와 $\bar{\boldsymbol{e}}$의 관계를 간단하게 나타낼 수가 없다. 또한, $\ln\boldsymbol{V}$는 주값에 대해서 정의한 것이므로, 이 문제에서 $\bar{\boldsymbol{e}}$을 도입하는 것은 불편하다. 식(2.174)에서 구한 $\boldsymbol{V}$는 대각선 외의 항을 포함하고 있음에 유의하자. 바꿔 말하면, 그림 2.9에 나타낸 좌표계는 $\boldsymbol{V}$의 주축과 일치하지 않고 있다.

코쉬응력과 제1종 및 제2종 Piola-Kirchhoff 응력은 다음과 같이 구해진다.

$$\boldsymbol{\sigma} = \begin{bmatrix} \sigma_{xx} & \tau & 0 \\ \tau & \sigma_{yy} & 0 \\ 0 & 0 & 0 \end{bmatrix} \tag{2.177}$$

$$\boldsymbol{\Sigma}^{\mathrm{I}} = \det(\boldsymbol{F})\boldsymbol{\sigma}\boldsymbol{F}^{-1} = \begin{bmatrix} \sigma_{xx} & \tau & 0 \\ \tau & \sigma_{yy} & 0 \\ 0 & 0 & 0 \end{bmatrix} \begin{bmatrix} 1 & 0 & 0 \\ -\gamma & 1 & 0 \\ 0 & 0 & 1 \end{bmatrix} = \begin{bmatrix} \sigma_{xx} - \gamma\tau & \tau & 0 \\ \tau - \gamma\sigma_{yy} & \sigma_{yy} & 0 \\ 0 & 0 & 0 \end{bmatrix} \tag{2.178}$$

$$\begin{aligned} \boldsymbol{\Sigma}^{\mathrm{II}} &= \det(\boldsymbol{F})\boldsymbol{F}^{-1}\boldsymbol{\sigma}\left(\boldsymbol{F}^{-1}\right)^{\mathrm{T}} = \begin{bmatrix} 1 & -\gamma & 0 \\ 0 & 1 & 0 \\ 0 & 0 & 1 \end{bmatrix} \begin{bmatrix} \sigma_{xx} - \gamma\tau & \tau & 0 \\ \tau - \gamma\sigma_{yy} & \sigma_{yy} & 0 \\ 0 & 0 & 0 \end{bmatrix} \\ &= \begin{bmatrix} \sigma_{xx} + \gamma^2\sigma_{yy} - 2\gamma\tau & \tau - \gamma\sigma_{yy} & 0 \\ \tau - \gamma\sigma_{yy} & \sigma_{yy} & 0 \\ 0 & 0 & 0 \end{bmatrix} \end{aligned} \tag{2.179}$$

여기에서, $\tau = \sigma_{yx} = \sigma_{xy}$는 전단응력을 나타내고, σ_{xx}와 σ_{yy}는 전단변형을 받음으로 인해 생기는 수직응력을 나타낸다.

2.11.3 인장과 비틂의 복합조건

유한 소성변형시의 재료의 거동을 연구하는 데에는 속이 빈 얇은 관에 인장하중과 비틂하중을 복합적으로 가하는 시험방법이 널리 사용된다. 이 경우의 변형은 다음과 같다.

$$r = \alpha R, \quad \theta = \Theta + \omega Z, \quad z = \lambda Z \tag{2.180}$$

이 경우에는 시편의 변형과 기하를 다룰 때, 직교좌표계보다 극좌표가 편리하므로, 기준기술 및 공간기술에 모두 극좌표를 사용하였다. 즉, 각 질점은 변형전의 좌표 (R, Θ, Z) 로부터, 변형후의 좌표 (r, θ, z) 로 운동한다. 두께가 얇은 관재 시편이 다음과 같은 치수를 갖는다고 하자.

$$\begin{aligned} &R_i \le R \le R_{o,} \quad 0 \le \Theta \le 2\pi, \quad 0 \le Z \le L \\ &r_i \le r \le r_{o,} \quad 0 \le \theta \le 2\pi, \quad 0 \le z \le l \end{aligned} \tag{2.181}$$

여기에서, R_o 와 R_i 는 각각 변형전의 외경 및 내경이고, r_o 와 r_i 는 변형후의 외경 및 내경, L 과 l 은 변형전/후의 길이, ω 는 다음과 같은 단위길이당 비틂각을 나타낸다.

$$\omega = \frac{\phi}{L} \tag{2.182}$$

단, ϕ 는 시편의 양끝 간의 상대 비틂각이다.

원주좌표계에서의 변형구배는 다음 식으로 주어진다(Spencer, 1980).

$$\boldsymbol{F} = \begin{bmatrix} \dfrac{\partial r}{\partial R} & \dfrac{1}{R}\dfrac{\partial r}{\partial \Theta} & \dfrac{\partial r}{\partial Z} \\ r\dfrac{\partial \theta}{\partial R} & \dfrac{r}{R}\dfrac{\partial \theta}{\partial \Theta} & r\dfrac{\partial \theta}{\partial Z} \\ \dfrac{\partial z}{\partial R} & \dfrac{1}{R}\dfrac{\partial z}{\partial \Theta} & \dfrac{\partial z}{\partial Z} \end{bmatrix} = \begin{bmatrix} \alpha & 0 & 0 \\ 0 & \alpha & \omega\alpha R_m \\ 0 & 0 & \lambda \end{bmatrix} \tag{2.183a}$$

$$\boldsymbol{F}^{-1} = \begin{bmatrix} 1/\alpha & 0 & 0 \\ 0 & 1/\alpha & -\omega R_m/\lambda \\ 0 & 0 & 1/\lambda \end{bmatrix} \tag{2.183b}$$

두께가 얇은 관재에 대하여는 평균반경을 사용할 수 있으므로, 위 식에서는 R 대신에 $R_m = R$ 을 사용하였다. 단순전단시험의 경우와 유사한 절차를 거치면, 다음 식을 얻는다.

$$V = \begin{bmatrix} \alpha & 0 & 0 \\ 0 & \alpha\cos\phi + \alpha\omega R_m \sin\phi & \lambda\sin\phi \\ 0 & \lambda\sin\phi & \lambda\cos\phi \end{bmatrix} \tag{2.184}$$

$$U = \begin{bmatrix} \alpha & 0 & 0 \\ 0 & \alpha\cos\phi & \alpha\sin\phi \\ 0 & \alpha\sin\phi & \alpha\omega R_m \sin\phi + \lambda\cos\phi \end{bmatrix} \tag{2.185}$$

단, $$\cos\phi = \frac{\lambda+\alpha}{\sqrt{(\alpha+\lambda)^2 + (\alpha\omega R_m)^2}}, \quad \sin\phi = \frac{\alpha\omega R_m}{\sqrt{(\alpha+\lambda)^2 + (\alpha\omega R_m)^2}} \tag{2.186}$$

회전을 나타내는 직교텐서 $\boldsymbol{R}$ 은 식(2.172)에 주어진 것과 동일하다.

$$\boldsymbol{B}^{-1} = \left(\boldsymbol{F}^{-1}\right)^{\mathrm{T}} \boldsymbol{F}^{-1} = \begin{bmatrix} \dfrac{1}{\alpha^2} & 0 & 0 \\ 0 & \dfrac{1}{\alpha^2} & -\dfrac{\omega R_m}{\alpha\lambda} \\ 0 & -\dfrac{\omega R_m}{\alpha\lambda} & \dfrac{1}{\lambda^2} + \dfrac{\omega^2 R_m^2}{\lambda^2} \end{bmatrix} \tag{2.187}$$

라그랑지안 변형률과 오일러리안 변형률은 각각 $\boldsymbol{E} = \frac{1}{2}(\boldsymbol{C} - \boldsymbol{I})$ 및 $\boldsymbol{e} = \frac{1}{2}(\boldsymbol{I} - \boldsymbol{B}^{-1})$ 로 주어진다. 속도구배는 다음과 같이 정리된다.

$$\boldsymbol{L} = \dot{\boldsymbol{F}}\boldsymbol{F}^{-1} = \begin{bmatrix} \dot{\alpha}/\alpha & -\dot{\omega}Z & 0 \\ \dot{\omega}Z & \dot{\alpha}/\alpha & \dot{\omega}\alpha R_m/\lambda \\ 0 & 0 & \dot{\lambda}/\lambda \end{bmatrix} \tag{2.188}$$

이로부터, $$\boldsymbol{D} = \begin{bmatrix} \dfrac{\dot{\alpha}}{\alpha} & 0 & 0 \\ 0 & \dfrac{\dot{\alpha}}{\alpha} & \dfrac{\dot{\omega}\alpha R_m}{2\lambda} \\ 0 & \dfrac{\dot{\omega}\alpha R_m}{2\lambda} & \dfrac{\dot{\lambda}}{\lambda} \end{bmatrix}, \boldsymbol{W} = \begin{bmatrix} 0 & -\dot{\omega}Z & 0 \\ \dot{\omega}Z & 0 & \dfrac{\dot{\omega}\alpha R_m}{2\lambda} \\ 0 & -\dfrac{\dot{\omega}\alpha R_m}{2\lambda} & 0 \end{bmatrix} \tag{2.189}$$

인장-비틂 복합하중에서의 코쉬응력, 제1종 및 제2종 Piola-Kirchhoff 응력은 각각 다음과 같이 구해진다.

$$\boldsymbol{\sigma}=\begin{bmatrix}0&0&0\\0&0&\tau\\0&\tau&\sigma\end{bmatrix} \tag{2.190}$$

$$\begin{aligned}\boldsymbol{\Sigma}^{\mathrm{I}}&=\det(\boldsymbol{F})\boldsymbol{\sigma}(\boldsymbol{F}^{-1})^{\mathrm{T}}=\alpha^2\lambda\begin{bmatrix}0&0&0\\0&0&\tau\\0&\tau&\sigma\end{bmatrix}\begin{bmatrix}1/\alpha&0&0\\0&1/\alpha&0\\0&-\omega R_m/\lambda&1/\lambda\end{bmatrix}\\&=\begin{bmatrix}0&0&0\\0&-\tau\alpha^2\omega R_m&\alpha^2\tau\\0&\alpha\lambda\tau-\alpha^2\omega\sigma R_m&\alpha^2\sigma\end{bmatrix}\end{aligned} \tag{2.191}$$

$$\begin{aligned}\boldsymbol{\Sigma}^{\mathrm{II}}&=\boldsymbol{F}^{-1}\boldsymbol{\Sigma}^{\mathrm{I}}=\begin{bmatrix}1/\alpha&0&0\\0&1/\alpha&-\omega R_m/\lambda\\0&0&1/\lambda\end{bmatrix}\begin{bmatrix}0&0&0\\0&-\tau\alpha^2\omega R_m&\alpha^2\tau\\0&\alpha\lambda\tau-\alpha^2\omega\sigma R_m&\alpha^2\sigma\end{bmatrix}\\&=\begin{bmatrix}0&0&0\\0&-2\tau\alpha\omega R_m+\dfrac{\sigma\alpha^2\omega^2R_m^2}{\lambda}&\tau\alpha-\dfrac{\sigma\alpha^2\omega R_m}{\lambda}\\0&\tau\alpha-\dfrac{\sigma\alpha^2\omega R_m}{\lambda}&\dfrac{\alpha^2}{\lambda}\sigma\end{bmatrix}\end{aligned} \tag{2.192}$$

여기에서, τ 와 σ 는 각각 작용토크와 작용 축하중으로부터 계산된다.

예제와 풀이

예제

2.1 한 변의 길이가 1인 정사각형이 아래와 같이 변형되고 있다.

$$\begin{cases} x_1 = \frac{5}{4}X_1 + \frac{1}{4}X_2 \\ x_2 = \frac{4}{5}X_2 \\ x_3 = X_3 \end{cases}, \quad \boldsymbol{u} = \boldsymbol{x} - \boldsymbol{X} \Rightarrow \begin{cases} u_1 = x_1 - X_1 = \frac{1}{4}X_1 + \frac{1}{4}X_2 \\ u_2 = x_2 - X_2 = -\frac{1}{5}X_2 \\ u_3 = x_3 - X_3 = 0 \end{cases}$$

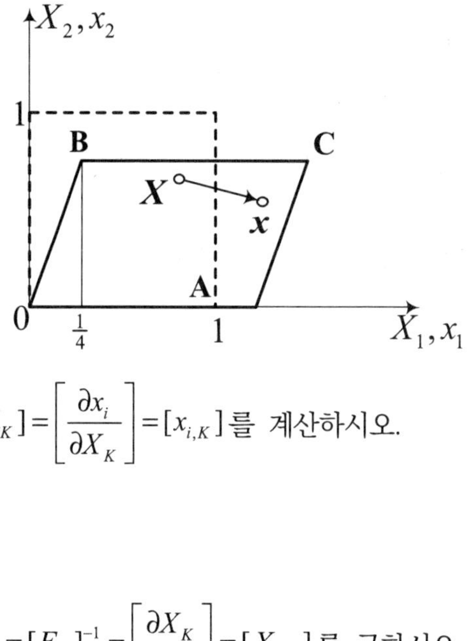

(1) 변형구배텐서 $\boldsymbol{F} = [F_{iK}] = \left[\dfrac{\partial x_i}{\partial X_K}\right] = [x_{i,K}]$를 계산하시오.

(2) $\boldsymbol{F}$ 의 역텐서인 $\boldsymbol{F}^{-1} = [F_{iK}]^{-1} = \left[\dfrac{\partial X_K}{\partial x_i}\right] = [X_{K,i}]$를 구하시오.

(3) $\boldsymbol{F}$ 의 행렬값인 Jacobian $J = \det(\boldsymbol{F})$를 계산하시오.

2.2 위 예제에서 주어진 변형에 대하여 다음에 답하시오.

(1) 변위구배텐서 $\nabla \boldsymbol{u} = [u_{i,j}] = [u_{A,B}]$를 구하시오.

(2) 기준좌표계에서의 기저벡터(base vector)를 $\boldsymbol{E}_1, \boldsymbol{E}_2$라 하자. 기준모양에서의 점 $\boldsymbol{X} = (0.5, 0.5)^T$에서 선요소가 $d\boldsymbol{X}^{(1)} = (0.02)\boldsymbol{E}_1$ 및 $d\boldsymbol{X}^{(2)} = (0.02)\boldsymbol{E}_2$로 주어질 때, 면요소 벡터 $d\boldsymbol{A} = d\boldsymbol{X}^{(1)} \times d\boldsymbol{X}^{(2)}$를 구하시오.

(3) 기준모양에서 주어진 선요소 $d\boldsymbol{X}^{(1)} = (0.02)\boldsymbol{E}_1$ 및 $d\boldsymbol{X}^{(2)} = (0.02)\boldsymbol{E}_2$에 각각 상응하는 현재모양에서의 선요소 $d\boldsymbol{x}^{(1)}$ 및 $d\boldsymbol{x}^{(2)}$을 구하시오.

(4) 현재모양에서의 면요소 벡터 $d\boldsymbol{a} = d\boldsymbol{x}^{(1)} \times d\boldsymbol{x}^{(2)}$를 구하시오.

(5) $d\boldsymbol{a} = d\boldsymbol{x}^{(1)} \times d\boldsymbol{x}^{(2)} = J\boldsymbol{F}^{-T} d\boldsymbol{A} = J\{X_{K,i} dA_K\}$가 됨을 알고 있다. 기준모양의 점 $\boldsymbol{X} = (0.5, 0.5)^T$근처에서 이 관계가 성립함을 보이시오.

2.3 위 <예제 2.1>에 주어진 변형에 대하여 다음에 답하시오.

(1) Find the right Cauchy-Green tensor $\boldsymbol{C}=\boldsymbol{F}^T\boldsymbol{F}$.

(2) Find the Almansi-Hemel strain tensor $\boldsymbol{E}=\frac{1}{2}(\boldsymbol{C}-\boldsymbol{I})$

(3) Find $\nabla\boldsymbol{u}=[u_{i,j}]=[u_{A,B}]$.

(4) Calculate $\frac{1}{2}\nabla\boldsymbol{u}^T\nabla\boldsymbol{u}=\frac{1}{2}[u_{m,i}u_{m,j}]$.

(5) Find $\boldsymbol{\varepsilon}=\frac{1}{2}(\nabla\boldsymbol{u}+\nabla\boldsymbol{u}^T)=[\varepsilon_{ij}]=\frac{1}{2}[u_{i,j}+u_{j,i}]$.

(6) Calculate $\boldsymbol{E}-\boldsymbol{\varepsilon}$.

2.4 한 변의 길이가 1인 물체가 다음과 같은 변형을 겪는다.

$$\begin{cases} x_1 = \frac{4}{3}X_1 + \frac{1}{4}X_2 \\ x_2 = \frac{3}{4}X_2 \\ x_3 = X_3 \end{cases}, \quad \boldsymbol{u} = \boldsymbol{x} - \boldsymbol{X} \quad \Rightarrow \begin{cases} u_1 = x_1 - X_1 = \frac{1}{3}X_1 + \frac{1}{4}X_2 \\ u_2 = x_2 - X_2 = -\frac{1}{4}X_2 \\ u_3 = x_3 - X_3 = 0 \end{cases},$$

$$[F_{iK}] = \left[\frac{\partial x_i}{\partial X_K}\right] = [x_{i,K}] = \begin{bmatrix} \frac{4}{3} & \frac{1}{4} & 0 \\ 0 & \frac{3}{4} & 0 \\ 0 & 0 & 1 \end{bmatrix}$$

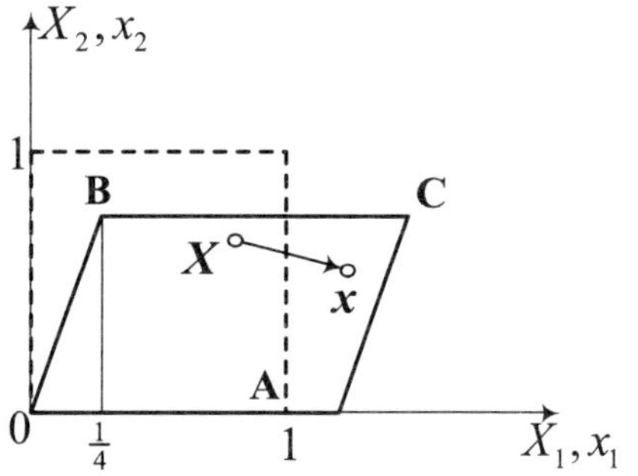

Find $\boldsymbol{R}$(or ϕ) and $\boldsymbol{U}$ in the polar decomposition of the above transformation. (Hint: calculate $\boldsymbol{F} = \boldsymbol{RU} = \begin{bmatrix} \cos\phi & \sin\phi & 0 \\ -\sin\phi & \cos\phi & 0 \\ 0 & 0 & 1 \end{bmatrix} \begin{bmatrix} U_{11} & U_{12} & 0 \\ U_{12} & U_{22} & 0 \\ 0 & 0 & 1 \end{bmatrix}$ and compare each component with that of $\boldsymbol{F}$.

2.5 The following deformation occurred during $0 \le t \le 1$ [sec].

The coordinates during the deformation is as follows.

$$\begin{cases} x_1 = X_1 + \left(\dfrac{1}{3}X_1 + \dfrac{1}{3}X_2\right)t \\ x_2 = X_2 - \dfrac{1}{4}X_2 t \\ x_3 = X_3 \end{cases} \quad \text{or} \quad \begin{cases} X_1 = \dfrac{1}{1+t/3}\left\{x_1 - \dfrac{t}{3}\dfrac{x_2}{(1-t/4)}\right\} \\ X_2 = \dfrac{x_2}{(1-t/4)} \\ X_3 = x_3 \end{cases}$$

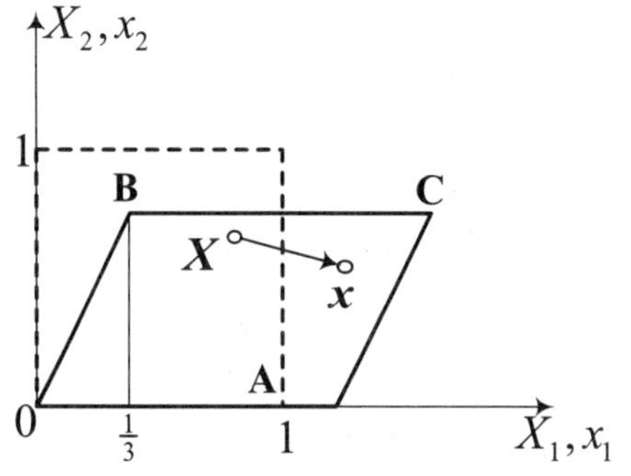

(1) Calculate the velocity vector $\hat{\boldsymbol{v}} = \hat{\boldsymbol{v}}(\boldsymbol{X}, t)$ during $0 \le t \le 1$.

(2) Calculate the velocity vector $\boldsymbol{v} = \boldsymbol{v}(\boldsymbol{x}, t)$ during $0 \le t \le 1$.

(3) Find the deformation gradient $\boldsymbol{F} = [x_{i,K}]$ at $t = 1$.

(4) Find the velocity gradient $\boldsymbol{L} = [v_{i,j}]$ at $t = 1$.

(5) Find $\dot{\boldsymbol{F}}$ and show that $\dot{\boldsymbol{F}} = \boldsymbol{L}\boldsymbol{F}$ at $t = 1$.

(6) Find $\boldsymbol{F}^{-1}$ and show that $\dot{\overline{\boldsymbol{F}^{-1}}} = -\boldsymbol{F}^{-1}\boldsymbol{L}$ at $t = 1$.

2.6 The following deformation and stress tensor occurred during $0 \le t \le 1$ [sec].

$$\begin{cases} x_1 = X_1 + \left(\dfrac{1}{3}X_1 + \dfrac{1}{3}X_2\right)t \\ x_2 = X_2 - \dfrac{1}{4}X_2 t \\ x_3 = X_3 \end{cases} \quad \text{or} \quad \begin{cases} X_1 = \dfrac{1}{1+t/3}\left\{x_1 - \dfrac{t}{3}\dfrac{x_2}{(1-t/4)}\right\} \\ X_2 = \dfrac{x_2}{(1-t/4)} \\ X_3 = x_3 \end{cases}$$

$$\text{and } \boldsymbol{\sigma} = \begin{bmatrix} 10 & 5 & 0 \\ 5 & 5 & 0 \\ 0 & 0 & 0 \end{bmatrix} \text{ [MPa]}$$

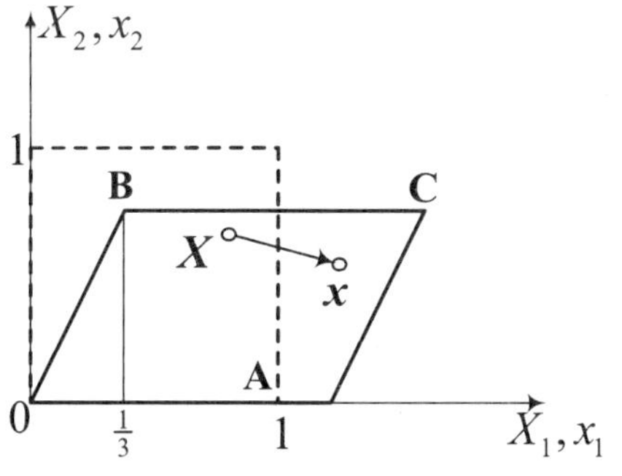

(1) At t=1.0 [sec], find the inverse of deformation tensor $\boldsymbol{F}^{-1}$.

(2) At t=1.0 [sec], find $\boldsymbol{\Sigma}^I = J\boldsymbol{\sigma}(\boldsymbol{F}^{-1})^T$, where $J = \det(\boldsymbol{F})$.

(3) At t=1.0 [sec], find $\boldsymbol{\Sigma}^{II} = J\boldsymbol{F}^{-1}\boldsymbol{\sigma}(\boldsymbol{F}^{-1})^T$

2.7 Cauchy stress tensor, $\boldsymbol{\sigma}$ is defined as $\boldsymbol{t}^{(n)} = \boldsymbol{\sigma n}$. Let's say that stress tensor

$$\boldsymbol{\sigma} = \begin{bmatrix} 1 & 2 & 3 \\ 2 & 4 & 5 \\ 3 & 5 & 6 \end{bmatrix}$$ acts to a material point P in a body B.

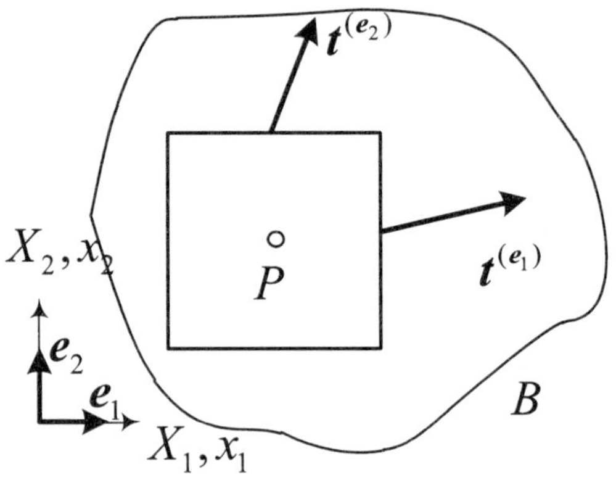

The square in the above figure demonstrates a virtual small square surrounding the material point P. Find the stress vectors or the tractions acting on the left side, the bottom surface, and the (-) 30°-inclined surface to the vertical direction on which the normal vector is $\boldsymbol{n} = \cos 30^\circ \boldsymbol{e}_1 + \sin 30^\circ \boldsymbol{e}_2$, respectively.

(1) $\boldsymbol{t}^{(-\boldsymbol{e}_1)} = \{?\}$

(2) $\boldsymbol{t}^{(-\boldsymbol{e}_2)} = \{?\}$

(3) $\boldsymbol{t}^{(-\boldsymbol{n})} = \{?\}$

2.8

(1) Show that $\boldsymbol{e}_i \times \boldsymbol{e}_j = \varepsilon_{ijk}\boldsymbol{e}_k$, where $\boldsymbol{e}_i$'s are base vectors and ε_{ijk} is a permutation symbol.

(2) Find $\boldsymbol{t}_i = \sigma_{ji}\boldsymbol{e}_j$ for i = x, y, z, where $\boldsymbol{\sigma} = \begin{bmatrix} 1 & 2 & 3 \\ 2 & 4 & 5 \\ 3 & 5 & 6 \end{bmatrix}$.

(3) If $\boldsymbol{e}_i \times \boldsymbol{t}_i = \boldsymbol{e}_i \times (\sigma_{ji}\boldsymbol{e}_j) = \sigma_{ji}\varepsilon_{ijk}\boldsymbol{e}_k = \boldsymbol{0}$, show that $\sigma_{ij} = \sigma_{ji}$.

예제 풀이

2.1

(1) 주어진 변형으로부터,

$$\boldsymbol{F} = \left[\frac{\partial x_i}{\partial X_K}\right] = \begin{bmatrix} 5/4 & 1/4 & 0 \\ 0 & 4/5 & 0 \\ 0 & 0 & 1 \end{bmatrix}$$

(2) Let $\boldsymbol{F}^{-1} = \begin{bmatrix} a_1 & a_2 & a_3 \\ b_1 & b_2 & b_3 \\ c_1 & c_2 & c_3 \end{bmatrix}$

Since $\boldsymbol{F}\cdot\boldsymbol{F}^{-1} = \boldsymbol{I}$, $\boldsymbol{F}\cdot\boldsymbol{F}^{-1} = \begin{bmatrix} 5/4 & 1/4 & 0 \\ 0 & 4/5 & 0 \\ 0 & 0 & 1 \end{bmatrix}\begin{bmatrix} a_1 & a_2 & a_3 \\ b_1 & b_2 & b_3 \\ c_1 & c_2 & c_3 \end{bmatrix} = \begin{bmatrix} 1 & 0 & 0 \\ 0 & 1 & 0 \\ 0 & 0 & 1 \end{bmatrix}$

$\frac{5}{4}a_1 + \frac{1}{4}b_1 = 1$, $\frac{5}{4}a_2 + \frac{1}{4}b_2 = 0$, $\frac{5}{4}a_3 + \frac{1}{4}b_3 = 0$, $\frac{4}{5}b_1 = 0$, $\frac{4}{5}b_2 = 1$,

$\frac{4}{5}b_3 = 0$ 으로부터 $b_1 = b_3 = 0$, $b_2 = \frac{5}{4}$와 $a_1 = \frac{4}{5}$, $a_2 = -\frac{1}{4}$, $a_3 = 0$를 결정할 수 있다.

행렬 $\boldsymbol{F}$의 제3행과 $\boldsymbol{F}^{-1}$의 열들을 곱한 결과로부터, $c_1 = 0$, $c_2 = 0$, $c_3 = 1$가 된다.

정리하면, $\boldsymbol{F}^{-1} = \begin{bmatrix} 4/5 & -1/4 & 0 \\ 0 & 5/4 & 0 \\ 0 & 0 & 1 \end{bmatrix}$

(3) $J = \det(\boldsymbol{F}) = \lambda_1\lambda_2\lambda_3 = \frac{5}{4}\cdot\frac{4}{5}\cdot 1 = 1$

2.2

(1) Since $u_i = x_i - X_i$, $\nabla \boldsymbol{u} = \boldsymbol{F} - \boldsymbol{I}$

Thus, $$\nabla \boldsymbol{u} = \begin{bmatrix} 1/4 & 1/4 & 0 \\ 0 & -1/5 & 0 \\ 0 & 0 & 1 \end{bmatrix}$$

(2) $d\boldsymbol{A} = d\boldsymbol{X}^{(1)} \times d\boldsymbol{X}^{(2)} = 0.02^2\, \boldsymbol{E}_1 \times \boldsymbol{E}_2 = 0.02^2\, \boldsymbol{E}_3$

(3)

$$d\boldsymbol{x}^{(1)} = \boldsymbol{F} d\boldsymbol{X}^{(1)} = 0.02 \begin{bmatrix} 5/4 & 1/4 & 0 \\ 0 & 4/5 & 0 \\ 0 & 0 & 1 \end{bmatrix} \begin{Bmatrix} 1 \\ 0 \\ 0 \end{Bmatrix} = 0.02 \begin{Bmatrix} 5/4 \\ 0 \\ 0 \end{Bmatrix}$$

$$d\boldsymbol{x}^{(2)} = \boldsymbol{F} d\boldsymbol{X}^{(2)} = 0.02 \begin{bmatrix} 5/4 & 1/4 & 0 \\ 0 & 4/5 & 0 \\ 0 & 0 & 1 \end{bmatrix} \begin{Bmatrix} 0 \\ 1 \\ 0 \end{Bmatrix} = 0.02 \begin{Bmatrix} 1/4 \\ 4/5 \\ 0 \end{Bmatrix}$$

(4) $$d\boldsymbol{a} = d\boldsymbol{x}^{(1)} \times d\boldsymbol{x}^{(2)} = 0.02^2 \cdot \left(\frac{5}{4} \boldsymbol{e}_1 \right) \times \left(\frac{1}{4} \boldsymbol{e}_1 + \frac{4}{5} \boldsymbol{e}_2 \right) = 0.02^2 \cdot (1 \boldsymbol{e}_3) = 0.02^2 \begin{Bmatrix} 0 \\ 0 \\ 1 \end{Bmatrix} = 0.02^2\, \boldsymbol{E}_3$$

(5) At the point $\boldsymbol{X} = (0.5, 0.5)^T$, $d\boldsymbol{a} = d\boldsymbol{x}^{(1)} \times d\boldsymbol{x}^{(2)} = 0.02^2\, \boldsymbol{E}_3$

Since $\boldsymbol{F}^{-1} = \begin{bmatrix} 4/5 & -1/4 & 0 \\ 0 & 5/4 & 0 \\ 0 & 0 & 1 \end{bmatrix}$ and $J = \det(\boldsymbol{F}) = 1$,

$$J\boldsymbol{F}^{-\mathrm{T}} d\boldsymbol{A} = 1 \cdot \begin{bmatrix} 4/5 & 0 & 0 \\ -1/4 & 5/4 & 0 \\ 0 & 0 & 1 \end{bmatrix} \cdot 0.02^2 \begin{Bmatrix} 0 \\ 0 \\ 1 \end{Bmatrix} = 0.02^2 \begin{Bmatrix} 0 \\ 0 \\ 1 \end{Bmatrix} = 0.02^2\, \boldsymbol{E}_3$$

Thus $d\boldsymbol{a} = d\boldsymbol{x}^{(1)} \times d\boldsymbol{x}^{(2)} = J\boldsymbol{F}^{-T} d\boldsymbol{A} = J\{X_{K,i} dA_K\}$ for the point $\boldsymbol{X} = (0.5, 0.5)^T$

2.3

(1) The right Cauchy-Green tensor는 다음과 같이 계산한다.

Since $\boldsymbol{F}=\begin{bmatrix}4/3 & 1/4 & 0\\ 0 & 3/4 & 0\\ 0 & 0 & 1\end{bmatrix}$,

$$\boldsymbol{C}=\boldsymbol{F}^T\boldsymbol{F}=\begin{bmatrix}4/3 & 0 & 0\\ 1/4 & 3/4 & 0\\ 0 & 0 & 1\end{bmatrix}\begin{bmatrix}4/3 & 1/4 & 0\\ 0 & 3/4 & 0\\ 0 & 0 & 1\end{bmatrix}=\begin{bmatrix}16/9 & 1/3 & 0\\ 1/3 & 5/8 & 0\\ 0 & 0 & 1\end{bmatrix}$$

(2) The Almansi-Hemel strain tensor는 다음과 같이 계산한다.

$$\boldsymbol{E}=\tfrac{1}{2}(\boldsymbol{C}-\boldsymbol{I})=\frac{1}{2}\left(\begin{bmatrix}16/9 & 1/3 & 0\\ 1/3 & 5/8 & 0\\ 0 & 0 & 1\end{bmatrix}-\begin{bmatrix}1 & 0 & 0\\ 0 & 1 & 0\\ 0 & 0 & 1\end{bmatrix}\right)=\begin{bmatrix}7/18 & 1/6 & 0\\ 1/6 & -3/16 & 0\\ 0 & 0 & 0\end{bmatrix}$$

(3) 변형구배 텐서 $\nabla\boldsymbol{u}=[u_{i,j}]=[u_{A,B}]$는 다음과 같이 계산한다.

$$\nabla\boldsymbol{u}=\boldsymbol{F}-\boldsymbol{I}=\begin{bmatrix}1/3 & 1/4 & 0\\ 0 & -1/4 & 0\\ 0 & 0 & 0\end{bmatrix}$$

(4)

$$\frac{1}{2}\nabla\boldsymbol{u}^T\nabla\boldsymbol{u}=\frac{1}{2}\begin{bmatrix}1/3 & 0 & 0\\ 1/4 & -1/4 & 0\\ 0 & 0 & 0\end{bmatrix}\begin{bmatrix}1/3 & 1/4 & 0\\ 0 & -1/4 & 0\\ 0 & 0 & 0\end{bmatrix}=\begin{bmatrix}1/18 & 1/24 & 0\\ 1/24 & 1/16 & 0\\ 0 & 0 & 0\end{bmatrix}$$

(5) 미소변형의 변형률텐서는 다음과 같이 계산한다.

$$\boldsymbol{\varepsilon}=\frac{1}{2}(\nabla\boldsymbol{u}+\nabla\boldsymbol{u}^T)=\frac{1}{2}\left(\begin{bmatrix}1/3 & 1/4 & 0\\ 0 & -1/4 & 0\\ 0 & 0 & 0\end{bmatrix}+\begin{bmatrix}1/3 & 0 & 0\\ 1/4 & -1/4 & 0\\ 0 & 0 & 0\end{bmatrix}\right)=\begin{bmatrix}1/3 & 1/8 & 0\\ 1/8 & -1/4 & 0\\ 0 & 0 & 0\end{bmatrix}$$

(6) Almansi-Hemel변형률텐서와 미소변형 변형률텐서의 차이는 다음과 같다.

$$\boldsymbol{E}-\varepsilon=\begin{bmatrix}7/18 & 1/6 & 0\\ 1/6 & -3/16 & 0\\ 0 & 0 & 0\end{bmatrix}-\begin{bmatrix}1/3 & 1/8 & 0\\ 1/8 & -1/4 & 0\\ 0 & 0 & 0\end{bmatrix}=\begin{bmatrix}1/18 & 1/24 & 0\\ 1/24 & 1/16 & 0\\ 0 & 0 & 0\end{bmatrix}$$

2.4

Since $\boldsymbol{F}=\begin{bmatrix}4/3 & 1/4 & 0\\ 0 & 3/4 & 0\\ 0 & 0 & 1\end{bmatrix}$,

$U_{11}\cos\phi+U_{12}\sin\phi=4/3$ - (1) $\quad$ $U_{12}\cos\phi+U_{22}\sin\phi=1/4$ - (3)

$-U_{11}\sin\phi+U_{12}\cos\phi=0$ - (2) $\quad$ $-U_{12}\sin\phi+U_{22}\cos\phi=3/4$ - (4)

(1) + (4) 로부터, $(U_{11}+U_{22})\cos\phi=25/12$

(3) - (2) 로부터, $(U_{11}+U_{22})\sin\phi=1/4$

Let $(U_{11}+U_{22})=C$

Since $C\cos\phi=25/12$ and $C\sin\phi=1/4$, $\tan\phi=3/25$

Therefore, $\phi=6.84°$

Solve (1), (2), (3) and (4), $U_{11}=1.3237$, $U_{12}=0.1586$ and $U_{22}=0.7775$

Thus,

$$\boldsymbol{R}=\begin{bmatrix}0.993 & 0.119 & 0\\ -0.119 & 0.993 & 0\\ 0 & 0 & 1\end{bmatrix} \text{ and } \boldsymbol{U}=\begin{bmatrix}1.3237 & 0.1586 & 0\\ 0.1586 & 0.7775 & 0\\ 0 & 0 & 1\end{bmatrix}$$

2.5

(1)

$$\hat{\boldsymbol{v}}=\begin{Bmatrix}\hat{v}_1\\ \hat{v}_2\\ \hat{v}_3\end{Bmatrix}=\begin{bmatrix}1/3 & 1/3 & 0\\ 0 & -1/4 & 0\\ 0 & 0 & 0\end{bmatrix}\cdot\begin{Bmatrix}X_1\\ X_2\\ X_3\end{Bmatrix}=\begin{Bmatrix}1/3\cdot X_1+1/3\cdot X_2\\ -1/4\cdot X_2\\ 0\end{Bmatrix}$$

(2)

$$\begin{cases}v_1=\dfrac{x_1}{3(1+t/3)}+\dfrac{x_2}{3(1+t/3)(1-t/4)}\\ v_2=-\dfrac{x_2}{4(1-t/4)}\\ v_3=0\end{cases}$$

(3)

$$\boldsymbol{F}=\begin{bmatrix}1+t/3 & t/3 & 0\\ 0 & 1-t/4 & 0\\ 0 & 0 & 1\end{bmatrix}=\begin{bmatrix}4/3 & 1/3 & 0\\ 0 & 3/4 & 0\\ 0 & 0 & 1\end{bmatrix}$$

(4)

$$\boldsymbol{L}=\begin{bmatrix}\dfrac{1}{3(1+t/3)} & \dfrac{1}{3(1+t/3)(1-t/4)} & 0\\ 0 & -\dfrac{1}{4(1-t/4)} & 0\\ 0 & 0 & 0\end{bmatrix}=\begin{bmatrix}1/4 & 1/3 & 0\\ 0 & -1/3 & 0\\ 0 & 0 & 0\end{bmatrix}$$

(5)

Since $\boldsymbol{F}=\begin{bmatrix}1+t/3 & t/3 & 0\\ 0 & 1-t/4 & 0\\ 0 & 0 & 1\end{bmatrix},\quad \dot{\boldsymbol{F}}=\begin{bmatrix}1/3 & 1/3 & 0\\ 0 & 1/4 & 0\\ 0 & 0 & 0\end{bmatrix}$

$$LF=\begin{bmatrix}1/4 & 1/3 & 0\\ 0 & -1/3 & 0\\ 0 & 0 & 0\end{bmatrix}\cdot\begin{bmatrix}4/3 & 1/3 & 0\\ 0 & 3/4 & 0\\ 0 & 0 & 1\end{bmatrix}=\begin{bmatrix}1/3 & 1/3 & 0\\ 0 & -1/4 & 0\\ 0 & 0 & 0\end{bmatrix}\quad \text{at } t=1$$

Thus, $\dot{F}=LF$ at $t=1$

(6)

$$\text{Since } FF^{-1}=I,\ F^{-1}=\begin{bmatrix}\dfrac{1}{1+t/3} & -\dfrac{t/3}{(1+t/3)(1-t/4)} & 0\\ 0 & \dfrac{1}{1-t/4} & 0\\ 0 & 0 & 1\end{bmatrix}$$

$$\text{Since } \dot{\overline{F^{-1}}}=\begin{bmatrix}-\dfrac{1}{3(1+t/3)^2} & -\dfrac{t(t^2+t+11)}{36(1+t/3)^2(1-t/4)^2} & 0\\ 0 & \dfrac{1}{4(1-t/4)^2} & 0\\ 0 & 0 & 0\end{bmatrix},$$

$$\text{At } t=1,\ \dot{\overline{F^{-1}}}=\begin{bmatrix}-3/16 & -13/36 & 0\\ 0 & 4/9 & 0\\ 0 & 0 & 0\end{bmatrix}$$

$$\text{At } t=1,\ F^{-1}=\begin{bmatrix}3/4 & -1/3 & 0\\ 0 & 4/3 & 0\\ 0 & 0 & 1\end{bmatrix}\ \text{and}\ L=\begin{bmatrix}1/4 & 1/3 & 0\\ 0 & -1/3 & 0\\ 0 & 0 & 0\end{bmatrix}$$

$$\text{Therefore,}\quad -F^{-1}L=\begin{bmatrix}-3/16 & -13/36 & 0\\ 0 & 4/9 & 0\\ 0 & 0 & 0\end{bmatrix}$$

Thus, $\dot{\overline{F^{-1}}}=-F^{-1}L$ at $t=1$

2.6

(1)

$$\text{Since}\quad \boldsymbol{F}=\begin{bmatrix}1+t/3 & t/3 & 0\\ 0 & 1-t/4 & 0\\ 0 & 0 & 1\end{bmatrix},\quad \boldsymbol{F}^{-1}=\begin{bmatrix}\dfrac{1}{1+t/3} & -\dfrac{t/3}{(1+t/3)(1-t/4)} & 0\\ 0 & \dfrac{1}{1-t/4} & 0\\ 0 & 0 & 1\end{bmatrix}$$

$$\text{Thus, at } t=1,\quad \boldsymbol{F}^{-1}=\begin{bmatrix}3/4 & -1/3 & 0\\ 0 & 4/3 & 0\\ 0 & 0 & 1\end{bmatrix}$$

(2)

At $t=1,\ J=\det(\boldsymbol{F})=1$

$$\text{Thus,}\quad \boldsymbol{\Sigma}^{I}=J\boldsymbol{\sigma}(\boldsymbol{F}^{-1})^{T}=\begin{bmatrix}15 & 5 & 0\\ 5 & 20 & 0\\ 0 & 0 & 0\end{bmatrix}\begin{bmatrix}3/4 & 0 & 0\\ -1/3 & 4/3 & 0\\ 0 & 0 & 1\end{bmatrix}=\begin{bmatrix}5.83 & 6.66 & 0\\ 2.08 & 6.66 & 0\\ 0 & 0 & 0\end{bmatrix}[\text{MPa}]$$

(3)

$$\text{At } t=1,\ \boldsymbol{\Sigma}^{II}=J\boldsymbol{F}^{-1}\boldsymbol{\sigma}(\boldsymbol{F}^{-1})^{T}=\begin{bmatrix}3/4 & -1/3 & 0\\ 0 & 4/3 & 0\\ 0 & 0 & 1\end{bmatrix}\begin{bmatrix}15 & 5 & 0\\ 5 & 20 & 0\\ 0 & 0 & 0\end{bmatrix}$$

$$=\begin{bmatrix}3.68 & 2.78 & 0\\ 2.78 & 8.89 & 0\\ 0 & 0 & 0\end{bmatrix}[\text{MPa}]$$

2.7

(1)

$$t^{(-e_1)} = \begin{bmatrix} 1 & 2 & 3 \\ 2 & 4 & 5 \\ 3 & 5 & 6 \end{bmatrix} \begin{Bmatrix} -1 \\ 0 \\ 0 \end{Bmatrix} = \begin{Bmatrix} -1 \\ -2 \\ -3 \end{Bmatrix}$$

(2)

$$t^{(-e_2)} = \begin{bmatrix} 1 & 2 & 3 \\ 2 & 4 & 5 \\ 3 & 5 & 6 \end{bmatrix} \begin{Bmatrix} 0 \\ -1 \\ 0 \end{Bmatrix} = \begin{Bmatrix} -2 \\ -4 \\ -5 \end{Bmatrix}$$

(3)

Since $$n = \begin{Bmatrix} -\sqrt{3}/2 \\ -1/2 \\ 0 \end{Bmatrix}, \quad t^{(-e_2)} = \begin{bmatrix} 1 & 2 & 3 \\ 2 & 4 & 5 \\ 3 & 5 & 6 \end{bmatrix} \begin{Bmatrix} -\sqrt{3}/2 \\ -1/2 \\ 0 \end{Bmatrix} = \begin{Bmatrix} -1.866 \\ -3.732 \\ -5.098 \end{Bmatrix}$$

2.8

(1)

$$\boldsymbol{e}_1 \times \boldsymbol{e}_1 = 0 \qquad \boldsymbol{e}_1 \times \boldsymbol{e}_2 = \boldsymbol{e}_3 \qquad \boldsymbol{e}_1 \times \boldsymbol{e}_3 = -\boldsymbol{e}_2$$

$$\boldsymbol{e}_2 \times \boldsymbol{e}_1 = -\boldsymbol{e}_3 \qquad \boldsymbol{e}_2 \times \boldsymbol{e}_2 = 0 \qquad \boldsymbol{e}_2 \times \boldsymbol{e}_3 = \boldsymbol{e}_1$$

$$\boldsymbol{e}_3 \times \boldsymbol{e}_1 = \boldsymbol{e}_2 \qquad \boldsymbol{e}_3 \times \boldsymbol{e}_2 = -\boldsymbol{e}_1 \qquad \boldsymbol{e}_3 \times \boldsymbol{e}_3 = 0$$

Thus, $\boldsymbol{e}_i \times \boldsymbol{e}_j = \varepsilon_{ijk} \boldsymbol{e}_k$

(2)

Since $\boldsymbol{t}_i = \sigma_{ji} \boldsymbol{e}_j = \sigma_{1i} \boldsymbol{e}_1 + \sigma_{2i} \boldsymbol{e}_2 + \sigma_{3i} \boldsymbol{e}_3$ and $\boldsymbol{\sigma} = \begin{bmatrix} 1 & 2 & 3 \\ 2 & 4 & 5 \\ 3 & 5 & 6 \end{bmatrix}$,

$$\boldsymbol{t}_1 = \begin{Bmatrix} 1 \\ 2 \\ 3 \end{Bmatrix}, \quad \boldsymbol{t}_2 = \begin{Bmatrix} 2 \\ 4 \\ 5 \end{Bmatrix} \text{ and } \boldsymbol{t}_3 = \begin{Bmatrix} 3 \\ 5 \\ 6 \end{Bmatrix}$$

(3)

When we change the index in the equation $\sigma_{ji} \varepsilon_{iik} \boldsymbol{e}_k = \boldsymbol{0}$,

$$\sigma_{ij} \varepsilon_{jik} \boldsymbol{e}_k = -\sigma_{ij} \varepsilon_{ijk} \boldsymbol{e}_k = \boldsymbol{0}$$

Therefore, $\left(\sigma_{ji} - \sigma_{ij}\right) \varepsilon_{ijk} \boldsymbol{e}_k = \boldsymbol{0}$

If $i \neq j$, $\varepsilon_{ijk} \boldsymbol{e}_k \neq \boldsymbol{0}$, then $\sigma_{ji} - \sigma_{ij} = \boldsymbol{0}$

Thus, $\sigma_{ij} = \sigma_{ji}$

제3장 일반 법칙

유한변형에서의 변형률과 변형률속도, 그리고 기준모양을 달리 잡으며 몇 가지 응력척도들에 대하여 제2장에서 설명하였다. 이들은 고전역학에서의 세 가지 구성요소인 물체, 운동, 힘을 수식으로 표현한 것이다. 우리가 궁극적으로 관심을 두는 것은 외력이나 하중이 물체나 구조물에 작용할 때의 반응, 혹은 그 역의 관계를 아는 것이다. 이를 위해서는 역학의 구성요소(물체, 운동, 힘) 간의 관계를 지배하는 원리와 법칙을 알아야 한다.

힘과 물체의 운동을 연관시키는 원리나 법칙에는 두 가지 유형이 있다. 첫 번째 유형은 물체의 재료상수와 무관하게 작용외력 하에서 물체의 운동을 지배하는 일반적인 원칙이다. 다시 말하면, 작용하중 하에서 운동하고 변형하는 물체의 구성재료가 무엇이든 간에 탄성변형, 소성변형, 점소성변형 등 어떤 변형을 받더라도 적용될 수 있는 원칙을 말한다. 소성론에서는 다음과 같은 다섯 개의 일반적인 원칙을 사용한다.

(1) 질량의 보존

(2) 운동량의 보존

(3) 각운동량의 보존

(4) 에너지의 보존(열역학 제1법칙)

(5) Clausius-Duhem 부등식(열역학 제2법칙)

두 번째 유형의 법칙은 응력과 변형률 혹은 변형률속도 간의 관계를 나타내는 것으로, 작용하중 하에서 물질의 거동을 나타내는 것이다. 이들 법칙을 구성방정식(constitutive equation)이라고 하며, 각 재료마다 다르게 적용된다. 심지어는 같은 재료라도 변형양상이 다르면 구성방정식도 다르다. 예를 들어, 탄성변형을 받을 때 보이는 재료의 반응은 소성변형 동안 보이는 반응과 다를 것이다. 또한, 준정적(quasi-static) 거동과 동적 거동에 대한 구성방정식도 다를 수 있다.

작용하중에 따른 물질의 거동과 같은 객관적인 물리현상을 기술하는데 사용하는 구성방정식은 해당하는 물리현상이 발생하는 동안에 특정한 원칙을 따라야 한다. 그러한 원칙 중 하나로 객관성의 원칙(principle of objectivity) 혹은 물질좌표계 무관성(material frame indifference)의 원칙이 있다. 이 원칙은 유한 소성변형의 경우에 특히 중요하다.

본 장에서는 위에 열거한 일반적 원칙들과 함께 객관성의 물리적 의미와 그로 인한 결과들을 설명하고 응력에 대하여 객관성있는 물질미분을 소개한다.

3.1 운송정리

일반적 보존법칙들은 시간에 따라서 어떤 물리량(질량, 운동량 등)들이 물체의 전체 혹은 일부에 대하여 변하지 않는다는 것이다. 우선, 물체의 전체 혹은 일부가 차지하는 공간영역에서 이들 물리량의 합인 적분값의 시간에 대한 변화율을 알아보자. 다음과 같이 현재모양 $\mathfrak{R}$ 및 기준모양 $\mathfrak{R}_0$에서 정의되는 함수가 있다고 하자.

$$\phi = \phi(\boldsymbol{x}(\boldsymbol{X},t),t) = \phi_o(\boldsymbol{X},t) \tag{3.1}$$

식에서 ϕ는 스칼라함수로 표현되고 있지만, 이 절에서 정리되는 내용은 벡터함수 및 텐서함수에 대하여도 일반적으로 적용된다. 함수 ϕ는 현재모양 $\mathfrak{R}$에서 정의되므로, $\mathfrak{R}$의 임의의 일부분인 $\wp(\wp \subseteq \Re)$에서도 정의된다. 공간영역 $\wp$에서 함수 ϕ를 적분한 값을 I 라고 하면, 이는 다음과 같이 표현된다.

$$I = \int_{\wp} \phi(\boldsymbol{x},t)dv = \int_{\wp_o} \phi_o(\boldsymbol{X},t)JdV \tag{3.2}$$

위 식에서 현재모양 $\Re$의 일부분인 $\wp$는 기준모양에서는 $\wp_o$를 차지하였던 부분이다. 또한, $dv=\det(\boldsymbol{F})dV=JdV$ 임을 이용하였다. 적분 I의 시간에 대한 변화율은 다음과 같이 정리된다.

$$\begin{aligned}\frac{dI}{dt} &= \frac{d}{dt}\int_{\wp} \phi(\boldsymbol{x},t)dv = \frac{d}{dt}\int_{\wp_o} \phi_o(\boldsymbol{X},t)JdV = \int_{\wp_o} \frac{d}{dt}[\phi_o(\boldsymbol{X},t)J]dV \\ &= \int_{\wp_o} \left[\frac{\partial \phi_o}{\partial t}J + \phi_o \dot{J}\right]dV\end{aligned} \tag{3.3}$$

위 식에서 $\wp_o$와 dV는 시간 t에 무관하므로, t에 대한 미분연산자가 적분안으로 들어갈 수 있다. ϕ에 대한 물질미분을 다음과 같이 나타내기로 하자.

$$\dot{\phi} = \frac{\partial \phi_o(\boldsymbol{X},t)}{\partial t} = \frac{\partial \phi(\boldsymbol{x},t)}{\partial t} + \frac{\partial \phi(\boldsymbol{x},t)}{\partial x_i}v_i$$

식(2.107)을 참조하면, $\dot{J} = Jv_{i,i}$이 되며, 이를 이용하여 식(3.3)의 dI/dt를 현재모양의 적분형태로 환원하면 다음과 같다.

$$\frac{dI}{dt} = \int_{\wp_o}\left[\dot{\phi}J + \phi_o(\mathbf{X},t)Jv_{i,i}\right]dV = \int_{\wp_o}\left[\dot{\phi} + \phi_o(\mathbf{X},t)v_{i,i}\right]JdV = \int_{\wp}\left[\dot{\phi} + \phi(\mathbf{x},t)v_{i,i}\right]dv \tag{3.4}$$

즉, 현재모양에서 정의되는 함수 $\phi(\boldsymbol{x},t)$를 영역 $\wp$에서 적분한 값의 변화율은 다음과 같이 정리된다. 이 결과를 "**운송정리**(transport theorem)"라고 한다.

$$\frac{d}{dt}\int_{\wp} \phi(\boldsymbol{x},t)dv = \int_{\wp}\left[\dot{\phi} + \phi(\boldsymbol{x},t)\operatorname{div}\boldsymbol{v}\right]dv \tag{3.5}$$

식에서 $\operatorname{div}\boldsymbol{v} = v_{i,i}$의 정의를 사용하였다. 운송정리는 다음과 같이 요약된다.

"물체 내 ϕ 총량의 시간에 대한 변화율은 그 물체 내 $(\dot{\phi} + v_{i,i}\phi)$의 총합과 같다."

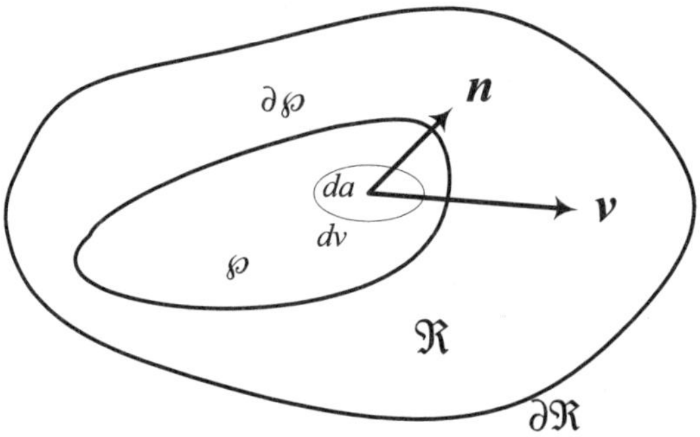

Fig. 3.1 물체가 차지하는 영역과 부분영역

3.2 질량의 보존법칙

물체 B가 지정된 시간 t에 현재모양 $\Re$로 정의되는 공간영역을 차지하고 있다고 하자. 또한, 이 물체는 시간 t에서 영역 $\Re$에 걸쳐 밀도 ρ를 가지며, 밀도함수 $\rho(\boldsymbol{x},t)$는 영역 $\Re$에 연속적으로 분포한다고 가정할 때, 시간 t에서 영역 $\Re$을 차지하는 물체의 전체질량은 다음 식으로 나타낼 수 있다.

$$M = \int_{\Re} \rho dv \tag{3.6}$$

또한, 그림 3.1에 나타낸 것처럼, $\Re$의 일부영역인 $\wp$에 대한 질량의 합은 다음과 같다.

$$\Delta M = \int_{\wp} \rho dv \tag{3.7}$$

이제 운송정리를 사용하여 이 물체의 부분질량 ΔM의 시간에 대한 변화율 $\Delta\dot{M}$을 구하여 보자.

$$\Delta\dot{M} = \frac{d(\Delta M)}{dt} = \frac{d}{dt}\int_{\wp} \rho dv = \int_{\wp} (\dot{\rho} + \rho v_{i,i}) dv \tag{3.8}$$

질량보존의 법칙이란, 부분영역 $\wp$내부에 있는 물질의 질량이 없어지거나 새로 생겨나지 않는다는 것이다. 따라서, $\Delta\dot{M} = 0$이 된다. 즉, 영역 $\wp$내부의 질량이 보존되는 경우에는 다음 식이 성립한다.

$$\int_{\wp}(\dot{\rho}+\rho v_{i,i})dv=0 \tag{3.9}$$

위 식은 부분영역 $\wp$에 대한 질량보존의 법칙을 식으로 나타낸 것이다. 한편, 영역 $\wp$는 $\Re$내부에서 임의로 잡은 것이므로, 위 등식이 항상 성립하려면 피적분함수가 영이어야 한다. 따라서, 모든 질점에서 다음과 같은 연속방정식(continuity equation)이 성립한다.

$$\dot{\rho}+\rho v_{i,i}=0 \tag{3.10}$$

여기에서 $\dot{\rho}=\partial\rho/\partial t+\rho_{,i}v_i$로, 밀도함수 $\rho(\boldsymbol{x},t)$의 물질미분을 의미한다. 따라서, 연속방정식은 다음과 같이 나타낼 수도 있다.

$$\frac{\partial\rho}{\partial t}+\rho_{,i}v_i+\rho v_{i,i}=\frac{\partial\rho}{\partial t}+(\rho v_i)_{,i}=0 \tag{3.11}$$

위 식을 영역 $\wp$에 대하여 다시 적분하면, 다음과 같다.

$$\int_{\wp}\left\{\frac{\partial\rho}{\partial t}+(\rho v_i)_{,i}\right\}dv=\int_{\wp}\frac{\partial\rho}{\partial t}dv+\int_{\partial\wp}n_i(\rho v_i)da=0 \tag{3.12a}$$

단, $\partial\wp$는 영역 $\wp$를 둘러싼 경계표면으로, 식에서 체적적분을 면적분으로 전환하는데 **발산정리**(divergence theorem)를 사용하였다. 위 식을 다시 쓰면 다음과 같다.

$$-\int_{\wp}\frac{\partial\rho}{\partial t}dv=\int_{\partial\wp}n_i(\rho v_i)da=\int_{\partial\wp}\boldsymbol{n}\cdot(\rho\boldsymbol{v})da \tag{3.12b}$$

식에서 좌변은 영역 $\wp$에서 밀도의 변화율을 적분한 값이고, 우변은 경계면 $\partial\wp$를 통하여 질량이 영역 $\wp$ 밖으로 빠져나가는 비율이다. 따라서, 식(3.12b)가 의미하는 바는 영역 "$\wp$에서 질량이 빠져나가는 비율만큼, 영역 $\wp$내의 밀도가 줄어든다"는 것이다.

질량보존의 법칙에 따르면, 현재 시간에서의 영역 $\wp$에 대한 질량은 기준시간에서의 대응영역 $\wp_o$에서의 질량과 같아야 한다. 미소질량 dm을 현재모양 및 기준모양에서 각각 나타내면, 다음 식과 같다.

$$dm=\rho(\mathbf{x},t)dv=\rho_o(\mathbf{X},t)dV \tag{3.13a}$$

임의 영역 $\wp$에 대한 질량은 기준모양에서의 대응영역 $\wp_o$ 에서의 질량과 같으므로,

$$\Delta M = \int_{\wp} \rho dv = \int_{\wp_o} \rho(JdV) = \int_{\wp_o} \rho_o dV \tag{3.13b}$$

식에서 두 번째 적분은 첫 번째 적분의 영역만을 기준영역으로 변환한 것이고, 세 번째 적분은 기준시간에서의 부분질량을 나타낸다. 위 식을 정리하면,

$$\int_{\wp_o} (\rho_o - J\rho) dV = 0 \tag{3.14a}$$

영역 $\wp_o$는 임의이므로, 위 등식이 항상 성립하려면, 다음과 같이 물질기술방식의 연속방정식을 얻을 수 있다.

$$\rho_o = J\rho \tag{3.14b}$$

만일, 물체의 구성물질이 비압축성(incompressibility)이라면, 이는 물체가 운동하거나 변형할 때 밀도 ρ에 변화가 없다는 것이므로, $\dot{\rho} = 0$이라는 의미이다. 이 경우에는 연속방정식 (3.10)으로부터,

$$v_{i,i} = 0 \tag{3.15a}$$

위 결과를 식(2.100)로 정의된 변형속도의 항으로 나타내면 다음과 같다.

$$v_{i,i} = \mathrm{tr}(\boldsymbol{D}) = 0 \tag{3.15b}$$

또한, 연속방정식을 식(3.13)처럼 물질기술방식으로 나타낼 때는 비압축성재료는 기준모양 $\Re_0$ 및 현재모양 $\Re$에서 계속 일정하므로 $\rho = \rho_o$가 성립한다. 따라서, 비압축성재료에 대하여는

$$J = \det(\boldsymbol{F}) = 1 \tag{3.16}$$

이 성립하며, 이러한 운동을 '**체적일정 운동**(isochoric motion)'이라고 한다.

금속에 대한 대부분의 소성이론에서는 Bridgeman의 실험결과를 근거로 하여 체적일정조건 즉, 체적변화를 무시할 수 있다는 가정을 전제로 한다. 더구나, 탄성변형이 소성변형에 비하여 매우 작다면, 소성변형모델을 수식화하는 과정에서 식(3.15) 및 (3.16)을 일차적인 근사식으로 삼을 수 있게 된다.

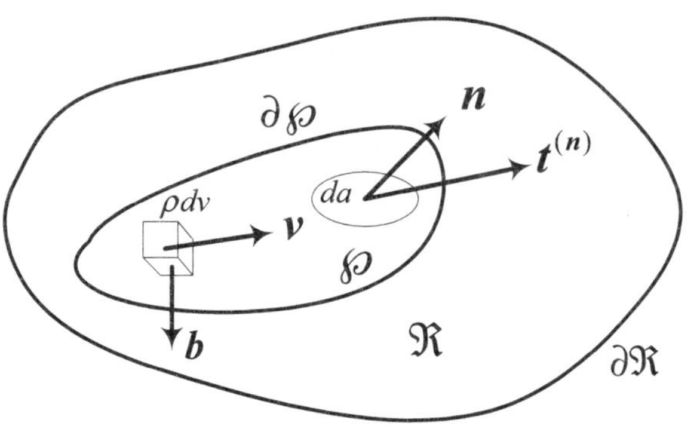

Fig. 3.2 물체 부분영역의 미소요소에 작용하는 물체력과 표면력

3.3 선운동량의 보존법칙

연속체를 구성하는 입자간에 작용하는 내력을 입자 사이를 분리하는 가상의 경계면에 대한 외력으로 간주할 수 있다면, 운동량보존의 법칙은 뉴튼(Newton)의 제2운동법칙을 연속체역학에 적용한 것에 불과하다. 즉, 운동량보존의 법칙이란, **"물체 내에서 임의의 입자집합이 갖는 운동량의 변화율은 이들 입자집합에 작용하는 모든 힘의 벡터합과 같다"**는 것이다.

그림 3.2에 나타낸 것처럼, 현재모양 $\Re$의 일부영역인 $\wp$ (경계면은 $\partial\wp$)를 차지하는 입자들의 집합을 생각하자. $\wp$에 작용하는 힘은 단위면적당 표면력 $\boldsymbol{t}^{(n)}$과 단위질량당 물체력 $\boldsymbol{b}$로 주어진다. 입자의 속도를 $\boldsymbol{v}$라 하면, 미소체적 dv가 갖는 선운동량은 $\rho\boldsymbol{v}dv$로 정의된다. 따라서, 영역 $\wp$를 차지하는 입자집합이 가진 선운동량의 합은

$$\boldsymbol{l} = \int_{\wp} \rho \boldsymbol{v} dv \tag{3.17}$$

이고, 그 변화율은 운송정리를 사용하여, 다음 식으로 정리된다.

$$\frac{d\boldsymbol{l}}{dt}=\frac{d}{dt}\int_{\wp}\rho\boldsymbol{v}dv=\int_{\wp}\left\{\overline{(\rho\boldsymbol{v})}^{\cdot}+(\rho\boldsymbol{v})v_{i,i}\right\}dv=\int_{\wp}\left(\dot{\rho}\boldsymbol{v}+\rho\dot{\boldsymbol{v}}+\rho\boldsymbol{v}v_{i,i}\right)dv$$

$$=\int_{\wp}\rho\dot{\boldsymbol{v}}dv+\int_{\wp}\boldsymbol{v}\left(\dot{\rho}+\rho v_{i,i}\right)dv \tag{3.18}$$

그런데, 질량보존의 법칙에 따른 연속방정식 $\dot{\rho}+\rho v_{i,i}=0$이 성립하므로,

$$\frac{d\boldsymbol{l}}{dt}=\int_{\wp}\rho\dot{\boldsymbol{v}}dv=\int_{\wp}\rho\boldsymbol{a}dv \tag{3.19}$$

한편, 영역 $\wp$의 입자집합에 작용하는 힘의 벡터합은 표면력 $\boldsymbol{t}^{(n)}$과 물체력 $\boldsymbol{b}$에 의한 힘들의 합이므로, 운동량보존의 법칙에 따르면, 다음 식을 얻을 수 있다.

$$\frac{d\boldsymbol{l}}{dt}=\int_{\wp}\rho\dot{\boldsymbol{v}}dv=\int_{\wp}\rho\boldsymbol{b}dv+\int_{\partial\wp}\boldsymbol{t}^{(n)}da \tag{3.20}$$

이제, 영역 $\wp$가 현재모양 $\mathfrak{R}$의 일부 즉, $\mathfrak{R}$의 내부를 차지하고 있다는 점에 주목하자. 응력텐서의 정의에 따라서, $\boldsymbol{t}^{(n)}=\boldsymbol{\sigma n}$이고, 위 식 우변의 둘째항에 다음과 같이 발산정리를 적용하여 면적분을 체적적분으로 전환할 수 있다.

$$\int_{\partial\wp}\boldsymbol{t}^{(n)}da=\int_{\partial\wp}\boldsymbol{\sigma n}da=\int_{\wp}\mathrm{div}\,\boldsymbol{\sigma}dv \tag{3.21a}$$

식에서 $\mathrm{div}\,\boldsymbol{\sigma}=\{\sigma_{ij,j}\}$로 정의한다. 식(3.21a)을 성분형태로 나타내면,

$$\int_{\partial\wp}\sigma_{ij}n_j da=\int_{\wp}\sigma_{ij,j}dv \tag{3.21b}$$

따라서, 식(3.20)은 다음과 같이 정리된다.

$$\int_{\wp}\rho\dot{\boldsymbol{v}}dv=\int_{\wp}\rho\boldsymbol{b}dv+\int_{\wp}\mathrm{div}\,\boldsymbol{\sigma}dv \tag{3.22a}$$

즉,
$$\int_{\wp}\left(\mathrm{div}\,\boldsymbol{\sigma}+\rho\boldsymbol{b}-\rho\dot{\boldsymbol{v}}\right)dv=0 \tag{3.22b}$$

가 임의영역 $\wp$에 대하여 성립하므로, 괄호안의 피적분함수가 항상 영이어야 한다.

$$\mathrm{div}\,\boldsymbol{\sigma}+\rho\boldsymbol{b}=\rho\dot{\boldsymbol{v}}=\rho\boldsymbol{a} \tag{3.23a}$$

혹은, $$\boldsymbol{t}_{i,i} + \rho \boldsymbol{b} - \rho \dot{\boldsymbol{v}} = \boldsymbol{0} \tag{3.23b}$$

위 식은 선운동량보존의 법칙을 미분방정식 형태로 나타낸 것으로, "코쉬의 운동방정식" 이라고 한다. 이를 성분형태로 다시 쓰면,

$$\sigma_{ij,j} + \rho b_i = \rho a_i \tag{3.24}$$

물체의 구성입자가 정적 평형상태에 있다면, $\boldsymbol{a} = \boldsymbol{0}$이므로, 이 경우에는 다음과 같은 평형방정식을 얻는다.

$$\operatorname{div} \boldsymbol{\sigma} + \rho \boldsymbol{b} = 0 \text{ 혹은 } \sigma_{ij,j} + \rho b_i = 0 \tag{3.25}$$

식(3.23) 혹은 (3.24)로 표현한 코쉬의 운동방정식은 현재모양에 대하여 기술한 것으로, $\boldsymbol{b} = \boldsymbol{b}(\boldsymbol{x}, t)$ 및 $\boldsymbol{v} = \boldsymbol{v}(\boldsymbol{x}, t)$가 사용된 것이다. 때로는 현재모양보다 기준모양에 대한 운동방정식이 사용하기에 편리한 경우가 있다. 이때의 운동방정식을 얻으려면, 식(3.22a)의 각 항을 기준모양에 대하여 전환하면 된다. 물체력의 전환은 다음과 같이 단순하게 이루어진다.

$$\int_{\wp} \rho \boldsymbol{b}(\boldsymbol{x}, t) dv = \int_{\wp_0} \rho_0 \boldsymbol{b}_0(\boldsymbol{X}, t) dV \tag{3.26}$$

여기에서 공간좌표 $\boldsymbol{x}$를 기준좌표 $\boldsymbol{X}$로 바꾸기 위해, $\boldsymbol{x} = \boldsymbol{x}(\boldsymbol{X}, t)$와 기준모양에서의 단위질량당 물체력 $\boldsymbol{b}(\boldsymbol{x}(\boldsymbol{X}, t), t) = \boldsymbol{b}_o(\boldsymbol{X}, t)$ 를 사용하였다. 운동량의 변화율 항에 대하여도 마찬가지로 하여,

$$\int_{\wp} \rho \frac{d\boldsymbol{v}(\boldsymbol{x}, t)}{dt} dv = \int_{\wp_0} \rho_0 \frac{d\boldsymbol{v}_0(\boldsymbol{X}_0, t)}{dt} dV \tag{3.27}$$

표면력 항을 전환할 때는 식(2.140)를 사용하여

$$\int_{\partial \wp} \boldsymbol{t}^{(\boldsymbol{n})} da = \int_{\partial \wp} \boldsymbol{\sigma} \boldsymbol{n} da = \int_{\partial \wp_0} \boldsymbol{\Sigma}^{\mathrm{I}} \boldsymbol{N} dA \tag{3.28}$$

위 식에 발산정리를 사용하면 다음과 같다.

$$\int_{\partial \wp_0} \boldsymbol{\Sigma}^{\mathrm{I}} \boldsymbol{N} dA = \int_{\wp_0} \operatorname{div} \boldsymbol{\Sigma}^{\mathrm{I}} dV \tag{3.29}$$

단, $\mathrm{div}\boldsymbol{\Sigma}^{\mathrm{I}} = \{\Sigma^{\mathrm{I}}_{iK,K}\}$로 기준좌표 X_K에 대한 미분을 나타내는 벡터이고, $\boldsymbol{\Sigma}^{\mathrm{I}}$는 제1종 Piola-Kirchhoff 응력텐서이다. 기준모양으로 전환된 항들을 나타내는 식(3.26)~ (3.29)를 식(3.22b)에 대입하면 다음과 같다.

$$\int_{\wp_0} \left(\nabla_0 \boldsymbol{\Sigma}^{\mathrm{I}} + \rho_0 \boldsymbol{b}_0 - \rho_0 \dot{\boldsymbol{v}} \right) dV = \boldsymbol{0} \tag{3.30a}$$

혹은,

$$\int_{\wp_0} \left(\Sigma^{\mathrm{I}}_{Ki,K} + \rho_0 b_{0i} - \rho_0 \dot{v}_i \right) dV = 0 \tag{3.30b}$$

기준모양에서의 공간영역 $\wp_o$는 임의이므로, 위 식의 피적분함수는 영벡터가 되어야 한다.

$$\nabla_0 \boldsymbol{\Sigma}^{\mathrm{I}} + \rho_0 \boldsymbol{b}_0 = \rho_0 \dot{\boldsymbol{v}}\,,\ \text{혹은}\ \ \Sigma^{\mathrm{I}}_{Ki,K} + \rho_0 b_{0i} = \rho_0 \dot{v}_i \tag{3.31}$$

식(2.145)을 위 식에 대입하면, 제2종 Piola-Kirchhoff 응력텐서 $\boldsymbol{\Sigma}^{\mathrm{II}}$의 항으로 운동방정식을 나타낼 수 있다.

$$\nabla_0 \left(\boldsymbol{F}\boldsymbol{\Sigma}^{\mathrm{II}} \right) + \rho_0 \boldsymbol{b}_0 = \rho_0 \dot{\boldsymbol{v}}\,,\ \text{혹은}\ \left(\Sigma^{\mathrm{II}}_{LK,K} F_{iL} \right)_{,K} + \rho_0 b_{0i} = \rho_0 \dot{v}_i \tag{3.32}$$

$\boldsymbol{u}$를 변위벡터라 할 때, $\boldsymbol{F} = \nabla \boldsymbol{x} = \boldsymbol{I} + \nabla \boldsymbol{u}$ 즉, $F_{iL} = \delta_{iL} + u_{i,L}$임을 상기하면 식(3.32)는 다음과 같이 나타낼 수 있다.

$$\nabla_0 \left[\left(\boldsymbol{I} + \boldsymbol{u}\nabla^{\mathrm{T}} \right) \boldsymbol{\Sigma}^{\mathrm{II}} \right] + \rho_0 \boldsymbol{b}_0 = \rho_0 \dot{\boldsymbol{v}} \tag{3.33a}$$

혹은

$$\left[\Sigma^{\mathrm{II}}_{LK,K} \left(\delta_{iL} + u_{i,L} \right) \right]_{,K} + \rho_0 b_{0i} = \rho_0 \dot{v}_i \tag{3.33b}$$

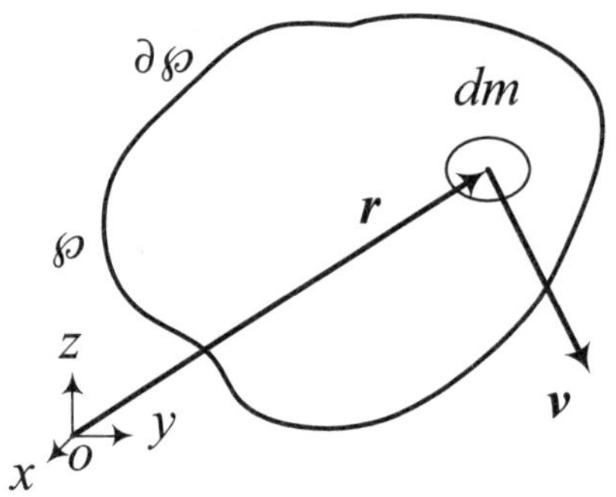

Fig. 3.3 물체 부분영역의 미소요소가 갖는 각운동량

3.4 각운동량의 보존법칙

각운동량보존의 법칙 역시 뉴튼의 제2운동법칙을 연속체역학에 일반화시킨 것이다. 즉, **"물체내 임의의 입자집합이 갖는 각운동량의 변화율은 이들 입자집합에 작용하는 모멘트의 벡터합과 같다"**는 것이다. 물체 내에 분포된 별도의 우력(偶力, couple)이 없고, 입자간에 작용하는 힘으로는 단위표면력(traction)만 있다고 가정하자.

그림 3.3을 참조하여, 미소질량 dm이 갖는 각운동량은 다음과 같다.

$$(\boldsymbol{r}\times\boldsymbol{v})dm=(\boldsymbol{r}\times\rho\boldsymbol{v})dv \tag{3.34a}$$

단, $\boldsymbol{r}$은 질점의 위치를 나타내는 위치벡터이다. 위 식을 영역 $\wp$에 대하여 적분하면, 영역 $\wp$를 차지하는 입자집합의 각운동량이 된다.

$$A=\int_{\wp}(\boldsymbol{r}\times\rho\boldsymbol{v})dv \tag{3.34b}$$

한편, 표면력 $\boldsymbol{t}^{(n)}$과 물체력 $\boldsymbol{b}$에 의해 입자집합에 가해지는 모멘트는 각각 다음 식으로 나타낼 수 있다.

$$\boldsymbol{M}_t=\int_{\partial\wp}\boldsymbol{r}\times\boldsymbol{t}^{(n)}da \text{ 및 } \boldsymbol{M}_b=\int_{\wp}\boldsymbol{r}\times\boldsymbol{b}\rho dv \tag{3.35}$$

따라서, 각운동량보존의 법칙을 식으로 나타내면 다음과 같이 정리된다.

$$\frac{d}{dt}\int_{\wp}(\boldsymbol{r}\times\rho\boldsymbol{v})dv=\int_{\partial\wp}\left(\boldsymbol{r}\times\boldsymbol{t}^{(n)}\right)da+\int_{\wp}(\boldsymbol{r}\times\boldsymbol{b})\rho dv \tag{3.36}$$

위 식의 좌변항에 운송정리를 적용하여 정리해보자.

$$\begin{aligned}\frac{d}{dt}\int_{\wp}(\boldsymbol{r}\times\rho\boldsymbol{v})dv&=\int_{\wp}[\dot{\overline{\boldsymbol{r}\times\rho\boldsymbol{v}}}+(\boldsymbol{r}\times\rho\boldsymbol{v})v_{i,i}]dv\\&=\int_{\wp}\left(\dot{\boldsymbol{r}}\times\rho\boldsymbol{v}+\boldsymbol{r}\times\dot{\rho}\boldsymbol{v}+\boldsymbol{r}\times\rho\dot{\boldsymbol{v}}+(\boldsymbol{r}\times\rho\boldsymbol{v})v_{i,i}\right)dv\end{aligned} \tag{3.37}$$

그런데, $\dot{\boldsymbol{r}}=\boldsymbol{v}$ 이므로, $\dot{\boldsymbol{r}}\times\rho\boldsymbol{v}=\boldsymbol{0}$이 되어,

$$\frac{d}{dt}\int_{\wp}(\boldsymbol{r}\times\rho\boldsymbol{v})dv=\int_{\wp}\boldsymbol{r}\times\rho\dot{\boldsymbol{v}}dv+\int_{\wp}\boldsymbol{r}\times\boldsymbol{v}\left(\dot{\rho}+\rho v_{i,i}\right)dv \tag{3.38}$$

위 식에서 우변의 둘째항은 질량보존의 법칙에 따른 연속방정식 $\dot{\rho}+\rho v_{i,i}=0$을 적용하여 없앨 수 있다. 따라서,

$$\frac{d}{dt}(\boldsymbol{r}\times\rho\boldsymbol{v})dv=\int_{\wp}\boldsymbol{r}\times\rho\dot{\boldsymbol{v}}dv \tag{3.39}$$

한편, 표면력 $\boldsymbol{t}^{(n)}$의 x_i방향 가상단면에 작용하는 응력벡터를 $\boldsymbol{t}_i$라 하면,

$$\boldsymbol{t}^{(n)}=\boldsymbol{\sigma n}=\{\sigma_{ij}n_j\}=\boldsymbol{t}_i n_i \tag{3.40a}$$

즉,

$$\boldsymbol{t}_i=\sigma_{ki}\boldsymbol{e}_k \tag{3.40b}$$

가 되어, 다음 식이 성립한다.

$$\boldsymbol{t}_{i,i}=\sigma_{ki,i}\boldsymbol{e}_k \tag{3.40c}$$

식(3.34)의 우변 제1항에 발산정리를 적용하면

$$\int_{\partial\wp}(\boldsymbol{r}\times\boldsymbol{t}_i n_i)da=\int_{\wp}(\boldsymbol{r}\times\boldsymbol{t}_i)_{,i}dv=\int_{\wp}(\boldsymbol{r}_{,i}\times\boldsymbol{t}_i+\boldsymbol{r}\times\boldsymbol{t}_{i,i})dv \tag{3.41}$$

위 결과와 식(3.37)을 식(3.34)에 대입하여 정리하면, 각운동량보존의 법칙이 적용되는 경우 다음 식을 얻는다.

$$\int_{\wp}\left\{\boldsymbol{r}_{,i}\times\boldsymbol{t}_i+\boldsymbol{r}\times(\boldsymbol{t}_{i,i}+\rho\boldsymbol{b}-\rho\dot{\boldsymbol{v}})\right\}dv=0 \tag{3.42}$$

선운동량보존의 법칙에 따라 식(3.23b)의 운동방정식이 성립하므로, 위 적분식에서 피적분함수의 두 번째 항은 영이 된다. 또한, $\boldsymbol{r}_{,i}=(\partial\boldsymbol{r}/\partial x_i)=\boldsymbol{e}_i$이므로, 식(3.42)는 다음과 같이 정리된다.

$$\int_{\wp}(\boldsymbol{e}_i\times\boldsymbol{t}_i)dv=0 \tag{3.43}$$

영역 $\wp$는 임의이므로, 위 식의 피적분함수는 항상 영이 되어야 하고, 식(3.39)를 활용하면, 다음 결과를 얻는다.

$$\boldsymbol{e}_i \times \boldsymbol{t}_i = \boldsymbol{e}_i \times (\sigma_{ji}\boldsymbol{e}_j) = \sigma_{ji}(e_{ijk}\boldsymbol{e}_k) = 0$$

즉, 각운동량보존의 법칙이 성립하면, 물체내 임의 질점에서 다음 식이 성립한다. 식 (2.16) 순환기호의 정의에 따르면, 아래와 같이 코쉬 응력텐서의 대칭성을 나타낸다.

$$e_{ijk}\sigma_{ji} = 0 \quad \text{단,} \ k = 1, 2, 3 \tag{3.44a}$$

$$\sigma_{ij} = \sigma_{ji} \quad \text{즉,} \ \boldsymbol{\sigma} = \boldsymbol{\sigma}^T \tag{3.44b}$$

이로부터, 코쉬 응력텐서의 대칭성은 물체 내부에 분포되는 우력이나 경계면에 작용하는 우력이 없는 경우에 한하여, 각운동량보존의 법칙으로부터 보장됨을 알 수 있다. 이러한 경우를 비극성(nonpolar)이라고 하며, 이 책에서는 비극성인 경우만을 고려하므로, 코쉬 응력텐서 $\boldsymbol{\sigma}$는 항상 대칭이라고 간주한다.

3.5 에너지보존의 법칙: 열역학 제 1법칙

에너지보존의 법칙은 우주상의 에너지가 따로 만들어지거나 없어지지 않고 단지 그 형태가 변할 뿐이라는 광범위한 실험관찰의 결과로부터 유추된 것이다. 즉, **"폐쇄계 (closed system)에서 외력에 의해 행해진 일률과 열변화율의 합은 그 계가 갖는 총에너지의 증가율과 같다."** 이 법칙은 열역학 제1법칙이라고도 한다.

에너지의 유형으로는 기계에너지, 화학에너지, 전기에너지, 자기에너지, 열에너지 등이 있다. 에너지보존의 법칙은 모든 유형의 에너지에 대하여 가장 일반적인 의미로 적용되지만, 이 책에서는 연속체역학의 관점에서 기계에너지와 열에너지만을 고려하기로 한다. 에너지보존의 법칙을 통하여 기계적인 일, 계로의 열전달, 계 내부에너지의 변환 사이의 관계를 규명한다. 탄소성이론은 연속체역학에 바탕을 두고 물체가 연속물질로 이루어져 있으며, 물체는 주변과 질량을 교환하지 않는 폐쇄계에 있다고 가정한다. 계에 행해지는 기계적인 일은 표면력 $\boldsymbol{t}^{(n)}$과 물체력 $\boldsymbol{b}$에 의해 이루어진다. 계로의 열전달은 표면을 통한 열유동과 각 질점에 분포한 내부열원에 의해 이루어진다.

그림 3.2에 나타낸 것처럼, 고정된 시간 t에서 경계면이 $\partial\mathfrak{R}$인 공간영역 $\mathfrak{R}$을 차지하고 있는 물체를 하나 생각하자. 이 계(즉, 물체)에 외력이 작용하여 가해진 기계적인 일률은 다음과 같이 나타낼 수 있다.

$$\dot{W}_m = \int_{\partial\mathfrak{R}} \boldsymbol{t}^{(\boldsymbol{n})} \cdot \boldsymbol{v} da + \int_{\mathfrak{R}} \rho \boldsymbol{b} \cdot \boldsymbol{v} dv \tag{3.45}$$

식에서 $\boldsymbol{v}$와 ρ는 각각 현재모양에서의 속도장 및 질량밀도이다. $\boldsymbol{t}^{(\boldsymbol{n})} = \boldsymbol{\sigma n}$임을 상기하고, 발산정리를 이용하여 면적분을 체적적분으로 바꾸면, 표면력 항은 다음과 같이 정리된다.

$$\int_{\partial\mathfrak{R}} \boldsymbol{t}^{(\boldsymbol{n})} \cdot \boldsymbol{v} da = \int_{\partial\mathfrak{R}} (\boldsymbol{\sigma n}) \cdot \boldsymbol{v} da = \int_{\partial\mathfrak{R}} \sigma_{ij} n_j v_i da = \int_{\mathfrak{R}} (\sigma_{ij} v_i)_{,j} dv = \int_{\mathfrak{R}} (\sigma_{ij,j} v_i + \sigma_{ij} v_{i,j}) dv$$

따라서, 식(3.45)에 코쉬 운동방정식을 적용하여 다음과 같이 다시 쓸 수 있다.

$$\begin{aligned}\dot{W}_m &= \int_{\mathfrak{R}} (\sigma_{ij,j} v_i + \sigma_{ij} v_{i,j}) dv + \int_{\mathfrak{R}} \rho b_i v_i dv = \int_{\mathfrak{R}} v_i (\sigma_{ij,j} + \rho b_i) dv + \int_{\mathfrak{R}} \sigma_{ij} v_{i,j} dv \\ &= \int_{\mathfrak{R}} v_i (\rho \dot{v}_i) dv + \int_{\mathfrak{R}} \sigma_{ij} v_{i,j} dv = \frac{d}{dt} \int_{\mathfrak{R}} \frac{1}{2} \rho v_i v_i dv + \int_{\mathfrak{R}} \mathrm{tr}(\boldsymbol{\sigma L}) dv\end{aligned} \tag{3.46}$$

식에서 $\boldsymbol{L}$은 속도구배텐서이고, $\mathrm{tr}(\boldsymbol{\sigma L}) = \sigma_{ij} L_{ij} = \sigma_{ij} v_{i,}$라고 정의하였다.

$\boldsymbol{\sigma}$는 대칭이고, $\boldsymbol{L} = \boldsymbol{D} + \boldsymbol{W}$로 분해할 때, $\boldsymbol{W}$는 반대칭이므로, 다음 관계가 성립한다.

$$\mathrm{tr}(\boldsymbol{\sigma L}) = \mathrm{tr}[\boldsymbol{\sigma}(\boldsymbol{D} + \boldsymbol{W})] = \mathrm{tr}(\boldsymbol{\sigma D}) \tag{3.47}$$

이 결과를 식(3.46)에 대입하여 정리하면 다음과 같다.

$$\dot{W}_m = \frac{d}{dt} \int_{\mathfrak{R}} \frac{1}{2} \rho v_i v_i dv + \int_{\mathfrak{R}} \sigma_{ij} v_{i,j} dv = \frac{d}{dt} \int_{\mathfrak{R}} \frac{1}{2} \rho \boldsymbol{v} \cdot \boldsymbol{v} dv + \int_{\mathfrak{R}} \mathrm{tr}(\boldsymbol{\sigma D}) dv \tag{3.48}$$

위 식의 우변 두 번째항에서 $\mathrm{tr}(\boldsymbol{\sigma D})$을 응력동력(stress power)이라고 한다. 식으로부터, 외력에 의해 물체에 행해진 기계적인 일률은 물체의 운동에너지의 변화율과 응력동력의 합이 됨을 알 수 있다.

응력동력은 매우 중요한 의미를 가지므로, 이를 기준모양에서 나타내 보자. 식(2.143), (2.79), (2.26)을 이용하면,

$$\int_{\Re} \mathrm{tr}(\boldsymbol{\sigma D})dv = \int_{\Re} \mathrm{tr}\left[\frac{1}{\det(\boldsymbol{F})}\boldsymbol{F\Sigma}^{\mathrm{I}}\boldsymbol{L}\right]dv = \int_{\Re_0} \mathrm{tr}(\boldsymbol{\Sigma}^{\mathrm{I}}\dot{\boldsymbol{E}})dV \tag{3.49}$$

여기에서 다음 식이 성립함을 보일 수 있다.

$$\mathrm{tr}\left(\boldsymbol{\Sigma}^{\mathrm{I}}\dot{\boldsymbol{F}}\right) = \mathrm{tr}\left[\boldsymbol{\Sigma}^{\mathrm{II}}\boldsymbol{F}^{\mathrm{T}}\dot{\boldsymbol{F}}\right] = \mathrm{tr}\left[\boldsymbol{\Sigma}^{\mathrm{II}}\boldsymbol{F}^{\mathrm{T}}\frac{\boldsymbol{L}+\boldsymbol{L}^{\mathrm{T}}}{2}\dot{\boldsymbol{F}}\right] = \mathrm{tr}\left(\boldsymbol{\Sigma}^{\mathrm{II}}\dot{\boldsymbol{E}}\right) = \tfrac{1}{2}\mathrm{tr}\left(\boldsymbol{\Sigma}^{\mathrm{II}}\dot{\boldsymbol{C}}\right) \tag{3.50}$$

위 식에서 마지막 결과를 얻기 위해, 식(2.145)과 (2.121)을 사용하였다. 식(2.47)와 (2.48)으로부터 다음 결과를 얻는다.

$$\det(\boldsymbol{F})\,\mathrm{tr}(\boldsymbol{\sigma D}) = \mathrm{tr}\left(\boldsymbol{\Sigma}^{\mathrm{I}}\dot{\boldsymbol{F}}\right) = \mathrm{tr}\left(\boldsymbol{\Sigma}^{\mathrm{II}}\dot{\boldsymbol{E}}\right) \tag{3.51}$$

이 식이 뜻하는 바는 $\boldsymbol{\sigma}$, $\boldsymbol{\Sigma}^{\mathrm{I}}$, $\boldsymbol{\Sigma}^{\mathrm{II}}$와 짝을 이루어 일률을 나타내는 변수는 각각 $\boldsymbol{D}$, $\dot{\boldsymbol{F}}$, $\dot{\boldsymbol{E}}$라는 점이다.

계(물체)에서의 시간당 열량의 변화는 두 방법으로 일어난다. 그 한 방법은 열의 전도법칙에 따라 경계표면을 통한 열유동이고, 다른 한 방법은 내부 열원에 의한 발생열이다. 즉, 시간당 열량의 변화 즉, 열전달률 $\dot{W}_h$를 식으로 표현하면 다음과 같다.

$$\dot{W}_h = -\int_{\partial\Re} \boldsymbol{q}\cdot\boldsymbol{n}da + \int_{\Re} \rho r dv \tag{3.52}$$

여기에서 $\boldsymbol{q}$는 경계표면을 통과하는 단위시간당 열유속(heat flux) 벡터, $\boldsymbol{n}$은 경계표면의 바깥방향 단위법선벡터, r은 단위질량당 발생열이다. 식에서 첫째 항에 음의 부호를 사용한 것은 관례적으로 $\boldsymbol{q}$를 바깥방향 열유속으로 표현하기 때문이다.

계의 총에너지 U는 (1) 총 운동에너지와 (2) 내부에너지의 총합으로 구성된다. 단위질량당 내부에너지 즉, 내부 비에너지를 u라고 표시하면, 총에너지의 변화율을 다음과 같이 나타낼 수 있다.

$$\dot{U} = \frac{d}{dt}\int_{\Re} \tfrac{1}{2}\rho\boldsymbol{v}\cdot\boldsymbol{v}dv + \frac{d}{dt}\int_{\Re} \rho u dv \tag{3.53}$$

위 식에서 운동에너지항은 뉴톤 역학을 일반화시켜 연속체역학에 적용한 것이다. 이들 결과로부터 열역학 제1법칙은 다음과 같이 식으로 표현된다.

$$\dot{U} = \dot{W}_m + \dot{W}_h \tag{3.54}$$

식(3.48), (3.52), (3.53)을 사용하면 위 식은 다음과 같다.

$$\frac{d}{dt}\int_{\Re} \rho u dv = \int_{\Re} \mathrm{tr}(\boldsymbol{\sigma}\boldsymbol{D}) dv + \int_{\Re} \rho r dv - \int_{\partial\Re} \boldsymbol{q} \cdot \boldsymbol{n} da \tag{3.55}$$

위 식에서 운동에너지항이 없어졌음에 주의하자. 발산정리에 따라 면적분을 체적적분으로 전환한 뒤에 위 식을 정리하면,

$$\int_{\Re} \left[\rho \frac{du}{dt} - \mathrm{tr}(\boldsymbol{\sigma}\boldsymbol{D}) - \rho r + \nabla_x \boldsymbol{q} \right] dv = 0 \tag{3.56}$$

공간영역 $\Re$은 임의이므로, 에너지보존의 법칙으로부터 다음과 같은 미분방정식을 얻을 수 있다.

$$\rho \frac{du}{dt} = \mathrm{tr}(\boldsymbol{\sigma}\boldsymbol{D}) + \rho r - \nabla_x \boldsymbol{q} \tag{3.57a}$$

혹은,

$$\rho \frac{du}{dt} = \sigma_{ij} D_{ji} + \rho r - q_{i,i} \tag{3.57b}$$

위 식은 단위체적당 내부에너지의 증가율 $\rho(du/dt)$는 (1) 외력에 의한 기계적 일률중 운동에너지로 바뀌지 않은 응력동력 $\mathrm{tr}(\boldsymbol{\sigma}\boldsymbol{D})$, (2) 내부에 분포하는 열원으로부터의 ρr, (3) 계 즉, 물체의 경계면을 통하여 유동한 열에너지 $-\nabla \boldsymbol{q}$의 세 부분으로 구성된다는 것을 보이고 있다.

물체의 내부에너지를 비열 c_p와 온도의 곱으로 나타내면, $u = c_p T$가 된다. "물체 내에서 열의 이동은 온도가 낮은 쪽으로 생기고, 그 비례상수를 열전도도(heat conductivity)라고 한다"는 푸리에의 열이동법칙(Fourier's law) $q_i = -k_i(\partial T / \partial x_i) = -k_i T_{,i}$을 적용하면 위 식은 열평형 방정식이 된다. (단, 이 경우에 열전도도의 하첨자 i 는 방향만을 나타낸다.)

$$\frac{\partial}{\partial x_i}\left(k_i \frac{\partial T}{\partial x_i} \right) + \sigma_{jk} D_{kj} + \rho r = \rho c_p \frac{dT}{dt} \tag{3.58}$$

3.6 물질 객관성의 원칙

Truesdell과 Noll(1965)은 역학적인 구성방정식에 적용되는 세 가지 기본적인 원칙을 제안하였다. 이 원칙들은 **(1) 응력 결정의 원칙, (2) 국부작용의 원칙, (3) 물질좌표계 무관성의 원칙**이다. 첫 번째 원칙은 단순히 물체운동의 이력에 따라 응력이 결정된다는 것이다. 두 번째 원칙인 국부작용의 원칙이란 한 입자에 작용하는 응력을 결정할 때는 그 입자를 포함하는 임의의 좁은 영역의 외부운동은 무시할 수 있다는 것이다. 보다 흥미가 있는 세 번째 원칙인 물질좌표계 무관성의 원칙이란 물질좌표계를 바꾸어도 구성방정식은 불변이어야 한다는 것이다. 이는 유한 소성이론에서 중시되는 객관성이라는 개념을 도입하게 해 준다. 이 절에서는 세 번째 원칙을 소개하고 기준좌표계의 변화에 따른 각종 물리량의 변화에 대하여 설명한다.

이제 시간만의 함수인 벡터 $\boldsymbol{c}(t)$와 직교텐서 $\boldsymbol{Q}(t)$가 각각 공간좌표계의 병진과 회전을 나타낸다고 하자. 현재시간 t와 a만큼 차이가 나는 또 다른 시간 t^*에서의 좌표계는 다음과 같이 주어진다.

$$\boldsymbol{x}^* = \boldsymbol{c}(t) + \boldsymbol{Q}(t)\boldsymbol{x} \tag{3.59}$$

단,

$$t^* = t - a \tag{3.60}$$

이와 같은 운동을 **중첩 강체운동**(SRBM, superposed rigid body motion)이라고 한다. 위 식에 따라서 기준좌표계를 변경하였을 때, 벡터 및 텐서가 다음과 같은 변환관계를 만족하면 '**좌표계 무관성**(frame indifference)' 혹은 '**객관성**(objectivity)'을 가졌다고 한다.

$$\boldsymbol{v}^* = \boldsymbol{Q}(t)\boldsymbol{v} \tag{3.61}$$

$$\boldsymbol{A}^* = \boldsymbol{Q}\boldsymbol{A}\boldsymbol{Q}^{\mathrm{T}} \tag{3.62}$$

여기에서 별표기호(*)는 새로운 기준좌표계에서의 양을 나타내고, 별표기호가 없는 양은 원래의 기준좌표계에서의 양을 나타낸다. 스칼라는 명백하게 좌표계에 무관한 양이므로, 기준좌표계가 바뀌어도 객관성을 유지한다.

$$a^* = a$$

현재모양 $\Re$에서 좌표 $\boldsymbol{x}$에 인접한 질점까지의 물질 선요소 $d\boldsymbol{x}$가 식(3.59) 및 (3.60)으로 기술되는 중첩강체운동을 하여, $t^* = t - a$에서 좌표 $\boldsymbol{x}^*$ 및 물질 선요소 $d\boldsymbol{x}^*$가 되었다고 하자. 기준모양에서의 물질 선요소는 $d\boldsymbol{X}$이므로, $\Re^*$ 및 $\Re$로 운동한 선요소와 기준모양에서의 선요소 간에는 다음 관계가 있다.

$$d\boldsymbol{x}^* = \boldsymbol{F}^* d\boldsymbol{X} \quad \text{및} \quad d\boldsymbol{x} = \boldsymbol{F} d\boldsymbol{X} \tag{3.63}$$

그런데, 식(3.59)에서 $d\boldsymbol{x}^* = \boldsymbol{Q} d\boldsymbol{x}$이므로,

$$d\boldsymbol{x}^* = \boldsymbol{Q} d\boldsymbol{x} = \boldsymbol{Q}\boldsymbol{F} d\boldsymbol{X} = \boldsymbol{F}^* d\boldsymbol{X} \tag{3.64}$$

즉, $(\boldsymbol{F}^* - \boldsymbol{Q}\boldsymbol{F}) d\boldsymbol{X} = \boldsymbol{0}$로부터, 다음 식이 성립한다.

$$\boldsymbol{F}^* = \boldsymbol{Q}\boldsymbol{F} \tag{3.65}$$

혹은

$$F^*_{iA} = \frac{\partial x^*_i}{\partial X_A} = \frac{\partial x^*_i}{\partial x_j}\frac{\partial x_j}{\partial X_A} = Q_{ij} F_{jA} \tag{3.66}$$

또한, $\boldsymbol{F}^{*-1}$은 다음과 같이 정리된다.

$$\boldsymbol{F}^{*^{-1}} = \left(\boldsymbol{Q}\boldsymbol{F}\right)^{-1} = \boldsymbol{F}^{-1}\boldsymbol{Q}^{-1} = \boldsymbol{F}^{-1}\boldsymbol{Q}^{\mathrm{T}} \tag{3.67}$$

식(3.65)의 모양이 식(3.62)와 다르지만, $\boldsymbol{F}$는 객관성을 갖는다. 그 이유는 2.2절에서 언급한 것처럼, $\boldsymbol{F}$는 하첨자 중에서 하나만이 공간좌표 $\boldsymbol{x}$를 나타내는 두점텐서이기 때문이다. 즉, 객관성을 갖는 두점텐서는 좌표계가 바뀔 때, 식(3.61)에 나타낸 객관성을 갖는 벡터같이 변환한다.

$\boldsymbol{F}$와 $\boldsymbol{F}^*$에 극분해정리를 각각 적용하면 다음과 같다.

$$\boldsymbol{F} = \boldsymbol{R}\boldsymbol{U} = \boldsymbol{V}\boldsymbol{R} \tag{3.68a}$$

$$\boldsymbol{F}^* = \boldsymbol{R}^*\boldsymbol{U}^* = \boldsymbol{V}^*\boldsymbol{R}^* \tag{3.68b}$$

식(3.65)를 이용하면,

$$\boldsymbol{F}^* = \boldsymbol{R}^*\boldsymbol{U}^* = \boldsymbol{Q}\boldsymbol{F} = \boldsymbol{Q}\boldsymbol{R}\boldsymbol{U} \tag{3.69a}$$

$$\boldsymbol{F}^* = \boldsymbol{V}^*\boldsymbol{R}^* = \boldsymbol{Q}\boldsymbol{F} = \boldsymbol{Q}\boldsymbol{V}\boldsymbol{R} \tag{3.69b}$$

여기에서 $\boldsymbol{R}$과 $\boldsymbol{Q}$는 모두 직교텐서이며, $\boldsymbol{F}$와 $\boldsymbol{F}^*$는 유일하게 극분해되므로, 식(3.69a)와 식(3.69b)로부터,

$$\boldsymbol{R}^* = \boldsymbol{QR} \tag{3.70}$$

$$\boldsymbol{U}^* = \boldsymbol{U} \tag{3.71}$$

$$\boldsymbol{V}^* = \boldsymbol{QVRR}^{*\mathrm{T}} = \boldsymbol{QVQ}^{\mathrm{T}} \tag{3.72}$$

식(3.71)과 (3.72)를 이용하면 변형텐서 $\boldsymbol{C}$와 $\boldsymbol{B}$에 대한 변환법칙을 얻을 수 있다.

$$\boldsymbol{C}^* = \boldsymbol{U}^{*2} = \boldsymbol{U}^2 = \boldsymbol{C} \tag{3.73}$$

$$\boldsymbol{B}^* = \boldsymbol{V}^{*2} = \left(\boldsymbol{QVQ}^{\mathrm{T}}\right)\left(\boldsymbol{QVQ}^{\mathrm{T}}\right) = \boldsymbol{QV}^2\boldsymbol{Q}^{\mathrm{T}} = \boldsymbol{QBQ}^{\mathrm{T}} \tag{3.74}$$

이로부터 중첩 강체운동 하에서 변형률텐서의 변환은 다음과 같이 정리된다.

$$\boldsymbol{E}^* = \boldsymbol{E} \tag{3.75}$$

$$\boldsymbol{e}^* = \boldsymbol{QeQ}^{\mathrm{T}} \tag{3.76}$$

이들 결과로부터, $\boldsymbol{U}, \boldsymbol{C}, \boldsymbol{E}$는 객관성을 갖지 않는 텐서인 반면, $\boldsymbol{V}$, $\boldsymbol{B}$, $\boldsymbol{e}$는 객관성을 갖는 텐서임을 알 수 있다.

이제 속도장과 관련된 텐서들의 변환에 대하여 알아보자. 식(3.65)로부터

$$\dot{\boldsymbol{F}}^* = \dot{\boldsymbol{Q}}\boldsymbol{F} + \boldsymbol{Q}\dot{\boldsymbol{F}} \tag{3.77}$$

따라서, 속도구배텐서 $\boldsymbol{L} = \dot{\boldsymbol{F}}\boldsymbol{F}^{-1}$의 변환은 다음과 같이 정리된다.

$$\begin{aligned} \boldsymbol{L}^* &= \dot{\boldsymbol{F}}^*\boldsymbol{F}^{*-1} = \left(\dot{\boldsymbol{Q}}\boldsymbol{F} + \boldsymbol{Q}\dot{\boldsymbol{F}}\right)\left(\boldsymbol{F}^{-1}\boldsymbol{Q}^{\mathrm{T}}\right) \\ &= \dot{\boldsymbol{Q}}\boldsymbol{F}\mathbf{F}^{-1}\boldsymbol{Q}^{\mathrm{T}} + \boldsymbol{Q}\dot{\boldsymbol{F}}\boldsymbol{F}^{-1}\boldsymbol{Q}^{\mathrm{T}} = \dot{\boldsymbol{Q}}\boldsymbol{Q}^{\mathrm{T}} + \boldsymbol{QLQ}^{\mathrm{T}} \end{aligned} \tag{3.78}$$

그런데, $\boldsymbol{Q}$는 직교텐서이므로, $\boldsymbol{QQ}^{\mathrm{T}} = \boldsymbol{I}$이다. 양변의 물질미분을 취하면,

$$\dot{\boldsymbol{Q}}\boldsymbol{Q}^{\mathrm{T}} + \boldsymbol{Q}\dot{\boldsymbol{Q}}^{\mathrm{T}} = \boldsymbol{0} \tag{3.79}$$

따라서,

$$\dot{\boldsymbol{Q}}\boldsymbol{Q}^{\mathrm{T}} = -\boldsymbol{Q}\dot{\boldsymbol{Q}}^{\mathrm{T}} = -(\dot{\boldsymbol{Q}}\boldsymbol{Q}^{\mathrm{T}})^{\mathrm{T}} \tag{3.80}$$

즉, $\boldsymbol{\Omega} = \dot{\boldsymbol{Q}}\boldsymbol{Q}^{\mathrm{T}}$는 반대칭텐서이다. 이로부터, 속도구배 $\boldsymbol{L}$은 객관성을 갖지 않음을 알 수 있다. $\boldsymbol{L}^*$를 대칭부 $\boldsymbol{D}^*$와 반대칭부 $\boldsymbol{W}^*$의 합으로 표시해보자.

$$\boldsymbol{L}^* = \boldsymbol{Q}\tfrac{1}{2}(\boldsymbol{L}+\boldsymbol{L}^{\mathrm{T}})\boldsymbol{Q}^{\mathrm{T}} + \boldsymbol{Q}\tfrac{1}{2}(\boldsymbol{L}-\boldsymbol{L}^{\mathrm{T}})\boldsymbol{Q}^{\mathrm{T}} + \dot{\boldsymbol{Q}}\boldsymbol{Q}^{\mathrm{T}} = \boldsymbol{D}^* + \boldsymbol{W}^* \tag{3.81}$$

이로부터 다음과 같은 변환법칙이 성립한다.

$$\boldsymbol{D}^* = \boldsymbol{Q}\boldsymbol{D}\boldsymbol{Q}^{\mathrm{T}} \tag{3.82}$$

$$\boldsymbol{W}^* = \boldsymbol{Q}\boldsymbol{W}\boldsymbol{Q}^{\mathrm{T}} + \dot{\boldsymbol{Q}}\boldsymbol{Q}^{\mathrm{T}} \tag{3.83}$$

즉, 변형속도텐서 $\boldsymbol{D}$는 객관성을 갖지만, 스핀텐서 $\boldsymbol{W}$는 그렇지 못함을 알 수 있다.

응력척도와 그 물질미분의 변환법칙에 대하여 알아보자. 연속체역학에서 힘(내력 및 외력)은 객관성을 갖는다고 가정한다(Malvern, 1969). 따라서, 힘을 나타내는 벡터와 단위법선벡터 $\boldsymbol{n}$은 식(3.61)의 변환법칙에 따른다. 중첩 강체운동 전후에 응력벡터와 응력텐서와의 관계는 $\boldsymbol{t} = \boldsymbol{\sigma}\boldsymbol{n}$, $\boldsymbol{t}^* = \boldsymbol{\sigma}^*\boldsymbol{n}^*$이므로, $\boldsymbol{t}^* = \boldsymbol{Q}\boldsymbol{t} = \boldsymbol{Q}\boldsymbol{\sigma}\boldsymbol{n} = \boldsymbol{\sigma}^*\boldsymbol{n}^* = \boldsymbol{\sigma}^*\boldsymbol{Q}\boldsymbol{n}$로부터 $(\boldsymbol{Q}\boldsymbol{\sigma} - \boldsymbol{\sigma}^*\boldsymbol{Q})\boldsymbol{n} = \boldsymbol{0}$가 되어, 다음 식이 유도된다.

$$\boldsymbol{\sigma}^* = \boldsymbol{Q}\boldsymbol{\sigma}\boldsymbol{Q}^{\mathrm{T}} \tag{3.84}$$

즉, 코쉬 응력 $\boldsymbol{\sigma}$는 객관성을 갖는다.

$\boldsymbol{x}^*$좌표계에서 제1종 Piola-Kirchhoff 응력을 나타내면, 다음과 같다.

$$\boldsymbol{\Sigma}^{\mathrm{I}^*} = \det(\boldsymbol{F}^*)\boldsymbol{\sigma}^*\boldsymbol{F}^{*-\mathrm{T}} = J\left(\boldsymbol{Q}\boldsymbol{\sigma}\boldsymbol{Q}^{\mathrm{T}}\right)\left(\boldsymbol{Q}\boldsymbol{F}^{-1}\right) = J\boldsymbol{Q}\boldsymbol{\sigma}\boldsymbol{F}^{-\mathrm{T}} = \boldsymbol{Q}\boldsymbol{\Sigma}^{\mathrm{I}} \tag{3.85}$$

마찬가지로, 제2종 Piola-Kirchhoff 응력의 변환을 정리하면 다음과 같다.

$$\boldsymbol{\Sigma}^{\mathrm{II}^*} = J^*\boldsymbol{F}^{*-1}\boldsymbol{\sigma}^*\boldsymbol{F}^{*-\mathrm{T}} = J\left(\boldsymbol{F}^{-1}\boldsymbol{Q}^{\mathrm{T}}\right)\left(\boldsymbol{Q}\boldsymbol{\sigma}\boldsymbol{Q}^{\mathrm{T}}\right)\left(\boldsymbol{Q}\boldsymbol{F}^{-\mathrm{T}}\right) = J\boldsymbol{F}^{-1}\boldsymbol{\sigma}\boldsymbol{F}^{-\mathrm{T}} = \boldsymbol{\Sigma}^{\mathrm{II}} \tag{3.86}$$

따라서, $\boldsymbol{\Sigma}^{\mathrm{I}}$과 $\boldsymbol{\Sigma}^{\mathrm{II}}$는 모두 객관성을 갖지 않는다.

소성변형에서는 응력이 변형이력에 의존하므로, 소성이론에서의 구성방정식은 보통 증분형태로 표현된다. 따라서, 응력텐서의 경우 그냥 사용하는 것보다는 물질미분의 형태로 구성방정식에 사용된다. 좌표계의 변환에 따라 코쉬 응력텐서 $\boldsymbol{\sigma}$의 변화율이 변환하는 법칙을 알아보자. 식(3.84)의 양변을 물질미분하면 다음과 같다.

$$\dot{\boldsymbol{\sigma}}^* = \dot{\boldsymbol{Q}}\boldsymbol{\sigma}\boldsymbol{Q}^{\mathrm{T}} + \boldsymbol{Q}\dot{\boldsymbol{\sigma}}\boldsymbol{Q}^{\mathrm{T}} + \boldsymbol{Q}\boldsymbol{\sigma}\dot{\boldsymbol{Q}}^{\mathrm{T}} \tag{3.87}$$

$\boldsymbol{\sigma}$는 객관성을 갖지만, 위 식에서 보듯이 우변의 제1항과 제3항으로 인해, $\boldsymbol{\sigma}$의 물질미분 $\dot{\boldsymbol{\sigma}}$는 불행히도 객관성을 갖지 못한다. 따라서, $\dot{\boldsymbol{\sigma}}$는 소성이론 구성방정식의 정식화

에 사용될 수 없다. 이러한 어려움을 타개하기 위해 Jaumann은 다음과 같이 유도되는 동시회전(corotational) 응력속도를 제안하였다. 식(3.83)으로부터,

$$\dot{\boldsymbol{Q}} = \boldsymbol{W}^{*}\boldsymbol{Q} - \boldsymbol{Q}\boldsymbol{W} \tag{3.88}$$

$$\dot{\boldsymbol{Q}}^{\mathrm{T}} = -\boldsymbol{Q}^{\mathrm{T}}\boldsymbol{W}^{*} + \boldsymbol{W}\boldsymbol{Q}^{\mathrm{T}} \tag{3.89}$$

이를 식(3.87)에 대입하면,

$$\begin{aligned} \dot{\boldsymbol{\sigma}}^{*} &= \left(\boldsymbol{W}^{*}\boldsymbol{Q} - \boldsymbol{Q}\boldsymbol{W}\right)\boldsymbol{\sigma}\boldsymbol{Q}^{\mathrm{T}} + \boldsymbol{Q}\dot{\boldsymbol{\sigma}}\boldsymbol{Q}^{\mathrm{T}} + \boldsymbol{Q}\boldsymbol{\sigma}\left(-\boldsymbol{Q}^{\mathrm{T}}\boldsymbol{W}^{*} + \boldsymbol{W}\boldsymbol{Q}^{\mathrm{T}}\right) \\ &= \boldsymbol{W}^{*}\boldsymbol{Q}\boldsymbol{\sigma}\boldsymbol{Q}^{\mathrm{T}} - \boldsymbol{Q}\boldsymbol{W}\boldsymbol{\sigma}\boldsymbol{Q}^{\mathrm{T}} + \boldsymbol{Q}\dot{\boldsymbol{\sigma}}\boldsymbol{Q}^{\mathrm{T}} - \boldsymbol{Q}\boldsymbol{\sigma}\boldsymbol{Q}^{\mathrm{T}}\boldsymbol{W}^{*} + \boldsymbol{Q}\boldsymbol{\sigma}\boldsymbol{W}\boldsymbol{Q}^{\mathrm{T}} \\ &= \boldsymbol{Q}\left(\dot{\boldsymbol{\sigma}} - \boldsymbol{W}\boldsymbol{\sigma} + \boldsymbol{\sigma}\boldsymbol{W}\right)\boldsymbol{Q}^{\mathrm{T}} + \boldsymbol{W}^{*}\boldsymbol{\sigma}^{*} - \boldsymbol{\sigma}^{*}\boldsymbol{W}^{*} \end{aligned} \tag{3.90}$$

따라서,

$$\overset{\circ}{\boldsymbol{\sigma}}{}^{*} = \dot{\boldsymbol{\sigma}}^{*} - \boldsymbol{W}^{*}\boldsymbol{\sigma}^{*} + \boldsymbol{\sigma}^{*}\boldsymbol{W}^{*} = \boldsymbol{Q}\left(\dot{\boldsymbol{\sigma}} - \boldsymbol{W}\boldsymbol{\sigma} + \boldsymbol{\sigma}\boldsymbol{W}\right)\boldsymbol{Q}^{\mathrm{T}} = \boldsymbol{Q}\overset{\circ}{\boldsymbol{\sigma}}\boldsymbol{Q}^{\mathrm{T}} \tag{3.91}$$

즉, $\overset{\circ}{\boldsymbol{\sigma}} = \dot{\boldsymbol{\sigma}} - \boldsymbol{W}\boldsymbol{\sigma} + \boldsymbol{\sigma}\boldsymbol{W}$는 기준좌표계가 중첩강체운동을 하더라도 객관성을 유지한다. 이렇게 정의되는 동시회전 응력속도 $\overset{\circ}{\boldsymbol{\sigma}}$를 'Jaumann 응력속도'라고 한다. Jaumann 응력속도는 기준좌표계가 회전할 때, 스핀텐서 $\boldsymbol{W}$만큼의 회전속도로 동시회전하는 응력속도이다.

객관성을 갖는 응력속도에는 $\overset{\circ}{\boldsymbol{\sigma}}$만 있는 것이 아니다. 다음과 같이 표현되는 응력속도 $\overset{\Delta}{\boldsymbol{\sigma}}$와 $\overset{\nabla}{\boldsymbol{\sigma}}$들도 모두 식(3.62)의 변환법칙을 만족하므로, 좌표계 무관성을 갖는다.

$$\overset{\Delta}{\boldsymbol{\sigma}} = \dot{\boldsymbol{\sigma}} - \boldsymbol{L}\boldsymbol{\sigma} - \boldsymbol{\sigma}\boldsymbol{L}^{\mathrm{T}} + \boldsymbol{\sigma}\mathrm{tr}(\boldsymbol{D}) \tag{3.92}$$

$$\overset{\nabla}{\boldsymbol{\sigma}} = \dot{\boldsymbol{\sigma}} - \dot{\boldsymbol{R}}\boldsymbol{R}^{\mathrm{T}}\boldsymbol{\sigma} + \boldsymbol{\sigma}\dot{\boldsymbol{R}}\boldsymbol{R}^{\mathrm{T}} \tag{3.93}$$

$\overset{\Delta}{\boldsymbol{\sigma}}$는 'Truesdell 응력속도', $\overset{\nabla}{\boldsymbol{\sigma}}$는 'Green-McInnis 응력속도'라고 한다. 식(2.146)로 정의되는 동시회전 코쉬 응력 $\boldsymbol{\sigma}_u$를 사용하면, 'Green-McInnis 응력속도'는 다음과 같이 정리된다.

$$\overset{\nabla}{\boldsymbol{\sigma}} = \boldsymbol{R}\dot{\boldsymbol{\sigma}}_u\boldsymbol{R}^{\mathrm{T}} \tag{3.94}$$

$\overset{\nabla}{\boldsymbol{\sigma}}$가 객관성을 갖는 것은 다음과 같이 알 수 있다. $\dot{\boldsymbol{\sigma}}_u = \dot{\boldsymbol{R}}^{T}\boldsymbol{\sigma}\boldsymbol{R} + \boldsymbol{R}^{T}\dot{\boldsymbol{\sigma}}\boldsymbol{R} + \boldsymbol{R}^{T}\boldsymbol{\sigma}\dot{\boldsymbol{R}}$ 이므로,

$$\overset{\nabla}{\sigma} = R\dot{\sigma}_u R^T = R(\dot{R}^T \sigma R + R^T \dot{\sigma} R + R^T \sigma \dot{R}) R^T = R\dot{R}^T \sigma R R^T + I\dot{\sigma} R R^T + I\sigma \dot{R} R^T$$
$$= \dot{\sigma} + R\dot{R}^T \sigma + \sigma \dot{R} R^T = \dot{\sigma} - \dot{R} R^T \sigma + \sigma \dot{R} R^T \tag{3.95}$$

$$\overset{\nabla^*}{\sigma} = \dot{\sigma}^* - \dot{R}^* R^{*T} \sigma^* + \sigma^* \dot{R}^* R^{*T}$$
$$= \dot{\overline{(Q\sigma Q^T)}} - (\dot{Q}R + Q\dot{R})(R^T Q^T)(Q\sigma Q^T) + (Q\sigma Q^T)(\dot{Q}R + Q\dot{R})(R^T Q^T) \tag{3.96}$$
$$= Q(\dot{\sigma} - \dot{R}R^T \sigma + \sigma \dot{R} R^T) Q^T = Q\overset{\nabla}{\sigma} Q^T$$

제3장

예제와 풀이

예제

3.1 The movement of a body and the deformation gradient tensor are given in the following (left figure).

$$\begin{cases} x_1 = \frac{5}{4}X_1 + \frac{1}{4}X_2 \\ x_2 = \frac{4}{5}X_2 \\ x_3 = X_3 \end{cases}, \qquad [F_{iK}] = \left[\frac{\partial x_i}{\partial X_K}\right] = [x_{i,K}] = \begin{bmatrix} \frac{5}{4} & \frac{1}{4} & 0 \\ 0 & \frac{4}{5} & 0 \\ 0 & 0 & 1 \end{bmatrix}$$

SRBM(superposed rigid body motion) $\boldsymbol{x}^* = \boldsymbol{c} + \boldsymbol{Q}\boldsymbol{x}$ is applied to the body as shown in the right figure. The rotation tensor is given by

$$\boldsymbol{Q} = \begin{bmatrix} \cos\theta & \sin\theta & 0 \\ -\sin\theta & \cos\theta & 0 \\ 0 & 0 & 1 \end{bmatrix}.$$

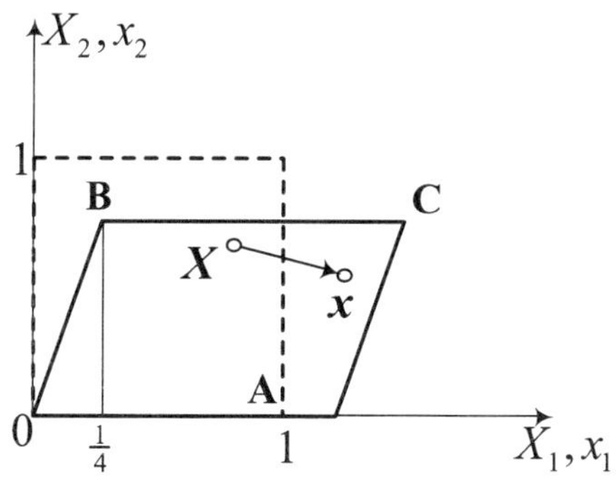

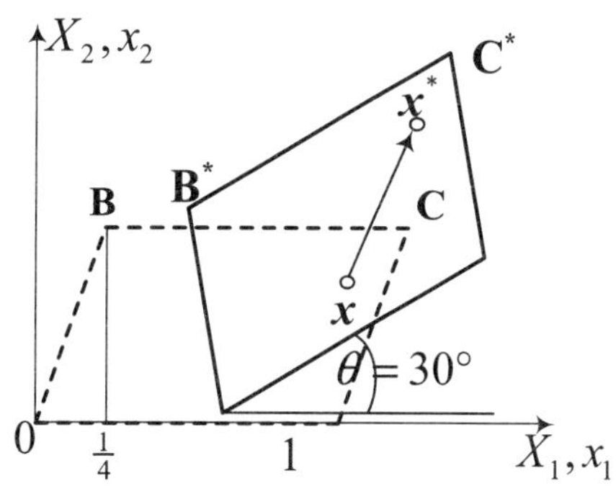

(1) Stress is acting on the body as $\boldsymbol{\sigma} = \begin{bmatrix} 1 & 2 & 3 \\ 2 & 4 & 5 \\ 3 & 5 & 6 \end{bmatrix}$. For $\theta = 30°$, find $\boldsymbol{\sigma}^*$.

(2) Find $\boldsymbol{\Sigma}^{I*}$.

(3) Find $\boldsymbol{\Sigma}^{II*}$

예제 풀이

3.1

(1)

For $\theta = 30°$, $\boldsymbol{Q} = \begin{bmatrix} \cos\theta & \sin\theta & 0 \\ -\sin\theta & \cos\theta & 0 \\ 0 & 0 & 1 \end{bmatrix} = \begin{bmatrix} \sqrt{3}/2 & 1/2 & 0 \\ -1/2 & \sqrt{3}/2 & 0 \\ 0 & 0 & 1 \end{bmatrix}$

Since $\boldsymbol{\sigma}^* = \boldsymbol{Q\sigma Q}^T$,

$$\boldsymbol{\sigma}^* = \begin{bmatrix} \sqrt{3}/2 & 1/2 & 0 \\ -1/2 & \sqrt{3}/2 & 0 \\ 0 & 0 & 1 \end{bmatrix} \begin{bmatrix} 1 & 2 & 3 \\ 2 & 4 & 5 \\ 3 & 5 & 6 \end{bmatrix} \begin{bmatrix} \sqrt{3}/2 & -1/2 & 0 \\ 1/2 & \sqrt{3}/2 & 0 \\ 0 & 0 & 1 \end{bmatrix} = \begin{bmatrix} 3.482 & 2.299 & 5.098 \\ 2.299 & 1.518 & 2.830 \\ 5.098 & 2.830 & 6.000 \end{bmatrix}$$

(2) Since $\boldsymbol{\Sigma}^I = J\boldsymbol{\sigma}(\boldsymbol{F}^{-1})^T$, $\boldsymbol{\Sigma}^{I^*} = J\boldsymbol{\sigma}^*(\boldsymbol{F}^{*-1})^T = J\boldsymbol{Q\sigma Q}^T(\boldsymbol{QF})^{-T} = J\boldsymbol{Q\sigma}(\boldsymbol{F}^{-1})^T$

$$\boldsymbol{\Sigma}^{I^*} = J\boldsymbol{Q\sigma}(\boldsymbol{F}^{-1})^T = 1 \cdot \begin{bmatrix} \sqrt{3}/2 & 1/2 & 0 \\ -1/2 & \sqrt{3}/2 & 0 \\ 0 & 0 & 1 \end{bmatrix} \cdot \begin{bmatrix} 1 & 2 & 3 \\ 2 & 4 & 5 \\ 3 & 5 & 6 \end{bmatrix} \cdot \begin{bmatrix} 0.8 & 0 & 0 \\ -0.25 & 1.25 & 0 \\ 0 & 0 & 1 \end{bmatrix}$$

$$= \begin{bmatrix} 0.56 & 4.67 & 5.10 \\ 0.37 & 3.08 & 2.83 \\ 1.15 & 6.25 & 6.00 \end{bmatrix}$$

(3) Since $\boldsymbol{\Sigma}^{II} = J\boldsymbol{F}^{-1}\boldsymbol{\sigma}(\boldsymbol{F}^{-1})^T$, $\boldsymbol{\Sigma}^{II^*} = J\boldsymbol{F}^{*-1}\boldsymbol{\sigma}^*(\boldsymbol{F}^{*-1})^T = J\boldsymbol{F}^{-1}\boldsymbol{\sigma}(\boldsymbol{F}^{-1})^T$

$$\boldsymbol{\Sigma}^{II^*} = J\boldsymbol{F}^{-1}\boldsymbol{\sigma}(\boldsymbol{F}^{-1})^T = 1 \cdot \begin{bmatrix} 0.8 & -0.25 & 0 \\ 0 & 1.25 & 0 \\ 0 & 0 & 1 \end{bmatrix} \cdot \begin{bmatrix} 1 & 2 & 3 \\ 2 & 4 & 5 \\ 3 & 5 & 6 \end{bmatrix} \cdot \begin{bmatrix} 0.8 & 0 & 0 \\ -0.25 & 1.25 & 0 \\ 0 & 0 & 1 \end{bmatrix}$$

$$= \begin{bmatrix} 0.09 & 0.75 & 1.15 \\ 0.75 & 6.25 & 6.25 \\ 1.15 & 6.25 & 6.00 \end{bmatrix}$$

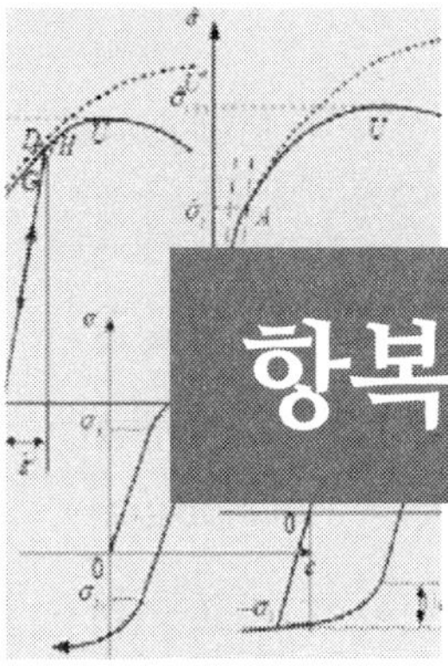

제4장 항복조건과 경화현상

제1장에서 설명한 것처럼, 연강은 꽤 분명한 항복점을 보이지만, 다른 금속들은 항복점을 명확하게 갖지 않는 경우가 많다(그림 1.1 참조). 항복점이 분명한 재료라면, 소성영역과 탄성영역이 구별되어, 그 경계점인 항복응력 σ_Y를 자연스럽게 정의할 수 있다. 하지만, 항복점이 분명하지 않은 재료에서는 순수하게 탄성변형만을 일으키는 한계가 어디인지 모호하다. 실제로 그림 1.1(b)에 나타낸 것처럼, 탄성-소성 천이과정은 명확하지 않을뿐더러, 심지어는 하중을 가하는 초기 단계부터 소성변형이 생기는지도 모르는 일이다. 어떤 재료의 단축인장이나 단축압축시험에서 얻는 응력-변형률 곡선은 원점에서 출발한 직후부터 비선형성을 띠는 경우도 있다.

소성변형에 대한 모든 구성방정식은 항복점이 존재하느냐, 존재하지 않느냐에 따라서 크게 두 부류로 나눌 수 있다. 이 책에서는 항복점이 존재하는 첫번째 부류에 속하는 구성방정식 만을 다룬다. 제1장에서 설명한 것처럼 항복점 σ_Y가 존재한다고 하자. 일반적인 삼차원문제에서는 응력텐서의 독립성분이 6개이므로, 응력상태는 6차원 공간에서의 한 점으로 나타낼 수 있다. 이때, 항복을 일으키는 모든 응력상태에 대응하는 점들은 항복곡면(yield surface)이라는 연속곡면을 형성하여 탄성영역과 소성영역, 그리고 응력이 도달할 수 없는 영역으로 구분한다. 항복곡면은 탄성영역과, 응력이 도달할 수 없는 영역 간의 경계면이면서 동시에 소성변형이 일어나는 영역이다.

탄성변형과 소성변형에 각기 적용되는 응력-변형률 관계는 서로 다르다. 따라서, 응력상태가 탄성변형영역에 있는지, 아니면 소성변형영역에 있는지를 알아내려면, 응력공간에서 항복곡면의 위치와 모양을 알고 있어야 한다. 이 장에서는 응력상태에 따라서 항복이 일어난다는 전제아래, 항복에 대한 실험결과와 항복곡면의 정식화, 그리고 기하학적 표현방법에 대하여 소개한다.

항복곡면을 나타내는 항복함수는 응력공간에서 탄성영역과, 응력이 도달할 수 없는 영역의 경계면을 식으로 표현한 것이다. 항복곡면의 모양, 크기, 방향 등을 명확하게 이해하려면, 응력상태를 응력공간에서 기하학적으로 나타내는 법을 알아야 한다.

4.1 응력상태의 표현

4.1.1 주응력

한 질점에서의 응력상태는 코쉬 응력텐서 $\boldsymbol{\sigma}$로 나타낼 수 있다. 미소변형인 경우에는 코쉬 응력텐서와 Piola-Kirchhoff 응력텐서 간의 차이를 무시할 수 있다. 이제부터는 두 응력텐서 간의 차이를 무시하고, 이들을 간단히 응력텐서 $\boldsymbol{\sigma}$라고만 하자. 직교좌표계 (x, y, z)에 응력텐서의 성분 σ_{ij}를 모두 나타내면, 다음과 같이 행렬로 표시할 수 있다.

$$[\sigma_{ij}] = \begin{bmatrix} \sigma_{xx} & \sigma_{xy} & \sigma_{xz} \\ \sigma_{yx} & \sigma_{yy} & \sigma_{yz} \\ \sigma_{zx} & \sigma_{zy} & \sigma_{zz} \end{bmatrix} \tag{4.1}$$

응력텐서는 대칭이므로, 3×3=9개의 성분중에서 3개의 등식이 성립하여, σ_{xx}, σ_{yy}, $\sigma_{zz}, \sigma_{xy}, \sigma_{yz}, \sigma_{zx}$의 6개만이 독립성분이다. 따라서, 6개의 응력성분으로 응력상태를

유일하게 결정할 수 있고, 역으로 한 응력상태 하에서는 6개의 응력성분이 현재 사용하는 좌표계에 대하여 유일하게 결정된다. 일반적으로 잡은 좌표계에서는 $\boldsymbol{t}^{(n)} = \boldsymbol{\sigma n}$에서 $\boldsymbol{t}^{(n)}$과 $\boldsymbol{n}$이 일치하지 않는다고 하였다. 그러나, $\boldsymbol{n}$의 방향을 특정하게 잡으면, $\boldsymbol{t}^{(n)}$과 $\boldsymbol{n}$의 방향을 일치시킬 수 있다. $\boldsymbol{t}^{(n)}$이 $\boldsymbol{n}$방향이고, 그 크기가 $\boldsymbol{\sigma}$라고 하면, 식 (4.1)로 주어지는 응력상태에 대하여 다음과 같은 **고유치문제(eigenvalue problem)**가 성립한다.

$$\boldsymbol{\sigma n} = \sigma \boldsymbol{n} \tag{4.2a}$$

즉,

$$(\boldsymbol{\sigma} - \sigma \boldsymbol{I})\boldsymbol{n} = \boldsymbol{0} \tag{4.2b}$$

이 문제에서 $\boldsymbol{n}$은 단위벡터이므로, 위 방정식은 영벡터가 아닌 실용해(non-trivial solution) $\boldsymbol{n}$을 갖는다. 따라서, 식 (4.2b)에서 계수들에 대한 행렬식(determinant)은 다음과 같은 조건을 만족하여야 한다.

$$\det(\boldsymbol{\sigma} - \sigma \boldsymbol{I}) = |\sigma_{ij} - \sigma\delta_{ij}| = 0 \tag{4.3}$$

즉,

$$\left\| \begin{bmatrix} (\sigma_{xx} - \sigma) & \sigma_{xy} & \sigma_{xz} \\ \sigma_{yx} & (\sigma_{yy} - \sigma) & \sigma_{yz} \\ \sigma_{zx} & \sigma_{zy} & (\sigma_{zz} - \sigma) \end{bmatrix} \right\| = 0 \tag{4.4}$$

위 행렬식은 다음과 같이 전개된다.

$$\sigma^3 - J_1\sigma^2 - J_2\sigma - J_3 = 0 \tag{4.5}$$

여기에서,

$$J_1 = \mathrm{tr}(\boldsymbol{\sigma}) = \sigma_{ii} = \sigma_{xx} + \sigma_{yy} + \sigma_{zz} \tag{4.6a}$$

$$J_2 = -\tfrac{1}{2}(\sigma_{ii}\sigma_{jj} - \sigma_{ij}\sigma_{ij}) = -(\sigma_{xx}\sigma_{yy} + \sigma_{yy}\sigma_{zz} + \sigma_{zz}\sigma_{xx}) + \sigma_{xy}^2 + \sigma_{yz}^2 + \sigma_{zx}^2 \tag{4.6b}$$

$$J_3 = \det[\sigma_{ij}] = \tfrac{1}{3}\sigma_{ij}\sigma_{jk}\sigma_{ki} \tag{4.6c}$$

식 (4.5)는 $\boldsymbol{\sigma}$에 대한 3차 방정식이고, $\boldsymbol{\sigma}$는 대칭행렬이므로 3개의 실근을 갖는다. 이 실근은 응력텐서 $\boldsymbol{\sigma}$에 대하여 유일하게 결정되는 고유치(eigenvalue)이다. 이들 실근을 $\sigma_1, \sigma_2, \sigma_3$로 표시하고, 주응력(principal stress)이라고 부른다. 동일한 응력상태에 대하여는 어떤 좌표계에서 응력텐서를 표현하더라도 동일한 $\sigma_1, \sigma_2, \sigma_3$를 주므로, J_1, J_2, J_3는 좌표계의 설정과 무관하게 결정되며, 따라서 응력텐서의 불변량(不變量, invariant)이라고 한다. 이들 불변량을 주응력으로 나타내면 다음과 같다.

$$J_1 = \sigma_1 + \sigma_2 + \sigma_3 \tag{4.7a}$$

$$J_2 = -(\sigma_1\sigma_2 + \sigma_2\sigma_3 + \sigma_3\sigma_1) \tag{4.7b}$$

$$J_3 = \sigma_1\sigma_2\sigma_3 \tag{4.7c}$$

각 주응력에 상응하는 고유벡터(eigenvector)를 $\boldsymbol{n}^{(1)}, \boldsymbol{n}^{(2)}, \boldsymbol{n}^{(3)}$이라 하면, 이들끼리는 다음과 같이 서로 직교하는 특성을 갖고 있으며, 이 세 방향으로 직교좌표계를 설정할 수 있다. 이때, 좌표축의 방향을 **주방향**(principal direction)이라고 한다.

$$\boldsymbol{n}^{(i)} \cdot \boldsymbol{n}^{(j)} = \begin{cases} 1 & \text{for} \quad i = j \\ 0 & \text{for} \quad i \neq j \end{cases} \tag{4.8}$$

일반좌표계에서 나타낸 응력텐서 $\boldsymbol{\sigma}$를 (i)번째 주방향으로 투영하는 식은 다음과 같다.

$$\boldsymbol{\sigma n}^{(i)} = \sigma_i \boldsymbol{n}^{(i)} \tag{4.9}$$

단, 위 식에서 우변의 겹쳐쓴 하첨자와 상첨자 "i"는 좌표축을 나타내는 것이 아니므로, 우변에는 합산의 법칙을 적용하지 않는다. 즉,

$$\begin{bmatrix} \sigma_{xx} & \sigma_{xy} & \sigma_{xz} \\ \sigma_{yx} & \sigma_{yy} & \sigma_{yz} \\ \sigma_{zx} & \sigma_{zy} & \sigma_{zz} \end{bmatrix} \begin{bmatrix} n_1^{(i)} \\ n_2^{(i)} \\ n_3^{(i)} \end{bmatrix} = \sigma_i \begin{bmatrix} n_1^{(i)} \\ n_2^{(i)} \\ n_3^{(i)} \end{bmatrix}, \quad (i = 1,2,3) \tag{4.10}$$

위 식은 세 개의 식을 나타내며, 이들 식을 모아서 다음과 같이 하나의 식으로 표현할 수도 있다.

$$\begin{bmatrix} \sigma_{xx} & \sigma_{xy} & \sigma_{xz} \\ \sigma_{yx} & \sigma_{yy} & \sigma_{yz} \\ \sigma_{zx} & \sigma_{zy} & \sigma_{zz} \end{bmatrix} \begin{bmatrix} n_1^{(1)} & n_1^{(2)} & n_1^{(3)} \\ n_2^{(1)} & n_2^{(2)} & n_2^{(3)} \\ n_3^{(1)} & n_3^{(2)} & n_3^{(3)} \end{bmatrix} = \begin{bmatrix} n_1^{(1)} & n_1^{(2)} & n_1^{(3)} \\ n_2^{(1)} & n_2^{(2)} & n_2^{(3)} \\ n_3^{(1)} & n_3^{(2)} & n_3^{(3)} \end{bmatrix} \begin{bmatrix} \sigma_1 & 0 & 0 \\ 0 & \sigma_2 & 0 \\ 0 & 0 & \sigma_3 \end{bmatrix} \tag{4.11}$$

이제, 다음 행렬로 정의되는 텐서를 생각해보자.

$$\boldsymbol{R} = \left[R_{ij}\right] = \left[n_j^{(i)}\right] = \begin{bmatrix} n_1^{(1)} & n_1^{(2)} & n_1^{(3)} \\ n_2^{(1)} & n_2^{(2)} & n_2^{(3)} \\ n_3^{(1)} & n_3^{(2)} & n_3^{(3)} \end{bmatrix} \tag{4.12}$$

식 (4.8)로 표현되는 고유벡터의 직교성에 따라, 텐서 $\boldsymbol{R}=[R_{ij}]$는 다음 관계를 만족하는 직교텐서가 된다.

$$[R_{ij}]^{-1} = [R_{ij}]^{\mathrm{T}} \tag{4.13}$$

즉,

$$\boldsymbol{R}^{-1} = \boldsymbol{R}^{\mathrm{T}} \tag{4.14}$$

따라서, 식 (4.11)을 다음과 같이 정리할 수 있다.

$$\begin{bmatrix} \sigma_{xx} & \sigma_{xy} & \sigma_{xz} \\ \sigma_{yx} & \sigma_{yy} & \sigma_{yz} \\ \sigma_{zx} & \sigma_{zy} & \sigma_{zz} \end{bmatrix} = [R_{ij}] \begin{bmatrix} \sigma_1 & 0 & 0 \\ 0 & \sigma_2 & 0 \\ 0 & 0 & \sigma_3 \end{bmatrix} [R_{ij}]^{\mathrm{T}} \tag{4.15}$$

위 식을 이용하면, 주응력과 주방향 성분으로부터 응력상태를 결정할 수 있다.

4.1.2 편차응력

정수압응력(hydrostatic stress) p는 **평균응력**(mean stress) σ_m라고도 하고 다음과 같이 정의된다.

$$p = \sigma_m = \tfrac{1}{3}\sigma_{kk} = \tfrac{1}{3}(\sigma_{xx} + \sigma_{yy} + \sigma_{zz}) = \tfrac{1}{3}(\sigma_1 + \sigma_2 + \sigma_3) \tag{4.16}$$

편차응력(偏差應力, deviatoric stress) 텐서 $\boldsymbol{S} = [s_{ij}]$는 다음 식으로 정의한다.

$$s_{ij} = \sigma_{ij} - p\delta_{ij} \tag{4.17}$$

여기에서, $p\boldsymbol{I} = [p\delta_{ij}]$를 정수압응력텐서라고 한다. 따라서, 일반 응력텐서는 다음과 같이 정수압응력 성분 p와 편차응력텐서 s_{ij}의 합으로 나타낼 수 있다.

$$\sigma_{ij} = p\delta_{ij} + s_{ij} \tag{4.18}$$

일반 응력텐서 $\boldsymbol{\sigma}$ 의 주방향 $\boldsymbol{n}^{(1)}, \boldsymbol{n}^{(2)}, \boldsymbol{n}^{(3)}$에 편차응력텐서를 투영시키면,

$$\boldsymbol{S}\boldsymbol{n}^{(i)} = (\boldsymbol{\sigma} - p\boldsymbol{I})\boldsymbol{n}^{(i)} = \boldsymbol{\sigma}\boldsymbol{n}^{(i)} - p\boldsymbol{I}\boldsymbol{n}^{(i)} = \sigma_i \boldsymbol{n}^{(i)} - p\boldsymbol{n}^{(i)} = (\sigma_i - p)\boldsymbol{n}^{(i)} = s_i \boldsymbol{n}^{(i)} \qquad (4.19)$$

단, s_1, s_2, s_3는 편차응력텐서 $\boldsymbol{S}$의 주값들, 즉 편차주응력들이다. 위 식은 편차응력텐서에 대한 고유치문제이며, 편차응력텐서의 주방향은 일반응력텐서의 주방향과 일치함을 나타낸다. 편차주응력 s_1, s_2, s_3와 일반 주응력 $\sigma_1, \sigma_2, \sigma_3$ 간의 관계는 다음과 같이 정리된다.

$$s_1 = (2\sigma_1 - \sigma_2 - \sigma_3)/3 \qquad (4.20)$$

$$s_2 = (2\sigma_2 - \sigma_1 - \sigma_3)/3 \qquad (4.21)$$

$$s_3 = (2\sigma_3 - \sigma_1 - \sigma_2)/3 \qquad (4.22)$$

이를 일반화하면, 다음과 같다.

$$s_i = \sigma_i - p \qquad (i = 1, 2, 3) \qquad (4.23)$$

일반 응력텐서 $\boldsymbol{\sigma}$에 대한 고유치문제를 푸는 과정과 마찬가지로, 편차응력텐서에 대한 고유치문제를 풀면, 다음과 같이 편차응력에 대한 불변량을 계산할 수 있다.

$$\det|\boldsymbol{S} - s\boldsymbol{I}| = 0 \qquad (4.24)$$

$$s^3 - J_1' s^2 - J_2' s - J_3' = 0 \qquad (4.25)$$

단, 편차응력텐서의 불변량은 다음과 같다.

$$J_1' = \mathrm{tr}(\boldsymbol{S}) = s_{ii} = s_1 + s_2 + s_3 = 0 \qquad (4.26a)$$

$$\begin{aligned} J_2' &= \tfrac{1}{2} s_{ij} s_{ij} = \tfrac{1}{2}(s_1^2 + s_2^2 + s_3^2) \\ &= \tfrac{1}{6}[(\sigma_{xx} - \sigma_{yy})^2 + (\sigma_{yy} - \sigma_{zz})^2 + (\sigma_{zz} - \sigma_{xx})^2] + \sigma_{xy}^2 + \sigma_{yz}^2 + \sigma_{zx}^2 \end{aligned} \qquad (4.26b)$$

$$J_3' = \det[S_{ij}] = \tfrac{1}{3} s_{ij} s_{jk} s_{ki} = s_1 s_2 s_3 \qquad (4.26c)$$

편차응력텐서 $\boldsymbol{S}$의 불변량 J_2', J_3'를 일반 응력텐서 $\boldsymbol{\sigma}$의 불변량 J_1, J_2, J_3으로 나타내면 다음과 같다.

$$J_2' = \tfrac{1}{3}(J_1^2 - 3J_2) \qquad (4.27)$$

$$J_3' = \tfrac{1}{27}(2J_1^3 - 9J_1J_2 + 27J_3) \tag{4.27}$$

4.1.3 팔면체 응력

응력텐서 $\boldsymbol{\sigma}$가 갖는 주방향으로 좌표축을 잡고 각 좌표축에서 동일한 각도를 이루는 방향으로 법선벡터를 갖는 평면을 팔면체 평면(octahedral plane)이라고 한다. 팔면체 평면에서의 단위법선벡터를 $\boldsymbol{n} = (n_1, n_2, n_3)$라 하면, 성분 n_1, n_2, n_3는 다음 식들을 만족한다.

$$n_1^2 = n_2^2 = n_3^2 \tag{4.29a}$$

$$n_1^2 + n_2^2 + n_3^2 = 1 \tag{4.29b}$$

이로부터, 팔면체 평면에서의 단위법선벡터 성분은 다음과 같이 결정된다.

$$n_1 = \pm\tfrac{1}{\sqrt{3}}, \quad n_2 = \pm\tfrac{1}{\sqrt{3}}, \quad n_3 = \pm\tfrac{1}{\sqrt{3}} \tag{4.30}$$

즉, 법선벡터가 갖는 성분들을 조합해보면, 총 8개의 평면이 존재하고, 각 평면의 방정식은 다음과 같이 표현된다.

$$\pm x_1 \pm x_2 \pm x_3 = \sqrt{3}C \tag{4.31}$$

단, (x_1, x_2, x_3)는 주방향축으로 잡은 좌표계이고, $\boldsymbol{C}$는 상수이다.

이제 팔면체 평면에 작용하는 수직응력과 전단응력의 크기를 구하여 보자. 팔면체 수직응력 σ_{oct}은 팔면체 평면에 작용하는 단위표면력 $\boldsymbol{t}_{\text{oct}}$의 법선방향 성분이므로, 다음 식으로 계산할 수 있다.

$$\sigma_{oct} = \boldsymbol{t}_{oct} \cdot \boldsymbol{n} = \boldsymbol{t}_{oct}^{\mathrm{T}} \boldsymbol{n} = (\boldsymbol{\sigma n})^{\mathrm{T}} \boldsymbol{n} = \boldsymbol{n}^{\mathrm{T}} \boldsymbol{\sigma n} = \sigma_1 n_1^2 + \sigma_2 n_2^2 + \sigma_3 n_3^2 \tag{4.32}$$

또한, 팔면체 평면에 작용하는 전단응력을 τ_{oct}라 하면, $|\boldsymbol{t}_{\text{oct}}| = \sqrt{\sigma_{\text{oct}}^2 + \tau_{\text{oct}}^2}$ 이므로,

$$\tau_{oct}^2 = |\boldsymbol{\sigma n}|^2 - \sigma_{oct}^2 = \tfrac{1}{9}\left[(\sigma_1 - \sigma_2)^2 + (\sigma_2 - \sigma_3)^2 + (\sigma_3 - \sigma_1)^2\right] = \tfrac{2}{3}J_2' \tag{4.33}$$

이로부터,

$$\tau_{oct} = \sqrt{\tfrac{2}{3}J_2'} = \tfrac{1}{3}\sqrt{(\sigma_1-\sigma_2)^2+(\sigma_2-\sigma_3)^2+(\sigma_3-\sigma_1)^2}$$
$$= \tfrac{1}{3}\sqrt{(\sigma_{xx}-\sigma_{yy})^2+(\sigma_{yy}-\sigma_{zz})^2+(\sigma_{zz}-\sigma_{xx})^2+6\sigma_{xy}^2+6\sigma_{yz}^2+6\sigma_{zx}^2} \tag{4.34}$$

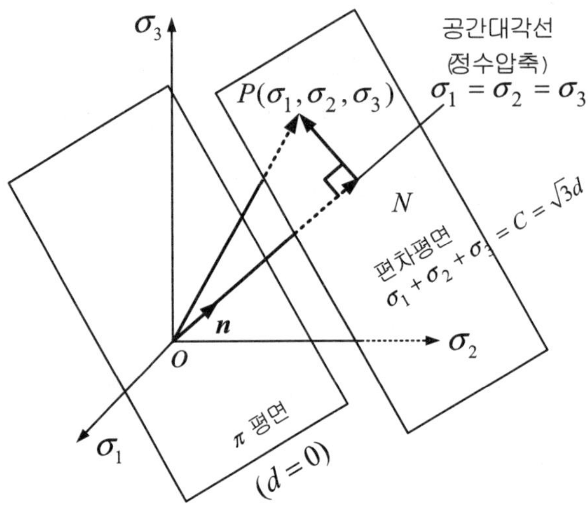

Fig. 4.1 주응력 공간에서의 응력점

4.1.4 주응력공간

하나의 응력상태는 6개의 독립 응력성분으로 나타낼 수 있다고 하였다. 따라서, 응력상태를 기하학적으로 표시한다면, 6개의 좌표축을 갖는 6차원 공간에서 나타내야 한다. 이방성 재료에 대한 항복곡면을 나타내는 경우에는 주응력의 크기뿐만 아니라, 방향에 대하여도 고려하여야 하므로, 응력의 6차원 공간에서 항복곡면을 생각하여야 한다. 그러나 등방성 재료의 경우에는 재료의 성질이 모든 방향으로 같다면, 항복거동이나 파단거동을 파악하고자 할 때, 주응력의 크기만이 중요하다. 세 개의 주응력 크기를 축으로 삼는 삼차원 응력공간을 Haigh-Westergaard 응력공간 또는 간단히 주응력공간이라고 한다. 이 응력공간에서 $(\sigma_1, \sigma_2, \sigma_3)$를 좌표성분으로 갖는 점은 하나의 응력상태를 나타낼 수 있다. 주응력공간에서는 동일한 주응력값을 가지면 하나의 점으로 표시되므로, 주응력값이 같으면, 주방향이 다르더라도 같은 응력점을 나타낸다.

이미 설명한 것처럼, 소성이론에서는 응력텐서 $\boldsymbol{\sigma}$를 정수압응력텐서 $p\boldsymbol{I}$와 편차응 력텐서 $\boldsymbol{S}$의 합으로 본다. 이렇게 나누는 것이 주응력공간에서 어떤 기하학적 의미를 갖는지 살펴보자. 그림 4.1에 나타낸 것처럼, 주응력공간의 원점을 지나고, 각 축과 동일한 각도를 이루는 직선을 공간대각선(space diagonal)이라고 하고, 그 일부를 그림에서와 같이 선분 $\overline{ON}$으로 표시한다. 따라서, 이 선분 상에 있는 모든 응력점들은

$$\sigma_1 = \sigma_2 = \sigma_3 = \tfrac{1}{3} J_1 \tag{4.35}$$

$$s_1 = s_2 = s_3 = 0 \tag{4.36}$$

을 만족한다. 즉, 공간대각선 $\overline{ON}$상의 응력점은 정수압응력 상태에 있으므로, 이 선분을 **정수압축**(hydrostatic axis)이라고도 한다. 이 정수압축에 수직한 평면은 $(\sigma_1, \sigma_2, \sigma_3)$공간에서 설명한 팔면체 평면과 기하학적으로 같으므로, 동일한 식으로 나타낼 수 있다.

$$\sigma_1 + \sigma_2 + \sigma_3 = C = \sqrt{3}d \tag{4.37}$$

여기에서 d는 원점에서 평면까지 떨어진 거리를 나타낸다. 위 식으로 표현되는 평면을 **편차평면**(deviatoric plane)이라고 한다. 특히, $d = 0$인 경우에는 Π – 평면이라고 부른다.

임의의 응력상태 $(\sigma_1, \sigma_2, \sigma_3)$를 주응력공간에서 하나의 점으로 나타내고, 점의 위치벡터를 $\overline{OP}$라 하면, 그림 4.1을 참조하여 $\overline{OP}$는 다음과 같이 분해된다.

$$\overrightarrow{OP} = \overrightarrow{ON} + \overrightarrow{NP} \tag{4.38}$$

여기에서 $\overline{NP}$는 $\overline{ON}$에 수직한 벡터로 주응력공간의 편차평면 상에 놓이게 된다. 선분 $\overline{ON}$을 따라가는 단위벡터를 $\boldsymbol{n}$이라 하면, $\boldsymbol{n} = (1/\sqrt{3}, 1/\sqrt{3}, 1/\sqrt{3})$이고, $\overline{ON} = \left|\overline{ON}\right| \boldsymbol{n}$으로 나타낼 수 있다. $\left|\overline{ON}\right|$은 다음 식으로 구한다.

$$\left|\overline{ON}\right| = \overrightarrow{OP} \cdot \boldsymbol{n} = (\sigma_1, \sigma_2, \sigma_3) \cdot \tfrac{1}{\sqrt{3}}(1,1,1) = \tfrac{1}{\sqrt{3}}(\sigma_1 + \sigma_2 + \sigma_3) = \tfrac{1}{\sqrt{3}} J_1 = \sqrt{3}p \tag{4.39}$$

따라서,

$$\overrightarrow{ON} = (p, p, p) \tag{4.40}$$

이로부터, $\overrightarrow{NP} = \overrightarrow{OP} - \overrightarrow{ON} = (\sigma_1 - p, \sigma_2 - p, \sigma_3 - p) = (s_1, s_2, s_3)$ (4.41)

벡터 $\overrightarrow{NP}$의 길이를 식 (4.26b)와 (4.34)를 이용하여 나타내면, 다음과 같다.

$$r = \left|\overrightarrow{NP}\right| = \sqrt{(s_1^2 + s_2^2 + s_3^2)} = \sqrt{2J_2'} = \sqrt{3}\tau_{oct} \tag{4.42}$$

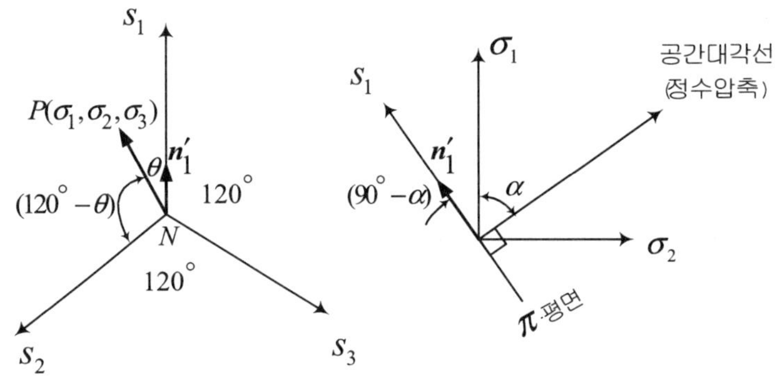

(a) (b)

Fig. 4.2 편차평면에 투영된 응력점

그림 4.2(a)를 참조하여, $\sigma_1, \sigma_2, \sigma_3$축이 편차평면에 투영된 축을 각각 s_1, s_2, s_3로 나타내기로 하자. 편차평면 상에서 s_1축 방향으로의 단위벡터를 $\boldsymbol{n}_1'$으로 나타내면, 그림 4.2(b)를 참조하여 $\sigma_1, \sigma_2, \sigma_3$축방향으로의 성분은 $(\cos(90° - \alpha), m, m)$이다. m은 음의 값을 가지므로,

$$\boldsymbol{n}_1' = \tfrac{1}{\sqrt{6}}(2, -1, -1) \tag{4.43}$$

$\overrightarrow{NP}$가 s_1축 방향으로 투영된 성분은 다음과 같이 정리된다.

$$\overrightarrow{NP} \cdot \boldsymbol{n}_1' = r\cos\theta = (s_1, s_2, s_3) \cdot \tfrac{1}{\sqrt{6}}(2, -1, -1) = \tfrac{1}{\sqrt{6}}(2s_1 - s_2 - s_3) = \sqrt{\tfrac{3}{2}}s_1$$

이로부터,

$$\cos\theta = \frac{\sqrt{3}}{2}\frac{s_1}{\sqrt{J_2'}} \tag{4.44}$$

편차평면에서 $\overrightarrow{NP}$와 s_1축이 이루는 각도 θ를 순수하게 편차응력텐서의 불변량의 항으로만 나타내려면, 위 결과와 $\cos 3\theta = 4\cos^3\theta - 3\cos\theta$의 관계를 이용할 수 있다.

$$\cos 3\theta = 4\left(\frac{\sqrt{3}}{2}\frac{s_1}{\sqrt{J_2'}}\right)^3 - 3\left(\frac{\sqrt{3}}{2}\frac{s_1}{\sqrt{J_2'}}\right) = \frac{3\sqrt{3}}{2J_2'^{3/2}}(s_1^3 - s_1 J_2') \tag{4.45}$$

여기에 $J_2' = -(s_1 s_2 + s_2 s_3 + s_3 s_1)$, $s_2 + s_3 = -s_1$, $J_3' = s_1 s_2 s_3$의 관계를 적용하면, 최종적으로 다음 관계를 얻을 수 있다.

$$\cos 3\theta = \frac{3\sqrt{3}}{2}\frac{J_3'}{J_2'^{3/2}} \qquad (0 \le \theta \le 60^\circ) \tag{4.46}$$

그림 4.2(a)를 참조하면, 식(4.44)를 이용하여 편차주응력을 다음과 같이 J_2'과 θ의 항으로 나타낼 수 있다.

$$s_1 = \tfrac{2}{\sqrt{3}}\sqrt{J_2'}\cos\theta \tag{4.47}$$

$$s_2 = \tfrac{2}{\sqrt{3}}\sqrt{J_2'}\cos(120^\circ - \theta) \tag{4.48}$$

$$s_3 = \tfrac{2}{\sqrt{3}}\sqrt{J_2'}\cos(120^\circ + \theta) \tag{4.49}$$

따라서, 일반 주응력은 다음과 같이 불변량 J_1, J_2' 및 각도 θ로 나타낼 수 있다.

$$\begin{pmatrix} \sigma_1 \\ \sigma_2 \\ \sigma_3 \end{pmatrix} = \frac{J_1}{3}\begin{pmatrix} 1 \\ 1 \\ 1 \end{pmatrix} + \frac{2}{\sqrt{3}}\sqrt{J_2'}\begin{pmatrix} \cos\theta \\ \cos(120^\circ - \theta) \\ \cos(120^\circ + \theta) \end{pmatrix} \tag{4.50}$$

편차평면이나 Π-평면에서의 각도 θ는 응력상태의 유형을 나타낸다고 볼 수 있다. 특정한 응력상태를 각도 θ와 연관지워 정리하면 다음과 같다.

(1) 정수압이 작용하는 단축인장($\sigma_1 > \sigma_2 = \sigma_3$): 이런 응력상태를 삼축인장(triaxial tension)이라고 한다. 편차주응력은 $\frac{1}{3}(\sigma_1 - \sigma_2)\times(2, -1, -1)$이고, $J_2' = (\sigma_1 - \sigma_2)^2/3$가 되어 식 (4.44)에 대입하면, $\cos\theta = 1$이 된다. 따라서,

$$\theta = 0^\circ \tag{4.51}$$

(2) 정수압이 작용하는 순수전단($\sigma_1 - \sigma_2 = \sigma_2 - \sigma_3$, 단, $\sigma_1 > \sigma_2 > \sigma_3$): 편차주응력이 ($k$, 0, -k)이므로, $J_2' = k^2$가 되어 $\cos\theta = \sqrt{3}/2$이 된다. 따라서,

$$\theta = 30^\circ \tag{4.52}$$

(3) 정수압이 작용하는 단축압축($\sigma_1 = \sigma_2 > \sigma_3$, 단, $\sigma_1 = \sigma_2$이면 단순압축): 이러한 응력상태를 삼축압축(triaxial compression)이라고 한다. 편차주응력이 $\frac{1}{3}(\sigma_1 - \sigma_3)\times$ 1, 1, -2)이므로, $J_2' = (\sigma_1 - \sigma_3)^2/3$가 되어 $\cos\theta = 1/2$이 된다. 따라서,

$$\theta = 60^\circ \tag{4.53}$$

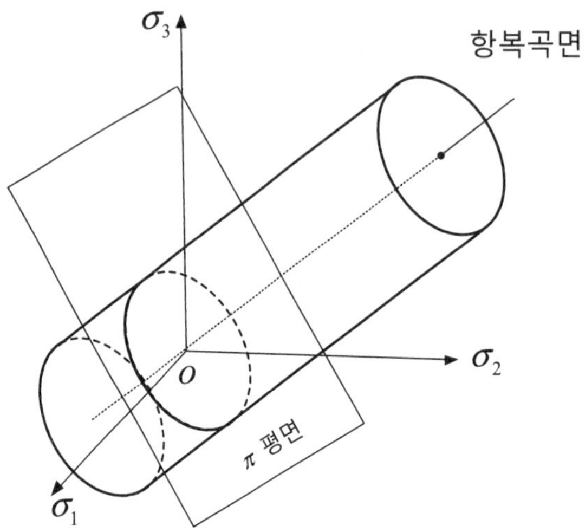

Fig. 4.3 등방성 재료의 항복곡면

4.2 항복곡면

항복조건은 재료의 소성변형이 개시되는 시점을 정의할 때 사용하는 조건이다. 즉, 한 질점에서의 응력상태가 항복조건을 만족하면, 그 질점에서 소성변형이 진행된다고

보고, 항복조건을 만족하지 못하면 탄성변형만을 받는다고 본다. 항복이 일어나는 가능한 모든 응력상태는 6차원 응력공간에서 폐곡면을 형성한다. 항복에 대한 논의를 명확히 하기위해, 우선 초기항복을 일으키는 모든 항복점들로 구성되는 초기항복곡면 만을 생각하자. 재료는 균질하다고 가정하고, 열효과는 무시하기로 한다. 항복조건이 응력에 의해 결정된다면, 이를 일반적인 수식으로 표현하는 항복함수는 다음과 같다.

$$F(\sigma_{ij}) = 0 \tag{4.54}$$

단, 항복조건의 적용은 다음과 같다.

$$\text{탄성변형인 경우,}\quad F(\sigma_{ij}) < 0 \tag{4.55a}$$

$$\text{소성변형인 경우,}\quad F(\sigma_{ij}) = 0 \tag{4.55b}$$

재료가 등방성이면, 항복은 주응력의 크기만으로 결정될 수 있으므로, 항복조건은 다음 식으로 나타낼 수 있다.

$$F(\sigma_1, \sigma_2, \sigma_3) = 0 \tag{4.56}$$

$$F(J_1, J_2, J_3) = 0 \tag{4.57}$$

위 식은 주응력공간에서 곡면으로 표현된다. 금속재료에 대한 실험결과들로부터, 정수압 응력은 항복 즉, 소성변형에 영향을 주지 않음을 지적한 바 있다. 따라서, 항복은 편차 응력텐서 $\boldsymbol{S}$만의 함수로 나타낼 수 있다. 또한, 등방성 재료에 적용하는 항복조건은 좌표계의 설정방향과 무관해야 하므로, 다음과 같이 불변량 J_2'와 J_3'의 함수가 된다.

$$F(J_2', J_3') = 0 \tag{4.58}$$

위 식은 정수압 $p = J_1/3$의 함수가 아니므로, 그림 4.3에 나타낸 것처럼, 주응력공간에서 정수압축을 평행하게 둘러싸는 기다란 통 모양의 곡면을 나타낸다. 따라서, 등방성 재료의 항복곡면을 쉽게 이해하려면, 편차평면 특히, $\Pi-$평면에서의 단면인 항복곡선만을 고려하여도 된다.

그림 4.4에 나타낸 것과 같은 항복곡면이 $\Pi-$평면으로 절단되었을 때 나타나는 곡선의 대칭성에 대하여 알아보자. 우선, 재료가 등방성이라는 가정에 따라, 응력점$(\sigma_1, \sigma_2, \sigma_3)$가

항복곡면 상에 있다면, 응력점 $(\sigma_1, \sigma_3, \sigma_2)$도 항복곡면 상에 있어야 한다. 즉, 항복곡선은 s_1축에 대하여 대칭이어야 한다. 마찬가지 논리로 항복곡선은 s_2 및 s_3축에 대하여도 대칭이어야 한다. 항복곡선이 s_1, s_2, s_3 축들에 대하여 모두 대칭을 유지하려면, 항복곡선은 Π – 평면에서 6개의 동일한 곡선으로 이루어져야 한다. 따라서, 어떤 등방성 재료의 항복곡선을 실험적으로 결정하려면 6개의 동일곡선 중에서 하나만 측정하면 된다. 이는 다공질 토양 및 암석재료들과 같은 압축성 재료들에 대하여도 마찬가지로 적용된다.

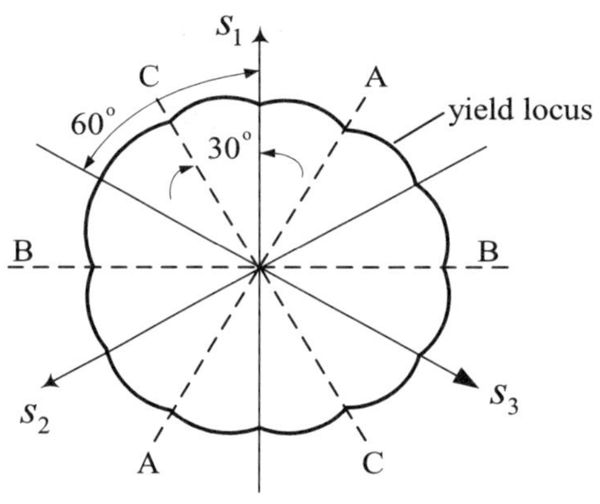

Fig. 4.4 Π-평면에서의 항복곡선

두 번째로, 재료가 인장을 받을 때나 압축을 받을 때, 항복응력의 크기가 같다면, 응력점 $(\sigma_1, \sigma_2, \sigma_3)$가 항복곡면 상에 있다면, 응력점 $(-\sigma_1, \sigma_2, \sigma_3)$도 항복곡면 상에 있어야 한다. 따라서, 그림 4.4에 나타낸 σ_1'축과 수직인 점선 B-B에 대하여 대칭이어야 한다. 마찬가지 논리로 σ_2'축 및 σ_3'축과 각각 수직인 점선 C-C 및 A-A도 항복곡선의 대칭선이 된다. 이로 인해, 앞에서 유추한 6개의 대칭곡선은 또다시 각기 두 개의 대칭곡선으로 나뉠 수 있다. 즉, 금속처럼 내부가 치밀한 비다공질(nonporous)재료는 그림 4.4에 나타낸 것처럼 12개의 대칭곡선으로 항복곡선을 나타낼 수 있으며, 실험적으로 항복곡선을 결정하려면, 30°구간, 예를 들어 $0° \le \theta \le 30°$ 구간에서만 항복곡선을 측정하면 된다.

4.3 금속재료의 항복조건

이 절에서는 금속소성론에서 잘 사용되는 두 개의 등방성 항복조건인 von Mises 항복조건과 Tresca 항복조건에 대하여 설명한다. Bridgeman(1952)은 실험을 통하여, 25,000바 이상의 압력에서도 금속에는 항복이 일어나지 않음을 보였다. 따라서, 앞절에서 설명한 것처럼 금속재료는 응력텐서의 제1불변량 J_1의 영향을 받지 않는 것으로 간주한다. 위의 두 항복조건 외에 유용한 등방성 항복조건들도 간단히 설명한다. 이방성 항복조건에 대하여는 제10장에서 자세하게 소개하기로 한다.

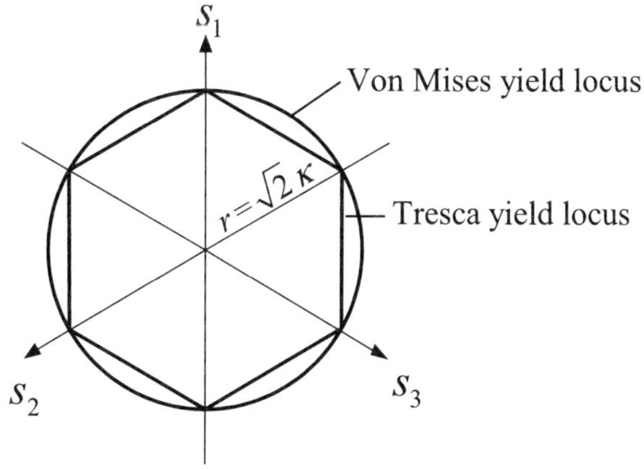

Fig. 4.5 Π-평면에 나타낸 von Mises 항복곡선과 Tresca 항복곡선

4.3.1 Maxwell-Huber-von Mises 항복조건

이 조건은 von Mises(1913)가 제안한 것으로 보통 알고 있다. 그러나 실제로는 Huber(1904)에 의해서 먼저 발표되었다. 이후에 Hencky(1924)는 이 조건이 편차변형률 에너지조건 임을 밝혔다. 이 항복조건은 편차응력텐서 $\boldsymbol{S}$의 제2불변량 J_2'가 임계치 κ^2에 도달할 때 소성항복이 일어난다고 가정하는 것이다. κ^2은 재료상수이며, 항복조건을 식으로 표현하면 다음과 같다.

$$\text{항복 즉, 소성변형시,}\quad J_2' - \kappa^2 = 0 \tag{4.59a}$$

$$\text{탄성변형시,}\quad J_2' < \kappa^2 \tag{4.59b}$$

이 항복조건을 응력성분들로 나타내면 다음과 같다.

$$\tfrac{1}{6}[(\sigma_{xx}-\sigma_{yy})^2+(\sigma_{yy}-\sigma_{zz})^2+(\sigma_{zz}-\sigma_{xx})^2]+\sigma_{xy}^2+\sigma_{yz}^2+\sigma_{zx}^2=\kappa^2 \tag{4.60}$$

$$\tfrac{1}{6}[(\sigma_1-\sigma_2)^2+(\sigma_2-\sigma_3)^2+(\sigma_3-\sigma_1)^2]=\kappa^2 \tag{4.61}$$

식 (4.59)는 J_1이나 θ의 영향을 받지 않으므로, von Mises 항복조건은 정수압축에 평행한 원기둥면을 나타내며, $\Pi-$평면에서의 항복곡선은 정원으로 표시된다. 식 (4.42)에 의하면, 항복원의 반경은 그림 4.5에 나타낸 것처럼 $r=\sqrt{2}\kappa$이다.

평면응력의 경우($\sigma_3=0$), 식 (4.61)은 다음과 같이 정리된다.

$$\sigma_1^2-\sigma_1\sigma_2+\sigma_2^2=3\kappa^2 \tag{4.62}$$

이 식은 $\sigma_1-\sigma_2$ 평면에서 그림 4.6과 같은 타원으로 표시된다. 상수 κ를 결정하기 위해, 단순인장시험에서 다음과 같은 응력을 가한다고 하자.

$$\sigma_1=\sigma_Y \quad \text{및} \quad \sigma_2=\sigma_3=0 \tag{4.63}$$

여기에서 σ_Y는 단순인장시의 항복응력이다. 위 조건을 식 (4.61)에 대입하면

$$\tfrac{1}{3}\sigma_Y^2=\kappa^2 \tag{4.64}$$

즉,

$$\kappa=\tfrac{1}{\sqrt{3}}\sigma_Y \tag{4.65}$$

한편, 순수전단시험으로 순수전단 항복응력 τ_Y를 측정하여 상수 κ를 결정한다면, 이때의 주응력은 $\sigma_1=-\sigma_3=\tau_Y$ 및 $\sigma_2=0$이 된다. 이 조건을 식 (4.61)에 대입하면,

$$\tau_Y^2=\kappa^2 \tag{4.66}$$

즉,

$$\kappa=\tau_Y \tag{4.67}$$

을 얻는다. 위 결과를 식 (4.65)와 비교하면,

$$\kappa=\tau_Y=\tfrac{1}{\sqrt{3}}\sigma_Y \tag{4.68}$$

즉, Maxwell-Huber-von Mises 항복조건을 잘 따르는 재료는 단축인장 항복응력이 순수전단 항복응력의 $\sqrt{3}$배가 된다.

4.3.2 Tresca 항복조건

Tresca(1864)는 토양역학에 관한 Coulomb의 결과와 금속압축에 대한 그 자신의 실험을 바탕으로 하여, 금속고체에 대한 Tresca 항복조건을 제안하였다. 이 항복조건은 재료의 최대전단응력이 임계치 κ에 도달하여야 소성항복이 일어난다고 가정한다.

$$\text{항복 즉, 소성변형시,} \quad \tau_{\max} = \kappa \tag{4.69}$$

$$\text{탄성변형시,} \quad \tau_{\max} < \kappa \tag{4.70}$$

식 (4.69)를 주응력의 항으로 나타내면,

$$\max[\tfrac{1}{2}|\sigma_1 - \sigma_2|, \tfrac{1}{2}|\sigma_2 - \sigma_3|, \tfrac{1}{2}|\sigma_3 - \sigma_1|] = \kappa \tag{4.71}$$

즉,

$$\tfrac{1}{2}(\sigma_{\max} - \sigma_{\min}) = \kappa \tag{4.72}$$

또한, 식 (4.50)을 이용하여 Tresca 항복조건을 $\sqrt{J_2'}$와 θ의 항으로 나타내면,

$$\sqrt{J_2'}\sin(\theta + 60^\circ) = \kappa \qquad (0^\circ \le \theta \le 60^\circ) \tag{4.73}$$

위 식으로부터, Tresca 항복곡면은 θ의 영향을 받지만, J_1과는 무관함을 알 수 있다. Tresca 항복곡면은 주응력공간에서 J_1축에 평행한 정육각기둥이며, Π－평면에서의 항복곡선은 그림 4.5에 나타낸 것과 같은 정육각형임을 쉽게 증명할 수 있다.

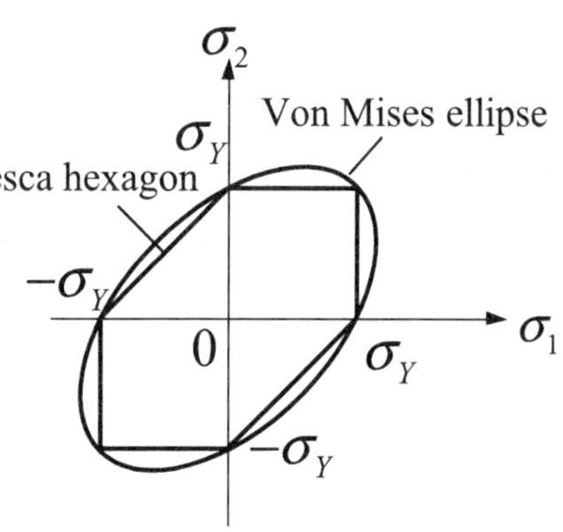

Fig. 4.6 평면응력조건에서의 von Mises 항복곡선과 Tresca 항복곡선

평면응력의 경우($\sigma_3 = 0$), 식 (4.71)은 다음과 같이 정리된다.

$$\text{제1상한: } \sigma_1 \ge \sigma_2 > 0 \text{ 일 때, } \sigma_1 = 2\kappa. \ \sigma_2 > \sigma_1 > 0 \text{ 일 때, } \sigma_2 = 2\kappa \tag{4.74a}$$

$$\text{제2상한: } \sigma_2 > 0 > \sigma_1 \text{ 일 때, } \sigma_2 - \sigma_1 = 2\kappa \tag{4.74b}$$

$$\text{제3상한: } 0 > \sigma_2 \ge \sigma_1 \text{ 일 때, } \sigma_1 = -2\kappa. \ 0 > \sigma_1 > \sigma_2 \text{ 일 때, } \sigma_2 = -2\kappa \tag{4.74c}$$

$$\text{제4상한: } \sigma_1 > 0 > \sigma_2 \text{ 일 때, } \sigma_2 - \sigma_1 = -2\kappa \tag{4.74d}$$

이를 $\sigma_1 - \sigma_2$ 평면에 나타내면, 그림 4.6에 나타낸 것과 같은 Tresca 육각형이 된다.

재료상수 κ는 식 (4.63)과 같은 단축인장시험으로 결정할 수 있다. $(\sigma_Y, 0, 0)$을 식 (4.71)이나 (4.72)에 대입하면 다음 결과를 얻는다.

$$\kappa = \tfrac{1}{2}\sigma_Y \tag{4.75}$$

이번에는 순수전단시험에서 $\sigma_1 = -\sigma_3 = \tau_Y$ 및 $\sigma_2 = 0$을 대입하여,

$$\kappa = \tau_Y \tag{4.76}$$

두 결과를 비교하여 다음과 같이 Tresca 항복조건을 잘 따르는 재료는 단축인장 항복응력이 순수전단 항복응력의 2배가 된다는 결론을 내릴 수 있다.

$$\kappa = \tau_Y = \tfrac{1}{2}\sigma_Y \tag{4.77}$$

4.3.3 실험적 검증

Lode는(1925) 벽두께가 얇은 관(이하 박육관)을 강, 구리, 니켈로 각각 만들어서 단축인장과 내압을 동시에 복합적으로 가함으로써, 두 번째 크기의 주응력이 항복에 미치는 영향을 연구하였다. 이 연구에 사용한 Lode변수 μ_σ는 다음과 같이 정의된다.

$$\mu_\sigma = \frac{2\sigma_2 - \sigma_1 - \sigma_3}{\sigma_1 - \sigma_3} \tag{4.78}$$

여기에서 주응력은 $\sigma_1 \ge \sigma_2 \ge \sigma_3$순서이다. $\sigma_2 = \sigma_1$이면 $\mu_\sigma = +1$이고, $\sigma_2 = \sigma_3$이면 $\mu_\sigma = -1$이므로, Lode변수는 다음과 같은 범위를 갖는다.

$$-1 \le \mu_\sigma \le 1 \tag{4.79}$$

단축인장 및 단축압축시험에서 얻은 항복응력이 σ_Y로 그 크기가 같다고 하자. Tresca 항복조건과 von Mises 항복조건은 각각 다음과 같이 된다.

$$\sigma_1 - \sigma_3 = \sigma_Y \tag{4.80}$$

$$\tfrac{1}{\sqrt{2}}[(\sigma_1 - \sigma_2)^2 + (\sigma_2 - \sigma_3)^2 + (\sigma_3 - \sigma_1)^2]^{1/2} = \sigma_Y \tag{4.81}$$

식 (4.78)을 σ_2에 대하여 정리한 후, 그 결과를 식 (4.81)에 대입하면 von Mises 항복조건을 다음과 같이 Lode변수로 나타낼 수 있다.

$$\frac{\sigma_1 - \sigma_3}{\sigma_Y} = \frac{2}{\sqrt{3 + \mu_\sigma^2}} \tag{4.82}$$

벽두께가 t이고 평균반경이 R인 박육관($t << R$)에 인장력 F와 내압 p를 작용시킬 때, 소재에 걸리는 응력은 다음과 같다.

$$\sigma_\theta = \frac{pR}{t}, \quad \sigma_z = \frac{F}{2\pi Rt}, \quad \sigma_r \approx 0 \tag{4.83}$$

인장력과 내압을 조절하여 $\sigma_\theta > \sigma_z > \sigma_r$되게 할 수 있으며, 이 응력상태를 식 (4.78)에 대입하면, Lode변수를 다음과 같이 나타낼 수 있으므로, $\boldsymbol{F}$와 p를 $0 \le F \le \pi R^2 p$되게 조절함으로써, $-1 \le \mu_\sigma \le 0$의 범위에 해당하는 응력상태를 얻을 수 있다.

$$\mu_\sigma = \frac{F - \pi R^2 p}{\pi R^2 p} \tag{4.84}$$

여기에서 $F = \pi R^2 p$일 때, $\mu_\sigma = 0$. $F = 0$일 때, $\mu_\sigma = -1$ (4.85)

Tresca 항복조건과 von Mises 항복조건은 모두 μ_σ의 우함수이므로, $0 \le \mu_\sigma \le 1$ 범위에서의 곡선은 형상이 동일하고 단지 인장력 대신 압축력 $F < 0$를 작용시키는 것에 불과하다. Lode의 실험결과는 그림 4.7에 나타낸 것과 같다. Taylor와 Quinney 1931)는 금속의 항복조건을 연구하기 위해 또 다른 종류의 실험을 수행하였다. 그들은 구리, 연강, 알미늄으로 박육관을 각각 만들어서 단축인장력 F와 토크 T를 동시에 가하였다.

이 경우에는 그림 4.8에 나타낸 것처럼, 수직응력 σ와 전단응력 τ만이 발생하므로, Tresca 항복조건과 von Mises 항복조건은 각각 다음과 같이 정리된다.

$$(\sigma/\sigma_Y)^2 + 4(\tau/\sigma_Y)^2 = 1 \quad \text{(Tresca 항복조건)} \tag{4.86}$$

$$(\sigma/\sigma_Y)^2 + 3(\tau/\sigma_Y)^2 = 1 \quad \text{(von Mises 항복조건)} \tag{4.87}$$

위 두 식은 그림 4.9와 같은 $\sigma-\tau$ 평면에서 단반경이 다른 두 개의 타원으로 나타난다. Taylor와 Quinney의 실험으로 얻은 결과는 두 개의 타원중에서 von Mises타원쪽에 가깝게 분포하였다.

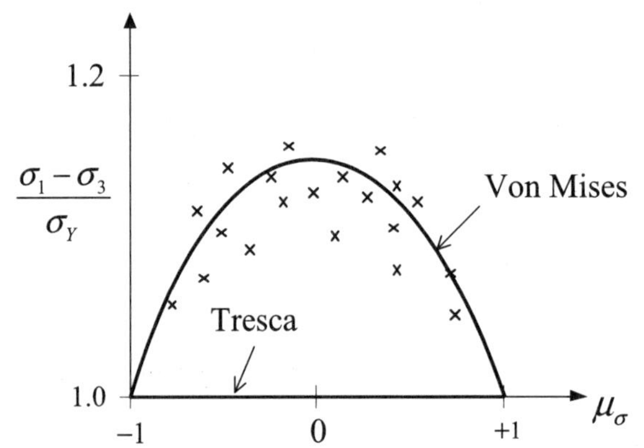

Fig. 4.7 Lode에 의한 항복조건의 검증

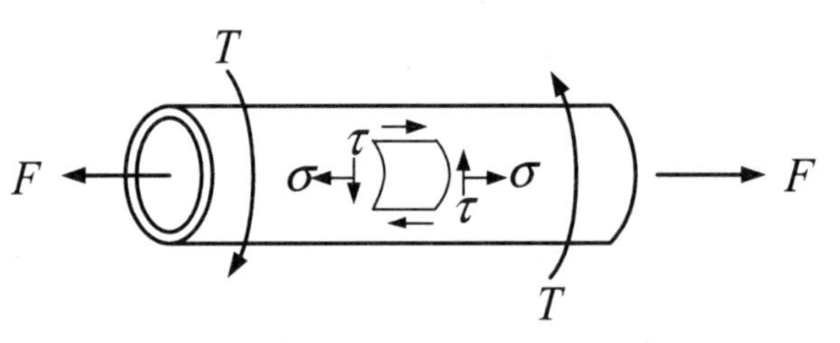

Fig. 4.8 토크와 인장하중을 복합적으로 받는 박육관

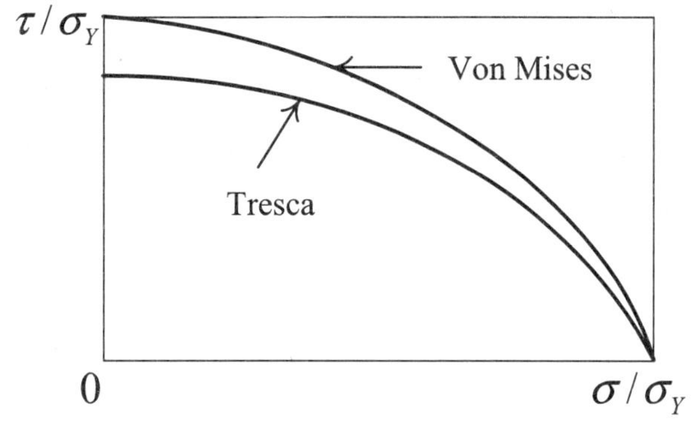

Fig. 4.9 Tresca 및 von Mises 타원과 항복실험결과의 비교

지금까지 설명한 박육관을 이용하는 실험에는 복잡한 실험장치가 필요하다. 순수알미늄을 사용한 Lianis와 Ford(1957)의 실험결과를 Π – 평면에 나타내보면, 그림 4.10에서처럼 Tresca 항복조건과 von Mises 항복조건을 서로 비교할 수 있다. 이들의 연구결과 역시, 금속의 항복을 예측하는데는 Tresca 항복조건보다 von Mises 항복조건이 우수함을 다시 한번 밝혀주고 있다.

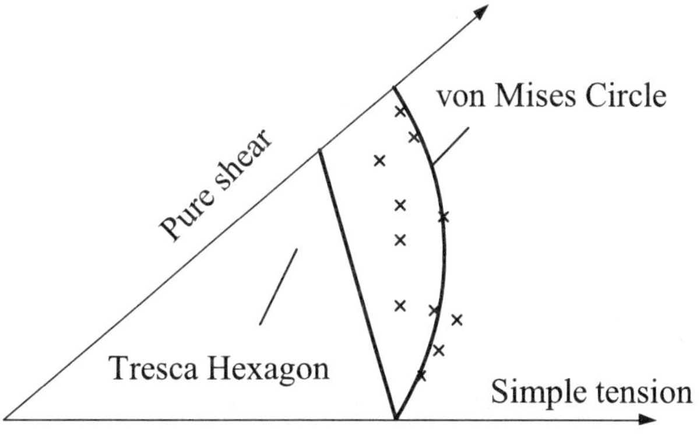

Fig. 4.10 Π-평면상에 나타낸 항복곡선과 실험결과의 비교

4.3.4 Drucker 항복조건

실제 금속재료에 대한 실험결과는 Tresca 항복곡선과 von Mises 항복곡선 사이에 분포하며, von Mises 항복곡선에 가깝다. Drucker(1949)는 이를 감안하여, 다음과 같은 항복조건을 제안하였다.

$$J_2'^3 - C_D J_3'^2 = F \tag{4.88}$$

여기에서, J_2' 및 J_3'는 각각 응력텐서의 제2불변량 및 제3불변량을 나타내고, C_D는 상수이다. 위 식은 정수 p를 사용하여 다음과 같이 일반적인 형태로 표현될 수 있다.

$$J_2'^{3p} - C_D J_3'^{2p} = F \tag{4.89}$$

위와 같은 Drucker 항복조건은 평면응력상태($\sigma_3 = 0$)에서 다음과 같이 정리된다.

$$\frac{\sigma_1}{\sigma_u} = \left[\frac{\left(\frac{1}{3}\right)^{3p} - C_D\left(\frac{2}{27}\right)^{2p}}{\{(1-\alpha+\alpha^2)/3\}^{3p} - C_D\{(2-\alpha)(1-2\alpha)(1+\alpha)/27\}^{2p}} \right]^{1/6} \tag{4.90}$$

단, σ_u는 단축 항복응력이고, $\alpha = \sigma_2/\sigma_1$이다. 위 식은 정수 p가 무한대가 되면, von Mises 항복조건으로 환원된다. 항복곡면의 볼록성에 대한 제약조건에 의해 C_D값은 다음과 같이 어떤 범위 내에 있어야 한다.

$$C_D \le \left[\frac{27(1-\alpha+\alpha^2)^3}{\{(2-\alpha)(1-2\alpha)(1+\alpha)\}^2} \right]^p \tag{4.91}$$

4.3.5 Hosford 항복조건

Hosford(1972)는 Huber-Mises 항복조건을 일반화하여, 다음과 같은 항복조건을 제안하였다.

$$(\sigma_1 - \sigma_2)^m + (\sigma_2 - \sigma_3)^m + (\sigma_3 - \sigma_1)^m = 2Y^m \tag{4.92}$$

여기에서, Y는 단축항복응력이고, m은 항복곡면의 볼록성 조건으로부터, $1 < m < \infty$의 범위를 갖는 상수이다. $m = \infty$이면, 위 조건은 Tresca 항복조건을 나타내고, $m = 2$이면, Huber-Mises 항복조건이 된다.

4.4 압력민감성(압축성) 재료의 항복조건

다공질 재료의 항복은 압력에 민감성을 갖는다. 이들 재료에 대한 항복조건은 정수압력의 영향 즉, J_1의존성을 포함해야 한다. 이 절에서는 압력민감성 재료에 대한 고전적인 항복조건인 Coulomb-Mohr 조건과 Drucker-Prager 조건을 소개한다.

4.4.1 Coulomb-Mohr 항복조건

이 항복조건은 다음과 같은 Coulomb(1773)의 마찰파단법칙을 일반화시킨 것이다.

$$\tau = C - \sigma_n \tan\phi \tag{4.93}$$

여기에서 τ는 파단면에서의 전단응력 크기, σ_n은 파단면에서의 수직응력(인장응력을 양(+)으로 삼는다.), C는 응착계수, ϕ는 내부마찰각이다.

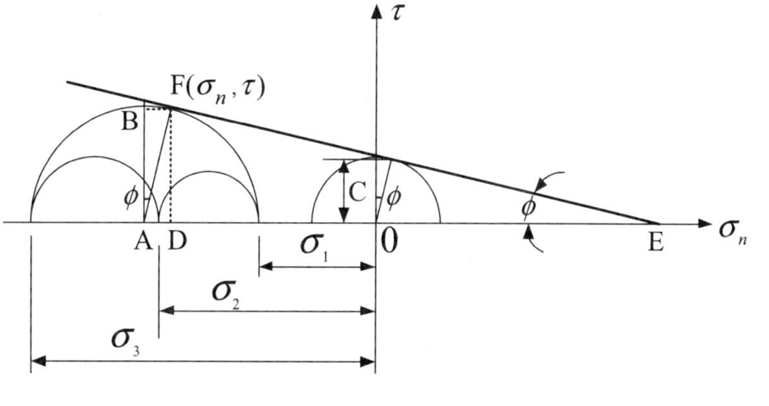

Fig. 4.11 Coulomb-Mohr 항복조건

위와 같은 마찰파단의 개념과 평균응력(정수압응력)이 항복에 주는 영향을 Tresca 항복조건에 포함시키기 위해서, Mohr는 임계전단응력이 최대전단응력뿐 아니라, 전단면에 작용하는 수직응력의 영향을 받는 것으로 가정하였다. 이것은 그림 4.11에 나타낸 것과 같이, 식 (4.93)이 최대주응력원에 접하는 직선임을 도식적으로 나타낼 수 있다.

$\sigma_1 \ge \sigma_2 \ge \sigma_3$인 경우에, 그림 4.11로부터 다음 관계를 얻을 수 있다.

$$\tau = BA = FA\cos\phi = \frac{\sigma_1 - \sigma_3}{2}\cos\phi \tag{4.94}$$

$$\sigma_n = DO = AO - AD = \frac{\sigma_1 + \sigma_3}{2} + \frac{\sigma_1 - \sigma_3}{2}\sin\phi \tag{4.95}$$

따라서, 식 (4.93)을 다음과 같이 주응력과 내부마찰각 ϕ로 나타낼 수 있다.

$$\frac{1}{2}(\sigma_1 - \sigma_3)\cos\phi = C - \left(\frac{\sigma_1 + \sigma_3}{2} + \frac{\sigma_1 - \sigma_3}{2}\sin\phi\right)\tan\phi \tag{4.96}$$

위 식을 정리하면,

$$(\sigma_1 - \sigma_3) = 2C\cos\phi - (\sigma_1 + \sigma_3)\sin\phi \tag{4.97}$$

한편, 식 (4.50)으로부터 다음 관계가 있음을 알고 있다.

$$\sigma_1 = \tfrac{1}{3}J_1 + \tfrac{2}{\sqrt{3}}\sqrt{J_2'}\cos\theta \tag{4.98}$$

$$\sigma_3 = \tfrac{1}{3}J_1 + \tfrac{2}{\sqrt{3}}\sqrt{J_2'}\cos(\theta + 120^\circ) \tag{4.99}$$

주응력 σ_1, σ_3을 식 (4.97)에 대입하면, 마찰파단법칙을 다음과 같이 정리할 수 있다.

$$\tfrac{1}{3}J_1\sin\phi + \sqrt{J_2'}\left[\sin(\theta + 60^\circ) + \tfrac{1}{\sqrt{3}}\sin\phi\cos(\theta + 60^\circ)\right] = C\cos\phi \tag{4.100}$$

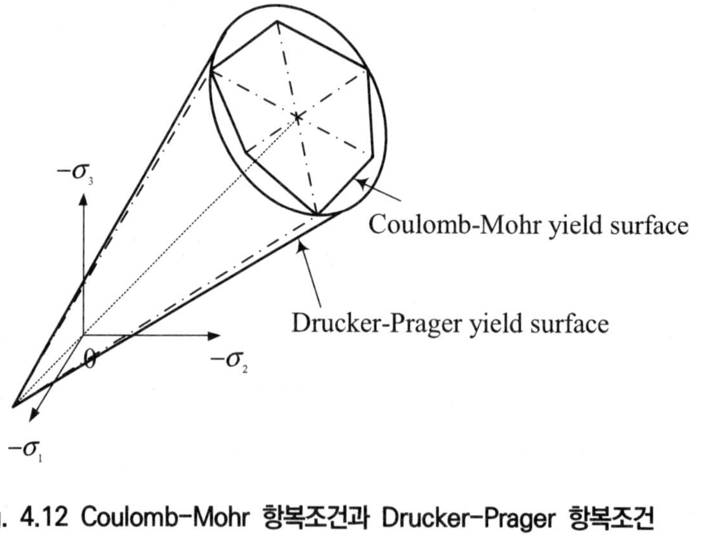

Fig. 4.12 Coulomb-Mohr 항복조건과 Drucker-Prager 항복조건

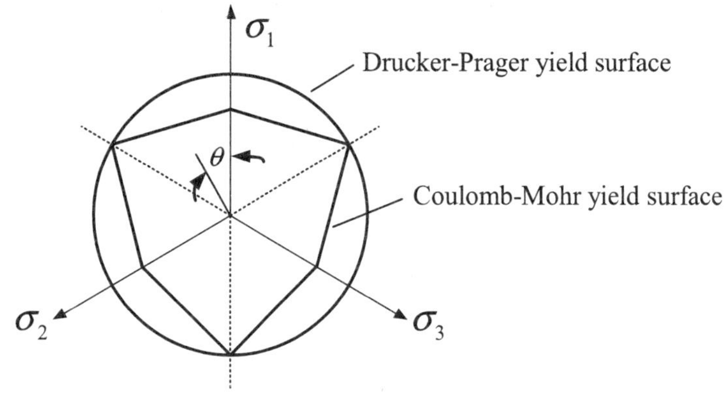

Fig. 4.13 Π-평면에 나타낸 Coulomb -Mohr 항복곡선과 Drucker-Prager 항복곡선

주응력공간에서 위 식은 그림 4.12에 나타낸 것과 같은 육각뿔 모양의 항복곡면으로 표현되고, J_1이 상수인 편차평면에서의 항복곡선은 그림 4.13처럼 육각형으로 표현된다.

von Mises 항복곡면이 원기둥 모양인데 비하면, Coulomb-Mohr 항복곡면은 정수압력 J_1이 항복에 영향을 주므로, 끝이 닫힌 뿔 모양이 된다. 게다가, 암석, 토양, 콘크리트 같은 압력민감성 재료는 정수압력이 동일하더라도 인장항복응력이 압축항복응력보다 작기 때문에 항복곡면의 단면은 정원이나 정육각형이 아닌 그림 4.13에 나타낸 것과 같은 육각형이 된다.

이차원 응력($\sigma_3 = 0$)인 경우에, Coulomb-Mohr조건은 다음과 같이 정리된다.

$$\sigma_1, \sigma_2 > 0 \text{ 인 경우, } \sigma_1 = \sigma_t \tag{4.101}$$

$$\sigma_1, \sigma_2 < 0 \text{ 인 경우, } \sigma_1 = -\sigma_c \tag{4.102}$$

$$\sigma_1 > 0 > \sigma_2 \text{ 인 경우, } \frac{\sigma_1}{\sigma_t} - \frac{\sigma_2}{\sigma_c} = 1 \tag{4.103}$$

여기에서 σ_t와 σ_c는 각각 인장 및 압축항복응력이다. 재료의 등방성이 유지된다면 위의 식들에서 σ_1과 σ_2의 위치를 바꿀 수 있으므로, 또 다른 식들을 얻을 수 있다. 이 식들을 $\sigma_1 - \sigma_2$평면에 나타내면, 그림 4.14와 같은 육각형으로 표현된다. 재료상수 C와 ϕ를 결정하려면 두 번의 실험이 필요하다. 단축인장 항복응력 σ_t와 단축압축 항복응력 σ_c의 값을 알고 있다면, 다음과 같은 두 종류의 응력상태를 알고 있는 셈이다.

$$\sigma_1 = \sigma_t, \ \ \sigma_2 = \sigma_3 = 0 \ \ (\text{인장}) \tag{4.104}$$

$$\sigma_1 = \sigma_2 = 0, \ \ \sigma_3 = -\sigma_c \ \ (\text{압축}) \tag{4.105}$$

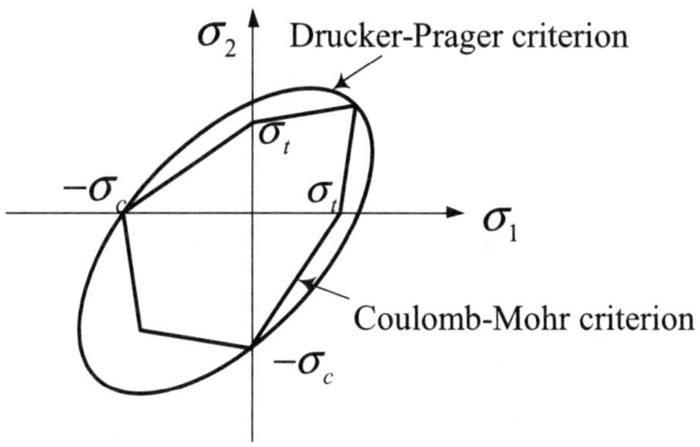

Fig. 4.14 이차원 응력상태에서 표시한 Coulomb-Mohr 조건과 Drucker-Prager 조건

위 식들을 식 (4.97)에 각각 대입하면,

$$\sigma_t = 2C\cos\phi - \sigma_t \sin\phi \tag{4.106}$$

$$\sigma_c = 2C\cos\phi + \sigma_c \sin\phi \tag{4.107}$$

따라서, C 와 ϕ 는 다음과 같이 계산된다.

$$\phi = \sin^{-1}\left(\frac{\sigma_c - \sigma_t}{\sigma_c + \sigma_t}\right) \tag{4.108}$$

$$C = \frac{\sigma_t(1+\sin\phi)}{2\cos\phi} \tag{4.109}$$

4.4.2 Drucker-Prager 항복조건

Coulomb-Mohr 항복곡면과 Tresca 항복곡면은 육각형 모양으로 각이 져 있다. 고전적인 연관소성이론를 사용할 때(5.6절 참조), 각이 진 모서리부에서는 소성변형률증분을 결정하기가 어렵다. Drucker와 Prager(1950)는 von Mises 조건에 정수압응력항 αJ_1을 다음과 같이 추가함으로써 부드러운 원뿔 모양을 갖는 항복곡면을 제안하였다.

$$F(J_1, J_2') = \sqrt{J_2'} + \alpha J_1 - \kappa = 0 \tag{4.110}$$

위와 같은 항복조건에서는 θ가 변수로 포함되어 있지않고, 항복함수가 J_1에 대하여 선형적이므로 항복곡면은 그림 4.12에 나타낸 것처럼 원뿔 모양이 되고, 편차평면에서의 항복곡선은 그림 4.13에 나타낸 것처럼 원으로 나타난다.

재료상수인 α와 κ를 결정하려면, 최소 두 종류의 실험자료가 필요하다. Coulomb-Mohr재료의 상수 C와 ϕ를 미리 알고 있으면 Coulomb-Mohr 항복곡면 대신에 Drucker-Prager의 항복곡면을 사용함으로써, 각진 모서리를 피할 수 있다. 이 경우에는 Drucker-Prager 항복곡면을 Coulomb-Mohr 항복곡면의 어느 부분에 맞추느냐에 따라서 두 가지 방법을 적용할 수 있다. 그 중 한 가지 방법으로, Drucker-Prager 항복원을 Coulomb-Mohr 육각형의 바깥쪽 꼭지점에 외접시키는 경우로, α와 κ를 다음과 같이 결정할 수 있다. 그림 4.12와 그림 4.13은 이 경우의 항복곡면과 항복곡선을 나타낸 것이다.

$$\alpha = \frac{2\sin\phi}{\sqrt{3}(3-\sin\phi)}\ , \quad \kappa = \frac{6C\cos\phi}{\sqrt{3}(3-\sin\phi)} \tag{4.111}$$

다른 한 방법으로, Drucker-Prager 항복원을 Coulomb-Mohr 육각형의 안쪽 꼭지점에 맞추는 경우에는

$$\alpha = \frac{2\sin\phi}{\sqrt{3}(3+\sin\phi)}\ , \quad \kappa = \frac{6C\cos\phi}{\sqrt{3}(3+\sin\phi)} \tag{4.112}$$

$\sigma_1 - \sigma_2$ 평면에서 von Mises 항복곡선이 45° 기운 타원으로 표시된 것처럼 Drucker- Prager 원뿔도 역시 45° 기운 타원으로 나타난다. 그림 4.14는 식 (4.111)의 경우에 해당하는 Drucker-Prager 타원을 나타낸 것이다.

4.5 후속항복곡면과 경화모델

지금까지는 재료가 하중을 받아서 처음으로 항복을 일으키는 초기항복곡면에 대하여만 설명하였다. 그림 1.1의 A점은 초기항복곡면 상의 점으로, 이를 단축응력-변형률 곡선 위에서의 초기항복점이라고 한다. 초기항복 이후에 변형을 지속시키려면 그림 1.1에 나타낸 것처럼 작용하중을 증가시켜야 한다. 소성영역에서 변형을 겪은 후에 그림 1.1의 D점에서 하중을 제거한 후 시편에 하중을 다시 가하면, 응력이 G점에 도달할 때까지 재료는 탄성적으로 변형한다. 시편은 A점에서 처음으로 항복을 일으켰던 것처럼, G점에 이르러 다시 항복을 일으킨다. 따라서, G점을 후속항복점(subsequent yield point)이라고 하며, D점보다 약간 작다. 그림 1.1에서는 후속항복점이 초기항복점보다 높은데, 이는 후속항복점에 이르기까지 받은 소성변형으로 인해 항복점이 증가하였음을 의미한다. 후속항복점이 초기항복점보다 높아지는 경우를 재료의 경화(硬化, hardening)라고 하며, 항복곡면이 이동하였음을 의미한다.

소성변형에 대한 응력-변형률 관계를 모르고서는 재료의 경화거동－즉, 항복곡면의 확장(수축), 이동, 모양변화－를 정량적으로 결정하기 힘들다. 여기에서는 단순하고 고전적인 두 가지 모델인 등방성 경화모델과 운동성 경화모델에 대하여 설명한다. 실제 재료의 경화거동은 꽤 복잡하여, 이들 등방성 경화모델이나 운동성 경화모델로는 실제의 경화거동을 정확하게 나타낼 수가 없다. 하지만, 하중경로가 반대로 되거나 급격히 바뀔 때만 후속항복곡면의 복잡한 정도가 심해지므로, 비례하중(proportional loading)의 경우처럼 단순한 하중경로에 대해서는 이들 모델도 꽤 만족할 만한 결과를 준다.

항복곡면에 경화효과를 일반적으로 포함시킨다면 다음 식으로 나타낼 수 있다.

$$F(\boldsymbol{\sigma}, \boldsymbol{\alpha}_i) = 0 \quad (i = 1, 2, \ldots, n) \tag{4.113}$$

여기에서 $\boldsymbol{\alpha}_i$는 스칼라 혹은 텐서인 경화변수이다.

4.5.1 실험적 연구결과

Naghdi 등(1958)은 알미늄합금 튜브를 이용한 인장-비틂시험을 통하여 후속항복곡면을 관찰하였다. 이 실험에서는 튜브에 축인장을 우선 가한 후에 비틂과 축인장의 비율을 달리하면서 $\sigma-\tau$ 평면상에 초기항복곡선을 얻었다. 이후에 튜브에 가한 하중을 제거하고, 다시 하중을 가하면서 후속항복곡선들을 얻었으며, 그 결과는 그림 4.15에 나타낸 것과 같다. 그림 4.15에 나타낸 항복곡선들을 보면, 초기 von Mises 타원은 σ축에 대하여 대칭이지만, 변형이 지속되면서 점차적으로 비대칭으로 변한다. 즉, 마치 초기항복곡선 타원이 하중을 가하는 쪽으로 점점 올라가는 것과 같다. 동시에, 후속항복곡선은 타원 모양에서 점차 벗어나는 경향을 보인다. 이로써, 제1장에서 설명하였던 바우싱거 효과가 생긴다.

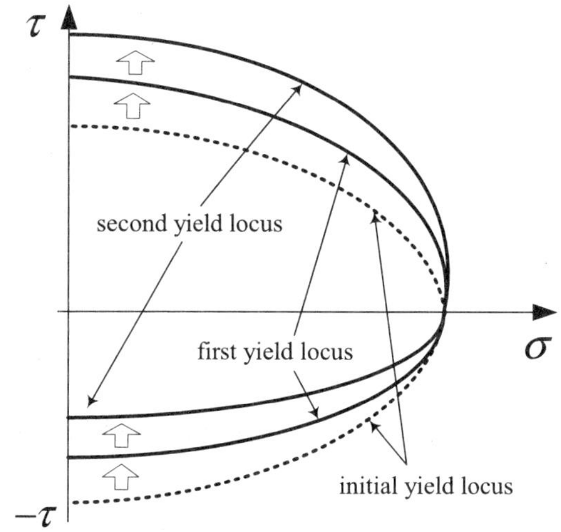

Fig. 4.15 실험결과에 따른 후속항복곡면의 이동

Philips와 Das(1985)는 분명하게 정의된 절차에 따라서 재가중시의 항복점을 구하였다. 즉, 소성영역에 들어간 응력점에서 후방으로 외삽한 곡선과 탄성직선이 만나는 점을 항복점으로 삼았다. 이러한 방법을 통하여 항복곡면은 세 가지 변화, 즉, 팽창 혹은 수축, 이동, 모양변화(distortion)의 조합으로 이루어진 변화를 겪게 된다는 점을 보였다. 또한, 소성변형 외에도 온도가 최종항복곡면의 모양에 큰 영향을 준다는 것도 밝혔다.

4.5.2 등방성 경화모델

등방성 경화란 그림 4.16(a)에 나타낸 것처럼, 초기항복곡면이 균일하게 확장하여 후속항복곡면이 만들어진다는 모델로, 소성변형이 진행되어도 항복에 대한 재료의 등방성 거동이 변하지 않고 유지된다고 가정하는 것이다. 즉, 후속항복에서 소성변형에 따른 이방성 효과를 무시하는 모델이다. 따라서, 초기항복곡면이나 후속항복곡면의 중심은 동일하다.

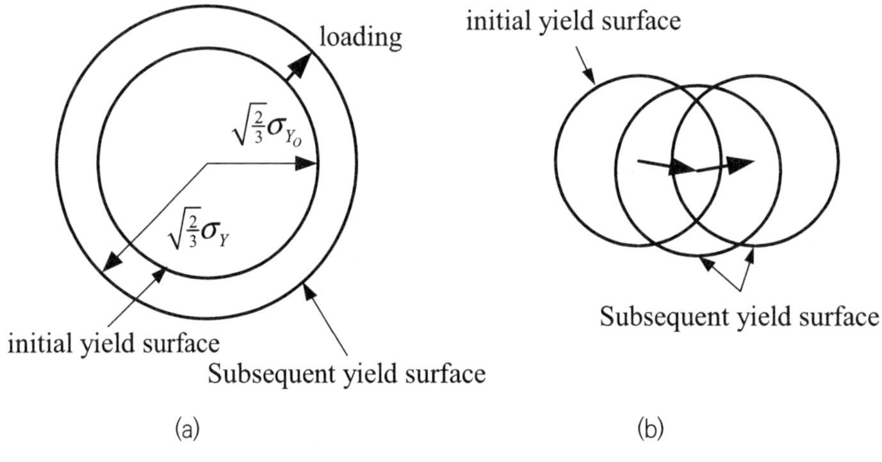

Fig. 4.16 등방성 경화와 운동성 경화의 도식적 표현

항복시에 정수압의 영향이 없다고 하면, 등방성 경화거동은 다음 식으로 표현된다.

$$F(J_2', J_3', \kappa) = f(J_2', J_3') - \kappa(\alpha) = 0 \tag{4.114}$$

식에서 κ는 등방성 경화효과를 나타내는, 소성변형에만 의존하는 재료상수이다. 완전소성재료에서는 소성변형이 일어나도 κ가 일정한 상수이므로, 응력공간에서의 항복곡면은 크기와 위치가 고정된다. von Mises 항복곡면의 경우에는 $\kappa = \sqrt{2/3}\sigma_Y$로, 이는 Π - 평면에서의 von Mises 항복원의 반지름이 된다. 초기항복 시에는 $\kappa = \kappa_o = \sqrt{2/3}\sigma_{Y_0}$가 된다. 등방성경화를 나타내는 데에는 경화변수 α하나면 충분하고, κ는 α의 단조증가함수이다. 편의상 함수 $f(J_2', J_3')$가 von Mises 형태라고 가정하자. 즉,

$$F = J_2' - \tfrac{1}{3}\sigma_Y^2(\alpha) = 0 \tag{4.115}$$

여기에서 σ_Y는 α에 의존하여 증가하는 단축항복강도이다.

α로 사용할 만한 경화의 척도에는 보통 두 가지가 있다. 첫번째는 다음 식으로 정의되는 총유효변형률이다.

$$\alpha = \bar{\varepsilon}^p = \int d\bar{\varepsilon}^p \tag{4.116}$$

여기에서 $\bar{\varepsilon}^p$를 **상당(相當**, equivalent) 혹은 **유효(有效**, effective) **소성변형률**이라고 한다. 이는 반드시 증분 $d\bar{\varepsilon}^p$를 적분하여 구하여야 한다. 즉, $\bar{\varepsilon}^p = \sqrt{\tfrac{2}{3}\boldsymbol{\varepsilon}^p : \boldsymbol{\varepsilon}^p}$로 정의되는 것이 아님에 주의하여야 한다. $d\bar{\varepsilon}^p$는 다음과 같이 정의되는 소성변형률 증분이다.

$$d\bar{\varepsilon}^p = \sqrt{\tfrac{2}{3} d\boldsymbol{\varepsilon}^p : d\boldsymbol{\varepsilon}^p} = \tfrac{\sqrt{2}}{3}\sqrt{\left(d\varepsilon_1^p - d\varepsilon_2^p\right)^2 + \left(d\varepsilon_2^p - d\varepsilon_3^p\right)^2 + \left(d\varepsilon_3^p - d\varepsilon_1^p\right)^2} \tag{4.117}$$

식 (4.116)은 경화정도가 단지 유효소성변형률 즉, 소성변형률 공간에서 해당점의 이동거리에만 의존하고 변형률경로에는 무관하다고 가정하는 것과 같다. 이러한 가정을 "변형경화(strain hardening)가설"이라고 한다.

α의 증분 즉, 변화 $d\alpha$은 (4.117)식으로부터 얻을 수 있다. 참고로, 소성변형률속도 혹은 변형률 증분의 방향은 항복곡면에 수직한 방향이다. (5.7절 참조) 즉, $d\lambda$를 비례상수라 할 때, 다음 식이 성립한다.

$$d\boldsymbol{\varepsilon}^p = d\lambda \frac{\partial F}{\partial \boldsymbol{\sigma}}$$

식 (4.115)와 $d\bar{\varepsilon}^p$의 항복곡면 직교성을 이용하면 다음과 같이 나타낼 수 있다.

$$d\alpha = d\bar{\varepsilon}^p = \tfrac{2}{\sqrt{6}} d\lambda \left(\frac{\partial f}{\partial \boldsymbol{\sigma}} : \frac{\partial f}{\partial \boldsymbol{\sigma}}\right)^{1/2} \tag{4.118}$$

일단 $d\lambda$가 결정되면, 위 식으로부터 α의 변화를 계산할 수 있다. $d\lambda$를 구하는 방법은 제5장에서 설명하기로 한다. 함수 $\sigma_Y(\alpha)$는 단축인장시에 다음과 같이 단순화되어,

$$\sigma = \sigma_Y(\varepsilon^p) \tag{4.119}$$

실험을 통한 단축인장곡선 $\sigma - \varepsilon^p$을 이용하여 $\sigma_Y(\varepsilon^p)$를 결정할 수 있다. 위 식에서 ε^p 대신에 식 (4.116)으로 정의한 $\bar{\varepsilon}^p$를 대입하면 등방성 변형경화로 인한 후속 항복곡면은 다음 식으로 결정할수 있다.

$$J_2' = \tfrac{1}{3}\sigma_Y^2(\bar{\varepsilon}^p) \tag{4.120}$$

등방성경화변수로 사용할 수 있는 두번째 척도는 다음 식으로 정의되는 총소성일이다. 이러한 가정을 "가공경화(work hardening)가설"이라고 하며, 이는 경화정도가 총소성일에만 의존하고 가중경로에는 무관하다고 보는 것이다.

$$\alpha = W^p = \int \boldsymbol{\sigma} : d\boldsymbol{\varepsilon}^p \tag{4.121}$$

식 (4.120)의 경우와 마찬가지로 항복조건은 다음과 같이 정리된다.

$$J_2' = \tfrac{1}{3}\sigma_Y^2(W^p) \tag{4.122}$$

W^p의 변화는 식 (4.121)을 미분하여 얻을 수 있다.

$$dW^p = \boldsymbol{\sigma} : d\boldsymbol{\varepsilon}^p = \boldsymbol{S} : d\boldsymbol{\varepsilon}^p = d\lambda \frac{\partial f}{\partial \boldsymbol{\sigma}} : \boldsymbol{S} \tag{4.123}$$

변형경화가설의 경우와 마찬가지로 $d\lambda$가 결정되기만 하면 dW^p와 $W^p = \int dW^p$가 계산될 것이므로, 소성변형 도중의 어떤 단계에서도 후속항복곡면이 완전하게 정의된다. von Mises 항복곡면을 사용하는 경우에는, 가공경화와 변형경화는 서로 동일함을 증명할 수 있다. 즉,

$$\int dW^p = \int \boldsymbol{\sigma} : d\boldsymbol{\varepsilon}^p = \int \bar{\sigma} d\bar{\varepsilon}^p \tag{4.124}$$

이므로, 식 (4.122)는 다음과 같이 정리된다.

$$J_2' = \tfrac{1}{3}\sigma_Y^2(W^p) = \tfrac{1}{3}\sigma_Y^2\left(\int \bar{\sigma} d\bar{\varepsilon}^p\right) \tag{4.125}$$

함수 $\sigma_Y(W^p)$의 형태는 단축인장시험으로부터 얻을 수 있다. 예를 들어, 선형경화성 재료의 경우에는 그림 4.17에 나타낸 것처럼, $\sigma - \varepsilon^p$곡선이 선형경화영역에서 기울기

$E^p = d\sigma_Y / d\bar{\varepsilon}^p$이고 초기항복응력은 σ_{Y_0}로 나타낸다고 하자. 그러면

$$\sigma_Y^2 = \sigma_{Y_0}^2 + 2E^p W^p \tag{4.126}$$

이므로, 이를 소성일에 대하여 정리한 후에 식 (4.122)에 대입할 수 있다. 변형경화모델은 가공경화모델에 비하여 사용이 간편한 반면, 가공경화가설이 보다 일반적인 편이다. 참고로, 탄소성변형구간에서 응력-총변형률 곡선의 기울기를 E_t라 하면, $d\sigma = E_t d\varepsilon$이고, 여기에 $d\varepsilon = d\varepsilon^e + d\varepsilon^p$와 $d\sigma = Ed\varepsilon^e = E_p d\varepsilon^p$를 적용하면, $E_p = EE_t / (E - E_t)$가 된다.

$$W^p = \frac{1}{2E^p}(\sigma_Y^2 - \sigma_{Y_0}^2) \tag{4.127}$$

$$J_2' = \tfrac{1}{3}(\sigma_{Y_0}^2 + 2E^p W^p) \tag{4.128}$$

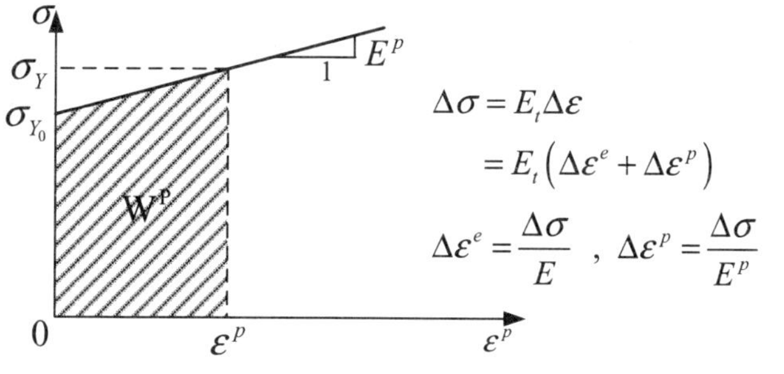

Fig. 4.17 선형 경화모델

등방성 경화재료에는 상당응력이라는 특정한 응력척도와 상당(소성)변형률이라는 특정한 변형률 척도간에 보편적인 함수관계가 존재한다는 점에 유의하자. 또한, 상당응력과 상당변형률이 앞서 정의된 형태로만 상용될 필요가 없다. 이들의 정의는 사용하는 항복함수에 따라서 달라진다. 그러나 함수관계가 보편적이라고 하는 의미는 어떤 응력이나 변형률 상태, 그리고 가중경로에 대하여도 둘 간의 함수가 정의된다는 것이다. 예로써, von Mises조건에 따르는 재료에서는 단축인장시험으로부터,

$$\bar{\sigma} = \sigma_Y(\bar{\varepsilon}^p) \tag{4.129}$$

최대전단응력조건 즉, Tresca조건에 따르는 재료에서는 순수전단시험으로부터,

$$\tau_{max} = \tau_Y(\gamma^p_{max}) \tag{4.130}$$

의 함수관계를 얻을수 있다. 참고로, 미소변형에 대해서는 이러한 보편적 함수가 명확하게 설정될 수 있지만, 유한변형의 경우에는 시험결과에 혼동이 생긴다. 이 문제에 대하여는 제6장에서 다루기로 한다.

4.5.3 운동성(이동) 경화모델

등방성 경화모델이 사용하기에는 간단한 모델이지만, 실험적으로 확인되고 있는 바우싱거 효과는 예측하지 못한다. Prager(1956)는 바우싱거 효과를 계산할 수 있는 **운동성 경화 혹은 이동경화**(kinematic hardening)모델을 제안하였다. 이 모델은 소성변형이 일어나는 동안, 응력공간에서의 항복곡면이 크기와 모양을 유지하면서 이동한다고 가정하는 것이다. 이 가정은 단축인장-단축압축을 받는 재료에서 나타나는 바우싱거 효과를 설명하기 위해 도입되었다. 따라서, 소성변형이 일어나도 후속항복곡면의 모양자체는 변하지 않고, 단지 위치만 변하게 된다. 이를 도식적으로 나타내면, 그림 4.16(b)와 같다.

초기항복함수를 다음과 같이 나타낸다고 하면,

$$F = f(\sigma) - \kappa = 0 \tag{4.131}$$

소성변형의 과정동안에 일어나는 운동성 경화로 인해서 후속항복곡면은 다음과 같은 형태를 갖는다.

$$f(\boldsymbol{\sigma} - \boldsymbol{\alpha}) - \kappa = 0 \tag{4.132}$$

여기에서, α는 응력공간에서의 항복곡면의 중심을 나타내는 경화를 나타내는 텐서변수로서, "**배후응력**(**背後應力**, back stress)"이라고 한다. κ는 항복곡면의 크기를 나타내는 재료상수이다. 소성변형경화로 인해 α가 변하면, 항복곡면은 초기의 크기와 모양을 유지하면서 이동함을 알 수 있다. 따라서 운동성 경화모델에서는 α의 변화식을 $\boldsymbol{\varepsilon}^p : \boldsymbol{\alpha}$ 혹은 α자체로 나타낼 수 있어야 한다. (5.1절 참조)

(1) Prager 선형운동모델

Prager는 실험적 관찰에 근거하여 운동성 경화거동을 모델링하기 위해서, 다음과 같이 배후응력 $\boldsymbol{\alpha}$에 대한 선형구성식을 제안하였다.

$$d\boldsymbol{\alpha} = c\, d\boldsymbol{\varepsilon}^p \tag{4.133}$$

여기에서 c는 재료상수이다. 이 모델에 따르면, 항복곡면이 크기와 모양을 유지하면서 소성변형률속도 혹은 변형률증분의 방향으로 움직인다는 것이다. $d\boldsymbol{\varepsilon}^p$의 항복곡면 직교성에 따르면, $d\lambda$를 비례상수라 할 때,

$$d\boldsymbol{\varepsilon}^p = d\lambda \frac{\partial F}{\partial \boldsymbol{\sigma}} \tag{4.134}$$

이므로, 다음 식이 성립한다.

$$d\boldsymbol{\alpha} = c\, d\lambda \frac{\partial F}{\partial \boldsymbol{\sigma}} \tag{4.135}$$

Ziegler(1959)에 의하면, Prager의 선형운동모델은 삼차원 및 이차원에서의 결과에 일관성이 없다는 결점을 갖고 있다. 그 이유는 함수 F가 일차원, 이차원, 삼차원에서 각기 다른 형태로 표현되기 때문이다. 그 결과로, 삼차원 공간에서 항복곡면이 가중점에 수직한 방향으로 움직인다면, 이차원 공간에서의 항복곡선은 같은 방향으로 움직이지 않게 된다.

여기서 흥미로운 점은 단축인장시에 Prager 모델에서 나타내는 횡방향 연화의 효과이다. 1-방향으로 축하중이 작용하여 소성유동이 생겼다고 하면,

$$d\varepsilon_1^p = d\varepsilon^p\,,\ \ d\varepsilon_2^p = d\varepsilon_3^p = -\tfrac{1}{2} d\varepsilon^p \tag{4.136}$$

식 (4.133)에 의하여

$$d\alpha_1 = c d\varepsilon^p\,,\ \ d\alpha_2 = d\alpha_3 = -\tfrac{1}{2} d\alpha_1 = -\tfrac{1}{2} c d\varepsilon^p \tag{4.137}$$

즉, 항복곡면이 하중방향으로 움직이면서 재료에 운동성 경화를 일으켜서 2-방향 및 3-방향으로는 하중이 걸리지 않아도 음의 방향 즉, 횡방향 연화가 생긴다. 이런한 횡방향 연화 혹은 경화효과가 나타나는 것은 실험결과와 부합되지 않으므로 부적절하다.

(2) Ziegler 수정모델

Ziegler(1959)는 Prager 모델의 단점을 극복하기 위해 다음과 같이 제안하였다.

$$d\boldsymbol{\alpha} = (\boldsymbol{\sigma} - \boldsymbol{\alpha})d\mu \tag{4.138}$$

여기에서 $d\mu$는 항복조건에 의해 결정되는 비례상수이다.($d\mu$를 결정하는 방법은 차후에 기술한다.) Ziegler 모델에서는 항복곡면이 곡면에 수직한 방향으로 움직이는 것이 아니라, 벡터 $(\boldsymbol{\sigma} - \boldsymbol{\alpha})$에 의해 결정되는 반경방향으로 움직인다고 가정한 것이다.

Prager 모델과 Ziegler 모델의 차이를 그림 4.18에 개략적으로 나타내었다. von Mises 항복조건을 사용하는 경우에는 항복곡면이 반경방향 $(\boldsymbol{\sigma} - \boldsymbol{\alpha})$를 따라 움직인다는 것을 보일 수 있다. Ziegler 모델의 장점은 일차원, 이차원, 삼차원 가중의 경우에 모두 일관성있는 결과를 주고, 횡방향 연화나 경화효과를 보이지 않는다는 점이다. 응력텐서 $\boldsymbol{\sigma}$의 몇몇 성분이 영이라면, 그에 상응하는 $\boldsymbol{\alpha}$의 성분도 영이 된다. von Mises 조건을 사용하는 삼차원 가중의 경우에는 반경방향이 법선방향과 같으므로, Prager 모델과 Ziegler 모델은 동일하다(그림 4.19 참조). 하지만, 그림 4.20에 보인 것처럼 이차원 가중 시에는 반경방향과 법선방향이 명백히 다르다. Tresca 항복조건에서는 삼차원의 경우에도 반경방향과 법선방향이 일반적으로 다르다(그림 4.21 참조).

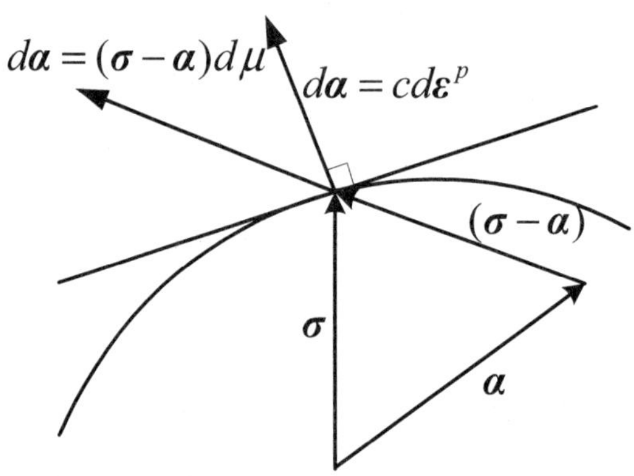

Fig. 4.18 Prager경화모델과 Ziegler경화모델의 차이

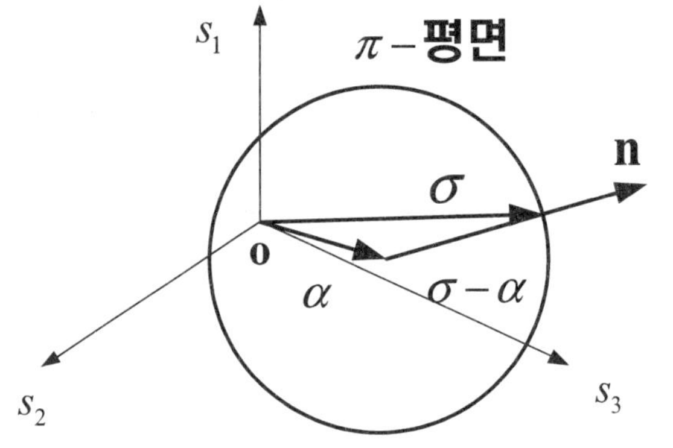

Fig. 4.19 삼차원 von Mises 항복곡면에대한 반경방향과 법선방향

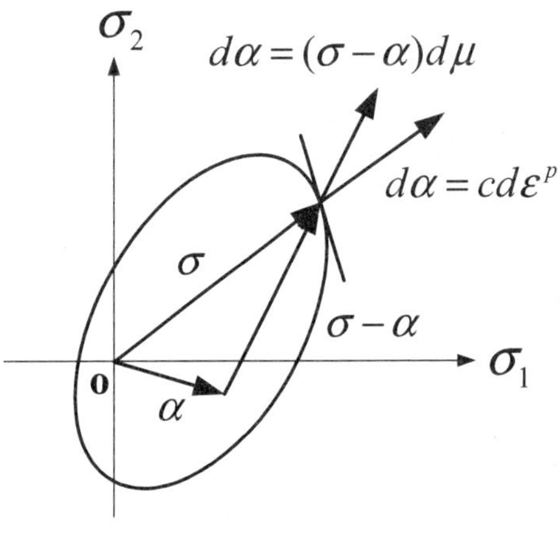

Fig. 4.20 이차원 von Mises 항복곡선에서의 Prager경화모델과 Ziegler경화모델의 차이

$\partial F/\partial\boldsymbol{\sigma}$의 수학적 표현은 $(\boldsymbol{\sigma}-\boldsymbol{\alpha})$에 비해 복잡한 편이므로, Prager 모델에 비해 Ziegler 모델이 사용하기에 간단하다. Prager 모델에서는 상수 c가 일정하면, '선형경화법칙'을 따른다. 하지만, c가 변형이력의 함수일 수 있고, 이 경우에는 비선형경화법칙을 따르게 된다. 이 절에서 소개한 $\boldsymbol{\alpha}$의 구성식에는 미정의 비례상수 c나 $d\mu$가 있어서, 이들을 결정하려면 항복조건을 이용해야 한다. 이들은 5.8절에서 탄소성변형의 응력-변형률 관계를 설명하면서 소위, 일관성 조건으로부터 c나 $d\mu$를 결정한 이후에 그 결과를 식 (4.135)이나 (4.138)에 대입함으로써 $\dot{\boldsymbol{\alpha}}$에 대한 식이 유도됨을 보이기로 한다.

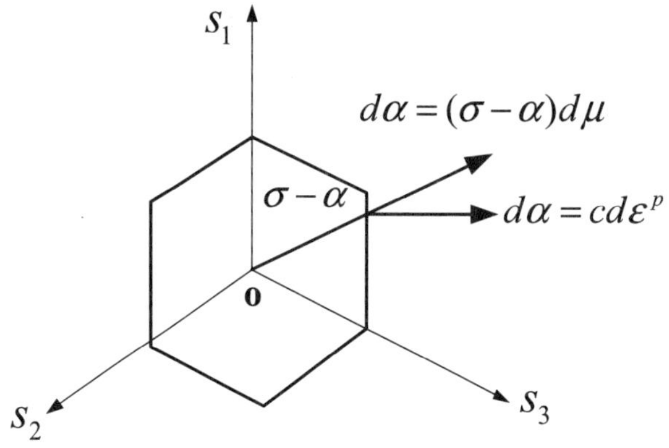

Fig. 4.21 Tresca 항복조건을 사용한 경우, Prager경화모델과 Ziegler경화모델의 차이

4.6 응력공간에서의 가중과 제하

앞에서 논의한 바에 따르면, 물체에 하중을 가하는 경우, 작용하중의 수준에 따라서 물체는 탄성적으로 혹은 소성적으로 변형한다. 탄성변형과 소성변형이 적용되는 응력-변형률 관계는 서로 다르므로, 우선 탄성영역과 소성영역을 서로 구분하고, 동시에 물체의 변형이 탄성상태인지 아니면 소성상태인지를 파악하는 것이 중요하다. 탄성영역과 소성영역을 구분할 때는 항복곡면을 이용하고, 변형의 특성을 파악할 때는 가중 및 제하조건을 이용하면 된다.

완전소성재료는 변형이 진행되어도 항복응력의 크기가 일정한 재료이다. 따라서, 이 경우에는 항복함수의 크기가 일정하므로, 후속항복곡면은 언제나 초기항복곡면과 같다. 항복곡면 위에 있는 응력상태점이 계속 항복곡면 위에 있으면 가중상태이고, 소성변형은 계속 증가한다. 반면에, 응력점이 항복곡면 내부로 들어오려고 하면 제하상태가 된다. 이들 상황을 항복함수 $F(\boldsymbol{\sigma}) = f(\boldsymbol{\sigma}) - \kappa_o = 0$으로 나타내면 다음과 같다.

$$F(\boldsymbol{\sigma}) < 0, \text{ (탄성변형)} \tag{4.139a}$$

$$F(\boldsymbol{\sigma}) = 0, \quad dF = f(\boldsymbol{\sigma} + d\boldsymbol{\sigma}) - f(\boldsymbol{\sigma}) = \frac{\partial f}{\partial \boldsymbol{\sigma}} : d\boldsymbol{\sigma} = 0 \text{ , (가중상태)} \tag{4.139b}$$

$$F(\boldsymbol{\sigma})=0, \quad dF=f(\boldsymbol{\sigma}+d\boldsymbol{\sigma})-f(\boldsymbol{\sigma})=\frac{\partial f}{\partial \boldsymbol{\sigma}}:d\boldsymbol{\sigma}<0 \ , \ (\text{제하상태}) \qquad (4.139c)$$

응력공간에서 $\partial f/\partial\boldsymbol{\sigma}$는 항복곡면에서 바깥방향 법선벡터 $\boldsymbol{n}$의 방향을 갖는다. 따라서, 제하조건 $\partial f/\partial\boldsymbol{\sigma}:d\boldsymbol{\sigma}<0$은 응력증분 $d\boldsymbol{\sigma}$가 항복곡면 안쪽 방향이고, 가중조건 $\partial f/\partial\boldsymbol{\sigma}:d\boldsymbol{\sigma}=0$은 응력증분 $d\boldsymbol{\sigma}$가 항복곡면 위의 응력점에서 접평면에 놓여있다는 것이다. 완전소성재료에서는 항복곡면이 고정되어 확장될 수 없으므로, $d\boldsymbol{\sigma}$는 항복곡면보다 바깥쪽으로는 향할 수 없다. 이 상황을 도식적으로 나타내면, 그림 4.22(a)와 같다.

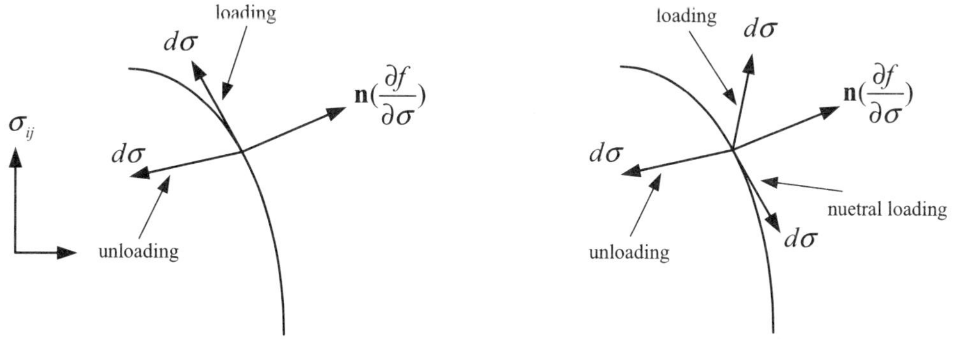

Fig. 4.22 가중상태와 제하상태: (a) 완전소성재료, (b) 가공경화재료

마찬가지로, 가공경화성 재료에 대하여는 다음과 같이 정리된다.

$$F(\boldsymbol{\sigma})<0, \ (\text{탄성변형}) \qquad (4.140a)$$

$$F(\boldsymbol{\sigma})=0, \quad \frac{\partial f}{\partial \boldsymbol{\sigma}}:d\boldsymbol{\sigma}>0 \ , \ (\text{가중상태}) \qquad (4.140b)$$

$$F(\boldsymbol{\sigma})=0, \quad \frac{\partial f}{\partial \boldsymbol{\sigma}}:d\boldsymbol{\sigma}=0 \ , \ (\text{중립가중상태}) \qquad (4.140c)$$

$$F(\boldsymbol{\sigma})=0, \quad \frac{\partial f}{\partial \boldsymbol{\sigma}}:d\boldsymbol{\sigma}<0 \ , \ (\text{제하상태}) \qquad (4.140d)$$

소성변형이 일어나는 동안에는 항상 항복조건이 만족되어야 한다. 따라서, 경로의존

성 소성론에서는

$$F(\boldsymbol{\sigma}) > 0 \tag{4.141}$$

의 상황은 의미가 없다. 만일 Tresca 항복곡면의 모서리처럼 두 개의 부드러운 항복곡면 $F_l(\boldsymbol{\sigma}) = 0$과 $F_m(\boldsymbol{\sigma}) = 0$의 교선에 항복점이 놓여 있다면, 식 (4.140)는 다음과 같이 수정하여 사용할 수 있다.

$$F_l(\boldsymbol{\sigma}) = 0, \quad F_m(\boldsymbol{\sigma}) = 0, \quad \max\left(\frac{\partial f_l}{\partial \boldsymbol{\sigma}} : d\boldsymbol{\sigma}; \frac{\partial f_m}{\partial \boldsymbol{\sigma}} : d\boldsymbol{\sigma}\right) > 0 \text{ , (가중상태)} \tag{4.142a}$$

$$F_l(\boldsymbol{\sigma}) = 0, \quad F_m(\boldsymbol{\sigma}) = 0, \quad \max\left(\frac{\partial f_l}{\partial \boldsymbol{\sigma}} : d\boldsymbol{\sigma}; \frac{\partial f_m}{\partial \boldsymbol{\sigma}} : d\boldsymbol{\sigma}\right) = 0 \text{ , (중립가중상태)} \tag{4.142b}$$

$$F_l(\boldsymbol{\sigma}) = 0, \quad F_m(\boldsymbol{\sigma}) = 0, \quad \max\left(\frac{\partial f_l}{\partial \boldsymbol{\sigma}} : d\boldsymbol{\sigma}; \frac{\partial f_m}{\partial \boldsymbol{\sigma}} : d\boldsymbol{\sigma}\right) < 0 \text{ , (제하상태)} \tag{4.142c}$$

제4장 예제와 풀이

예제

4.1 어떤 물체 B의 질점 P에 다음과 같은 응력텐서가 작용한다.

$$\boldsymbol{\sigma} = \begin{bmatrix} 1 & 2 & 0 \\ 2 & 3 & 0 \\ 0 & 0 & 4 \end{bmatrix} [MPa]$$

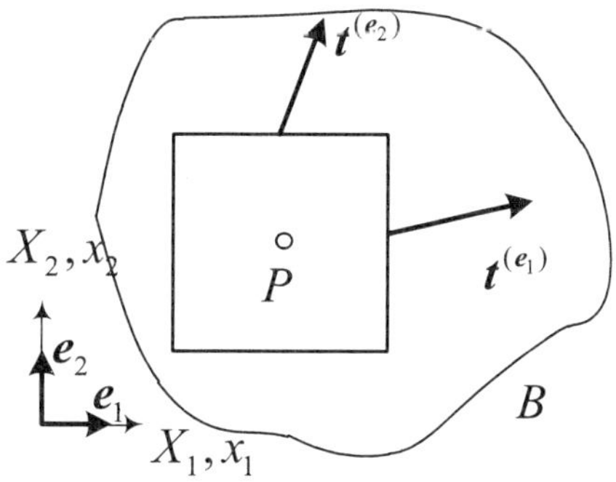

(1) 질점 P에 작용하는 주응력 $\sigma_1, \sigma_2, \sigma_3$ 을 계산하시오.

(2) 주응력 방향 $\boldsymbol{n}^{(1)}, \boldsymbol{n}^{(2)}$ 을 계산하시오.

4.2 아래 그림은 주응력공간과 편차평면을 나타낸다.

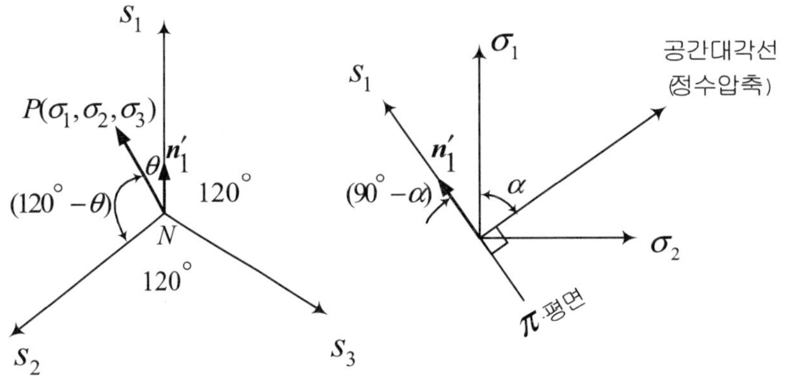

(1) $\boldsymbol{n}_1' = (\cos(90^\circ - \alpha), m, m)$을 구하시오. (hint: $\sin\alpha = \sqrt{2/3}$)

(2) 1번에서 주어진 응력에 대하여, $\overrightarrow{NP} \cdot \boldsymbol{n}_1' = r\cos\theta = \sqrt{\frac{3}{2}} s_1$ 을 계산하시오.

(3) 각도 θ를 계산하시오.

4.3 아래 그림(a)는 Coulomb의 마찰파단법칙 $\tau = C - \sigma_n \tan\phi$을 (τ, σ_n)평면에 나타낸 것이고, 그림(b)은 편차평면에 Coulomb-Mohr 항복곡선과 Drucker-Prager 항복곡선을 나타낸 것이다.

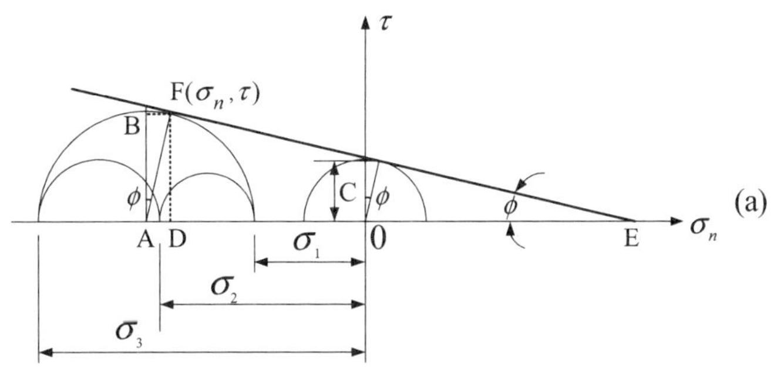

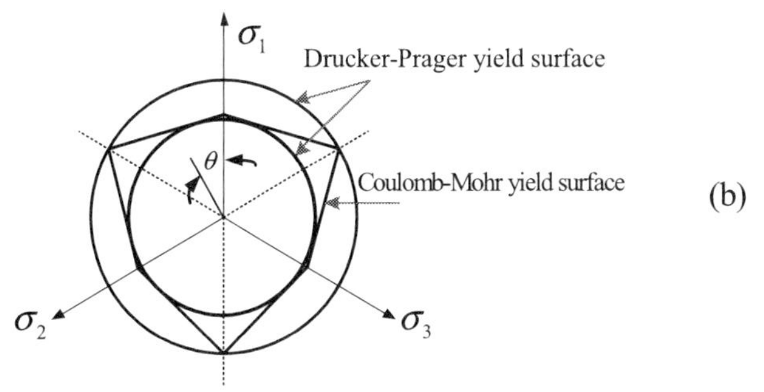

Drucker-Prager 항복곡면은 $F(J_1, J_2') = \sqrt{J_2'} + \alpha J_1 - \kappa = 0$ 로 표현된다. 이를 Coulomb-Mohr 항복곡면에 외접시키는 경우에는 다음 식으로 α, κ를 결정할 수 있다.

$$\alpha = \frac{2\sin\phi}{\sqrt{3}(3-\sin\phi)}, \quad \kappa = \frac{6C\cos\phi}{\sqrt{3}(3-\sin\phi)}$$

어떤 압축성 재료가 단축인장시 σ_t =50MPa, 단축압축시 σ_c =-100MPa에서 항복을 일으킨다.

(1) 마찰파단법칙을 주응력 $\sigma_1 \geq \sigma_2 \geq \sigma_3$으로 나타내시오.

(2) 단축인장시 항복조건을 표현하시오.

(3) 단축압축시 항복조건을 표현하시오.

(4) 응착계수를 계산하시오.

(5) 마찰파단각을 계산하시오.

(6) 각도 $0 \leq \theta \leq 60°$ 구간에서 Coulomb-Mohr 항복직선의 식을 구하시오.

(7) Coulomb-Mohr 항복곡면에 외접하는 Drucker-Prager 항복곡면을 정리하시오.

4.4 아래 그림은 $\sigma_3 = 0$인 평면응력조건에서 이동경화 모델 중, Prager모델과 Ziegler 모델을 각각 나타낸 것이다.

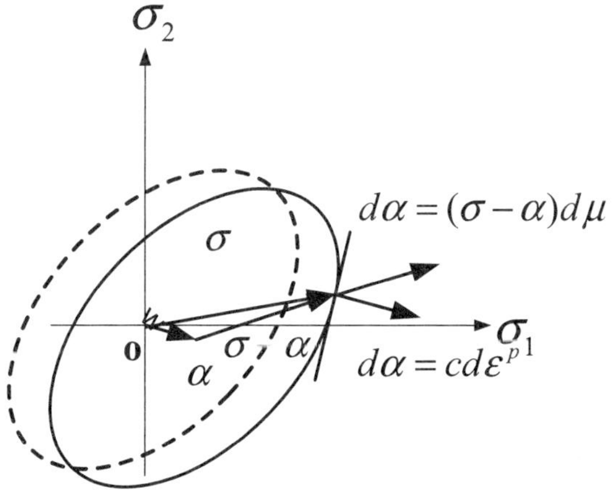

(1) 이동경화를 하기 전($\boldsymbol{\alpha}=\boldsymbol{0}$)에 단축인장 항복응력이 100MPa 이었다고 하자. 이 때의 (윗 그림에서 점선 표시한 타원) 항복곡선의 방정식을 요약하시오.

(2) $\sigma_2 = \frac{1}{2}\sigma_1 > 0$인 조건에서 항복을 일으키고 있다. 이 점에서 $d\boldsymbol{\varepsilon}^p = d\lambda \frac{\partial f}{\partial \boldsymbol{\sigma}}$를 계산하시오.

(3) $cd\lambda = 0.01$일 때, $d\boldsymbol{\alpha}_{\text{Prager}}$를 계산하시오.

(4) $\boldsymbol{\alpha} = \boldsymbol{0} + d\boldsymbol{\alpha}_{\text{Prager}}$ 가 되었을 때, 항복곡선의 방정식을 구하시오.

(5) Prager 모델을 따를 때, 1-축 방향으로의 단축인장 항복응력과 단축압축 항복응력을 구하시오.

(6) $d\mu = 0.01$일 때, $d\boldsymbol{\alpha}_{\text{Ziegler}}$를 계산하시오.

(7) $\boldsymbol{\alpha} = \boldsymbol{0} + d\boldsymbol{\alpha}_{\text{Ziegler}}$가 되었을 때, 항복곡선의 방정식을 구하시오.

(8) Ziegler 모델을 따를 때, 1-축 방향으로의 단축인장 항복응력과 단축압축 항복응력을 구하시오.

예제 풀이

4.1

(1)

$$\det(\boldsymbol{\sigma}) = \begin{vmatrix} 1-\lambda & 2 & 0 \\ 2 & 3-\lambda & 0 \\ 0 & 0 & 4-\lambda \end{vmatrix}$$

$$= (1-\lambda)\cdot\{(3-\lambda)\cdot(4-\lambda)-0\} - 2\cdot\{2\cdot(4-\lambda)-0\}$$

$$= (4-\lambda)(\lambda^2 - 4\lambda - 1) = 0$$

$$\sigma_1 = (2+\sqrt{5})\ \text{MPa},\ \sigma_2 = 4\ \text{MPa},\ \sigma_3 = (2-\sqrt{5})\ \text{MPa}$$

(2)

Since $\begin{bmatrix} -1-\sqrt{5} & 2 & 0 \\ 2 & 1-\sqrt{5} & 0 \\ 0 & 0 & 2-\sqrt{5} \end{bmatrix} \boldsymbol{n}^{(1)} = \boldsymbol{0}$ & $\begin{bmatrix} -3 & 2 & 0 \\ 2 & -1 & 0 \\ 0 & 0 & 0 \end{bmatrix} \boldsymbol{n}^{(2)} = \boldsymbol{0}$,

Thus $\boldsymbol{n}^{(1)} = \begin{Bmatrix} 0.5257 \\ 0.8507 \\ 0 \end{Bmatrix}$ and $\boldsymbol{n}^{(2)} = \begin{Bmatrix} 0 \\ 0 \\ 1 \end{Bmatrix}$

4.2

(1) $S_1 = \sigma_1 - \frac{1}{3}(\sigma_1 + \sigma_2 + \sigma_3) = \frac{2}{3}\sigma_1 - \frac{1}{3}\sigma_2 - \frac{1}{3}\sigma_3$

Thus, $\boldsymbol{n}_1' = \begin{Bmatrix} 2 \\ -1 \\ -1 \end{Bmatrix} \cdot \frac{1}{\sqrt{2^2+1^2+1^2}} = \left(\sqrt{\frac{2}{3}} \quad -\frac{1}{\sqrt{6}} \quad -\frac{1}{\sqrt{6}} \right)^T$

(2)

$$\overrightarrow{NP}=\overrightarrow{OP}-\overrightarrow{ON}=(\sigma_1-p\,,\sigma_2-p\,,\sigma_3-p)=(S_1\,,S_2\,,S_3)$$

Since

& $S_1+S_2+S_3=0$,

$$\overrightarrow{NP}\cdot\boldsymbol{n}_1'=\sqrt{\frac{2}{3}}S_1-\frac{1}{\sqrt{6}}S_2-\frac{1}{\sqrt{6}}S_3=\frac{\sqrt{6}}{2}S_1$$

In question 1, $\sigma_1=\left(2+\sqrt{5}\right)$ MPa and $p=\frac{8}{3}$ MPa

Then, $S_1=\sigma_1-p=\left(\sqrt{5}-\frac{2}{3}\right)$ MPa

Thus, $\overrightarrow{NP}\cdot\boldsymbol{n}_1'=\frac{\sqrt{6}}{2}S_1=1.9221$ MPa

(3)

$$r=\left|\overrightarrow{NP}\right|=\sqrt{\left(\sqrt{5}-\frac{2}{3}\right)^2+\left(\frac{4}{3}\right)^2+\left(\sqrt{5}+\frac{2}{3}\right)^2}=3.559$$

From the equation $\overrightarrow{NP}\cdot\boldsymbol{n}_1'=\frac{\sqrt{6}}{2}S_1$,

$$\frac{\overrightarrow{NP}}{\left|\overrightarrow{NP}\right|}\cdot\boldsymbol{n}_1'=\frac{\sqrt{6}}{2}\frac{S_1}{\left|\overrightarrow{NP}\right|}$$

$$\cos\theta=\frac{\sqrt{6}}{2}\frac{S_1}{r}$$

And $S_1=\sigma_1-p=\left(\sqrt{5}-\frac{2}{3}\right)$ MPa

Thus, $\theta=\cos^{-1}\left(\frac{\sqrt{6}}{2}\frac{S_1}{3.559}\right)=57.31°$

4.3

(1)

Since $\tau\cos\phi = R$, $R = \dfrac{(\sigma_1-\sigma_2)+(\sigma_2-\sigma_3)}{2} = \dfrac{\sigma_1-\sigma_3}{2}$ & $\sigma_n = \dfrac{\sigma_1+\sigma_3}{2}$

$\tau = C - \sigma_n\tan\phi$ $\qquad\qquad$ $\dfrac{\sigma_1-\sigma_3}{2\cos\phi} = C - \dfrac{\sigma_1+\sigma_3}{2}\tan\phi$

Thus, $\sigma_1-\sigma_3 = 2C\cos\phi - (\sigma_1+\sigma_3)\sin\phi$

(2) $\sigma_1 = \sigma_t$ & $\sigma_3 = 0$

Thus, $\sigma_t = 2C\cos\phi - \sigma_t\sin\phi$

(3) $\sigma_1 = 0$ & $\sigma_3 = -\sigma_c$

Thus, $\sigma_c = 2C\cos\phi + \sigma_c\sin\phi$

(4) Since $\sigma_t = 2C\cos\phi - \sigma_t\sin\phi$ and $\sigma_c = 2C\cos\phi + \sigma_c\sin\phi$,

$\sin\phi = \dfrac{-\sigma_c+\sigma_t}{-\sigma_c-\sigma_t}$ and $C = \dfrac{\sigma_t(1+\sin\phi)}{2\cos\phi}$

Applying $\sigma_t = 50\text{MPa}$ and $\sigma_c = -100\text{MPa}$, $\sin\phi = \dfrac{1}{3}$

Thus, $C = \dfrac{\sigma_t(1+\sin\phi)}{2\cos\phi} = \dfrac{50(1+\sin\phi)}{2\cos\phi} = 33.36\,\text{MPa}$

(5)

Since $\sin\phi = \dfrac{-\sigma_c+\sigma_t}{-\sigma_c-\sigma_t}$, $\phi = \sin^{-1}\left(\dfrac{-\sigma_c+\sigma_t}{-\sigma_c-\sigma_t}\right)$

Applying $\sigma_t = 50\text{MPa}$ and $\sigma_c = -100\text{MPa}$, $\phi = 19.47°$

(6) $(\sigma_t, 0, 0) - (0, 0, \sigma_c)$

$$\frac{\sigma_1}{\sigma_t} + \frac{\sigma_3}{\sigma_c} = 1 \;\; => \;\; \frac{\sigma_1}{50} - \frac{\sigma_3}{100} = 1$$

(7) Since $\sin\phi = \frac{1}{3}$, $\alpha = \dfrac{2\sin\phi}{\sqrt{3}(3-\sin\phi)} = 0.1443\text{MPa}$

and $\kappa = \dfrac{6C\cos\phi}{\sqrt{3}(3-\sin\phi)} = -43.30$ MPa

Thus, $F(J_1, J_2') = \left(\sqrt{J_2'} + 0.1443J_1 - 43.30\right)\text{MPa}$

4.4

(1) $\sigma_1^{\ 2} + \sigma_2^{\ 2} - \sigma_1\sigma_2 = Y^2$

$$\sigma_1^{\ 2} + \sigma_2^{\ 2} - \sigma_1\sigma_2 = 100^2$$

(2) Under the condition $\sigma_2 = \frac{1}{2}\sigma_1 > 0$, $\sigma_1^{\ 2} + \frac{1}{4}\sigma_1^{\ 2} - \frac{1}{2}\sigma_1^{\ 2} = 100^2$

Therefore $\sigma_1 = 115.47$ MPa and $\sigma_2 = 57.74$ MPa

$$d\varepsilon_1^{\ p} = d\lambda(2\sigma_1 - \sigma_2) = 173.21d\lambda$$

$$d\varepsilon_2^{\ p} = d\lambda(2\sigma_2 - \sigma_1) = 0$$

(3) $d\alpha_{\text{Prager},1} = cd\varepsilon_1^{\ p} = 173.21c\,d\lambda = 1.7321$

$$d\alpha_{\text{Prager},2} = cd\varepsilon_2^{\ p} = 0$$

(4) $\left(\sigma_1 - d\alpha_{\text{Prager},1}\right)^2 + \sigma_2{}^2 - \left(\sigma_1 - d\alpha_{\text{Prager},1}\right)\sigma_2 = Y^2$

Since $d\alpha_{\text{Prager},1} = 1.7321$ and $d\alpha_{\text{Prager},2} = 0$,

$(173.21 - 1.7321)^2 + 57.74^2 - (173.21 - 1.7321)57.74 = 100^2$

$9702.99 \cong 100^2$

(5) Since $\sigma_2 = 0$, $\left(\sigma_1 - d\alpha_{\text{Prager},1}\right)^2 = Y^2$

Thus, $\sigma_t = 101.73$ MPa and $\sigma_c = -98.26$ MPa

(6) $d\alpha_{\text{Ziegler},1} = d\mu \cdot \sigma_1 = 0.01 \times 115.47 = 1.1547$

$d\alpha_{\text{Ziegler},2} = d\mu \cdot \sigma_2 = 0.01 \times 57.74 = 0.5774$

(7) $\left(\sigma_1 - d\alpha_{\text{Ziegler},1}\right)^2 + \left(\sigma_2 - d\alpha_{\text{Ziegler},2}\right)^2 - \left(\sigma_1 - d\alpha_{\text{Ziegler},1}\right)\left(\sigma_2 - d\alpha_{\text{Ziegler},2}\right) = Y^2$

(8) Since $\sigma_2 = 0$, $(\sigma_1 - 1.1547)^2 + 0.5774^2 - (\sigma_1 - 1.1547)(-0.5774) = 100^2$

Let $(\sigma_1 - 1.1547) = \mathrm{X}$

$\mathrm{X}^2 + 0.5774\mathrm{X} - \left(100^2 - 0.5774^2\right) = 0$

$\mathrm{X}_1 = 99.709$ and $\mathrm{X}_2 = -100.287$

Thus, $\sigma_t = 100.864$ MPa and $\sigma_c = -99.132$ MPa

Then, $\overset{\circ}{\boldsymbol{\sigma}} : \boldsymbol{n} = 2 \cdot \frac{\dot{\gamma}}{2} \cdot \frac{c}{\sqrt{2}} = \frac{\dot{\gamma}c}{\sqrt{2}}$

Therefore, at $t = 1$, $\overset{\circ}{\boldsymbol{\sigma}} : \boldsymbol{n} = 0.1179$ MPa

제5장 미소변형이론

금속이나 기타 공업재료를 연속체로 간주하고, 기준모양에 대하여 변형후의 현재모양의 차이가 크지 않다고 가정하면 미소변형이론을 적용할 수 있다. 이 장에서는 미소변형에 국한된 고전 소성이론을 바탕으로, 탄소성변형하는 물체의 응력과 변형률 간의 수학적 관계에 대하여 설명하고, 미소변형에 근거하는 탄소성변형에 대한 구성방정식을 유도한다. 이를 위하여, 미소변형에 대한 소성론의 기본원칙, 소성변형의 특성, 구성방정식의 요소가 되는 전제조건에 대하여 설명한다. 우선, 탄성변형에 대한 응력-변형률 관계를 정리하고, 변형률속도(혹은 증분)의 주축이 응력텐서의 주축과 일치한다는 고전적인 가정에 기초한 소성변형 유동법칙을 소개한다. 소성변형의 구성방정식을 보다 일반적으로 전개하기 위하여, '드러커(Drucker)의 공리'에 근거하는 **소성포텐셜이론**을 다룬다. 또한, 등방성 경화, 운동성 경화, 혹은 이 둘이 조합된 복합경화에 대하여 탄소성 구성방정식들을 유도한다. 마지막으로, 완전소성재료에 대한 소성이론을 간략히 살펴보고, 특정한 상황에서 유용한 변형소성이론(deformation theory of plasticity)도 간략히 소개한다.

5.1 소성변형 구성방정식의 기본사항

5.1.1 소성변형의 특성

제1장에서 간단하고 기초적인 실험관찰 결과들로부터 소성변형의 기본특성을 소개한 바 있다. 이들 실험결과로부터, 소성변형은 다음과 같은 특성을 갖는다고 요약할 수 있다.

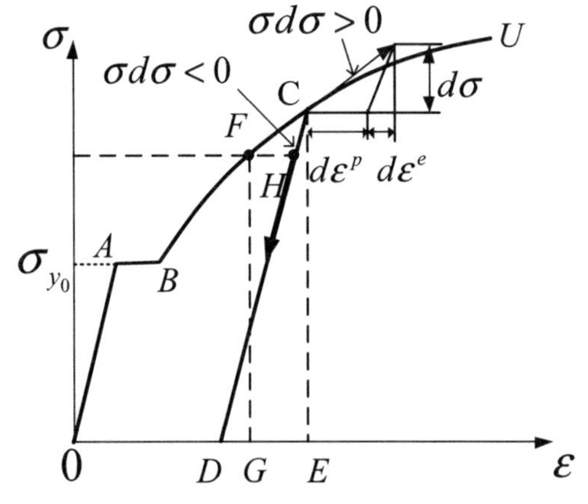

Fig. 5.1 단축 응력-변형률 곡선

(1) 비가역성

소성변형이 일어나면 에너지가 소산되므로, 이 과정은 **비가역적**(非可逆的)이다. 이를 단축인장시험의 $\sigma-\varepsilon$ 곡선에서 도식적으로 나타내면, 그림 5.1과 같다. 즉, C점에서 응력을 제거시키면, 제하(除荷, unloading)가 되어 변형률의 일부(DE)만 회복되고 나머지 부분(OD)은 하중이 제거된 후에도 그대로 남는다. 삼각형 DCE로 표현되는 면적은 탄성에너지가 회복된 양이고, 도형 $OABCD$의 면적은 제하 후에도 영구적으로 남는 소성변형률 OD를 만드는 과정에서 소산된 에너지를 나타낸다. 그림으로부터, 소성영역에 들어간 응력-변형률 곡선상의 임의점 C에서의 총변형률 OE는 소성변형률 ε^p(OD에 해당)와 탄성변형률 ε^e(DE에 해당)의 합으로 나타낼 수 있다.

$$\varepsilon = \varepsilon^e + \varepsilon^p \tag{5.1}$$

이를 삼차원의 경우로 일반화시키면,

$$\varepsilon_{ij} = \varepsilon_{ij}^{e} + \varepsilon_{ij}^{p} \tag{5.2}$$

단, ε_{ij}는 식(2.57)로 정의되는 미소변형률 텐서이다. 위 식은 고전 소성이론에서의 기본적인 가정을 나타내며, 이를 변형률텐서의 "**덧셈분해**(additive decomposition)"라고 한다. 덧셈분해는 미소변형률인 경우에 한하여 정확하다는 점을 강조해 둔다. 제6장에서 설명할 유한변형률의 경우에는 탄성변형률 및 소성변형률 척도가 기하학적으로 서로 결합되어 있어서 식(5.2)는 더 이상 물리적 의미를 갖지 못한다.

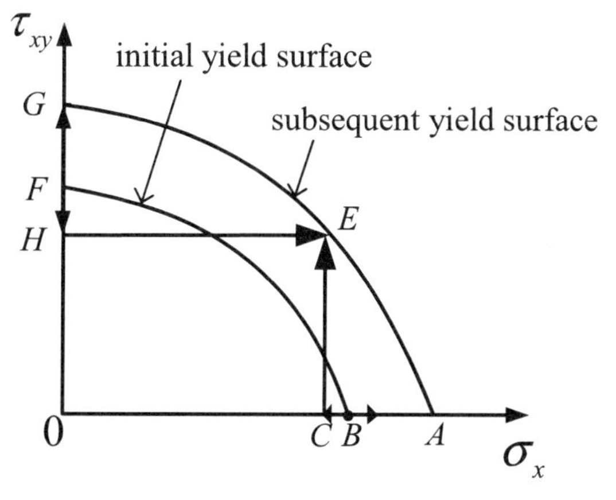

Fig. 5.2 소성변형의 경로의존성

(2) 경로의존성

소성변형은 에너지가 소산된다는 점 때문에 **이력**(履歷) 즉, **경로 의존적인 과정**이다. 바꾸어 말하면, 소성변형이 일어나는 동안에는 응력-변형률 간에 일대일 대응이 이루어지지 않는다는 것이다. 예를 들어 그림 5.1에서 F점과 H점은 응력이 같지만, 변형률은 다르다. 반면에 F점과 G점은 변형률이 같지만, 응력은 다르다. F점과 H점, 그리고 F점과 G점에서 각기 변형률과 응력에 차이를 보이는 이유는 변형이력 즉, 응력경로가 다르기 때문이다.

소성변형의 이력의존성 즉, 경로의존성을 좀더 살펴보기 위해 다음과 같은 예를 생각해보자. 즉, 어떤 시편이 x 방향으로 단축인장되는 하중을 받고 있다고 하자. 이 때, 시편은 그림 5.2에 나타낸 초기항복곡면 위의 B점에 도달할 때까지 탄성변형할 것이다. 응력을 A점으로 증가시키면 시편재료는 탄소성변형을 하면서 재료의 경화거동으로 인해 항복곡면은 후속항복곡면으로 확장된다. 설명을 단순화시키기 위해 재료는 등방성 경화를 한다고 가정하자. A점에서의 응력은 단축상태이므로, A점에서 x축 방향 소성변형률을 ε^p라 하면,

$$\varepsilon_{xx}^p = \varepsilon^p \tag{5.3}$$

이고, 소성변형시의 비압축성을 가정하면, 다음 관계가 성립한다.

$$\varepsilon_{yy}^p = \varepsilon_{zz}^p = -\tfrac{1}{2}\varepsilon^p \tag{5.4}$$

$$\gamma_{xy}^p = \gamma_{yz}^p = \gamma_{zx}^p = 0 \tag{5.5}$$

여기에서 γ_{ij}은 미소변형률텐서 $\boldsymbol{\varepsilon}$의 전단성분의 두배를 나타내는 성분이다.

이제, A점에서 하중을 일부 제거하여 C점에 도달한 후, 단축하중을 그대로 유지한 상태에서 앞서의 후속항복곡면 위의 점 E에 도달하도록 전단응력 τ_{xy}를 가하자. 경로 $A-C-E$는 후속항복곡면 즉, 현재 항복곡면의 내부에 있으므로, 응력점이 이 경로를 따라가는 동안에 재료는 탄성거동을 보인다. 즉, 시편에서는 더 이상의 소성변형이 일어나지 않는다. 따라서, E점에서의 소성변형률은 여전히 식(5.3)~(5.5)로 나타낼 수 있다.

또 다른 하중경로를 생각하여, 시편이 전단응력 τ_{xy}를 받는 순수전단의 경우를 고려해보자. 초기항복점 F에 이를 때까지, 시편은 탄성변형을 받을 것이며, τ_{xy}를 증가시키면 소성변형이 일어나면서 동시에 항복곡면을 확장시킬 것이다. 전단응력 τ_{xy}를 증가시켜서 후속항복곡면 위의 G점까지 도달시킨다고 하자. 단, G점이 속한 후속항복곡면은 앞에서 설명한 가중(加重)이력시 A점과 E점이 속한 항복곡면이다. G점에서의 전단소성변형률을 γ^p로 표시하면, G점의 소성변형률 상태는 다음과 같이 요약된다.

$$\gamma_{xy}^p = \gamma^p \tag{5.6}$$

$$\gamma_{yz}^p = \gamma_{zx}^p = 0 \tag{5.7}$$

$$\varepsilon_{xx}^p = \varepsilon_{yy}^p = \varepsilon_{zz}^p = 0 \tag{5.8}$$

이제, 시편에서 하중을 일부 제거하여 응력점을 G점에서 H점으로 이동시킨 후, 전단응력 τ_{xy}를 일정하게 유지하면서 축하중을 추가로 작용시켜서 시편의 응력상태가 후속항복곡면 위의 E점에 오도록 한다. 경로 $G-H-E$는 현재 항복곡면 AEG 내부에 있으므로, 재료는 탄성변형 만을 하게 되므로, 응력이 경로 $G-H-E$를 따라가는 동안에 소성변형은 추가로 발생하지 않는다. 따라서, E점에서의 소성변형률 상태 역시 식 (5.6)~(5.8)로 주어질 것이다.

응력경로 $O-G-H-E$를 따라간 결과 발생한 소성변형률(식(5.6)~(5.8))과 다른 응력경로 $O-A-C-E$를 따라간 결과 발생한 소성변형률(식(5.3)~(5.5))은 명백하게 서로 다르다. 이 예는 소성변형이 이력의존적 혹은 경로의존적인 과정이라는 것을 잘 나타내고 있다. 따라서, 최종 변형상태를 정확하게 얻으려면, 변형경로 즉, 변형이력을 따라가면서 발생한 소성변형을 누적시켜 계산하여야 한다. 즉, **소성변형을 기술하는 구성방정식은 최종 변형과 최종 응력상태로 표현될 수 없으므로, 변형의 증분형태(혹은 속도형태)와 응력상태를 연관짓는 미분방정식의 꼴로 표현되어야 한다.** 바로 이 점이 최종 변형률과 최종 응력상태 간에 일대일 대응관계를 나타내는 탄성변형의 구성방정식에 비해, 소성이론에서는 속도형태(미분형태)나 증분형태를 사용하는 이유이다.

(3) 시간에 대한 균질성(시간 무관성)

이 책 전체를 통하여, 소성변형 자체는 시간의 영향을 받지 않는다고 가정한다. 이는 "소성변형의 구성방정식이 시간척도에 대하여 불변이라는 의미"로서, "속도형태와 증분형태가 서로 동일하다"는 것이다. 즉, 소성변형 시에는 점성효과와 그로 인한 점성저항을 무시한다. 이로부터, 전체 변형률에서 소성변형률을 뺀 탄성변형률과 응력 간에는 선형적인 비례관계를 세울 수 있다(참고: 유동응력은 속도의 영향을 받을 수 있다).

$$\sigma = E\varepsilon^e = E(\varepsilon - \varepsilon^p) \tag{5.9}$$

삼차원에서 미소변형률과 선형 탄성거동을 가정하면, 위 식은 다음과 같이 일반화된다.

$$\boldsymbol{\sigma} = \boldsymbol{C} : \boldsymbol{\varepsilon}^e = \boldsymbol{C} : (\boldsymbol{\varepsilon} - \boldsymbol{\varepsilon}^p) \ \text{ 혹은 } \ \sigma_{ij} = C_{ijkl}(\varepsilon_{kl} - \varepsilon_{kl}^p) \tag{5.10}$$

여기에서, $\boldsymbol{C}$는 4차텐서인 탄성 강성텐서이다.

5.1.2 구성이론에 필요한 요소

지금까지 설명한 소성변형의 주요 특성은 비가역성, (시간에 대한) 균질성을 가지며, 미분형태나 속도형태의 구성방정식으로 지배된다는 것이다. 여기에 더하여, 소성변형에 대한 **구성이론**(構成理論)은 다음 요소들을 갖추어야 한다.

(1) 초기항복곡면

일반적으로, 공간곡선을 수학적으로 결정하려면, 곡선의 미분방정식과 함께 시작점 및 끝점이 주어져야 한다. 소성변형이 생기는 경우, 초기항복점 σ_{Y_0}에 도달하기 전까지는 σ와 ε 간에 일대일 대응관계를 유지하는 선형관계를 보이지만, σ_{Y_0}보다 큰 응력값에서는 변형이 비선형화 되면서 동시에 이력의존성을 갖기 때문에 그 경계인 초기항복점 σ_{Y_0}을 미리 알고 있어야 한다.

$$F(\boldsymbol{\sigma}, \sigma_{Y_0}) = 0 \tag{5.11}$$

(2) 후속항복곡면

후속항복곡면의 발전과정을 미리 알고 있어야 한다. 완전소성재료나 그림 5.1에서의 AB구간처럼 연강의 초기 소성유동영역을 제외하고는 항복강도는 일반적으로 상수가 아니다. 따라서, 후속항복강도(BU 곡선 전체)를 미리 알고 있어야 한다. 이를 일반적으로 나타내면, 다음과 같다.

$$\sigma_Y = \sigma_Y(\alpha_i) \qquad (i = 1, \cdots, n) \tag{5.12}$$

여기에서 $\alpha_i\,(i = 1, \cdots, n)$는 경화변수(硬化變數)이거나 내부변수이다. 물론, 일차원 문제인 경우에 곡선 BU를 결정하려면, 여러 개의 경화변수를 사용할 필요가 없다. 식(1.18)~(1.23)은 위 식의 특별한 형태이다. 식(1.18)은 단축하중에서 얻는 한 개의 경화변수 $\alpha = \varepsilon^p$만을 사용하는 예이다. 총 소성변형률 ε^p의 이력의존성에 따라 ε^p는 다음과 같이 계산되어야 한다.

$$\varepsilon^p = \int d\varepsilon^p = \int \dot{\varepsilon} dt \tag{5.13}$$

그림 5.1에서 탄성계수를 E, 소성영역의 곡선기울기 즉, 응력점에서의 접선강성계수를 E_t라 하면,

$$d\alpha = d\varepsilon^p = d\varepsilon - d\varepsilon^e = \frac{d\sigma}{E_t} - \frac{d\sigma}{E} = \left(\frac{1}{E_t} - \frac{1}{E}\right) d\sigma \tag{5.14}$$

증분형태로 나타낸 위 식을 속도형태로 나타내면 다음과 같다.

$$\dot{\alpha} = \left(\frac{1}{E_t(\sigma, \varepsilon^p)} - \frac{1}{E}\right) \dot{\sigma} = \dot{\alpha}(\sigma, \dot{\sigma}, \alpha) \tag{5.15}$$

선형경화성 재료에서는 E_t가 상수이지만, 그림 5.1에서처럼 일반적인 비선형경화성 재료인 경우에는 E_t가 응력 및 소성변형률 ε^p의 함수가 된다고 볼 수 있다.

$$E_t = E_t(\sigma, \varepsilon^p) \tag{5.16}$$

따라서, 식(5.15)의 일반적인 형태는 다음과 같다.

$$\dot{\alpha} = \dot{\alpha}(\sigma, \dot{\sigma}, \alpha) \tag{5.17}$$

위 식에서 단축하중인 경우에는 $\alpha = \varepsilon^p$로 충분하다.

식(5.15)에 따르면, 소성변형이 시간의 영향을 받지 않는다는 가정에 따라, $\dot{\alpha}$(혹은 $d\alpha$)는 $\dot{\sigma}$(혹은 $d\sigma$)에 대하여 선형이면서 균질(homogeneous)한 함수이어야 한다. '균질'하다는 의미는 $\dot{\sigma} = 0$이면, $\dot{\alpha}$도 0이 된다는 것이다. 즉, 응력변화가 있어야만 α가 변화한다. 따라서, 식(5.17)은 다음과 같이 나타낼 수 있어야 한다.

$$\dot{\alpha} = \alpha_1(\sigma, \alpha)\dot{\sigma} \quad \text{혹은} \quad d\alpha = \alpha_1(\sigma, \alpha) d\sigma \tag{5.18}$$

여기에서 α_1은 실험결과에 맞도록 적합시킨 함수로 일반적으로는 σ와 α의 비선형함수일 것이다. 식(5.18)을 삼차원의 경우로 일반화시키면, 다음과 같이 나타낼 수 있다.

$$\dot{\boldsymbol{\alpha}}_i = \boldsymbol{\varphi}_i(\boldsymbol{\sigma}, \boldsymbol{\alpha}_i) : \dot{\boldsymbol{\sigma}} \quad \text{혹은} \quad d\boldsymbol{\alpha}_i = \boldsymbol{\varphi}_i(\boldsymbol{\sigma}, \boldsymbol{\alpha}_i) : d\boldsymbol{\sigma} \tag{5.19}$$

여기에서, $\boldsymbol{\varphi}_i (i = 1, \cdots, n)$는 $\boldsymbol{\sigma}$와 $\boldsymbol{\alpha}_i$의 함수로 경화변수 $\boldsymbol{\alpha}_i$가 스칼라, 벡터, 2차텐서일 수 있으므로, $\boldsymbol{\varphi}_i$는 2차, 3차, 혹은 4차텐서함수이다. 위 식은 경화변수 $\boldsymbol{\alpha}_i$에 대한 진화식(evolution equation) 즉, 구성방정식을 나타낸다. 응력경로나 응력이력에 따라서, 진화식

(5.19)로부터 경화변수의 현재값을 구할 수 있고, 이 값을 항복곡면을 나타내는 식에 대입함으로써, 현재 항복곡면 즉, 후속항복곡면을 얻을 수 있다.

$$F(\boldsymbol{\sigma}, \boldsymbol{\alpha}_i) = 0 \quad (i = 1, \cdots, n) \tag{5.20}$$

경화변수 $\boldsymbol{\alpha}_i$는 스칼라, 벡터, 텐서일 수 있으며, 응력공간에서 항복곡면의 확장, 이동, 모양변화를 나타낼 수 있다. 항복곡면은 소성변형이 일어날 때만 변한다는 점을 주목하자. 이는 식(5.18)과 식(5.19)가 탄소성변형의 가중과정에서만 적용될 수 있다는 의미이다. 탄성변형과정이나 제하과정에서는 소성변형이 일어나지 않으므로, 항복곡면은 변하지 않게 되고 따라서 경화변수에 변화가 없어야 한다. 즉,

$$\dot{\boldsymbol{\alpha}}_i = \boldsymbol{0} \tag{5.21}$$

(3) 구성방정식의 정식화 절차

소성이론의 핵심은 소성변형에 대한 구성방정식을 정식화하는 과정이다. 이미 설명한 대로, 경로의존성과 시간무관성으로 인해, 구성방정식은 속도형태나 증분형태로 표현되어야 한다. 일차원 문제인 경우에는 식(5.14)처럼, 소성변형률의 속도형태 및 증분형태를 간단히 나타낼 수 있다.

$$\dot{\varepsilon}^p = \left(\frac{1}{E_t} - \frac{1}{E}\right)\dot{\sigma} \quad \text{혹은} \quad d\varepsilon^p = \left(\frac{1}{E_t} - \frac{1}{E}\right)d\sigma \tag{5.22}$$

식(5.15)와 (5.18)에서처럼, 일차원의 경우에 $\dot{\varepsilon}^p$의 일반적인 형태를 얻는다.

$$\dot{\varepsilon}^p = \alpha^p(\sigma, \alpha)\dot{\sigma} \quad \text{혹은} \quad d\varepsilon^p = \alpha^p(\sigma, \alpha)d\sigma \tag{5.23}$$

여기에서, α^p는 σ와 ε^p의 비선형함수이다. 삼차원 문제인 경우에, 위 식은 다음과 같이 일반화된다.

$$\dot{\boldsymbol{\varepsilon}}^p = \boldsymbol{\alpha}^p(\boldsymbol{\sigma}, \boldsymbol{\alpha}_i) : \dot{\boldsymbol{\sigma}} \quad \text{혹은} \quad d\boldsymbol{\varepsilon}^p = \boldsymbol{\alpha}^p(\boldsymbol{\sigma}, \boldsymbol{\alpha}_i) : d\boldsymbol{\sigma} \tag{5.24}$$

여기에서, $\boldsymbol{\alpha}^p$는 $\boldsymbol{\sigma}$와 $\boldsymbol{\alpha}_i$의 4차텐서함수이고, $\dot{\boldsymbol{\sigma}}$와 $d\boldsymbol{\sigma}$는 각각 응력속도텐서 및 응력증분텐서를 나타낸다.

탄성변형률속도 및 증분은 응력과 선형관계를 유지하므로, 변형이 일어나는 동안에 식(5.10)에서 $\boldsymbol{C}$가 상수텐서라고 가정하면,

$$\dot{\boldsymbol{\varepsilon}}^e = \boldsymbol{C}^{-1} : \dot{\boldsymbol{\sigma}} \quad \text{혹은} \quad d\boldsymbol{\varepsilon}^e = \boldsymbol{C}^{-1} : d\boldsymbol{\sigma} \tag{5.25}$$

식(5.24)와 식(5.25)를 더하여 전체 변형률속도를 계산하면 다음과 같다.

$$\dot{\boldsymbol{\varepsilon}} = (\boldsymbol{\alpha}^p + \boldsymbol{C}^{-1}) : \dot{\boldsymbol{\sigma}} \quad \text{혹은} \quad d\boldsymbol{\varepsilon} = (\boldsymbol{\alpha}^p + \boldsymbol{C}^{-1}) : d\boldsymbol{\sigma} \tag{5.26}$$

위 관계의 역을 취하면,

$$\dot{\boldsymbol{\sigma}} = \left[\boldsymbol{\alpha}^p + \boldsymbol{C}^{-1}\right]^{-1} : \dot{\boldsymbol{\varepsilon}} \quad \text{혹은} \quad d\boldsymbol{\sigma} = \left[\boldsymbol{\alpha}^p + \boldsymbol{C}^{-1}\right]^{-1} : d\boldsymbol{\varepsilon} \tag{5.27}$$

식(5.26) 및 (5.27)은 소성변형이 추가로 일어나는 탄소성변형 과정에만 적용될 수 있다. 탄성변형만 일어나는 동안에는 응력-변형률 관계가 다음과 같은 탄성변형법칙을 만족하여야 한다.

$$\dot{\boldsymbol{\sigma}} = \boldsymbol{C} : \dot{\boldsymbol{\varepsilon}}^e = \boldsymbol{C} : \dot{\boldsymbol{\varepsilon}} \quad \text{혹은} \quad d\boldsymbol{\sigma} = \boldsymbol{C} : d\boldsymbol{\varepsilon} \tag{5.28}$$

또한

$$\dot{\boldsymbol{\varepsilon}}^p = \boldsymbol{0} \tag{5.29}$$

일차원 문제인 경우의 위 관계는 그림 5.1에서의 직선 OA나 직선 DC를 따라가는 변형에 해당한다.

(4) 가중(加重)-제하(除荷)조건의 명확성

앞에서 언급했듯이, α_i와 ε^p에 대한 구성방정식(진화식)은 가중(loading)상태와 제하(unloading)상태에 따라 다르게 적용된다. 이 점은 비선형 탄성이론과 소성이론 간의 중요한 차이점이기도 하다. 소성이론으로 탄소성거동을 기술하려면, 변형과정이 소성가중상태에 있는지 아니면, 탄성제하상태에 있는지를 구별하는 것이 필요하다. 즉, 가중과 제하에 대한 조건이 구성이론에 포함되어 있어야 한다.

가중과 제하는 변형과정이 소성상태에서 시작하여 소성변형을 지속한 후에 탄성영역으로 돌아오는 과정이다. 따라서, 직전의 소성상태가 언제나 개입된다. 그림 5.1에 나타낸 단축하중 하에서의 경화성 재료에 대한 가중 및 제하조건은 곡선 BU위의 응력점, 예를 들어 C점에서 다음과 같은 항복조건을 만족한다는 의미이다.

$$\sigma_c - \sigma_Y(\varepsilon^p) = 0 \tag{5.30}$$

여기에서, σ_c는 C점에서의 응력이다. 가중-제하조건은 다음 식으로 나타낼 수 있다.

$$\text{가중시,} \quad \sigma d\sigma \geq 0 \tag{5.31}$$

$$\text{제하시,} \quad \sigma d\sigma < 0 \tag{5.32}$$

그림 5.1에 나타낸 단축인장의 경우에는 $d\sigma > 0$ 또는 $d\sigma < 0$의 한 조건으로 가중 또는 제하조건을 충분히 나타낼 수 있지만, 압축시에 $\sigma < 0$인 상태에서 가중되는 조건까지 일반적으로 고려하려면 $\sigma d\sigma$를 판단의 지표로 삼아서 부등식을 적용하는 것이 옳다. 식(5.31)에서 등호는 완전소성변형 즉, 그림 5.1에서의 AB구간에 대하여 적용된다.

삼차원의 경우에 일반적으로 사용되는 가중 및 제하조건은 4.6절에서 요약한 바 있다. 완전소성재료에는 식(4.139)의 조건, 경화성 재료에는 식(4.140)의 조건을 사용하면 된다. 이를 다시 요약하면, 다음과 같이 정의되는 가중 및 제하조건의 지표를 사용하여,

$$l = \frac{\partial f}{\partial \boldsymbol{\sigma}} : d\boldsymbol{\sigma} \tag{5.33}$$

경화성 재료에서는 $l > 0$이면 가중, $l < 0$이면 제하, $l = 0$이면 중립가중 조건이 된다.

소성이론은 지금까지 설명한 소성변형의 네 가지 기본요소들로 이루어진다. 그 중 제1요소(초기항복곡면)와 제2요소(후속항복곡면)은 이미 앞 장에서 논의한 주제였으며, 이 때 후속항복곡면의 기본개념과 진화과정 즉, 응력공간에서의 위치와 모양의 변화에 대하여 설명한 바 있다. 이제부터 전개하려는 소성이론의 제3요소는 경화변수 α_i와 소성변형률 ε^p의 진화식 즉, 구성방정식에 대한 것이다.

이 장에서는 ε^p와 α_i에 대한 고전적인 구성방정식에 중점을 두어 설명한다. 제4요소(가중 및 제하조건)는 4.6절에서 완전소성재료와 변형경화성 재료에 대하여 간단하게 설명한 바 있다. 참고로, 암석, 콘크리트, 금속과립들처럼 변형연화를 보이는 재료에 대하여는 가중 및 제하조건을 응력공간이 아닌 변형률공간에서 정식화하여야 한다. 응력공간에서는, 식(5.33)으로 정의한 l의 항만으로는 변형연화거동을 보이는 불안정 재료에 대한 소성가중조건을 탄성제하조건과 구별하는 것이 불가능하다.

완전소성재료와 경화성 재료로 다시 돌아와서, 5.7절에서 '드러커의 공리'를 소개한

후에, '경화성 재료'라는 용어가 뜻하는 바가 과연 무엇인지를 설명할 것이다. 경화성 재료에 대하여는 식(5.19)와 (5.24)에서 각각 정의한 $\boldsymbol{\varphi}_i$와 $\boldsymbol{\alpha}^p$, 그리고 식(5.33)으로 주어지는 지표 l을 사용하여 소성변형의 제2요소에서 제4요소까지 요약할 수 있다. 즉, $\dot{\boldsymbol{\alpha}}_i$와 $\dot{\boldsymbol{\varepsilon}}^p$는 각각 다음과 같이 주어진다.

$$\dot{\boldsymbol{\alpha}}_i = \begin{cases} \boldsymbol{0} & (F<0) \\ \boldsymbol{0} & (F=0, l<0) \\ \boldsymbol{0} & (F=0, l=0) \\ \boldsymbol{\varphi}_i : \dot{\boldsymbol{\sigma}} & (F=0, l>0) \end{cases} \tag{5.34}$$

$$\dot{\boldsymbol{\varepsilon}}^p = \begin{cases} \boldsymbol{0} & (F<0) \\ \boldsymbol{0} & (F=0, l<0) \\ \boldsymbol{0} & (F=0, l=0) \\ \boldsymbol{\alpha}^p : \dot{\boldsymbol{\sigma}} & (F=0, l>0) \end{cases} \tag{5.35}$$

위 식들은 순서대로 탄성변형$(F<0)$, 탄성제하$(F=0, l<0)$, 중립가중$(F=0, l=0)$, 소성가중$(F=0, l>0)$의 네 경우를 각각 나타내고 있다. 중립가중의 경우에 $\dot{\boldsymbol{\alpha}}_i=\boldsymbol{0}$, $\dot{\boldsymbol{\varepsilon}}^p=\boldsymbol{0}$이 되는 이유는 응력상태가 제하로부터 가중으로 바뀔 때 소성변형의 연속조건이 만족되어야 하기 때문이다. $d\boldsymbol{\sigma}$가 항복곡면의 바깥쪽을 향하면 소성변형률속도 $\dot{\boldsymbol{\varepsilon}}^p$는 영이 아니어야 하고, $d\boldsymbol{\sigma}$가 항복곡면의 안쪽을 향하면 $\dot{\boldsymbol{\varepsilon}}^p$는 영이어야 한다. 응력-변형률 관계에서의 불연속을 피하려면, 항복곡면 상의 임의점에서 $d\boldsymbol{\sigma}$가 접선방향일 때 $\dot{\boldsymbol{\varepsilon}}^p$는 영이 되어야 한다. 이 조건을 '소성경화에 대한 연속조건'이라고 한다.

$\dot{l}=\partial f/\partial\boldsymbol{\sigma}:\dot{\boldsymbol{\sigma}}$의 정의를 이용하면, 식(5.34d)와 (5.35d)를 다음과 같이 수정할 수 있다.

$$\dot{\boldsymbol{\alpha}}_i = \hat{\boldsymbol{\varphi}}_i \dot{l} \quad (F=0,\ \ \dot{l}>0 \text{ 인 경우}) \tag{5.36}$$

$$\dot{\boldsymbol{\varepsilon}}^p = \hat{\boldsymbol{\alpha}}^p \dot{l} \quad (F=0,\ \ \dot{l}>0 \text{ 인 경우}) \tag{5.37}$$

여기에서, $\hat{\boldsymbol{\varphi}}_i=\hat{\boldsymbol{\varphi}}_i(\boldsymbol{\sigma},\boldsymbol{\alpha}_i)$는 $\boldsymbol{\alpha}_i$의 스칼라, 벡터, 텐서함수의 여부에 따라 $\boldsymbol{\sigma}$와 $\boldsymbol{\alpha}_i$의 스칼라, 벡터, 텐서함수이고, $\hat{\boldsymbol{\alpha}}^p$는 $\boldsymbol{\sigma}$와 $\boldsymbol{\alpha}_i$의 2차텐서함수이다. 완전소성재료의 경우에는 가중상태에서도 $l=0$이 되므로, $\boldsymbol{\varepsilon}^p$에 대한 구성방정식 (5.37)을 사용할 수 없다.

5.2 탄성변형시 응력-변형률 관계

탄성변형에 대한 구성방정식 모델중 가장 간단한 형태는 후크(Hooke, 1678)에 의해 제안된 단축하중이 작용할 때의 응력과 변형률 간의 선형관계이다. 이 관계를 삼차원의 일반적인 경우로 확장하면 직교좌표계에서 등방성 재료에 대하여 다음과 같이 '일반화된 후크의 법칙'으로 정리할 수 있다.

$$\begin{aligned} \varepsilon_{xx} &= \frac{1}{E}\left[\sigma_{xx} - \nu(\sigma_{yy} + \sigma_{zz})\right], & \gamma_{xy} &= \frac{1}{G}\tau_{xy} \\ \varepsilon_{yy} &= \frac{1}{E}\left[\sigma_{yy} - \nu(\sigma_{xx} + \sigma_{zz})\right], & \gamma_{yz} &= \frac{1}{G}\tau_{yz} \\ \varepsilon_{zz} &= \frac{1}{E}\left[\sigma_{zz} - \nu(\sigma_{xx} + \sigma_{yy})\right], & \gamma_{xz} &= \frac{1}{G}\tau_{xz} \end{aligned} \tag{5.38}$$

여기에서, E, ν, G는 각각 영(Young) 계수, 푸아송비, 전단탄성계수를 나타낸다. G는 다음과 같이 E와 ν의 항으로 나타낼 수 있다.

$$G = \frac{E}{2(1+\nu)} \tag{5.39}$$

식(5.38)을 텐서표기로 나타내면, 다음과 같다.

$$\varepsilon_{ij} = \frac{\sigma_{ij}}{2G} - \frac{\nu}{E}J_1\delta_{ij} \tag{5.40}$$

여기에서 J_1는 응력텐서 $\boldsymbol{\sigma}$의 제1불변량으로 다음과 같이 표현된다.

$$J_1 = \sigma_1 + \sigma_2 + \sigma_3 = \sigma_{xx} + \sigma_{yy} + \sigma_{zz} = 3\sigma_m = 3p \tag{5.41}$$

식(5.40)으로부터, 탄성변형시의 체적변형률을 유도할 수 있다.

$$\varepsilon_{kk} = \frac{J_1}{2G} - \frac{3\nu}{E}J_1 = J_1\left(\frac{1+\nu}{E} - \frac{3\nu}{E}\right) = \frac{J_1}{3}\frac{3(1-2\nu)}{E} = \sigma_m\frac{3(1-2\nu)}{E} \tag{5.42}$$

I_1를 체적변형률 혹은 변형률텐서 $\boldsymbol{\varepsilon}$의 제1불변량, ε_m를 평균변형률, ε'_{ij}를 편차변형률텐서라 하고 다음과 같이 정의하자.

$$I_1 = \varepsilon_{xx} + \varepsilon_{yy} + \varepsilon_{zz} = \varepsilon_1 + \varepsilon_2 + \varepsilon_3 = \varepsilon_{kk} = 3\varepsilon_m \tag{5.43}$$

$$\varepsilon'_{ij} = \varepsilon_{ij} - \varepsilon_m \delta_{ij} \tag{5.44}$$

$p = \sigma_m = \frac{1}{3} J_1$를 평균응력 혹은 정수압응력이라 하면, 식(5.42)는 다음과 같이 체적변화에 대한 탄성변형 법칙으로 나타낼 수 있다.

$$p = KI_1 = 3K\varepsilon_m \tag{5.45}$$

여기에서, K 는 다음 식으로 주어지는 체적탄성계수(bulk modulus)이다.

$$K = \frac{E}{3(1-2\nu)} \tag{5.46}$$

식(5.40)의 양변에서 $\varepsilon_m \delta_{ij}$를 뺀 후, 식(5.44)를 이용하여 정리하면,

$$\varepsilon_{ij} - \varepsilon_m \delta_{ij} = \frac{1}{2G}(\sigma_{ij} - \delta_{ij} p) \tag{5.47}$$

즉,

$$\varepsilon'_{ij} = \frac{1}{2G} s_{ij} \tag{5.48}$$

위 식을 '모양변화에 대한 탄성변형법칙'이라고 한다. 식(5.45)와 식(5.48)로부터 탄성영역에서는 평균응력과 평균변형률이 체적탄성계수 K로 연관되고, 편차응력과 편차변형률 간에는 또 다른 재료상수인 전단탄성계수 G로 연관된다는 것을 알 수 있다. 때로는 식(5.40)으로 나타낸 일반화된 후크의 법칙에서, 응력 σ_{ij}를 변형률 ε_{ij}의 항으로 나타내는 것이 편리할 때가 있다.

$$\sigma_{ij} = 2G\varepsilon_{ij} + \mu\varepsilon_{kk}\delta_{ij} \tag{5.49}$$

여기에서, μ는 라메상수(Lamé elastic constant)로 다음과 같이 E와 ν, 혹은 K와 ν의 항으로 표시할 수 있다. (라메상수 기호로 λ를 많이 사용하지만, 이 책에서는 λ를 유동법칙의 비례상수로 사용한다.)

$$\mu = \frac{E\nu}{(1+\nu)(1-2\nu)} \tag{5.50}$$

$$\mu = \frac{3\nu K}{1+\nu} \tag{5.51}$$

다음과 같이 정의되는 유효응력 $\bar{\sigma}$와 유효변형률 $\bar{\varepsilon}$를 사용하여 응력-변형률 관계와 비탄성 에너지를 나타내 보자.

$$\bar{\sigma} = \sqrt{3J_2'} = \sqrt{\tfrac{3}{2}s_{ij}s_{ij}} = \sqrt{\tfrac{1}{2}\{(\sigma_1 - \sigma_2)^2 + (\sigma_2 - \sigma_3)^2 + (\sigma_3 - \sigma_1)^2\}} \tag{5.52}$$

$$\bar{\varepsilon} = \sqrt{\tfrac{2}{3}\varepsilon_{ij}'\varepsilon_{ij}'} = \sqrt{\tfrac{2}{9}\{(\varepsilon_1 - \varepsilon_2)^2 + (\varepsilon_2 - \varepsilon_3)^2 + (\varepsilon_3 - \varepsilon_1)^2\}} \tag{5.53}$$

x축 방향으로 단축하중을 가하는 경우에는 위의 정의에 따라 $\bar{\sigma} = \sigma_x$가 되고, ν=1/2이라면 $\bar{\varepsilon} = \varepsilon_x$가 된다. 식(5.48)의 양변을 서로 내적하면 다음 식을 유도할 수 있다.

$$\bar{\sigma} = 3G\bar{\varepsilon} \tag{5.54}$$

따라서, 식(5.48)은 다음과 같이 나타낼 수도 있다.

$$s_{ij} = \frac{2\bar{\sigma}}{3\bar{\varepsilon}}\varepsilon_{ij}' \tag{5.55}$$

위 식은 앞으로 설명할 변형소성이론에 사용된다. 이제 단위체적당 외력에 의해 행해진 일인 비탄성에너지(specific elastic energy)를 계산해 보자.

$$W^e = \tfrac{1}{2}\sigma_{ij}\varepsilon_{ij} = \tfrac{1}{2}(s_{ij} + p\delta_{ij})(\varepsilon_{ij}' + \varepsilon_m\delta_{ij}) = \tfrac{1}{2}p\varepsilon_{kk} + \tfrac{1}{2}s_{ij}\varepsilon_{ij}' = W_V^e + W_S^e \tag{5.56}$$

여기에서 첫째 항 W_V^e는 체적변형률의 비에너지, 두번째 항 W_S^e는 모양변화에 대한 비에너지를 나타낸다. 식(5.52)~(5.54)를 이용하여, W_S^e를 정리하면 다음과 같다.

$$W_S^e = \tfrac{1}{2}s_{ij}\varepsilon_{ij}' = \tfrac{1}{2}s_{ij}\cdot\frac{1}{2G}s_{ij} = \frac{1}{2G}J_2' = \tfrac{1}{2}\bar{\sigma}\bar{\varepsilon} \tag{5.57}$$

마지막으로, 재료가 이방성인 경우를 생각해 보자. 이 때는 일반화된 후크의 법칙을 다음과 같은 텐서식으로 나타내야 한다.

$$\sigma_{ij} = C_{ijkl}\varepsilon_{kl} \tag{5.58}$$

C_{ijkl}은 4차텐서인 강성텐서의 성분으로 다음과 같은 대칭성을 유지하므로, 총 21개의 독립성분을 갖는다.

$$C_{ijkl} = C_{klij} = C_{jikl} = C_{ijlk} \tag{5.59}$$

변형이 일어나는 동안에 성분 C_{ijkl}가 상수로 일정하지 않을 수도 있으며, 심지어 소성변형의 함수가 될 수도 있다. 예를 들어, 소성변형시에 탄성-소성 연결성을 보이는 재료에서는 탄성계수가 소성변형률의 함수가 된다.

5.3 탄소성변형시 체적변화

소성변형시에는 하중에 대한 체적변화와 형상변화의 거동이 서로 완전히 달라서, 각각 별도의 구성방정식으로 기술하여야 한다. 따라서, 소성이론에서는 재료의 형상변화를 나타내는 편차소성변형률에 대한 구성방정식은 체적변화의 척도인 평균소성변형률에 대한 구성방정식과는 별도로 제안된다.

제1장에서 언급한 것처럼, 소성이론을 수립할 때 사용하는 기본적인 가정 하나는 소성변형 동안 체적이 일정하다고 보는 것이다. 이 가정은 Bridgman의 실험적 관찰결과(1923, 1949a, 1949b)로부터, 금속재료에 매우 높은 정수압응력을 가하더라도 식(5.45)로 주어지는 회복가능한 탄성 체적변화만을 겪는다는 사실에 바탕을 둔 것이다. 따라서, 미소변형률을 사용하는 경우에 다음 식이 성립한다.

$$\varepsilon_{kk}^{p} = 3\varepsilon_{m}^{p} = \varepsilon_{xx}^{p} + \varepsilon_{yy}^{p} + \varepsilon_{zz}^{p} = \varepsilon_{1}^{p} + \varepsilon_{2}^{p} + \varepsilon_{3}^{p} = 0 \tag{5.60}$$

이로부터, 소성변형률텐서는 편차변형률텐서와 같게 된다.

$$\boldsymbol{\varepsilon}^{p} = \boldsymbol{\varepsilon}'^{p} + \varepsilon_{m}^{p}\boldsymbol{I} = \boldsymbol{\varepsilon}'^{p} \tag{5.61}$$

따라서, 이제 소성이론에서 필요한 것은 소성 편차변형률텐서에 대한 구성방정식(즉, 소성변형으로 인한 모양변화에 대한 법칙)이다.

이러한 체적변화에 대한 법칙의 중요한 특징은 단축하중조건 하에서 횡방향 변형에 대한 정보를 제공한다는 점이다. 바꾸어 말하면, 소성변형시에 체적변화가 없다는 가정으로부터 푸아송비를 유도할 수 있다. 탄성변형시 등방성 재료가 x방향으로 단축하중을 받아서 소성변형을 일으킬 때 푸아송비는

$$\nu^p = -\frac{\varepsilon_{yy}}{\varepsilon_{xx}} = -\frac{\varepsilon_{zz}}{\varepsilon_{xx}} \tag{5.62}$$

식에서 상첨자 p는 소성변형이 일어난 상태에 대한 값을 나타낸다는 의미이다. 따라서,

$$\varepsilon_{yy} = -\nu^p \varepsilon_{xx} \text{ 및 } \varepsilon_{zz} = -\nu^p \varepsilon_{xx} \tag{5.63}$$

$\varepsilon_{kk}^p = 0$이므로, 체적변형률 ε_{kk}는 탄성성분 만을 갖는다. 식(5.45)와 (5.63)으로부터,

$$(1-2\nu^p)\varepsilon_{xx} = \frac{\sigma_{xx}}{3K} = \frac{1-2\nu}{E}\sigma_{xx} \tag{5.64}$$

위 식에서 ν와 ν^p는 서로 구별하여야 한다. ν는 탄성영역에서의 푸아송비로서, 다음 식으로 정의되며, 대부분의 경우에 상수로 일정하다.

$$\nu = -\frac{\varepsilon_{yy}^e}{\varepsilon_{xx}^e} = -\frac{\varepsilon_{zz}^e}{\varepsilon_{xx}^e} \tag{5.65}$$

반면에, 식(5.62)로 주어지는 ν^p는 소성변형영역에서 전체 변형률의 항으로 정의된 것으로, 보다 명확히 이해하려면 식(5.64)를 ν^p에 대하여 정리해 보면 된다.

$$\nu^p = \frac{1}{2} - \left(\frac{1}{2} - \nu\right)\frac{\sigma_{xx}}{E\varepsilon_{xx}} \tag{5.66}$$

위 식에 따르면, 탄성변형의 경우에는 후크의 법칙에 따라 $\sigma_{xx} = E\varepsilon_{xx}$이므로, $\nu^p = \nu$가 된다. 일반적으로는 $\nu^p = \nu^p(\varepsilon)$으로 ν^p는 변형률의 함수가 되므로, 변형을 받는 과정 동안 변하게 된다.

다음과 같은 세 가지 특수한 경우를 생각해 보자.

(1) **완전소성재료가 소성변형할 때**는 $\sigma_{xx} = \sigma_Y$=상수이므로, ν^p는 ε_{xx}의 분수함수가 된다. 식(5.66)에 따르면, ε_{xx}가 증가함에 따라 ν^p는 1/2에 수렴한다.

(2) **선형경화성 재료가 소성변형할 때**는 $\sigma_{xx} = \sigma_{Y_0} + E'(\varepsilon_{xx} - \varepsilon_{Y_0})$이다. 여기에서, σ_{Y_0}는 초기항복응력, ε_{Y_0}는 이에 상당하는 변형률, E'는 선형경화 영역에서의 기울기이다. 따라서, 식(5.66)은 다음과 같이 정리된다.

$$\nu^p = \frac{1}{2} - \left(\frac{1}{2} - \nu\right)\left(\frac{\sigma_{Y_0} - E'\varepsilon_{Y_0}}{E\varepsilon_{xx}} + \frac{E'}{E}\right) \tag{5.67}$$

이 경우에도 ν^p는 ε_{xx}의 분수함수가 된다. ε_{xx}가 매우 큰 경우에 ν^p는 다음 값으로 수렴한다.

$$\nu^p = \frac{1}{2} - \left(\frac{1}{2} - \nu\right)\frac{E'}{E} \tag{5.68}$$

이 값은 1/2보다 작지만, 대부분의 재료에서 $E' << E$ 이므로, ν^p는 1/2에 매우 가까운 값을 갖는다.

(3) **탄성변형률이 소성변형률에 비해 매우 작은 경우**에는 탄성변형으로 인한 체적변화는 무시할 만하므로, 식(5.60)은 전체 변형률에 대하여도 $\varepsilon_{kk} = 0$이라고 볼 수 있다. 이 경우에는 식(5.62)로부터 비압축성 재료에 대한 푸아송비를 얻는다.

$$\nu^p = \tfrac{1}{2} \tag{5.69}$$

이상의 세 경우에서 ν^p는 언제나 1/2보다 작으며, 1/2보다 작은 쪽에서 1/2로 수렴함을 알 수 있다. 비압축성 재료의 경우에만 정확하게 ν^p=1/2이 성립한다. 하지만, 대부분의 재료에서 경화효과는 영 계수에 비하면 무시할 만 하다. 또한, 전체 변형률에서도 탄성변형률은 무시할 만큼 작은 경우가 많다. 따라서, 이들 경우에는 ν^p=1/2를 좋은 근사치로 사용할 수 있다. 탄성변형률의 크기가 소성변형률 크기와 엇비슷하면, ν^p는 $\nu \le \nu^p \le 1/2$의 범위에 있다.

5.4 Levy-Mises 식

소성변형에 대한 응력-변형률 관계는 Saint-Venant(1870)에 의해 처음으로 정식화가 시도되었다. 그는 Tresca항복조건을 사용하고 가공경화가 없다는 가정아래, 평면변형률 문제에 대하여 변형률증분의 주축이 주응력의 축과 일치한다고 처음으로 제안하였다.

Saint-Venant의 생각은 Levy(1870, 1871)에 의해 삼차원으로 일반화되었고, 당시에 Levy의 연구는 국외에 알려지지 않았으므로, Mises(1913)에 의해 별도로 일반화되었다. 오늘날 Levy-Mises 소성이론이라고 알려진 이 이론은 다음과 같이 요약된다.

(1) 탄성변형률 $\boldsymbol{\varepsilon}^e$ 은 무시할 수 있을 만큼 작다.

(2) 변형률증분 $d\boldsymbol{\varepsilon}$ 또는 변형률속도 $\dot{\boldsymbol{\varepsilon}}$은 응력텐서 $\boldsymbol{\sigma}$와 주축이 서로 같다.

식(4.19)에서 응력 $\boldsymbol{\sigma}$의 주축은 편차응력 $\boldsymbol{S}$의 주축과 같다. 따라서, $\dot{\boldsymbol{\varepsilon}}$ 또는 $d\boldsymbol{\varepsilon}$은 $\boldsymbol{S}$와 주축이 서로 같다. 이로부터 다음과 같은 Levy-Mises식을 유추할 수 있다.

$$\dot{\boldsymbol{\varepsilon}} = \dot{\lambda}\boldsymbol{S} \quad \text{혹은} \quad \dot{\varepsilon}_{ij} = \dot{\lambda} s_{ij} \tag{5.72}$$

위 식을 직교좌표계에서 성분별로 나타내면 다음과 같다.

$$\frac{\dot{\varepsilon}_{xx}}{s_{xx}} = \frac{\dot{\varepsilon}_{yy}}{s_{yy}} = \frac{\dot{\varepsilon}_{zz}}{s_{zz}} = \frac{\dot{\varepsilon}_{xy}}{s_{xy}} = \frac{\dot{\varepsilon}_{yz}}{s_{yz}} = \frac{\dot{\varepsilon}_{zx}}{s_{xz}} = \dot{\lambda} \tag{5.73}$$

여기에서, $\dot{\lambda}$은 비례상수로 항복조건으로부터 구할 수 있다. Saint-Venant은 Tresca 항복조건을 사용한 반면, Mises는 von Mises 항복조건을 사용하였다. 식(4.26), (4.59), (4.65)로부터 von Mises 조건을 다음과 같이 나타낼 수 있다.

$$s_{ij}s_{ij} = \frac{2}{3}\sigma_Y^2 \tag{5.74}$$

여기에서, σ_Y는 재료의 단축항복응력이다. 여기에서는 σ_Y가 일정한 완전소성재료 만을 고려하자. 변형경화를 고려하여, σ_Y를 일반화시키는 방법은 다음 절에서 설명한다. 식(5.72)의 각 성분별로 내적(內積)을 취하고, 식(5.74)를 대입하면,

$$\dot{\varepsilon}_{ij}\dot{\varepsilon}_{ij} = \dot{\lambda}^2 s_{ij}s_{ij} = \dot{\lambda}^2 \frac{2}{3}\sigma_Y^2 \tag{5.75}$$

따라서,

$$\dot{\lambda} = \sqrt{\frac{3\dot{\varepsilon}_{ij}\dot{\varepsilon}_{ij}/2}{\sigma_Y^2}} = \frac{3}{2}\frac{\dot{\bar{\varepsilon}}}{\sigma_Y} \tag{5.76}$$

여기에서 $\dot{\bar{\varepsilon}}$은 다음과 같이 정의되는 von Mises 유효변형률속도이다.

$$\dot{\bar{\varepsilon}} = \sqrt{\tfrac{2}{3}\dot{\varepsilon}_{ij}\dot{\varepsilon}_{ij}} = \sqrt{\tfrac{2}{9}\{(\dot{\varepsilon}_1 - \dot{\varepsilon}_2)^2 + (\dot{\varepsilon}_2 - \dot{\varepsilon}_3)^2 + (\dot{\varepsilon}_3 - \dot{\varepsilon}_1)^2\}} \tag{5.77}$$

탄성변형을 무시하고, 재료가 비압축성 즉, ν =1/2이라고 가정하므로, x방향으로 단축하중을 받는 경우에는 $\dot{\bar{\varepsilon}} = \dot{\varepsilon}_x$가 된다. 식(5.76)으로 얻은 $\dot{\lambda}$을 식(5.72)에 대입함으로써 다음과 같이 $\dot{\bar{\varepsilon}}$에 대한 식을 얻을 수 있다.

$$\dot{\boldsymbol{\varepsilon}} = \frac{3}{2}\frac{\dot{\bar{\varepsilon}}}{\sigma_Y}\boldsymbol{S} \quad \text{혹은} \quad \dot{\varepsilon}_{ij} = \frac{3}{2}\frac{\dot{\bar{\varepsilon}}}{\sigma_Y}s_{ij} \tag{5.78}$$

비례상수 $\dot{\lambda}$은 다음과 같이 다른 형태로 나타낼 수도 있다. 즉, 식(5.72)의 양변을 s_{ij}와 내적하고 von Mises 항복조건 식(5.74)를 적용하면,

$$s_{ij}\dot{\varepsilon}_{ij} = \dot{\lambda}s_{ij}s_{ij} = \tfrac{2}{3}\dot{\lambda}\sigma_Y^2 \tag{5.79}$$

여기에서 얻은 $\dot{\lambda}$은 다음과 같이 식(5.76)과 다른 형태를 갖는다.

$$\dot{\lambda} = \frac{3}{2}\frac{s_{ij}\dot{\varepsilon}_{ij}}{\sigma_Y^2} = \frac{3(\boldsymbol{S}:\dot{\boldsymbol{\varepsilon}})}{2\sigma_Y^2} \tag{5.80}$$

위 식을 식(5.72)에 대입함으로써,

$$\dot{\boldsymbol{\varepsilon}} = \frac{3(\boldsymbol{S}:\dot{\boldsymbol{\varepsilon}})}{2\sigma_Y^2}\boldsymbol{S} \quad \text{혹은} \quad \dot{\varepsilon}_{ij} = \frac{3(s_{lm}\dot{\varepsilon}_{lm})}{2\sigma_Y^2}s_{ij} \tag{5.81}$$

식(5.76)과 (5.80)으로부터 $\dot{\lambda}$은 변형률속도의 1차 균질함수이고(즉, 변형률텐서가 영이면, $\dot{\lambda}$=0임.), 구성방정식 (5.78)과 (5.81)은 시간의 영향을 받지 않으므로 다음과 같이 증분형태로 나타낼 수 있다.

$$d\boldsymbol{\varepsilon} = \frac{3d\bar{\varepsilon}}{2\sigma_Y}\boldsymbol{S} \quad \text{혹은} \quad d\varepsilon_{ij} = \frac{3d\bar{\varepsilon}}{2\sigma_Y}s_{ij} \tag{5.82}$$

$$d\boldsymbol{\varepsilon} = \frac{3(\boldsymbol{S}:d\boldsymbol{\varepsilon})}{2\sigma_Y^2}\boldsymbol{S} \quad \text{혹은} \quad d\varepsilon_{ij} = \frac{3s_{lm}d\varepsilon_{lm}}{2\sigma_Y^2}s_{ij} \tag{5.83}$$

여기에서, $d\bar{\varepsilon}$ 은 식(5.77)에서 $\dot{\varepsilon}_{ij}$ 대신 $d\varepsilon_{ij}$를 사용하여 계산되는 유효변형률증분이다.

식(5.78)과 (5.81)을 주의깊게 살펴보면, 이 식들이 일반적인 소성이론의 틀에 맞지 않는다는 점을 발견할 수 있다. 예를 들어, 식(5.78)과 (5.81)을 식(5.37)과 비교해보면 $\hat{\boldsymbol{a}}^p$와 $\boldsymbol{S}$가 같아야 하지만, 식(5.76)이나 (5.80)으로 결정한 $\dot{\lambda}$은 $\dot{l} = \partial f/\partial\boldsymbol{\sigma}:\dot{\boldsymbol{\sigma}}$와 다르다. 이에

대한 이유는 식(5.36)과 (5.37)은 변형경화성 재료에만 적용될 수 있는 것으로, 여기에서 가정하고 있는 완전소성재료에는 적용할 수 없기 때문이다. 완전소성재료에 대하여는 σ_Y가 상수로 취급되므로, 소성변형이 일어나는 동안 $\dot{l} = \partial f / \partial \boldsymbol{\sigma} : \dot{\boldsymbol{\sigma}}$는 영이 되어야 한다. 소성이론을 응력공간에서 정식화할 때는 이러한 점이 단점으로 작용한다. 즉, 응력공간에서는 완전소성재료와 경화성 재료 간에 모두 적용되는 통일된 이론을 전개할 수 없다.

지금까지 설명한 Levy-Mises식 (5.78)과 (5.81), 혹은 (5.82)와 (5.83)에 따르면, 변형률속도 $\dot{\boldsymbol{\varepsilon}}$나 변형률속도증분 $d\boldsymbol{\varepsilon}$이 주어지면, 편차응력 $\boldsymbol{S}$를 유일하게 결정할 수 있다. 반면에, 완전소성재료에 대하여는 $\boldsymbol{S}$가 주어지더라도 $\dot{\boldsymbol{\varepsilon}}$나 $d\boldsymbol{\varepsilon}$을 계산할 수 없고, $\dot{\boldsymbol{\varepsilon}}$나 $d\boldsymbol{\varepsilon}$의 성분 간 비율만 알 수 있을 뿐이다. 바꾸어 말하면, $\dot{\boldsymbol{\varepsilon}}$나 $d\boldsymbol{\varepsilon}$의 주축의 방향을 알 수 있지만, 그 크기는 모른다는 얘기다. 이는 역시, 완전소성재료의 특성에 기인한다. 그림 5.1에서 알 수 있듯이, AB 영역에 있는 점은 응력이 σ_Y로 일정할 때로, 변형률은 변할 수 있다.

Levy-Mises식 (5.73)은 점성유체의 구성방정식과 유사하다고 하여, 유동법칙(flow rule)이라고 한다. 유동법칙은 $\dot{\boldsymbol{\varepsilon}}^p$에 대한 어떤 구성방정식으로도 일반화될 수 있으며, 이에 따라 발생하는 소성변형을 "소성유동(塑性流動, plastic flow)"라고 한다.

마지막으로, 식(5.73)으로부터 미소변형에 대한 비압축성 조건을 유추할 수 있다.

$$\dot{\varepsilon}_{kk} = \dot{\lambda} s_{kk} = 0 \tag{5.84}$$

소성변형률속도 $\dot{\boldsymbol{\varepsilon}}^p$를 일반응력 $\boldsymbol{\sigma}$가 아닌 편차응력 $\boldsymbol{S}$에 비례하도록 설정함으로써, 소성변형에서의 비압축성 조건을 보장할 수 있다. 탄성변형률을 무시함으로써 비압축성 조건이 도출된 것이다. 한편, Levy-Mises식 (5.72)는 완전소성재료에만 사용할 수 있는 것이 아니며, 이 장의 남은 절에서는 경화성 재료에 적용하는 과정을 설명할 것이다.

5.5 Prandtl-Reuss 식

소성변형률 $\dot{\boldsymbol{\varepsilon}}^p$가 $\dot{\boldsymbol{\varepsilon}}^e$보다 훨씬 커서, $\dot{\boldsymbol{\varepsilon}} = \dot{\boldsymbol{\varepsilon}}^p$로 근사할 수 있는 대부분 금속재료의

소성변형에는 앞 절에서 소개한 Levy-Mises 식을 유용하게 사용할 수 있다. 그러나, 탄성변형률 $\dot{\boldsymbol{\varepsilon}}^e$의 크기가 소성변형률 $\dot{\boldsymbol{\varepsilon}}^p$의 크기와 엇비슷한데도 $\dot{\boldsymbol{\varepsilon}}^e$을 무시한다면, 계산 오차가 커질 것이라는 점을 쉽게 예상할 수 있다. 이 점을 감안하여, Prandtl(1924)과 Reuss(1930)는 Levy-Mises식과 유사한 구성방정식을 제안하였다.

탄성변형은 형상변화뿐 아니라, 체적변화도 수반하는 반면, 소성변형은 체적변화가 없는 운동이다. 식(5.48)의 양변을 시간에 대해 미분하면 형상변화를 나타내는 탄성편차 변형률속도 $\dot{\boldsymbol{\varepsilon}}'^e$를 얻는다.

$$\dot{\boldsymbol{\varepsilon}}'^e = \frac{1}{2G}\dot{\boldsymbol{S}} \quad \text{혹은} \quad \dot{\varepsilon}'^e_{ij} = \frac{1}{2G}\dot{s}_{ij} \tag{5.85}$$

위 식을 증분형태로 나타내면 다음과 같다.

$$d\boldsymbol{\varepsilon}'^e = \frac{1}{2G}d\boldsymbol{S} \quad \text{혹은} \quad d\varepsilon'^e_{ij} = \frac{1}{2G}ds_{ij} \tag{5.86}$$

소성변형률속도가 여전히 편차응력 $\boldsymbol{S}$와 동일한 주축을 갖는다고 보면, 이들은 서로 비례관계에 있게 된다.

$$\dot{\boldsymbol{\varepsilon}}^p = \dot{\lambda}\boldsymbol{S} \quad \text{혹은} \quad \dot{\varepsilon}^p_{ij} = \dot{\lambda}s_{ij} \tag{5.87}$$

비례상수 $\dot{\lambda}$는 여전히 항복조건으로 결정할 수 있다. 게다가 구성방정식이 시간의 영향을 받지 않는다는 조건으로부터, $\dot{\lambda}$는 변형률속도 $\dot{\boldsymbol{\varepsilon}}$의 1차 균질함수이어야 한다. 소성변형은 체적변화가 없는 운동이므로, 소성변형률속도가 식(5.87)처럼 본질적으로 편차응력에 비례하도록 주어진다는 점에 주목하여, 식(5.85)와 (5.87)을 더함으로써 전체 변형률을 나타내면 다음과 같다.

$$\dot{\boldsymbol{\varepsilon}}' = \frac{1}{2G}\dot{\boldsymbol{S}} + \dot{\lambda}\boldsymbol{S} \quad \text{혹은} \quad \dot{\varepsilon}'_{ij} = \frac{1}{2G}\dot{s}_{ij} + \dot{\lambda}s_{ij} \tag{5.88}$$

한편, 식(5.87)로부터 $\dot{\varepsilon}^p_{kk} = 0$ (즉, 소성변형으로 인한 체적변화속도는 영임)이므로, 전체 변형으로 인한 체적변화속도는 단지 탄성변형에 의해서만 발생하고, 이에 대한 지배방정식은 식(5.45)를 시간에 대해 미분함으로써 다음과 같이 정리할 수 있다.

$$\dot{\varepsilon}_{kk} = \dot{\varepsilon}_{kk}^{e} = \frac{\dot{p}}{K} \tag{5.89}$$

여기에서, $p = \frac{1}{3}(\sigma_1 + \sigma_2 + \sigma_3)$는 평균응력 혹은 정수압응력이다. 탄소성 구성방정식은 별개의 두 부분으로 이루어져 있다. 즉, 형상변화는 식(5.88)로 주어지고, 체적변화는 식(5.89)로 주어진다. 식(5.88)에서는 첫째 항으로 인해 전체 변형률속도의 주축은 편차응력 $\boldsymbol{S}$(따라서, 일반응력 $\boldsymbol{\sigma}$)의 주축과 일치하지 않는다.

비례상수 $\dot{\lambda}$를 결정하려면, 다음과 같이 항복조건을 적용한다. 우선, 식(5.88)의 양변과 s_{ij}를 내적시키고, von Mises조건 (5.74)를 적용하여,

$$s_{ij}\dot{\varepsilon}'_{ij} = \frac{1}{2G}s_{ij}\dot{s}_{ij} + \dot{\lambda}s_{ij}s_{ij} = \frac{1}{2G}s_{ij}\dot{s}_{ij} + \dot{\lambda}\frac{2}{3}\sigma_Y^2 \tag{5.90}$$

von Mises조건 (5.74)에서 σ_Y를 상수로 취급하면서 시간에 대하여 미분하면,

$$s_{ij}\dot{s}_{ij} = 0 \tag{5.91}$$

을 얻으므로, 위 식을 식(5.90)에 대입하면,

$$\dot{\lambda} = \frac{3s_{ij}\dot{\varepsilon}_{ij}}{2\sigma_Y^2} = \frac{3(\boldsymbol{S}:\dot{\boldsymbol{\varepsilon}})}{2\sigma_Y^2} \tag{5.92}$$

가 되어, Levy-Mises식의 경우에 대한 식(5.80)과 같은 결과를 얻는다. 위 결과를 식(5.88)에 대입하면,

$$\dot{\boldsymbol{\varepsilon}}' = \frac{1}{2G}\dot{\boldsymbol{S}} + \frac{3(\boldsymbol{S}:\dot{\boldsymbol{\varepsilon}})}{2\sigma_Y^2}\boldsymbol{S} \quad \text{혹은} \quad \dot{\varepsilon}'_{ij} = \frac{1}{2G}\dot{s}_{ij} + \frac{3(s_{lm}\varepsilon_{lm})}{2\sigma_Y^2}s_{ij} \tag{5.93}$$

또한, 식(5.76)을 유도할 때와 동일한 절차를 통하여, 다음 식처럼 정할 수도 있다.

$$\dot{\lambda} = \frac{3\dot{\bar{\varepsilon}}^p}{2\sigma_Y} \tag{5.94}$$

여기에서, $\dot{\bar{\varepsilon}}^p$는 다음 식으로 정의되는 상당 소성변형률속도 혹은 유효 소성변형률속도이다.

$$\dot{\bar{\varepsilon}}^p = \sqrt{\tfrac{2}{3}\dot{\varepsilon}_{ij}^p\dot{\varepsilon}_{ij}^p} = \sqrt{\tfrac{2}{9}\{(\dot{\varepsilon}_1^p - \dot{\varepsilon}_2^p)^2 + (\dot{\varepsilon}_2^p - \dot{\varepsilon}_3^p)^2 + (\dot{\varepsilon}_3^p - \dot{\varepsilon}_1^p)^2\}} \tag{5.95}$$

식(5.94)는 식(5.76)의 $\dot{\varepsilon}$ 대신에 $\dot{\varepsilon}^p$를 사용한 것이다. 이들 결과를 이용하여 식(5.88)을 정리하면,

$$\dot{\boldsymbol{\varepsilon}}' = \frac{1}{2G}\dot{\boldsymbol{S}} + \frac{3\dot{\bar{\varepsilon}}^p}{2\sigma_Y}\boldsymbol{S} \quad 혹은 \quad \dot{\varepsilon}'_{ij} = \frac{1}{2G}\dot{s}_{ij} + \frac{3\dot{\bar{\varepsilon}}^p}{2\sigma_Y}s_{ij} \tag{5.96}$$

위 식은 시간에 무관하므로, 다음과 같은 증분형태로 나타낼 수도 있다.

$$d\boldsymbol{\varepsilon}' = \frac{1}{2G}d\boldsymbol{S} + \frac{3d\bar{\varepsilon}^p}{2\sigma_Y}\boldsymbol{S} \quad 혹은 \quad d\varepsilon'_{ij} = \frac{1}{2G}ds_{ij} + \frac{3d\bar{\varepsilon}^p}{2\sigma_Y}s_{ij} \tag{5.97}$$

여기에서, $d\bar{\varepsilon}^p$는 식(5.95)에서 $\dot{\varepsilon}^p_{ij}$ 대신에 $d\varepsilon^p_{ij}$를 사용하여 구한 것이다. 일반 변형률속도텐시는 형상변화속도에 체석변화속도를 더하면 되므로, 필요하다면 식(5.96)에 체적변형률속도항을 더하여 다음과 같이 전체 변형률속도텐서를 계산할 수 있다.

$$\dot{\varepsilon}_{ij} = \frac{\dot{\sigma}_{kk}}{9K}\delta_{ij} + \frac{1}{2G}\dot{s}_{ij} + \dot{\lambda}s_{ij} \tag{5.98}$$

대부분의 공학문제에 사용되는 Prandtl-Reuss식의 소성변형률증분항은 주로 직교좌표계에서 다음과 같이 표현하여 사용한다.

$$d\varepsilon^p_{xx} = \frac{d\bar{\varepsilon}^p}{\sigma_Y}\left[\sigma_{xx} - \frac{1}{2}(\sigma_{yy} + \sigma_{zz})\right], \ d\gamma_{xy} = \frac{3d\bar{\varepsilon}^p}{\sigma_Y}\sigma_{xy} \tag{5.99a}$$

$$d\varepsilon^p_{yy} = \frac{d\bar{\varepsilon}^p}{\sigma_Y}\left[\sigma_{yy} - \frac{1}{2}(\sigma_{xx} + \sigma_{zz})\right], \ d\gamma_{yz} = \frac{3d\bar{\varepsilon}^p}{\sigma_Y}\sigma_{yz} \tag{5.99b}$$

$$d\varepsilon^p_{zz} = \frac{d\bar{\varepsilon}^p}{\sigma_Y}\left[\sigma_{zz} - \frac{1}{2}(\sigma_{xx} + \sigma_{yy})\right], \ d\gamma_{zx} = \frac{3d\bar{\varepsilon}^p}{\sigma_Y}\sigma_{zx} \tag{5.99c}$$

위 식에는 $\gamma_{xy} = 2\varepsilon_{xy}$인, 전단변형률의 공칭성분 γ_{xy}, γ_{yz}, γ_{zx}를 사용하였다.

Prandtl-Reuss식이 완전소성재료에만 적용되는 것은 아니다. 변형경화 거동을 포함시켜서 Prandtl-Reuss식을 일반화시킬 수 있는 간단한 방법은 σ_Y를 유효 소성변형률 $\bar{\varepsilon}^p$와 같은 경화변수의 함수로 보는 것이다.

$$\sigma_Y = \sigma_Y(\bar{\varepsilon}^p) \tag{5.100}$$

함수형태 $\sigma_Y(\bar{\varepsilon}^p)$는 등방성 경화를 가정할 때, 단축하중실험을 통하여 결정할 수 있다.

이때 주의할 점은 경화성 재료에는 식(5.92)를 사용할 수 없고, 식(5.94)만 사용할 수 있다는 점이다.

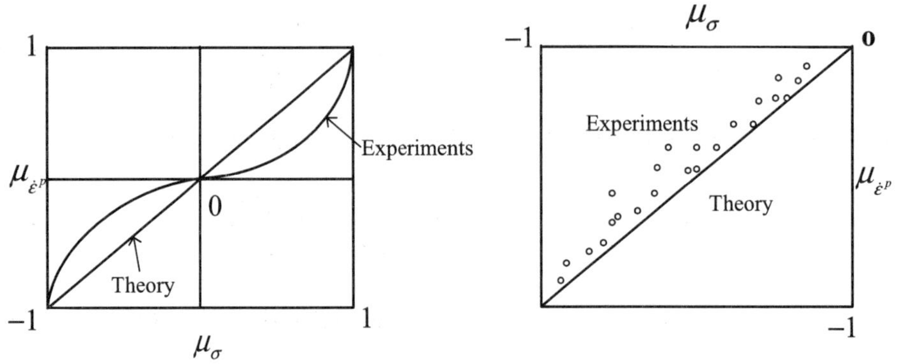

(a) Lode의 실험결과 (b) Taylor와 Quinney의 실험결과

Fig. 5.3 Lode변수를 이용한 Prandtl-Reuss식의 검증

Prandtl-Reuss식 (5.85)와 탄성변형률을 무시한 Levy-Mises식 (5.72)는 Lode에 의해서 처음 실험적으로 검증되었다. Lode가 행한 실험은 4.3절에서도 소개하였는데, 이 실험에서는 강, 구리, 니켈로 각각 만든 튜브에 인장과 내압을 복합적으로 가하는 방법을 취하였다. 그는 Prandtl-Reuss식을 검증하기 위해 식(4.78)로 정의한 Lode 응력변수 μ_σ와 다음 식으로 정의한 Lode 소성변형률속도 변수 $\mu_{\dot{\varepsilon}^p}$를 사용하였다.

$$\mu_{\dot{\varepsilon}^p} = \frac{2d\varepsilon_2^p - d\varepsilon_1^p - d\varepsilon_3^p}{d\varepsilon_3^p - d\varepsilon_1^p} = \frac{d\varepsilon_2^p - \frac{1}{2}(d\varepsilon_3^p + d\varepsilon_1^p)}{\frac{1}{2}(d\varepsilon_3^p - d\varepsilon_1^p)} \tag{5.101}$$

Prandtl-Reuss식을 위 식에 대입하면, 다음 관계를 유도할 수 있다.

$$\frac{2d\varepsilon_2^p - d\varepsilon_1^p - d\varepsilon_3^p}{d\varepsilon_3^p - d\varepsilon_1^p} = \frac{2s_2 - s_1 - s_3}{s_3 - s_1} = \frac{2\sigma_2 - \sigma_1 - \sigma_3}{\sigma_3 - \sigma_1} \tag{5.102}$$

즉,
$$\mu_{\dot{\varepsilon}^p} = \mu_\sigma \tag{5.103}$$

Prandtl-Reuss식이 실제와 잘 맞는다면, 실험결과는 위 식에 근접하여야 할 것이다. 그림 5.3(a)는 Lode가 얻은 실험결과를 나타낸 것이다. 그림으로부터 알 수 있듯이, Prandtl-Reuss식은 실험결과에 근사적으로만 맞는다. 실험결과는 무작위로 분포하는 것이 아니라, 분명한 경향을 가진 편차를 보이고 있다. 나중에 Taylor와 Quinney (1931)도 동일한 양상을 얻었으며, 그 결과는 그림 5.3(b)에 나타낸 것과 같다. 비록 Prandtl- Reuss식이 실험결과와 편차를 보이지만, 공학문제에는 충분히 정확한 것으로 여겨진다. 구리, 알미늄, 연강으로 각각 만든 튜브를 사용한 Taylor와 Quinney의 실험결과는 소성변형률증분의 주축이 응력텐서의 주축과 근본적으로 같으며, 그 편차는 2°를 넘지 않는다는 것을 보였다. Prandtl-Reuss식을 개선하기 위하여 Lianis와 Ford(1957)가 이방성 효과를 배제하거나, Prager가 항복조건에 J_3'를 추가하는 등의 노력을 기울였다. 그러나, 이러한 시도는 수식이 복잡해진 정도에 비해 결과에는 큰 향상을 이루지 못하였다.

5.6 소성포텐셜 이론과 소성일

Levy-Mises식 (5.73)과 Prandtl-Reuss식 (5.86)은 주로 금속재료에 대한 실험적 관찰 결과와 비교하여 경험적으로 검증되었다. 소성변형 혹은 소성유동에 대한 구성방정식을 수학적으로 취급하는 방법은 von Mises(1928)에 의해서 처음으로 제안되었다. 그는 탄성론에서 변형률 에너지 U_c를 탄성포텐셜 함수로 삼아 변형률텐서를 응력텐서와 연관시킬 수 있다는 점에 우선 착안하였다.

$$\varepsilon_{ij} = \frac{\partial U_c}{\partial \sigma_{ij}} \tag{5.104}$$

Mises는 이 개념을 소성이론에까지 확장시켜서 소성포텐셜 함수 $Q(\boldsymbol{\sigma})$가 존재하고, 소성변형률속도 $\dot{\boldsymbol{\varepsilon}}^p$는 식(5.104)와 유사한 방법으로 계산될 수 있다고 제안하였다. 즉,

$$\dot{\boldsymbol{\varepsilon}}^p = \dot{\lambda}\frac{\partial Q(\boldsymbol{\sigma})}{\partial \boldsymbol{\sigma}} \quad \text{혹은} \quad \dot{\varepsilon}_{ij}^p = \dot{\lambda}\frac{\partial Q(\sigma_{ij})}{\partial \sigma_{ij}} \tag{5.105}$$

단, 여기에서 $\dot{\lambda}$은 양의 비례상수이며, 항복조건을 사용하여 $\dot{\lambda}$를 결정하는 방법에 대하여는 뒤에 설명하기로 한다. 위 식과 같은 유동법칙에 기초하는 소성이론을 "소성

포텐셜 이론(plastic potential theory)"이라고 하며, 다음 사항을 알고 있어야 한다.

(1) 4.1절에서 설명한 것처럼, 임의의 응력상태 $\boldsymbol{\sigma}$는 6차원 응력공간 내의 한 점에 대응한다. 이 공간에서 소성포텐셜 $Q(\sigma_{ij})=C$는 하나의 곡면으로 표현되고, 소성변형률속도 $\dot{\boldsymbol{\varepsilon}}^p$는 벡터로 표현할 수 있다. 식(5.105)가 갖는 기하학적 의미는 소성변형률속도벡터 $\dot{\boldsymbol{\varepsilon}}^p$가 곡면 $Q(\sigma_{ij})=C$에 수직하다는 것으로, 이를 소성이론에서의 직교법칙(normality rule)이라고도 한다. 유동법칙 (5.105)는 다음과 같은 기하학적 의미를 갖는 식으로 나타낼 수도 있다.

$$\dot{\boldsymbol{\varepsilon}}^p = \dot{\lambda}\,\mathrm{grad}\,Q(\boldsymbol{\sigma}) = \dot{\lambda}\frac{\partial Q}{\partial \boldsymbol{\sigma}} \tag{5.106}$$

(2) 재료가 등방성이라면, $Q(\sigma_{ij})$는 응력텐서 $\boldsymbol{\sigma}$의 불변량의 함수이다.

$$Q = Q(J_1, J_2, J_3) \tag{5.107}$$

여기에서, J_1, J_2, J_3는 4.1절에서 정의한 불변량들이다. 재료가 이방성을 갖는다면, 몇 개의 벡터나 텐서 $\beta_k(k=1,2,\cdots,n)$로 재료의 이방성을 나타내는 변수를 Q에 첨가시켜야 한다.

$$Q = Q(\sigma_{ij}, \beta_k) \quad (k=1,2,\cdots,n) \tag{5.108}$$

이방성 변수의 갯수 n은 실험적으로 관찰된 재료의 이방성으로부터 결정된다.

(3) 소성유동시에 재료의 비압축성을 가정한다면, 소성포텐셜 곡면은 일반 6차원 응력공간에서 $\sigma_{xx}=\sigma_{yy}=\sigma_{zz}$축에 (단면이 원형이 아니더라도) 평행한 긴 통 모양이어야 한다. 등방성 재료에 대하여는 삼차원 주응력공간을 사용할 수 있다. 이 경우에는 Q곡면이 $\sigma_1=\sigma_2=\sigma_3$를 축으로 갖는 통모양이 된다. 따라서, $\dot{\boldsymbol{\varepsilon}}^p$는 이 정수압 축에 수직하며, 형상변화 만을 나타내게 된다. 암석, 콘크리트, 토양과 같은 일부 압축성 재료는 소성변형시에 체적변화를 수반하므로, 소성포텐셜 곡면이 정수압 축에 평행하지 않는다.

소성포텐셜 이론에서의 주요 관심사는 소성포텐셜 Q를 어떻게 정하는가 하는 문제이다. 실제로 함수 $Q(\sigma_{ij})$의 효과적인 형태가 무엇인지에 대하여는 논란의 여지가 있다.

소성이론에서 보편적으로 사용하는 접근방법은 소성포텐셜 함수 $Q(\sigma_{ij})$가 항복함수와 같다고 가정하는 것이다.

$$Q(\sigma_{ij}) = F(\sigma_{ij}) \tag{5.109}$$

이 경우에, 식(5.105)는 다음과 같이 쓸 수 있다.

$$\dot{\boldsymbol{\varepsilon}}^p = \dot{\lambda}\frac{\partial F}{\partial \boldsymbol{\sigma}} \tag{5.110}$$

따라서, 소성변형률속도 $\dot{\boldsymbol{\varepsilon}}^p$는 항복곡면에 수직한 것이 된다. 이러한 유동법칙을 "**연관(聯關) 유동법칙**(associated flow-rule)" 혹은 "**적합(適合) 유동법칙**"이라고 한다. 반면에 $Q \neq F$인 유동법칙을 서로 관련성이 없는 "**비연관(non-associated) 유동법칙**" 혹은 "비적합 유동법칙"이라고 한다.

Q와 F간의 관련성에 대한 타당성 여부는 경험적으로 증명할 수 밖에 없다. 실험적인 관찰결과로는 금속의 소성변형은 연관 유동법칙이 잘 맞는 반면에, 암석, 콘크리트, 토양과 같은 다공질 재료의 소성변형에는 비연관 유동법칙이 더 잘 맞는다는 것이 확인되고 있다. 5.7절에서 설명하는 **드러커의 안정성 공리**(stability postulate)를 사용하면, 안정성 재료의 경우에는 Q와 F가 연관되어야 함을 증명할 수 있다.

Prandtl-Reuss식 (5.86)은 연관 유동법칙 중 하나의 특별한 형태에 해당한다. 즉, von Mises항복조건 (4.59)를 사용하면,

$$\frac{\partial J_2'}{\partial \sigma_{ij}} = s_{ij} \tag{5.111}$$

이 성립하므로, 식(5.110)은 다음과 같이 정리된다.

$$\dot{\boldsymbol{\varepsilon}}^p = \dot{\lambda}\frac{\partial F}{\partial \boldsymbol{\sigma}} = \dot{\lambda}\frac{\partial J_2'}{\partial \boldsymbol{\sigma}} = \dot{\lambda}\boldsymbol{S} \tag{5.112}$$

위 표현은 Prandtl-Reuss식, 혹은 탄성변형률을 무시한 Levy-Mises식에 해당한다. 따라서, 소성포텐셜 이론의 일반적인 틀에서 보면, Prandtl-Reuss식이나 Levy-Mises식은 von Mises항복조건을 사용하는 연관 유동법칙에 해당하는 셈이다.

소성일은 소성이론에 흔히 사용되는 중요한 개념이다. 변형이 일어나는 동안, 단위체

적당 소비되는 일률은 식(3.48)에서 운동에너지 항을 무시하고, 미소변형을 가정하는 경우, 다음 식으로 주어진다.

$$\dot{W} = \sigma_{ij}\dot{\varepsilon}_{ij} = \sigma_{ij}(\dot{\varepsilon}^e_{ij} + \dot{\varepsilon}^p_{ij}) = \dot{W}^e + \dot{W}^p \tag{5.113}$$

여기에서, $\dot{W}^e = \sigma_{ij}\dot{\varepsilon}^e_{ij}$는 5.2절에서 언급한 탄성변형률 에너지율이고, $\dot{W}^p = \sigma_{ij}\dot{\varepsilon}^p_{ij}$는 소성일률에 해당한다. $\dot{W}^e$는 총 일률 $\dot{W}$중에서 기계적으로 회복가능한 부분이지만, 소성변형은 비가역적이므로, $\dot{W}^p$는 회복할 수 없는 부분이다. 소성변형시 재료의 비압축성을 고려하면, 소성일률은 다음과 같이 정리된다.

$$\dot{W}^p = \sigma_{ij}\dot{\varepsilon}^p_{ij} = (s_{ij} + p\delta_{ij})\dot{\varepsilon}^p_{ij} = s_{ij}\dot{\varepsilon}^p_{ij} \tag{5.114}$$

위 식에서는 $p\delta_{ij}\dot{\varepsilon}^p_{ij} = p\dot{\varepsilon}^p_{ii} = 0$이 사용되었다. $\dot{W}^p$는 응력공간에서 벡터 $\boldsymbol{S}$와 $\dot{\boldsymbol{\varepsilon}}^p$의 내적으로 표현된다. 이후의 설명을 간단히 하기위해, 등방성 재료에 대한 주응력공간 만을 생각하지만, 도출되는 결과는 일반응력공간에 대하여도 동일하게 적용될 수 있다. $\boldsymbol{S}$와 $\dot{\boldsymbol{\varepsilon}}^p$의 크기(norm)를 각각 $|\boldsymbol{S}|$ 및 $|\dot{\boldsymbol{\varepsilon}}^p|$라 하고, 두 벡터가 이루는 각도를 ϕ라고 할 때, 식(5.114)는 다음과 같이 나타낼 수 있다.

$$\dot{W}^p = |\boldsymbol{S}||\dot{\boldsymbol{\varepsilon}}^p|\cos\phi \tag{5.115}$$

4.1절에서 설명한 것처럼, $\boldsymbol{S}$의 길이는 식(4.42)로 주어지며, $\dot{\boldsymbol{\varepsilon}}^p$역시 편차평면 상의 텐서이므로, $|\dot{\boldsymbol{\varepsilon}}^p|$도 유사한 방법으로 나타낼 수 있다.

$$|\boldsymbol{S}| = (s_1^2 + s_2^2 + s_3^2)^{1/2} = \sqrt{2J_2'} = \sqrt{\tfrac{2}{3}}\,\bar{\sigma} \tag{5.116}$$

$$|\dot{\boldsymbol{\varepsilon}}^p| = \left[(\dot{\varepsilon}^p_1)^2 + (\dot{\varepsilon}^p_2)^2 + (\dot{\varepsilon}^p_3)^2\right]^{1/2} = \sqrt{\tfrac{3}{2}}\,\dot{\bar{\varepsilon}}^p \tag{5.117}$$

여기에서 $\bar{\sigma}$와 $\dot{\bar{\varepsilon}}^p$는 각각 식(5.52)와 (5.77)로 정의되는 유효응력 및 유효변형률속도를 나타낸다. 따라서, 식(5.115)는 다음과 같이 $\bar{\sigma}$와 $\dot{\bar{\varepsilon}}^p$로 표현할 수 있다.

$$\dot{W}^p = \bar{\sigma}\dot{\bar{\varepsilon}}^p\cos\phi \tag{5.118}$$

소성변형률속도 $\dot{\boldsymbol{\varepsilon}}^p$를 구하기 위해 Prandtl-Reuss식 (5.85)를 사용한다면, $\dot{\boldsymbol{\varepsilon}}^p$는 $\boldsymbol{S}$와 동일

한 주축을 가지므로 $\phi=0$이 되어, 위 식은 다음과 같이 간단히 정리된다.

$$\dot{W}^p=\bar{\sigma}\dot{\bar{\varepsilon}}^p \tag{5.119}$$

위 식에 추가하여, 소성변형시에는 $\bar{\sigma}$가 σ_Y값을 갖는다는 항복조건을 사용하여 Prandtl-Reuss식을 다시 쓰면, 다음과 같이 정리된다.

$$\dot{\boldsymbol{\varepsilon}}^p=\frac{3}{2}\frac{\dot{W}^p}{\sigma_Y^2}\boldsymbol{S} \tag{5.120}$$

5.7 드러커의 안정성 공리와 그 결과

지금까지 소성변형의 구성방정식 즉, 유동법칙의 구체적인 형태로서 Levy-Mises식과 Prandtl-Reuss식을 소개하였다. 이들 식은 실험적으로 관찰된 바에 따라서, 소성변형률이 전체 응력의 편차성분과 동일한 주축을 갖는다는 가정 위에서 수식화된 것이다. 앞 절에서는 이 유동법칙이 von Mises항복조건과 연관되므로, 연관 유동법칙을 사용하는 소성포텐셜 이론으로부터 유도될 수 있음을 보였다. 소성포텐셜 이론은 보다 합리적이고 일반적이지만, 확정되지 않은 소성포텐셜 Q를 사용한다는 결점도 안고 있다.

어떤 항복조건을 사용하더라도, 소성변형시의 일반적인 응력-변형률 관계를 수립하기 위해서, 드러커(Drucker)는 그가 제안한 안정성공리에 기초하는 통일된 접근방법을 다음과 같이 제안하였다(1951).

"외력에 의해 응력이 천천히 가해지고 제거되어 원래의 응력상태로 되돌아오는 동안 행해지는 일은 음(-)이 아니다."

드러커의 안정성 공리로부터 도출되는 중요한 결과는 안정성 있는 재료에 대한 유동법칙은 연관성을 유지한다는 것이다(즉, $Q\equiv F$). 이를 이해하기 위해서 우선, 응력공간에서의 응력주기 즉, 가중-제하로 구성되는 하나의 폐쇄경로를 정의하기로 하자. 주어진

응력상태 $\boldsymbol{\sigma}_0$에서 평형을 유지하는 물질요소를 한 개 생각하자. 응력이 $\Delta\boldsymbol{\sigma} = \boldsymbol{\sigma} - \boldsymbol{\sigma}_0$만큼 증가하면, 이 요소의 변위, 변형률, 응력 등이 모두 바뀌게 된다. 추가된 응력 $\Delta\boldsymbol{\sigma}$를 제거하면, 물체에 걸린 응력은 원래의 응력상태 $\boldsymbol{\sigma}_0$로 되돌아 온다. 이렇게 응력을 부가한 후에 다시 제거하는 과정을 응력공간에서의 '응력주기(stress cycle)' 혹은 '가중-제하 폐쇄경로'라고 한다. 응력주기의 처음과 끝에서, 질점에 걸리는 응력은 동일하여야 하지만, 변형률상태는 변형상태에 따라서 반드시 같지 않을 수도 있음에 주의하자.

일차원에서 응력주기의 예를 그림 5.4에 나타내었다. 그림에서 탄성변형시의 응력주기는 ABA, 탄소성변형의 응력주기는 $A'B'C'D'$로 표현되고 있다. 탄소성변형의 응력주기에서는 주기가 시작할 때의 변형률과 끝날 때의 변형률 간에 $d\varepsilon^p$만큼의 차이가 생긴다. 드러커의 안정성공리는 안정성이 있는 재료에 대하여 다음과 같은 부등식이 만족된다는 것이다.

$$W = \int_{C_\sigma} \Delta\boldsymbol{\sigma} : d\boldsymbol{\varepsilon} = \int_{C_\sigma} (\boldsymbol{\sigma} - \boldsymbol{\sigma}_0) : d\boldsymbol{\varepsilon} \geq 0 \tag{5.121}$$

여기에서 적분은 응력공간에서의 가중-제하경로인 폐쇄 응력주기 C_σ위에서 수행된다. 적분결과는 경로 C_σ를 따라서 외력에 의해 행해진 일을 나타낸다. 위 부등식에 따르지 않는 모든 재료는 불안정하다는 것이 드러커(1956)에 의해 증명된 바 있다.

응력주기는 가중과정과 제하과정으로 구성되고, 제하과정에서 외력에 의해 행해지는 일은 '음(-)'이므로 부등식 (5.121)로부터 다음 사실을 유추할 수 있다.

(1) 추가응력 $\Delta\boldsymbol{\sigma}$가 가해지는 동안, 외력에 의해 행해지는 일은 양이어야 한다.

$$d\boldsymbol{\sigma} : d\boldsymbol{\varepsilon} > 0 \tag{5.122}$$

(2) 추가응력 $\Delta\boldsymbol{\sigma}$를 가한 후에 다시 제거하는 주기를 따라서, 외력에 의해 행해지는 일은 음이 아니다. 이 주기를 따라서 탄성변형만 생기는 경우에 한해 외력에 의한 일이 영(0)이 되고, 주기를 따르는 동안에 소성변형이 생기면 항상 양(+)이 된다.

드러커의 안정성 공리는 그림 5.4에서 곡선 FU로 나타낸 것처럼, 변형에 따라 후속항복강도가 증가하는 경화성 재료에 대하여만 만족될 수 있는, 꽤 엄격한 조건이다. 이 공리는 때때로 소성경화(塑性硬化, plastic hardening)를 정의할 때 사용하기도 한다. 탄소성 응력주기 동안에 외력이 양(+)의 일을 행하는 모든 재료는 경화성 재료로 간주된다. 그 외의 재료는 비경화성(nonhardening) 혹은 연화성(softening) 재료라고 한다. 단순인장시에 연화성 구간을 갖는 응력-변형률 곡선을 그림 5.5에 나타내었다. 드러커의 공리는 연화성 재료에는 적용되지 않으며, 완전소성 재료에 대하여는 수정되어야 한다(뒤에 설명함). 이런 이유로 이 공리를 종종 "드러커의 경화성 공리"라 하기도 한다.

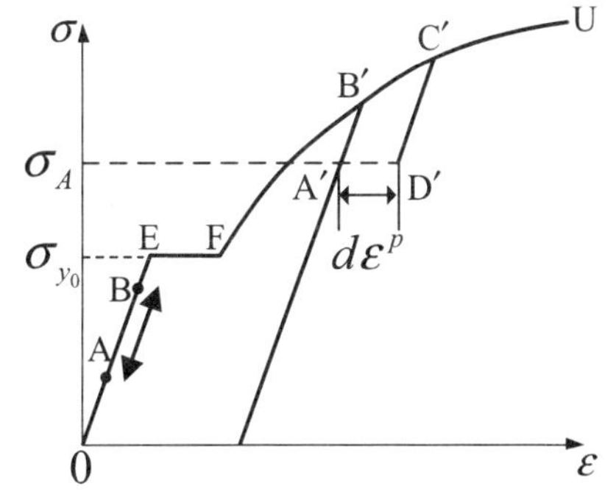

Fig. 5.4 탄성 응력주기와 탄소성 응력주기

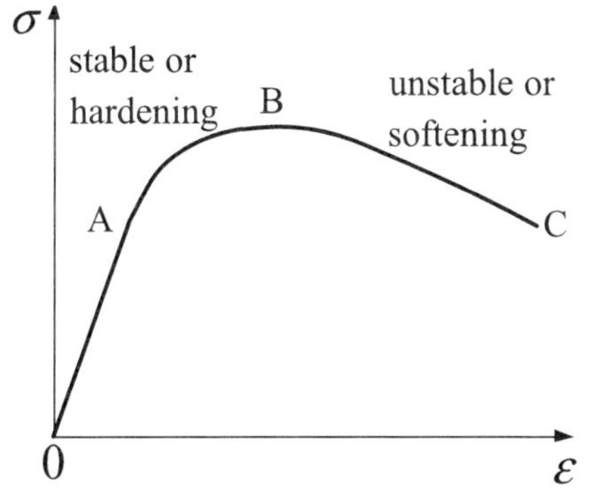

Fig. 5.5 연화현상이 있는 재료의 응력-변형률 곡선

드러커의 공리로부터 도출되는 결과를 살펴보기 위해서 응력공간에서의 한 응력점이 하중 및 제하조건에 따라 응력공간을 이동하는 경우를 생각하자. 그림 5.6을 참조하여 시각 $t = t_o$에서 초기응력상태를 나타내는 응력점이 $\boldsymbol{\sigma}_0$이다. 이 응력점은 현재 항복곡면의 내부(혹은 곡면상)에 있다. 시각 $t = t_1$일 때, 응력점이 현재 항복곡면에 도달한다고 하자. t_o로부터 t_1에 이르기까지의 변형은 탄성적이다. 이후에 t_1으로부터 t_2까지는 탄소성 가중과정이 일어난다. 이 과정동안 응력점은 항복곡면 위에 있으면서, 항복곡면을 밖으로 밀어낸다. 시각 $t = t_2$에서 t_3동안 제하가 진행되어 응력상태가 초기응력상태 $\boldsymbol{\sigma} = \boldsymbol{\sigma}_0$로 되돌아옴으로써, 응력주기를 완결하였다고 하자.

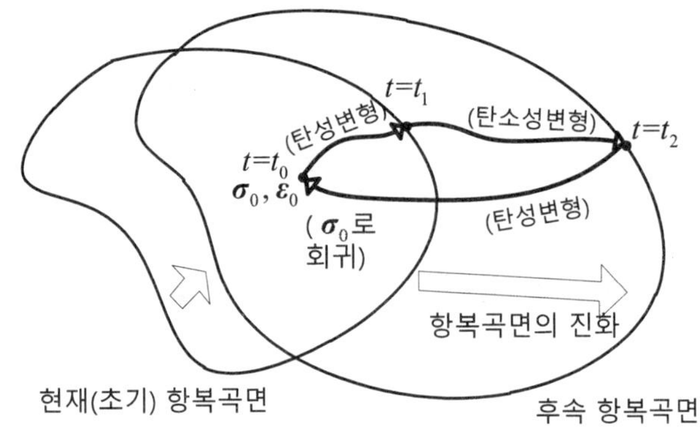

Fig. 5.6 응력공간에서의 응력주기

탄소성변형이 포함되는 응력주기에 대하여 드러커의 공리 식(5.121)은 다음과 같이 전개된다.

$$
\begin{aligned}
W &= \int_{t_0}^{t_1} (\boldsymbol{\sigma} - \boldsymbol{\sigma}_0) : \dot{\boldsymbol{\varepsilon}}^e dt + \int_{t_1}^{t_2} (\boldsymbol{\sigma} - \boldsymbol{\sigma}_0) : (\dot{\boldsymbol{\varepsilon}}^e + \dot{\boldsymbol{\varepsilon}}^p) dt + \int_{t_2}^{t_3} (\boldsymbol{\sigma} - \boldsymbol{\sigma}_0) : \dot{\boldsymbol{\varepsilon}}^e dt \\
&= \int_{t_0}^{t_2} (\boldsymbol{\sigma} - \boldsymbol{\sigma}_0) : \dot{\boldsymbol{\varepsilon}}^e dt + \int_{t_2}^{t_3} (\boldsymbol{\sigma} - \boldsymbol{\sigma}_0) : \dot{\boldsymbol{\varepsilon}}^e dt + \int_{t_1}^{t_2} (\boldsymbol{\sigma} - \boldsymbol{\sigma}_0) : \dot{\boldsymbol{\varepsilon}}^p dt \geq 0
\end{aligned}
\tag{5.123}
$$

위 식에서, 탄성변형은 가역적이므로 폐쇄 가중-제하경로를 따라서 탄성변형률 에너지의 변화는 영이다.

$$
\int_{t_0}^{t_2} (\boldsymbol{\sigma} - \boldsymbol{\sigma}_0) : \dot{\boldsymbol{\varepsilon}}^e dt + \int_{t_2}^{t_3} (\boldsymbol{\sigma} - \boldsymbol{\sigma}_0) : \dot{\boldsymbol{\varepsilon}}^e dt = \int_{C_\sigma} (\boldsymbol{\sigma} - \boldsymbol{\sigma}_0) : \dot{\boldsymbol{\varepsilon}}^e dt = 0 \tag{5.124}
$$

따라서, 위 결과를 식(5.123)에 대입하면, 드러커의 공리는 다음과 같이 정리된다.

$$
W = \int_{t_1}^{t_2} (\boldsymbol{\sigma} - \boldsymbol{\sigma}_0) : \dot{\boldsymbol{\varepsilon}}^p dt \geq 0 \tag{5.125}
$$

위 부등식은 임의의 시간 $\delta t = t_2 - t_1$에 대하여 적용될 수 있다. $\delta t \to 0$인 경우에, 피적분항을 테일러 급수로 전개하면,

$$(\boldsymbol{\sigma} - \boldsymbol{\sigma}_0) : \dot{\boldsymbol{\varepsilon}}^p = [(\boldsymbol{\sigma} - \boldsymbol{\sigma}_0) : \dot{\boldsymbol{\varepsilon}}^p]_{t_1} + [\dot{\boldsymbol{\sigma}} : \dot{\boldsymbol{\varepsilon}}^p + (\boldsymbol{\sigma} - \boldsymbol{\sigma}_0) : \ddot{\boldsymbol{\varepsilon}}^p]_{t_1} \delta t + O(\delta t^2) \tag{5.126}$$

단, $O(\delta t^2)$은 δt의 2차 이상 고차항을 나타내며, 이 항을 무시하고 식(5.125)의 적분을 수행하면, 다음 결과를 얻는다.

$$W = [(\boldsymbol{\sigma} - \boldsymbol{\sigma}_0) : \dot{\boldsymbol{\varepsilon}}^p]_{t_1} \delta t + [\dot{\boldsymbol{\sigma}} : \dot{\boldsymbol{\varepsilon}}^p + (\boldsymbol{\sigma} - \boldsymbol{\sigma}_0) : \ddot{\boldsymbol{\varepsilon}}^p]_{t_1} \delta t^2 \geq 0 \tag{5.127}$$

혹은 $$W = [(\boldsymbol{\sigma} - \boldsymbol{\sigma}_0) : d\boldsymbol{\varepsilon}^p]_{t_1} + [d\boldsymbol{\sigma} : d\boldsymbol{\varepsilon}^p + (\boldsymbol{\sigma} - \boldsymbol{\sigma}_0) : \ddot{\boldsymbol{\varepsilon}}^p \delta t^2]_{t_1} \geq 0 \tag{5.128}$$

위 결과로부터, 다음과 같은 두 가지 가능성을 유추할 수 있다.

(1) $t = t_o$에서 $\boldsymbol{\sigma}_0$가 항복곡면 상에 있지 않았다면, t_1에서 $\boldsymbol{\sigma} - \boldsymbol{\sigma}_0 \neq \boldsymbol{0}$이다. δt가 작은 경우에 식(5.127)의 두번째 항은 첫번째 항에 비하여 무시할 수 있다. 따라서, $W \geq 0$으로부터 다음 부등식을 얻는다. 식에는 편의상 하첨자 t_1을 생략하였다.

$$(\boldsymbol{\sigma} - \boldsymbol{\sigma}_0) : \dot{\boldsymbol{\varepsilon}}^p \geq 0 \tag{5.129}$$

(2) $t = t_o$에서 $\boldsymbol{\sigma}_0$가 항복곡면 상에 있었다면 $\boldsymbol{\sigma} - \boldsymbol{\sigma}_0 = \boldsymbol{0}$이다. 따라서, 드러커의 공리는 다음과 같이 정리된다.

$$d\boldsymbol{\sigma} : d\boldsymbol{\varepsilon}^p \geq 0 \tag{5.130}$$

이 조건을 안정성 조건 혹은 경화성 조건이라고 한다. 실제로 탄성변형일 증분 $d\boldsymbol{\sigma} : d\boldsymbol{\varepsilon}^e \geq 0$는 항상 양이므로, 위 식을 더하면 $d\boldsymbol{\sigma} : d\boldsymbol{\varepsilon} = d\boldsymbol{\sigma} : (d\boldsymbol{\varepsilon}^e + d\boldsymbol{\varepsilon}^p) \geq 0$이 성립하므로 식(5.122)가 얻어진다.

안정성 공리로부터 도출된 결과인 식(5.129)와 식(5.130)을 살펴보기 위해 드러커는 다음과 같은 가정을 도입하였다.

(1) 소성영역과 탄성영역이 구분되는 항복곡면이 존재한다. 이 항복곡면의 내부와 항복곡면 위에서는(중립가중) 탄성변형만 일어나고, 항복곡면 위에서 내부로 향하는 응력상태는 탄성제하를 일으킨다. 탄소성가중은 응력증분이 항복곡면의 외부로 향할 때만 일어난다. (이 가정은 이미 설명한 바 있는 가중 및 제하 기준에 대한 설명과

명백히 일치하고, 실험적 관찰결과와도 부합된다.)

(2) 응력의 미소증분 $d\boldsymbol{\sigma}$와 소성변형률 증분 $d\varepsilon^p$의 관계는 선형적이다.

이러한 두 가지 기본 가정의 도움을 받아, 식(5.129)와 식(5.130)으로부터 일반 응력 공간에서 항복곡면의 모양과 소성변형률 증분 벡터 $d\varepsilon^p$의 방향에 대한 두 가지 중요한 결론을 내릴 수 있다.

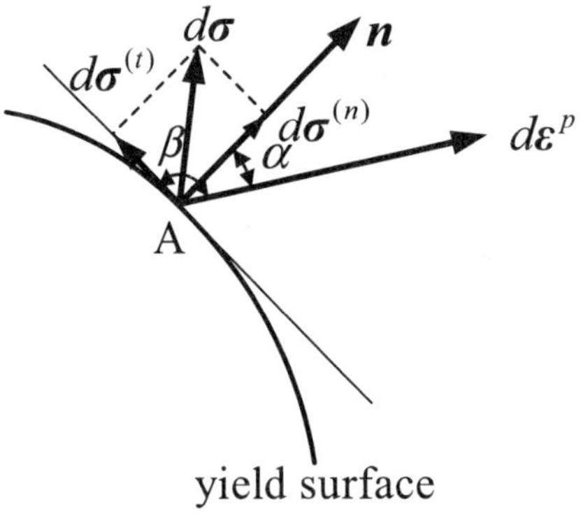

Fig. 5.7 소성변형률 증분의 직교성

첫번째 가정으로부터, 탄소성 가중이 일어나는 동안에는 응력의 미소증분 $d\boldsymbol{\sigma}$이 항복곡면 상의 어떤 점에서도 항복곡면의 외부로 향해야 하므로, 그림 5.7에 나타낸 것처럼 항복곡면에 접선성분과 법선성분으로 유일하게 분해될 수 있다.

$$d\boldsymbol{\sigma} = d\boldsymbol{\sigma}^{(t)} + d\boldsymbol{\sigma}^{(n)} \tag{5.131}$$

두번째 가정으로부터 $d\boldsymbol{\sigma}$로 인해 발생하는 소성변형률은 $d\boldsymbol{\sigma}^{(t)}$와 $d\boldsymbol{\sigma}^{(n)}$에 의해 발생하는 변형률의 합과 같다. 그러나 식(5.131)를 따르는 "**소성경화에 대한 연속조건**"에 의해(식(5.35) 하단 설명 참조), 항복곡면의 접평면 방향 응력증분 $d\boldsymbol{\sigma}^{(t)}$는 탄성변형만을 일으키므로(중립가중), $d\boldsymbol{\sigma}$에 의해 발생하는 소성변형률증분 $d\varepsilon^p$는 $d\boldsymbol{\sigma}^{(n)}$에 의해서만 발생한다. 따라서 식(5.130)을 다음과 같이 정리할 수 있다.

$$d\boldsymbol{\sigma} : d\varepsilon^p = (d\boldsymbol{\sigma}^{(t)} + d\boldsymbol{\sigma}^{(n)}) : d\varepsilon^p = d\boldsymbol{\sigma}^{(n)} : d\varepsilon^p \geq 0 \tag{5.132}$$

혹은

$$\left| d\boldsymbol{\sigma}^{(n)} \right| \left| d\varepsilon^p \right| \cos\alpha \geq 0 \tag{5.133}$$

그리고,
$$d\boldsymbol{\sigma}^{(t)} : d\boldsymbol{\varepsilon}^{p} = 0 \tag{5.134}$$
혹은
$$\left|d\boldsymbol{\sigma}^{(t)}\right|\left|d\boldsymbol{\varepsilon}^{p}\right|\cos\beta = 0 \tag{5.135}$$
단, α와 β는 그림 5.7를 참조하여 응력공간에서 각각 $d\boldsymbol{\sigma}^{(n)}$ 및 $d\boldsymbol{\sigma}^{(t)}$가 $d\boldsymbol{\varepsilon}^{p}$가 이루는 각을 나타낸다.

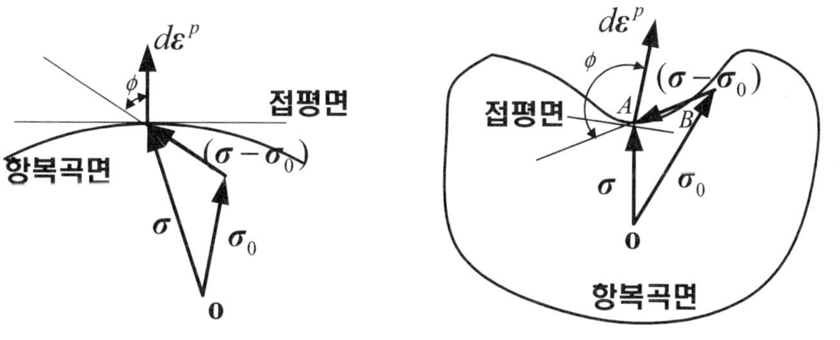

(a) (b)

Fig. 5.8 항복곡면의 볼록성과 오목성

식(5.130)은 어떤 $d\boldsymbol{\sigma}$에 대하여도 성립하므로, 식(5.135)도 접평면상의 임의방향을 향하는 $d\boldsymbol{\sigma}^{(t)}$에 대하여 성립해야 한다. 이 조건은 $\beta = \pi/2$일 때만 가능해지므로, 벡터 $d\boldsymbol{\varepsilon}^{p}$는 항복곡면 상의 점 A에서 법선방향 $\boldsymbol{n}$을 향하게 된다. 따라서, $\alpha = 0$이고, 식(5.134)와 (5.130)은 모두 만족된다. 즉,

$$d\boldsymbol{\varepsilon}^{p} = d\lambda \frac{\partial F}{\partial \boldsymbol{\sigma}} \tag{5.136}$$

식(5.136)은 소성론에서 잘 알려진 유동법칙 혹은 직교법칙(normality rule)을 나타내며, 이는 드러커의 안정성 공리 혹은 경화성 공리로부터 도출되는 결과이다.

이제, 식(5.129)의 의미를 생각해 보자. 응력상태 $\boldsymbol{\sigma}_0$는 현재 항복곡면의 내부에 있고, 응력상태 $\boldsymbol{\sigma}$는 그림 5.8에 나타낸것처럼 항복곡면 위에 놓여 있다. $(\boldsymbol{\sigma} - \boldsymbol{\sigma}_0)$와 $d\boldsymbol{\varepsilon}^{p}$는 응력공간에서 벡터로 표현된다. 식(5.129)는 다음과 같이 나타낼 수 있다.

$$\left|\boldsymbol{\sigma} - \boldsymbol{\sigma}_0\right|\left|d\boldsymbol{\varepsilon}^{p}\right|\cos\phi \geq 0 \tag{5.137}$$

따라서,
$$-\frac{\pi}{2} \le \phi \le \frac{\pi}{2} \tag{5.138}$$

한편, $d\boldsymbol{\varepsilon}^p$는 앞서 설명한대로 법선벡터 $\boldsymbol{n}$방향이므로, 그림 5.8(a)에 나타낸 것처럼, 항복곡면 상의 점 $\boldsymbol{\sigma}$에서의 접평면은 $d\boldsymbol{\varepsilon}^p$방향(즉, $\boldsymbol{n}$방향)에 수직하고, 모든 응력상태 $\boldsymbol{\sigma}_0$는 이 접평면의 한 쪽에만 있어야 한다. 항복곡면이 볼록하다면 이 조건이 만족된다.

그림 5.8(b)에 나타낸 것처럼, 항복곡면 상의 임의점 A근처에서 항복곡면이 오목하다면, A점에서 $d\boldsymbol{\varepsilon}^p$와 $(\boldsymbol{\sigma}-\boldsymbol{\sigma}_0)$가 둔각을 이루게 되는 응력점 $\boldsymbol{\sigma}_0$가 존재하게 된다(그림 5.8(b)에서 $\phi > \pi/2$인 경우). 이 경우에는 내적 $(\boldsymbol{\sigma}-\boldsymbol{\sigma}_0):d\boldsymbol{\varepsilon}^p$가 음이 되므로, 식(5.137)로 표현된 드러커의 공리에 위배된다. 더구나, 그림에서 벡터 $(\boldsymbol{\sigma}-\boldsymbol{\sigma}_0)$는 B점과 A점에서 항복곡면을 두번 관통하면서, 항복곡면 밖에 응력점이 존재하는 모순을 낳는다. 이로부터, 항복곡면에 오목한 부분이 있으면, 드러커의 공리를 만족시키지 못하므로, 항복곡면은 볼록해야만 한다.

소성변형률증분 $d\boldsymbol{\varepsilon}^p$ 혹은 이에 상당하는 소성변형률속도 $\dot{\boldsymbol{\varepsilon}}^p$는 항복곡면에서의 법선벡터 $\boldsymbol{n}$방향이어야 하며, 이로부터 연관유동법칙(5.136)을 얻을 수 있다. 그러나, 이미 언급한 것처럼 몇 가지 주의해야 할 사항이 있다. 드러커의 공리를 적용함에 있어서의 예외나 제한사항 세 가지를 요약하면 다음과 같다.

(1) 드러커의 공리는 변형연화거동을 보이는 재료에는 적용되지 않는다. 변형거동은 그림 5.5에서 BC구간에 해당된다. 암석, 콘크리트, 토양 같은 일부 공업재료들은 다음 식으로 표현되는 연화현상을 보인다.

$$d\boldsymbol{\sigma}:d\boldsymbol{\varepsilon}<0 \quad \text{과} \quad d\boldsymbol{\sigma}:d\boldsymbol{\varepsilon}^p<0 \tag{5.139}$$

위 식은 드러커의 공리에 명백하게 위배된다. 따라서 응력공간에서 항복곡면의 볼록성과 소성변형률증분 $d\boldsymbol{\varepsilon}^p$의 (항복곡면과의) 직교성은 연화성 재료에는 더 이상 적용되지 않는다. 이러한 연화성 거동을 기술하려면 응력공간이 아니라, 변형률 공간에서 소성이론을 정식화해야 한다. 하지만, 이 장에서는 연화성 재료라 하더라도 탄성변형거동이 소성변형에 영향을 주지 않는다면, 즉, 식(5.59)의 C_{ijkl}이 상수로 일정하다면, 항복곡면의 볼록성과 $d\boldsymbol{\varepsilon}^p$의 직교성이 유지된다고 보자.

(2) 앞 항에서 적용된 매우 중요하고도 함축적인 가정은 소성변형과정동안 탄성반응이

일정하다는 것 즉, C_{ijkl}이 상수로서 소성변형률 $\boldsymbol{\varepsilon}^p$의 함수가 아니라는 것이었다. 만일, C_{ijkl}이 $\boldsymbol{\varepsilon}^p$의 함수가 된다면, 탄성과 연관된 성질이 소성변형과 연계된다는 것을 뜻한다. 즉,

$$C_{ijkl} = C_{ijkl}(\boldsymbol{\varepsilon}^p) \tag{5.140}$$

이 경우에는 드러커의 공리가 식(5.136) 대신에 다음 식으로 귀결된다.

$$d\boldsymbol{\varepsilon}^p = d\lambda \frac{\partial F}{\partial \boldsymbol{\sigma}} - d\boldsymbol{C}^{-1}(\boldsymbol{\varepsilon}^p) : \boldsymbol{\sigma} \tag{5.141}$$

여기에서, $\boldsymbol{C}^{-1}$은 $\boldsymbol{C} = [C_{ijkl}]$의 역텐서이다. 위 식은 Iliushin(1960)에 의해 최초로 유도되었다. 식(5.58)로 주어지는 탄성반응의 역을 취하고, 탄성변형률의 증분을 구하면,

$$\boldsymbol{\varepsilon}^e = \boldsymbol{C}^{-1}(\boldsymbol{\varepsilon}^p) : \boldsymbol{\sigma} \tag{5.142}$$

$$d\boldsymbol{\varepsilon}^e = d\boldsymbol{C}^{-1}(\boldsymbol{\varepsilon}^p) : \boldsymbol{\sigma} + \boldsymbol{C}^{-1}(\boldsymbol{\varepsilon}^p) : d\boldsymbol{\sigma} \tag{5.143}$$

따라서,

$$d\varepsilon = d\boldsymbol{\varepsilon}^e + d\boldsymbol{\varepsilon}^p = \boldsymbol{C}^{-1}(\boldsymbol{\varepsilon}^p) : d\boldsymbol{\sigma} + d\boldsymbol{C}^{-1}(\boldsymbol{\varepsilon}^p) : \boldsymbol{\sigma} + d\boldsymbol{\varepsilon}^p \tag{5.144}$$

그런데 $\boldsymbol{C}^{-1}(\boldsymbol{\varepsilon}^p)$는 이전의 소성변형에만 의존하므로, 현재의 항복곡면 내부의 응력경로에는 무관한 상수이다. 따라서, 항복곡면에서 시작하여 내부로 향하는 제하경로를 따라서 상수가 되므로, 식(5.123)은 다음과 같이 정리된다.

$$\begin{aligned} W = &\int_{t_0}^{t_1} (\boldsymbol{\sigma} - \boldsymbol{\sigma}_0) : \boldsymbol{C}^{-1}(\boldsymbol{\varepsilon}^p)_{t_1} : \dot{\boldsymbol{\sigma}} dt + \int_{t_1}^{t_2} (\boldsymbol{\sigma} - \boldsymbol{\sigma}_0) : [\boldsymbol{C}^{-1}(\boldsymbol{\varepsilon}^p)_t : \dot{\boldsymbol{\sigma}} + \dot{\boldsymbol{C}}^{-1}(\boldsymbol{\varepsilon}^p)_t : \boldsymbol{\sigma} + \dot{\boldsymbol{\varepsilon}}^p] dt \\ &+ \int_{t_2}^{t_3} (\boldsymbol{\sigma} - \boldsymbol{\sigma}_0) : \boldsymbol{C}^{-1}(\boldsymbol{\varepsilon}^p)_{t_2} : \dot{\boldsymbol{\sigma}} dt \ge 0 \end{aligned} \tag{5.145}$$

여기에서 $\dot{\boldsymbol{C}}^{-1}(\boldsymbol{\varepsilon}^p)$는 $\boldsymbol{C}^{-1}(\boldsymbol{\varepsilon}^p)$의 변화율이고, $\boldsymbol{C}^{-1}(\boldsymbol{\varepsilon}^p)_{t_1}$과$\boldsymbol{C}^{-1}(\boldsymbol{\varepsilon}^p)_{t_2}$는 각각 시간 t_1 및 $t_2(t_1 \le t \le t_2)$에서의 소성변형률 $\boldsymbol{\varepsilon}^p$로부터 계산된 탄성 컴플라이언스(compliance)를 나타낸다. $t_o \to t_1$ 및 $t_2 \to t_3$까지의 변형은 탄성적이므로, $\dot{\boldsymbol{C}}^{-1}(\boldsymbol{\varepsilon}^p)$는 영이 된다. $\delta t = t_2 - t_1$이라고 놓고, 이를 무한히 작게 잡으면,

$$\boldsymbol{C}^{-1}(\boldsymbol{\varepsilon}^p)_{t_2} \cong \boldsymbol{C}^{-1}(\boldsymbol{\varepsilon}^p)_{t_1} + \dot{\boldsymbol{C}}^{-1}(\boldsymbol{\varepsilon}^p)_{t_1} \delta t \tag{5.146}$$

$$\boldsymbol{C}^{-1}(\boldsymbol{\varepsilon}^p)_t \cong \boldsymbol{C}^{-1}(\boldsymbol{\varepsilon}^p)_{t_1} + \dot{\boldsymbol{C}}^{-1}(\boldsymbol{\varepsilon}^p)_{t_1} \eta \tag{5.147}$$

$$\dot{\boldsymbol{C}}^{-1}(\boldsymbol{\varepsilon}^p)_t \cong \dot{\boldsymbol{C}}^{-1}(\boldsymbol{\varepsilon}^p)_{t_1} + \ddot{\boldsymbol{C}}^{-1}(\boldsymbol{\varepsilon}^p)_{t_1}\eta \quad \text{단,} \ t = t_1 + \eta, \ 0 \le \eta \le \delta t \tag{5.148}$$

$\boldsymbol{C}^{-1}(\boldsymbol{\varepsilon}^p)_{t_1}$, $\dot{\boldsymbol{C}}^{-1}(\boldsymbol{\varepsilon}^p)_{t_1}$, $\ddot{\boldsymbol{C}}^{-1}(\boldsymbol{\varepsilon}^p)_{t_1}$을 간략하게 각각 $\boldsymbol{C}_1^{-1}$, $\dot{\boldsymbol{C}}_1^{-1}$, $\ddot{\boldsymbol{C}}_1^{-1}$로 나타내기로 하고, 식(5.146)-(5.148)을 식(5.145)에 대입하면 다음 식을 얻는다.

$$\begin{aligned} W = &\int_{C_\sigma} (\boldsymbol{\sigma} - \boldsymbol{\sigma}_0) : \boldsymbol{C}_1^{-1} : \dot{\boldsymbol{\sigma}} dt + \int_{t_1}^{t_2} (\boldsymbol{\sigma} - \boldsymbol{\sigma}_0) : [\dot{\boldsymbol{C}}_1^{-1} : \boldsymbol{\sigma} + \dot{\boldsymbol{\varepsilon}}^p] dt + \\ &\eta \int_{t_1}^{t_2} (\boldsymbol{\sigma} - \boldsymbol{\sigma}_0) : [\dot{\boldsymbol{C}}_1^{-1} : \boldsymbol{\sigma} + \ddot{\boldsymbol{C}}_1^{-1} : \dot{\boldsymbol{\sigma}}] dt + \delta t \int_{t_2}^{t_3} (\boldsymbol{\sigma} - \boldsymbol{\sigma}_0) : \dot{\boldsymbol{C}}_1^{-1} : \dot{\boldsymbol{\sigma}} dt \ge 0 \end{aligned} \tag{5.149}$$

위 식에서 마지막 두 항은 δt의 고차항이므로, $\delta t \to 0$에 따라 무시될 수 있다. 게다가 식(5.149)의 첫항은 탄성 컴플라이언스가 상수로 $\boldsymbol{C}_1^{-1}$인 재료에 가중 및 제하 폐쇄 경로를 따라서 축적된 탄성에너지를 나타낸다. 식(5.124)를 따르자면 이 항 또한 영이 된다. 따라서 식(5.149)는 다음과 같이 단순화된다.

$$W = \int_{t_1}^{t_2} (\boldsymbol{\sigma} - \boldsymbol{\sigma}_0) : [\dot{\boldsymbol{C}}_1^{-1} : \boldsymbol{\sigma} + \dot{\boldsymbol{\varepsilon}}^p] dt \ge 0 \tag{5.150}$$

$\delta t \to 0$인 경우를 가정하면, 피적분 항은 다음과 같이 근사화된다.

$$\begin{aligned} (\boldsymbol{\sigma} - \boldsymbol{\sigma}_0) : [\dot{\boldsymbol{C}}_1^{-1} : \boldsymbol{\sigma} + \dot{\boldsymbol{\varepsilon}}^p] = &[(\boldsymbol{\sigma} - \boldsymbol{\sigma}_0) : (\dot{\boldsymbol{C}}_1^{-1} : \boldsymbol{\sigma} + \dot{\boldsymbol{\varepsilon}}^p)]_{t_1} \\ &+ [\dot{\boldsymbol{\sigma}} : (\dot{\boldsymbol{C}}_1^{-1} : \boldsymbol{\sigma} + \dot{\boldsymbol{\varepsilon}}^p) + (\boldsymbol{\sigma} - \boldsymbol{\sigma}_0) : (\dot{\boldsymbol{C}}_1^{-1} : \dot{\boldsymbol{\sigma}} + \ddot{\boldsymbol{\varepsilon}}^p)]_{t_1} \delta t \end{aligned} \tag{5.151}$$

따라서, 식(5.150)은

$$\begin{aligned} W = &[(\boldsymbol{\sigma} - \boldsymbol{\sigma}_0) : (\dot{\boldsymbol{C}}_1^{-1} : \boldsymbol{\sigma} + \dot{\boldsymbol{\varepsilon}}^p)]_{t_1} \delta t \\ &+ [\dot{\boldsymbol{\sigma}} : (\dot{\boldsymbol{C}}_1^{-1} : \boldsymbol{\sigma} + \dot{\boldsymbol{\varepsilon}}^p) + (\boldsymbol{\sigma} - \boldsymbol{\sigma}_0) : (\dot{\boldsymbol{C}}_1^{-1} : \dot{\boldsymbol{\sigma}} + \ddot{\boldsymbol{\varepsilon}}^p)]_{t_1} \delta t^2 \ge 0 \end{aligned} \tag{5.152}$$

이로부터, 식(5.128)을 정리할 때와 마찬가지로 하여 두 개의 부등식을 얻을 수 있다. $t = t_0$ 일 때, $\boldsymbol{\sigma}_0$가 항복곡면상에 있지 않다면,

$$(\boldsymbol{\sigma} - \boldsymbol{\sigma}_0) : (\dot{\boldsymbol{C}}_1^{-1} : \boldsymbol{\sigma} + \dot{\boldsymbol{\varepsilon}}^p) \ge 0 \tag{5.153}$$

한편, $t = t_0$일 때 $\boldsymbol{\sigma}_0$가 항복곡면상에 있다면

$$\dot{\boldsymbol{\sigma}} : (\dot{\boldsymbol{C}}_1^{-1} : \boldsymbol{\sigma} + \dot{\boldsymbol{\varepsilon}}^p) \ge 0 \tag{5.154}$$

위 부등식들에서는 편의상 하첨자 1과 t_1을 생략하였다. 식(5.141)은 부등식 (5.154)

와 드러커가 이전에 발표하였던, 두 개의 기본가정으로부터 직접 얻을 수 있다. 여기에다가, 탄성-소성이 연계된 경우에는 $\dot{\boldsymbol{\varepsilon}}^p$가 더 이상 항복곡면에 직교하지 않을뿐더러 항복곡면이 반드시 볼록할 필요도 없다. 그러나, 탄성-소성이 연계되지 않아서 $\dot{\boldsymbol{C}}_1^{-1} = \boldsymbol{0}$ 이면, $\dot{\boldsymbol{\varepsilon}}^p$의 직교성과 항복곡면의 볼록성은 식(5.153)과 식(5.154)로부터 유도된다. 즉, 탄성-소성 연계성이 무시될 때만 직교성과 볼록성이 유지되는 것이다.

(3) 완전소성재료의 경우에 식(5.129)가 여전히 적용되지만, 식(5.130)은 다음과 같이 수정되어야 한다.

$$d\boldsymbol{\sigma} : d\boldsymbol{\varepsilon}^p = 0 \tag{5.155}$$

위와 같이 수정되어야 하는 이유는 항복곡면이 응력공간에 고정되므로, 소성변형이 일어나는 동안의 응력변화 $\Delta\boldsymbol{\sigma}$ 는 항복곡면의 접평면 방향으로만 일어날 수 있기 때문이다. 완전소성재료는 탄성-소성 연계성을 갖지 않으므로, 볼록성 및 직교성 조건이 유지된다.

5.8 소성변형시 일반적인 응력-변형률 관계

5.8.1 소성변형의 일관성 조건

지금까지는 소성변형시 응력-변형률관계를 세우기 위해 필요한 결과들을 소개하였다. 이제 이들 결과를 이용하여 일반적인 응력-변형률 관계를 세워보기로 하자. 5.1절에서 알아본 것처럼, 소성변형의 특성상 소성유동의 관계식은 증분형태나 이와 동등한 속도형태로 나타내야 한다. 즉, $\boldsymbol{C}^{ep}$를 시간에 무관한 탄소성 강성텐서(4차)라 할 때,

$$d\boldsymbol{\sigma} = \boldsymbol{C}^{ep} : d\boldsymbol{\varepsilon} \text{ 혹은, } \dot{\boldsymbol{\sigma}} = \boldsymbol{C}^{ep} : \dot{\boldsymbol{\varepsilon}} \tag{5.156}$$

위 식에서, 윗첨자 "^{ep}"는 탄소성변형임을 뜻한다. 이와 유사한 첨자표기를 사용하여 탄성변형에 대한 응력-변형률 관계식 (5.10)을 다음과 같이 나타낼수 있다.

$$d\boldsymbol{\sigma} = \boldsymbol{C}^e : d\boldsymbol{\varepsilon}^e \text{ 혹은, } \dot{\boldsymbol{\sigma}} = \boldsymbol{C}^e : \dot{\boldsymbol{\varepsilon}}^e \tag{5.157}$$

여기에서 $\boldsymbol{C}^e$는 탄성 강성텐서로서, 소성변형 중에는 일정하다고 가정한다.

탄소성 경화재료에 대한 증분식을 세우려면, 소성유동을 적절히 나타낼 수 있는 몇 가지 조건이 필요하다. 다음 가정들은 Prager(1949)가 주장한 것이다.

[가정 1] **연속성**(continuity) – 중립가중상태는 소성변형을 유발하지 않는다고 가정한다.

[가정 2] **유일성**(uniqueness) – 한 물체에 미소증분의 표면하중(traction)이 작용할 때, 그 결과 발생하는 응력과 변형률은 유일하다. 이 조건은 다음 부등식으로 나타낼 수 있다.

$$\dot{\boldsymbol{\sigma}} : \dot{\varepsilon}^p > 0 \quad \text{혹은, } d\boldsymbol{\sigma} : d\varepsilon^p > 0 \tag{5.158}$$

[가정 3] **비가역성**(irreversibility) – 소성일률 혹은 소성일 증분은 반드시 양이어야 한다.

$$\boldsymbol{\sigma} : \dot{\boldsymbol{\varepsilon}}^p > 0 \quad \text{혹은, } \boldsymbol{\sigma} : d\varepsilon^p > 0 \tag{5.159}$$

[가정 4] **일관성**(consistency) – 소성변형 동안에 응력상태 즉, 응력공간 내 응력점은 반드시 후속항복곡면 상에 있어야 한다. 바꿔 말하면, 소성변형상태에서의 가중은 또 다른 소성변형상태를 야기한다.

위의 네 가지 가정 외에도, 드러커의 공리에서 나오는 직교조건으로부터 두가지 조건을 더 찾을 수 있다. 이들은 항복곡면의 존재와 식(5.156)로 나타낸 $d\boldsymbol{\sigma}$와 $d\boldsymbol{\varepsilon}$간의 선형관계이다. 가정1과 가정3은 드러커 공리의 결과로부터 나온 것이라고 볼수 있다. 여기에서는 가정4에 대하여 보다 상세히 알아보자.

응력상태 $\boldsymbol{\sigma}$와 경화변수 $\boldsymbol{\alpha}$로 현재의 소성변형을 나타낸다고 하자. 편의상 경화텐서변수는 하나라고 가정한다. 그러면 $\boldsymbol{\sigma}$와 $\boldsymbol{\alpha}$는 다음 항복조건을 만족시켜야 한다.

$$F(\boldsymbol{\sigma}, \boldsymbol{\alpha}) = 0 \tag{5.160}$$

이제, 미소증분 $d\boldsymbol{\sigma}$로 인해 야기되는 소성변형을 생각해보자. 응력상태는 $(\boldsymbol{\sigma} + d\boldsymbol{\sigma})$가 되고, 소성변형으로 인한 경화변수도 $(\boldsymbol{\alpha} + d\boldsymbol{\alpha})$로 바뀔 것이다. 일관성 조건에 따르자면, $(\boldsymbol{\sigma} + d\boldsymbol{\sigma})$와 $(\boldsymbol{\alpha} + d\boldsymbol{\alpha})$역시 항복곡면상에 있어야 한다. 즉, 다음을 만족해야 한다.

$$F(\boldsymbol{\sigma} + d\boldsymbol{\sigma}, \boldsymbol{\alpha} + d\boldsymbol{\alpha}) = 0 \tag{5.161}$$

$d\boldsymbol{\sigma}$ 와 $d\boldsymbol{\alpha}$ 모두 미소증분이므로, 위 식을 다음과 같이 전개할 수 있다.

$$F(\boldsymbol{\sigma}+d\boldsymbol{\sigma},\boldsymbol{\alpha}+d\boldsymbol{\alpha})=F(\boldsymbol{\sigma},\boldsymbol{\alpha})+\frac{\partial F}{\partial \boldsymbol{\sigma}}:d\boldsymbol{\sigma}+\frac{\partial F}{\partial \boldsymbol{\alpha}}:d\boldsymbol{\alpha}=0 \tag{5.162}$$

여기에 (5.160) 및 (5.161)을 적용함으로써 다음과 같은 일관성 조건을 얻을 수 있다.

$$\frac{\partial F}{\partial \boldsymbol{\sigma}}:d\boldsymbol{\sigma}+\frac{\partial F}{\partial \boldsymbol{\alpha}}:d\boldsymbol{\alpha}=0 \tag{5.163}$$

만일, 경화변수가 텐서가 아니라 스칼라 α이면, 다음 식으로 정리된다.

$$\frac{\partial F}{\partial \boldsymbol{\sigma}}:d\boldsymbol{\sigma}+\frac{\partial F}{\partial \alpha}d\alpha=0 \tag{5.164}$$

이제, n 개의 경화변수가 있고, 그중 m 개는 텐서변수 나머지는 스칼라변수인 경우에는 일관성 조건이 다음과 같이 된다.

$$dF=\frac{\partial F}{\partial \boldsymbol{\sigma}}:d\boldsymbol{\sigma}+\sum_{i=1}^{m}\frac{\partial F}{\partial \boldsymbol{\alpha}_i}:d\boldsymbol{\alpha}_i+\sum_{j=1}^{(n-m)}\frac{\partial F}{\partial \alpha_j}d\alpha_j=0 \tag{5.165}$$

5.8.2 등방경화성재료

4.5.2절을 참조하면, 등방경화성재료에 대하여는 다음 식들이 성립함을 알고 있다.

$$d\boldsymbol{\varepsilon}^e=\boldsymbol{C}^{e-1}:d\boldsymbol{\sigma},\quad d\boldsymbol{\varepsilon}^p=d\lambda\frac{\partial F}{\partial \boldsymbol{\sigma}} \tag{5.166}$$

$$F(\boldsymbol{\sigma},\alpha)=f(\boldsymbol{\sigma})-\kappa(\alpha)=0 \tag{5.167}$$

경화변수는 변형경화가설이나 가공경화가설 중 어느 것을 사용하느냐에 따라서

$$\alpha=\bar{\varepsilon}^p \text{ 혹은, } \alpha=W^p \tag{5.168}$$

이 된다. 단축인장시험 결과로부터 함수형태 $\kappa=\kappa(\alpha)$를 미리 알고 있다고 하자. 일관성조건과 변형경화가설에 따른다고 하고, 식(5.166)을 사용하면,

$$dF=\frac{\partial f}{\partial \boldsymbol{\sigma}}:d\boldsymbol{\sigma}-\frac{d\kappa}{d\bar{\varepsilon}^p}d\bar{\varepsilon}^p=\frac{\partial f}{\partial \boldsymbol{\sigma}}:d\boldsymbol{\sigma}-\frac{d\kappa}{d\bar{\varepsilon}^p}\frac{2}{\sqrt{6}}d\lambda\sqrt{\frac{\partial f}{\partial \boldsymbol{\sigma}}:\frac{\partial f}{\partial \boldsymbol{\sigma}}}=0 \tag{5.169}$$

이로부터, 비례상수인 스칼라양 $d\lambda$을 다음과 같이 구할 수 있다.

$$d\lambda = \frac{l}{(2/\sqrt{6})(d\kappa / d\bar{\varepsilon}^p)\|\partial f / \partial \boldsymbol{\sigma}\|} = \frac{\sqrt{6}}{2}\frac{\boldsymbol{n} : d\boldsymbol{\sigma}}{d\kappa / d\bar{\varepsilon}^p} \tag{5.170}$$

위 식에서는 $\boldsymbol{n}$을 항복곡면의 단위법선벡터라 할 때 다음 정의를 사용하였다.

$$l = \frac{\partial f}{\partial \boldsymbol{\sigma}} : d\boldsymbol{\sigma}, \quad \left\|\frac{\partial f}{\partial \boldsymbol{\sigma}}\right\| = \sqrt{\frac{\partial f}{\partial \boldsymbol{\sigma}} : \frac{\partial f}{\partial \boldsymbol{\sigma}}} \quad \text{및} \quad \boldsymbol{n} = \frac{\partial f / \partial \boldsymbol{\sigma}}{\|\partial f / \partial \boldsymbol{\sigma}\|} \tag{5.171}$$

이 결과를 식(5.166)에 대입함으로써 소성변형률 증분과 경화변수는 다음과 같이 정리된다.

$$d\boldsymbol{\varepsilon}^p = \frac{\sqrt{6}}{2}\frac{\boldsymbol{n}}{d\kappa / d\bar{\boldsymbol{\varepsilon}}^p} l = \frac{\sqrt{6}}{2}\frac{(\boldsymbol{n} : d\boldsymbol{\sigma})}{d\kappa / d\bar{\boldsymbol{\varepsilon}}^p}\frac{\partial f}{\partial \boldsymbol{\sigma}} \tag{5.172}$$

$$d\alpha = d\bar{\varepsilon}^p = \frac{1}{2d\kappa / d\bar{\varepsilon}^p} l \tag{5.173}$$

위 식들은 식(5.36)과 (5.7)로 나타낸 일반형태에 부합된다.

변형률이 탄성성분과 소성성분으로 구분(덧셈분해)된다면

$$d\boldsymbol{\varepsilon} = d\boldsymbol{\varepsilon}^e + d\boldsymbol{\varepsilon}^p \tag{5.174}$$

이제, 식(5.172)를 위 식에 대입하여 보면

$$d\boldsymbol{\varepsilon} = \left[\boldsymbol{C}^{e-1} + \frac{\sqrt{6}}{2d\kappa / d\bar{\varepsilon}^p}\frac{\partial f}{\partial \boldsymbol{\sigma}}\boldsymbol{n}\right] : d\boldsymbol{\sigma} \tag{5.175}$$

로부터,

$$d\boldsymbol{\sigma} = \left[\boldsymbol{C}^{e-1} + \frac{\sqrt{6}}{2d\kappa / d\bar{\varepsilon}^p}\frac{\partial f}{\partial \boldsymbol{\sigma}}\boldsymbol{n}\right]^{-1} : d\boldsymbol{\varepsilon} = \boldsymbol{C}^{ep} : d\boldsymbol{\varepsilon} \tag{5.176}$$

따라서, 다음과 같은 탄소성 강성텐서를 얻을 수 있다.

$$\boldsymbol{C}^{ep} = \left[\boldsymbol{C}^{e-1} + \frac{\sqrt{6}}{2d\kappa / d\bar{\varepsilon}^p}\frac{\partial f}{\partial \boldsymbol{\sigma}}\boldsymbol{n}\right]^{-1} \tag{5.177}$$

경화성 재료에서는 $d\kappa / d\bar{\varepsilon}^p \neq 0$이므로, 위 식은 의미를 가진다.

가공경화가설을 사용한다면, 식(5.169) 대신에 다음 식을 얻는다.

$$dF = l - \frac{d\kappa}{dW^p} d\lambda \frac{\partial f}{\partial \boldsymbol{\sigma}} : \boldsymbol{S} = 0 \tag{5.178}$$

따라서,
$$d\lambda = \frac{l}{(d\kappa / dW^p)(\partial f / \partial \boldsymbol{\sigma}) : \boldsymbol{S}} \tag{5.179}$$

이며, 소성변형률 증분과 경화변수 증분은 각각 다음과 같다.

$$d\varepsilon^p = \frac{\partial f / \partial \boldsymbol{\sigma}}{(d\kappa / dW^p)(\partial f / \partial \boldsymbol{\sigma}) : \boldsymbol{S}} l, \quad d\alpha = dW^p = \frac{l}{d\kappa / dW^p} \tag{5.180}$$

이들도 식(5.36) 및 (5.37)의 일반형태에 부합된다. 변형경화의 경우와 마찬가지로 해서 다음 식을 유도할 수 있다.

$$d\boldsymbol{\varepsilon} = \left[\boldsymbol{C}^{e-1} + \frac{(\partial f / \partial \boldsymbol{\sigma})(\partial f / \partial \boldsymbol{\sigma})}{(d\kappa / dW^p)(\partial f / \partial \boldsymbol{\sigma}) : \boldsymbol{S}} \right] : d\boldsymbol{\sigma} \quad \text{및} \quad d\boldsymbol{\sigma} = \boldsymbol{C}^{ep} : d\boldsymbol{\varepsilon} \tag{5.181}$$

따라서, 가공경화가설을 따르는 경우의 탄소성 강성텐서는 다음과 같다.

$$\boldsymbol{C}^{ep} = \left[\boldsymbol{C}^{e-1} + \frac{(\partial f / \partial \boldsymbol{\sigma})(\partial f / \partial \boldsymbol{\sigma})}{(d\kappa / dW^p)(\partial f / \partial \boldsymbol{\sigma}) : \boldsymbol{S}} \right]^{-1} \tag{5.182}$$

〈von Mises 항복조건을 사용하는 경우의 강성텐서〉

변형경화재료에 대한 von Mises 항복함수와 강성텐서 계산에 필요한 항들은 다음과 같다.

$$J_2' - \tfrac{1}{3}\sigma_Y^2(\bar{\varepsilon}^p) = 0 \tag{5.183}$$

$$\frac{\partial f}{\partial \boldsymbol{\sigma}} = \frac{\partial J_2'}{\partial \boldsymbol{\sigma}} = \boldsymbol{S} \quad \text{및} \quad \frac{d\kappa}{d\bar{\varepsilon}^p} = \frac{1}{3}\frac{d\sigma_Y^2}{d\bar{\varepsilon}^p} = \frac{2}{3}\frac{d\sigma_Y}{d\bar{\varepsilon}^p}\sigma_Y \tag{5.184}$$

따라서, 변형경화재료의 탄소성 강성텐서는 다음과 같이 정리된다.

$$\boldsymbol{C}^{ep} = \left[\boldsymbol{C}^{e^{-1}} + \frac{9\boldsymbol{SS}}{4\sigma_Y^2(d\sigma_Y / d\bar{\varepsilon}^p)} \right]^{-1} \tag{5.185}$$

가공경화재료에 대하여는 식(5.183)에서 $\sigma_Y = \sigma_Y(\alpha) = \sigma_Y(W^p)$이므로,

$$\frac{d\kappa}{dW^p} = \frac{2}{3}\frac{d\sigma_Y}{dW^p}\sigma_Y \tag{5.186}$$

$$\boldsymbol{C}^{ep} = \left[\boldsymbol{C}^{e^{-1}} + \frac{9\boldsymbol{SS}}{4\sigma_Y^3(d\sigma_Y/dW^p)}\right]^{-1} \tag{5.187}$$

가 된다. 특히, 그림 4.17에 나타낸 선형경화성 재료의 경우에는 식(4.127)로부터, 다음 식이 성립된다.

$$\frac{d\sigma_Y}{dW^p} = \frac{E_p}{\sigma_Y} \tag{5.188}$$

일차원 가중시에 변형경화재료는

$$E_p = \frac{d\sigma_Y}{d\bar{\varepsilon}^p} = \frac{d\sigma_Y}{d\varepsilon^p}$$

가 된다. $d\sigma_Y/dW^p$와 K^p를 식(5.185)와 식(5.187)에 각각 대입해보면 von Mises 항복조건에서는 양자가 서로 동일함을 알 수 있다.

5.8.3 운동성(이동) 경화재료

4.5.3절에서 소개한 운동성 혹은 이동경화재료의 항복조건은 $\boldsymbol{\alpha}$를 배후응력, κ_0를 상수라 할 때, 다음과 같이 주어진다.

$$F(\boldsymbol{\sigma},\boldsymbol{\alpha}) = f(\boldsymbol{\sigma}-\boldsymbol{\alpha}) - \kappa_0 = 0 \tag{5.189}$$

$\boldsymbol{\alpha}$에 대한 구성식 즉, 변화식으로는 다음과 같은 모델들이 있다.

Prager 모델: $d\boldsymbol{\alpha} = c\,d\boldsymbol{\varepsilon}^p \quad (c>0)$ (5.190)

Ziegler 모델: $d\boldsymbol{\alpha} = (\boldsymbol{\sigma}-\boldsymbol{\alpha})d\mu$ (5.191)

〈Prager 운동성(이동) 경화모델을 사용한 강성텐서〉

Prager의 운동성(이동) 경화모델에 대하여 생각해 보면, 식(5.189)에 대한 일관성 조

건은

$$\frac{\partial f}{\partial \boldsymbol{\sigma}} : d\boldsymbol{\sigma} + \frac{\partial f}{\partial \boldsymbol{\alpha}} : d\boldsymbol{\alpha} = 0 \tag{5.192}$$

그런데,

$$\frac{\partial f}{\partial \boldsymbol{\sigma}} = -\frac{\partial f}{\partial \boldsymbol{\alpha}} \tag{5.193}$$

이므로, 식(5.192)는 식(5.166)을 사용하여 다음과 같이 나타낼 수 있다.

$$\frac{\partial f}{\partial \boldsymbol{\sigma}} : d\boldsymbol{\sigma} = \frac{\partial f}{\partial \boldsymbol{\sigma}} : c\,d\lambda \frac{\partial f}{\partial \boldsymbol{\sigma}} \tag{5.194}$$

이제, 위 식을 풀어서 스칼라 비례상수인 $d\lambda$를 구하면,

$$d\lambda = \frac{1}{c} \frac{\partial f / \partial \boldsymbol{\sigma} : d\boldsymbol{\sigma}}{\partial f / \partial \boldsymbol{\sigma} : \partial f / \partial \boldsymbol{\sigma}} = \frac{1}{c} \frac{l}{\partial f / \partial \boldsymbol{\sigma} : \partial f / \partial \boldsymbol{\sigma}} \tag{5.195}$$

따라서, 배후응력과 소성변형률 증분은 각각 다음과 같이 결정된다.

$$d\boldsymbol{\alpha} = \frac{\partial f / \partial \boldsymbol{\sigma}}{\partial f / \partial \boldsymbol{\sigma} : \partial f / \partial \boldsymbol{\sigma}} l = (\boldsymbol{n} : d\boldsymbol{\sigma})\boldsymbol{n} \tag{5.196}$$

$$d\boldsymbol{\varepsilon}^p = \frac{1}{c} \frac{\partial f / \partial \boldsymbol{\sigma}}{\partial f / \partial \boldsymbol{\sigma} : \partial f / \partial \boldsymbol{\sigma}} l = \frac{1}{c} (\boldsymbol{n} : d\boldsymbol{\sigma})\boldsymbol{n} \tag{5.197}$$

이들 식은 식(5.36) 및 (5.37)로 나타낸 일반형태에 부합됨을 다시 한 번 알 수 있다. 변형률의 전체증분은 탄성성분과 소성성분으로 구분된다고 하였으므로

$$d\varepsilon = d\boldsymbol{\varepsilon}^e + d\boldsymbol{\varepsilon}^p = [\boldsymbol{C}^{e^{-1}} + \frac{1}{c}\boldsymbol{nn}] : d\boldsymbol{\sigma} \tag{5.198}$$

따라서, 탄소성 강성텐서 $\boldsymbol{C}^{ep}$는 다음과 같다.

$$\boldsymbol{C}^{ep} = [\boldsymbol{C}^{e^{-1}} + \frac{1}{c}\boldsymbol{nn}]^{-1} \tag{5.199}$$

σ_{Y_0}를 초기항복응력이라고 할 때, von Mises 항복조건은

$$\frac{1}{2}(\boldsymbol{S} - \boldsymbol{\alpha}) : (\boldsymbol{S} - \boldsymbol{\alpha}) = \frac{1}{3}\sigma_{Y_0}^2 \tag{5.200}$$

이므로, 이 경우의 탄소성 강성텐서는 다음과 같다.

$$\boldsymbol{C}^{ep} = \left[\boldsymbol{C}^{e^{-1}} + \frac{1}{c} \frac{(\boldsymbol{S}-\boldsymbol{\alpha})(\boldsymbol{S}-\boldsymbol{\alpha})}{(\boldsymbol{S}-\boldsymbol{\alpha}):(\boldsymbol{S}-\boldsymbol{\alpha})} \right]^{-1} \tag{5.201}$$

만일, 탄성거동이 등방성이고 Poisson비를 ν로 나타내면 주응력공간에서 $\boldsymbol{C}^{ep}$의 성분은 다음과 같다.

$$\left[C_{ij}^{ep}\right] = \left\{ \frac{1}{E}\begin{bmatrix} 1 & -\nu & -\nu \\ -\nu & 1 & -\nu \\ -\nu & -\nu & 1 \end{bmatrix} + \frac{1}{c} \frac{1}{(\boldsymbol{S}-\boldsymbol{\alpha}):(\boldsymbol{S}-\boldsymbol{\alpha})} \begin{bmatrix} (s_{11}-\alpha_{11})^2 & (s_{11}-\alpha_{11})(s_{22}-\alpha_{22}) & (s_{11}-\alpha_{11})(s_{33}-\alpha_{33}) \\ (s_{22}-\alpha_{22})(s_{11}-\alpha_{11}) & (s_{22}-\alpha_{22})^2 & (s_{22}-\alpha_{22})(s_{33}-\alpha_{33}) \\ (s_{33}-\alpha_{33})(s_{11}-\alpha_{11}) & (s_{33}-\alpha_{33})(s_{22}-\alpha_{22}) & (s_{33}-\alpha_{33})^2 \end{bmatrix} \right\}^{-1} \tag{5.202}$$

Prager 모델에 따르면, 한 방향으로의 단축인장시 $\alpha_{22} = \alpha_{33} = -\frac{1}{2}\alpha_1$가 되므로, $(\boldsymbol{S}-\boldsymbol{\alpha}):(\boldsymbol{S}-\boldsymbol{\alpha}) = \frac{3}{2}(s_{11}-\alpha_{11})^2$이 된다. 따라서 식(5.202)에서

$$d\varepsilon_{11} = \left(\frac{1}{E} + \frac{2}{3c} \right) d\sigma_{11} \tag{5.203}$$

반면에, 단축 응력-변형률곡선의 접선기울기를 E_t라 하면,

$$d\varepsilon_{11} = \frac{1}{E_t} d\sigma_{11} \tag{5.204}$$

위 두 식을 같게 놓으면 상수 c를 구할 수 있다.

$$\frac{2}{3c} = \frac{1}{E_t} - \frac{1}{E} = \frac{1}{E_p} \tag{5.205}$$

즉, 운동성(이동)경화만 하는 경우에는 유동응력 곡선을 σ_f라 할 때,

$$c = \tfrac{2}{3} E_p = \tfrac{2}{3} \frac{d\sigma_f}{d\bar{\varepsilon}^p} \tag{5.206}$$

이다. 여기에서는 식(5.14)가 사용되었고, E_p는 단축응력시 $\sigma - \varepsilon^p$곡선의 기울기이다. 따라서 Prager 모델에 사용된 재료상수 c는 단축인장시험 혹은 단축압축시험으로부터 얻은 $\sigma - \varepsilon^p$곡선의 기울기항으로 결정할 수 있다.

〈Ziegler 운동성 경화모델을 사용한 강성텐서〉

Ziegler 모델 식(5.191)에 대한 일관성 조건은 다음과 같다.

$$\frac{\partial f}{\partial \boldsymbol{\sigma}} : d\boldsymbol{\sigma} + \frac{\partial f}{\partial \boldsymbol{\alpha}} : (\boldsymbol{\sigma} - \boldsymbol{\alpha}) d\mu = 0 \tag{5.207}$$

로부터,

$$\frac{\partial f}{\partial \boldsymbol{\sigma}} : d\boldsymbol{\sigma} = \frac{\partial f}{\partial \boldsymbol{\sigma}} : (\boldsymbol{\sigma} - \boldsymbol{\alpha}) d\mu \tag{5.208}$$

이로부터, 스칼라 비례상수 $d\mu$는 다음과 같이 결정된다.

$$d\mu = \frac{\partial f / \partial \boldsymbol{\sigma} : d\boldsymbol{\sigma}}{\partial f / \partial \boldsymbol{\sigma} : (\boldsymbol{\sigma} - \boldsymbol{\alpha})} = \frac{l}{\partial f / \partial \boldsymbol{\sigma} : (\boldsymbol{\sigma} - \boldsymbol{\alpha})} \tag{5.209}$$

이를 식(5.191)에 대입함으로써 식(5.36)의 특별한 형태인 다음 식을 얻는다.

$$d\boldsymbol{\alpha} = \frac{(\boldsymbol{\sigma} - \boldsymbol{\alpha})}{\partial f / \partial \boldsymbol{\sigma} : (\boldsymbol{\sigma} - \boldsymbol{\alpha})} l \tag{5.210}$$

위 식으로부터, $\boldsymbol{\alpha}$의 변화가 소성변형률 $\boldsymbol{\varepsilon}^p$나 그 증분 $d\boldsymbol{\varepsilon}^p$와 관련이 없으므로 $d\boldsymbol{\varepsilon}^p$가 일관성 조건에 포함되지 않음을 알 수 있다. 따라서, $d\lambda$를 일관성 조건으로부터 직접 구할 수 없지만, 직교성 조건을 이용하면 $d\lambda$를 결정할 수 있다. 즉, $d\boldsymbol{\varepsilon}^p$는 항복곡면에 직교하므로 응력증분 $d\boldsymbol{\sigma}$의 항복곡면 법선방향 성분을 $d\boldsymbol{\varepsilon}^p$의 배수로 나타내면 다음과 같다.

$$(\boldsymbol{n} : d\boldsymbol{\sigma})\boldsymbol{n} = K_p d\boldsymbol{\varepsilon}^p \tag{5.211}$$

여기에서 비례상수 K_p는 항복곡면 위 응력증분의 법선성분과 변형률증분의 비율을 나타내므로, "소성계수(plastic modulus)"라고 한다. 따라서,

$$d\boldsymbol{\varepsilon}^p = \frac{1}{K_p}(\boldsymbol{n} : d\boldsymbol{\sigma})\boldsymbol{n} = \frac{1}{K_p} \frac{l}{(\partial f / d\boldsymbol{\sigma} : \partial f / d\boldsymbol{\sigma})} \frac{\partial f}{d\boldsymbol{\sigma}} \tag{5.212}$$

위 식을 연관유동법칙(5.192)와 비교함으로써 다음과 같이 $d\lambda$를 구할 수 있다.

$$d\lambda = \frac{1}{K_p} \frac{l}{(\partial f / d\boldsymbol{\sigma} : \partial f / d\boldsymbol{\sigma})} \tag{5.213}$$

소성계수 K_p는 이미 설명한대로 단축인장이나 단축압축시험으로부터 결정할 수 있다.

von Mises 항복조건을 따르는 재료에서는

$$K_p = \frac{2}{3}E_p \tag{5.214}$$

이 되어 식(5.206)에서의 c와 같게 되고, 식(5.212)와 식(5.197)은 서로 비슷해 진다. 하지만, c는 $\boldsymbol{\alpha}$의 변화식에 사용되는 변수이고, K_p는 항복곡면의 이동을 나타내는 변수 $d\mu$와 무관하게 재료의 경화거동을 나타낸다는 점에서 "**c와 K_p의 의미는 서로 다르다**"는 점에 주의하자. 또한, Prager 모델의 상수 c와 Ziegler 모델에 사용되는 상수 $d\mu$는 각기 다른 방법으로 결정된다는 점이 흥미롭다. $d\mu$는 일관성 조건으로부터 결정되지만, c는 단축시험을 통해서 결정되어야 한다.

Ziegler 모델에 대한 $d\boldsymbol{\varepsilon}$와 $d\boldsymbol{\sigma}$간의 관계식은 (5.198)식에서 c 대신 K_p를 사용하면, 그 형태가 동일하다. 하지만, 식(5.212)과 (5.213)는 그 자체로 일반적이므로, 드러커 공리에 따르는 모든 경화성 재료에 적용되며, 심지어 K_p가 음수인 연화성 재료에까지 확장 적용될 수 있다. K_p를 적절히 선정함으로써, $d\boldsymbol{\varepsilon}^p$에 대하여 앞서 유도된 모든 식들을 재정리할 수 있다.

5.8.4 복합경화성 재료: 중첩형

논의를 간단히 하기 위해서, 가공경화와 Prager 운동성 경화모델이 복합된 경우만을 고려하기로 하자. 이 경우의 항복함수는 다음과 같이 나타낼 수 있다.

$$f(\boldsymbol{\sigma}-\boldsymbol{\alpha}) - \kappa(W^p) = 0 \tag{5.215}$$

소성변형이 일어나는 동안에 적용되어야 할 일관성 조건은 다음과 같다.

$$\frac{\partial f}{\partial \boldsymbol{\sigma}} : d\boldsymbol{\sigma} + \frac{\partial f}{\partial \boldsymbol{\alpha}} : d\boldsymbol{\alpha} - \frac{d\kappa}{dW^p} dW^p = 0 \tag{5.216}$$

식(4.123), (5.190), (5.193)을 이용하여 위 식을 정리하면

$$\frac{\partial f}{\partial \boldsymbol{\sigma}} : d\boldsymbol{\sigma} = c\,d\lambda \frac{\partial f}{\partial \boldsymbol{\sigma}} : \frac{\partial f}{\partial \boldsymbol{\sigma}} + d\lambda \frac{d\kappa}{dW^p} \frac{\partial f}{\partial \boldsymbol{\sigma}} : \boldsymbol{S} \tag{5.217}$$

이로부터 스칼라 비례상수 $d\lambda$를 구할 수 있다.

$$
\begin{aligned}
d\lambda &= \frac{\partial f / \partial \boldsymbol{\sigma} : d\boldsymbol{\sigma}}{c(\partial f / \partial \boldsymbol{\sigma} : \partial f / \partial \boldsymbol{\sigma}) + (d\kappa / dW^p)\partial f / \partial \boldsymbol{\sigma} : \mathbf{S}} \\
&= \frac{1}{K_p}\frac{l}{(\partial f / \partial \boldsymbol{\sigma} : \partial f / \partial \boldsymbol{\sigma})} = \frac{1}{K_p}\frac{\boldsymbol{n} : d\boldsymbol{\sigma}}{\|\partial f / \partial \boldsymbol{\sigma}\|}
\end{aligned}
\tag{5.218}
$$

여기에서 K_p는 다음식으로 정의한 것이다.

$$
K_p = c + \frac{(d\kappa / dW^p)\partial f / \partial \boldsymbol{\sigma} : \boldsymbol{S}}{\partial f / \partial \boldsymbol{\sigma} : \partial f / \partial \boldsymbol{\sigma}} \tag{5.219}
$$

따라서, 소성변형률증분 $d\boldsymbol{\varepsilon}^p$는

$$
d\boldsymbol{\varepsilon}^p = d\lambda \frac{\partial f}{\partial \boldsymbol{\sigma}} = \frac{1}{K_p}(\boldsymbol{n} : d\boldsymbol{\sigma})\boldsymbol{n} \tag{5.220}
$$

또한, $d\boldsymbol{\varepsilon}$와 $d\boldsymbol{\sigma}$의 관계식은

$$
d\boldsymbol{\varepsilon} = [C^{e^{-1}} + \frac{1}{K_p}\boldsymbol{nn}] : d\boldsymbol{\sigma} \tag{5.221}
$$

로 정의된다. 위 결과는 식(5.220)과 식(5.157)의 역텐서를 더하여 얻은 것이다.

von Mises 항복조건을 사용하고 축1-방향으로의 단축인장의 경우에, 식(5.200)에서 식(5.214)까지와 동일한 절차를 거치면 소성계수를 결정할 수 있다. 즉, K_p에 대한 식(5.219)에 $\partial f / \partial \boldsymbol{\sigma} = \boldsymbol{S}$를 대입하여 정리하면, 다음 식을 얻는다.

$$
K_p = c + \frac{d\kappa}{dW^p} = \frac{2}{3}E_p \tag{5.222}
$$

이로부터, 운동성 경화계수 c, 등방성 경화계수 $d\kappa / dW^p$, 소성계수 K_p간의 관계를 알 수 있다. 만일 위 계수들 중, 두 개가 실험적으로 결정되면, 나머지 하나는 위 식으로 결정할 수 있다.

한 가지 주의해야 할 점은, 단축인장시험이나 단축압축시험으로는 c와 $d\kappa / dW^p$의 합 만을 구할 수 있다는 점이다. 한 종류의 단축시험만을 사용하여, $d\kappa / dW^p$로 표시되는 등방성 경화효과와 c로 나타낸 운동성 경화의 차이를 알려면, 가중경로를 반대로

하거나 방향을 바꾸어야만 한다. 즉, c와 $d\kappa/dW^p$를 분리시키려면 가중-제하 실험을 수행하여야 한다.

5.8.5 완전소성재료

재료가 완전소성체이면, 식(5.181)에서 $d\kappa/dW^p = 0$이므로 의미를 잃게 되어, 앞서 유도한 모든 식들은 사용할 수 없게 된다. 이러한 완전소성재료에 대해서는 이미 설명한 것처럼 드러커의 공리를 다음과 같이 수정하여야 한다.

$$d\boldsymbol{\sigma} : d\boldsymbol{\varepsilon}^p = 0 \tag{5.223}$$

위 식의 의미는 응력증분이 항복곡면의 접평면에 놓일 때 소성변형이 일어난다는 것이다. 일차원 가중상태를 예로 들면, 응력이 항복응력에 도달하면 소성유동이 제한없이 지속되는 것으로 본다. 수학적으로는 응력과 변형률 간에 일대일 대응이 되지 않는다. 따라서, 재료가 완전소성체이면 $d\boldsymbol{\sigma}$와 $d\boldsymbol{\varepsilon}$의 일반적인 관계식은 특이성을 갖는다. (보다 정밀하게는 $d\boldsymbol{\sigma}$가 영이므로 $d\boldsymbol{\varepsilon}$에 대하여는 부정이다.) 물리적으로는 이러한 재료가 소성변형상태에 놓이면, 주어진 응력증분 $d\boldsymbol{\sigma}$에 대하여 무한한 변형률증분 $d\boldsymbol{\varepsilon}$이 생긴다. 이러한 물리적 상황 때문에 수학적 표현이 까다롭다. 하지만, 완전소성재료라 하더라도 탄성변형을 고려함으로써 $d\boldsymbol{\sigma}$와 $d\boldsymbol{\varepsilon}$간 관계식을 세울 수 있다.

완전소성재료에 대한 항복함수는 κ_0를 상수라 할 때, 다음과 같이 주어진다.

$$F(\boldsymbol{\sigma}) = f(\boldsymbol{\sigma}) - \kappa_0 = 0 \tag{5.224}$$

이 경우의 일관성 조건은 다음과 같다.

$$\frac{\partial f}{\partial \boldsymbol{\sigma}} : d\boldsymbol{\sigma} = 0 \tag{5.225}$$

위 식을 (5.223)와 비교함으로써 다음과 같이 연관유동법칙에 의해 소성변형률 증분을 구할 수 있다.

$$d\boldsymbol{\varepsilon}^{p} = d\lambda \frac{\partial f}{\partial \boldsymbol{\sigma}} \tag{5.226}$$

변형률 증분 전체를 탄성성분과 소성성분으로 구분할 수 있다는 기본적인 가정하에, 다음과 같이 정리할 수 있다.

$$d\varepsilon = d\varepsilon^{e} + d\boldsymbol{\varepsilon}^{p} = \boldsymbol{C}^{e^{-1}} : d\boldsymbol{\sigma} + d\lambda \frac{\partial f}{\partial \boldsymbol{\sigma}} \tag{5.227}$$

위 식의 양변에 $\partial f / \partial \boldsymbol{\sigma} : \boldsymbol{C}^{e}$를 곱하면

$$\frac{\partial f}{\partial \boldsymbol{\sigma}} : \boldsymbol{C}^{e} : d\varepsilon = \frac{\partial f}{\partial \boldsymbol{\sigma}} : d\boldsymbol{\sigma} + d\lambda \frac{\partial f}{\partial \boldsymbol{\sigma}} : \boldsymbol{C}^{e} : \frac{\partial f}{\partial \boldsymbol{\sigma}} \tag{5.228}$$

이로부터 스칼라 비례상수 $d\lambda$를 결정한다.

$$d\lambda = \frac{\partial f / \partial \boldsymbol{\sigma} : \boldsymbol{C}^{e} : d\varepsilon}{\partial f / \partial \boldsymbol{\sigma} : \boldsymbol{C}^{e} : \partial f / \partial \boldsymbol{\sigma}} \tag{5.229}$$

$d\lambda$를 식(5.227)에 대입하면

$$d\varepsilon^{p} = \frac{\partial f / \partial \boldsymbol{\sigma} : \boldsymbol{C}^{e} : d\varepsilon}{\partial f / \partial \boldsymbol{\sigma} : \boldsymbol{C}^{e} : \partial f / \partial \boldsymbol{\sigma}} \frac{\partial f}{\partial \boldsymbol{\sigma}} \tag{5.230}$$

참고로, 완전소성재료에서는 주어진 $d\boldsymbol{\sigma}$에 대하여 $\boldsymbol{C}^{ep}$와 $d\varepsilon$ 모두 정해지지 않기 때문에 위 식으로는 단지 $d\varepsilon^{p}$를 이론상으로만 결정하는 셈이다. 이제 식(5.227)은

$$d\varepsilon = \boldsymbol{C}^{e^{-1}} d\boldsymbol{\sigma} + \frac{\partial f}{\partial \boldsymbol{\sigma}} \frac{\partial f / \partial \boldsymbol{\sigma} : \boldsymbol{C}^{e} : d\varepsilon}{\partial f / \partial \boldsymbol{\sigma} : \boldsymbol{C}^{e} : \partial f / \partial \boldsymbol{\sigma}} \tag{5.231}$$

이 되므로 양변에 $\boldsymbol{C}^{e}$를 곱하여 정리하면,

$$d\boldsymbol{\sigma} = \left[\boldsymbol{C}^{e} - \frac{(\boldsymbol{C}^{e} : \partial f / \partial \boldsymbol{\sigma})(\partial f / \partial \boldsymbol{\sigma} : \boldsymbol{C}^{e})}{\partial f / \partial \boldsymbol{\sigma} : \boldsymbol{C}^{e} : \partial f / \partial \boldsymbol{\sigma}} \right] d\varepsilon = \boldsymbol{C}^{ep} : d\varepsilon \tag{5.232}$$

이 되어 $\boldsymbol{C}^{ep}$가 명확하게 정의된다. 이 때의 텐서 $\boldsymbol{C}^{ep}$는 특이성을 가지므로 $(\boldsymbol{C}^{ep})^{-1}$은 존재하지 않으며, 이 사실은 완전소성재료의 물리적 특성에 부합된다.

5.8.6 복합경화성 재료: 선형조합형

앞 절의 절차를 따르면, 경화성 재료에 대하여도 역텐서를 구하지 않고도 $\boldsymbol{C}^{ep}$를 직접 구할 수 있다. 이 방법은 역텐서를 구하지 않는다는 편리성 때문에 유한요소해석의 프로그래밍에 사용하기 편리하다.

운동성(이동) 경화를 하면서, 동시에 항복곡면의 크기를 나타내는 κ가 소성변형률에 따라 커지는 변형경화재료의 경우, 항복조건 및 일관성 조건은 각각 다음과 같다.

$$F(\boldsymbol{\sigma},\boldsymbol{\alpha}) = f(\boldsymbol{\sigma}-\boldsymbol{\alpha}) - \kappa(\bar{\varepsilon}^p) = 0 \tag{5.233}$$

$$dF = \frac{\partial f}{\partial \boldsymbol{\sigma}} : d\boldsymbol{\sigma} + \frac{\partial f}{\partial \boldsymbol{\alpha}} : d\boldsymbol{\alpha} - \frac{d\kappa}{d\bar{\varepsilon}^p} d\bar{\varepsilon}^p = 0 \tag{5.234}$$

〈Prager 운동성(이동) 경화와 등방성 경화의 중첩모델〉

식(5.190)을 사용하면,

$$\frac{\partial f}{\partial \boldsymbol{\alpha}} : d\boldsymbol{\alpha} = -\frac{\partial f}{\partial \boldsymbol{\sigma}} : c d\boldsymbol{\varepsilon} = -c d\lambda \frac{\partial f}{\partial \boldsymbol{\sigma}} : \frac{\partial f}{\partial \boldsymbol{\sigma}} = -c d\lambda \left\| \frac{\partial f}{\partial \boldsymbol{\sigma}} \right\|^2 \tag{5.235}$$

등방성 경화모델은 다음과 같다.

$$\frac{d\kappa}{d\bar{\varepsilon}^p} d\bar{\varepsilon}^p = \frac{2}{3} \sigma_Y E_p \sqrt{\frac{2}{3}} \left\| \frac{\partial f}{\partial \boldsymbol{\sigma}} \right\| d\lambda \tag{5.236}$$

여기에서, E_p는 등방성 경화에 국한하여 $E_p = d\sigma_Y / d\bar{\varepsilon}^p$로 정의된다. Prager의 이동경화모델과 등방성 경화모델이 조합되는 재료의 거동에는 선형조합변수 β를 사용하여 일관성 조건을 다음과 같이 나타낼 수 있다.

$$\begin{aligned} \frac{\partial f}{\partial \boldsymbol{\sigma}} : d\boldsymbol{\sigma} &= -\frac{\partial f}{\partial \boldsymbol{\alpha}} : d\boldsymbol{\alpha}(1-\beta) + \frac{d\kappa}{d\bar{\varepsilon}^p} d\bar{\varepsilon}^p \beta \\ &= c \left\| \frac{\partial f}{\partial \boldsymbol{\sigma}} \right\|^2 (1-\beta) d\lambda + \frac{2}{3} \sigma_Y E_p \sqrt{\frac{2}{3}} \left\| \frac{\partial f}{\partial \boldsymbol{\sigma}} \right\| \beta d\lambda \end{aligned} \tag{5.237}$$

이 모델은 선형조합변수 β에 따라서, 다음과 같은 경화모델이 만들어진다.

(1) $\beta = 1$: 등방성 경화모델

(2) $\beta = 0$: Prager 이동경화모델(항복곡면의 크기는 일정)

(3) $0 < \beta < 1$: 선형조합 복합경화성 모델(항복곡면이 커지면서 이동)

탄소성 변형률을 분해한 식의 양변에 $\partial f / \partial \boldsymbol{\sigma} : \boldsymbol{C}^e$ 를 내적하고, 식(5.237)의 결과를 대입하면,

$$\frac{\partial f}{\partial \boldsymbol{\sigma}} : \boldsymbol{C}^e : d\varepsilon = \frac{\partial f}{\partial \boldsymbol{\sigma}} : d\boldsymbol{\sigma} + d\lambda \frac{\partial f}{\partial \boldsymbol{\sigma}} : \boldsymbol{C}^e : \frac{\partial f}{\partial \boldsymbol{\sigma}} = \left[B + \frac{\partial f}{\partial \boldsymbol{\sigma}} : \boldsymbol{C}^e : \frac{\partial f}{\partial \boldsymbol{\sigma}} \right] d\lambda \tag{5.238}$$

혹은,

$$d\lambda = \frac{\dfrac{\partial f}{\partial \boldsymbol{\sigma}} : \boldsymbol{C}^e : d\varepsilon}{\left[B + \dfrac{\partial f}{\partial \boldsymbol{\sigma}} : \boldsymbol{C}^e : \dfrac{\partial f}{\partial \boldsymbol{\sigma}} \right]} \tag{5.239}$$

이 때, 탄소성 강성텐서는 다음과 같다.

$$\boldsymbol{C}^{ep} = \boldsymbol{C}^e - \frac{\left(\boldsymbol{C}_e : \partial f / \partial \boldsymbol{\sigma} \right) \left(\boldsymbol{C}_e : \partial f / \partial \boldsymbol{\sigma} \right)}{B + (\partial f / \partial \boldsymbol{\sigma}) : \boldsymbol{C}_e : (\partial f / \partial \boldsymbol{\sigma})} \tag{5.240}$$

여기에서 Prager 이동경화모델을 사용한 선형조합 복합경화성 재료에서는

$$B = B_{\text{Prager}} = c \left\| \frac{\partial f}{\partial \boldsymbol{\sigma}} \right\|^2 (1-\beta) + \frac{2}{3} \sigma_Y E_p \sqrt{\frac{2}{3}} \left\| \frac{\partial f}{\partial \boldsymbol{\sigma}} \right\| \beta = K_p \left\| \frac{\partial f}{\partial \boldsymbol{\sigma}} \right\|^2 \tag{5.241}$$

이다. 이 때, 소성계수는 다음과 같다.

$$K_p = c(1-\beta) + \frac{2}{3} \sqrt{\frac{2}{3}} \sigma_Y E_p \beta \left\| \frac{\partial f}{\partial \boldsymbol{\sigma}} \right\|^{-1} \tag{5.242}$$

von Mises 항복함수를 사용하는 경우에는

$$\frac{\partial f}{\partial \boldsymbol{\sigma}} : \frac{\partial f}{\partial \boldsymbol{\sigma}} = \left\| \frac{\partial f}{\partial \boldsymbol{\sigma}} \right\|^2 = \| s : s \|^2 = \frac{2}{3} \sigma_Y{}^2 \tag{5.243}$$

이므로,

$$B = B_{\text{Prager}} = \left\{ c(1-\beta) + \frac{2}{3} E_p \sigma_Y \beta \right\} \frac{2}{3} \sigma_Y{}^2 \tag{5.244}$$

가 된다.

〈Ziegler 운동성(이동) 경화와 등방성 경화의 중첩모델〉

식(5.191)을 사용하여, 다음과 같이 변수 Z를 도입하자.

$$d\boldsymbol{\alpha} = (\boldsymbol{\sigma} - \boldsymbol{\alpha})d\mu = (\boldsymbol{\sigma} - \boldsymbol{\alpha})Zd\lambda \tag{5.245}$$

Prager 모델에서와 마찬가지로 일관성 조건을 적용하면,

$$\begin{aligned} \frac{\partial f}{\partial \boldsymbol{\sigma}} : d\boldsymbol{\sigma} &= \left(\frac{\partial f}{\partial \boldsymbol{\sigma}} : d\boldsymbol{\alpha}\right)(1-\beta) + \left(\frac{d\kappa}{d\bar{\varepsilon}^p} d\bar{\varepsilon}^p\right)\beta \\ &= \left\{\frac{\partial f}{\partial \boldsymbol{\sigma}} : (\boldsymbol{\sigma} - \boldsymbol{\alpha})\right\} Zd\lambda(1-\beta) + \left(\frac{2}{3}\sigma_Y E_p \sqrt{\frac{2}{3}} \left\| \frac{\partial f}{\partial \boldsymbol{\sigma}} \right\| d\lambda\right)\beta \\ &= K_p\left(\frac{\partial f}{\partial \boldsymbol{\sigma}} : \frac{\partial f}{\partial \boldsymbol{\sigma}}\right)d\lambda = B_{\text{Ziegler}} d\lambda \end{aligned} \tag{5.246}$$

이로부터, 계수 $B = B_{\text{Ziegler}}$는 다음과 같이 정리된다.

$$B = B_{\text{Ziegler}} = \frac{\partial f}{\partial \boldsymbol{\sigma}} : (\boldsymbol{\sigma} - \boldsymbol{\alpha})Z(1-\beta) + \left(\frac{2}{3}\sigma_Y E_p\right)\sqrt{\frac{2}{3}} \left\| \frac{\partial f}{\partial \boldsymbol{\sigma}} \right\| \beta = K_p \left\| \frac{\partial f}{\partial \boldsymbol{\sigma}} \right\|^2 \tag{5.247}$$

5.9 미소변형 적용 알고리즘

재료의 구성방정식은 좌표계의 설정과 무관하여야 하므로, 구성방정식에 사용되는 물리량은 좌표계와 무관한 "객관성 조건(objectivity)"을 만족하여야 한다. 즉, 좌표계를 다르게 설정한다고 해서 구성방정식의 내용이 변화하면 안된다. 앞 절에서의 탄소성 구성방정식을 이용하여 응력증분을 구하면, 현재 시각(t_n)의 응력으로부터 다음 시각(t_{n+1})에서의 응력을 간단한 오일러식을 사용하여 다음과 같이 업데이트할 수 있다.

$$\boldsymbol{\sigma}_{n+1} = \boldsymbol{\sigma}_n + \Delta\boldsymbol{\sigma}_n \tag{5.248}$$

응력증분 $\Delta\boldsymbol{\sigma} = \dot{\boldsymbol{\sigma}}\Delta t$을 계산하는 과정에서, 코쉬응력의 경우, 응력속도(stress rate)$\dot{\boldsymbol{\sigma}}$이 객관성을 만족하지 않으므로, 객관성을 만족하는 응력속도를 사용하거나, 회전효과를 배

제하고 응력증분을 구하여야 한다. 즉,

(1) 객관성이 있는 응력속도를 사용하는 방법: 예를 들어 다음과 같은 Green- Naghdi (Green-McInnis라고도 함.) 응력속도를 사용할 수 있다.

$$\overset{\nabla}{\boldsymbol{\sigma}} = \dot{\boldsymbol{\sigma}} - \dot{\boldsymbol{R}}\boldsymbol{R}^T\boldsymbol{\sigma} + \boldsymbol{\sigma}\dot{\boldsymbol{R}}\boldsymbol{R}^T \tag{5.249}$$

(2) 강체 회전운동을 배제한, 즉, 회전되지 않은 상태에서 응력증분 $\Delta^R\boldsymbol{\sigma}$을 계산하여 응력을 업데이트할 수 있다. 이 방법은 수치계산이 간단하므로, 유한요소법과 같은 수치 알고리즘에 많이 사용된다.

객관성있는 응력속도를 사용하면, 응력텐서에 관한 1차 미분방정식을 풀어야 하므로 복잡해진다. 따라서, 알고리즘이 보다 간편한 위 (2)방법에 대하여 설명한다. 다음 식에서 Cauchy 응력 $^R\boldsymbol{\sigma}$의 응력속도는 강체 회전이 고려되지 않은 상태의 Green-Naghdi응력속도에 해당한다.

$$^R\dot{\boldsymbol{\sigma}} = \boldsymbol{R}^T\overset{\nabla}{\boldsymbol{\sigma}}\boldsymbol{R} \tag{5.250}$$

$$^R\boldsymbol{\sigma}_{n+1} = {}^R\boldsymbol{\sigma}_n + \Delta^R\boldsymbol{\sigma}_n \tag{5.251}$$

$$\boldsymbol{\sigma}_{n+1} = \boldsymbol{R}({}^R\boldsymbol{\sigma}_{n+1})\boldsymbol{R}^T \tag{5.252}$$

회전텐서 $\boldsymbol{R}$은 다음과 같이 변형구배텐서를 극분해(polar decomposition)하여 얻는다.

$$\boldsymbol{F} = \boldsymbol{RU}\ ,\quad \boldsymbol{R} = \boldsymbol{FU}^{-1} \tag{5.253}$$

회전되지 않은 상태에서의 응력증분 $\Delta^R\boldsymbol{\sigma}$을 구하려면, 회전되지 않은 상태에서의 변형률증분을 사용하면 된다. 회전되지 않은 모양에서의 속도벡터와 변형률텐서는 다음과 같이 구한다.

$$^R\dot{\boldsymbol{u}} = \boldsymbol{R}^T\dot{\boldsymbol{u}} \tag{5.254}$$

$$^R\dot{\varepsilon}_{ij} = \frac{1}{2}\left(\frac{\partial\,^R\dot{u}_i}{\partial\,^Rx_j} + \frac{\partial\,^R\dot{u}_j}{\partial\,^Rx_i}\right) \tag{5.255}$$

여기에서, $\partial/\partial\,^Rx_i$는 회전되지 않은 모양에서의 구배를 나타낸다.

유한요소법에 사용하는 경우, 이산화 과정에서 변위와 변형률증분을 나타내는 행렬

$\boldsymbol{B}$ 를 사용하면, 회전되지 않은 모양에서의 변형률증분은 다음과 같이 계산된다.

$$\Delta\boldsymbol{\varepsilon} = \boldsymbol{Bu}, \quad \Delta^R\boldsymbol{\varepsilon} = \boldsymbol{R}^T(\boldsymbol{Bu})\boldsymbol{R} \tag{5.256}$$

구성방정식을 회전되지 않은 모양에서의 텐서량으로 나타내면, 다음과 같이 될 것이다.

$$\Delta^R\boldsymbol{\sigma} = \boldsymbol{\Psi}({}^R\boldsymbol{\sigma}, \Delta^R\boldsymbol{\varepsilon}) \tag{5.257}$$

$\boldsymbol{\Psi}$ 의 형태에 무관하게, 회전되지 않은 모양에서 구성식을 만들면, 이는 탄소성 변형과정 전체에 모두 적용될 수 있다.

5.10 변형소성이론

이 장에서 지금까지 설명한 응력-변형률 관계는 모두 증분형태(혹은 속도형태)로 설명하였으며, 따라서 증분소성이론이라고 한다. 이 장의 서두에서 소개한 것처럼 증분소성이론의 기초는 소성변형이 가중경로에 의존한다는 것이므로, 최종변형상태를 알려면 가중경로를 따라서, 증분형 응력-변형률 관계를 적분해 나가야 한다. 반면에, 총응력 및 총변형률 즉, 최종응력과 변형률 성분간의 관계를 직접 제공하고자 하는 소성이론이 있다. 이러한 이론을 "변형소성이론(deformation theory of plasticity)"이라고 한다. 최초의 변형이론은 Hencky (1924)가 제안하였다.

Hencky-Ilyushin 변형이론은 총 소성변형률 텐서 $\boldsymbol{\varepsilon}^p$가 총 편차응력텐서 $\boldsymbol{S}$에 비례한다는 것이다.

$$\boldsymbol{\varepsilon}^p = \phi\boldsymbol{S} \tag{5.258}$$

위 식은 Prandtl-Ruess 식에서 소성변형률증분 $d\boldsymbol{\varepsilon}^p$ 대신에 총 소성변형률 $\boldsymbol{\varepsilon}^p$를 사용하는 것과 비슷하다. 이 제안은 $\boldsymbol{\varepsilon}^p$가 $\boldsymbol{S}$와 동축(同軸)임을 의미하고, $\boldsymbol{S}$의 주응력축과 $\boldsymbol{\sigma}$의 주응력축은 같으므로 $\boldsymbol{\sigma}$와도 동축이 된다. 여기서 $\boldsymbol{\varepsilon}^p$는 편차텐서임에 유의하자.

식(5.251)의 양변에 자신을 각각 곱하면

$$\boldsymbol{\varepsilon}^p : \boldsymbol{\varepsilon}^p = \phi^2\boldsymbol{S} : \boldsymbol{S} \tag{5.259}$$

여기에 다음과 같은 유효응력 $\bar{\sigma}$와 유효소성변형률 $\bar{\varepsilon}^p$를 정의하면

$$\bar{\sigma} = \sqrt{\tfrac{3}{2}\boldsymbol{S} : \boldsymbol{S}} \tag{5.260}$$

$$\bar{\varepsilon}^p = \sqrt{\tfrac{2}{3}\boldsymbol{\varepsilon}^p : \boldsymbol{\varepsilon}^p} \tag{5.261}$$

비례함수 ϕ는 $\bar{\sigma}$와 $\bar{\varepsilon}^p$의 항으로 결정된다.

$$\phi = \frac{3\bar{\varepsilon}^p}{2\bar{\sigma}} \tag{5.262}$$

따라서, 위 결과를 식(5.251)에 대입하면

$$\boldsymbol{\varepsilon}^p = \frac{3\bar{\varepsilon}^p}{2\bar{\sigma}}\boldsymbol{S} \tag{5.263}$$

변형이론의 한 부분으로, 위 식에 사용되는 유동응력은 $\bar{\sigma}$와 $\bar{\varepsilon}^p$간의 보편적 관계식이 존재하고, 단축인장시험이나 단축압축시험으로 결정할 수 있다고 본다.

$$\bar{\sigma} = \bar{\sigma}(\bar{\varepsilon}^p) \tag{5.264}$$

5.2절에서 언급한 후크의 법칙으로부터 탄성변형 $\boldsymbol{\varepsilon}^e$가 결정된다. 총변형률 $\boldsymbol{\varepsilon}$이 $\boldsymbol{\varepsilon}^e$와 $\boldsymbol{\varepsilon}^p$의 합으로 구성된다면

$$\boldsymbol{\varepsilon} = \frac{\boldsymbol{S}}{2G} + \frac{3\bar{\varepsilon}^p}{2\bar{\sigma}}\boldsymbol{S} + \frac{3\sigma_m}{K}\boldsymbol{I} \tag{5.265}$$

여기에서 $\sigma_m = J_1/3$은 평균응력, K는 체적탄성계수이고, $\boldsymbol{I}$는 단위텐서이다. 만일 $\boldsymbol{\varepsilon}^e$가 $\boldsymbol{\varepsilon}^p$에 비해 무시할 수 있을만큼 작다면, 변형이론의 구성식은 보다 단순화 된다.

$$\boldsymbol{\varepsilon} = \frac{3\bar{\varepsilon}}{2\bar{\sigma}}\boldsymbol{S} \tag{5.266}$$

$$\bar{\sigma} = \bar{\sigma}(\bar{\varepsilon}) \tag{5.267}$$

소성변형에 관한 위 식은 탄성변형에 대한 식(5.55)의 보다 일반화된 형태이다. 탄성변형의 경우에는 $\bar{\sigma} = 3G\bar{\varepsilon}$ 이며, 식(5.259)는 후크의 법칙으로 환원된다.

소성변형은 경로에 의존하는 것이 일반적이므로 변형이론은 매우 제한적으로만 이용된다. 이미 논의한대로, 소성변형은 두 가지 중요한 특성 즉, 하중에 대한 비선형거동과

소성유동의 비가역성을 갖는다. 비가역성으로 인해, 소성변형의 경로의존성이 생기고 따라서 구성식이 증분형태로 되어야 한다. 하지만, 각 성분별로 비례를 유지하는 하중경로를 따라서는 응력과 변형률 간의 관계가 근본적으로 비선형인 변형이론도 소성변형을 타당하게 기술할 수 있다. 실제로, 다음과 같은 비례적 가중(즉, 모든 응력성분이 같은 비율도 증가) 시에는 증분이론이 변형이론으로 단순화될 수 있다.

$$\boldsymbol{\sigma} = k\boldsymbol{\sigma}_0 \tag{5.268}$$

단, k는 단조증가하는 비례상수이고 $\boldsymbol{\sigma}_0$는 임의의 기준 응력상태이다. 이로부터,

$$\bar{\sigma} = k\bar{\sigma}_0 \quad \text{및} \quad \boldsymbol{S} = k\boldsymbol{S}_0 \tag{5.269}$$

이 경우에 대하여 증분형태의 Prandtl-Reusss식을 정리하면

$$d\varepsilon^p = \frac{3\bar{\varepsilon}^p}{2\bar{\sigma}}\boldsymbol{S} = \frac{3d\bar{\varepsilon}^p}{2\bar{\sigma}_0}\boldsymbol{S}_0 \tag{5.270}$$

이 되고, 이는 다음과 같이 쉽게 적분 된다.

$$\boldsymbol{\varepsilon}^p = \frac{3\bar{\varepsilon}^p}{2\bar{\sigma}_0}\boldsymbol{S}_0 = \frac{3\bar{\varepsilon}^p}{2\bar{\sigma}}\boldsymbol{S} \tag{5.271}$$

이 결과는 Hencky-Ilyushin 변형구성모델로서, 이 식에 따르면 소성변형률은 최종 혹은 현재 응력상태만의 함수이고 가중경로에 무관하다.

변형이론이 비례적 가중시에만 사용되는 것은 아니다. 실제로 변형이론이 제한적으로만 사용되어야 하는가에는 아직 의문의 여지가 있다. 하지만, 소성변형의 비가역성 때문에 변형이론은 매우 조심해서 사용되어야만 한다는 것을 강조해 둔다. 비례적 가중경로에서 많이 벗어난 가중경로를 따를 때, 변형이론을 사용한다면 심각한 오차가 야기될 수도 있다.

제5장

예제와 풀이

예제

5.1 von Mises 항복조건을 따르는 알루미늄 재료가 있다. 이 재료는 von Mises 항복조건과 소성변형시 유동법칙 $\dot{\varepsilon}_{ij}^{p} = \dot{\lambda}\dfrac{\partial f}{\partial \sigma_{ij}}$ 을 따른다고 한다.

(1) $\dfrac{\partial f}{\partial \boldsymbol{\sigma}} = \left[\dfrac{\partial f}{\partial \sigma_{ij}}\right] = [s_{ij}]$ 임을 보이시오.

(2) 이 재료가 $(\sigma_1, \sigma_2, \sigma_3)$ =(200, 100, 0) [MPa] 에서 탄소성변형하고 있다. 1초 동안에 $d\varepsilon_{11} = 0.01$ 이 측정되었다. 변형률속도 텐서를 구하시오.

(3) 유동법칙의 양변에 편차응력을 텐서적하여 $\dot{\lambda}$ 을 구하시오.

(4) 유동법칙의 양변에 유동법칙 자체를 텐서적하여 $\dot{\lambda}$ 을 구하시오.

5.2 1. von Mises 항복조건을 따르고, 초기 항복응력이 30MPa, 유동응력 곡선이 $\sigma_f = K\varepsilon^n = 100\varepsilon^{0.2}$[MPa]로 주어지는 금속재료가 있다.(단, ε은 총 유효변형률) 이 재료로 인장시편을 만들어서 단순인장시험을 수행한다. 이 시편의 표점거리 50mm를 10초 동안 60mm까지 늘렸다가 제하(unloading)시켰을 때, 다음 물음에 답하시오.

(1) 편차평면에 초기 항복곡면을 그리시오.

(2) 표점거리가 60mm 되었을 때의 항복곡면을 위 그림에 겹쳐서 그리시오.

(3) 완전히 제하시킨 후에 시편의 표점거리 내 한 질점이 겪은 응력주기를 위 그림에 표시하시오.

(4) 표점거리 60mm 될 때까지 시편에 행해진 탄성변형 일을 계산하시오.

(5) 응력주기 동안에 행해진 전체 일을 계산하시오.

5.3 von Mises 항복조건을 따르고, 초기 항복응력이 30MPa, 유동응력 곡선이 $\sigma_f = K\varepsilon^n = 200\varepsilon^{0.2}$ [MPa]로 주어지는 금속재료가 있다.(단, ε 은 총 유효변형률) 이 재료로 만들어진 시편이, $(\sigma_1, \sigma_2, \sigma_3)$ =(200, 100, 0) [MPa] 에서 탄소성변형하고 있다. 단, 가중되는 동안에, 각 응력성분은 비율을 유지하면서 단조증가 하였다고 가정한다.

(1) 편의상 응력텐서를 3×1 벡터 $\boldsymbol{\sigma}^T = (\sigma_{11}, \sigma_{22}, \sigma_{33})$로 나타낸다고 하자. 이 재료에 대하여 $\dfrac{\partial f}{\partial \boldsymbol{\sigma}}$을 3×1 벡터로 계산하시오.

(2) 이 재료의 Young 계수와 Poisson 비는 각각 E =70 [GPa], ν =0.32이다. 탄성강성계수 행렬을 3×3 행렬로 나타낸 뒤, $\dfrac{\partial f}{\partial \boldsymbol{\sigma}} : \mathbf{C}^e : \dfrac{\partial f}{\partial \boldsymbol{\sigma}} = [\dfrac{\partial f}{\partial \sigma_{ij}} \dfrac{\partial f}{\partial \sigma_{kl}} C^e_{ijkl}]$를 계산하시오.

(3) 응력성분이 단조증가한 결과 시편에 생긴 유효변형률을 계산하시오.

(4) 이 재료가 등방성 경화만 한다고 보고, $E_p = \dfrac{d\sigma_Y}{d\varepsilon^p}$를 계산하시오.

(5) Prager 이동경화-등방성 경화의 선형조합모델에서 $\beta = 1.0$인 경우에 B를 계산하시오.

(6) 소성계수 K_p를 계산하시오.

5.4 von Mises 항복조건을 따르고, 초기 항복응력이 100MPa인 금속재료가 있다. 이 재료로 만들어진 시편이 응력성분 비율을 유지하면서 단조증가 하여, $(\sigma_1, \sigma_2, \sigma_3)$ =(200, 100, 0) [MPa] 에서 탄소성변형하고 있다. 이 때의 가중상태에서 얻은 유동응력 곡선이 $\sigma_f = K\varepsilon^n = 200\varepsilon^{0.2}$ [MPa]라고 하자.(단, ε은 총 유효변형률) 또한, 가중-제하-반대방향가중 실험으로부터 항복곡면 크기의 변화율 $E_p = \dfrac{d\sigma_Y}{d\varepsilon^p}$가 소성계수의 50%임을 알았다.

(1) 응력성분이 단조증가한 결과 시편에 생긴 유효변형률을 계산하시오.

(2) 이 때의 소성계수 $K_p = \dfrac{2}{3}\dfrac{d\sigma_f}{d\varepsilon^p}$를 계산하시오.

(3) 선형조합형 경화모델에서 $\beta = 0.4$일 때, Prager 이동경화모델의 계수 c를 구하시오.

(4) 선형조합형 경화모델에서 $\beta = 0.4$일 때, Ziegler 이동경화모델의 계수 $Z = \dfrac{d\mu}{d\lambda}$를 구하시오. 단, 이 때 $\boldsymbol{\alpha} = 0.5\boldsymbol{\sigma}$로 가정한다.

예제 풀이

5.1

(1) $f = J_2' = \frac{1}{2} s_{ij} s_{ij} = \frac{1}{2}\left(\sigma_{ij} - \sigma_m \delta_{ij}\right)\left(\sigma_{ij} - \sigma_m \delta_{ij}\right)$

Thus, $\frac{\partial f}{\partial \sigma_{ij}} = \sigma_{ij} - \sigma_m \delta_{ij} = s_{ij}$

(2) Since $\sigma_m = \frac{\sigma_1 + \sigma_2 + \sigma_3}{3} = 100$ MPa, $\left(S_1, S_2, S_3\right) = \left(100, 0, -100\right)$ [MPa]

Therefore $\dot{\varepsilon}_{11} = 0.01$, $\dot{\varepsilon}_{22} = 0$ and $\dot{\varepsilon}_{33} = -0.01$

Thus, $\dot{\varepsilon} = \begin{bmatrix} 0.01 & 0 & 0 \\ 0 & 0 & 0 \\ 0 & 0 & -0.01 \end{bmatrix}$

(3) Squared on both side of eq. $\dot{\varepsilon}_{ij}^{p} = \dot{\lambda} \frac{\partial f}{\partial \sigma_{ij}} = \dot{\lambda} s_{ij}$,

$\dot{\varepsilon}_{ij}^{p} \cdot s_{ij} = \dot{\lambda} s_{ij} \cdot s_{ij} = \dot{\lambda} \cdot \frac{2}{3} \sigma_Y{}^2 = \sigma_Y \dot{\bar{\varepsilon}}$ (by von-Mises)

Therefore, $\dot{\lambda} = \frac{3}{2} \frac{\dot{\bar{\varepsilon}}}{\sigma_Y}$

Since $\dot{\bar{\varepsilon}} = \sqrt{\frac{2}{3} \dot{\varepsilon}_{ij}^{p} \cdot \dot{\varepsilon}_{ij}^{p}} = \sqrt{\frac{2}{3} \cdot 2 \cdot 0.01^2} = 0.0115\ \text{s}^{-1}$ &

$\sigma_Y = \sqrt{\frac{2}{3} s_{ij} \cdot s_{ij}} = \sqrt{\frac{2}{3} \cdot 2 \cdot 100^2} = 173.21$ MPa, $\dot{\lambda} = \frac{3}{2} \frac{\dot{\bar{\varepsilon}}}{\sigma_v} = 9.959 \cdot 10^{-5}\ \text{MPa}^{-1} \cdot \text{s}^{-1}$

(4) $\dot{\varepsilon}_{ij}^{p} \cdot \dot{\varepsilon}_{ij}^{p} = \dot{\lambda}^2 s_{ij} \cdot s_{ij} = \frac{4}{9} \dot{\lambda}^2 \sigma_Y{}^2$ (by von-Mises)

Therefore, $\dot{\lambda} = \frac{3}{2} \frac{\dot{\bar{\varepsilon}}}{\sigma_Y}$

5.2

(1)

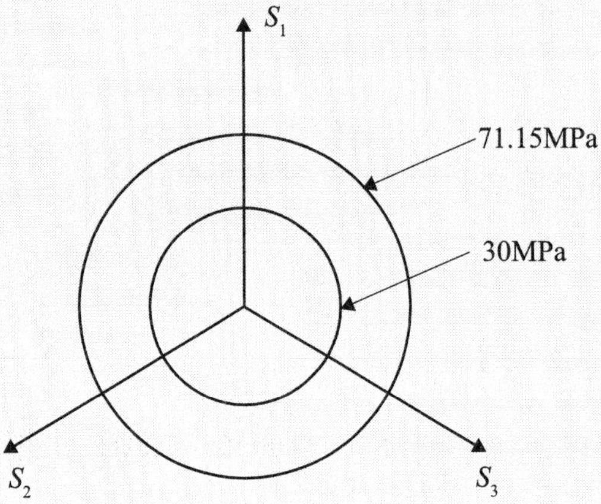

(2) Since $\varepsilon = \ln\left(\dfrac{60}{50}\right) = 0.1823$, $\sigma_f = 100 \cdot 0.1823^{0.2} = 71.15$ MPa

(3)

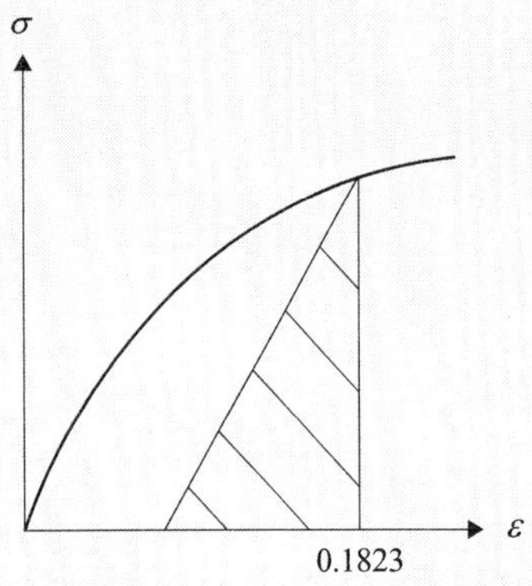

(4) Assume the Young's modulus is 210 GPa

Then, $\varepsilon_e = \dfrac{71.15}{210000} = 3.389 \cdot 10^{-4}$

Therefore, $\mathrm{W}_e = \dfrac{1}{2} \cdot 3.389 \cdot 10^{-4} \cdot 71.15 \cdot 10^{6} = 12056.4$ J

(5) $\mathrm{W} = \mathrm{W}_{tot} - \mathrm{W}_e = \int_0^{0.1823} 100\varepsilon^{0.2} d\varepsilon - 12056.4 = 10.796$ MJ

5.3

(1) Since $\sigma_m = \dfrac{\sigma_1+\sigma_2+\sigma_3}{3} = 100 \text{ MPa}, (S_1, S_2, S_3) = (100, 0, -100)$ [MPa]

$$\frac{\partial f}{\partial \sigma_{ij}} = \sigma_{ij} - \sigma_m \delta_{ij} = s_{ij} = (100, 0, -100)^{\mathrm{T}} \text{ [MPa]}$$

(2)

$$\mathbf{C}^e = \begin{bmatrix} \mu+2G & \mu & \mu \\ \mu & \mu+2G & \mu \\ \mu & \mu & \mu+2G \end{bmatrix}$$

$$\mu = \frac{E\nu}{(1+\nu)(1-2\nu)} = 47.14 \text{ GPa}$$

$$G = \frac{E}{2(1+\nu)} = 26.5 \text{ GPa}$$

(3) $\sigma_Y = \sqrt{\dfrac{2}{3} s_{ij} \cdot s_{ij}} = \sqrt{\dfrac{2}{3} \cdot 2 \cdot 100^2} = 173.21 \text{ MPa}$

Thus, $173.21 = 200 \cdot \bar{\varepsilon}^{0.2}$

$\bar{\varepsilon} = 0.4871$

(4) $E_p = \dfrac{d\sigma_Y}{d\varepsilon^p} = 200 \cdot 0.2 \cdot \varepsilon^{-0.8} = 40\varepsilon^{-0.8}$

Thus, $\left.\dfrac{d\sigma_Y}{d\varepsilon^p}\right|_{\varepsilon=0.4871} = 40 \cdot 0.4871^{-0.8} = 71.12 \text{ MPa}$

(5) $\mathrm{B} = \dfrac{2}{3}\sigma_Y E_p \sqrt{\dfrac{2}{3}} \left\| \dfrac{\partial f}{\partial \boldsymbol{\sigma}} \right\| = \dfrac{4}{9} {\sigma_Y}^2 E_p = 948320.53 \text{ MPa}^3$

(6) $K_p = \dfrac{2}{3} \cdot \left.\dfrac{d\sigma_Y}{d\varepsilon^p}\right|_{\varepsilon=0.4871} = \dfrac{2}{3} \cdot 40 \cdot 0.4871^{-0.8} = 47.41 \text{ MPa}$

5.4

(1) Since $\sigma_m = \dfrac{\sigma_1+\sigma_2+\sigma_3}{3} = 100$ MPa, $(S_1, S_2, S_3) = (100, 0, -100)$ [MPa]

Therefore, $\sigma_Y = \sqrt{\dfrac{2}{3} s_{ij}\cdot s_{ij}} = \sqrt{\dfrac{2}{3}\cdot 2\cdot 100^2} = 173.21$ MPa

Thus, $173.21 = 200\cdot\bar{\varepsilon}^{0.2}$

$\bar{\varepsilon} = 0.4871$

(2) $\dfrac{d\sigma_f}{d\varepsilon^p} = 200\cdot 0.2\cdot\varepsilon^{-0.8} = 40\varepsilon^{-0.8}$

Thus, $K_p = \dfrac{2}{3}\cdot\dfrac{d\sigma_f}{d\varepsilon^p}\Bigg|_{\bar{\varepsilon}=0.4871} = \dfrac{2}{3}\cdot 40\cdot 0.4871^{-0.8} = 47.41$ MPa

(3) $\mathrm{B}_{\mathrm{Prager}} = c\left\|\dfrac{\partial f}{\partial\boldsymbol{\sigma}}\right\|^2(1-\beta) + \dfrac{2}{3}\sigma_Y E_p\sqrt{\dfrac{2}{3}}\left\|\dfrac{\partial f}{\partial\boldsymbol{\sigma}}\right\|\beta$

Since $\dfrac{\partial f}{\partial\boldsymbol{\sigma}} = [100, 0, -100]^{\mathrm{T}}$ [MPa], $\left\|\dfrac{\partial f}{\partial\boldsymbol{\sigma}}\right\| = \sqrt{100^2+100^2} = 141.42$ MPa

And $\sigma_Y = 173.21$ MPa, $E_P = \dfrac{1}{2}K_P = 23.71$ MPa

Therefore, $c = 68.48$ MPa

(4) $\dfrac{\partial f}{\partial\boldsymbol{\sigma}}\cdot(\sigma-\alpha)\cdot \mathrm{Z}\cdot(1-\beta) + \left(\dfrac{2}{3}\sigma_Y E_p\right)\cdot\sqrt{\dfrac{2}{3}}\cdot\left\|\dfrac{\partial f}{\partial\boldsymbol{\sigma}}\right\|\cdot\beta = K_p\cdot\left\|\dfrac{\partial f}{\partial\boldsymbol{\sigma}}\right\|^2$

Thus, $Z = 136.96$ MPa

제6장 유한소성변형

연성파괴, 소성가공, 변형률 집중 같은 문제들을 비롯하여 많은 공학문제에서는 상세하고 일관성 있는 유한변형(finite deformation)해석이 필요하다. 특히, 이제는 컴퓨터의 계산능력이 고도화되어 보다 복잡하고 현실적인 구성모델을 사용할 수 있게 되었다. 그 결과로, 공업재료의 탄소성 유한변형 구성식의 모델링이 많은 주목을 받고 있다. 이 장에서는 유한변형에 대한 소성이론을 수식화하는데 필요한 기본적인 원리들을 우선 설명한다. 구성식 모델링시 주로 미소변형과 유한변형 간의 차이점을 지적하고, 유한변형에 내재된 까다로운 사항들도 살펴본다. 유한변형이론을 몇 가지 선택하여 간단하게 설명하고, 단순전단의 경우를 예로 들어서 유한변형 구성식의 흥미로운 점들을 설명한다. 또한, 유한변형이론에서 나타나는 주된 상충점 중 하나로서, 전단변형률이 증가함에 따라서 전단응력이 진동하는, 물리적으로는 나타날 수 없는 현상에 대하여 소개한다.

6.1 유한변형의 특성

유한변형 탄소성 구성식 모델링은 미소변형 탄소성 모델과 몇 가지 점에서 다르다. 우선, 미소변형 탄소성 모델에 대한 소성이론을 일반적인 형태로 나타내면 다음과 같다.

$$\text{항복함수:}\quad F = f(\boldsymbol{\sigma},\boldsymbol{\alpha}) - \kappa \tag{6.1}$$

$$\text{유동법칙:}\quad d\varepsilon = d\lambda \frac{\partial Q}{\partial \sigma} \tag{6.2}$$

$$\text{경화에 대한 구성식:}\quad \dot{\kappa} = \dot{\kappa}(\bar{\varepsilon}^{p}) \tag{6.3}$$

$$\text{배후응력의 진화식:}\quad \dot{\boldsymbol{\alpha}} = \varphi(\boldsymbol{\sigma},\boldsymbol{\alpha})\dot{\boldsymbol{\sigma}} \tag{6.4}$$

참고로, 식(6.4)의 φ는 $\boldsymbol{\alpha}$와 $\boldsymbol{\sigma}$의 함수로 4차텐서이다. (식(5.15)와 (5.18)을 참조)

항복곡면에 근거하는 다른 모든 소성이론들과 마찬가지로, 유한변형에서도 항복곡면, 소성변형률속도나 증분에 관한 구성식(즉, 유동법칙), 그리고 경화변수들(즉, 배후응력 $\boldsymbol{\alpha}$와 등방성 경화변수 κ)에 대한 구성식을 정의하여야 한다. 식(6.1)~(6.4)은 미소 탄소성변형의 경우에만 성립하고 정당화되는 것들이다. 불행히도, 이들 식을 직접 일반화하여 유한 탄소성변형에 적용하면 이후에 설명하는 몇 가지 심각한 문제가 일어난다.

6.1.1 응력과 변형률의 척도

제2장에서 설명한 것처럼, 연속체의 변형상태는 여러 가지의 변형률 척도를 사용하여 기술할 수 있다. 예를 들면, 라그랑지 기술방식에서의 Almansi-Hemel 변형률텐서 $\boldsymbol{E}$와 오일러 기술방식에서의 $\boldsymbol{e}$가 있다. 연속체의 응력상태를 나타내는 응력척도의 경우도 상황은 비슷하다. 유한 탄소성변형의 구성식 모델에 사용할 만한 응력척도로 오일러 기술방식의 코쉬 응력텐서 $\boldsymbol{\sigma}$와 Kirchhoff 응력텐서 $\boldsymbol{\tau}$가 있고, 라그랑지 기술방식에 속하는 Piola-Kirchhoff 응력텐서 $\boldsymbol{\Sigma}^{\mathrm{I}}$와 $\boldsymbol{\Sigma}^{\mathrm{II}}$가 있다. 응력이나 변형률에서 두 가지의 척도가 사용되는 이유는 기준모양을 초기모양, 아니면 현재모양으로 달리 잡기 때문이다. 미소변형에서는 그 차이를 무시할 만하므로, $\boldsymbol{\sigma}$, $\boldsymbol{\tau}$, $\boldsymbol{\Sigma}^{\mathrm{I}}$, $\boldsymbol{\Sigma}^{\mathrm{II}}$가 모두 같아지고, $\boldsymbol{E}$와 $\boldsymbol{e}$도 동일한 텐서가 되어 미소변형률 텐서 $\boldsymbol{\varepsilon}$로 정확하게 근사된다. 그 결과, 미소변형에 대

한 소성이론을 수식화할 때는 식(6.1)~(6.4)로 주어지는 것처럼, 수식화에 무슨 종류의 응력이나 변형률 척도를 사용할 것인지에 대하여 언급할 필요가 없다.

한편, 유한 탄소성변형의 경우에는, 서로 다른 응력 및 변형률 척도간의 차이를 무시할 수 없기 때문에, 응력 척도와 변형률 척도를 별도로 정해야만 한다. 예를 들어, 단축인장이나 단축압축이라 하더라도 식(2.161)~(2.163)에 유도한 것처럼, 코쉬응력 $\boldsymbol{\sigma}$, Piola-Kirchhoff 응력 $\boldsymbol{\Sigma}^{\mathrm{I}}$와 $\boldsymbol{\Sigma}^{\mathrm{II}}$는 각각 다음과 같이 다르게 주어진다.

$$\sigma_{11} = \frac{P}{\lambda_2^2 A_0} = \frac{P}{A} \tag{6.5}$$

$$\Sigma_{11}^{\mathrm{I}} = \frac{P}{A_0} \tag{6.6}$$

$$\Sigma_{11}^{\mathrm{II}} = \frac{P}{\lambda_1 A_0} \tag{6.7}$$

여기에서 A_o와 A는 각각 초기 단면적 및 현재 단면적이고, λ_1과 λ_2는 각각 가중방향 및 그에 수직한 방향으로의 신장비이다. 이들 식으로부터 다음 관계를 얻을 수 있다.

$$\frac{\sigma_{11}}{\Sigma_{11}^{\mathrm{I}}} = \frac{1}{\lambda_2^2} \quad \text{및} \quad \frac{\sigma_{11}}{\Sigma_{11}^{\mathrm{II}}} = \frac{\lambda_1}{\lambda_2^2} \tag{6.8}$$

위 관계에서, 변형이 미소할 때는 $\lambda_1 \cong 1$ 및 $\lambda_2 \cong 1$이 되어, $\sigma_{11} \approx \Sigma_{11}^{\mathrm{I}} \approx \Sigma_{11}^{\mathrm{II}}$가 된다. λ_1과 λ_2가 커지면, 이들 응력 간의 차이도 커지게 된다. 이와 유사한 해석을 변형률 척도에도 적용할 수 있다. 1.1절에서 로그변형률(자연변형률 혹은 진변형률)을 $\boldsymbol{\varepsilon}$, 공칭변형률을 $\hat{\boldsymbol{\varepsilon}}$라 할 때, 다음을 보인 바 있다.

$$\hat{\varepsilon}_{11} = \varepsilon_{11} + \tfrac{1}{2}(\varepsilon_{11})^2 + \tfrac{1}{3!}(\varepsilon_{11})^3 + \cdots \tag{6.9}$$

변형률에서도 미소변형인 경우에 한하여 역시 $\boldsymbol{\varepsilon}$과 $\hat{\boldsymbol{\varepsilon}}$이 같아진다.

여러 가지 응력이나 변형률 척도들은 각각의 차이로 인하여, 특정한 척도를 사용하면 거기에 맞는 특정한 변형거동이 나타나게 된다. 한 예로써, 적절하게 풀림처리된 금속에 코쉬응력 $\boldsymbol{\sigma}$를 사용하면, 단축인장이나 단축압축에서의 응력-변형률 곡선이 일치하므로, 적절하게 정의된 유효응력과 유효변형률 간의 보편적인 곡선이 존재한다는 것을 5.3절에서 설명한 바 있다. 하지만, 공칭응력 즉, 제1종 Piola-Kirchhoff 응력 $\boldsymbol{\Sigma}^{\mathrm{I}}$을 사용하면, 단축인장과 단축압축에서의 응력-변형률 곡선은 미소변형률 영역에서만 일치하고, 변형률이 유한하면 그림 6.1에 나타낸 것처럼 두 곡선 간에 차이가 벌어진다. 이러한 현상은 어떠한 변형률 척도를 사용하더라도 나타난다.

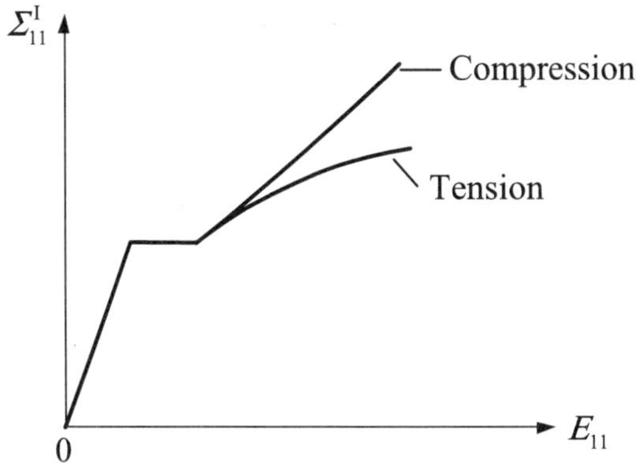

Fig. 6.1 단축인장 및 단축압축에 대한 공칭응력-변형률 곡선

유한변형에 대한 소성이론의 수식화에 사용할 응력 및 변형률 척도를 선택하거나, 아니면 라그랑지 혹은 오일러 기술방식 중 어느 것을 사용할 것인지 하는 문제는 다음 두 가지 고려사항을 제외하면, 단순히 기호문제이다. 즉, 첫째로는, 수식화에 사용하거나 차후에 해를 구할 때 편리하고 단순해야 한다. 두번째로는, 실제 물리현상을 정밀하게 알아보고자 할 때 사용하기 편리해야 한다. 예로써, 등방성경화 소성이론에서는 유효응력과 유효변형률 간의 보편적 함수가 중요하므로, 제1종 Piola-Kirchhoff 응력 $\boldsymbol{\Sigma}^{\mathrm{I}}$보다는 코쉬응력 $\boldsymbol{\sigma}$를 많이 사용한다.

6.1.2 객관성을 유지하는 응력속도

일관성 조건에서 설명한 것처럼, 소성모델의 수식화에는 응력속도가 필요하다. 응력속도는 우선 비례상수 λ의 표현에 나타나고, 이어서 경화변수 κ 및 $\boldsymbol{\alpha}$에 대한 구성방정식에도 포함된다. 또한, 식(6.4)에 나타낸 것처럼, 배후응력 $\boldsymbol{\alpha}$의 구성방정식을 수식화할 때도 응력속도가 필요하다. 소성변형을 기술하는 구성방정식은 객관적이어야 한다. 그러나, 3.6절에서 논의한 것처럼, 코쉬응력 $\boldsymbol{\sigma}$의 시간에 대한 물질미분인 응력속도는 객관적이지 않으므로, 구성방정식에 사용하기가 부적절하다. 배후응력 $\boldsymbol{\alpha}$은 현재모양을 기준으로 정의되는 코쉬응력 $\boldsymbol{\sigma}$와 같은 특성을 가지므로, $\boldsymbol{\alpha}$의 속도 역시 구성방정식에 사용하기가 부적절하다.

이러한 이유로 인해, 소성변형의 미소변형모델에 사용된 식(6.1)~(6.4)는 코쉬응력을 그대로 둔 채로는 유한변형 모델에 적용될 수가 없다. 무엇보다도 물질 속도 $\dot{\boldsymbol{\sigma}}$및 $\dot{\boldsymbol{\alpha}}$를 객관성을 유지하는 어떤 다른 항으로 대체하여야만 한다. 3.6절에서 객관성을 유지하는 응력속도를 몇 가지 소개한 바 있다. 이 장에서는 유한변형 소성이론의 구성방정식에 사용할 최적의 객관적 응력속도를 선택하는 방법에 대하여 알아본다.

미소변형 이론에서는 모든 객관적 속도를 물질속도로 근사할 수가 있다. 반면에 유한변형에서는 구성방정식이 적절히 수정되지 않은 상태에서 서로 다른 객관적 속도를 사용하면, 그 결과 얻는 해가 매우 달라지므로 근사과정이 그리 단순하지가 않다. 이들 각각의 속도들이 모두 객관성을 가지므로, 객관성의 원칙 즉, 좌표계 무관성의 원칙 이상의 것들이 고려되어야 한다. 이 경우에는 유한변형에 따른 소성유동 속에 숨어 있는 물리현상이 가장 중요한 고려사항일 것이다. 현재로서는 어떤 객관적 속도가 최적이냐 하는데 있어서 일반적으로 합의된 것은 없다.

이 장에서는 유한소성유동에 대한 구성방정식을 표현함에 있어서, 임의의 객관적 속도를 사용한다. 그 이유는 어떤 특정 속도가 다른 속도에 비해 우월하다고 강조하는 것을 피하기 위함이다. 단, 단순전단 문제에 있어서는 여러 종류의 동시회전성 속도를 사용하여 그 결과를 서로 비교해 볼 것이다. 하지만, 이 경우에도 어떤 종류의 속도를 선택할 것이냐 하는 문제는, 좌표계 설정 무관성이나 해의 진동특성보다는 실험적 근거에 의해서만 논의될 것이다.

6.1.3 변형률 척도의 분해

탄소성 미소변형 이론에서는, 탄성제하라는 물리적 과정을 감안하여, 소성변형률 및 그 속도는 하중이 제거될 때 남게 되는 영구변형률 및 그 변형률속도라고 정의함으로써, 미소변형률 텐서 $\boldsymbol{\varepsilon}$을 다음과 같이 명백하게 탄성성분과 소성성분으로 구분(덧셈분해)한다.

$$\boldsymbol{\varepsilon} = \boldsymbol{\varepsilon}^e + \boldsymbol{\varepsilon}^p \tag{6.10}$$

$$d\boldsymbol{\varepsilon} = d\boldsymbol{\varepsilon}^e + d\boldsymbol{\varepsilon}^p \tag{6.11}$$

하지만, 탄소성 유한변형에서는 변형률 척도 및 그 속도를 명확하게 정의할 수 없다. 이러한 모호성의 핵심에는 "탄소성 유한변형시 탄성변형과 소성변형 사이에 상호 복합되는 상황이 존재한다는 사실"이 놓여 있다. 게다가, 유한변형 시에는 다른 종류의 변형률 척도 및 그에 상응하는 속도를 사용할 수도 있다. 어떤 척도를 사용하느냐 하는 문제는 기호와 편의성에 따른다.

미소변형에 대한 소성이론을 탄소성 유한변형의 경우로 일반화시키고자 할 때, 추가로 야기되는 문제점들로는 무응력 혹은 중간모양이 존재한다는 점과 유한변형으로 비롯되는 대회전(large rotation)이 발생한다는 점이 있다. 따라서, 소성이론을 유한변형으로 일반화시키고자 할 때는, 단순히 사용한 기호를 바꾸는 이상의, 훨씬 복잡한 절차를 거쳐야 한다.

마지막으로, 유한변형을 실용적으로 정의함에 있어서, 보편적으로 수용되는 기준이 없다는 점을 언급해 둔다. "유한(有限, finite)"이란 용어는 "미소(微小, infinitesimal)"라는 용어에 대하여 상대적으로 사용될 뿐이다. "미소"라는 용어는 원래모양과 현재모양 간의 차이가 너무 작아서 무시될 수 있다는 의미로 사용된다. 따라서, 응력과 변형률 모두 원래모양을 기준으로 정의한다. 이런 관점에서, 원래 모양을 기준으로 정의한 응력 및 변형률과 현재 모양을 기준으로 정의한 응력 및 변형률의 차이를 무시할 수 없을 때는 "변형이 유한하다"고 보는 것이 합리적일 것이다.

6.2 유한소성변형의 운동학

이 절에서는 변형구배 $\boldsymbol{F}$를 곱분해(multiplicative decomposition)하고, 그에 대한 근거를 제시하며, 변형속도 텐서를 덧셈분해(additive decomposition)하는 것에 대하여 소개한다.

가공경화성 연성재료가 탄소성 유한변형 영역에서 응력을 받으면, 탄성변형과 소성변형이 모두 생기면서 전체 변형에 이를 것이다. 만일 하중이 제거된다면 물체는 무응력 상태로 되돌아간다고 볼 수 있고, 하중제거 과정에서 탄성변형률이 회복될 것이다. 무응력 상태에서 남아있는 변형률을 '소성변형률'이라고 간주하자.

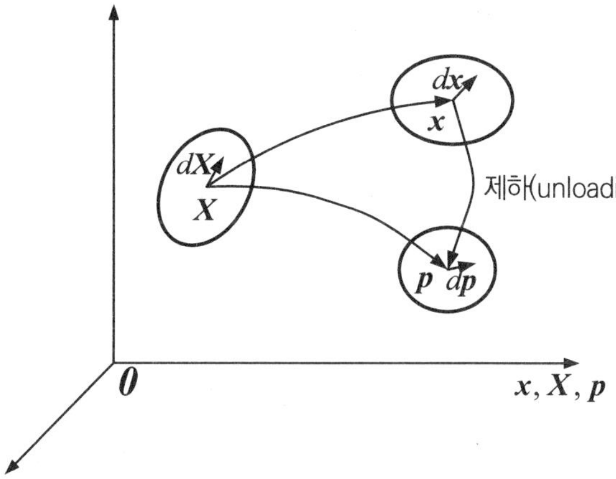

Fig. 6.2 동일 물체의 초기 모양, 중간 모양, 현재 모양을 겹쳐서 나타낸 개략도

그림 6.2에 나타낸 것처럼, 어떤 연속체 내의 임의질점의 원래 좌표 즉, 라그랑지 좌표를 $\boldsymbol{X}$로 나타내고, 변형 중에 있는 동일 질점의 현재좌표 즉, 오일러 좌표를 $\boldsymbol{x}$로 나타내자. 그러면, 제2장에서 정의한 변형구배를 $\boldsymbol{F}$라고 할 때, 임의의 미소 선요소 $d\boldsymbol{X}$는 다음 식에 따라서 $d\boldsymbol{x}$로 변형한다.

$$d\boldsymbol{x} = \boldsymbol{F}d\boldsymbol{X} \tag{6.12}$$

이제 좌표 $\boldsymbol{p}$를 사용하여 나타내는 중간모양을 하나 생각한다. 이 때 $\boldsymbol{p}$는 그림에 나타낸 것처럼, 현재모양의 연속체를 제하하여 무응력 상태가 되도록 하거나, 아니면 원래 모양이 순수하게 소성변형만을 받아서 얻어진다고 하자. 그러면, 위 식(6.12)로 기술한 미소 선요소 $d\boldsymbol{X}$의 변형은 다음과 같은 두 단계를 밟아서 이루어진다.

(1) $d\boldsymbol{X}$는 소성유동에 의해 다음과 같이 중간모양에서의 $d\boldsymbol{p}$로 변형된다.

$$d\boldsymbol{p} = \boldsymbol{F}^{p}d\boldsymbol{X} \tag{6.13}$$

단, 여기서 $\boldsymbol{F}^p$는 다음과 같이 $\boldsymbol{X}$ 로부터 $\boldsymbol{p}$ 로 변환하는 소성변형구배이다.

$$\boldsymbol{F}^p = \frac{\partial \boldsymbol{p}}{\partial \boldsymbol{X}} \tag{6.14}$$

(2) $d\boldsymbol{p}$는 계속 변형하여, 탄성변형에 의해 다음과 같이 현재모양의 $d\boldsymbol{x}$로 변형된다.

$$d\boldsymbol{x} = \boldsymbol{F}^e d\boldsymbol{p} \tag{6.15}$$

여기에서 $\boldsymbol{F}^e$는 탄성변형구배이며, 다음과 같이 표현된다.

$$\boldsymbol{F}^e = \frac{d\boldsymbol{x}}{d\boldsymbol{p}} \tag{6.16}$$

식(6.13)과 (6.15)를 식(6.12)와 비교함으로써, 변형구배는 다음과 같이 곱분해를 할 수 있다.

$$\boldsymbol{F} = \boldsymbol{F}^e \boldsymbol{F}^p \tag{6.17}$$

실제의 경우에는, 물체가 불균질한 소성변형을 겪은 후에는 균일한 무응력 상태에 도달하는 대신에 잔류응력 상태로 응력이 남게 된다. 이 경우에는 물체가 무한히 많은 미소요소들로 구성되어 있고, 각 요소는 잔류응력을 방출한 후에 무응력 상태에 도달할 수 있다고 가정하자. 이렇게 가정한다면, 진정한 무응력 상태에서의 모양은 불연속하게 될 것이지만, 질점으로 둘러싼 미소요소의 변형을 연결시키도록 $\boldsymbol{F}^p$와 $\boldsymbol{F}^e$를 '점함수(point function)'로 정의한다면 식(6.17)은 여전히 성립한다. 만일, 소성유동이 균질하다면 $\boldsymbol{F}^p$와 $\boldsymbol{F}^e$는 연속함수가 된다.

점$\boldsymbol{p}$에 의해 표현되는 중간모양은 유일하게 결정되지 않는 것이 일반적인데, 그 이유는 임의의 강체회전운동이 물체에 중첩되면서 물체를 무응력 상태로 남겨둘 수 있기 때문이다. 이 상황은 다음과 같이 증명된다. 즉, $\boldsymbol{Q}$를 임의의 강체회전을 나타내는 한 직교텐서(orthogonal tensor)라고 하면,

$$\boldsymbol{F} = \boldsymbol{F}^e \boldsymbol{F}^p = \boldsymbol{F}^e \boldsymbol{Q}^{\mathrm{T}} \boldsymbol{Q} \boldsymbol{F}^p = \hat{\boldsymbol{F}}^e \hat{\boldsymbol{F}}^p \tag{6.18}$$

여기에서,
$$\hat{\boldsymbol{F}}^e = \boldsymbol{F}^e \boldsymbol{Q}^{\mathrm{T}} \quad \text{및} \quad \hat{\boldsymbol{F}}^p = \boldsymbol{Q} \boldsymbol{F}^p \tag{6.19}$$

$\hat{\boldsymbol{F}}^p$로 결정되는 모양은 무응력 상태의 모양이 단지 강체회전한 것이므로, 여전히 무응력 상태이다. 해의 유일성을 보장하기 위해, 탄성응력 제거과정 동안 회전이 동반되지

않은 순수변형으로만 이루어진다고 가정하자. 즉, $\hat{\boldsymbol{F}}^p$를 다음과 같이 대칭텐서가 되도록 선택한다고 하자.

$$\hat{\boldsymbol{F}}^e = \boldsymbol{V}^e \tag{6.20}$$

식(6.20)과 Almansi-Hemel 변형률 텐서식 (2.55) 및 (2.56)으로부터,

$$\boldsymbol{E} = \tfrac{1}{2}\left(\boldsymbol{F}^{\mathrm{T}}\boldsymbol{F} - \boldsymbol{I}\right) = \boldsymbol{F}^{p^{\mathrm{T}}}\boldsymbol{E}^e\boldsymbol{F}^p + \boldsymbol{E}^p \tag{6.21}$$

$$\boldsymbol{e} = \tfrac{1}{2}[\boldsymbol{I} - (\boldsymbol{F}^{-1})^{\mathrm{T}}\boldsymbol{F}^{-1}] = \boldsymbol{e}^e + (\boldsymbol{V}^{e^{-1}})^{\mathrm{T}}\boldsymbol{e}^p\boldsymbol{V}^{e^{-1}} \tag{6.22}$$

여기에서,

$$\boldsymbol{E}^e = \tfrac{1}{2}(\boldsymbol{V}^{e^2} - \boldsymbol{I}) \ \text{ 및 } \ \boldsymbol{E}^p = \tfrac{1}{2}(\boldsymbol{F}^{p^T}\boldsymbol{F}^p - \boldsymbol{I}) \tag{6.23}$$

$$\boldsymbol{e}^e = \tfrac{1}{2}[\boldsymbol{I} - (\boldsymbol{V}^{e^{-1}})^{\mathrm{T}}\boldsymbol{V}^{e^{-1}}] \text{ 및 } \boldsymbol{e}^p = \tfrac{1}{2}[\boldsymbol{I} - (\boldsymbol{F}^{p^{-1}})^{\mathrm{T}}\boldsymbol{F}^{p^{-1}}] \tag{6.24}$$

위에서 $\boldsymbol{E}^p$는 원래 기준모양에 대하여 측정된 변형률텐서로, 원래의 기준모양으로부터 중간모양 즉, 무응력 상태의 모양으로의 변형($\boldsymbol{E}^p$로 기술되는)에 근거한다. 따라서, $\boldsymbol{E}^p$는 순수한 소성변형률이라고 생각할 수 있다. 반면에, $\boldsymbol{E}^e$는 중간모양에 대하여 측정된 변형률텐서이며, 무응력 상태의 모양으로부터 현재 모양으로의 변형($\boldsymbol{V}^e$로 기술되는)에 해당하는 것이므로, 순수한 탄성변형률이라고 볼 수 있다. 마찬가지로, $\boldsymbol{e}^e$와 $\boldsymbol{e}^p$는 각각 현재모양과 무응력 상태 모양에서 측정된 순수 탄성변형률텐서 및 순수 소성변형률텐서를 나타낸다.

식(6.18)과 (6.19)로부터, 유한변형에서는 순수 탄성변형률과 순수 소성변형률이 기하학적으로 상호복합된다. 이것은 이미 소성변형을 겪은 물체에 탄성변형이 일어나거나, 그 반대의 경우가 일어나는 사실에 기인한다.

만일 전체 변형구배가 미소하다면, 다음과 같은 근사가 성립할 것이다. $\boldsymbol{x} = \boldsymbol{X} + \boldsymbol{u}$로부터,

$$\boldsymbol{F} = \frac{\partial \boldsymbol{x}}{\partial \boldsymbol{X}} = \boldsymbol{I} + \frac{\partial \boldsymbol{u}}{\partial \boldsymbol{X}} = \boldsymbol{I} + \nabla\boldsymbol{u}, \quad \boldsymbol{V}^e = \boldsymbol{I} + (\nabla\boldsymbol{u})^e, \quad \boldsymbol{F}^p = \boldsymbol{I} + (\nabla\boldsymbol{u})^p \tag{6.25}$$

여기에서 $\nabla\boldsymbol{u}, (\nabla\boldsymbol{u})^e, (\nabla\boldsymbol{u})^p$는 매우 작은 텐서이다. 이들은 이후에 각각 변위구배텐서 전체, 탄성성분, 소성성분을 각각 나타낸다. 이들 텐서는 $O(\nabla\boldsymbol{u}) \ll 1$, 즉 크기가 매우 작은 텐서이므로 고차항을 무시함으로써, 다음 관계를 쉽게 유도할 수 있다.

$$\boldsymbol{E} = \boldsymbol{e} = \boldsymbol{\varepsilon} = \boldsymbol{\varepsilon}^e + \boldsymbol{\varepsilon}^p \tag{6.26}$$

즉, 미소변형시에는 잘 알려진대로 변형률에 대한 '덧셈분해(additive decomposition)'가 성립한다.

식(6.17)로부터, 속도구배 $\boldsymbol{L}$은 다음과 같이 정리된다.

$$\begin{aligned} \boldsymbol{L} &= \dot{\boldsymbol{F}}\boldsymbol{F}^{-1} = (\overline{\boldsymbol{F}^e\boldsymbol{F}^p})^{\boldsymbol{\cdot}}(\boldsymbol{F}^e\boldsymbol{F}^p)^{-1} = (\dot{\boldsymbol{F}}^e\boldsymbol{F}^p + \boldsymbol{F}^e\dot{\boldsymbol{F}}^p)(\boldsymbol{F}^p)^{-1}(\boldsymbol{F}^e)^{-1} \\ &= (\dot{\boldsymbol{V}}^e\boldsymbol{F}^p + \boldsymbol{V}^e\dot{\boldsymbol{F}}^p)(\boldsymbol{F}^p)^{-1}(\boldsymbol{V}^e)^{-1} = \dot{\boldsymbol{V}}^e\boldsymbol{V}^{e^{-1}} + \boldsymbol{V}^e\dot{\boldsymbol{F}}^p\boldsymbol{F}^{p^{-1}}\boldsymbol{V}^{e^{-1}} = \boldsymbol{L}^e + \boldsymbol{V}^e\boldsymbol{L}^p\boldsymbol{V}^{e^{-1}} \end{aligned} \tag{6.27}$$

위에서, 속도구배의 탄성성분 $\boldsymbol{L}^e$, $\boldsymbol{L}^p$는 각각 다음과 같이 정의한 것이다.

$$\boldsymbol{L}^e = \dot{\boldsymbol{V}}^e\boldsymbol{V}^{e^{-1}} = \boldsymbol{D}^e + \boldsymbol{W}^e \tag{6.28}$$

$$\boldsymbol{L}^p = \dot{\boldsymbol{F}}^p\boldsymbol{F}^{p^{-1}} = \boldsymbol{D}^p + \boldsymbol{W}^p \tag{6.29}$$

단, $\boldsymbol{D}^e$, $\boldsymbol{D}^p$와 $\boldsymbol{W}^e$, $\boldsymbol{W}^p$는 각각 $\boldsymbol{L}^e$, $\boldsymbol{L}^p$의 대칭성분 및 반대칭성분을 나타낸다.

앞의 관계와 $\boldsymbol{L} = \boldsymbol{D} + \boldsymbol{W}$ 로부터, 쉽게 다음식이 성립함을 보일 수 있다.

$$\boldsymbol{D} = \boldsymbol{D}^e + (\boldsymbol{V}^e\boldsymbol{D}^p\boldsymbol{V}^{e^{-1}})_s + (\boldsymbol{V}^e\boldsymbol{W}^p\boldsymbol{V}^{e^{-1}})_s \tag{6.30}$$

$$\boldsymbol{W} = \boldsymbol{W}^e + (\boldsymbol{V}^e\boldsymbol{D}^p\boldsymbol{V}^{e^{-1}})_a + (\boldsymbol{V}^e\boldsymbol{W}^p\boldsymbol{V}^{e^{-1}})_a \tag{6.31}$$

여기에서, 하첨자 "s"와 "a"는 각각 텐서의 대칭성분 및 반대칭성분을 나타낸다. 위의 두 식으로부터, 탄소성 유한변형에서 변형속도에 대하여는 덧셈분해가 일반적으로 성립하지 않음을 알 수 있다. 즉,

$$\boldsymbol{D} \neq \boldsymbol{D}^e + \boldsymbol{D}^p \tag{6.31}$$

하지만, 대부분의 금속재료가 대변형을 겪을 때는 소성변형률에 비하여 탄성변형률이 무시할 수 있을 만큼 작다. 따라서, 탄성 신장텐서(stretch tensor) $\boldsymbol{V}^e$는 거의 단위텐서와 같아서, $\boldsymbol{\varepsilon}^e$을 미소변형률텐서라고 할 때 $\boldsymbol{V}^e = \boldsymbol{I} + \boldsymbol{\varepsilon}^e$로 근사할 수 있다. 이를 이용하여 식(6.30)과 식(6.31)에서 미소량의 고차항을 무시하고 정리하면 다음과 같이 유한변형 소성 이론에 보통 사용되는 가정으로 근사시킬 수 있다.

$$\boldsymbol{D} = \boldsymbol{D}^e + \boldsymbol{D}^p \ \text{ 및 } \ \boldsymbol{W} = \boldsymbol{W}^e + \boldsymbol{W}^p \tag{6.33}$$

식(6.21)에 따르면, 탄성변형이 미소하더라도 다음 등식은 성립하지 않음에 유의하자.

$$\boldsymbol{E} = \boldsymbol{E}^e + \boldsymbol{E}^p \tag{6.34}$$

이미 설명하였듯이, 위 등식은 탄성변형 및 소성변형이 모두 미소하거나[식(6.25) 및 (6.26)], 소성변형이 탄성변형에 비하여 미소할 때만 성립한다. 하지만, 후자의 경우는 유한변형에서 물리적 의미가 별로 없다.

변형률 $\boldsymbol{E}$를 덧셈분해할 수 없다는 결론에 이르게 된 것은 식(6.23)에 정의된 대로 $\boldsymbol{E}^e$와 $\boldsymbol{E}^p$를 사용하기 때문이라는 점을 강조해 둔다. 유한변형시에 탄성변형률의 물리적 의미를 다소 희생시켜서 식(6.34)가 성립하도록 소성변형률과 탄성변형률을 정의할 수도 있을 것이다. Green과 Naghdi(1965)는 연속체의 열역학이론에 근거하여 식(6.34)가 일반적으로 성립하는 유한변형 소성이론을 개발한 바 있다. 이들의 수식화 과정에서 가장 중요한 것은 세개의 변수 $\boldsymbol{E}$, $\boldsymbol{E}^e$, $\boldsymbol{E}^p$중에서 $\boldsymbol{E}$만이 운동학적으로 변형구배의 항으로 표현가능하다는 것이다.

$$\boldsymbol{E} = \tfrac{1}{2}(\boldsymbol{F}^{\mathrm{T}}\boldsymbol{F} - \boldsymbol{I}) = \tfrac{1}{2}(\boldsymbol{C} - \boldsymbol{I}) \tag{6.35}$$

반면에, $\boldsymbol{E}^e$와 $\boldsymbol{E}^p$는 운동학적으로 변위의 항으로 정의할 수가 없다. 그 대신에 소성변형률 $\boldsymbol{E}^p$는 구성방정식으로 정의되며, 텐서 $\boldsymbol{E}^e$는 다음식으로부터 구할 수 있다.

$$\boldsymbol{E}^e = \boldsymbol{E} - \boldsymbol{E}^p \tag{6.36}$$

위 식과 식(6.23)으로 정의된 식 간의 차이에 유념하자. 식(6.23)은 일반적으로 다음과 같이 표현되는 식이다.

$$\boldsymbol{E}^e = \tfrac{1}{2}(\boldsymbol{F}^{e^{\mathrm{T}}}\boldsymbol{F}^e - \boldsymbol{I}) = \tfrac{1}{2}(\boldsymbol{C}^e - \boldsymbol{I}) \tag{6.37}$$

식(6.36)에 의해 도입되는 변수는 통상적인 탄성변형률텐서가 아니다. 바꿔 말하면, 식(6.36)은 식(6.35)로 주어지는 전체 변형률 $\boldsymbol{E}$와 구성방정식에서 주어지는 소성변형률 $\boldsymbol{E}^p$간의 차이임을 나타내기 위해 도입된 것일 뿐이다. 여기에 "탄성변형률"을 뜻하는 상첨자를 붙인 이유는 미소변형시에 식(6.37)과 식(6.36)이 서로 유사하기때문이다. 이후에, Green과 Naghdi(1966, 1971)는 일반적 이론에서 텐서 $\boldsymbol{E}^e$는 도입할 필요가 없고, 두 개의 운동학적 변수 $\boldsymbol{E}$와 $\boldsymbol{E}^p$만을 사용하여도 충분하다고 지적하였다.

이제, 마지막으로 $\boldsymbol{D}$, $\boldsymbol{D}^e$, $\boldsymbol{D}^p$를 사용하는 이론은 공간적 기술방식 혹은 오일러 기

술방식이고, $\boldsymbol{E}$, $\boldsymbol{E}^e$, $\boldsymbol{E}^p$를 사용하는 이론은 물질적 기술방식 혹은 라그랑지 기술방식이라는 점에서 유념하자. 이 장의 나머지 부분에서는 공간적 즉, 오일러 기술방식을 사용한다.

6.3 아탄성(亞彈性)과 단순전단

제5장에서 미소변형에 대하여 설명할 때, 전체 변형률속도를 탄성성분과 소성성분으로 구분한 뒤, 각각에 대하여 서로 다른 구성법칙을 사용한 바 있다. 이 때 $\dot{\boldsymbol{\varepsilon}}^p$에 대한 지배방정식은 유동법칙, $\dot{\boldsymbol{\varepsilon}}^e$에 대한 지배방정식은 "일반화된 후크의 법칙"이었다.

탄소성 유한변형 시에는 앞 절에서 설명한 것처럼, 다음 식이 성립한다고 가정한다.

$$\boldsymbol{D} = \boldsymbol{D}^e + \boldsymbol{D}^p \tag{6.38}$$

유한변형이라 해도, 일반적으로 탄성변형이 소성변형에 비해 훨씬 작다는 점을 상기하자. 변형속도 $\boldsymbol{D}$를 분해하였으므로, $\boldsymbol{D}^e$와 $\boldsymbol{D}^p$ 각각에 대한 구성법칙이 필요해진다. $\boldsymbol{D}^e$에 대한 구성법칙 중에서, 에너지 밀도함수와 상관없이 탄성구성방정식에 변형속도텐서를 직접 사용하는 탄성이론을 아탄성이론(hypoelasticity theory)이라고 한다. 이는 매 변형 순간마다 미소변형에서의 후크의 법칙을 따르는 것과 유사하다. 이에 반해서 반드시 에너지밀도함수로부터 비선형 구성방정식을 유도하는 비선형 탄성이론을 초탄성이론(hyperelasticity theory)이라고 한다. 변형속도텐서의 소성성분인 $\boldsymbol{D}^p$에 대한 구성법칙, 즉, 유한변형에서의 유동법칙은 다음 절에서 설명한다.

아탄성에 대하여 객관적인 응력속도와 변형률속도 간의 관계를 일반적으로 나타내는 형태는 다음과 같이 가정된다.(Rivlin, 1955; Truesdell, 1955)

$$\overset{\circ}{\boldsymbol{\sigma}} = \boldsymbol{f}(\boldsymbol{\sigma}, \boldsymbol{D}) \tag{6.39}$$

여기에서 $\boldsymbol{\sigma}$는 코쉬응력텐서이고, $\boldsymbol{D}$는 변형속도로, 탄소성변형을 고려할 때는 탄성변형속도 $\boldsymbol{D}^e$와 같다. $\overset{\circ}{\boldsymbol{\sigma}}$는 객관적인 응력속도 중 하나를 나타내며, 3.6절에 소개된 응력속도 중 하나이거나 다른 문헌에서 찾을 수 있다(반드시 Jaumann 응력속도를 나타내는 것이 아님). 굳이 객관성 있는 $\overset{\circ}{\boldsymbol{\sigma}}$를 사용하는 이유는, 좌표계 설정과 무관하여야 하는 구성방정식에, 객관성이 보장되지 않는 $\boldsymbol{\sigma}$의 물질미분을 직접 사용할 수 없기 때문이다.

선형 등방성 재료에 대하여, 식(6.39)와 같은 일반 형태에 부합하는 가장 단순한 구성방정식은 $\overset{\circ}{\boldsymbol{\sigma}}$와 $\boldsymbol{D}$사이에 다음과 같이 선형관계를 이루는 식이다.

$$\overset{\circ}{\boldsymbol{\sigma}} = \alpha_1 \mathrm{tr}(\boldsymbol{D})\boldsymbol{I} + \alpha_2 \boldsymbol{D} \tag{6.40}$$

여기에서, α_1과 α_2는 텐서 $\boldsymbol{\sigma}$, $\boldsymbol{D}^e$의 불변량의 함수이다. 탄성계수들은 유한변형이 진행됨에 따라 이들 두 물질함수에 따라 변하게 된다. 만일, 탄소성 유한변형 동안 이들 탄성계수들이 일정하다면, 식(6.40)을 다음과 같이 라메(Lame) 탄성계수, μ와 G를 사용하여 나타낼 수 있다.

$$\overset{\circ}{\boldsymbol{\sigma}} = \mu\, \mathrm{tr}(\boldsymbol{D})\boldsymbol{I} + 2G\boldsymbol{D} \tag{6.41}$$

단, $\mu = E\nu/(1+\nu)(1-2\nu)$, $G = E/2(1-\nu)$이다. 위 식은 아래 식으로 주어지는 미소탄성이론에서 $\boldsymbol{\sigma}$를 객관적인 응력속도 $\overset{\circ}{\boldsymbol{\sigma}}$로, $\boldsymbol{\varepsilon}^e$를 변형속도 $\boldsymbol{D}$로 바꿔서 일반화시킨 것이라고 볼 수 있다. (식(5.49)를 참조하자.)

$$\boldsymbol{\sigma} = \mu \mathrm{tr}(\boldsymbol{\varepsilon})\boldsymbol{I} + 2G\boldsymbol{\varepsilon} \tag{6.42}$$

하지만, 일반적으로 $\boldsymbol{D} \neq \overset{\circ}{\boldsymbol{\varepsilon}}$이므로, 식(6.41)이 식(6.42)로부터 유도되는 것은 아니다. 이미 언급한 것처럼, 어떤 종류의 객관적 속도를 선택하여 사용하느냐 하는 것은 아직 문제로 남아 있다. 실제로, 무한히 많은 객관적 응력속도를 정의할 수 있고, 특정한 응력속도를 구성방정식에 사용함에 따라, 각기 다른 결과를 얻을 수 있다. 이 점을 보이기 위해, 식(6.41)를 사용하여 단순전단 문제의 해를 구해 보기로 하자. 우선, 다음과 같은 세 가지 객관적 응력속도를 고려한다. 여기에서 $\boldsymbol{L} = \boldsymbol{D} + \boldsymbol{W}$이고 $\boldsymbol{R}$은 제2장에서 정의한 회전텐서이다.

(1) Jaumann 응력속도: $\overset{\circ}{\boldsymbol{\sigma}} = \dot{\boldsymbol{\sigma}} - \boldsymbol{W}\boldsymbol{\sigma} + \boldsymbol{\sigma}\boldsymbol{W}$ (6.43)

(2) Truesdell 응력속도: $\overset{\Delta}{\boldsymbol{\sigma}} = \dot{\boldsymbol{\sigma}} - \boldsymbol{L}\boldsymbol{\sigma} - \boldsymbol{\sigma}\boldsymbol{L}^{\mathrm{T}} + \boldsymbol{\sigma}\,\mathrm{tr}(\boldsymbol{D})$ (6.44)

(3) Green-McInnis 응력속도: $\overset{\nabla}{\boldsymbol{\sigma}} = \dot{\boldsymbol{\sigma}} - (\dot{\boldsymbol{R}}\boldsymbol{R}^{\mathrm{T}})\boldsymbol{\sigma} + \boldsymbol{\sigma}(\dot{\boldsymbol{R}}\boldsymbol{R}^{\mathrm{T}})$ (6.45)

2.11절에서 보인 것처럼 단순전단에 대하여는

$$x_1 = X_1 + \gamma X_2, \qquad x_2 = X_2, \qquad x_3 = X_3 \tag{6.46}$$

$$\boldsymbol{\sigma} = \begin{bmatrix} \sigma_{11} & \sigma_{12} & 0 \\ \sigma_{21} & \sigma_{22} & 0 \\ 0 & 0 & 0 \end{bmatrix}, \qquad \boldsymbol{L} = \begin{bmatrix} 0 & \dot{\gamma} & 0 \\ 0 & 0 & 0 \\ 0 & 0 & 0 \end{bmatrix} \tag{6.47}$$

$$\boldsymbol{D} = \frac{1}{2}\begin{bmatrix} 0 & \dot{\gamma} & 0 \\ \dot{\gamma} & 0 & 0 \\ 0 & 0 & 0 \end{bmatrix}, \qquad \boldsymbol{W} = \frac{1}{2}\begin{bmatrix} 0 & \dot{\gamma} & 0 \\ -\dot{\gamma} & 0 & 0 \\ 0 & 0 & 0 \end{bmatrix} \tag{6.48}$$

$$\boldsymbol{R} = \begin{bmatrix} \cos\phi & \sin\phi & 0 \\ -\sin\phi & \cos\phi & 0 \\ 0 & 0 & 1 \end{bmatrix} \tag{6.49}$$

단,

$$\tan\phi = \tfrac{1}{2}\gamma \tag{6.50}$$

위의 단순전단 상태를 식(6.43)~(6.45)에 대입하여 세 가지 응력속도를 각각 구하고, 그 결과를 식(6.41)에 대입하면, 시간에 대한 미분방정식이 각각 얻어진다. 여기에 초기조건이 무변형률 및 무응력이라고 가정하고 해를 구하면, 다음과 같다.

(1) Jaumann응력속도를 사용하면, 다음 미분방정식이 얻어진다.

$$\dot{\sigma}_{11} - \dot{\gamma}\sigma_{12} = 0 \tag{6.51}$$

$$\dot{\sigma}_{12} + \tfrac{1}{2}\dot{\gamma}(\sigma_{11} - \sigma_{22}) = \dot{\gamma}G \tag{6.52}$$

$$\dot{\sigma}_{22} + \dot{\gamma}\sigma_{12} = 0 \tag{6.53}$$

위 미분방정식을 풀면

$$\sigma_{11} = -\sigma_{22} = G(1-\cos\gamma), \qquad \sigma_{12} = G\sin\gamma \tag{6.54}$$

이 경우에는 전단변형률 γ가 단조증가함에 따라 응력이 정현함수적으로 진동한다는 것을 볼 수 있는데, 이는 물리적으로 불합리한 결과이다. 실제로도, 이러한 이유로 인해 Jaumann응력속도를 구성방정식에 사용하기에는 부적절하다.

(2) Trusdell응력속도를 사용하면, 다음 미분방정식이 얻어진다.

$$\dot{\sigma}_{11} - 2\dot{\gamma}\sigma_{12} = 0 \tag{6.55}$$

$$\dot{\sigma}_{12} - \dot{\gamma}\sigma_{22} = \dot{\gamma}G \tag{6.56}$$

$$\dot{\sigma}_{22} = 0 \tag{6.57}$$

위 미분방정식을 적분하여 풀면,

$$\sigma_{11} = G\gamma^2, \qquad \sigma_{12} = G\gamma, \qquad \sigma_{22} = 0 \tag{6.58}$$

위의 해는 진동거동을 보이지 않지만, 전단변형률 γ에 대하여 σ_{11}이 비선형적으로 증가하는 반면, σ_{22}는 영으로 남기 때문에, 실제 재료의 거동을 모델링하는데 적합하지 않다. 여기에 더하여, $\boldsymbol{\sigma}$의 불변량이 상수일 때 Jaumann응력속도 $\overset{\circ}{\boldsymbol{\sigma}}$는 영이 되지만, Truesdell 응력속도 $\overset{\Delta}{\boldsymbol{\sigma}}$는 영이 되는 것이 보장되지 않는다는 단점이 있다. 항복함수는 $\boldsymbol{\sigma}$의 불변량들로 수식화되므로, 불변량이 변한다는 것은 항복곡면 자체가 변한다는 것을 뜻하며, 이는 오로지 소성변형에 의해서만 야기되어야 한다. 따라서, 유한변형 소성이론을 수식화함에 있어서, $\boldsymbol{\sigma}$의 불변량이 일정하면 더 이상의 소성유동이 생기지 않도록, 응력속도가 영으로 일대일 대응되는 응력속도를 사용하는 것이 바람직하다. 이런 관점에서 탄소성이론에 $\overset{\Delta}{\boldsymbol{\sigma}}$을 사용하는 것은 제한적이다.

(3) Green-McInnis 응력속도를 단순전단 문제에 사용하여 해를 구하면 다음과 같다.

$$\sigma_{11} = -\sigma_{22} = 4G[\cos 2\phi \ln(\cos\phi) + \phi \sin 2\phi - \sin^2\phi] \tag{6.59}$$

$$\sigma_{12} = 2G\cos 2\phi[2\phi - 2\tan 2\phi \ln(\cos\phi) - \tan\phi] \tag{6.60}$$

단, ϕ는 식(6.50)으로 정의되는 각도이다. 위 식으로 주어지는 응력성분은 γ의 단조증가 함수이다. 따라서 응력속도 $\overset{\nabla}{\boldsymbol{\sigma}}$를 배후응력 α와 코쉬응력 $\boldsymbol{\sigma}$의 적합조건에 사용하여도 진동하지 않는 거동이 나타날 것이다.

6.4 유한변형의 소성이론

이 절에서는 오일러 기술방식을 따라서 현재모양에서의 운동학과 응력척도를 포함하는 소성이론을 소개하고자 한다. 등방성 경화와 운동성 경화 모두에 대하여 일반적인 구성방정식을 세운다. 미소변형의 경우처럼, 연관 유동법칙을 가정하여 von Mises 재료에 대한 구성방정식도 정리한다.

6.4.1 유한변형에 대한 Prandtl-Reuss 방정식

미소변형에 대한 Pandtl-Reuss 방정식은 유한변형의 경우에도 일반화되어 사용할 수 있다고 종종 가정된다. 이는, 소성변형속도 $\boldsymbol{D}^p$가 코쉬응력 $\boldsymbol{\sigma}$의 편차텐서 즉, $\boldsymbol{S}$와 동축이라고 가정하는 셈이다.

$$\boldsymbol{D}^p = \dot{\lambda}\boldsymbol{S} \tag{6.61}$$

단, $\dot{\lambda}$는 비례상수이고 $\boldsymbol{S} = \boldsymbol{\sigma} - \frac{1}{3}\mathrm{tr}(\boldsymbol{\sigma})\boldsymbol{I}$ 이다. 미소변형의 경우와 마찬가지로, 소성유동의 비압축성은 식(6.61)에서 다음과 같이 보장된다.

$$\mathrm{tr}(\boldsymbol{D}^p) = 0 \ \text{ 즉, } \ D_{ii}^p = 0 \tag{6.62}$$

위 식은 유한변형에서 소성유동의 비압축성을 나타내는 수식표현이지만 변형이 미소할 경우에는 식(5.84)로 단순화된다. Prandtl-Reuss 식(6.61)은 미소변형의 경우에서처럼 항복이 코쉬응력으로 나타낸 von Mises조건을 따른다고 보아 비례상수 $\dot{\lambda}$를 결정할 수 있다. 즉, 단축인장 혹인 압축시험으로부터 측정된 항복강도를 σ_Y라 할 때,

$$\tfrac{3}{2}\boldsymbol{S} : \boldsymbol{S} = \sigma_Y^2 \tag{6.63}$$

여기에서 σ_Y는 다음과 같이 가정한다.

$$\sigma_Y = \sigma_Y\left(\int \bar{D}^p dt\right) \tag{6.64}$$

단, $\bar{D}^p$는 유효 소성변형속도로 다음과 같이 정의한다.

$$\bar{D}^p = \sqrt{\tfrac{2}{3}\boldsymbol{D}^p : \boldsymbol{D}^p} \tag{6.65}$$

식(6.63)과 (6.65)로부터 비례상수 $\dot{\lambda}$는 다음과 같이 구해진다.

$$\dot{\lambda} = \frac{3\bar{D}^p}{2\sigma_Y} \tag{6.66}$$

이로부터 식(5.87)과 (5.94)를 유한변형으로 일반화한 Prandtl-Reuss 식(6.61)은 다음과 같이 정리된다.

$$\boldsymbol{D}^p = \frac{3\bar{D}^p}{2\sigma_Y}\boldsymbol{S} \tag{6.67}$$

위 식을 사용할 때, 탄성변형률이 소성변형률에 비하여 매우 작아서 무시할 수 있다면, 다음과 같은 근사가 가능하다.

$$\boldsymbol{D} = \frac{3\bar{D}}{2\sigma_Y}\boldsymbol{S} \tag{6.68}$$

반면에, 탄싱변형률이 반드시 고려되어야 한다면, 앞절에서 설명한 이탄성이론을 사용하여 탄성변형속도를 계산하면 된다. 식(6.41)로부터 다음 식이 성립한다.

$$\mathrm{tr}\,\overset{\circ}{\boldsymbol{\sigma}} = 3\mu\,\mathrm{tr}(\boldsymbol{D}^e) + 2G\,\mathrm{tr}(\boldsymbol{D}^e) = (3\mu + 2G)\mathrm{tr}(\boldsymbol{D}^e) \tag{6.69}$$

따라서, 탄성변형에 따른 부피변화는 다음과 같다.

$$\mathrm{tr}(\boldsymbol{D}^e) = \frac{\mathrm{tr}(\overset{\circ}{\boldsymbol{\sigma}})}{3K} \tag{6.70}$$

여기에서 K는 체적탄성계수로, 다음과 같이 정의된다.

$$K = \frac{3\mu + 2G}{3} \tag{6.71}$$

$\overset{\circ}{\boldsymbol{\sigma}}' = \overset{\circ}{\boldsymbol{\sigma}} - \frac{1}{3}\mathrm{tr}(\overset{\circ}{\boldsymbol{\sigma}})\boldsymbol{I}$라 정의하면, 탄성변형속도는 다음과 같이 정리된다.

$$\boldsymbol{D}^e = \frac{\overset{\circ}{\boldsymbol{\sigma}}}{2G} - \frac{1}{2G}\frac{\nu}{(1+\nu)}\mathrm{tr}(\overset{\circ}{\boldsymbol{\sigma}})\boldsymbol{I} = \frac{\mathrm{tr}(\overset{\circ}{\boldsymbol{\sigma}})}{9K}\boldsymbol{I} + \frac{\overset{\circ}{\boldsymbol{\sigma}}'}{2G} \tag{6.72}$$

식(6.67)과 (6.72)를 사용하여 전체 변형속도를 구하는 구성방정식을 정리하면,

$$\boldsymbol{D} = \boldsymbol{D}^e + \boldsymbol{D}^p = \frac{\mathrm{tr}(\overset{\circ}{\boldsymbol{\sigma}})}{9K}\boldsymbol{I} + \frac{\overset{\circ}{\boldsymbol{\sigma}}'}{2G} + \frac{3\bar{D}^p}{2\sigma_Y}\boldsymbol{S} \tag{6.73}$$

다시 한번, 위 식의 $\overset{\circ}{\boldsymbol{\sigma}}$는 객관성 있는 응력속도 중 한 종류이면 된다는 점을 유의하자. 응력속도를 선택하는 문제는 실험적인 검증에 의거하며 결정되어야 한다. 식(6.73)은

$\bar{D}^p$가 우변에 미지수로 타나나므로, 사용하기에 편리하지가 않다. 이상적인 구성방정식은 $\boldsymbol{D}$가 한 변에 몰아서 표현되고, 객관적인 응력속도 $\overset{\circ}{\boldsymbol{\sigma}}$가 다른 한 변에 몰아서 표현되는 형태일 것이다. 소성포텐셜 이론을 사용하면, 이러한 결과를 얻을 수 있다.

6.4.2 유한변형에서의 소성포텐셜 이론

여기에서는 소성포텐셜 이론의 가장 일반적인 체제 내에서, 운동성 및 등방성 경화재료가 유한변형할 때에 대하여 소성이론을 정식화하고자 한다. 배후응력을 $\boldsymbol{\alpha}$, 등방성 경화변수를 κ로 타나내면, 현재모양에서의 항복곡면은 다음과 같다.

$$F(\boldsymbol{\sigma},\boldsymbol{\alpha},\kappa)=f(\boldsymbol{\sigma},\boldsymbol{\alpha})-\kappa=0 \tag{6.74}$$

한편, 소성포텐셜 이론을 일반화하여, 소성변형속도 $\boldsymbol{D}^p$와 코쉬응력 $\boldsymbol{\sigma}$간의 관계를 나타내면,

$$\boldsymbol{D}^p=\dot{\lambda}\frac{\partial Q}{\partial \boldsymbol{\sigma}} \tag{6.75}$$

단, Q는 소성포텐셜 함수이고 $\dot{\lambda}$는 비례상수이다. 설명을 단순화하기 위해, $\boldsymbol{\alpha}$와 κ에 대하여 다음과 같은 간단한 구성방정식을 사용하기로 하자.

$$\overset{\circ}{\boldsymbol{\alpha}}=c\boldsymbol{D}^p \tag{6.76}$$

$$\kappa=\kappa(\bar{E}^p)=\kappa\left(\int\bar{D}^p dt\right) \tag{6.77}$$

단, $$\bar{E}^p=\int\bar{D}^p dt \quad \text{및} \quad \frac{d\bar{E}^p}{dt}=\bar{D}^p$$

유효소성변형속도 $\bar{D}^p$를 식(6.65)에서와 같이 정의하고, $\overset{\circ}{\boldsymbol{\sigma}}$가 $\boldsymbol{\sigma}$의 경우와 유사하게 $\boldsymbol{\alpha}$에 대한 객관적인 속도 중 한 종류이기만 하면, 위에 예시한 간단한 형태의 구성방정식 보다 일반적인 형태의 구성방정식을 가정할 수도 있다. $\boldsymbol{\alpha}$와 $\boldsymbol{\sigma}$는 관찰자의 좌표계 사이를 동일한 법칙에 따라서 변환된다고 가정한다. 예를 들어, 기준좌표계가 식(3.74)에 따라서 변하는 경우에 $\boldsymbol{\alpha}$에 대한 변환법칙은

$$\boldsymbol{\alpha}^{*}=\boldsymbol{Q}(t)\boldsymbol{\alpha}\boldsymbol{Q}^{\mathrm{T}}(t) \tag{6.78}$$

단, $\boldsymbol{\alpha}^{*}$와 $\boldsymbol{\alpha}$는 각각 좌표계 $\boldsymbol{x}^{*}$와 $\boldsymbol{x}$에서의 배후응력이다. $\boldsymbol{\alpha}$에 대한 Jaumann 속도는 응력 $\boldsymbol{\sigma}$에 대한 것과 동일한 형태로 $\boldsymbol{\sigma}$대신 $\boldsymbol{\alpha}$를 대입하여, 다음과 같이 정의한다.

$$\overset{\circ}{\boldsymbol{\alpha}}=\dot{\boldsymbol{\alpha}}-\boldsymbol{W}\boldsymbol{\alpha}+\boldsymbol{\alpha}\boldsymbol{W} \tag{6.79}$$

항복함수 (6.74)와 구성방정식 (6.75), (6.76), (6.77)을 사용하여 응력속도와 변형속도 간의 관계를 다음과 같이 유도할 수 있다. 스칼라 함수 G의 경우에는 객관적인 속도가 물질미분과 같다.

$$\overset{\circ}{G}-\dot{G} \tag{6.80}$$

식(6.1)의 항복함수로부터 항복조건을 $F=f(\boldsymbol{\sigma},\boldsymbol{\alpha})-\kappa=0$로 설정하는 경우, 5.8절에서 설명한 "소성변형 동안의 응력점은 반드시 후속항복곡면 상에 있어야 한다"는 일관성조건으로부터 $dF=0$ 혹은 $\dot{F}=0$이 되어야 한다. 유한변형에서의 일관성조건은 다음과 같이 나타낼 수 있다.

$$\dot{F}=\overset{\circ}{F}=\frac{\partial f}{\partial \boldsymbol{\sigma}}:\overset{\circ}{\boldsymbol{\sigma}}+\frac{\partial f}{\partial \boldsymbol{\alpha}}:\overset{\circ}{\boldsymbol{\alpha}}-\overset{\circ}{\kappa}=\frac{\partial f}{\partial \boldsymbol{\sigma}}:\overset{\circ}{\boldsymbol{\sigma}}+\frac{\partial f}{\partial \boldsymbol{\alpha}}:\overset{\circ}{\boldsymbol{\alpha}}-\frac{d\kappa}{d\bar{E}^{p}}\bar{D}^{p}=0 \tag{6.81}$$

위 식에서는 $\bar{D}^{p}=d\bar{E}^{p}/dt$의 정의와 보통의 물질미분 대신에 객관적인 속도 $\overset{\circ}{\boldsymbol{\sigma}}$와 $\overset{\circ}{\boldsymbol{\alpha}}$을 사용하였다. 식(6.65)와 (6.75)에 따르면 $\bar{D}^{p}$는 다음과 같이 나타낼 수 있다.

$$\bar{D}^{p}=\sqrt{\frac{2}{3}}\dot{\lambda}\left(\frac{\partial Q}{\partial \boldsymbol{\sigma}}:\frac{\partial Q}{\partial \boldsymbol{\sigma}}\right)^{1/2}=\sqrt{\frac{2}{3}}\dot{\lambda}\left\|\frac{\partial Q}{\partial \boldsymbol{\sigma}}\right\| \tag{6.82}$$

$\partial f/\partial \boldsymbol{\alpha}=-\partial f/\partial \boldsymbol{\sigma}$임을 상기하고, (6.75), (6.76), (6.82)를 식(6.81)에 대입하여 정리하면,

$$\frac{\partial f}{\partial \boldsymbol{\sigma}}:\overset{\circ}{\boldsymbol{\sigma}}-c\dot{\lambda}\frac{\partial f}{\partial \boldsymbol{\sigma}}:\frac{\partial Q}{\partial \boldsymbol{\sigma}}-\sqrt{\frac{2}{3}}\dot{\lambda}\frac{d\kappa}{d\bar{E}^{p}}\left\|\frac{\partial Q}{\partial \boldsymbol{\sigma}}\right\|=0 \tag{6.83}$$

위 식에서 다음과 같이 비례상수 $\dot{\lambda}$를 구할 수 있다.

$$\dot{\lambda}=\frac{\partial f/\partial \boldsymbol{\sigma}:\overset{\circ}{\boldsymbol{\sigma}}}{c(\partial f/\partial \boldsymbol{\sigma}):\partial Q/\partial \boldsymbol{\sigma}+\sqrt{\frac{2}{3}}(d\kappa/d\bar{E}^{p})\|\partial Q/\partial \boldsymbol{\sigma}\|} \tag{6.84}$$

이 결과를 식(6.75)에 다시 대입하면,

$$\boldsymbol{D}^p = \frac{[(\partial Q/\partial\boldsymbol{\sigma})(\partial f/\partial\boldsymbol{\sigma})]:\overset{\circ}{\boldsymbol{\sigma}}}{c(\partial f/\partial\boldsymbol{\sigma}:\partial Q/\partial\boldsymbol{\sigma})+\sqrt{\frac{2}{3}}\left[(d\kappa/d\bar{E}^p)\|\partial Q/\partial\boldsymbol{\sigma}\|\right]} \tag{6.85}$$

다음과 같은 아탄성 구성식과 식(6.85)를 $\boldsymbol{D}=\boldsymbol{D}^e+\boldsymbol{D}^p$에 대입함으로써,

$$\boldsymbol{D}^e = \frac{\mathrm{tr}(\overset{\circ}{\boldsymbol{\sigma}})}{9K}\boldsymbol{I}+\frac{\overset{\circ}{\boldsymbol{\sigma}}'}{2G} \tag{6.86}$$

$\boldsymbol{D}$와 $\overset{\circ}{\boldsymbol{\sigma}}$ 간의 구성방정식을 얻는다.

$$D_{ij} = \left[\frac{\delta_{ij}\delta_{mn}}{9K}+\frac{1}{2G}(\delta_{im}\delta_{jn}-\frac{1}{3}\delta_{ij}\delta_{mn})+\frac{(\partial Q/\partial\sigma_{ij})(\partial f/\partial\sigma_{mn})}{B}\right]\overset{\circ}{\sigma}_{mn} \tag{6.87a}$$

단,

$$B = c\frac{\partial f}{\partial\sigma_{pq}}\frac{\partial Q}{\partial\sigma_{pq}}+\sqrt{\frac{2}{3}}\frac{d\kappa}{d\bar{E}^p}\left\|\frac{\partial Q}{\partial\sigma_{pq}}\right\| \tag{6.87b}$$

만일 $f=Q$가 성립한다면,

$$B = \left(c+\frac{2}{3}\frac{d\sigma_Y}{d\bar{E}^p}\right)\left\|\frac{\partial f}{\partial\sigma_{pq}}\right\|^2 \tag{6.87c}$$

가 된다. 식 (6.87a)에서 K와 G는 탄성계수들이다. 이들 계수는 탄성변형의 범위에서 실험적으로 결정해야 하고, 소성변형 동안에는 변하지 않는다고 가정한다. 운동성 경화거동과 등방성 경화거동을 각각 지배하는 상수 c와 함수 $\dot{\kappa}$는 미소변형이론의 경우와 유사하게 결정하면 된다. 단지, 단축인장이나 압축시험으로부터 c와 κ를 결정하려면, 실험곡선을 코쉬응력 및 로그변형률로 나타내야 한다는 점에 유의하자.

미소변형에서와 마찬가지로, 유한변형에서도 소성포텐셜 함수 Q를 결정하기란, 매우 어려운 일이다. 따라서, 일반적인 접근방법으로 연관 유동법칙 $Q\equiv f$를 사용하여 보자.

$$\boldsymbol{D}^p = \dot{\lambda}\frac{\partial f}{\partial\boldsymbol{\sigma}} \tag{6.88}$$

한편, Von Mises 재료에 대한 항복함수는 다음과 같다.

$$\tfrac{3}{2}(\boldsymbol{S}-\boldsymbol{\alpha}'):(\boldsymbol{S}-\boldsymbol{\alpha}') = \sigma_Y^2\left(\int \bar{D}^p dt\right) \tag{6.89}$$

단, $\boldsymbol{\alpha}'$는 $\boldsymbol{\alpha}$의 편차성분이다. 위 식으로부터 f의 편도함수는 다음과 같다.

$$\frac{\partial f}{\partial \boldsymbol{\sigma}} = 3(\boldsymbol{S} - \boldsymbol{\alpha}') \tag{6.90}$$

$$\frac{\partial f}{\partial \boldsymbol{\alpha}} = -\frac{\partial f}{\partial \boldsymbol{\sigma}} \tag{6.91}$$

따라서, $\boldsymbol{n}$을 항복곡면의 바깥방향 단위법선벡터, K_p를 소성계수라 할 때, Von Mises 재료의 경우에 식(6.85)는 다음과 같이 단순화된다.

$$\boldsymbol{D}^p = \frac{1}{K_p}(\boldsymbol{n} : \overset{\circ}{\boldsymbol{\sigma}})\boldsymbol{n} \tag{6.92}$$

단,
$$\boldsymbol{n} = [n_{ij}] = \frac{\partial f / \partial \boldsymbol{\sigma}}{\|\partial f / \partial \boldsymbol{\sigma}\|} = \sqrt{\frac{3}{2}} \frac{(\boldsymbol{S} - \boldsymbol{\alpha}')}{\sigma_Y} \tag{6.93}$$

및
$$K_p = c + \frac{2}{3}\frac{d\sigma_Y}{d\bar{E}^p} \tag{6.94}$$

이상에서 얻은 식들은 미소변형에서의 소성이론에서 유도한 식들과 동일한 형태이며, 단지 객관적인 속도 $\overset{\circ}{\boldsymbol{\sigma}}$와 $\overset{\circ}{\boldsymbol{\alpha}}$를 사용하고, 현재모양을 기준으로 한 코쉬응력 $\boldsymbol{\sigma}$와 변형속도 $\boldsymbol{D}$를 적용한 점만이 다를 뿐이다. 이상을 정리하면, von Mises 재료에 대한 유한변형 구성방정식은 식(6.87)으로부터 다음과 같이 나타낼 수 있다.

$$D_{ij} = \left[\frac{\delta_{ij}\delta_{mn}}{9K} + \frac{1}{2G}(\delta_{im}\delta_{jn} - \frac{1}{3}\delta_{ij}\delta_{mn}) + \frac{1}{K_p}n_{ij}n_{mn}\right]\overset{\circ}{\sigma}_{mn} \tag{6.95}$$

6.5 소성스핀

이미 언급한대로, 구성방정식에 부적절한 속도형을 사용하여 응력을 계산해보면, 불합리한 진동거동이 나타난다는 것에 대하여 지금까지 광범위한 연구가 이루어져 왔다. 이를 피하기 위하여 다양한 종류의 객관적 속도들이 제안되었으며, 그 중 하나가 소성스핀의 개념에 바탕을 둔 것이다.

변형과정에서의 소성유동으로 발생하는 이방성 경화거동을 기술하려면, 배후응력 $\boldsymbol{\alpha}$와 소성변형에 따른 $\boldsymbol{\alpha}$의 진화식이 속도형태의 응력-변형률 관계식에 도입되어야 한다. 배후응력 $\boldsymbol{\alpha}$ (그리고 등방성 경화변수 κ)는 "미세조직이 배열하는 영향을 거시적으로 표현한 것"이다. 따라서, 이를 거시적 수준에서 먼저 정의한 후에, 미세조직에 대한 실험을 통하여 미세조직의 변화에 따른 평균효과를 측정하여 결정하면 된다. 이렇듯 배후응력 $\boldsymbol{\alpha}$는 미세조직의 배열에 기인하므로 '내부구조 변수(internal structure variable)'라고 부르기도 한다. 즉, 이 변수는 연속체 자체의 성질이 아닌, 재료의 부구조(副構造, substructure)에 부착된 성질로 간주하여야 한다.(Dafalias, 1983, 1985)

코쉬응력도 마찬가지로 재료의 부구조에 의하여 지지된다. 따라서, 구성방정식에 사용하는 객관적 속도는 재료의 부구조와 동시회전하여야 한다. 부구조의 스핀(회전속도)을 $\boldsymbol{\omega}$로 나타내면, 부구조와 동시회전하여야 하는 객관적 동시회전 응력속도 $\overset{\circ}{\boldsymbol{\sigma}}_{\omega}$와 $\overset{\circ}{\boldsymbol{\alpha}}_{\omega}$는 다음 식으로 주어진다.(동시회전 응력속도)

$$\overset{\circ}{\boldsymbol{\sigma}}_{\omega} = \dot{\boldsymbol{\sigma}} - \boldsymbol{\omega}\boldsymbol{\sigma} + \boldsymbol{\sigma}\boldsymbol{\omega} \tag{6.96}$$

$$\overset{\circ}{\boldsymbol{\alpha}}_{\omega} = \dot{\boldsymbol{\alpha}} - \boldsymbol{\omega}\boldsymbol{\alpha} + \boldsymbol{\alpha}\boldsymbol{\omega} \tag{6.97}$$

부구조의 스핀은 "연속체의 전체 스핀 $\boldsymbol{W}$에서 소성스핀 $\boldsymbol{W}^p$를 뺀 차이"에 해당한다는 것이 밝혀졌다.

$$\boldsymbol{\omega} = \boldsymbol{W} - \boldsymbol{W}^p \tag{6.98}$$

이는 변형속도의 덧셈분해로부터 얻은 다음 식과 유사한 형태이다.

$$\boldsymbol{D}^e = \boldsymbol{D} - \boldsymbol{D}^p \tag{6.99}$$

식(6.98)을 식(6.96) 및 식(6.97)에 대입하고 제3장에서 소개한 Jaumann속도 $\overset{\circ}{\boldsymbol{\sigma}}$, $\overset{\circ}{\boldsymbol{\alpha}}$의 정의를 사용한다면, 다음과 같이 정리된다.

$$\overset{\circ}{\boldsymbol{\sigma}}_{\omega} = \overset{\circ}{\boldsymbol{\sigma}} + \boldsymbol{W}^p\boldsymbol{\sigma} - \boldsymbol{\sigma}\boldsymbol{W}^p \tag{6.100}$$

$$\overset{\circ}{\boldsymbol{\alpha}}_{\omega} = \overset{\circ}{\boldsymbol{\alpha}} + \boldsymbol{W}^p\boldsymbol{\sigma} - \boldsymbol{\sigma}\boldsymbol{W}^p \tag{6.101}$$

위 식으로부터, 부구조의 스핀 $\boldsymbol{\omega}$에 대한 개념을 사용한 결과도, 객관적 속도에 소성스핀 $\boldsymbol{W}^p$이 나타나므로, "속도형태의 응력-변형률 관계식에도 소성스핀이 포함되어야 함"을 알 수 있다. 그 결과로 유한소성변형의 경우에는 식(6.75)와 같은 소성변형속도 $\boldsymbol{D}^p$에 대한 구성방정식이 필요할 뿐아니라, 소성스핀 $\boldsymbol{W}^p$에 대한 변화식도 정의하며 사용해야 한다는 결론에 이르게 된다. $\boldsymbol{W}^p$에 대한 구성방정식의 일반 형태는 다음과 같다.

$$\boldsymbol{W}^p = \lambda \boldsymbol{\Omega}^p(\boldsymbol{\sigma}, \boldsymbol{\alpha}) \tag{6.102}$$

여기에서 λ는 식(6.75)에 사용된 비례상수이다.

$\boldsymbol{W}^p$의 구성함수가 좌표계 무관성의 원칙을 따라야 한다는 점을 고려하면, $\boldsymbol{\Omega}^p$는 $\boldsymbol{\sigma}$ 및 $\boldsymbol{\alpha}$의 등방성 함수가 되어야 한다. $\boldsymbol{\Omega}^p$는 반대칭 텐서임을 유의하자. 반대칭 텐서의 대표정리를 사용하여 그 일반적 형태를 나타내면 다음과 같다.

$$\begin{aligned}\boldsymbol{\Omega}^p &= \eta_1(\boldsymbol{\alpha\sigma} - \boldsymbol{\sigma\alpha}) + \eta_2(\boldsymbol{\alpha}^2\boldsymbol{\sigma} - \boldsymbol{\sigma}^2\boldsymbol{\alpha}) + \eta_3(\boldsymbol{\alpha\sigma}^2 - \boldsymbol{\sigma}^2\boldsymbol{\alpha}) \\ &\quad + \eta_4(\boldsymbol{\alpha\sigma\alpha}^2 - \boldsymbol{\alpha}^2\boldsymbol{\sigma\alpha}) + \eta_5(\boldsymbol{\sigma\alpha\sigma}^2 - \boldsymbol{\sigma}^2\boldsymbol{\alpha\sigma})\end{aligned} \tag{6.103}$$

여기에서 η_i는 $\boldsymbol{\sigma}$ 및 $\boldsymbol{\alpha}$의 불변량 및 유효소성변형률 같은 스칼라 변수의 함수이다. 식(6.103)은 매우 일반적인 표현으로, 우변에 나타난 항들을 결정하기가 매우 까다롭다.

운동성 경화 즉, 이동경화하는 강소성 재료의 단순전단 문제에 사용된 식(6.103)의 한 단순형태는 다음과 같다.

$$\boldsymbol{W}^p = \lambda\eta_1(\boldsymbol{\alpha}'\boldsymbol{S} - \boldsymbol{S}\boldsymbol{\alpha}') \tag{6.104}$$

여기에 Von Mises 항복조건을 적용하면, 다음과 같이 정리된다.

$$\boldsymbol{W}^p = \lambda\eta_1\left[\boldsymbol{\alpha}'(\boldsymbol{S} - \boldsymbol{\alpha}') - (\boldsymbol{S} - \boldsymbol{\alpha}')\boldsymbol{\alpha}'\right] = \tfrac{1}{2}\eta(\boldsymbol{\alpha}'\boldsymbol{D}^p - \boldsymbol{D}^p\boldsymbol{\alpha}') \tag{6.105}$$

여기에서, η는 $\boldsymbol{S}$, $\boldsymbol{\alpha}'$의 불변량 및 다른 스칼라변수의 등방성 스칼라함수로서, 이는 실험적으로 결정되어야 한다. 식(6.105)는 객관적 속도식 (6.100) 및 (6.101)과 함께 다음 절에서 운동성 경화하는 강소성 재료의 단순전단 문제를 푸는데 사용될 것이다.

6.6 단순전단시의 유한변형

이 절에서는 소성영역에서의 단순전단 유한변형 문제에 대한 해를 검토한다. 아탄성 이론에서처럼, 사용하는 동시회전성 속도마다 서로 상이한 결과가 나타남을 보이고자 한다. 따라서, 6.3절에서의 설명과 유사하게 전개되지만, 코쉬응력 $\boldsymbol{\sigma}$ 대신에 배후응력 $\boldsymbol{\alpha}$를 사용하는 점이 다르다. 이 절에서는 재료가 강소성이고, 등방성 경화없이 순수하게 운동성 경화한다고 가정한다. 따라서, 항복곡면은 다음 식으로 주어진다.

$$F = \tfrac{3}{2}(\boldsymbol{S} - \boldsymbol{\alpha}') : (\boldsymbol{S} - \boldsymbol{\alpha}') - \sigma_{Y_0}^2 = 0 \tag{6.106}$$

여기에서, σ_{Y_0}는 상수로서, 항복곡면의 크기를 나타낸다. 또한, 위 식에서 배후응력 $\boldsymbol{\alpha}$가 편차성분이라고 가정하여도 일관성은 여전히 유지된다.

식(6.92)로 주어지는 소성변형속도 $\boldsymbol{D}^p$를 다시쓰면,

$$\boldsymbol{D}^p = \frac{1}{K_p}(\boldsymbol{n} : \overset{\circ}{\boldsymbol{\sigma}})\boldsymbol{n} \tag{6.107}$$

단, 위 식에서 $\overset{\circ}{\boldsymbol{\sigma}}$는 $\boldsymbol{\sigma}$에 대한 임의의 동시회전성 속도이고,

$$\boldsymbol{n} = \sqrt{\frac{3}{2}}\frac{(\boldsymbol{S} - \boldsymbol{\alpha})}{\sigma_{Y_0}} \tag{6.108}$$

이며, K^p는 소성계수이다. 강소성 재료에 대하여는 다음 근사가 성립한다.

$$\boldsymbol{D} \cong \boldsymbol{D}^p \tag{6.109}$$

배후응력의 진화식으로 다음 모델을 가정하자.

$$\overset{\circ}{\boldsymbol{\alpha}} = c\boldsymbol{D}^p \cong c\boldsymbol{D} \tag{6.110}$$

단, c는 상수이며, 식(6.94)에 의하면 $K_p = c$이다.

이제, $\bar{\boldsymbol{\omega}}$를 임의의 스핀텐서라고 하자. $\bar{\boldsymbol{\omega}}$를 사용하여 $\boldsymbol{\sigma}$ 및 $\boldsymbol{\alpha}$의 객관적인 동시회전성 속도를 일반적인 형태로 나타내면 다음과 같다.

$$\overset{\circ}{\boldsymbol{\sigma}} = \dot{\boldsymbol{\sigma}} - \bar{\boldsymbol{\omega}}\boldsymbol{\sigma} + \boldsymbol{\sigma}\bar{\boldsymbol{\omega}} \tag{6.111}$$

$$\overset{\circ}{\boldsymbol{\alpha}} = \dot{\boldsymbol{\alpha}} - \bar{\boldsymbol{\omega}}\boldsymbol{\alpha} + \boldsymbol{\alpha}\bar{\boldsymbol{\omega}} \tag{6.112}$$

이 절에서 사용하는 동시회전성 속도의 종류는 다음과 같다.

(1) Jaumann 속도: $\bar{\boldsymbol{\omega}} = \boldsymbol{W}$

(2) Green-McInnis 속도: $\bar{\boldsymbol{\omega}} = \dot{\boldsymbol{R}}\boldsymbol{R}^{\mathrm{T}}$

(3) Dafalias 속도: $\bar{\boldsymbol{\omega}} = \boldsymbol{\omega} = \boldsymbol{W} - \boldsymbol{W}^{p}$

(4) Lee 속도: $\bar{\boldsymbol{\omega}} = \boldsymbol{W}^{*} = \boldsymbol{W} + \boldsymbol{D}\boldsymbol{n}\boldsymbol{n}^{\mathrm{T}} - \boldsymbol{n}\boldsymbol{n}^{\mathrm{T}}\boldsymbol{D}$, (Lee등(1983)에 의하면, $\boldsymbol{W}^{*}$는 배후응력 $\boldsymbol{\alpha}$의 주방향을 따라서 순간적으로 배열된 재료의 섬유에 부착된 단위벡터 $\boldsymbol{n}$의 스핀(회전속도)에 해당된다.)

단순전단 상태에서, $\boldsymbol{\sigma}$를 유한변형의 전단변형률, $\phi = \tan^{-1}(\gamma/2)$라 할 때, 변형속도, 스핀, 회전텐서는 각각 다음과 같다.

$$\boldsymbol{D} = \begin{bmatrix} 0 & \dot{\gamma}/2 & 0 \\ \dot{\gamma}/2 & 0 & 0 \\ 0 & 0 & 0 \end{bmatrix}, \qquad \boldsymbol{W} = \begin{bmatrix} 0 & \dot{\gamma}/2 & 0 \\ -\dot{\gamma}/2 & 0 & 0 \\ 0 & 0 & 0 \end{bmatrix} \tag{6.113}$$

$$\boldsymbol{R} = \begin{bmatrix} \cos\phi & \sin\phi & 0 \\ -\sin\phi & \cos\phi & 0 \\ 0 & 0 & 1 \end{bmatrix} \tag{6.114}$$

식(6.113)을 사용하면 식(6.107)과 $\sigma_{33} = \sigma_{23} = \sigma_{13} = 0$ 으로부터 다음 조건을 얻는다.

$$s_{11} = \alpha_{11} \tag{6.115}$$

$$s_{22} = \alpha_{22} \tag{6.116}$$

$$s_{33} = \alpha_{33} \tag{6.117}$$

$$\alpha_{13} = \alpha_{23} = 0 \tag{6.118}$$

이 경우에 항복조건은 다음과 같이 요약된다.

$$\sigma_{12} = \frac{1}{\sqrt{3}}\sigma_{Y_0} + \alpha_{12} \tag{6.119}$$

따라서, 배후응력 $\boldsymbol{\alpha}$를 알면 응력상태를 결정할 수 있다. 즉, 이 문제에서의 핵심은 식(6.110)를 사용하여 배후응력 $\boldsymbol{\alpha}$를 계산하는 것이다. 식(6.110)를 단순전단의 경우에

$\mathrm{tr}(\boldsymbol{D})=0$ 이라는 점을 감안하여, 아탄성 구성방정식 (6.41)과 비교해 보면, 식(6.41)에서 $\boldsymbol{\sigma}$ 대신 $\boldsymbol{\alpha}$, $2G$ 대신 c 를 대입함으로써, 식(6.110)가 얻어진다는 것을 쉽게 알 수 있다. 따라서, 6.3절에서 $\boldsymbol{\sigma}$에 대하여 얻은 결과를 그대로 $\boldsymbol{\alpha}$의 해를 구하는데 활용할 수 있다. 즉, Jaumann 속도와 Green-McInnis 속도를 사용한 경우의 해는 직접 구할 수 있다.

6.6.1 Jaumann 응력속도에 대한 해

재료가 초기에는 등방성(즉, $\boldsymbol{\alpha}(0)=\boldsymbol{0}$)이라고 가정하자. 배후응력 $\boldsymbol{\alpha}$의 영이 아닌 성분은 α_{11}, α_{22}, α_{12} 이며, 다음과 같이 구해진다. $\overset{\circ}{\boldsymbol{\alpha}}=c\boldsymbol{D}^p$를 사용하면

$$\alpha_{11}=-\alpha_{22}=\tfrac{1}{2}c(1-\cos\gamma),\quad \alpha_{12}=\tfrac{1}{2}c\sin\gamma \tag{6.120}$$

식(6.117) 및 $\alpha_{33}=\sigma_{33}=0$ 으로부터

$$s_{33}=0,\quad \sigma_{11}+\sigma_{22}=0 \tag{6.121}$$

$$s_{11}=\sigma_{11}=\alpha_{11}=\tfrac{1}{2}c(1-\cos\gamma) \tag{6.122}$$

$$s_{22}=\sigma_{22}=\alpha_{22}=-\tfrac{1}{2}c(1-\cos\gamma) \tag{6.123}$$

$$\sigma_{12}=\tfrac{1}{\sqrt{3}}\sigma_{Y_0}+\tfrac{1}{2}c\sin\gamma \tag{6.124}$$

이 결과로부터, Jaumann 속도를 사용하여 구한 응력해는, 전단변형률이 단조증가할 때, 대략 6의 주기로 진동한다는 것을 알 수 있다. 따라서, Jaumann 속도는 탄소성 유한변형에 대한 구성방정식에 사용하기가 부적절하다.

6.6.2 Green-McInnis 응력속도에 대한 해

배후응력 $\boldsymbol{\alpha}$ 의 영이 아닌 성분 α_{11}, α_{22}, α_{12}는 다음과 같이 구해진다.

$$\alpha_{11}=-\alpha_{22}=2c[\cos 2\phi\ln(\cos 2\phi)+\phi\sin 2\phi-\sin^2 2\phi] \tag{6.125}$$

$$\alpha_{12} = c\cos 2\phi[2\phi - \tan 2\phi \ln(\cos 2\phi) - \tan\phi] \tag{6.126}$$

또한, 코쉬응력 $\boldsymbol{\sigma}$의 영이 아닌 성분은 다음과 같다.

$$\sigma_{11} = -\sigma_{22} = 2c[\cos 2\phi \ln(\cos 2\phi) + \phi \sin 2\phi - \sin^2 2\phi] \tag{6.127}$$

$$\sigma_{12} = c\cos 2\phi[2\phi - \tan 2\phi \ln(\cos 2\phi) - \tan\phi] \tag{6.128}$$

이들 해는 단순전단 상태에서 아탄성 재료에 Green-McInnis속도를 적용한 경우와 유사한 형태이다. 전단변형률 γ가 단조증가하는 경우에, 위에 주어진 σ_{11}, σ_{22}, σ_{12}도 각각 단조증가한다. 따라서, Green-McInnis속도는 탄소성 유한변형에 대한 구성방정식에 사용하기에 적절하다.

6.6.3 Dafalias 응력속도에 대한 해

앞 절에서, 소성스핀 $\boldsymbol{W}^p$는 다음 식으로 주어진다고 하였다.

$$\boldsymbol{W}^p = \tfrac{1}{2}\eta(\boldsymbol{\alpha}\boldsymbol{D}^p - \boldsymbol{D}^p\boldsymbol{\alpha}) = \tfrac{1}{2}\eta(\boldsymbol{\alpha}\boldsymbol{D} - \boldsymbol{D}\boldsymbol{\alpha}) \tag{6.129}$$

단, η는 재료상수이다. 배후응력 $\boldsymbol{\alpha}$의 영이 아닌 성분은 $\alpha_{11} = -\alpha_{22}$, α_{12}이고 식(6.113)에서 $\boldsymbol{D}^p = \boldsymbol{D}$임을 상기하자. 따라서 소성스핀 $\boldsymbol{W}^p$의 영이 아닌 성분은 다음과 같이 쉽게 구해진다.

$$W_{12}^p = -W_{21}^p = \tfrac{1}{2}\eta\alpha_{11}\dot{\gamma} \tag{6.130}$$

마찬가지로, $\bar{\boldsymbol{\omega}}$의 영이 아닌 성분은 다음과 같다.

$$\bar{\omega}_{12} = -\bar{\omega}_{21} = \tfrac{1}{2}\dot{\gamma}(1 - \eta\alpha_{11}) \tag{6.131}$$

이들 결과를 식(6.110)에 대입하면 다음 미분방정식을 얻는다.

$$\frac{d\alpha_{11}}{d\gamma} = (1 - \eta\alpha_{11})\alpha_{12} \tag{6.132}$$

$$\frac{d\alpha_{12}}{d\gamma} = \frac{c}{2} - (1 - \eta\alpha_{11})\alpha_{11} \tag{6.133}$$

위 미분방정식에 대한 수치해는 그림 6.3(a)~(c)에 나타낸 것과 같다. 그림에서 보듯이, 상수ρ를 적절하게 선택하면 진동하지 않는 결과를 얻을 수 있다. 예를 들어, $\rho > 0.5$를 사용하면, $\alpha_{11} = -\alpha_{22}$및 α_{12}는 전단변형률 γ가 증가함에 따라, 단조증가하므로 물리적으로 타당하다.

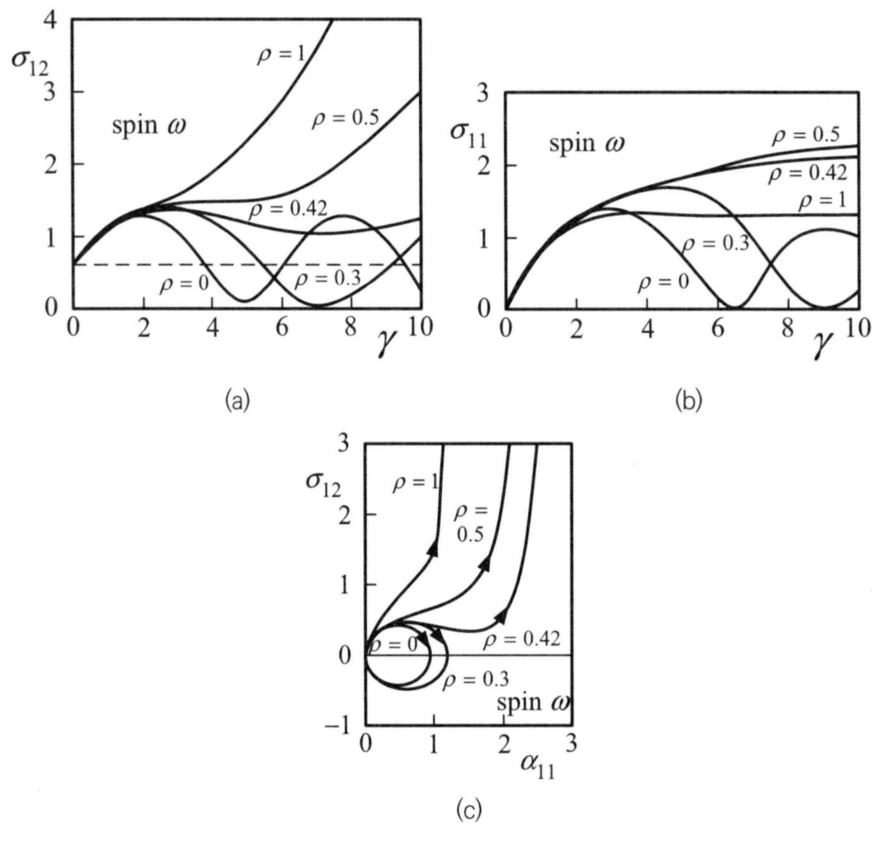

Fig. 6.3 Dafalias 속도를 사용한 단순전단의 해

부구조의 스핀과 같은 동시회전성 속도를 사용할 때의 장점은, 유한소성변형을 겪는 재료의 실제 거동을 보다 유연하게 나타낼 수 있다는 것이다. 즉, 이들 결과와 실험곡선이 잘 일치하도록 재료상수 η를 선택할 수 있다. 반면에, Jaumann 속도나 Green- McInnis 속도를 사용하면, 재료에 대한 미정계수가 없으므로 유연성이 없다.

6.6.4 Lee 응력속도에 대한 해

식(6.113)를 사용하는 동시회전성 속도에 대하여, 단순전단 상태에서 영이 아닌 성분 $\bar{\omega}_{12} = -\bar{\omega}_{21}$ 은 다음과 같이 구해진다.(Dafalias, 1983)

$$\bar{\omega}_{12} = -\bar{\omega}_{21} = \tfrac{1}{2}\dot{\gamma}\left[1 - \frac{\alpha_{11}}{(\alpha_{11}^2 - \alpha_{12}^2)^{1/2}}\right] \tag{6.134}$$

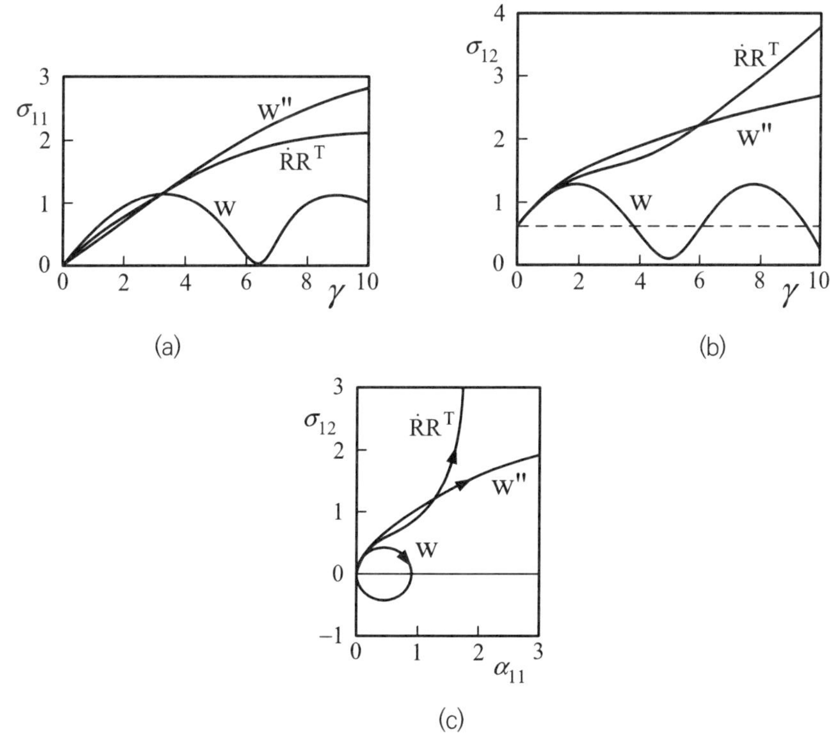

Fig. 6.4 Lee 속도를 사용한 단순전단의 해

이를 사용하면 식(6.110)로부터 다음 미분방정식을 얻는다.

$$\frac{d\alpha_{11}}{d\gamma} = \alpha_{12}\left[1 - \frac{\alpha_{11}}{(\alpha_{11}^2 - \alpha_{12}^2)^{1/2}}\right] \tag{6.135}$$

$$\frac{d\alpha_{12}}{d\gamma} = \frac{c}{2} - \alpha_{11}\left[1 - \frac{\alpha_{11}}{(\alpha_{11}^2 - \alpha_{12}^2)^{1/2}}\right] \tag{6.136}$$

위 미분방정식에 대한 수치해는 그림 6.4(a)~(c)에 나타낸 것과 같다(Lee, 1983).

그림에서 응력해가 단조증가함을 확인할 수 있다. 따라서, $\boldsymbol{W}^*$를 사용하는 동시회전성 속도는 진동효과를 효율적으로 배제시키므로, 탄소성 유한변형의 구성방정식에 사용될 수 있다.

이 장을 마치면서 다시 한번 강조해 둘 것은, 어떤 종류의 동시회전성 속도를 선택하여 사용해야 하느냐의 문제는 단지 객관성의 조건이나 비진동성에 의해서만 결정할 것이 아니라, 실험적 검증을 거쳐서 결정해야 한다는 점이다. 그 이유는 구성모델의 가장 중요한 목적은 재료의 실제거동을 가장 잘 나타내는 것에 있기 때문이다.

제6장

예제와 풀이

예제

6.1 원래 모양(점선으로 나타낸 정사각형)에서 1초 동안 탄소성변형을 받아서 현재모양(일점쇄선으로 나타낸 도형0FDE)으로 변형된 물체가 있다. 현재모양에서 탄성제하시키면 중간모양(실선으로 나타낸 도형 0BCA)이 된다고 하자.

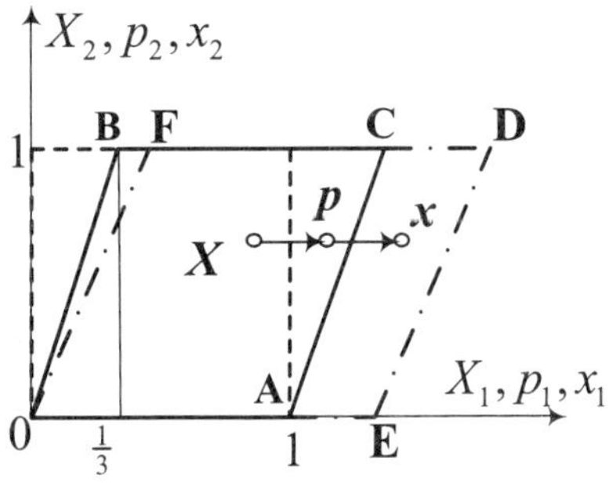

$$\begin{Bmatrix} p_1 = X_1 + \frac{1}{3}tX_2 \\ p_2 = X_2 \end{Bmatrix} \quad \text{및} \quad \begin{Bmatrix} x_1 = (1+\varepsilon t)p_1 \\ x_2 = p_2 \end{Bmatrix}$$

이 때, 변형구배와 물질미분은 다음과 같이 계산된다.

$$\boldsymbol{F}^e = \begin{bmatrix} (1+\varepsilon t) & 0 \\ 0 & 1 \end{bmatrix} = \boldsymbol{V}^e, \ \boldsymbol{F}^p = \begin{bmatrix} 1 & \frac{1}{3}t \\ 0 & 1 \end{bmatrix}$$

$$\boldsymbol{F} = \boldsymbol{F}^e \boldsymbol{F}^p = \begin{bmatrix} (1+\varepsilon t) & \frac{1}{3}(1+\varepsilon t)t \\ 0 & 1 \end{bmatrix}$$

$$\dot{\boldsymbol{F}}^e = \dot{\boldsymbol{V}}^e = \begin{bmatrix} \varepsilon & 0 \\ 0 & 0 \end{bmatrix}, \dot{\boldsymbol{F}}^p = \begin{bmatrix} 0 & \frac{1}{3} \\ 0 & 0 \end{bmatrix} \ \text{및} \ \dot{\boldsymbol{F}} = \begin{bmatrix} \varepsilon & \frac{1}{3}(1+2\varepsilon t) \\ 0 & 0 \end{bmatrix}$$

(1) $(\boldsymbol{F}^e)^{-1}$을 계산하시오.

(2) $\boldsymbol{L}^e = \dot{\boldsymbol{F}}^e(\boldsymbol{F}^e)^{-1}$ 를 계산하시오.

(3) $(\boldsymbol{F}^p)^{-1}$ 을 계산하시오.

(4) $\boldsymbol{L}^p = \dot{\boldsymbol{F}}^p(\boldsymbol{F}^p)^{-1}$ 를 계산하시오.

(5) $\boldsymbol{F}^{-1}$ 을 계산하시오.

(6) $\boldsymbol{L} = \dot{\boldsymbol{F}}(\boldsymbol{F})^{-1}$ 를 계산하시오.

6.2 아래 그림과 같이, 원래 모양(점선으로 나타낸 정사각형)에서 1초 동안 일정한 변형률속도로 아탄성변형을 받아서 현재모양(일점쇄선으로 나타낸 도형0ACB)으로 변형된 물체가 있다.

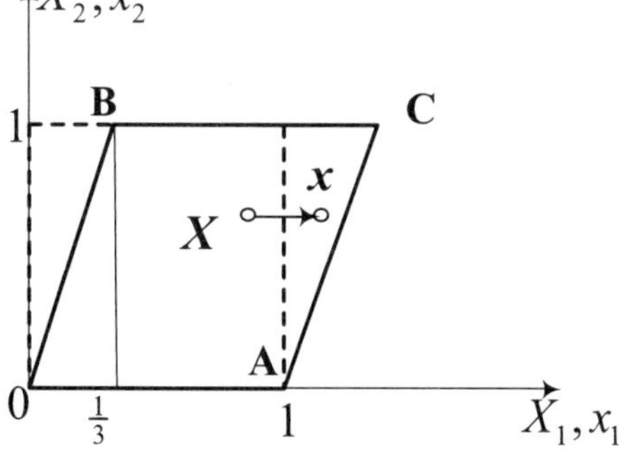

(1) $\boldsymbol{F}$ 을 계산하시오.

(2) $\boldsymbol{R}$ 를 계산하시오.

(3) $\boldsymbol{L}$을 계산하시오.

(4) $\boldsymbol{D}$를 계산하시오.

(5) $\boldsymbol{W}$ 을 계산하시오.

(6) Jaumann 응력속도 $\overset{\circ}{\boldsymbol{\sigma}} = \dot{\boldsymbol{\sigma}} - \boldsymbol{W\sigma} + \boldsymbol{\sigma W}$ 를 계산하시오.

(7) Green-McInnis 응력속도 $\overset{\nabla}{\boldsymbol{\sigma}} = \dot{\boldsymbol{\sigma}} - (\dot{\boldsymbol{R}}\boldsymbol{R}^{\mathrm{T}})\boldsymbol{\sigma} + \boldsymbol{\sigma}(\dot{\boldsymbol{R}}\boldsymbol{R}^{\mathrm{T}})$ 를 계산하시오.

6.3 탄소성 유한변형에서 항복함수가 $f(\boldsymbol{\sigma},\boldsymbol{\alpha}) = \frac{3}{2}(\boldsymbol{S}-\boldsymbol{\alpha}'):(\boldsymbol{S}-\boldsymbol{\alpha}') = \sigma_Y^2\left(\bar{E}^p\right)$ $= \sigma_Y^2\left(\int \bar{D}^p dt\right)$로 주어지는 재료가 있다. 이 재료는 유한변형의 연관유동법칙과 Prager 모델을 따른다고 가정하자.($\overset{\circ}{\boldsymbol{\alpha}} = c\boldsymbol{D}^p$)

이 재료를 단순인장시험하여 $\sigma_f = 100(\bar{E}^p)^{0.2}$ [MPa], 다른 실험을 통하여 $c = 0.5$를 얻었다.

$\bar{E}^p = 1.0$에 이르는 탄소성변형을 받는 동안에 항복곡면이 진화하여 $\boldsymbol{\alpha}' = \frac{1}{2}\boldsymbol{S}$가 되었을 때, 다음 물음에 답하시오.

(1) $\bar{E}^p = 1.0$ 에서의 일관성조건(consistency)을 나타내는 식을 쓰고 간단하게 설명하시오.

(2) 이때, 가해진 응력이 $\boldsymbol{S} = (150, s_{22}, 0)$ [MPa] 일 때, s_{22} 를 구하시오.

(3) $\partial f / \partial \boldsymbol{\sigma}$ 를 3×1벡터로 계산하시오.

(4) $\boldsymbol{n} = \dfrac{\partial f / \partial \boldsymbol{\sigma}}{\|\partial f / \partial \boldsymbol{\sigma}\|}$를 구하시오.

(5) $\boldsymbol{n} = \sqrt{\dfrac{3}{2}} \dfrac{(\boldsymbol{S} - \boldsymbol{\alpha}')}{\sigma_Y}$ 을 계산하시오.

(6) $K_p = c + \dfrac{2}{3} \dfrac{d\sigma_Y}{d\bar{E}^p}$ 를 계산하시오.

(7) 아탄성변형을 무시한 경우에 $[(C^{ep})^{-1}]_{3\times 3}$ 을 구하시오.

6.4 강소성 유한변형에서 연관유동법칙($Q = f$)과 Prager 모델을 따르고($\overset{\circ}{\boldsymbol{\alpha}} = c\boldsymbol{D}^p \cong c\boldsymbol{D}$), 항복함수가 $f(\boldsymbol{\sigma}, \boldsymbol{\alpha}) = \frac{3}{2}(\boldsymbol{S} - \boldsymbol{\alpha}') : (\boldsymbol{S} - \boldsymbol{\alpha}') = Y_0^2$로 주어지는 재료가 있다. 이 재료를 단순인장시험하여 $Y_0 = 100\,[\text{MPa}]$, 다른 실험을 통하여 $c = 0.5$를 얻었다. 최초에는 이동경화가 없다고($\boldsymbol{\alpha}(0) = \boldsymbol{0}$) 본다. 이 재료로 만들어진 물체가 그림과 같이, 원래 모양(점선으로 나타낸 정사각형)에서 1초 동안 일정한 변형률속도로 전단변형을 받아서 현재모양(실선으로 나타낸 도형0ACB)으로 되었다.

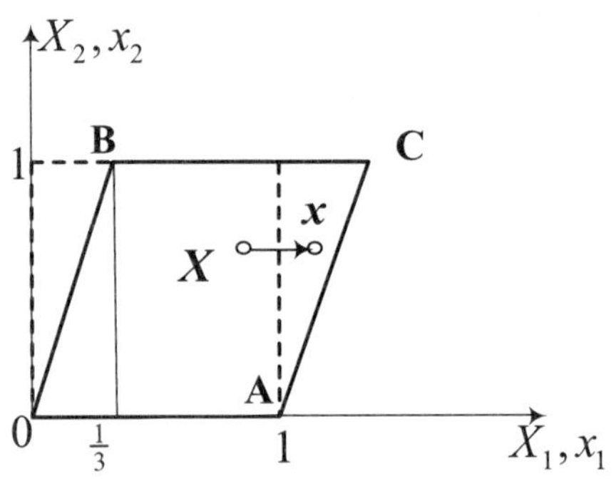

(1) Jaumann 배후응력속도의 진화식 $\overset{\circ}{\boldsymbol{\alpha}} = \dot{\boldsymbol{\alpha}} - \boldsymbol{W\alpha} + \boldsymbol{\alpha W}$를 성분별로 정리하시오.

(2) Jaumann 배후응력속도에 대한 강의자료의 해가 타당함을 보이시오.

(3) Jaumann 응력속도 $\overset{\circ}{\boldsymbol{\sigma}} = \dot{\boldsymbol{\sigma}} - \boldsymbol{W\sigma} + \boldsymbol{\sigma W}$ 를 정리하시오.

(4) 스칼라$(\boldsymbol{n}_{3\times3} : \overset{\circ}{\boldsymbol{\sigma}})$ 를 계산하시오.(단, $\boldsymbol{n}_{3\times3} = \dfrac{\partial f / \partial \boldsymbol{\sigma}}{\|\partial f / \partial \boldsymbol{\sigma}\|} = \sqrt{\dfrac{3}{2}} \dfrac{(\boldsymbol{S} - \boldsymbol{\alpha})}{\sigma_Y}$임.)

(5) Jaumann 응력속도-변형속도에 대한 강소성 구성방정식 $D_{ij} = \dfrac{1}{K_p} n_{ij} n_{mn} \overset{\circ}{\sigma}_{mn}$ (혹은 $\boldsymbol{D} = \dfrac{1}{K_p} (\boldsymbol{n}_{3\times3} : \overset{\circ}{\boldsymbol{\sigma}}) \boldsymbol{n}_{3\times3}$ 을 성분별로 정리하시오.

(6) 응력해가 타당함을 보이시오.(힌트: 항복조건을 적용하여 적분상수를 결정하여야 함.)

예제 풀이

6.1

(1)

$$\left(\mathbf{F}^e\right)^{-1} = \begin{bmatrix} 1/(1+\varepsilon t) & 0 \\ 0 & 1 \end{bmatrix}$$

Therefore, at $t=1$, $\left(\mathbf{F}^e\right)^{-1} = \begin{bmatrix} 1/(1+\varepsilon) & 0 \\ 0 & 1 \end{bmatrix}$

(2)

$$\mathbf{L}^e = \dot{\mathbf{F}}^e \left(\mathbf{F}^e\right)^{-1} = \begin{bmatrix} \varepsilon & 0 \\ 0 & 0 \end{bmatrix} \begin{bmatrix} 1/(1+\varepsilon t) & 0 \\ 0 & 1 \end{bmatrix} = \begin{bmatrix} \varepsilon/(1+\varepsilon t) & 0 \\ 0 & 0 \end{bmatrix}$$

Therefore, at $t=1$, $\mathbf{L}^e = \begin{bmatrix} \varepsilon/(1+\varepsilon) & 0 \\ 0 & 0 \end{bmatrix}$

(3)

$$\left(\mathbf{F}^p\right)^{-1} = \begin{bmatrix} 1 & -t/3 \\ 0 & 1 \end{bmatrix}$$

Therefore, at $t=1$, $\left(\mathbf{F}^p\right)^{-1} = \begin{bmatrix} 1 & -1/3 \\ 0 & 1 \end{bmatrix}$

(4)

$$\mathbf{L}^p = \dot{\mathbf{F}}^p \left(\mathbf{F}^p\right)^{-1} = \begin{bmatrix} 0 & 1/3 \\ 0 & 0 \end{bmatrix} \begin{bmatrix} 1 & -t/3 \\ 0 & 1 \end{bmatrix} = \begin{bmatrix} 0 & 1/3 \\ 0 & 0 \end{bmatrix}$$

Therefore, at $t=1$, $\mathbf{L}^p = \begin{bmatrix} 0 & 1/3 \\ 0 & 0 \end{bmatrix}$

(5)

$$\mathbf{F}^{-1} = \left(\mathbf{F}^e\right)^{-1}\left(\mathbf{F}^p\right)^{-1} = \begin{bmatrix} 1/(1+\varepsilon t) & 0 \\ 0 & 1 \end{bmatrix}\begin{bmatrix} 1 & -t/3 \\ 0 & 1 \end{bmatrix} = \begin{bmatrix} 1/(1+\varepsilon t) & -t/3 \\ 0 & 1 \end{bmatrix}$$

Therefore, at $t=1$, $\mathbf{F}^{-1} = \begin{bmatrix} 1/(1+\varepsilon) & -1/3 \\ 0 & 1 \end{bmatrix}$

(6)

$$\mathbf{L} = \dot{\mathbf{F}}\mathbf{F}^{-1} = \begin{bmatrix} \varepsilon & 1/3(1+2\varepsilon t) \\ 0 & 0 \end{bmatrix}\begin{bmatrix} 1/(1+\varepsilon t) & -t/3 \\ 0 & 1 \end{bmatrix} = \begin{bmatrix} \varepsilon/(1+\varepsilon t) & (1+\varepsilon t)/3 \\ 0 & 0 \end{bmatrix}$$

Therefore, at $t=1$, $\mathbf{L} = \begin{bmatrix} \varepsilon/(1+\varepsilon) & (1+\varepsilon)/3 \\ 0 & 0 \end{bmatrix}$

6.2

(1)

Since $\begin{cases} x_1 = X_1 + \dfrac{t}{3}X_2 \\ x_2 = X_2 \\ x_3 = X_3 \end{cases}$

$$\mathbf{F} = \left[\frac{\partial x_i}{\partial x_j}\right] = \begin{bmatrix} 1 & t/3 & 0 \\ 0 & 1 & 0 \\ 0 & 0 & 1 \end{bmatrix}$$

Therefore, at $t=1$, $\mathbf{F}=\begin{bmatrix}1 & 1/3 & 0\\ 0 & 1 & 0\\ 0 & 0 & 1\end{bmatrix}$

(2)

$$\mathbf{R}=\begin{bmatrix}\cos\phi & \sin\phi & 0\\ -\sin\phi & \cos\phi & 0\\ 0 & 0 & 1\end{bmatrix} \text{ where } \tan\phi=\frac{1}{2}\gamma=\frac{t}{6}$$

Therefore, at $t=1$, $\phi=\tan^{-1}\left(\frac{1}{6}\right)=9.46°$ and $\mathbf{R}=\begin{bmatrix}0.9864 & 0.1644 & 0\\ -0.1644 & 0.9864 & 0\\ 0 & 0 & 1\end{bmatrix}$

(3)

$$\mathbf{L}=\dot{\mathbf{F}}\mathbf{F}^{-1}=\begin{bmatrix}0 & \dot{\gamma} & 0\\ 0 & 0 & 0\\ 0 & 0 & 0\end{bmatrix}=\begin{bmatrix}0 & t/3 & 0\\ 0 & 0 & 0\\ 0 & 0 & 0\end{bmatrix}$$

Therefore, at $t=1$, $\mathbf{L}=\begin{bmatrix}0 & 1/3 & 0\\ 0 & 0 & 0\\ 0 & 0 & 0\end{bmatrix}$

(4)

$$\mathbf{D}=\frac{1}{2}\left(\mathbf{L}+\mathbf{L}^{\mathrm{T}}\right)=\frac{1}{2}\begin{bmatrix}0 & \dot{\gamma} & 0\\ \dot{\gamma} & 0 & 0\\ 0 & 0 & 0\end{bmatrix}=\begin{bmatrix}0 & t/6 & 0\\ t/6 & 0 & 0\\ 0 & 0 & 0\end{bmatrix}$$

Therefore, at $t=1$, $\mathbf{D}=\begin{bmatrix}0 & 1/6 & 0\\ 1/6 & 0 & 0\\ 0 & 0 & 0\end{bmatrix}$

(5)

$$\mathbf{W}=\frac{1}{2}\left(\mathbf{L}-\mathbf{L}^{\mathrm{T}}\right)=\frac{1}{2}\begin{bmatrix} 0 & \dot{\gamma} & 0 \\ -\dot{\gamma} & 0 & 0 \\ 0 & 0 & 0 \end{bmatrix}=\begin{bmatrix} 0 & t/6 & 0 \\ -t/6 & 0 & 0 \\ 0 & 0 & 0 \end{bmatrix}$$

Therefore, at $t=1$, $\quad \mathbf{W}=\begin{bmatrix} 0 & 1/6 & 0 \\ -1/6 & 0 & 0 \\ 0 & 0 & 0 \end{bmatrix}$

(6)

$$\boldsymbol{\sigma}=\begin{bmatrix} \sigma_{11} & \sigma_{12} & 0 \\ \sigma_{21} & \sigma_{22} & 0 \\ 0 & 0 & 0 \end{bmatrix}$$

$$\overset{\circ}{\boldsymbol{\sigma}}=\dot{\boldsymbol{\sigma}}-\mathbf{W}\boldsymbol{\sigma}+\boldsymbol{\sigma}\mathbf{W}$$

$$=\begin{bmatrix} \dot{\sigma}_{11} & \dot{\sigma}_{12} & 0 \\ \dot{\sigma}_{21} & \dot{\sigma}_{22} & 0 \\ 0 & 0 & 0 \end{bmatrix}-\begin{bmatrix} 0 & 1/6 & 0 \\ -1/6 & 0 & 0 \\ 0 & 0 & 0 \end{bmatrix}\begin{bmatrix} \sigma_{11} & \sigma_{12} & 0 \\ \sigma_{21} & \sigma_{22} & 0 \\ 0 & 0 & 0 \end{bmatrix}+\begin{bmatrix} \sigma_{11} & \sigma_{12} & 0 \\ \sigma_{21} & \sigma_{22} & 0 \\ 0 & 0 & 0 \end{bmatrix}\begin{bmatrix} 0 & 1/6 & 0 \\ -1/6 & 0 & 0 \\ 0 & 0 & 0 \end{bmatrix}$$

$$=\begin{bmatrix} \dot{\sigma}_{11}-\frac{1}{3}\sigma_{12} & \dot{\sigma}_{12}+\frac{1}{6}\left(\sigma_{11}-\sigma_{22}\right) & 0 \\ \dot{\sigma}_{12}+\frac{1}{6}\left(\sigma_{11}-\sigma_{22}\right) & \dot{\sigma}_{22}+\frac{1}{3}\sigma_{12} & 0 \\ 0 & 0 & 0 \end{bmatrix}$$

(7)

Since $\mathbf{R}=\begin{bmatrix}\cos\phi & \sin\phi & 0\\ -\sin\phi & \cos\phi & 0\\ 0 & 0 & 1\end{bmatrix}$ and $\tan\phi=\frac{1}{2}\gamma=\frac{t}{6}$,

$$\dot{\mathbf{R}}=\dot{\phi}\begin{bmatrix}-\sin\phi & \cos\phi & 0\\ -\cos\phi & -\sin\phi & 0\\ 0 & 0 & 0\end{bmatrix} \text{ and } \dot{\phi}\sec^2\phi=\frac{t}{6}$$

Therefore, at $t=1$, $\dot{\phi}=\frac{1}{6}\cos^2\phi=0.1622$, $\dot{\mathbf{R}}=\dot{\phi}\begin{bmatrix}-0.0267 & 0.1600 & 0\\ -0.1600 & -0.0267 & 0\\ 0 & 0 & 0\end{bmatrix}$

$$\text{and } \mathbf{R}=\begin{bmatrix}0.9864 & 0.1644 & 0\\ -0.1644 & 0.9864 & 0\\ 0 & 0 & 1\end{bmatrix}$$

$$\overset{\nabla}{\boldsymbol{\sigma}}=\dot{\boldsymbol{\sigma}}-\left(\dot{\mathbf{R}}\mathbf{R}^{\mathrm{T}}\right)\boldsymbol{\sigma}+\boldsymbol{\sigma}\left(\dot{\mathbf{R}}\mathbf{R}^{\mathrm{T}}\right)$$
$$=\begin{bmatrix}\dot{\sigma}_{11}-0.3156\sigma_{12} & \dot{\sigma}_{12}+0.1534(\sigma_{11}-\sigma_{22}) & 0\\ \dot{\sigma}_{12}+0.1534(\sigma_{11}-\sigma_{22}) & \dot{\sigma}_{22}+0.3156\sigma_{12} & 0\\ 0 & 0 & 0\end{bmatrix}$$

6.3

(1)

$$\overset{\circ}{\mathrm{F}}=\frac{\partial f}{\partial\boldsymbol{\sigma}}:\overset{\circ}{\boldsymbol{\sigma}}+\frac{\partial f}{\partial\boldsymbol{\alpha}}:\overset{\circ}{\boldsymbol{\alpha}}-\frac{dk}{d\bar{E}^p}\bar{D}^p=0$$

The considered point is at yielding (on the yielding surface)

(2)

$$f(\boldsymbol{\sigma},\boldsymbol{\alpha}) = \sigma_Y^2 \bar{E}^p = \left(\frac{3}{2}\cdot\frac{1}{4}\right)\mathbf{S}:\mathbf{S}$$

$$\sigma_Y = \sigma_f = 100\cdot 1^{0.2} = 100 \text{ MPa}$$

Thus, $\frac{3}{8}\left(150^2 + {s_{22}}^2\right) = 100^2$

$$s_{22} = 64.55 \text{ MPa}$$

(3)

$$\frac{\partial f}{\partial \boldsymbol{\sigma}} = 3\left(\mathbf{S} - \boldsymbol{\alpha}'\right) = \frac{3}{2}\mathbf{S} = \left(225, 96.83, 0\right)$$

(4)

$$\mathbf{n} = \frac{1}{\sqrt{{s_{11}}^2 + {s_{22}}^2 + {s_{33}}^2}}\begin{Bmatrix} 225 \\ 96.83 \\ 0 \end{Bmatrix} = \begin{Bmatrix} 0.9185 \\ 0.3953 \\ 0 \end{Bmatrix}$$

(5)

$$\mathbf{n} = \sqrt{\frac{3}{2}}\frac{0.5\left(225, 96.83, 0\right)}{100} = \begin{Bmatrix} 0.9185 \\ 0.3953 \\ 0 \end{Bmatrix}$$

(6)

$$\frac{d\sigma_Y}{d\bar{E}^p} = 100\cdot 0.2\cdot\left(\bar{E}^p\right)^{-0.8} = 20\cdot\left(\bar{E}^p\right)^{-0.8}$$

$$K_p = c + \frac{2}{3}\frac{d\sigma_Y}{d\bar{E}^p} = 0.5 + \frac{2}{3}20 = 13.83 \text{ MPa}$$

(7)

$$\left[C^{ep}\right]^{-1} = \frac{1}{K_p} \cdot \mathbf{n} \cdot \mathbf{n}^{\mathrm{T}} = \begin{bmatrix} 0.061 & 0.0263 & 0 \\ 0.0263 & 0.01129 & 0 \\ 0 & 0 & 0 \end{bmatrix}$$

6.4

(1)

$$\begin{cases} x_1 = X_1 + \dfrac{t}{3} X_2 \\ x_2 = X_2 \\ x_3 = X_3 \end{cases}$$

Since $\boldsymbol{\alpha}(0) = 0$, $\alpha_{11} = -\alpha_{22} = \frac{1}{2} c(1 - \cos\gamma)$ and $\alpha_{12} = \frac{1}{2} c \sin\gamma$

$$\mathbf{D} = \frac{1}{2} \begin{bmatrix} 0 & \dot{\gamma} & 0 \\ \dot{\gamma} & 0 & 0 \\ 0 & 0 & 0 \end{bmatrix}$$

Therefore, at $t = 1$,

$$\alpha_{11} = -\alpha_{22} = \frac{1}{2}\frac{1}{2}\left(1 - \cos\frac{1}{3}\right) = 0.0138$$

$$\alpha_{12} = \frac{1}{2}\frac{1}{2} \sin\frac{1}{3} = 0.0818$$

$$\mathbf{D} = \begin{bmatrix} 0 & 1/6 & 0 \\ 1/6 & 0 & 0 \\ 0 & 0 & 0 \end{bmatrix}$$

Thus, $\dot{\boldsymbol{\alpha}} = c\mathbf{D} = \begin{bmatrix} 0 & 1/12 & 0 \\ 1/12 & 0 & 0 \\ 0 & 0 & 0 \end{bmatrix}$

(2)

$$s_{11} = -s_{22} = \frac{1}{2}c\left(1-\cos\gamma\right)$$

$$s_{12} = \frac{1}{\sqrt{3}}Y_o + \frac{1}{2}c\sin\gamma$$

Since $\alpha_{ii} = 0$, $\boldsymbol{\alpha}' = \boldsymbol{\alpha}$

$$f(\boldsymbol{\sigma}, \boldsymbol{\alpha}) = \frac{3}{2}(\mathbf{s}-\boldsymbol{\alpha}') : (\mathbf{s}-\boldsymbol{\alpha}') = \frac{3}{2}\cdot 2\cdot\frac{1}{3}\cdot Y_o^{\ 2} = Y_o^{\ 2}$$

Thus, the solution is valid

(3)

$$\dot{\boldsymbol{\sigma}} = \frac{c}{2}\begin{bmatrix} \sin\gamma & \cos\gamma & 0 \\ \cos\gamma & -\sin\gamma & 0 \\ 0 & 0 & 0 \end{bmatrix} \quad \& \quad \mathbf{W} = \frac{1}{2}\begin{bmatrix} 0 & \dot{\gamma} & 0 \\ \dot{\gamma} & 0 & 0 \\ 0 & 0 & 0 \end{bmatrix}$$

$$\overset{\circ}{\boldsymbol{\sigma}} = \dot{\boldsymbol{\sigma}} - \boldsymbol{W\sigma} + \boldsymbol{\sigma W} = \begin{bmatrix} -\left(\frac{1}{\sqrt{3}}Y_o + \frac{1}{2}c\sin\gamma\right) & \frac{1}{2}c\left(1-\cos\gamma\right) & 0 \\ \frac{1}{2}c\left(1-\cos\gamma\right) & \frac{1}{\sqrt{3}}Y_o + \frac{1}{2}c\sin\gamma & 0 \\ 0 & 0 & 0 \end{bmatrix}$$

Therefore, at $t = 1$,

$$\overset{\circ}{\boldsymbol{\sigma}} = \begin{bmatrix} -19.25 & 0.0833 & 0 \\ 0.0833 & 19.25 & 0 \\ 0 & 0 & 0 \end{bmatrix} [\text{MPa/sec}]$$

(4)

Since $\mathbf{s}-\boldsymbol{\alpha}=\begin{bmatrix} 0 & Y_o/\sqrt{3} & 0 \\ Y_o/\sqrt{3} & 0 & 0 \\ 0 & 0 & 0 \end{bmatrix}$, $\mathbf{n}=\begin{bmatrix} 0 & 1/\sqrt{2} & 0 \\ 1/\sqrt{2} & 0 & 0 \\ 0 & 0 & 0 \end{bmatrix}$

Then, $\overset{\circ}{\boldsymbol{\sigma}}:\mathbf{n}=2\cdot\frac{\dot{\gamma}}{2}\cdot\frac{c}{\sqrt{2}}=\frac{\dot{\gamma}c}{\sqrt{2}}$

Therefore, at $t=1$, $\overset{\circ}{\boldsymbol{\sigma}}:\mathbf{n}=0.1179$ MPa

(5) For a perfect plastic material, $K_p=c$

Then, $\mathbf{D}=\frac{1}{K_p}\left(\mathbf{n}:\overset{\circ}{\boldsymbol{\sigma}}\right)\mathbf{n}=\frac{\dot{\gamma}}{\sqrt{2}}\mathbf{n}=\frac{1}{2}\begin{bmatrix} 0 & \dot{\gamma} & 0 \\ \dot{\gamma} & 0 & 0 \\ 0 & 0 & 0 \end{bmatrix}$

Therefore, at $t=1$, $\mathbf{D}=\begin{bmatrix} 0 & 1/6 & 0 \\ 1/6 & 0 & 0 \\ 0 & 0 & 0 \end{bmatrix}$

(6) $\dot{\mathbf{F}}=\overset{\circ}{\mathbf{F}}=\frac{\partial f}{\partial \boldsymbol{\sigma}}:\overset{\circ}{\boldsymbol{\sigma}}+\frac{\partial f}{\partial \boldsymbol{\alpha}}:\overset{\circ}{\boldsymbol{\alpha}}=0$ (where $K_p=const.$)

$$\frac{\partial f}{\partial \boldsymbol{\sigma}}:\overset{\circ}{\boldsymbol{\sigma}}-\frac{\partial f}{\partial \boldsymbol{\sigma}}:\overset{\circ}{\boldsymbol{\alpha}}=3(\mathbf{s}-\boldsymbol{\alpha}'):\overset{\circ}{\boldsymbol{\sigma}}-3(\mathbf{s}-\boldsymbol{\alpha}'):\overset{\circ}{\boldsymbol{\alpha}}=0$$

Thus,

$$\begin{bmatrix} 0 & Y_o/\sqrt{3} & 0 \\ Y_o/\sqrt{3} & 0 & 0 \\ 0 & 0 & 0 \end{bmatrix}:\frac{\dot{\gamma}}{2}\begin{bmatrix} -2Y_o/\sqrt{3} & c & 0 \\ c & 2Y_o/\sqrt{3} & 0 \\ 0 & 0 & 0 \end{bmatrix}$$

$$-\begin{bmatrix} 0 & Y_o/\sqrt{3} & 0 \\ Y_o/\sqrt{3} & 0 & 0 \\ 0 & 0 & 0 \end{bmatrix}:\frac{\dot{\gamma}}{2}\begin{bmatrix} 0 & c & 0 \\ c & 0 & 0 \\ 0 & 0 & 0 \end{bmatrix}=0$$

Therefore, the solution is verified.

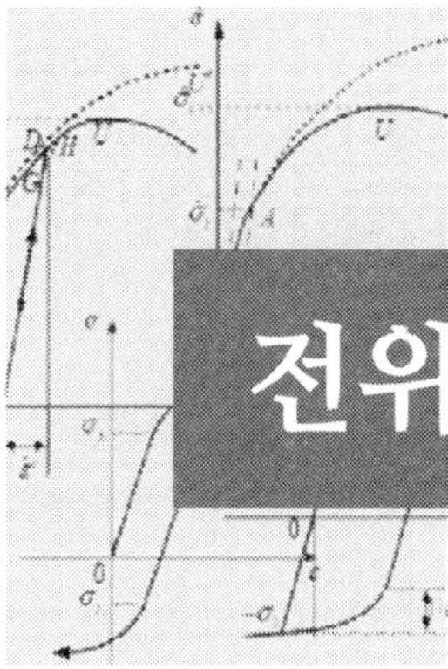

제7장 전위이론

7.1 물리적 소성론

앞 서의 장들에서 설명한 수리적 소성론은 금속을 하나의 연속체로 간주하여, 금속의 소성유동을 거시적인 측면에서, 현상학적으로 관찰한 결과에 근거를 둔 것이다. 하지만, 제1장에서 지적한 것처럼, 금속의 소성변형은 영역 전체에 걸쳐서 균일하지가 않다. 금속은 결정구조를 갖기 때문에, 소성유동은 특정한 면에서 특정한 방향을 따라서 일어나도록 제한된다. 이는 수리적 소성론에서 고려하지 않은 미세구조 수준에서의 소성유동이다. 물리적 소성론은 수리적 소성론과 달리 미세구조에서 출발하여 소성유동이 생기는 원인과 방법을 설명하고자 하는 이론이다. 이 과정에서 수학적인 단순성을 다소 잃겠지만, 소성변형에 대한 물리적인 배경을 충분하게 설명할 수 있다.

물리적 소성론 즉, 결정학적 소성론에 대한 연구는 1890년대 말에 시작되었다. Ewing과 Rosenhain(1899, 1900)은 다결정금속의 소성변형을 금속학적으로 연구하여 요약한 일련의 논문들을 발표하였다. 이들이 내린 결론은 광범위한 중요성을 가지면서, 결정학적 소성론에 대한 매우 정확한 기초를 마련해 주었다. 이들은 금속이 소성변형하는

면 위에서 “슬립계단”을 발견하였는데, 이들 계단은 금속 내부에 “슬립띠”가 생성되어 만들어진 것이라고 해석하였다. Ewing과 Rosenhain의 발견을 요약하면 다음과 같다.

(1) 금속 및 합금은 결정을 가지며, 단결정 혹은 결정립의 집합체로 구성된다.

(2) 소성변형은 결정면의 특정군끼리, 그 면에 놓인 특정한 방향으로 미끄러짐이 일어남으로써 야기되는 단순전단에 의해 생긴다.

(3) 소성변형 동안에 금속의 특정한 결정구조는 그대로 유지된다. 즉, 슬립은 다수의 격자간격 전체에서 발생한다.

(4) 결정면의 미끄러짐 이외에도, 또 다른 결정학적 현상인 쌍정(雙晶, twinning)에 의해서도 소성변형이 발생할 수 있다.

이상의 발견은 현대의 모든 물리적 소성론의 근간이 되고 있다. 이를 바탕으로 하여, 이 장에서는 소성변형의 미시적 기구를 이해하는데 필요한 지식으로서, 금속의 결정구조를 먼저 설명한다. 그런 다음에 실험으로 측정되는 실제 결정의 강도보다 이론적 (항복)강도가 몇 차수 크다는 것을 보일 것이다. 이렇게 크게 차이가 나는 것은 전위 즉, 원자수준에서의 결함이 존재하기 때문이라는 초등 전위이론을 소개한다.

7.2 금속의 결정구조

금속을 비롯한 고체의 원자구조에 대하여 생각해 보자. 오늘날에는 금속이 주기적으로 반복되는 모양으로 배열된 원자들로 구성된 결정성 고체라고 이미 잘 알려져 있다. 결정구조를 이상적으로 표현하자면, 원자는 공간상의 점이라고 볼 수 있다. 원자 즉, 점들이 배열된 모양을 결정격자라고 한다. 따라서, 결정격자 즉, 공간격자는 삼차원에서 주기적인 구조를 갖는 점들의 무한 배열에 해당한다. 물론, 이 격자구조는 재료마다 서로 다르다.

7.2.1 단위포

결정격자는 주기적인 특성을 갖기 때문에, 단위포(單位胞, elementary cell)라는 가장 작은 결정단위로 전체구조를 완전하게 설명할 수 있다. 단위포와 이들이 배열하여 생기는 격자구조는 여러 가지 모양들 – 입방정계(立方晶系), 정방정계(正方晶系), 육방정계(六方晶系), 사방정계(斜方晶系), 단사정계(單斜晶系), 삼사정계(三斜晶系) – 중의 하나이다. 가장 흔한 격자형태로는 다음 세 가지가 있다. 대부분의 금속들은 다음의 세 가지 격자구조를 가지며, 그 합금들도 역시 마찬가지이다.

(1) **면심입방격자(FCC, face-centered-cubic):** 이 격자구조는 그림 7.1에 나타낸 것과 같이, 단위포의 각 변의 길이가 같은 구조이며, 그림에서는 이를 a로 나타내었다. 입방정 단위포의 각 꼭지점에는 8개의 원자가 각각 놓이고, 단위포의 각 면의 중심에 6개의 원자가 각각 놓이는 구조이다. 알루미늄, 구리, 금, 은, 니켈과 같은 많은 순금속들이 이 격자구조의 결정을 갖는다.

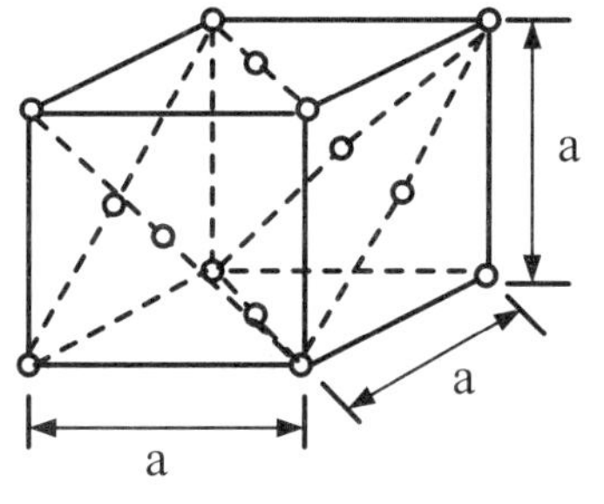

Fig. 7.1 면심입방격자구조(FCC)

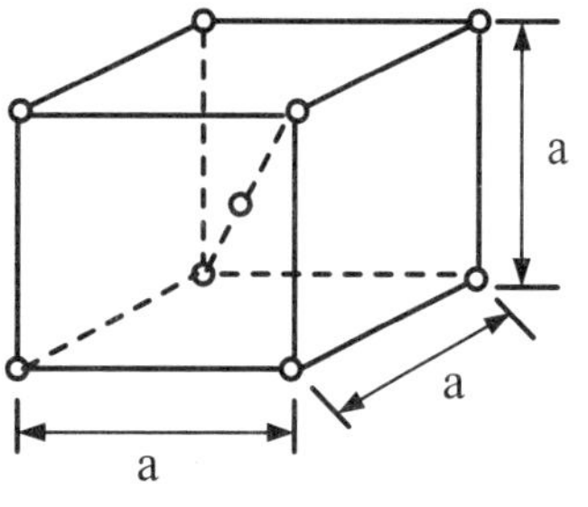

Fig.7.2 체심입방격자구조(BCC)

(2) **체심입방격자(BCC, body-centered-cubic):** 이 격자의 단위포는 그림 7.2에 나타낸 것과 같다. FCC와 마찬가지로, 단위포의 각변의 길이는 같으며, 8개의 꼭지점에 원자가 하나씩 놓인다. 단위포를 나타내는 정육면체의 중심에 원자가 하나 더 놓이며, FCC와 달리 면에는 원자가 놓이지 않는다. 철, 니오븀, 탄탈륨, 몰리브덴, 텅스텐 등의 금속들이 이 격자구조의 결정을 갖는다.

(3) **조밀육방격자(HCP, hexagonal closed-packed):** 이 격자구조의 단위포는 그림 7.3에 나타낸 것과 같다. 윗면과 아랫면은 한 변의 길이가 a인 정육각형이고, 육각기둥의 높이는 c로 나타내었다. 비율 c/a는 슬립면을 결정할 때, 매우 중요한 변수이다. HCP구조를 갖는 금속으로는 아연, 카드뮴, 망간 등이 있다.

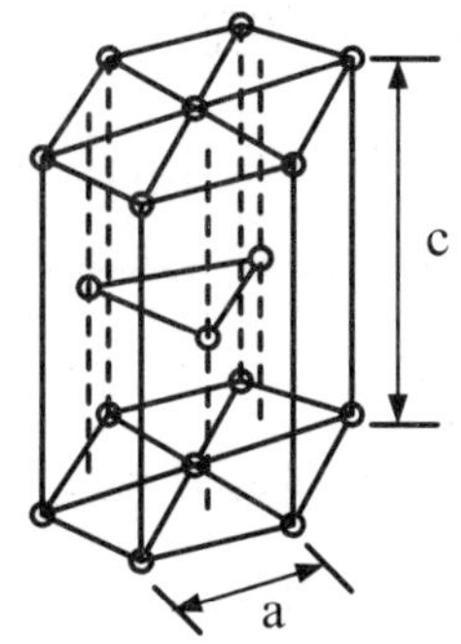

Fig. 7.3 조밀육방격자구조(HCP)

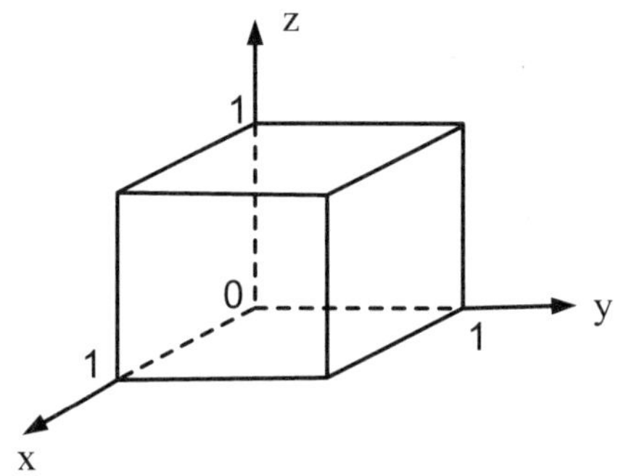

Fig. 7.4 입방격자에 설정된 좌표계

7.2.2 밀러지수

결정 내에서의 면이나 방향을 나타내고자 할 때는 밀러지수(Miller indices)를 사용한다. 밀러지수를 결정하는 방법은 다음과 같다.

(1) 격자평면의 지수(면 밀러지수)

공간에서 한 평면을 나타내는 방정식은 다음과 같다.

$$\frac{x}{c_1}+\frac{y}{c_2}+\frac{z}{c_3}=1 \tag{7.1}$$

여기에서, c_1,c_2,c_3는 평면이 x, y, z축과 각각 만나는 절편의 값이다. 결정학적 평면을 나타내려면, 좌표축을 단위포의 모서리와 일치하도록 잡고, 절편을 격자상수(unit length)

로 나타낸다. 격자상수는 단위포의 한변의 길이로 보통 나타낸다. 그림 7.4에 입방격자에 대하여 설정한 좌표축과 격자상수를 나타내었다. 그림 7.1에 나타낸 격자상수의 실제 길이는 a이지만, 그림 7.4에서는 이를 한 단위(=1)로 표시한 점에 유의하자.

결정학적 평면을 밀러지수로 나타내려면, 다음 세 단계를 따르면 된다.

(1) 세 축과의 절편 c_1, c_2, c_3를 구한다.

(2) 이들의 역수 $(1/c_1, 1/c_2, 1/c_3)$를 구한다. 단, 평면이 축과 만나는 절편이 없는 경우에는 ∞를 사용한다.

(3) 적절한 수를 곱하여, 위에서 구한 분수값이 최소정수비가 되도록 만든다.

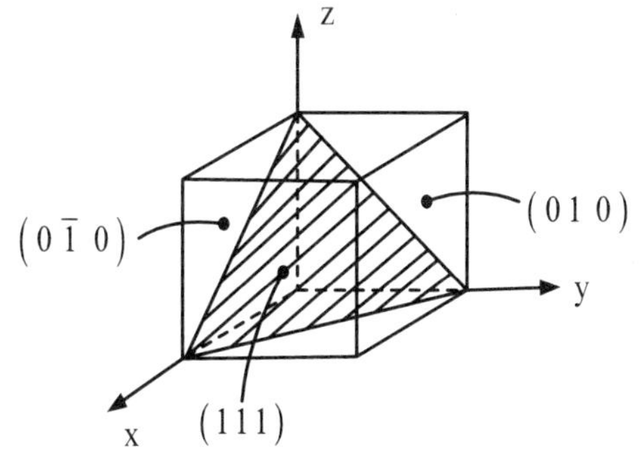

Fig. 7.5 면 밀러지수

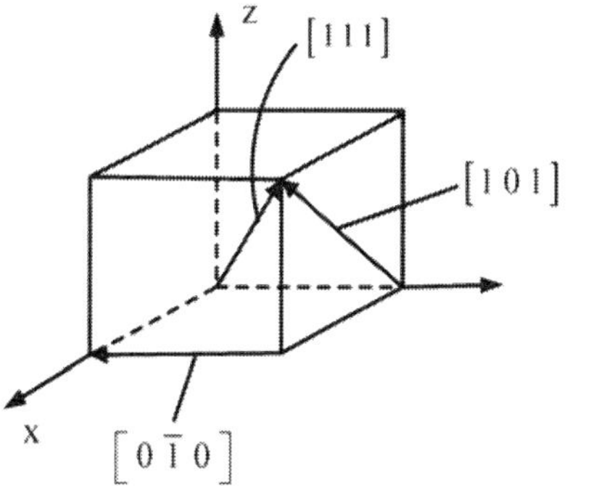

Fig. 7.6 방향 밀러지수

이렇게 결정학적 평면에 대하여 구한 면 밀러지수는 소괄호를 사용하여 (hkl)로 표시한다. 그림 7.5에 몇 개의 평면에 대하여 면 밀러지수를 나타내었다. 정육면체의 면 중에서 좌표계의 원점을 지나는 면은 절편이 영(0)이 되므로, 이 경우에는 좌표계를 단위포 내의 다른 꼭지점으로 평행이동시킨 후에 절편을 구한다. 예를 들어, 그림 7.5에서 y축의 음(－) 방향을 바라보는 평면의 밀러지수를 구할 때는, 좌표계의 원점이 A점에 오도록 좌표계를 평행이동시킨 후에 절편의 역수 $(0, -1, 0)$을 구한다. 면 밀러지수를 표시할 때는 음(－)의 기호 대신에 숫자 위에 바(bar)를 사용하여, 이 평면의 밀러지수는 $(0\bar{1}0)$으로 나타낸다.

결정구조의 대칭성으로 인하여, 다수의 평면이 동일한 원자분포를 갖는 경우가 생긴다. 예를 들어, $(100),(\bar{1}00),(010),(0\bar{1}0),(001),(00\bar{1})$은 모두 동일한 원자분포를 갖는다. 이들 면을 결정학적 등가면이라고 하고, 이들 등가면을 나타낼 때는 중괄호를 사용하여, {100}와 같이 등가면을 이루는 한 평면의 밀러지수로 나타낸다. 결정학적 등가면의 다른 한 예로 FCC구조에서의 {111}을 들 수 있는데, 이는 8개의 평면 (111), $(1\bar{1}1)$, $(11\bar{1}),(\bar{1}11),(1\bar{1}\bar{1}),(\bar{1}\bar{1}1),(\bar{1}1\bar{1}),(\bar{1}\bar{1}\bar{1})$을 대표하는 면이다.

(2) 격자방향의 지수(방향 밀러지수)

방향 밀러지수는 방향을 나타내는 벡터를 각 좌표축으로 분해한 성분을 최소정수비가 되도록 한 정수이다. 방향 밀러지수는 대괄호를 사용하여 $[UVW]$와 같이 표시한다. 방향 밀러지수에 대한 몇 가지 예를 그림 7.6에 나타내었다. 면 밀러지수와 마찬가지로, 음(−)의 기호 대신에 숫자 위에 바를 사용한다. 동일한 원자분포를 갖는 방향들은 결정학적 등가방향이라고 하고, 꺾기괄호를 사용하여 $\langle UVW \rangle$와 같이 표시한다. 예를 들어, $\langle 110 \rangle$은 [110],[101],[011]을 포함하는 등가방향이다.

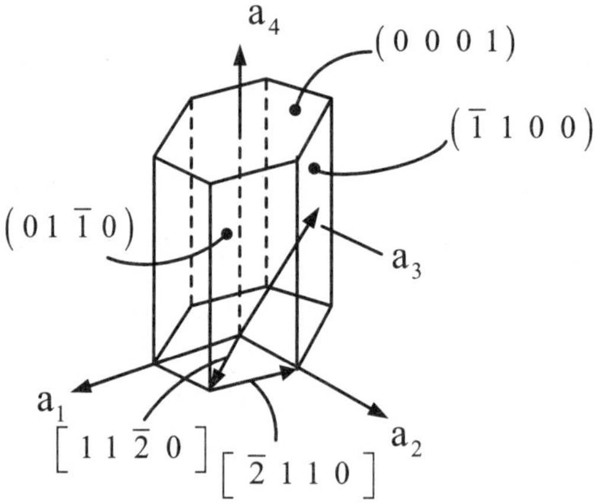

Fig. 7.7 육방격자에 설정된 좌표계

(3) 육방정계를 나타내는 밀러-브라바(Miller-Bravais)지수

육방정계의 면이나 방향을 나타내는 데에는 네 자리의 지수를 사용하는 것이 편하며, 이를 밀러-브라바 지수라고 한다. 네 자리의 지수를 사용하므로, 육방격자구조에서의 지수간의 관계나 대칭성을 보다 명확하게 알 수 있다. 그림 7.7에 육방정계의 단위포와 네 개의 축을 표시하였다. 네 개의 축 중에서 하나는 육각기둥 방향이고 다른 세 축 a_1, a_2,a_3,은 바닥면에서 서로 120°를 이루는 방향이다.

면 밀러-브라바지수의 성분을 h,k,i,l 이라 하면, 소괄호를 사용하여 $(hkil)$ 로 표시한다. 이들 지수는 그림 7.7에 나타낸 a_1,a_2,a_3,a_4축에서 각각 절편의 역수를 구한 후에, 면 밀러지수의 경우와 마찬가지로, 적절한 수를 곱하여 최소정수비로 만들면 된다. 한 평면을 공간상에서 나타내려면, 서로 같은 평면에 있지 않은 세 개의 축만 있으면 충분하므로, 이처럼 지수를 네 개 사용하는 경우에는 서로 독립적이지가 않다. 즉, 바다면에서의 세개의 지수 간에는 다음 조건이 성립한다.

$$h + k = -i \tag{7.2}$$

그림 7.7에 몇 개의 면들에 대하여 밀러-브라바지수를 표시하였다.

방향을 나타내는 밀러-브라바지수 역시, 방향을 나타내는 벡터를 각 축방향으로 분해한 성분을 최소정수비로 나타낸 것이다. 표기는 $[UVIW]$와 같이 하며, 앞의 세 자리 지수 간에는 다음 조건이 성립한다.

$$U + V = -I \tag{7.3}$$

그림 7.7에 방향 밀러-브라바지수 $[11\bar{2}0]$ 및 $[\bar{2}110]$를 예시하였다.

7.2.3 스테레오 투영

금속 결정이 배열된 방향(배향)은 매우 중요한 변수이다. 한 예로 단결정 봉을 들어보자. 결정의 주축(단위포의 모서리 방향의 축)이 놓인 방향은 봉의 방향과 일치하지 않는 것이 일반적이다. 결정구조의 특성을 알아보기 위해서 결정의 배향을 나타내는 데에는 스테레오 투영법을 사용한다.

결정의 단위포가 구의 중심에 놓여 있다고 하자. 단위포의 각 면에서 법선을 세우면,

각 법선은 구면을 관통하여 하나의 점으로 나타날 것이다. 따라서, 각각의 점은 특정한 면이나 특정한 법선방향을 나타낸다. 이들 점들을 모두 평면에 투영하여, 하나의 원형그래프에 나타낸 것을 스테레오 투영이라고 한다. 특정면에 대한 법선으로부터 생기는 모든 점은 이 원형그래프 내에 표시된다. 각 평면법선 사이의 각도는 원형 스테레오망에서 측정할 수 있다.

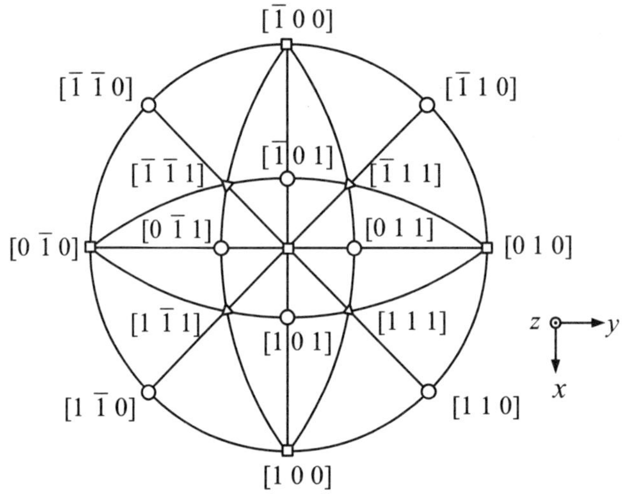

Fig. 7.8 스테레오 표준투영도 [001]

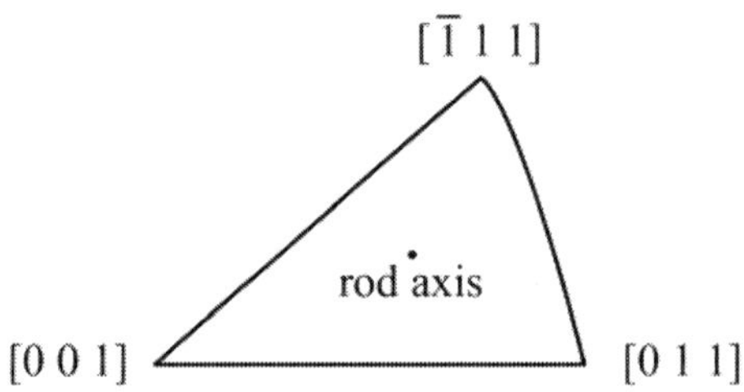

Fig. 7.9 표준 삼각형

입방정계를 예로 하여, 투영도의 중심점이 면 [001]의 법선방향과 일치하도록 결정이 놓였을 때를 표준투영이라고 한다. FCC결정의 표준 [001]스테레오 투영도를 그림 7.8에 나타내었다. 그림에는 몇 가지 다른 중요한 면이나 방향도 같이 표시하였다. 투영도에서 하나의 점은 한 평면 혹은 평면법선의 방향을 나타낸다는 점에 유의하자.

그림 7.8을 살펴보면, 투영도의 대원은 24개의 단위 스테레오 삼각형으로 구분됨을 알 수 있다. 결정구조의 대칭성으로 인하여, 이들 삼각형은 결정학적으로 동일하다. 따라서, 결정의 배향을 파악하는 데에는 한 개의 삼각형 만을 사용하여도 충분하며, 보통은 투영도의 중심 근처에 있는 [001], [011], [$\bar{1}$11]점으로 둘러싸인 삼각형을 사용한다. 봉축의 위치 역시 이 삼각형 혹은 그 경계에 하나의 점으로 나타낼 수 있으므로, 봉 내의 모든 가능한 FCC결정구조의 배향을 파악할 수 있다. 실제의 경우에서 봉축의 상대적인 배향을 파악하려면, 봉축이 [001], [011], [$\bar{1}$11] 중 최소 두 개 방향과 이루는 각도를 측정하여, 측정값과 그림 7.9에 나타낸 스테레오 망을 이용하여 표준 삼각형 내에 봉축의 배향을 한 점으로 나타내면 된다.

7.2.4 슬립계(slip system)

Ewing과 Rosenhain이 1890년대에 얻은 중요한 결론 중의 하나는 소성변형이 특정한 결정학적 평면 위에서 특정한 결정학적 방향으로 일어난다는 사실이다. 이 때의 결정학적 평면을 슬립평면이라고 하고, 슬립이 일어나는 방향을 슬립방향이라고 한다. 슬립평면 하나와 그 위에서의 슬립방향 중 하나를 조합한 것을 슬립계라고 한다.

실험적 관찰결과에 의하면, 대부분의 금속에서 슬립평면은 원자가 가장 조밀하게 배치된 면이고, 슬립방향은 항상 슬립평면에서 원자가 가장 조밀하게 배치된 방향이다. 따라서, FCC금속에서는 슬립이 $\{111\}$평면 상의 $<110>$방향으로 일어나고, BCC금속의 경우에는 슬립방향이 $<111>$인 반면, 슬립평면은 $\{110\}$,$\{112\}$,$\{123\}$ 중 하나이다.

HCP금속의 경우에는 보다 복잡하다. 그림 7.3을 참조하여, 육각기둥의 높이를 c, 바닥면 육각형의 한 변의 길이를 a라고 할 때, c/a비율이 슬립평면을 결정하는 가장 중요한 역할을 하는 변수가 된다. c/a비가 크면, 슬립은 바닥평면 $\{0001\}$에서 세 개의 최조밀방향 $<11\bar{2}0>$중 한 방향으로 일어난다. 하지만, c/a비가 작을수록 슬립은 다른 평면에서 일어나는데, 예를 들어, 기둥면 $\{10\bar{1}0\}$이나, 피라미드면 $\{10\bar{1}1\}$에서 슬립이 일어날 수 있다. 표 7.1에 몇 가지 금속의 c/a비에 따른 바닥면, 기둥면, 피라미드면에서의 상대적 조밀도를 나타내었다. 표에서는 편의상, 바닥면의 조밀도를 1로 가정하였다. 모든 경우에서, 슬립방향은 슬립평면상의 $<11\bar{2}0>$중 한 방향에 해당한다. 이 표로부터, c/a비가 큰 경우에만 바닥면에서의 슬립이 가능하다는 것을 알 수 있다.

Table 7.1 육방격자구조의 조밀도

금속	c/a	조밀도 (0001)	$\{10\bar{1}0\}$	$\{10\bar{1}1\}$	슬립이 일어나기 쉬운 슬립평면의 순서		
Cadmium	1.886	1.000	0.918	0.816	(0001)	$(1\bar{1}00)$	$(10\bar{1}1)$
Zinc	1.856	1.000	0.933	0.846	(0001)	$(1\bar{1}00)$	$(\bar{1}\bar{1}22)$
Magnesium	1.624	1.000	1.066	0.940	(0001)	$(10\bar{1}1)$	$(1\bar{1}00)$
Titanium	1.587	1.000	1.092	0.959	$(1\bar{1}00)$	(0001)	$(\bar{1}011)$

7.3 단결정의 이론적 강도

완벽한 결정구조의 이론적 전단강도는 Frenkel(1926)에 의해 처음으로 예측된 바 있다. Frenkel은 슬립평면의 개념에 기초하여, 그림 7.10에 나타낸 것과 같은 두 열의 원자간에 단순전단이 일어나는 모델을 제안하였다. 원자열 간의 간격을 a, 원자열 내에서 슬립방향으로의 원자간격은 b로 나타낸다. 슬립이 일어날 때는 마치 두 개의 강체블록이 상대운동 하듯이, 한 원자열이 다른 원자열 위로 이동한다고 가정한다.

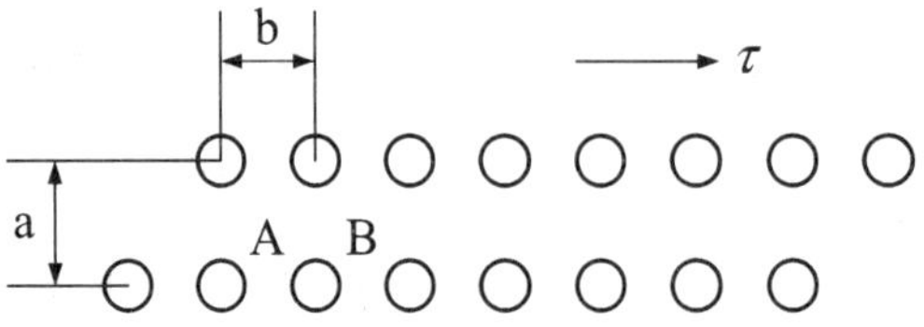

Fig. 7.10 두 열로 배열된 원자

이 때, 위의 원자열이 아래 원자열에 대하여 이동한 슬립거리를 x라고 하자. $x=0$일 때와 $x=b$일 때는 정상적인 격자위치에 해당하므로, 격자모양을 유지하는데 필요한 전단응력은 영이 된다. 또한, $x=b/2$인 중간 위치에서는 모양이 대칭이므로, 필요한 전단응력이 역시 영이다. 이러한 점을 참작하면, 위 원자열이 아래 원자열에 대하여 상대운동 하는 동안 필요한 전단응력은 영과 어떤 값 사이를 변동할 것이다. 일차적인 근사로, 이 운동에 필요한 주기적인 에너지를 정현함수로 가정하면, 필요한 전단응력을 다음과 같이 나타낼 수 있다.

$$\tau = k\sin\left(\frac{2\pi x}{b}\right) \tag{7.4}$$

여기에서, k는 변형이 시작되는 시점에서 전단변형률 x/a와 결정의 전단탄성계수 G를 연관시킴으로써 결정할 수 있다. 즉, x/a가 작은 경우에는 다음과 같이 후크의 법칙을 사용하여, 전단응력 τ를 구할 수 있다.

$$\tau = G\frac{x}{a} \tag{7.5}$$

식(7.4)에서 x가 작은 범위에서는 다음과 같이 근사 된다.

$$\tau = k\frac{2\pi x}{b} \tag{7.6}$$

따라서, 계수 k는 위 두 식을 같게 놓음으로써, 구할 수 있다.

$$k = \frac{Gb}{2\pi a} \tag{7.7}$$

이 결과를 식(7.4)에 대입하여 정리하면, 다음 식을 얻는다.

$$\tau = \frac{Gb}{2\pi a}\sin\left(\frac{2\pi x}{b}\right) \tag{7.8}$$

이로부터, 구할 수 있는 이론적인 최대전단강도는 다음과 같다.

$$\tau_c = \frac{Gb}{2\pi a} = k \tag{7.9}$$

위 식에 의하면, 원자열 간격 a가 최대이고, 원자간 간격 b가 최소일 때, τ_c는 최소가 된다. 즉, 전단을 받는 경우에 가장 약한 평면 및 방향은 최조밀평면 및 최조밀방향이 된다. 대부분의 금속결정에는 $b \approx a$이므로(예를 들어, FCC결정에서는 $b/a = \sqrt{3}/\sqrt{2}$), 위에서 구한 전단강도는 대략 다음과 같이 근사 된다.

$$\tau_c = \frac{G}{2\pi} \tag{7.10}$$

이후의 연구를 통하여, 식(7.4)를 대신하는, 보다 실제적인 원자간 힘을 고려하여 재계산하였지만, 그로부터 얻은 이론적 전단강도는 대략 $G/30$의 수준이었다. 반면에, 전단을 받는 단결정의 항복강도를 측정한 많은 실험들로부터 얻은 결과는 이론값과 현저한 차이를 보였다. FCC결정구조를 포함하여, 풀림처리한 각종 금속결정들의 전단강도는 $(10^{-6}\sim10^{-4})$ G수준이었다. 즉, 이론적으로 추산한 결정의 전단강도는 실험으로 측정한 값에 비해 몇 차수 높은 값이었다.

이처럼 이론값과 실제값이 크게 차이가 난다는 것은, Frenkel이 제안한 단순모델이 소성변형을 겪는 결정의 실제거동을 표현하지 못한다는 것을 시사한다. 따라서, 실제의 결정은 결정의 강도를 감소시키는 내부결함을 갖고 있다고 추론되었다. 실제로, 이론값과 실제값의 차이는 전위라는 개념을 사용하여 훌륭하게 설명될 수 있다.

7.4 인상전위와 나선전위

전위(轉位, dislocation)는 결정 내에 존재하는 일차원 결함 즉, 선결함으로, 이로 인해 실제 결정의 강도는 이론적 강도에 비해 현저히 작게 된다. 전위에는 기본적인 두 가지 유형 즉, 인상전위와 나선전위가 있다.

7.4.1 인상전위

인상전위(刃狀轉位, edge dislocation)의 개념은 실제 결정의 강도가 이론적인 추정값보다 현저히 작은 이유를 설명하기 위하여 도입되었다. 인상전위의 개념도를 그림 7.11에 나타내었다. 그림에서 선분 AB로 나타낸 것이 인상전위이고, 작은 원들은 원자를 나타낸다. 그림에서, 반평면 ABCD상에 놓인 원자를 제외한 모든 원자들이 정상적인 배열을 이루고 있다. 실제로도, 단순입방격자구조에서는 완벽한 결정 안으로 반평면이 칼날처럼 삽입되는 것처럼 인상전위가 나타난다. 인상전위라는 이름 자체도 전위선인 선분 AB가 삽입되는 반평면 ABCD의 칼날 역할을 하기 때문에 붙여진 것이다.

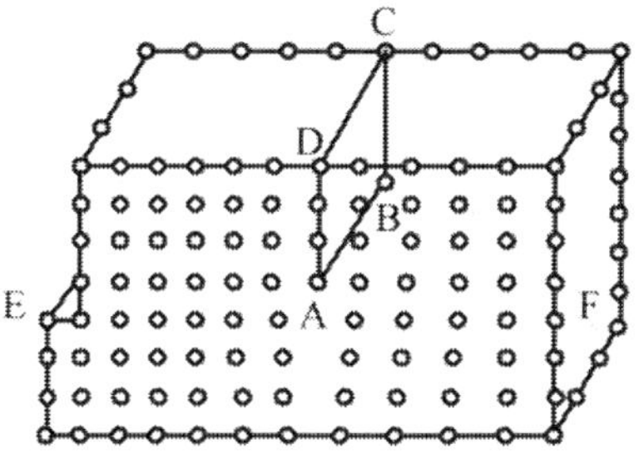

Fig. 7.11 인상전위

이제 전위가 이동함으로 인해 소성변형이 생기는 과정을 알아보자. 이 과정은 그림 7.12에 나타낸 것과 같다. 인상전위가 직선 AB를 따라서 왼쪽 끝점에서 출발하여 오른쪽 끝점으로 움직인다고 하자. 인상전위가 움직임에 따라, 직선 AB보다 위에 있는 원자들은 직선 AB보다 아래에 있는 원자들에 비해, 한 원자간격만큼 미끄러지게 된다. 이러한 슬립은 전위가 전진함에 따라서 점진적으로 이루어지다가, 전위가 완전히 통과한 후에는 직선 AB전체에 걸쳐서 한 원자간격에 해당하는 슬립을 남기게 된다(그림 7.12 (b)~(d)참조). 이 때, 전위선을 한 원자간격만큼 이동하는데 필요한 응력은 원자열 전체를 동시에 이동하는데 필요한 응력보다 현저히 낮으므로, 실제 결정의 강도가 이론강도보다 낮은 이유를 설명할 수 있다.

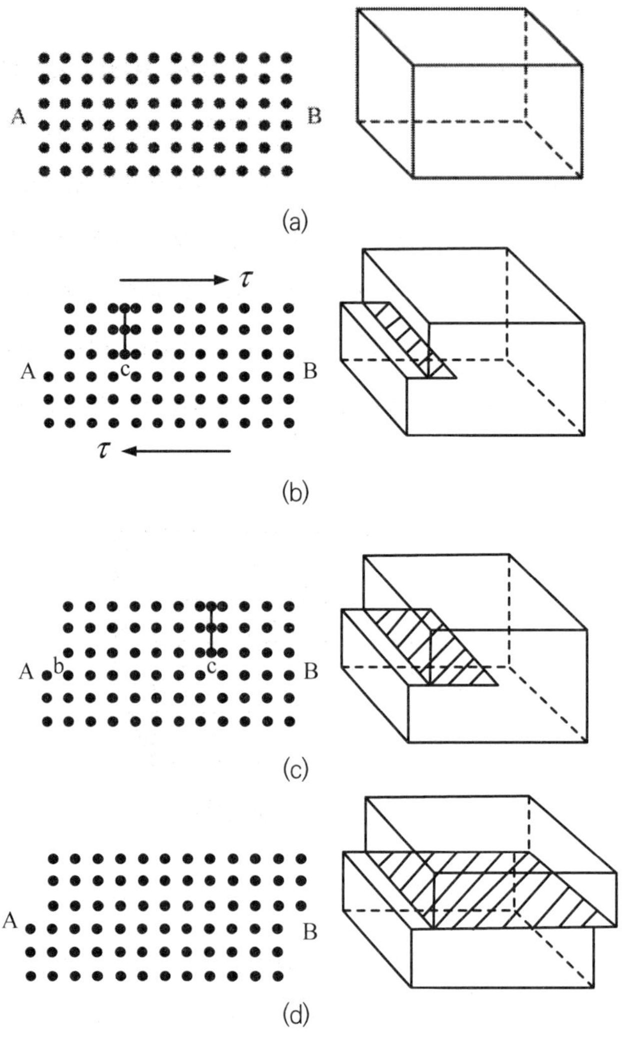

Fig. 7.12 전위이동에 의한 소성변형과정

인상전위를 보다 명확하게 정의하려면 버거스(Burgers)벡터 ***b***를 사용한다. 버거스벡터 ***b***는 전위의 슬립방향을 나타내기 위하여 도입되었으며, 전위선을 감싸도록 폐회로를 구성할 때(버거스 회로), 회로의 시작점과 끝점이 연결되도록 정의하면 된다. 버거스벡터의 한 예를 그림 7.13(a)에 나타내었다. 그림에서 A점은 지면에 수직한 인상전위를 나타내는 점이다. 격자상의 원자점 S를 출발하여, 오른쪽으로 네 개의 원자간격, 밑으로 네 개의 원자간격, 왼쪽으로 네 개의 원자간격, 마지막으로 위로 네 개의 원자간격을 따라 이동하여, F점에 도달하는 회로를 생각해 보자. 이 회로안에 인상전위가 하나 있으면, 폐회로가 구성되지 못하며, F점으로부터 S점까지 한 원자간격만큼 떨어지게 된다. 따라서, 이 회로를 폐회로로 구성하려면, 그림 7.13(a)에 나타낸 것처럼, F점에서 S점에 이르는 버거스벡터 ***b***가 필요하다.

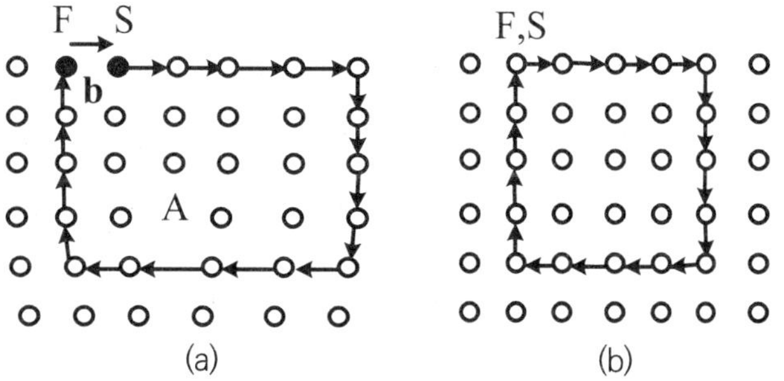

Fig. 7.13 버거스 폐회로: (a) 전위를 포함하는 결정구조, (b) 전위가 없는 결정구조

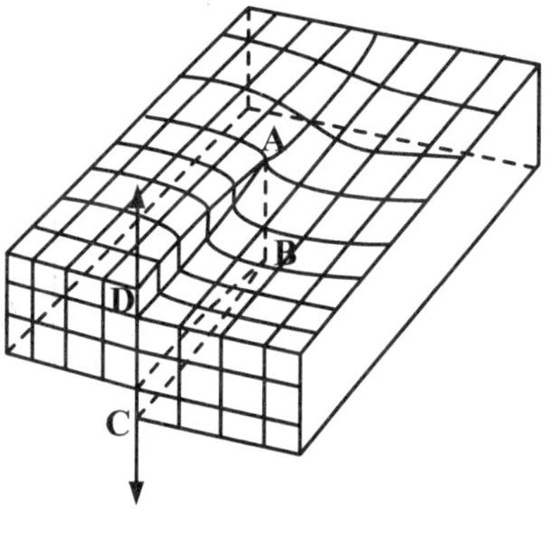

Fig. 7.14 나선전위

결함이 없는 완벽한 결정구조에서 이러한 회로를 그려보면, 그림 7.13(b)에 나타낸 것처럼, F점과 S점은 일치하게 된다. 버거스벡터의 방향은 전위의 슬립방향을 나타내고, 그 크기는 슬립방향으로의 한 원자간격에 해당한다. 버거스벡터를 사용함으로써, 슬립평면을 보다 정확하게 정할 수 있다. 전위의 슬립평면은 버거스벡터와 전위의 운동선(그림

7.11의 직선 EF 혹은 그림 7.12의 직선 AB)을 포함하는 평면이다. 인상전위는 그림 7.12에 표시한 것처럼 기호 ⊥를 사용하여 나타낸다. 이 기호의 수평선분은 슬립평면, 수직선분은 삽입된 반평면을 의미한다.

7.4.2 나선전위

나선전위(螺旋轉位, screw dislocation)는 그림 7.14에 나타낸 것과 같다. 나선전위는 완벽한 결정구조가 그림의 AD와 CB를 따라서 ABCD이 절단된 후, D점에서는 한 원자간격만큼 올라가고, C점에서는 한 원자간격만큼 내려와서 격자가 구성된 것이다. 이 때, 선분 AB는 나선전위선을 나타낸다. 나선전위에 대한 버거스벡터 역시, 버거스 회로를 구성해 봄으로써 결정할 수 있다. 이 과정을 그림 7.15에 나타내었다. 그림에 나타낸 나선전위에 대하여, 회로의 시작점 S, 종착점 F, 그리고 이 두 점을 연결하는 버거스벡터를 함께 표시하였다. 나선전위에서는 버거스벡터가 전위선과 평행한데, 이 점은 인상전위의 버거스벡터가 전위선과 수직한 점과 다르다. 이 둘 간의 차이로부터 나선전위와 인상전위를 구분할 수 있다.

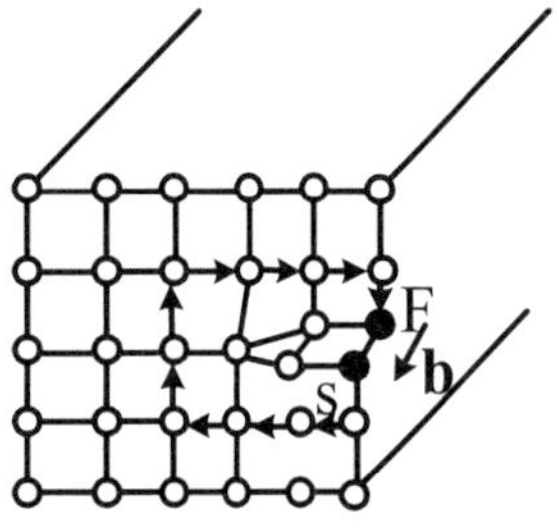

Fig. 7.15 나선전위에 대한 버거스 폐회로

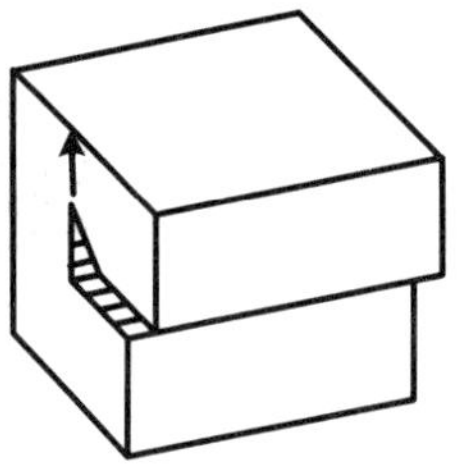

Fig. 7.16 나선전위의 방향전환

7.4.3 전위의 운동

결정 내부에 응력이 작용하면 전위가 이동하게 된다. 전위가 이동하는 가장 중요한 기구는 슬립 즉, 미끄러짐이다. 전위의 슬립은 결정의 슬립평면 위에 국한되어 일어나며, 소성변형의 가장 중요한 기구로 여겨진다. 인상전위의 경우에는 버거스벡터가 전위선과 수직하므로, 슬립평면이 유일하고 확실하게 정의된다. 바꿔 말하면, 하나의 인상전위가 미끄러질 수 있는 슬립평면은 한 개뿐이다. 반면에 나선전위는 버거스벡터가 전위선과 평행하므로, 슬립평면이 유일하게 정의되지 않으므로, 전위선을 포함하는 다른 면으로 미끄러져 갈 수도 있다. 그 결과로 그림 7.16에 나타낸 것처럼, 나선전위는 원래의 슬립평면에서 벗어나서 다른 평면위로 이동할 수도 있다.

원자의 자체확산이 일어날 정도의 고온에서는 전위선 상의 원자가 인접한 격자의 빈자리(공공)로 이동함으로써, 인상전위가 슬립평면에 수직하게 움직일 수도 있다. 이 과정을 전위상승(dislocation climb)이라고 하며, 그림 7.17에 나타낸 것과 같다.

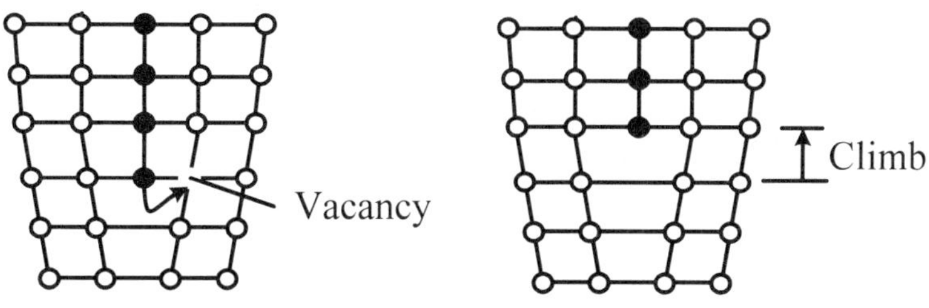

Fig. 7.17 인상전위의 전위상승

7.4.4 전위루프

결함을 갖고 있는 실제의 결정 내부에는 전위가 인상전위나 나선전위처럼 반드시 직선으로만 존재하는 것이 아니라, 그림 7.18에 나타낸 것처럼 링 모양 즉, 루프모양으로 존재한다. 이 경우에는 슬립평면이 두 개의 영역으로 구분된다. 즉, 두 개의 영역이란, 그림에서의 루프 ABCD로 둘러싸여서 이보다 윗면은 아래면보다 한 원자간격만큼 어긋나 있는 영역과, 루프 외부의 영역으로 윗면과 아래면 간에 슬립이나 변위가 일어나지 않은 영역이다. 이렇게 두 영역을 구분하는 전위선을 그 모양에 근거하여, 전위루프라고 부른다. 실제로, 전위선은 결정격자 내에서 슬립이 일어난 영역과 그렇지 않은 영역으로 항상 구분하는 경계선에 해당한다.

전위루프는 인상전위와 나선전위의 조합이라는 점을 주목하자. 그림 7.18에 나타낸 전위루프의 A점과 C점에서의 버거스벡터는 전위선과 수직을 이룬다.(좀더 정밀하게 표현하자면, 전위선의 이들 점에서의 접선과 수직을 이룬다.) 따라서, 이들 점에서는 인상전위가 전위루프를 구성하는 셈이다. 반면에 B점과 D점에서는 버거스벡터가 전위의 이동방향과 평행하므로, 나선전위가 전위루프를 구성한다. A, B, C, D 이외의 점들에서는 버거스벡터가 전위선에 수직하거나 평행하지 않으므로, 이들 점에서는 전위루프가 혼합된 형태의 전위로 구성됨을 알 수 있다.

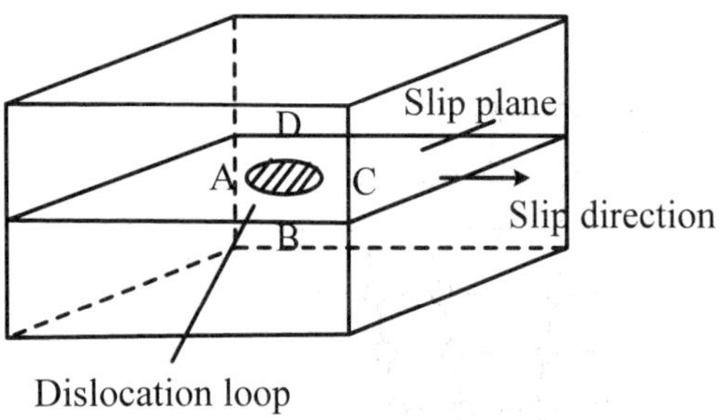

Fig. 7.18 전위루프

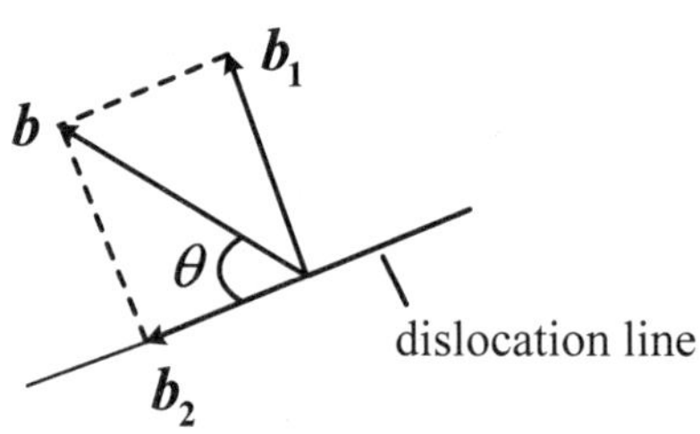

Fig. 7.19 혼합형 전위

혼합형의 전위는 인상전위와 나선전위의 두 성분으로 분해할 수 있다. 이 과정은 그림 7.19에 나타낸 것처럼, 버거스벡터 $\boldsymbol{b}$를 상호 직교하는 두 성분으로 분해함으로써 이루어진다. 전위선과 그 지점에서의 버거스벡터가 이루는 각을 θ로 나타내면, 버거스벡터 $\boldsymbol{b}$는 다음과 같이 두 개의 버거스벡터의 합이라고 생각할 수 있다.

$$\boldsymbol{b} = \boldsymbol{b_1} + \boldsymbol{b_2} \tag{7.11}$$

여기에서 $\boldsymbol{b}_1$과 $\boldsymbol{b}_2$는 각각 전위선에 수직한 성분벡터 및 평행한 성분벡터로 다음 관계를 만족한다.

$$|\boldsymbol{b_1}| = |\boldsymbol{b}|\sin\theta \tag{7.12}$$

$$|\boldsymbol{b_2}| = |\boldsymbol{b}|\cos\theta \tag{7.13}$$

7.5 전위의 성질

전위는 결정 내부의 결함이므로, 정상적인 원자배열을 왜곡시킨다. 원자배열을 왜곡시킴으로 인하여, 전위선 주변에는 탄성변형이 생기고, 이는 선형 탄성이론으로 설명이 가능하다. 인상전위나 나선전위에 의해 야기되는 왜곡은 서로 다르므로, 그로 인한 변위나 응력도 당연히 서로 다르게 된다.

7.5.1 나선전위 주변의 응력장

그림 7.20(a)에 결정 내부에 생긴 나선전위를 나타내었다. 나선전위 주변에서의 응력장을 보다 단순하게 계산하기 위해 그림 7.20(b)에 나타낸 것처럼, 등방성 재료로 된 실린더 링이 변형하는 단순모델을 생각하자. 그림과 같이 링은 반경방향으로 절단되어 있고, 절단된 면은 z축을 따라서 서로 반대방향으로 한 원자간격만큼 잡아당겨진 상태이다. 이 변형으로, 링 전체에는 균일한 전단변형률 $\gamma_{\theta z}$이 생긴다. $\gamma_{\theta z}$은 한 원자간격에 해당하는 변형량 b를 반지름 r 인 실린더 요소의 원주길이 $2\pi r$로 나눈 값이다.

$$\gamma_{\theta z} = \gamma_{z\theta} = \frac{b}{2\pi r} \tag{7.14}$$

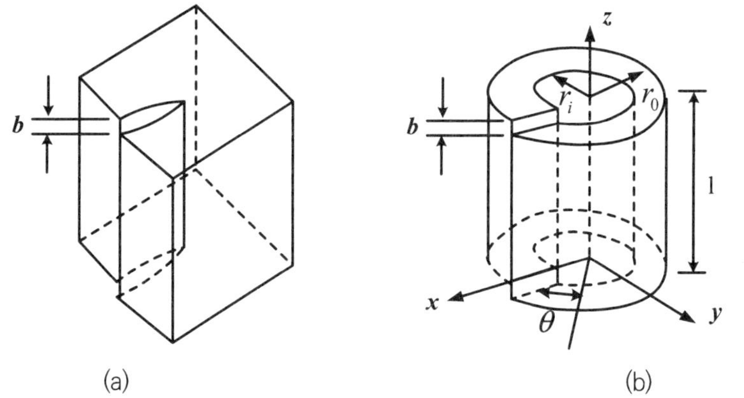

Fig. 7.20 나선전위: (a) 결정구조, (b) 탄성모델

전단탄성계수를 G라 할 때, 이 전단변형률에 상응하는 전단응력은

$$\tau_{\theta z} = \tau_{z\theta} = \frac{Gb}{2\pi r} \tag{7.15}$$

이 변형에 의해 발생하는 변위는 다음과 같이 계산된다.

$$u = v = 0 \tag{7.16}$$

$$w = \frac{b}{2\pi}\theta \tag{7.17}$$

여기에서 θ는 그림 7.20(b)에 나타낸 각도이다. 이로부터, 영이 아닌 응력성분은 식 (7.15)와 같고, 나머지 성분들은 모두 영이 된다.

$$\sigma_r = \sigma_\theta = \sigma_z = \tau_{r\theta} = \tau_{\theta r} = \tau_{rz} = \tau_{zr} = 0 \tag{7.18}$$

이들 응력 및 변위장은 $r > r_i \approx 2b$인 범위에서 유효하다. 전위선 바로 근처, 즉, $r_i < 2b$에서는 응력집중으로 인하여 응력분포가 복잡해지므로, 선형 탄성이론을 적용할 수 없다. 위에서 얻은 응력장은 축대칭이며, 이는 나선전위가 전위선에 평행한 어떤 면으로도 이동할 수 있으므로, 선택적인 슬립평면이 없다는 사실과 부합된다.

이들 응력 및 변위장을 직교좌표계에서 나타내면 다음과 같다.

$$\sigma_{yz} = \sigma_{zy} = \frac{Gb}{2\pi}\frac{x}{x^2 + y^2} \tag{7.19}$$

$$\sigma_{xz} = \sigma_{zx} = -\frac{Gb}{2\pi}\frac{y}{x^2 + y^2} \tag{7.20}$$

$$\sigma_x = \sigma_y = \sigma_z = \sigma_{xy} = \sigma_{yx} = 0 \tag{7.21}$$

$$u = v = 0, \quad w = \frac{b}{2\pi}\tan^{-1}\frac{y}{x} \tag{7.22}$$

전위근처에서의 응력장이 다른 전위에 의해 야기된 응력장과 만나면, 전위선의 운동을 방해하는 힘을 생성한다.

7.5.2 인상전위 주변의 응력장

인상전위 주변에서의 응력장은 나선전위의 경우에 비해 훨씬 복잡한 편이지만, 그림 7.21에 나타낸 실린더 단순모델에 선형 탄성이론을 적용함으로써 구할 수 있다. 자세한 유도과정은 생략하고, 그 결과만을 제시하면 다음과 같다.

$$\sigma_x = -Dy\frac{(3x^2+y^2)}{(x^2+y^2)^2} \tag{7.23}$$

$$\sigma_y = Dy\frac{(x^2-y^2)}{(x^2+y^2)^2} \tag{7.24}$$

$$\sigma_z = \nu(\sigma_x + \sigma_y) \tag{7.25}$$

$$\tau_{xy} = \tau_{yx} = Dx\frac{(x^2-y^2)}{(x^2+y^2)^2} \tag{7.26}$$

$$\tau_{yz} = \tau_{zy} = \tau_{xz} = \tau_{zx} = 0 \tag{7.27}$$

단,

$$D = \frac{Gb}{2\pi(1-\nu)} \tag{7.28}$$

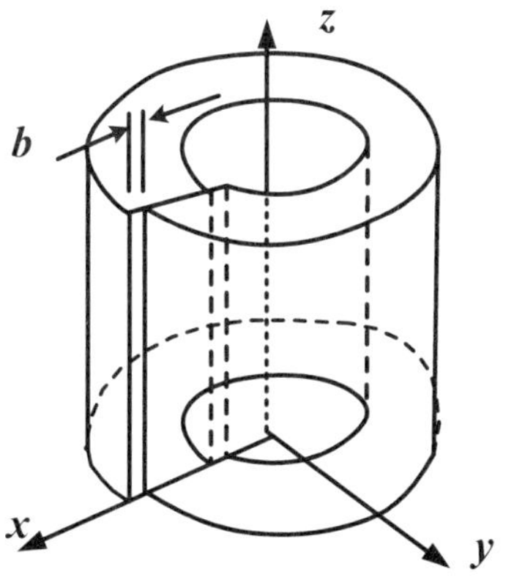

Fig. 7.21 인상전위의 탄성모델

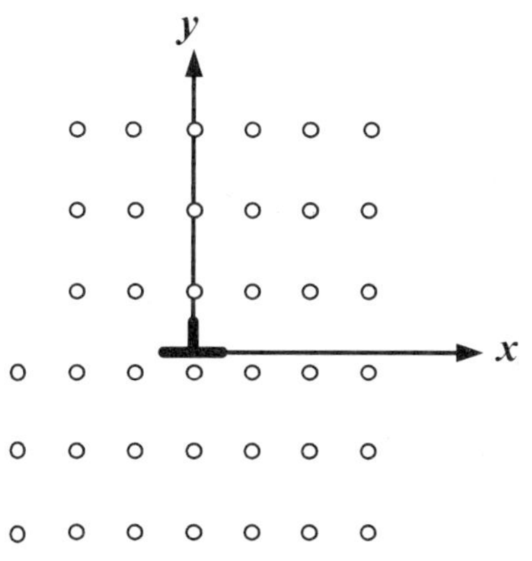

Fig. 7.22 인상전위를 원점으로 잡은 좌표계

여기에서 ν는 푸와송비이다. 변위장은 다음과 같다.

$$u = -\frac{b}{8\pi}\left[\tan^{-1}\frac{y}{x} + \frac{1}{2(1-\nu)}\cdot\frac{xy}{x^2+y^2}\right] \tag{7.29}$$

$$v = \frac{b}{2\pi(1-\nu)}\left[(1-2\nu)\ln(x^2+y^2) + \frac{x^2-y^2}{x^2+y^2}\right] \tag{7.30}$$

$$w = 0$$

위의 해는 그림 7.21 및 7.22에 나타낸 것처럼, 버거스벡터가 x축 방향이고, 전위선이 z축 방향이며, 삽입되는 반평면이 y축의 양(+)방향으로 놓였을 때에 적용됨에 유의하자. 그림 7.22에서, 삽입되는 반평면으로 인하여, 슬립평면보다 위에 있는 원자들은 압축력을 받고, 슬립평면보다 밑에 있는 원자들은 인장력을 받는 것이 명백하다. 최대압축응력은 슬립평면 $y=0$바로 위에서 발생하고, 최대인장응력은 슬립평면 바로 밑에서 발생한다. 나선전위의 경우와 마찬가지로, 위에 주어진 식들은 $r > r_i \approx 2b$인 범위에서만 유효하다.

혼합형 전위주변에서 발생하는 응력장은 다음과 같이 구할 수 있다. 우선, 버거스벡터 $\boldsymbol{b}$를 인상전위 성분 $\boldsymbol{b}_1$과 나선전위 성분 $\boldsymbol{b}_2$로 분해한다. 이들 두 성분에 의해 발생하는 응력장은 식 (7.23)~(7.30)에 $\boldsymbol{b}_1$, 식 (7.14)~(7.22)에 $\boldsymbol{b}_2$를 대입한 후에 그 결과를 중첩함으로써, $\boldsymbol{b}$에 대한 응력장을 얻을 수 있다.

7.5.3 전위에 저장되는 에너지

전위주변에 발생하는 응력장으로 인하여, 응력장이 발생하는 범위에서 탄성에너지가 저장된다. 응력장을 알면, 탄성에너지는 쉽게 계산할 수 있다. 나선전위에서 영이 아닌 변형률 및 응력성분은

$$\gamma_{\theta z} = \frac{b}{2\pi r} \quad 및 \quad \tau_{\theta z} = \frac{Gb}{2\pi r}$$

이므로, 단위체적당 탄성에너지는 다음 식으로 주어진다.

$$U_0 = \frac{1}{2}\tau_{\theta z}\gamma_{\theta z} = \frac{1}{2}G\left(\frac{b}{2\pi r}\right)^2 \tag{7.31}$$

전체 영역에 저장된 에너지를 계산하려면, U_o를 그림 7.20(b)에 나타낸 실린더 링의 부피에 대하여 적분하면 된다. 실린더 링의 내경은 $r_i \approx 2b$이고, 외경은 $r > r_o$에서 전위로 생기는 왜곡을 무시할 수 있는 범위까지를 r_o로 삼으면 된다. 따라서, 전체 저장에너지 U는 다음과 같이 계산된다.

$$U = \int_v u_0 dv = \int_{r_i}^{r_0} \frac{1}{2} G \left(\frac{b}{2\pi r} \right)^2 2\pi r l dr = \frac{Gb^2 l}{4\pi} \int_{r_i}^{r_0} \frac{dr}{r} = \frac{Gb^2 l}{4\pi} \ln\left(\frac{r_0}{r_i} \right) \tag{7.32}$$

여기에서, l은 그림 7.20에 나타낸 실린더 링의 길이이다. 이로부터, 선 에너지라고 하는 전위의 단위길이당 에너지 U_L을 구할 수 있다.

$$U_L = \frac{Gb^2}{4\pi} \ln\left(\frac{r_0}{r_i} \right) \tag{7.33}$$

마찬가지로 하여, 인상전위의 선에너지를 구하면 다음과 같다.

$$U_L = \frac{Gb^2}{4\pi(1-\nu)} \ln\left(\frac{r_0}{r_i} \right) \tag{7.34}$$

위의 두 결과를 비교해 보면, 인상전위에 저장되는 에너지가 나선전위에 저장되는 에너지보다 많다는 것을 알 수 있다. 보통 $\nu = 0.3$정도이므로, 다음과 같은 식이 성립한다.

$$U_{L(edge)} \approx 1.43 U_{L(screw)} \tag{7.35}$$

인상전위나 나선전위 모두에 있어서 선에너지는 b^2에 비례함을 유의하자.

7.5.4 전위의 구동력

전위이론의 기본개념은 결정에 충분히 높은 응력이 작용하면, 결정 내부의 전위가 움직임으로써 소성변형을 야기한다는 것이다. 따라서, 결정에 응력을 작용시킨 결과는 전위선에 힘을 가하는 것과 같다(Mott와 Nabarro, 1948).

각 변의 길이가 l_1 및 l_2인 사각형 슬립평면을 하나 생각하고, 이 면 위에 전단응력 τ가 작용한다고 하자. 그러면, 이 면에 작용하는 합력은 다음과 같다.

$$T = \tau l_1 l_2 \tag{7.36}$$

이제 길이 l_1이고 버거스벡터가 $\boldsymbol{b}$인 전위선이 이 슬립평면을 가로질러서 한 끝에서 다른 끝으로 움직인다고 하자. 전위가 움직인 전체거리는 l_2이고, 이 평면 위에 있는 원자들이 평면 아래의 원자들에 비하여 상대적으로 움직인 변위는 한 원자간격에 해당하는 b이다. 이 과정에서 가해진 합력 T에 의하여 행해진 일은 다음과 같다.

$$W_1 = Tb = \tau l_1 l_2 b \tag{7.37}$$

반면에, 전위는 마치 힘이 작용하여 움직이는 것과 같다. 단위길이당 작용력을 $\boldsymbol{F}$라 하면, 이 과정동안 행해지는 일은

$$W_2 = F l_1 l_2 \tag{7.38}$$

식(7.37)과 (7.38)에서 하나는 슬립평면 전체의 움직임에 대한 것이고, 다른 하나는 전위의 움직임에 대한 식인데, 이 두 식은 서로 같아야 한다.

$$\tau l_1 l_2 b = F l_1 l_2 \tag{7.39}$$

따라서, 전위선의 단위길이당 걸리는 힘은 다음과 같다.

$$F = \tau b \tag{7.40}$$

즉, 전위선에 걸리는 힘은 전단응력과 버거스벡터 크기의 곱에 해당한다. 이 힘으로 인하여 전위선은 미끄러져 나간다. 또한, 이 힘은 항상 슬립평면 내에서 전위선에 수직하게 작용한다. $\boldsymbol{F}$는 다음과 같이 전위선의 단위길이를 단위거리만큼 움직이는데 필요한 일로 정의할 수도 있으며, 그 결과는 앞의 결과와 동일하다.

$$F = \frac{\partial^2 W_1}{\partial l_1 \partial l_2} \tag{7.41}$$

7.5.5 전위에 걸리는 선장력

결정 내부에서 전위를 직선인 상태로 찾아보기는 힘들다. 예를 들어, 전위선이 그림 7.23에 나타낸 것처럼, 결정 내에 존재하는 불순물 A와 B에 의해 걸리고, 걸쳐진 부분이

여전히 $F = \tau b$의 힘으로 움직이려 한다면, 그림에서와 같이 전위는 휘게 된다. 식(7.32)에 나타낸 것처럼, 전위에 저장되는 에너지는 전위의 길이에 비례하므로, 최소의 에너지만을 소모하려면, 전위에 걸리는 선장력 T가 가급적 전위를 직선으로 만들어서 그 길이를 줄이려고 할 것이다. 전위의 구동력 τb와 선장력 T는 곡률반경 ρ를 갖는 호의 ds에 걸치는 특정 모양에서 평형을 이루게 된다. 이러한 모양을 유지하는데 필요한 전단응력 τ_ρ는 다음과 같이 계산된다. 즉, ds에 수직한 방향으로의 힘의 평형조건으로부터,

$$\tau_\rho bds = 2T\sin(d\theta/2) \approx Td\theta \tag{7.42}$$

또한, $ds = \rho d\theta$임을 상기하면,

$$\tau_\rho = \frac{T}{b\rho} \tag{7.43}$$

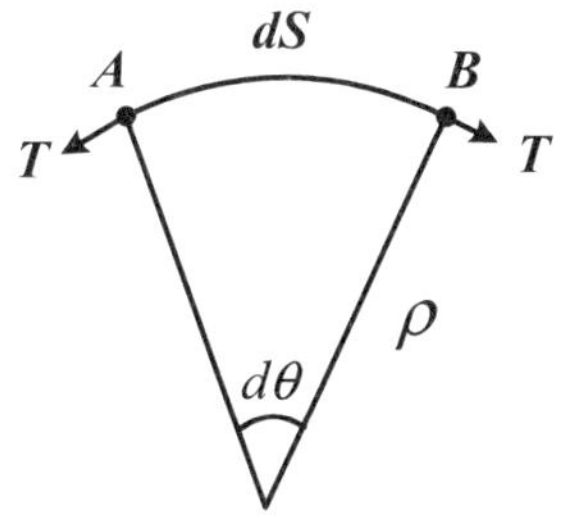

Fig. 7.23 전위에 걸리는 선장력

선장력 T를 결정하기란 매우 까다롭다. T는 복잡한 양상으로 전위선의 모양에 의존한다는 것이 밝혀져 있다. 보통은 다음과 같은 근사식을 사용한다.

$$T = \alpha Gb^2 \tag{7.44}$$

여기에서 α는 비례상수이다. 이 결과를 식(7.43)에 대입하면,

$$\tau_\rho = \frac{\alpha Gb}{\rho} \quad \text{혹은} \quad \rho = \frac{\alpha Gb}{\tau_\rho} \tag{7.45}$$

곡률반경 ρ는 Gb가 크면 증가하고, 전위선의 강성을 나타내는 τ_ρ가 크면 작아진다. 위의 식은 차후에 설명하는 프랭크-리드(Frank-Read)전위증식 근원지를 이해하는데 유용하다.

7.5.6 전위 간의 작용력

전위선 주변에는 응력장이 생기기 때문에 결정 내부의 전위들간에는 상호작용을 하면서, 저장되는 전체 변형에너지를 감소시키는 방향으로 모양을 바꾸려고 한다. 인상전위의 단위길이당 저장에너지는 식(7.34)로 주어진다. 그림 7.24(a)에서처럼 두 개의 인상전위가 동일한 슬립평면 위에서 동일한 버거스벡터 $\boldsymbol{b}$를 갖는다고 하자. 이 때, 두 개의 전위가 서로 떨어져 있으면, 전체 저장에너지는 다음과 같다.

$$U = \frac{2Gb^2}{4\pi(1-\nu)} \ln\left(\frac{r_0}{r_i}\right) \tag{7.46}$$

한편, 두 개의 전위가 서로 매우 근접하여 대략 버거스벡터가 $2\boldsymbol{b}$인 하나의 전위로 간주될 수 있다면, 저장에너지는 다음과 같다.

$$U = \frac{G(2b)^2}{4\pi(1-\nu)} \ln\left(\frac{r_0}{r_i}\right) \tag{7.47}$$

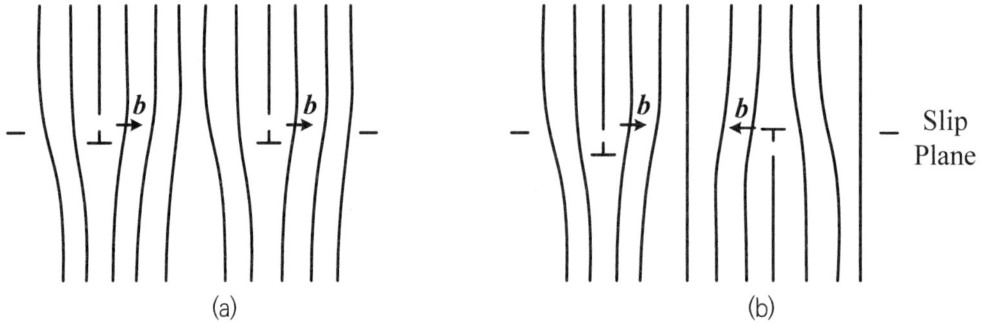

Fig. 7.24 동일한 슬립평면 위의 인상전위 간 작용력

이 결과는 식(7.46)에서 계산한 것보다 두 배나 많다. 따라서, 이 두 개의 전위는 서로 반발하면서 멀리 떨어져서, 완전히 분리되려고 한다. 반면에 그림 7.24(b)에 나타낸, 두 개의 인상전위가 동일한 평면 위에 있지만, 서로 반대인 버거스벡터를 갖고 있다면, 두 전위가 서로 떨어져 있는 경우의 저장에너지는 식(7.46)으로 주어지지만, 서로 근접한 경우에는 버거스벡터가 서로 상쇄되어 영이 될 것이므로, 저장에너지도 영이 될 것이다. 따라서, 서로 반대인 전위는 서로 잡아당기면서 궁극적으로는 상쇄되려고 한다.

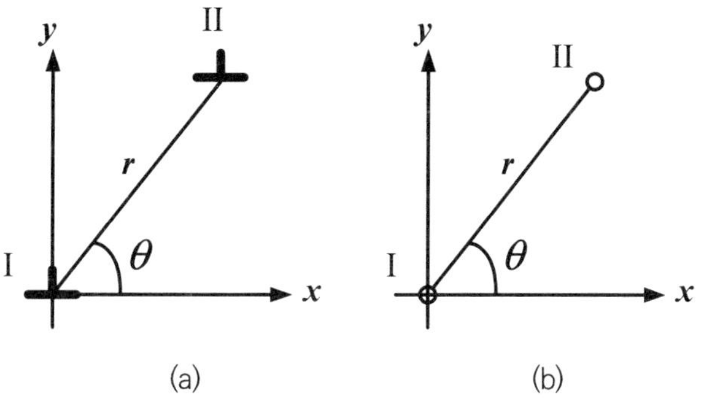

Fig. 7.25 두 개의 평행한 전위: (a) 인상전위, (b) 나선전위

전위 간의 상호작용은 전위 사이에 발생하는 작용력으로 설명될 수 있다. 이제 두 개의 평행한 인상전위와 두 개의 평행한 나선전위에 작용하는 힘에 대하여 설명하고자 한다. 두 경우 모두에 있어서, 전위 한 개는 좌표계의 원점에 위치하고 슬립평면은 $x-z$ 평면이라고 하고, 다른 한 전위는 원점에 놓인 전위와 평행하면서 그림 7.25에 나타낸 것처럼, 좌표점 (x, y)에 위치한다고 본다.

(1) 두 개의 인상전위 간의 작용력

원점에 위치한 전위에 의해, 좌표 (x, y)에 위치한 두번째 전위에 작용하는 힘의 x 및 y방향 성분은 각각 다음과 같다.

$$F_x = \frac{Gb^2}{2\pi(1-\nu)} \frac{x(x^2-y^2)}{(x^2+y^2)^2} \tag{7.48}$$

$$F_y = -\frac{Gb^2}{2\pi(1-\nu)} \frac{y(3x^2-y^2)}{(x^2+y^2)^2} \tag{7.49}$$

(2) 두 개의 나선전위 간의 작용력

두 개의 나선전위가 서로 평행하게 놓였을 때, 두 전위의 버거스벡터의 방향이 서로 같다면, 원점에 놓인 전위에 의해 좌표 (x, y)에 위치한 두번째 전위에 작용하는 힘은 다음과 같이 간단하게 계산된다.

$$F_r = \tau_{\theta z} b \tag{7.50}$$

여기에서, $\tau_{\theta z}$는 식(7.15)로 주어진다. 식(7.15)를 윗식에 대입하면,

$$F_r = \frac{Gb^2}{2\pi r} \tag{7.51}$$

F_r을 직교좌표계의 두 성분 F_x, F_y로 분해하면 다음과 같다.

$$F_x = \frac{Gb^2 x}{2\pi(x^2 + y^2)} \tag{7.52}$$

$$F_y = \frac{Gb^2 y}{2\pi(x^2 + y^2)} \tag{7.53}$$

7.5.7 전위이동에 필요한 응력

앞에서, 완벽한 결정의 이론적인 전단강도는 실제로 관찰되는 값보다 몇 차수 크다고 설명한 바 있다. 이 때 가정된 것은 전단면 전체가 한 번에 이동하면서 모든 원가간의 결합력을 동시에 극복하여야 한다는 것이었다. 전위이론이 도입되면서, 전단면 전체의 슬립은 두 단계로 나뉘어서 진행한다고 설명된다. 즉, 전위선이 전단면의 일부를 통과하면서 국부적인 변형을 일으킨 후에, 전위선이 전단면을 완전히 통과함에 따라서 전단면 전체의 슬립이 일어난다는 것이다. 이 때, 원자간의 결합은 전위선의 국부적인 이동이 연달아 일어나면서 분리된다. 전단면을 따라 움직이면서 원자결합을 하나씩 분리하도록 전위선을 밀어넣는데 필요한 힘은 전단면 전체를 한번에 이동시키는데 필요한 힘보다 훨씬 작을 것이 명백하다.

이제 에너지법을 사용하여, 전위선을 슬립평면 사이로 이동시키는데 필요한 전단응력의 크기를 계산해보기로 하자.(Peierls, 1940) 슬립의 이동시에 생기는 전단변형에 저항하는 힘이 정현함수적으로 변한다고 가정하면, 이 때 필요한 전단응력은 다음과 같다.

$$\tau_c = \frac{2G}{(1-\nu)} e^{-\frac{2\pi a}{b(1-\nu)}} \tag{7.54}$$

여기에서, G, ν, a는 각각 전단탄성계수, 푸와송비, 슬립평면 간의 격자간격이고, b는 슬립방향으로의 격자간격을 나타낸다. 위 식에 일반적인 값, $\nu = 0.3$, $a = b$를 대입하여 전단응력을 대략적으로 산출하면 다음과 같다.

$$\tau_c \approx 2 \times 10^{-4} G \tag{7.55}$$

위 식은 실제 값보다 다소 크기는 하지만, 결정의 전단강도에 꽤 잘 맞는 근사값을 제공해준다.

식(7.54)에서, a가 커지거나 b가 작아지면 τ_c가 작아진다는 점에 유의하자. 이는 최조밀 면에서 최조밀 방향을 따른 슬립, 즉, 버거스벡터가 작을 때는 전단강도가 작다는 것을 의미한다. 이 결론은 앞서 논의한 바 있는, "슬립은 최조밀 면의 최조밀 방향으로 일어난다"는 것을 뒷받침하고 있다.

7.5.8 전위의 증식: 프랭크-리드 근원지

소성변형을 받은 시편의 표면에서 변형띠나 계단을 관찰할 수 있다고 언급한 바 있다. 그러나, 실험적인 관찰에 따르면, 풀림처리된 금속 내에 존재하는 전위밀도 정도로는 소성변형된 금속 표면에서 관찰되는 슬립계단을 만들 수 없다는 것이 밝혀졌다. 따라서, 변형이 진행되는 동안에 결정 내에서 새로운 전위가 만들어지고, 전위밀도가 증가하는 어떤 근원이 있어야 한다. 실제의 결정에는 여러 가지의 근원지가 있다. 이 절에서는 가장 보편적인 근원지인 프랭크-리드(Frank-Read) 근원지에 대하여 설명한다. 이는 프랭크와 리드(1950)에 의하여 처음 제안되었고, 나중에 실험적으로 확인되었다. (Dash, 1956)

프랭크-리드 근원지는 그림 7.26(a)에 나타낸 것처럼, 길이 L의 짧은 이동 가능한 전위토막이 움직이지 않는 A점과 B점에 양끝이 걸쳐져 있는 모델이다. AB를 포함하는 슬립평면 위에 전단응력 τ가 작용하면, 전위선 AB에는 $F = \tau b$의 힘이 걸리게 된다는 것을 설명한 바 있다. 하지만, 이 전위는 A점과 B점에 걸려 있으므로, 힘 τb가 걸림에 따라 곡선으로 휘게 된다. 전단응력 τ가 다음 값에 이르게 되면, 전위는 그림 7.26(b)에 보인 것처럼 반원 모양으로 만들어진다.

$$\tau = \frac{2T}{bL} = \frac{2\alpha Gb}{L} \tag{7.56}$$

반원으로 만들어지는 순간의 곡률반경은 다음 식에 따른다.

$$\rho = \frac{\alpha Gb}{\tau} = \frac{L}{2} \tag{7.57}$$

이 모양은 불안정한 평형상태이므로, 전단응력 τ가 조금이라도 커지면, 전위선을 계속 밀어내려고 하여, 그림 7.26(c)에 보인 것처럼, 고정점 A와 B를 돌아서 회전하려고 한다. 이 경향이 강해짐에 따라, 전위선은 반대편에서 서로 만나서 반응하게 되고, 그 결과로 그림 7.26(d)~(f)에 나타낸 것처럼, 새로운 전위루프가 생겨난다. 곡률을 가진 전위선은 바깥으로 향하여 확장하고, 새로 생긴 전위토막 AB는 전단응력 τ에 밀려서 또 다시 전위루프를 만들어내는 과정을 반복한다. 이런 과정으로 만들어지는 전위루프를 프랭크-리드 루프라고 한다.

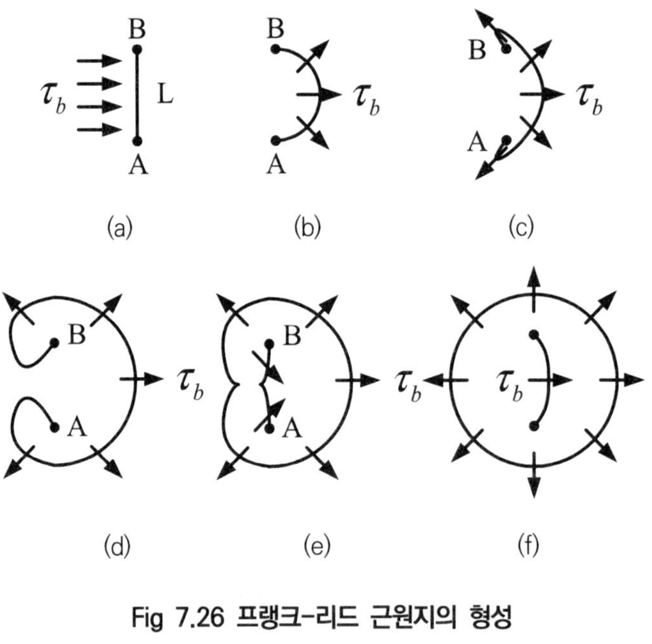

Fig 7.26 프랭크-리드 근원지의 형성

프랭크와 리드가 제안한 전위증식의 기구에 의하면, 아주 작은 전단응력 τ로도 많은 전위루프가 생길 수 있다. 실제로도 프랭크-리드 근원지 하나로 100개 이상의 전위루프가 만들어지는 것이 확인된 바 있다.

7.5.9 전위망

전위는 서로간에 반응을 한다고 설명한 바 있다. 두 개의 전위가 평행하지 않은 상태에서 근접한 경우에 서로 잡아당기게 되면, 서로 가까워지다가 마침내 절점을 구성하게 될 것이다. 이러한 기구를 통하여 전위망이 형성된다(그림 7.27 참조). 프랭크(1950)는 결정 내에서 전위의 평형분포는 삼차원 망을 형성하는 구조라고 처음으로 지적하였다.

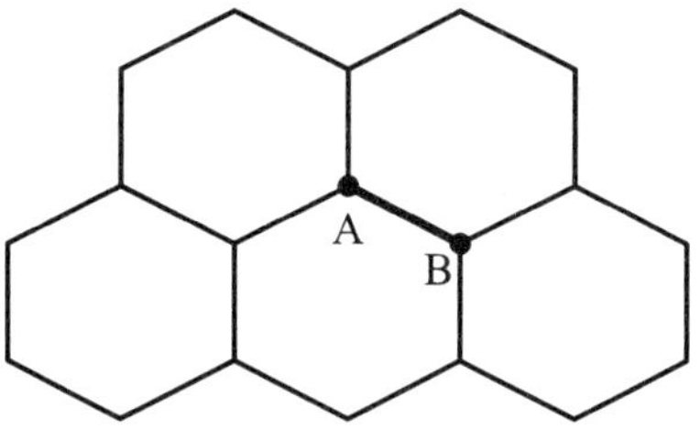

Fig. 7.27 전위망

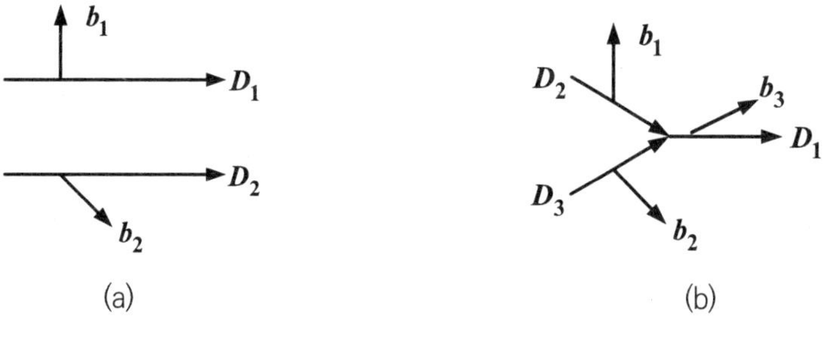

Fig. 7.28 두 전위의 반응

두 개의 전위가 서로 만나서 망의 절점을 구성할 때, 두 전위의 버거스벡터의 합은 영이 되어야 하는 조건을 만족하여야 한다. 바꿔 말하면, 절점과 연결된 모든 전위의 버거스벡터의 벡터합은 영이 되어야 한다. 그림 7.28은 이 조건의 예를 보여준다. 그림 7.28(a)에 나타낸 것처럼, 서로 떨어진 두 개의 전위 D_1(버거스벡터 $\boldsymbol{b}_1=[1\bar{1}1]/2$)과 D_2 (버거스벡터 $\boldsymbol{b}_2=[111]/2$)가 있다고 하자. D_1과 D_2 주변에는 이들 두 전위가 서로 잡아 당기도록 응력장이 형성된다. 이로 인해, 두 전위가 서로 만나서 절점 A와 세 번째 전위 D_3를 형성하였다고 하자. 위에 언급한 조건에 따르자면, 버거스벡터 $\boldsymbol{b}_1$, $\boldsymbol{b}_2$, $\boldsymbol{b}_3$ 사이에 다음 식이 성립하여야 한다.

$$\boldsymbol{b}_1+\boldsymbol{b}_2-\boldsymbol{b}_3=0 \tag{7.58}$$

D_1과 D_2는 절점을 향하여 들어가는 전위인 반면에, D_3는 절점으로부터 나오는 전위이기 때문에 $\boldsymbol{b}_3$ 앞에 음(-) 부호를 붙였다. 이로부터, 버거스벡터 $\boldsymbol{b}_3$는 다음과 같이 계산된다.

$$\boldsymbol{b}_3=[1\,0\,1] \tag{7.59}$$

그림 7.27에 나타낸 전위망의 한 토막인 AB에서 절점인 A점과 B점이 고정점의 역할을 할 수 있으므로, AB는 앞 절에서 설명한 프랭크-리드 근원지가 될 수 있다.

7.5.10 전위의 집적

결정의 내부에는 항상 전위의 이동을 방해하는 장애물이 존재한다. 예를 들어, 결정립계는 이러한 장애물이 될 수 있다. 프랭크-리드 근원지와 같은 전위증식기구에서 생성된 전위가 장애물을 만나면, 그림 7.29에 나타낸 것처럼, 이 장애물 앞쪽에 전위가 쌓이게 된다. 따라서, 장애물 근처에서는 다른 곳보다 전위가 촘촘하게 배열된다. 장애물로 인해 이동이 멈춘 전위는 장애물에 힘을 가하고, 장애물 또한 전위에 힘을 가할 것이다. 이 힘(단위길이당)을 $\tau_l b$라고 나타내면, 다음과 같은 방법으로 구할 수 있다.

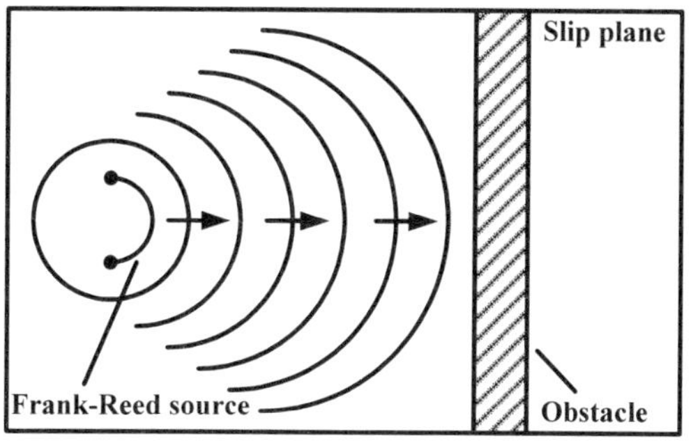

Fig. 7.29 방해물 전방에 집적되는 전위

즉, 첫 번째 전위가 δx만큼 전진하면, 이 전위를 뒤따르는 모든 전위들도 같은 양만큼 전진할 것이다. 이 때의 전진거리 δx동안 받은 일은

$$W = n \cdot F\delta x = n\tau b\delta x \tag{7.60}$$

단, n은 장애물 앞에 쌓인 전위의 총 갯수이다. 반면에, 첫 번째 전위에는 반력 $\tau_l b$가 작용하므로, 첫 번째 전위가 $\tau_l b$를 극복하고 δx만큼 전진하기 위해서 해야 할 일은 다음과 같다.

$$W = \tau_l b\delta x \tag{7.61}$$

위 두 식을 같게 놓으면,

$$\tau_l = n\tau \tag{7.62}$$

이 식이 의미하는 바는, 평형조건에서 전위집적으로 인해 장애물에 가해지는 내부응력 τ_l은 슬립평면에 가해진 응력의 n배에 해당한다는 것이다. 이 내부응력으로 인해, 전위근원지에는 배후응력(back stress)이 가해지므로, 결정 자체가 경화되는 이유가 된다. 따라서, 실험적으로 관찰되는 변형경화나 바우싱거 효과는 전위집적으로 인해 생기는 셈이다. 게다가, 식(7.62)로 표현되는 응력이 결정립계에 집중됨으로 인하여, 이웃한 결정립에 전위를 생성시켜서 소성변형이 일어나게 하거나, 결정립계 균열(grain boundary cracking)이라는 결정립계 자체의 붕괴를 야기하기도 한다.

장애물 앞에 쌓이는 전위분포에 대한 연구에 의하면(Eshelby 등, 1951), 전단응력 $\boldsymbol{\tau}$가 작용하는 슬립평면 상에서 길이 l_o에 집적되는 전위의 개수는 다음 식으로 주어진다. 즉, 인상전위의 경우,

$$n = \frac{\pi l_0 \tau}{Gb} \tag{7.63}$$

나선전위의 경우,

$$n = \frac{\pi l_0 \tau (1-\nu)}{Gb} \tag{7.64}$$

위 식들로부터, 장애물 앞에 집적되는 전위의 개수는 작용응력 $\boldsymbol{\tau}$에 비례하고, 전단탄성계수 G와 버거스벡터 $\boldsymbol{b}$에 반비례함을 알 수 있다.

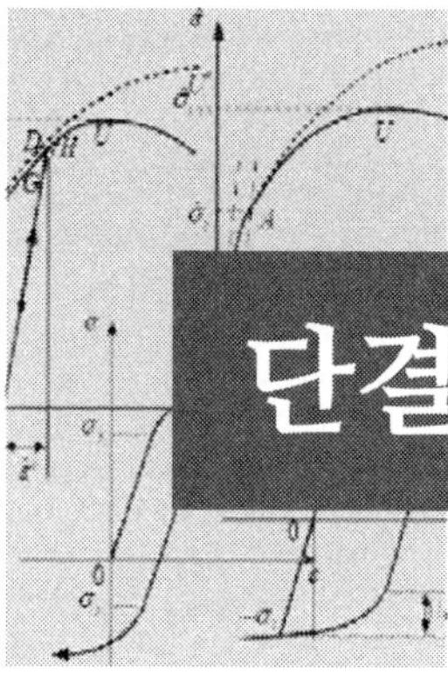

제8장
단결정의 소성변형

단결정의 소성변형에 대한 물리학은 20세기 초반에 확립되었다. 이 때 수행한 실험과 측정이 토대가 되어, 상온에서 일어나는 소성변형의 주요인은 결정격자 사이를 전위가 이동하는 것임이 확고해졌다. 금속재료에서 소성변형이 일어날 때, 전위의 운동은 특정한 결정평면 위에서 특정한 결정학적 방향을 따라서 일어나며, 소성유동으로 인하여 모양은 변하지만, 금속의 결정구조는 변하지 않는다. 단결정 내 소성변형의 물리적 현상을 정식화하여 표현한 것은 Taylor(1938)가 단결정이 변형되는 것으로부터 다결정 금속의 소성변형을 연구함으로써 시작되었다.

이 장에서는 단결정에 대한 소성이론의 기초에 대하여 설명한다. 우선, 수학적 모델을 만드는데 유용한 몇 가지 기본개념과 실험적 관찰결과들을 소개한다. 그리고 나서, 결정의 변형에 관한 일반적인 운동학과 탄소성 구성방정식에 대하여 설명한다. 이 장의 후반에서는 결정내 슬립에 관한 몇 가지 경화법칙에 대하여 상세하게 설명하고, 말미에서는 강소성이론과 단축인장시험에의 적용결과에 대하여 논할 것이다.

8.1 기본적인 고려사항

이 절에서는 단결정 소성이론을 정식화하는데 도움이 되는 몇 가지 기본개념과 실험적 관찰결과들에 대하여 설명한다.

8.1.1 슈미트의 법칙

단결정을 변형시키는데 가장 보편적으로 사용되는 실험기법은 단축인장시험이나 단축압축시험이다. 초기의 연구를 통하여, 소성유동을 최초로 일으키는 축하중(초기 항복응력)은 동일 재료라 하더라도 시편마다 다르며, 이는 무엇보다도 축하중 방향에 대하여 결정격자의 상대적인 배열이 다르기 때문에 일어난다는 것을 발견하였다. 슈미트(Schmidt, 1924)는 초기 소성항복을 지배하는 조건을 찾기 위하여, 아연 단결정을 단축인장시험한 실험자료들을 분석하였다.

그는 분석을 통하여, 소성변형을 발생시키는 것은 작용 축하중으로 인해 발생한 인장응력 자체가 아니라, 이 응력이 슬립평면 위에서 슬립방향을 따라서 분해된 전단응력 성분(따라서, "분해 전단응력"이라 함)이라는 것을 발견하였다. 그 결과, 슈미트는 재료의 항복은 축방향 인장응력이나 격자평면에 수직한 다른 응력과는 무관하게, 슬립계(슬립평면과 슬립방향의 조합) 위에서 분해된 전단응력이 슬립평면 위의 슬립방향을 따라서 어떤 한계치에 도달할 때 일어난다고 보았다. 오늘날에는 이를 "슈미트의 법칙"이라고 부른다.

슈미트와 비슷한 시기에, Taylor와 Elam(1925) 역시 알루미늄 단결정에 관한 연구를 통하여 독자적으로 이 법칙을 수립하였다. 그들은 단결정 알루미늄에 대한 실험결과를 정리하여, "전단을 받는 결정학적으로 유사한 12개의 모델 중에서, 전단방향으로의 전단응력 성분이 최대인 모델이 실제로 전단변형이 일어나는 모델이다."라고 발표하였다. 이는 슈미트의 법칙과는 다소 달라보이는 결론이지만, 실제로는 같은 내용에 해당한다.

슈미트의 법칙을 정량적으로 나타내 보자. 그림 8.1처럼 단결정 봉이 인장응력 σ를 받고 있다고 하자. 그림에 표시한 빗금친 면은 슬립평면을 나타내고, 슬립평면의 단위법선벡터를 $\boldsymbol{n}$, 슬립방향 단위벡터를 $\boldsymbol{s}$로 나타내었다. $\boldsymbol{n}$ 및 $\boldsymbol{s}$가 하중축과 이루는 각을 각각 각도 ϕ 및 λ라고 할 때, 슬립평면의 슬립방향으로 분해된 전단응력 성분은 다음과 같이 주어진다.

$$\tau = \boldsymbol{n} \cdot \boldsymbol{\sigma} \cdot \boldsymbol{s} = \sigma \cos\phi \cos\lambda \tau = \boldsymbol{n} \cdot \boldsymbol{\sigma} \cdot \boldsymbol{s} = \sigma \cos\phi \cos\lambda \qquad (8.1)$$

위 식에서 인장응력에 대한 배수 $\cos\phi\cos\lambda$을 슈미트 인자(Schmidt factor)라고 한다.

단결정 금속의 시편이 주어졌을 때, 각 슬립계의 슬립평면 법선방향 및 슬립방향이 하중축과 이루는 각도들을 안다면, 식(8.1)로부터 특정 슬립계에 대한 분해 전단응력을 계산할 수 있다. 위 식은 모든 슬립계에 대하여 적용되므로, 축응력 σ가 일정하더라도, 각 슬립계가 하중축과 이루는 각이 다르면, 분해 전단응력도 달라진다. 슈미트의 법칙에 따르면, 소성슬립이 실제로 일어나는 슬립계는 $\boldsymbol{\tau}$가 최대이면서, 어떤 임계치 τ_c에 도달한 슬립계이다. 임계치 τ_c는 재료상수로써, 실험적으로 결정하여야 한다. 식(8.1)로부터 임계 축응력은 다음과 같이 결정된다.

$$\sigma_c = \frac{\tau_c}{\cos\phi \cos\lambda} \qquad (8.2)$$

위 식으로부터, 임계 전단응력 τ_c가 일정하더라도, 소성항복을 일으키는 임계 축응력은 슬립계의 배향에 따라 달라진다는 것을 알 수 있다.

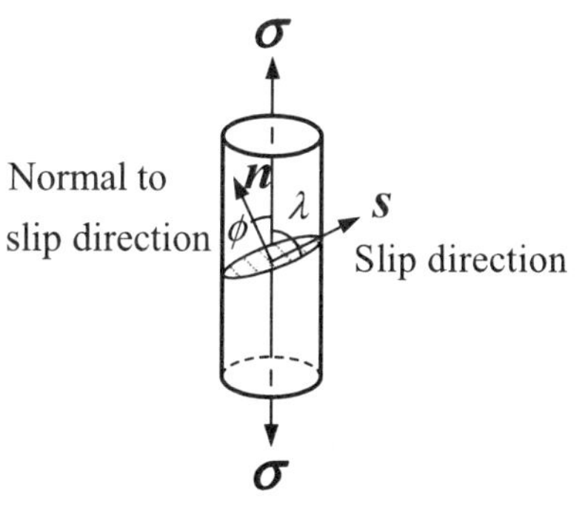

Fig. 8.1 슬립평면과 슬립방향

임계 축응력을 슈미트 인자 $\cos\phi\cos\lambda$에 대하여 그린 곡선을 그림 8.2에 실선으로 나타내었다. 그림에서 원으로 표시한 망간 결정의 실험값(Burke 및 Hibbard, 1952)과 잘 일치하고 있음을 볼 수 있다. 그림을 통하여, 슬립계의 배향에 따라 임계 축응력이 변한다는 것을 슈미트의 법칙이 잘 설명함을 알 수 있다.

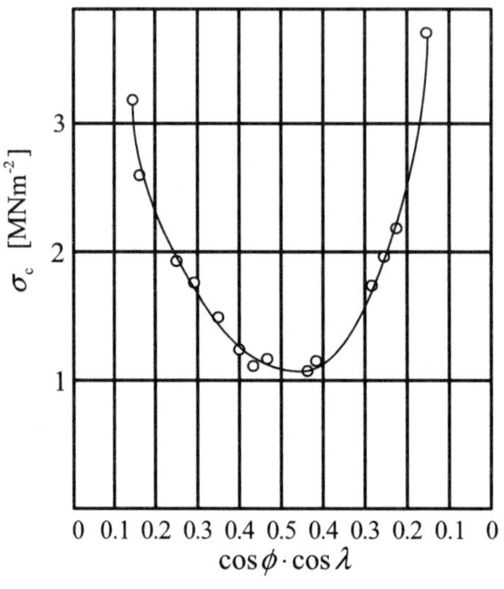

Fig. 8.2 슈미트 인자에 따른 임계 축응력의 변화

Asaro(1983)는 단축인장시험이나 단축압축시험을 통하여 슈미트의 법칙을 근사적으로 확인할 수는 있지만, 소성슬립(전위의 이동)의 미세역학에 근거한다면, 실험결과가 슈미트의 법칙과 다소 달라야 한다는 점을 지적하였다. 그 예로써, 나선전위의 교차슬립이나, 인상전위의 상승까지 고려한 모델에서는 분해 전단응력 외에 다른 응력성분도 고려되어야 한다.

8.1.2 분해 전단응력-전단변형률 곡선

앞 절에서는 임계 전단응력 τ_c가 일정하다고 가정하였다. 그러나, 실제로는 τ_c가 소성변형률의 함수이고, 소성변형으로 인한 재료의 경화로 인해 보통 그 값이 점차 커진다. 슬립계의 분해 전단변형률을 γ라 할 때, 각 재료의 τ_c-γ 곡선으로 경화거동을 나타낼 수 있다. Taylor와 Elam은 알루미늄 결정에 대한 실험을 통하여, FCC결정의 분해

전단응력-전단변형률 곡선을 대략 다음과 같이 포물선 방정식으로 근사하였다.

$$\tau_c = \beta\gamma^{1/2} \tag{8.3}$$

단, β는 재료상수이다. 위 식은 단축인장시험과 단축압축시험의 결과에 모두 적용될 수 있는 반면에, 공칭응력 σ와 공칭변형률 ε을 사용하면, 인장실험과 압축실험의 결과가 다르게 나타난다.

실제 재료의 τ_c-γ곡선을 자세히 살펴보면 위 결과와는 다소 다르게 나타나며, 식 (8.3) 하나만으로는 전 곡선구간을 나타낼 수 없음이 밝혀졌다. 일반적으로, FCC금속결정의 변형과정 동안 τ_c-γ곡선은 그림 8.3과 같이 세 구간으로 나뉘어진다. 첫 구간인 제1단계는 미끄러짐이 쉽게 일어나는 구간으로, 경화의 정도가 작은 구간이다. 제2단계에서는 경화의 정도가 보다 큰 선형경화과정이고, 제3단계는 경화정도가 감소하는 구간이다. 식(8.3)은 제3단계의 경화거동을 근사하는 식이다.

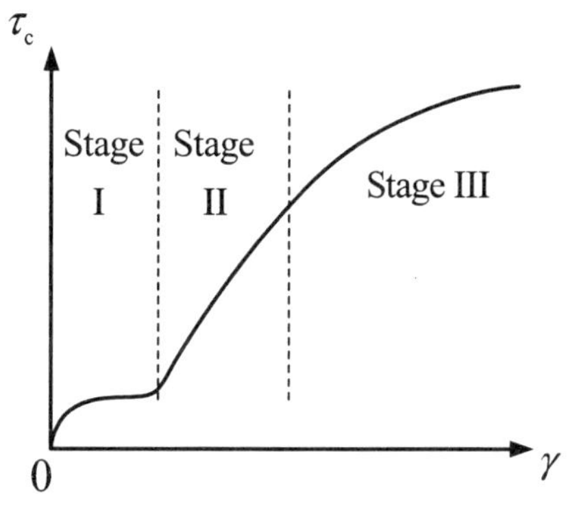

Fig. 8.3 $\tau_c - \gamma$ 곡선

재료의 변형과정 동안, 위의 세 단계가 모두 항상 나타나야 하는 것은 아니라, 몇 가지 조건에 따라서 특정한 단계만 나타나거나 혹은 다른 단계보다 더 중요해지게 된다. 이들 조건으로는 결정의 배향, 순도, 변형중의 온도, 결정립도, 표면조건, 변형률속도 등이 있다. 예를 들어, 알루미늄 결정이 상온에서 변형할 때, 제1단계 경화는 4~5% 정도의 전단변형률에서 끝나지만, 동일한 조건에서 구리는 전단변형률이 20%에 달할 때까지 제1단계가 지속되고, 금이나 은의 경우에는 제1단계가 최대 50%까지 지속된다. 순도가 낮은 알루미늄 결정을 시편으로 사용하면, 제1단계 및 제2단계 변형은 나타나지 않고, 제3단계 변형만이 전 변형과정동안 지배적으로 나타난다. 즉, Taylor와 Elam은 제3단계 변형과정만을 관찰한 셈이다.

8.1.3 Taylor-Elam 식의 미세역학적 고찰

전위이론에 근거하여 단결정의 경화거동을 설명하는 최초의 모델은 테일러(Taylor, 1934)에 의해 제안되었다. 테일러는 전위모델을 사용하여, 결정 내에서의 전위가 그림 8.4에 나타낸 것처럼, 규칙적으로 배열된다고 가정하였다. 이 모델에 의하면, 전위는 슬립평면 상에서 움직이고 최대이동거리 L은 결정의 크기나 결정립계까지의 거리에 해당하며, 전위의 평균이동거리는 $L/2$이 된다. 활성화된 슬립평면 사이의 거리는 $d/2$이고, 전위 사이의 거리는 a이므로(그림 8.4 참조), 평균전위밀도 $\rho = 2/ad$가 된다. 이로부터, 이 모델의 전단변형률을 구하면 다음과 같다.

$$\gamma = \frac{L(L/2)b\rho}{L} = \frac{L}{ad} \tag{8.4}$$

단, b는 버거스벡터의 크기이다. 한편, 두 전위 간에 걸리는 힘의 탄성해석으로부터(제7장 참조), 전위에 의해 발생하는 응력은 $1/a$에 비례하므로, a와 b의 크기가 비슷하다면, 응력은 $\rho^{1/2}$에 비례할 것이다. 이로부터, 테일러는 비례상수 K를 써서 다음 식을 얻었다.

$$\tau_c = KGb\rho^{1/2} = KG\left(\frac{b\gamma}{L}\right)^{1/2} \tag{8.5}$$

이 결과는 분해된 전단응력-분해된 전단변형률 곡선에 대한 포물선 법칙을 나타내며, Taylor와 Elam의 경험식 (8.3)에 대한 미세역학적 근거를 제공해준다. Mott(1952)는 테일러의 모델에 전위집적 효과까지 고려함으로써, 보다 일반화시킨 다음과 같은 수정식을 발표하였다.

$$\tau_c = \frac{G}{2\pi}\left(\frac{\gamma nb}{L}\right)^{1/2} \tag{8.6}$$

식에서 n은 식(7.63) 혹은 (7.64)로 구해지는 집적된 전위갯수이다.

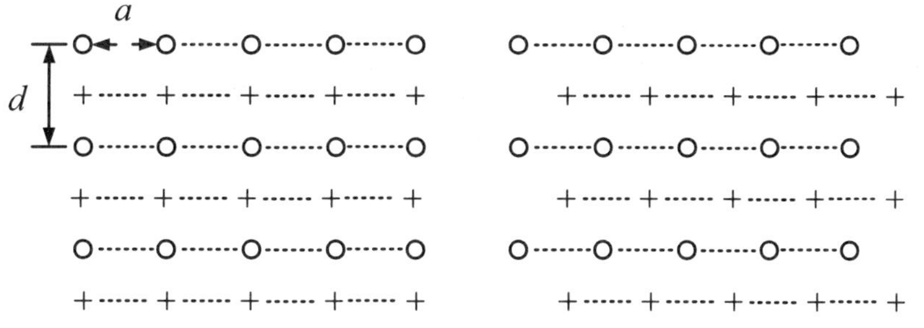

Fig. 8.4 단결정의 경화를 설명하기 위한 테일러의 전위모델

8.1.4 결정격자의 회전

결정의 변형에 있어서 매우 중요한 한 개념은, 시편이 큰 소성변형을 받는 동안 결정격자가 고정좌표계(즉, 지면에 고정된, 하중을 가하는 시험기나 하중축)에 대하여 상대적으로 회전하는 것이다. 이 과정을 인장시험의 경우는 그림 8.5에 나타내었고, 압축시험의 경우는 그림 8.6에 나타내었다.

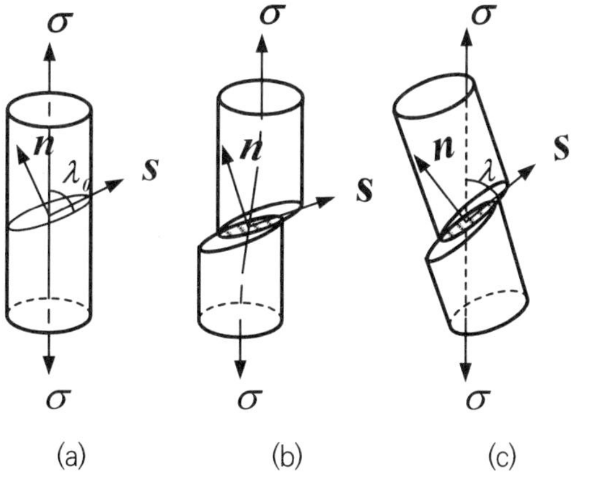

Fig. 8.5 시편의 인장에 따른 결정격자의 회전

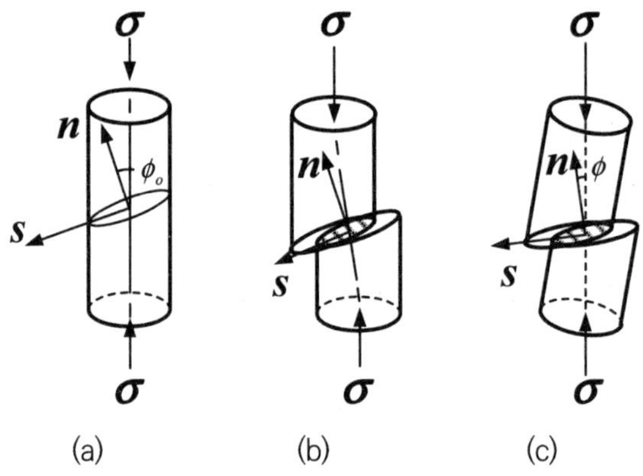

Fig. 8.6 시편의 압축에 따른 결정격자의 회전

그림 8.5(a)의 인장을 받는 단결정 시편이 그림에 나타낸 슬립계 위에서 분해 전단응력이 최대가 되도록 인장되고 있다고 하자. 그러면, 슬립은 이 슬립계에서만 일어나서 하나의 슬립계만 활성화된다.(단일슬립) 슬립이 일어나는 동안, 인장축은 결정의 축 $\boldsymbol{s}$와 $\boldsymbol{n}$에 대하여 방향이 바뀌게 된다. 즉, 인장축은 항상 시편의 윗부분과 밑부분이 슬립평면에서 만나는 접촉면(그림의 빗금친 면)의 중심을 지난다. 그 결과로, 인장축은 슬립방향 $\boldsymbol{s}$에 대하여 회전한다. 그러나, 인장축은 시험기에 의해 구속되어 고정좌표계에 대하여 변하지 않으므로, 그림 8.5(c)에서처럼 실제로 회전하는 것은 결정격자이다. 따라서 인장 변형량이 많아지면, 슬립방향이 회전하여 인장축과 슬립방향이 이루는 각 λ는 초기값 λ_o보다 작아진다($\lambda < \lambda_o$).

마찬가지로, 단축압축시험에서도 결정격자가 회전한다. 이 경우에는 슬립평면의 법선방향이 압축축 쪽으로 회전하여, 슬립평면 법선방향이 압축축과 이루는 각 ϕ가 초기값 ϕ_o보다 작아져서, $\phi < \phi_o$가 된다. 이 회전현상은, 제7장에서 설명한 스테레오 투영도에서 단결정 봉의 하중축을 표준삼각형 안의 한 점으로 나타냄으로써 잘 파악된다. 변형의 매 순간마다, 결정격자에 대한 (인장 혹은 압축)하중축의 상대적 배향으로부터, 표준삼각형 내에 하중축을 나타내는 한 점을 표시할 수 있다. 변형이 진행되는 동안, 하중축의 배향은 그림 8.7에 나타낸 것과 같은 일련의 점들로 나타나게 된다.

스테레오 투영도에서는 하중축이 회전하는 것처럼 나타나지만, 실제로 회전하는 것은 하중축이 아니라, 결정격자임을 유의하여야 한다. 즉, 스테레오 투영도에는 상대적인 회전의 정도가 나타나는 것이다. 이러한 격자회전의 모델과 그에 대한 계산은 결정학적 소성론에서 매우 중요하므로, 이 장의 후반부에서 보다 상세히 설명한다.

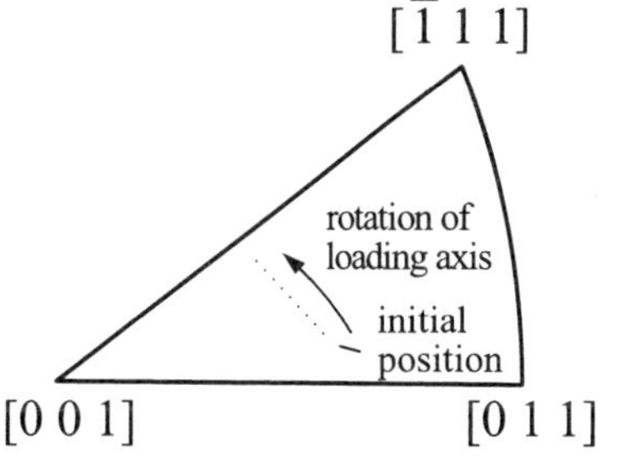

Fig. 8.7 표준삼각형에 나타낸 하중축 배향의 변화

8.1.5 단일슬립과 다중슬립

앞 절에서는 하나의 슬립계만 활성화된다고 가정하였다. 즉, 슬립계 위의 분해 전단응력이 초기 임계항복응력보다 작은 다른 모든 슬립계에서는 슬립이 일어나지 않는다고 보았다. 이러한 상황을 단일슬립이라고 하며, 이때 슬립이 일어나지 않는 다른 슬립계는 비활성화되어 있다고 한다.

슈미트의 법칙에 의하면, 슬립계가 활성화되는 지의 여부는 슈미트 인자 $\cos\phi\cos\lambda$, 즉, 결정격자의 하중축에 대한 상대적 배향에 따라서 결정된다. FCC 결정구조에서는 4개의 $\{111\}$과 3개의 $\langle 110\rangle$방향이 있으므로, 총 12개의 슬립계가 존재한다. 이 때, 역방향의 슬립은 독립된 슬립계로 보지 않는다. 이 12개의 슬립계는 그림 8.8의 스테레오 투영도에서 잘 파악된다. 전체 투영도는 24개의 삼각형으로 구분되어 각 삼각형은 특정 슬립계가 작동하는 영역을 나타낸다. 각 슬립계의 명칭은 표 8.1에 나타내었다. 그림 8.8에서 슬립계를 나타내는 명칭의 첨자 위에 바(bar)를 붙인 것은 동일 슬립평면 내의 바를 붙이지 않은 슬립계와 반대방향 인 역방향 슬립계를 나타낸다. 예로써, 슬립계 $a_{\bar{1}}$

은 (111)면 위에 있으면서, $[01\bar{1}]$방향으로 작용하는 슬립계이다.

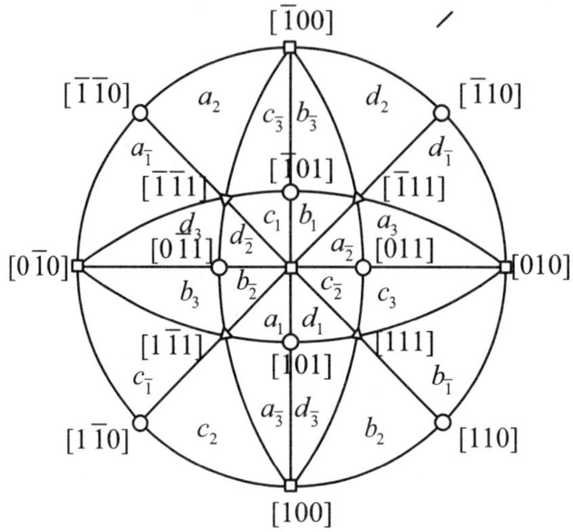

Fig. 8.8 FCC 결정구조의 표준 [001] 스테레오 투영도

이제, 모든 슬립계가 동일한 초기임계응력 τ_c를 갖는다고 하자. 그러면, 투영도의 어떤 삼각형 안에 있는 하중점도 슬립계를 하나만 작동시킬 것이다. 예를 들어, 세 꼭지점이 [001], [011], $[\bar{1}11]$인 삼각형에서는 슬립계 $a_{\bar{2}}$, 즉, $(111)[\bar{1}01]$가 활성화되어 단일슬립이 일어난다. 하지만, 하중축이 인접한 두 삼각형의 경계에 있으면, 슈미트 인자가 같으므로, 슈미트의 법칙에 따라서 두 개의 슬립계가 활성화된다. 예로써, 하중축이 점 [001]과 $[\bar{1}11]$을 연결하는 선 위에 있으면, $a_{\bar{2}}$과 b_1이 모두 활성화된다. 이런 경우를 **이중슬립**이라고 한다. 두 개 이상의 슬립계가 동시에 작동하는 것도 가능하다. 하중축이 [010]방향에 놓여 있으면, 슈미트의 법칙에 따라서 네 개의 슬립계 $d_{\bar{1}}$, a_3, c_3, $b_{\bar{1}}$이 동시에 활성화된다. 마찬가지로, 하중축이 $[\bar{1}11]$방향에 놓여 있으면, 여섯 개의 슬립계 d_2, $b_{\bar{3}}$, b_1, $a_{\bar{2}}$, a_3, $d_{\bar{1}}$이 동시에 활성화되고, 하중축이 [001]방향이면, c_1, $d_{\bar{2}}$, $b_{\bar{2}}$, a_1, $d_{\bar{1}}$, $c_{\bar{2}}$, $a_{\bar{2}}$, b_1의 여덟 개 슬립계가 활성화된다. 이렇게 하나 이상의 슬립계가 활성화되는 것을 **다중슬립**이라고 한다.

Table 8.1 FCC결정구조의 슬립계 및 호칭

슬립평면		(111)			$(\bar{1}\bar{1}1)$	
슬립방향	$[0\bar{1}1]$	$[10\bar{1}]$	$[\bar{1}10]$	$[011]$	$[\bar{1}01]$	$[1\bar{1}0]$
슬립계	a_1	a_2	a_3	b_1	b_2	b_3
슬립평면		$(\bar{1}11)$			$(1\bar{1}1)$	
슬립방향	$[0\bar{1}1]$	$[\bar{1}0\bar{1}]$	$[110]$	$[011]$	$[10\bar{1}]$	$[\bar{1}\bar{1}0]$
슬립계	c_1	c_2	c_3	d_1	d_2	d_3

8.1.6 오버슈팅과 잠재 경화효과

앞 절에서 소개한 다중슬립은 슈미트의 법칙이 성립하고, 모든 슬립계의 초기항복응력이 같다는 가정에 근거하고 있다. 이런 조건에서는 단지 기하학적 사항만이 슬립계가 작동하는지 여부를 결정한다. 하지만, 순수한 기하학적 사항 즉, 배향의 영향만을 받는 조건은 실험결과와 많이 다르다. Taylor와 Elam(1925)은 알루미늄 결정에 대한 일련의 실험을 통하여, 스테레오 투영도에서 인장축의 이동을 관찰한 바 있다. 그 결과는 그림 8.9에 개략적으로 나타낸 것과 같다. 각 실험의 초기단계에서는 하나의 슬립계 a_2만이 활성화되므로, 이를 일차 슬립계라고 한다.

인장시험을 하는 동안, 슬립방향이 인장축에 대하여 회전하는 현상은 스테레오 투영도 상에서 인장축이 그림 8.9의 슬립방향 $[\bar{1}01]$에 다가가는 것으로 나타난다. 이 회전효과로 인해 인장축은 두 슬립계 a_2와 b_1의 대칭경계 AB로 다가간다. 인장축이 대칭경계 AB상에 있으면, 두 슬립계의 슈미트 인자가 같으므로, 슈미트의 법칙을 따라 이중슬립이 일어날 것이다. 이 경우, 슬립계 b_1을 이차 슬립계, 혹은 a_2에 대한 공액 슬립계라고 한다.

이론상으로는 슬립계 a_2에서의 슬립과 슬립계 b_1에서의 슬립이 서로 상쇄되므로, 인장축이 대칭경계 AB를 넘어가지 못하고, 단지 AB 상에서 안정된 상태로 존재하게 된다. 하지만, Taylor와 Elam이 측정한 X-레이 결과에 의하면, 인장축이 대칭경계를 넘어가 버렸고, 그 결과로 공액 슬립계(즉, 잠재 슬립계)에 보다 큰 분해 전단응력을 발생시켰다. 실험결과에 따르면, 인장축이 대칭경계를 일단 지나친 이후에는 회전의 정도가 느려진 것도 밝혀졌다. 이는 공액 슬립이 일어났음을 시사한다. 하지만, 인장축이 대칭경계를 지나감에 따라, 공액 슬립계에서의 슈미트 인자가 더 커졌으므로, 공액 슬립이 활성화되려면 일차 슬립계에서보다 더 높은 분해 전단응력이 필요하다.

이러한 관찰결과를 바탕으로, Taylor와 Elam은 다음과 같은 결론을 내렸다.

(1) 슬립계는 활성화 여부에 관계없이 다른 슬립계에서의 슬립으로 인하여 경화된다.

(2) 잠재 경화속도는 적어도 자체 경화속도(즉, 활성 슬립계에서의 슬립으로 인한 경화)와 그 크기가 비슷하다.

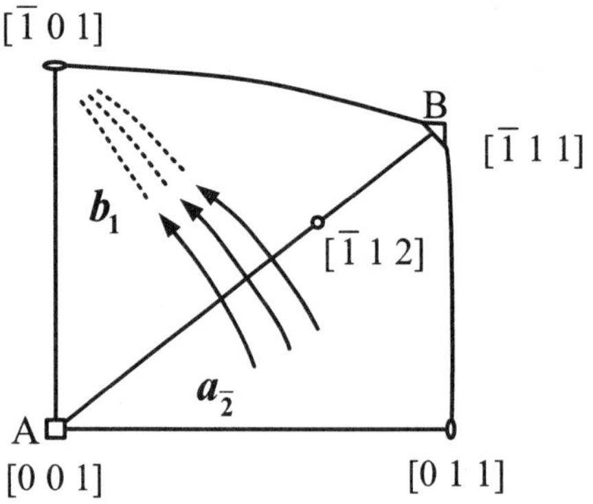

Fig. 8.9 인장축의 오버슈팅

실제로 오버슈팅 현상은 잠재 경화효과가 대칭경계 너머에 존재한다는 것과 이중슬립으로 인장축은 AB상을 움직이며, 방향 [$\bar{1}$12]가 슬립방향 [011]과 [$\bar{1}$01]의 정확히 중간방향이므로, [$\bar{1}$12]로 다가간 뒤에, 그 지점에서 머물 것이라는 점을 시사한다. 잠재 경화효과가 강하기 때문에, 인장축은 대칭경계를 지나치게 되고, 공액 슬립계를 활성화시키는 데에는 보다 큰 분해 전단응력이 필요해 진다. 이상에서 설명한 오버슈팅은 단지 잠재경화를 간접적으로 나타내는 것이다.

8.2 단결정 변형의 운동학

1930년대에 이루어진 금속결정의 소성변형에 대한 가장 중요한 발견은 전위가 결정격자를 이동함에 따라 소성변형이 일어나고, 소성유동이 진행되는 동안 결정격자는 모양과 방향을 유지한다는 것이다. 소성변형없이 탄성변형만 하게 되면, 전위가 이동하지 않지만 대신에 결정격자가 변형하게 된다. 이 과정을 그림 8.10에 개략적으로 나타내었다.

8.2.1 결정격자의 소성변형과 탄성변형

그림 8.10의 하단 왼쪽에 나타낸 것처럼, 단결정 내의 미소요소를 하나 생각하자. 수직을 이루는 격자는 결정격자를 나타내고, $\boldsymbol{s}_o^\alpha$와 $\boldsymbol{n}_o^\alpha$는 각각 α슬립계의 슬립방향 단위벡터와 슬립평면 단위법선벡터를 나타낸다(슬립계의 총갯수가 n이면, $\alpha=1,\cdots,n$). 이 요소가 탄소성변형을 받아서 그림의 상단에 나타낸 것처럼 변형되었다고 하자. 두 모양간의 미소 선요소는 다음 관계를 이룬다.

$$d\boldsymbol{x} = \boldsymbol{F} d\boldsymbol{X} \tag{8.7}$$

여기에서, $\boldsymbol{x}$와 $\boldsymbol{X}$는 각각 한 질점의 현재좌표 및 초기좌표이고, $\boldsymbol{F}$는 변형구배이다.

결정의 변형에 관한 설명에 따라서, 총 변형구배는 다음 두 단계를 거쳐서 일어난다고 가정하자.

(1) 제1단계: 전위이동으로 인한 소성변형

결정격자 사이에 전위가 이동함으로 인하여, 결정은 소성(전단)변형을 겪는다. 소성변형이 일어나는 동안, 그림 8.10의 하단 오른쪽에 나타낸 것처럼, 결정격자의 방향이나 간격은 변하지 않는다. 이 때, 변형후의 미소 선요소 $d\boldsymbol{p}$는 소성변형의 변형구배 $\boldsymbol{F}^p$를 사용하여 다음과 같이 나타낼 수 있다.

$$d\boldsymbol{p} = \boldsymbol{F}^p d\boldsymbol{X} \tag{8.8}$$

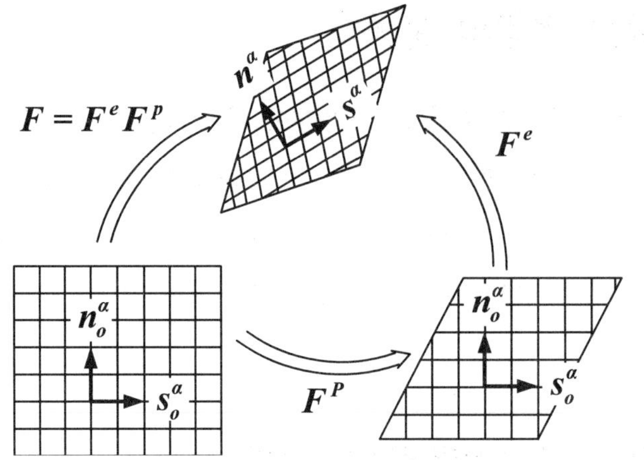

Fig. 8.10 단결정 변형의 운동학

소성변형은 슬립계 s_o^α와 n_o^α상에서, 전단변형률 혹은 슬립 γ^α(단위거리만큼 떨어진 두 슬립평면 간의 상대적 변위로 정의)에 의하여 일어나므로, 소성유동에 의한 한 질점의 변위 u^p를 기준모양 혹은 변형전 모양에서의 좌표 X와 γ^α로 나타낼 수 있다. 다중 슬립이 일어나는 보다 일반적인 경우의 변위 $u^{p\alpha}$는 다음과 같다.

$$u^{p\alpha} = \gamma^\alpha (n_0^\alpha \cdot X) s_0^\alpha = \gamma^\alpha [s_0^\alpha (n_0^\alpha)^T] X \tag{8.9}$$

단, 위에서 변위는 모든 활성화된 슬립계에서의 합을 취한 것으로, 이는 일반적으로 사실이므로 이후에는 별도로 언급하지 않기로 한다. 식에서 두 벡터의 곱으로 만들어지는 텐서는 향후 다음과 같이 간단하게 표현하기로 한다.

$$s_0^\alpha (n_0^\alpha)^T = s_0^\alpha n_0^\alpha$$

식(8.9)로부터 F^p를 계산하면 다음과 같다.

$$F^{p\alpha} = I + s_0{}^\alpha n_0{}^\alpha \gamma^\alpha \tag{8.10}$$

(2) 제2단계: 결정격자의 탄성변형

격자와 재료는 소성변형을 겪은 후에, 질점이나 격자 간의 상대이동이 없는 탄성변형을 겪는다. 이 과정에서 격자가 늘어나거나 줄어들며, 심지어는 비틀을 겪는다. F^e를 탄성변형구배라 할 때, 이 때의 탄성변형은 다음과 같이 나타낼 수 있다.

$$d\boldsymbol{x} = \boldsymbol{F}^e d\boldsymbol{p} \tag{8.11}$$

임의의 강체회전운동은 $\boldsymbol{F}^e$에 이미 포함되어 있음에 유의하자. 식(8.7), (8.8), (8.11)로부터, 총 변형구배는 다음과 같이 표현된다.

$$\boldsymbol{F} = \boldsymbol{F}^e \boldsymbol{F}^p \tag{8.12}$$

위 식은 변형구배의 곱셈분해에 대한 물리적 근거를 제공해 준다. 격자가 탄성제하되면 격자는 원래의 위치 및 방향으로 되돌아오며, 격자에 남는 변형은 $(\boldsymbol{F}^e)^{-1}\boldsymbol{F} = \boldsymbol{F}^p$로 기술된다.

$\boldsymbol{s}^\alpha$나 $\boldsymbol{n}^\alpha$(초기에는 $\boldsymbol{s}_o^\alpha$와 $\boldsymbol{n}_o^\alpha$)처럼, 결정격자에 부착된 벡터들은 변형과정 동안에 변형되거나 회전을 받는다. 앞에서의 설명에 따르면, 이들 변형과 회전은 명백하게 강체회전을 포함한 탄성변형구배 $\boldsymbol{F}^e$에 의해서만 일어난다. 따라서, α슬립계의 슬립방향으로 벡터 $\boldsymbol{s}^\alpha$를 정의할 때는, 다음과 같이 현재의 상태에서 결정한다.

$$\boldsymbol{s}^\alpha = \boldsymbol{F}^e \boldsymbol{s}_0^\alpha \tag{8.13}$$

하지만, 벡터 $\boldsymbol{n}^\alpha$는 항상 슬립평면에 수직이어야 하므로, 다음 관계를 만족하여야 한다.

$$\boldsymbol{n}^\alpha = [(\boldsymbol{F}^e)^{-1}]^T \boldsymbol{n}_0^\alpha = (\boldsymbol{F}^e)^{-T} \boldsymbol{n}_0^\alpha \tag{8.14}$$

한편, $\boldsymbol{s}_o^\alpha$와 $\boldsymbol{n}_o^\alpha$는 서로 수직한 단위벡터이므로, 다음 관계를 만족하며,

$$\boldsymbol{n}^\alpha \cdot \boldsymbol{s}^\alpha = [(\boldsymbol{F}^e)^{-T} \boldsymbol{n}_0^\alpha]^T \boldsymbol{F}^e \boldsymbol{s}_0^\alpha = \boldsymbol{n}_0^\alpha \cdot \boldsymbol{s}_0^\alpha = 0 \tag{8.15}$$

이로부터, $\boldsymbol{s}^\alpha$는 $\boldsymbol{n}^\alpha$에 수직함을 알 수 있다. 단, 식(8.13)과 (8.14)로부터 알 수 있듯이, $\boldsymbol{s}^\alpha$와 $\boldsymbol{n}^\alpha$는 더 이상 단위벡터가 아님에 유의하자.

8.2.2 결정격자의 변형속도와 스핀

현재 모양에서의 속도구배 $\boldsymbol{L}$은 다음 식으로 계산된다.

$$\boldsymbol{L} = \dot{\boldsymbol{F}}\boldsymbol{F}^{-1} = \dot{\boldsymbol{F}}^e(\boldsymbol{F}^e)^{-1} + \boldsymbol{F}^e\dot{\boldsymbol{F}}^p(\boldsymbol{F}^p)^{-1}(\boldsymbol{F}^e)^{-1} \tag{8.16}$$

한편, $\boldsymbol{L}$은 다음과 같이 변형속도텐서 $\boldsymbol{D}$와 스핀텐서 $\boldsymbol{W}$의 합으로 나타낼 수 있다.

$$\boldsymbol{L} = \boldsymbol{D} + \boldsymbol{W} \tag{8.17}$$

$\boldsymbol{D}^p$와 $\boldsymbol{W}^p$를 각각 전위슬립에 따른 소성변형속도 및 소성스핀, $\boldsymbol{D}^e$와 $\boldsymbol{W}^e$를 각각 결정격자의 변형 및 회전에 따른 탄성변형속도 및 탄성스핀이라 할 때, 결정격자의 탄소성변형에 대한 설명에 근거하여 $\boldsymbol{D}$와 $\boldsymbol{W}$를 다음과 같이 나타낼 수 있다.

$$\boldsymbol{D} = \boldsymbol{D}^e + \boldsymbol{D}^p, \quad \boldsymbol{W} = \boldsymbol{W}^e + \boldsymbol{W}^p \tag{8.18}$$

식(8.16)으로부터, 다음 식들이 성립한다.

$$\boldsymbol{D}^e + \boldsymbol{W}^e = \dot{\boldsymbol{F}}^e(\boldsymbol{F}^e)^{-1} = \boldsymbol{L}^e \tag{8.19}$$

$$\boldsymbol{D}^p + \boldsymbol{W}^p = \boldsymbol{F}^e\dot{\boldsymbol{F}}^p(\boldsymbol{F}^p)^{-1}(\boldsymbol{F}^e)^{-1} = \boldsymbol{F}^e\boldsymbol{L}_0^p(\boldsymbol{F}^e)^{-1} = \boldsymbol{L}^p \tag{8.20}$$

단,

$$\boldsymbol{L}_0^p = \dot{\boldsymbol{F}}^p(\boldsymbol{F}^p)^{-1} = \boldsymbol{D}_0^p + \boldsymbol{W}_0^p \tag{8.21}$$

$$\boldsymbol{D}_0^p = \tfrac{1}{2}(\boldsymbol{L}_0^p + \boldsymbol{L}_0^{pT}), \quad \boldsymbol{W}_0^p = \tfrac{1}{2}(\boldsymbol{L}_0^p - \boldsymbol{L}_0^{pT}) \tag{8.22}$$

여기에서, $\boldsymbol{D}^p$와 $\boldsymbol{W}^p$는 소성변형으로 야기되어 현재 모양에서 측정한 양인 반면에, $\boldsymbol{D}_0^p$ 및 $\boldsymbol{W}_0^p$는 동일한 양을 격자변형이 일어나지 않은 중간 모양에서 측정한 값이다. 실제로, 식(8.20)과 (8.21)로부터 다음 관계를 쉽게 보일 수 있다.

$$\boldsymbol{D}^p = \boldsymbol{F}^e\boldsymbol{D}_0^p(\boldsymbol{F}^e)^{-1} \text{ 및 } \boldsymbol{W}^p = \boldsymbol{F}^e\boldsymbol{W}_0^p(\boldsymbol{F}^e)^{-1} \tag{8.23}$$

소성변형은 전위슬립으로 인해 발생하기 때문에, 기준모양에서의 속도구배는 다음과 같다.

$$\boldsymbol{L}_0^p = \sum_{\alpha=1}^{n} \dot{\gamma}^\alpha \boldsymbol{s}_0^\alpha \boldsymbol{n}_0^\alpha \tag{8.24}$$

단, $\dot{\gamma}^\alpha$은 α슬립계 위에서 격자에 대하여 측정된 전단속도, n은 활성화된 슬립계의 총 갯수를 나타낸다. FCC결정을 예로 들면, $n \le 12$이다. 식(8.24)는 단일슬립의 경우에 쉽게 증명된다. 식(8.10)으로부터, 다음 식이 성립한다.

$$(\boldsymbol{F}^{p\alpha})^{-1} = \boldsymbol{I} - \gamma^\alpha \boldsymbol{s}_0^\alpha \boldsymbol{n}_0^\alpha \tag{8.25}$$

$$\dot{\boldsymbol{F}}^{p\alpha} = \dot{\gamma}^\alpha \boldsymbol{s}_0^\alpha \boldsymbol{n}_0^\alpha \tag{8.26}$$

위 식에서, $\dot{\boldsymbol{n}}_0 = \dot{\boldsymbol{s}}_0 = 0$을 적용하였다. 식(8.21)의 정의에 따르고, $\boldsymbol{n}_0 \cdot \boldsymbol{s}_0 = 0$을 이용하

면, 다음 식을 쉽게 얻을 수 있다.

$$\boldsymbol{L}_0^{p\alpha} = \dot{\boldsymbol{F}}^{p\alpha}(\boldsymbol{F}^{p\alpha})^{-1} = \dot{\gamma}^\alpha \boldsymbol{s}_0^\alpha \boldsymbol{n}_0^\alpha \tag{8.27}$$

식(8.24)는 단일슬립에 대한 위의 결과를 다중슬립에 대한 식으로 일반화시킨 것이다. 소성변형속도와 소성스핀을 기준모양에서 나타내면,

$$\boldsymbol{D}_0^p = \sum_{\alpha=1}^{n} \boldsymbol{P}_0{}^\alpha \dot{\gamma}^\alpha \ , \ \ \boldsymbol{W}_0^p = \sum_{\alpha=1}^{n} \boldsymbol{\Omega}_0{}^\alpha \dot{\gamma}^\alpha \tag{8.28}$$

단,

$$\boldsymbol{P}_0^\alpha = \tfrac{1}{2}(\boldsymbol{s}_0^\alpha \boldsymbol{n}_0^\alpha + \boldsymbol{n}_0^\alpha \boldsymbol{s}_0^\alpha) \tag{8.29}$$

$$\boldsymbol{\Omega}_0^\alpha = \tfrac{1}{2}(\boldsymbol{s}_0^\alpha \boldsymbol{n}_0^\alpha - \boldsymbol{n}_0^\alpha \boldsymbol{s}_0^\alpha) \tag{8.30}$$

식(8.24), (8.28)~(8.30)을 현재 모양에 상응하는 식들로 바꾸려면, 식(8.20)과 (8.23)을 사용하고, 식(8.13)과 (8.14)을 대입하면 된다.

$$\boldsymbol{L}^p = \sum_{\alpha=1}^{n} \dot{\gamma}^\alpha \boldsymbol{s}^\alpha \boldsymbol{n}^\alpha \tag{8.31}$$

$$\boldsymbol{D}^p = \sum_{\alpha=1}^{n} \boldsymbol{P}^\alpha \dot{\gamma}, \ \ \boldsymbol{W}^p = \sum_{\alpha=1}^{n} \boldsymbol{\Omega}^\alpha \dot{\gamma} \tag{8.32}$$

$$\boldsymbol{P}^\alpha = \tfrac{1}{2}(\boldsymbol{s}^\alpha \boldsymbol{n}^\alpha + \boldsymbol{n}^\alpha \boldsymbol{s}^\alpha) \tag{8.33}$$

$$\boldsymbol{\Omega}^\alpha = \tfrac{1}{2}(\boldsymbol{s}^\alpha \boldsymbol{n}^\alpha - \boldsymbol{n}^\alpha \boldsymbol{s}^\alpha) \tag{8.34}$$

이들 식으로부터, 비압축성 조건을 나타내는 $\mathrm{tr}(\boldsymbol{D}^p) = \mathrm{tr}(\boldsymbol{D}_0^p) = 0$을 쉽게 증명할 수 있다. 이미 설명한 것처럼, 대변형이 일어나면 결정격자의 방향이 변하고, 그에 따라서 슬립계 위로 분해된 전단응력도 변하게 된다. 따라서, 결정격자의 탄성변형에 따른 두 벡터 $\boldsymbol{s}^\alpha$와 $\boldsymbol{n}^\alpha$의 변화속도를 결정하는 것이 중요하다. 이는 식(8.13)과 (8.14)로부터 다음과 같이 얻을 수 있다.

$$\dot{\boldsymbol{s}}^\alpha = \dot{\boldsymbol{F}}^e \boldsymbol{s}_0^\alpha = \dot{\boldsymbol{F}}^e(\boldsymbol{F}^e)^{-1}\boldsymbol{s}^\alpha = \boldsymbol{L}^e \boldsymbol{s}^\alpha = (\boldsymbol{D}^e + \boldsymbol{W}^e)\boldsymbol{s}^\alpha \tag{8.35}$$

$$\dot{\boldsymbol{n}}^\alpha = (\dot{\boldsymbol{F}}^e)^{-T}\boldsymbol{n}_0^\alpha = [-(\boldsymbol{F}^e)^{-1}\boldsymbol{L}^e]^T \boldsymbol{n}_0^\alpha = -\boldsymbol{L}^{eT}\boldsymbol{n}^\alpha = -(\boldsymbol{D}^e + \boldsymbol{W}^e)^T \boldsymbol{n}^\alpha \tag{8.36}$$

위 결과는 $\boldsymbol{s}^\alpha$와 $\boldsymbol{n}^\alpha$의 회전을 지배하는 두 개의 미분방정식을 나타낸다. 탄성변형에 대한 이력을 안다면, 위 식들을 적분함으로써, 초기값 $\boldsymbol{s}_0^\alpha$ 및 $\boldsymbol{n}_0^\alpha$로부터 현재값 $\boldsymbol{s}^\alpha$와 $\boldsymbol{n}^\alpha$

을 구할 수 있다. 실제로는 이들 적분이 수치적으로 수행되어야 할 것이다.

전체 변형이 매우 크지만, 탄성변형이 소성변형보다 매우 작아서(금속성형의 경우처럼) 무시될 수 있다면, 식(8.13), (8.14), (8.35), (8.36)을 보다 단순화시킬 수 있다. 즉, 탄성변형이 작아서 무시될 수 있다면, 탄성변형구배 $\boldsymbol{F}^e$는 다음과 같이 근사된다.

$$\boldsymbol{F}^e = \boldsymbol{R}^e\boldsymbol{U}^e \cong \boldsymbol{R}, \quad \boldsymbol{U}^e \cong \boldsymbol{I} \tag{8.37}$$

여기에서, $\boldsymbol{R}^e$는 $\boldsymbol{R}^e(\boldsymbol{R}^e)^T = \boldsymbol{I}$을 만족하는 직교텐서로서, 결정의 강체회전을 나타낸다. 따라서,

$$\boldsymbol{L}^e = \dot{\boldsymbol{F}}^e(\boldsymbol{F}^e)^{-1} = \dot{\boldsymbol{R}}^e(\boldsymbol{R}^e)^T \tag{8.38}$$

그런데, $\dot{\boldsymbol{R}}^e(\boldsymbol{R}^e)^T$는 제2장에서 설명한 것처럼, 반대칭 텐서이므로

$$\boldsymbol{L}^e = \boldsymbol{W}^e = \dot{\boldsymbol{R}}^e(\boldsymbol{R}^e)^T \text{ 및 } \boldsymbol{D}^e = 0 \tag{8.39}$$

이로부터, 식(8.13), (8.14), (8.35), (8.36)는 다음과 같이 단순화된다.

$$\boldsymbol{s}^\alpha = \boldsymbol{R}\boldsymbol{s}_0{}^\alpha, \quad \boldsymbol{n}^\alpha = \boldsymbol{R}^T\boldsymbol{n}_0{}^\alpha \tag{8.40}$$

$$\dot{\boldsymbol{s}}^\alpha = \boldsymbol{W}^e\boldsymbol{s}^\alpha, \quad \dot{\boldsymbol{n}}^\alpha = -(\boldsymbol{W}^e)^T\boldsymbol{n}^\alpha = \boldsymbol{W}^e\boldsymbol{n}^\alpha \tag{8.41}$$

실용적인 단순화를 위하여 식(8.13), (8.14), (8.35), (8.36)보다는 위의 식들이 사용된다. 탄성변형이 무시되는 경우에는 매 변형단계에서 $\boldsymbol{s}^\alpha$와 $\boldsymbol{n}^\alpha$는 서로 직교하는 단위벡터 임을 증명할 수 있다. 이 절에서 설명한 내용의 주요 결과들을 요약하면 다음과 같다.

$$\boldsymbol{L} = \boldsymbol{L}^e + \sum_{\alpha=1}^{n}\dot{\gamma}^\alpha\boldsymbol{s}^\alpha\boldsymbol{n}^\alpha \tag{8.42}$$

$$\boldsymbol{D} = \boldsymbol{D}^e + \sum_{\alpha=1}^{n}\boldsymbol{P}^\alpha\dot{\gamma}^\alpha \tag{8.43}$$

$$\boldsymbol{W} = \boldsymbol{W}^e + \sum_{\alpha=1}^{n}\boldsymbol{\Omega}^\alpha\dot{\gamma}^\alpha \tag{8.44}$$

$$\boldsymbol{s}^\alpha = \boldsymbol{F}^e\boldsymbol{s}_0^\alpha, \quad \boldsymbol{n}^\alpha = (\boldsymbol{F}^e)^{-T}\boldsymbol{n}_0^\alpha \tag{8.45}$$

$$\dot{\boldsymbol{s}}^\alpha = \boldsymbol{L}^e\cdot\boldsymbol{s}^\alpha, \quad \dot{\boldsymbol{n}}^\alpha = -\boldsymbol{n}^\alpha\cdot\boldsymbol{L}^e \tag{8.46}$$

여기에서, $\boldsymbol{L}^e$, $\boldsymbol{D}^e$, $\boldsymbol{W}^e$는 강체회전운동을 포함한 결정격자의 탄성변형에 의해 생긴다. 탄성변형이 작아서 무시될 수 있다면, 다음과 같이 요약된다.

$$\boldsymbol{L} = \boldsymbol{W}^e + \sum_{\alpha=1}^{n} \dot{\gamma}^\alpha \boldsymbol{s}^\alpha \boldsymbol{n}^\alpha \tag{8.47}$$

$$\boldsymbol{D} = \sum_{\alpha=1}^{n} \boldsymbol{P}^\alpha \dot{\gamma}^\alpha \tag{8.48}$$

$$\boldsymbol{W} = \boldsymbol{W}^e + \sum_{\alpha=1}^{n} \boldsymbol{\Omega}^\alpha \dot{\gamma}^\alpha = \dot{\boldsymbol{R}} \cdot \boldsymbol{R}^T + \sum_{\alpha=1}^{n} \boldsymbol{\Omega}^\alpha \dot{\gamma}^\alpha \tag{8.49}$$

$$\boldsymbol{s}^\alpha = \boldsymbol{R}^e \boldsymbol{s}_0^\alpha , \quad \boldsymbol{n}^\alpha = (\boldsymbol{R}^e)^T \boldsymbol{n}_0^\alpha \tag{8.50}$$

$$\dot{\boldsymbol{s}}^\alpha = \boldsymbol{W}^e \boldsymbol{s}^\alpha , \quad \dot{\boldsymbol{n}}^\alpha = \boldsymbol{W}^e \boldsymbol{n}^\alpha \tag{8.51}$$

$$\boldsymbol{F} = \boldsymbol{R}^e \boldsymbol{F}^p \tag{8.52}$$

8.3 단결정의 탄소성 구성방정식

이 절에서는 결정변형의 운동학에 대한 지식을 바탕으로 하여 단결정에 대한 탄소성 구성방정식을 정식화해 나가고자 한다. 결정격자는 전위슬립이 일어나도 변하지 않기 때문에, 탄소성변형이 진행되는 동안에 결정의 탄성거동은 일정하다고 가정할 수 있다. 대변형을 받는 결정의 탄성법칙은 다음과 같이 제안된다(Hill과 Rice, 1972).

$$\overset{\circ}{\boldsymbol{\sigma}}_e + \boldsymbol{\sigma}\, \mathrm{tr}(\boldsymbol{D}^e) = \boldsymbol{C}\boldsymbol{D}^e \tag{8.53}$$

여기에서, $\boldsymbol{C}$는 탄성계수를 나타내는 4차텐서이며, 그 성분들은 결정격자에 대하여 구성된다. 탄성변형률에 대한 에너지함수가 존재한다고 가정하면, C_{ijkl}은 첨자 i,j와 k,l에 대하여 다음과 같은 대칭성을 갖는다.

$$C_{ijkl} = C_{klij} \tag{8.54}$$

텐서 $\boldsymbol{C}$의 독립성분의 개수는 각 결정의 대칭성에 따라 다르다. 결정이 등방성이라면, 2개의 독립성분만이 존재한다.

식(8.53)에서 $\overset{\circ}{\boldsymbol{\sigma}}_e$는 격자와 함께 회전하는 축에 근거한 코쉬응력의 Jaumannn 속도로

$\dot{\boldsymbol{\sigma}}$를 $\boldsymbol{\sigma}$의 물질미분이라 할 때, 다음과 같이 정의된다.

$$\overset{\circ}{\boldsymbol{\sigma}}_e = \dot{\boldsymbol{\sigma}} - \boldsymbol{W}^e\boldsymbol{\sigma} + \boldsymbol{\sigma}\boldsymbol{W}^e \tag{8.55}$$

이 식으로부터, $\overset{\circ}{\boldsymbol{\sigma}}_e$는 격자의 회전속도 $\boldsymbol{W}^e$를 따라서 강체회전하는 축, 즉, 격자축과 같이 움직이는 축에 근거하는 $\boldsymbol{\sigma}$의 동시회전속도이다. 식(8.53)의 좌변은 소위 Kirchhoff 응력의 Jaumann속도를 나타낸다.

$$\overset{\circ}{\boldsymbol{\tau}}_e = \overset{\circ}{\boldsymbol{\sigma}}_e + \boldsymbol{\sigma}\,\mathrm{tr}(\boldsymbol{D}^e) \tag{8.56}$$

여기에서, 기준모양은 순간적으로 현재모양과 일치하도록 선택된 것이다. 기준모양 및 현재모양의 질량밀도를 각각 ρ_o와 ρ라 할 때, $\boldsymbol{\tau}$는 다음과 같이 정의되는 Kirchhoff 응력이다.

$$\boldsymbol{\tau} = \frac{\rho_0}{\rho}\boldsymbol{\sigma} = \det(\boldsymbol{F}) \tag{8.57}$$

구성방정식 (8.53)은 탄성량 $\boldsymbol{D}^e$와 $\boldsymbol{W}^e$의 항으로 표현되었다. 그러나, 실제로 적용할 때는 이를 총변형에 대한 양 $\boldsymbol{D}$와 $\boldsymbol{W}$, 그리고 슬립 $\dot{\gamma}^\alpha$의 항으로 나타내는 것이 편리하다. 식(8.43)과 (8.44)를 사용하면, 식(8.53)은 다음과 같이 나타낼 수 있다.

$$\overset{\circ}{\boldsymbol{\sigma}} + \boldsymbol{\sigma}\,\mathrm{tr}(\boldsymbol{D}) = \boldsymbol{C}\boldsymbol{D} - \sum_{\alpha=1}^{n}\left[\boldsymbol{C}\boldsymbol{P}^\alpha + \boldsymbol{\beta}^\alpha\right]\dot{\gamma}^\alpha \tag{8.58}$$

단,

$$\boldsymbol{\beta}^\alpha = \boldsymbol{\Omega}^\alpha \cdot \boldsymbol{\sigma} - \boldsymbol{\sigma} \cdot \boldsymbol{\Omega}^\alpha \tag{8.59}$$

이고, $\overset{\circ}{\boldsymbol{\sigma}}$는 연속체의 총 스핀에 근거하여 식(3.91)로 정의되는, 코쉬응력 $\boldsymbol{\sigma}$의 Jaumannn 속도이다. 식(8.58)을 유도함에 있어서, 다음 관계가 사용되었다.

$$\mathrm{tr}(\boldsymbol{D}^p) = 0\,,\quad \mathrm{tr}(\boldsymbol{D}) = \mathrm{tr}(\boldsymbol{D}^e) \tag{8.60}$$

$\dot{\gamma}^\alpha$가 $\overset{\circ}{\boldsymbol{\sigma}}$ 및 $\boldsymbol{D}$ 의 항으로 결정될 수 있다면, 이를 식(8.58)에 대입함으로써, 단결정에 대한 구정방정식을 완전하게 만들 수 있다.

α슬립계에서 슬립이 어려워지는 속도 즉, 임계 전단항복응력의 경화속도 $\dot{\tau}_c^\alpha$는 다음과 같이 표현된다.

$$\dot{\tau}_c^\alpha = \sum_{\beta=1}^{n} h_{\alpha\beta}\dot{\gamma}^\beta \tag{8.61}$$

여기에서, $h_{\alpha\beta}$는 결정고체의 재료거동을 특징 지우는 경화계수행렬이다. 계수 $h_{\alpha\alpha}$는 자체 경화를 나타내는 반면, 계수 $h_{\alpha\beta}$ $(\alpha \neq \beta)$는 잠재경화효과를 나타낸다. 지수 β가 모든 활성화된 슬립계에 대하여 합을 취하는 식(8.61)은 단결정에 대한 시간의존적인 탄소성이론을 정식화하는데 매우 중요하다. 계수 $h_{\alpha\beta}$는 각기 다른 재료의 단결정마다 서로 다른 값을 갖는 재료상수이다. 재료공학 연구자들은 $h_{\alpha\beta}$를 결정하고자 노력하여 왔다. 몇 가지 단결정에 대하여, $h_{\alpha\beta}$를 측정하고자 하는 실험적 연구가 수행되었고, 그 결과로 다양한 모델들이 제안되었다. 이들 모델에 대하여는 다음 절에서 자세하게 설명할 것이다.

이제, 슈미트의 법칙에 근거하여, 다음과 같은 가중/제하조건을 알아보기로 하자.

$$0 \le \tau_\alpha < \tau_c^\alpha \text{ 이면, } \dot{\gamma}^\alpha = 0$$

$$0 < \tau_\alpha = \tau_c^\alpha \text{ 이고 } \dot{\tau}_\alpha < \dot{\tau}_c^\alpha = \sum_{\beta=1}^{n} h_{\alpha\beta}\dot{\gamma}^\beta \text{ 이면, } \dot{\gamma}^\alpha = 0$$

$$0 < \tau_\alpha = \tau_c^\alpha \text{ 이고 } \dot{\tau}_\alpha = \dot{\tau}_c^\alpha = \sum_{\beta=1}^{n} h_{\alpha\beta}\dot{\gamma}^\beta \text{ 이면, } \dot{\gamma}^\alpha \ge 0 \tag{8.62}$$

여기에서,

$$\tau_\alpha = \boldsymbol{s}^\alpha \cdot \boldsymbol{\sigma} \cdot \boldsymbol{n}^\alpha = s_i^\alpha \sigma_{ij} n_j^\alpha = \boldsymbol{\sigma} : \boldsymbol{P}^\alpha = \sigma_{ij} P_{ij}^\alpha \tag{8.63}$$

은 **α슬립계 상의 분해 전단응력(슈미트 응력)**이다. 위 식에서 $P_{ij}^\alpha = s_i^\alpha n_j^\alpha$로 정의하였다. 이들 조건은 분해 전단응력 외의 응력성분들이 소성슬립에 영향을 주지 않는다고 가정하는 것이다. τ_α와 $\dot{\tau}_\alpha$는 식(8.63)에 나타낸 것처럼, 가해진 응력 $\boldsymbol{\sigma}$때문에 α슬립계 위에 생긴 분해된 전단응력 및 그 속도임에 반하여, τ_c^α 및 $\dot{\tau}_c^\alpha$는 α슬립계의 슬립으로 인하여 야기된 현재의 전단항복응력 및 그 속도로서, 재료상수에 해당한다. $\dot{\tau}_\alpha$는 식(8.63)으로부터 계산되어야 한다. 식(8.63)의 양변을 시간에 대하여 미분한 도함수를 구하면,

$$\dot{\tau}_\alpha = \dot{\boldsymbol{s}}^\alpha \cdot \boldsymbol{\sigma} \cdot \boldsymbol{n}^\alpha + \boldsymbol{s}^\alpha \cdot \dot{\boldsymbol{\sigma}} \cdot \boldsymbol{n}^\alpha + \boldsymbol{s}^\alpha \cdot \boldsymbol{\sigma} \cdot \dot{\boldsymbol{n}}^\alpha \tag{8.64}$$

단, $\dot{\boldsymbol{s}}^\alpha$와 $\dot{\boldsymbol{n}}^\alpha$는 식(8.46)이나 (8.51)로부터 구하여야 한다. 미소 탄성변형인 경우에는 식(8.51)을 사용하면 된다. 식(8.64)에 식(8.51)을 대입하면 다음 결과를 얻는다.

$$\dot{\tau}_\alpha = \boldsymbol{s}^\alpha \cdot (\dot{\boldsymbol{\sigma}} - \boldsymbol{W}^e\boldsymbol{\sigma} + \boldsymbol{\sigma}\boldsymbol{W}^e) \cdot \boldsymbol{n}^\alpha = \overset{\circ}{\boldsymbol{\sigma}}_e : \boldsymbol{P}^\alpha \tag{8.65}$$

이제, 식(8.62)로 주어진 조건을 정리하면, 다음과 같다.

$$0 < \tau_\alpha < \tau_c^\alpha \text{ 이면, } \dot{\gamma}^\alpha = 0$$

$$0 < \boldsymbol{\sigma} : \boldsymbol{P}^\alpha = \tau_c^\alpha \text{ 이고 } \overset{\circ}{\boldsymbol{\sigma}}_e : \boldsymbol{P}^\alpha < \sum_{\beta=1}^{n} h_{\alpha\beta} \dot{\gamma}^\beta \text{ 이면, } \dot{\gamma}^\alpha = 0$$

$$0 < \boldsymbol{\sigma} : \boldsymbol{P}^\alpha = \tau_c^\alpha \text{ 이고 } \overset{\circ}{\boldsymbol{\sigma}}_e : \boldsymbol{P}^\alpha = \sum_{\beta=1}^{n} h_{\alpha\beta} \dot{\gamma}^\beta \text{ 이면, } \dot{\gamma}^\alpha \geq 0 \tag{8.66}$$

여기에서, 식(8.59) 및 (8.33)으로 각각 정의한 $\boldsymbol{\beta}^\alpha$ 및 $\boldsymbol{P}^\alpha$를 사용하면,

$$\overset{\circ}{\boldsymbol{\sigma}}_e : \boldsymbol{P}^\alpha = \overset{\circ}{\boldsymbol{\sigma}} : \boldsymbol{P}^\alpha + \sum_{\beta=1}^{n} \boldsymbol{\beta}^\beta : \boldsymbol{P}^\alpha \dot{\gamma}^\beta \tag{8.67}$$

따라서, 식(8.66)은 다음과 같이 정리된다.

$$\overset{\circ}{\boldsymbol{\sigma}} : \boldsymbol{P}^\alpha < \sum_{\beta=1}^{n} k_{\alpha\beta} \dot{\gamma}^\beta \text{ 이면, } \dot{\gamma}^\alpha = 0$$

$$\overset{\circ}{\boldsymbol{\sigma}} : \boldsymbol{P}^\alpha = \sum_{\beta=1}^{n} k_{\alpha\beta} \dot{\gamma}^\beta \text{ 이면, } \dot{\gamma}^\alpha > 0 \tag{8.68}$$

단,

$$k_{\alpha\beta} = h_{\alpha\beta} - \boldsymbol{P}^\alpha : \boldsymbol{\beta}^\beta \tag{8.69}$$

식(8.68)로 표현되는 조건은 재료의 총변형속도 $\boldsymbol{D}$의 항으로 나타낼 수도 있다. 즉, 탄성 구성방정식(8.53)과 운동에 관한 식(8.43)로부터, 다음 관계를 유도할 수 있다.

$$\overset{\circ}{\boldsymbol{\sigma}}_e = \boldsymbol{C} : \boldsymbol{D} - \boldsymbol{C} : \sum_{\beta=1}^{n} \boldsymbol{P}^\beta \dot{\gamma}^\beta + \boldsymbol{\sigma}\, \mathrm{tr}(\boldsymbol{D}) = (\boldsymbol{C} - \boldsymbol{\sigma I}) : \boldsymbol{D} - \boldsymbol{C} : \sum_{\beta=1}^{n} \boldsymbol{P}^\beta \dot{\gamma}^\beta \tag{8.70}$$

위 식을 식(8.66)에 대입함으로써, 식(8.68)과 유사한 다음 조건을 얻는다.

$$\boldsymbol{P}^\alpha : (\boldsymbol{C} - \boldsymbol{\sigma I}) : \boldsymbol{D} < \sum_{\beta=1}^{n} g_{\alpha\beta} \dot{\gamma}^\beta \text{ 이면, } \dot{\gamma}^\alpha = 0$$

$$\boldsymbol{P}^\alpha : (\boldsymbol{C} - \boldsymbol{\sigma I}) : \boldsymbol{D} = \sum_{\beta=1}^{n} g_{\alpha\beta} \dot{\gamma}^\beta \text{ 이면, } \dot{\gamma}^\alpha > 0 \tag{8.71}$$

단,

$$g_{\alpha\beta} = h_{\alpha\beta} + \boldsymbol{P}^\alpha : \boldsymbol{C} : \boldsymbol{P}^\beta \tag{8.72}$$

식(8.68), (8.69), (8.71), (8.72)는 결정격자의 탄성변형을 무시하고 얻은 결과임에 유의하여야 한다. 행렬 $g_{\alpha\beta}$와 $k_{\alpha\beta}$는 Hill과 Rice(1972)에 의해 도입되었으며, $\dot{\gamma}^\alpha$를 유일하게

결정하려면, 다음 조건을 만족하여야 한다는 점이 지적되었다.

(1) 행렬 $g_{\alpha\beta}$가 **양한정(陽限定**, positive definite)이면, 미리 지정된 $\boldsymbol{D}$에 대하여 $\dot{\gamma}^{\alpha}$는 유일하게 결정된다.

(2) 행렬 $k_{\alpha\beta}$가 양한정이면, 미리 지정된 $\overset{\circ}{\boldsymbol{\sigma}}_e$에 대하여 $\dot{\gamma}^{\alpha}$는 유일하게 결정된다.

하지만, 불행하게도 행렬 $g_{\alpha\beta}$와 $k_{\alpha\beta}$에 대한 위의 양한정 조건은 실제의 결정재료가 만족하기에는 너무 가혹한 조건이어서 유일성을 일반적으로 보장할 수가 없다. 이에 대하여는 차후에 논의하기로 하고, 여기에서는 간단하게 $g_{\alpha\beta}$와 $k_{\alpha\beta}$가 양한정이고, 따라서, 역행렬을 구할 수 있다고 가정하자. 이렇게 가정하면, 미리 지정된 변형속도 $\boldsymbol{D}$에 대하여 다음과 같이 $\dot{\gamma}^{\alpha}$를 구할 수 있다.

$$\dot{\gamma}^{\alpha} = \sum_{\beta=1}^{n} g_{\alpha\beta}{}^{-1}\boldsymbol{P}^{\beta} :(\boldsymbol{C} - \boldsymbol{\sigma I}) : \boldsymbol{D} \tag{8.73}$$

마찬가지로, 미리 지정된 $\overset{\circ}{\boldsymbol{\sigma}}$에 대하여

$$\dot{\gamma}^{\alpha} = \sum_{\beta=1}^{n} k_{\alpha\beta}{}^{-1}\boldsymbol{P}^{\beta} : \overset{\circ}{\boldsymbol{\sigma}} \tag{8.74}$$

식(8.73)으로 결정된 $\dot{\gamma}^{\alpha}$를 식(8.58)에 대입하면 다음 결과를 얻는다.

$$\overset{\circ}{\boldsymbol{\sigma}} = \boldsymbol{C}^{ep} : \boldsymbol{D} \tag{8.75}$$

여기에서, 탄소성 강성행렬은 다음과 같다.

$$\boldsymbol{C}^{ep} = \boldsymbol{C} - \boldsymbol{\sigma I} - \sum_{\alpha=1}^{n}\sum_{\beta=1}^{n}\left[\boldsymbol{C} : \boldsymbol{P}^{\alpha} + \boldsymbol{\beta}^{\alpha}\right] g_{\alpha\beta}{}^{-1}\boldsymbol{P}^{\beta} : \left[\boldsymbol{C} - \boldsymbol{\sigma I}\right] \tag{8.76}$$

반면에, 식(8.74)를 사용하여 $\dot{\gamma}^{\alpha}$를 결정하여 식(8.58)에 대입하면, 다음과 같은 구성방정식을 얻는다.

$$\boldsymbol{D} = \boldsymbol{S}^{ep} : \overset{\circ}{\boldsymbol{\sigma}} \tag{8.77}$$

단,
$$\boldsymbol{S}^{ep} = \left[\boldsymbol{C} - \boldsymbol{\sigma I}\right]^{-1} : \{\boldsymbol{I} + \sum_{\alpha=1}^{n}\sum_{\beta=1}^{n}[\boldsymbol{C} : \boldsymbol{P}^{\alpha} + \boldsymbol{\beta}^{\alpha}] k_{\alpha\beta}{}^{-1}\boldsymbol{P}^{\beta}\} \tag{8.78}$$

식(8.75) 및 (8.77)은 전위슬립과 슈미트의 법칙을 고려하여 얻은 단결정의 탄소성 구성 방정식이다. 다른 문헌들에 의하면, 다음과 같이 Kirchhoff 응력 $\boldsymbol{\tau}$에 대한 구성방정식을 세울 수도 있다.

$$\overset{\circ}{\tau} = \boldsymbol{C}^{ep} : \boldsymbol{D} \tag{8.79}$$

단,
$$\boldsymbol{C}^{ep} = \boldsymbol{C} - \sum_{\alpha=1}^{n}\sum_{\beta=1}^{n}\left[\boldsymbol{C} : \boldsymbol{P}^{\alpha} + \boldsymbol{\beta}^{\alpha}\right] g_{\alpha\beta}{}^{-1} \boldsymbol{P}^{\beta} : \left[\boldsymbol{C} - \boldsymbol{\sigma}\boldsymbol{I}\right] \tag{8.80}$$

참고로, 응력공간에서는 다음과 같이 주어지는 항복함수는 항복곡선을 정의하는 일련의 평면을 나타낸다.

$$f^{\alpha}(\boldsymbol{\sigma}) = \boldsymbol{\sigma} : \boldsymbol{P}^{\alpha} = \tau_c{}^{\alpha} \tag{8.81}$$

또한,
$$\boldsymbol{P}^{\alpha} = \frac{\partial f^{\alpha}}{\partial \boldsymbol{\sigma}} \tag{8.82}$$

은 항복곡면 f^{α}의 바깥쪽 법선방향이다. 하지만, 식(8.43)에서 보듯이, 현재 응력 $\boldsymbol{\sigma}$가 항복곡면 f^{α}위에 있으면, 소성변형속도 $\boldsymbol{D}^{p}$의 방향은 $\boldsymbol{P}^{\alpha}$로 주어진다. 따라서, 식(8.82)는 슈미트의 법칙으로부터 유도되는 항복곡면에 대하여 소성변형속도 $\boldsymbol{D}^{p}$가 수직이라는 직교조건을 나타내고 있다.

8.4 단결정의 경화법칙

앞 절에서 강조한 것처럼, 식(8.61)로 표현되는 경화법칙은 단결정의 탄소성거동을 기술하는데 중요한 역할을 한다. 이 절에서는 몇 가지 경화모델에 대하여 설명하고자 한다. 식(8.61)로 표현되는 경화법칙의 일반적인 형태는 다음과 같다.

$$d\tau_{\alpha} = h_{\alpha\beta} d\gamma^{\beta} \tag{8.83}$$

여기에서, 지수 β에 대하여는 합산규약을 적용하고, 시간에 무관한 이론에서는 속도형태와 증분형태가 동등하므로, $\dot{\tau}_{\alpha}$와 $\dot{\gamma}^{\beta}$ 대신에 증분 $d\tau_{\alpha}$와 $d\gamma^{\beta}$을 사용하였다. 여러 가지 경화법칙, 즉, 다양한 $h_{\alpha\beta}$의 형태를 소개하기에 앞서, 슬립으로 인해 생기는 결정의 경화거동에 대한 실험적 관찰결과를 간략하게 요약해보자.

슬립계는 자신의 슬립에 의해서만 아니라(**자체경화**), 다른 슬립계에 생기는 슬립에 의해서도(**잠재경화**) 경화된다고 이미 설명한 바 있다. 잠재경화가 간접적으로 표출되는 것이 오버슈팅이라는 현상이며, 이는 1930년대에 많은 연구자들이 관찰한 바 있다. 잠재경화를 직접 측정하려는 시도 역시 여러 연구자들에 의해 이루어졌다. 그 결과를 일반적으로 요약하면 다음과 같다.

(1) 잠재경화속도는 자체경화속도보다 훨씬 빠르다. Kocks(1970)의 연구에 의하면, 잠재경화속도가 자체경화속도보다 20~40% 빠르다.

(2) 주슬립계와 동일한 평면위에 있는 슬립계(동일평면 슬립계라고 함)는 주 슬립계와 거의 같은 경화속도를 갖는다.

(3) 슬립방향이 주슬립계에 수직한 슬립계는 주슬립계보다 경화속도가 빠르지만, 빠른 정도는 각기 다르다.

(4) 이외의 교차 슬립계는 모든 슬립계 중에서 가장 빠른 속도로 경화된다. 그리고, 그들 간에 경화속도의 차이는 관찰되지 않는다.

이 절에서 소개하는 여러 가지 잠재경화 모델은(단, 테일러의 모델을 제외하고는) 실험적 관찰결과에 부합하는 빠른 잠재경화속도를 나타내고 있다. 하지만, 불행하게도 이렇게 빠른 잠재경화속도로 인해(즉, 행렬 $h_{\alpha\beta}$에서 비대각선 항이 대각선 항보다 큼), 행렬 $g_{\alpha\beta}$나 $k_{\alpha\beta}$가 양한정이 아니게 되어 역행렬이 구해지지 않으므로, 슬립증분 $d\gamma^{\beta}$를 유일하게 결정할 수 없게 되는 문제점이 있다. 이러한 문제점은 시간에 비의존적인 결정학적 소성론에서의 근본적인 어려움이라고 할 수 있다.

미리 지정된 변형률증분이나 응력증분에 부합되는 슬립계의 조합을 선택하려면 에너지공리(즉, 9장에서 설명하는 테일러의 최소일의 원리와 같은)가 일반적으로 필요하다. 이때의 선택이 유일하게 이루어지지는 않지만, 그래도 일관된 결과를 얻을 수는 있다. 이러한 비유일성의 이유로 인하여, 결정의 변형을 결정하는 데에는 시간에 의존적인 이론이 사용되어야 한다. 이에 관한 상세한 논의는 다음 장의 다결정 소성론에서 설명한다.

8.4.1 테일러 모델

테일러(1935)는 단결정에 대하여, 다음과 같은 등방성 경화모델을 제안하였다.

$$d\tau_\alpha = h\sum_{\beta=1}^{n} d\gamma^\beta \tag{8.84}$$

여기에서, β는 모든 활성 슬립계에 대하여 취하는 지수이고, h는 상수이다. 위 식을 일반적인 경화법칙 (8.83)과 비교해보면, 테일러 모델에서는 다음 관계가 성립한다.

$$h_{\alpha\beta} = h \tag{8.85}$$

즉, (활성이든 비활성이든 간에) 모든 슬립계에 대하여 h가 일정하므로, 모든 슬립계가 동일하게 경화됨을 의미한다. 따라서, 이 모델에 따르면 결정은 등방성으로 경화된다.

테일러의 등방성 경화모델은 실험적으로 관찰되는, 속도가 빠른 잠재경화효과를 설명할 수 없을 뿐 아니라, "오버슈팅"현상도 설명할 수 없다. 테일러 모델을 뒷받침해 줄 만한 실험적 증거는 거의 없지만, 그 단순성으로 인하여 아직도 상용되는 모델이기도 하다. 식(8.84)에 따르면, 활성화 여부에 무관하게 항복강도의 증분을 구하려면, 모든 활성 슬립계 위에서 슬립의 합, 즉, 전단변형률 증분의 합에 상수 h를 곱하여야 함에 유의하여야 한다.

8.4.2 Nakada-Keh 두 변수 모델

Nakada와 Keh(1966)는 보다 빠른 잠재경화속도를 기술하기 위해, 테일러 모델을 수정하여 경험적인 두 개의 변수를 사용하는 모델을 제안하였다.

$$d\tau_\alpha = H_1\sum_{l} d\gamma^l + H_2\sum_{m} d\gamma^m \tag{8.86}$$

$$n_l = n_\alpha,\ \ n_m \neq n_\alpha,\ \ H_2 > H_1 > 0$$

여기에서, H_1과 H_2는 두 개의 재료상수이다. H_1은 주슬립계와 동일평면 슬립계의 경화속도를 나타내고, H_2는 나머지 슬립계의 경화속도를 나타낸다. 지수 l에 대한 합은 동일평면 슬립계에 대한 합을 나타내고, 지수 m은 교차 슬립계에 대한 합을 나타내며, $l+m=n$은 활성 슬립계의 총개수를 나타낸다.

Nakada-Keh 두 변수 모델에서는 $H_2 > H_1$으로 하여, 잠재경화속도가 다른 경화속도보다 빠르도록 할 수 있다. 게다가, 앞서 언급한 실험적 관찰결과에 부합하도록 동일평면 슬립계가 주슬립계와 같은 속도로 경화된다고 가정하였다. 하지만, 이 모델로는 바우싱거 효과와 같은 결정변형에 관한 중요한 사항을 나타낼 수 없다.

8.4.3 Havner와 Shalaby의 모델

Havner와 Shalaby(1977)는 단결정의 탄소성 유한변형을 이론적으로 광범위하게 해석한 결과, 단결정 내에서의 "유한변형에 따른 잠재경화의 수학적 이론"을 제안하였다. 이에 따르면,

$$d\tau_\alpha = (k_{\alpha\beta} + \boldsymbol{P}^\alpha : \boldsymbol{\beta}^\beta)d\gamma^\beta \tag{8.87}$$

여기에서, $k_{\alpha\beta}$는 대칭행렬이고, $\boldsymbol{P}^\alpha$와 $\boldsymbol{\beta}^\beta$는 각각 식(8.33)과 (8.59)로 정의된 것이다. 위 식에서는 지수 β에 대하여 합의 규약을 적용한다. 위 식을 경화법칙의 일반적 형태인 식(8.83)과 비교함으로써, 경화계수의 행렬 $h_{\alpha\beta}$를 다음과 같이 구할 수 있다.

$$h_{\alpha\beta} = k_{\alpha\beta} + \boldsymbol{P}^\alpha : \boldsymbol{\beta}^\beta \tag{8.88}$$

위 결과는 식(8.69)로부터 구할 수도 있다. Havner와 Shalaby는 다음과 같은 상수화를 통하여, 식(8.87)의 수학적 모델을 단순화시켰다.

$$k_{\alpha\beta} = h \tag{8.89}$$

이를 통하여, 식(8.87)과 (8.88)은 "단결정의 잠재경화에 대한 단순이론"이 된다.

$$d\tau_\alpha = (h + \boldsymbol{P}^\alpha : \boldsymbol{\beta}^\beta)d\gamma^\beta \tag{8.90}$$

$$h_{\alpha\beta} = h + \boldsymbol{P}^{\alpha} : \boldsymbol{\beta}^{\beta} \tag{8.91}$$

식(8.88) 및 (8.91)에 따르면, 잠재경화속도가 빠를수록, 바탕격자에 대한 결정재료의 상대적 회전으로 인하여, 단결정변형의 이방성 경화가 야기된다. 만일, 상대적 회전이 없다면, 단지 등방성 경화만이 일어날 것이므로, 모든 슬립계가 동일하게 경화될 것이다. 이러한 이유로, 이 모델을 **회전의존이론**(rotation-dependent theory)이라고도 한다.

식(8.44)로부터, 탄소성 유한변형이 일어나는 동안, 결정재료의 전체회전량은 $\boldsymbol{W}^e$와 $\sum \boldsymbol{\Omega}^{\alpha}\dot{\gamma}^{\alpha}$의 합이 된다. $\boldsymbol{W}^e$은 결정격자의 회전이므로, $\sum \boldsymbol{\Omega}^{\alpha}\dot{\gamma}^{\alpha}$은 격자에 대한 재료의 상대적 회전이 된다. 이러한 상대적 스핀을 $\boldsymbol{\omega}$로 나타내면, 다음과 같은 관계를 쉽게 얻을 수 있다.

$$\begin{aligned}\sum_{\beta} \boldsymbol{P}^{\alpha} : \boldsymbol{\beta}^{\beta} d\gamma^{\beta} &= \boldsymbol{P}^{\alpha} \cdot \left[\sum_{\beta=1}^{n} \boldsymbol{\Omega}^{\beta} d\gamma^{\beta} \cdot \boldsymbol{\sigma} - \boldsymbol{\sigma} : \sum_{\beta=1}^{n} \boldsymbol{\Omega}^{\beta} d\gamma^{\beta} \right] \\ &= \boldsymbol{P}^{\alpha} \cdot (\boldsymbol{\omega} \cdot \boldsymbol{\sigma} - \boldsymbol{\sigma} \cdot \boldsymbol{\omega}) = 2\boldsymbol{P}^{\alpha} \cdot \boldsymbol{\omega} \cdot \boldsymbol{\sigma}\end{aligned} \tag{8.92}$$

이로부터,

$$d\tau_{\alpha} = h \sum_{\beta=1}^{n} d\gamma^{\beta} + 2\boldsymbol{P}^{\alpha} \cdot \omega \cdot \sigma \tag{8.93}$$

위 결과와 Taylor의 등방성 경화모델 (8.84)을 비교해 보면, 다음과 같은 두 가지 특수한 경우에, Havner와 Shalaby의 단순이론 식(8.91)은 Taylor의 등방성 경화모델과 같아진다.

(1) 변형이 미소하여, 상대회전 $\boldsymbol{\omega}$를 무시할 수 있는 경우

(2) 상대회전이 전혀 없는 경우($\boldsymbol{\omega} = 0$)

따라서, Havner와 Shalaby의 단순이론은 변형의 초기에는(미소변형에 해당) 모든 슬립계에 대하여 경화속도가 거의 같을 것이라고 예측하며, 이는 위에 제시한 첫번째 조건에 해당한다. 두번째 조건으로는 4겹, 6겹, 8겹의 대칭배향으로 축하중을 받는 모든 슬립계에 항복강도 τ_o가 발생하는 경우를 들 수 있다. 이 때는 동일한 다중슬립이 일어나므로, 하중축이 원래의 결정학적 위치에 대하여 어긋나도록 회전하지 않는다. $\boldsymbol{\omega} = 0$ 혹은 $\boldsymbol{\omega}$가 무시할 수 있을 정도로 작을 때는, 식(8.91) 우변의 두번째 항이 없어지므로, Taylor의 등방성 경화모델과 같아진다.

8.4.4. Pierce, Asaro, Needleman의 모델

단결정의 잠재경화에 대한 Havner와 Shalaby의 단순이론은 "오버슈팅"을 나타낼 수는 있지만, 잠재경화효과를 너무 강하게 예측한다는 점이 Pierce, Asaro, Needleman에 의하여 지적되었다(1982). 실험결과에 부합되도록 잠재경화효과를 다소 완화시키기 위하여, 이들은 다음과 같이 잠재경화모델을 수정한 형태를 제안하였다.

$$d\tau_\alpha = h_{\alpha\beta} d\gamma^\beta = [k_{\alpha\beta} + \tfrac{1}{2}(\boldsymbol{\beta}^\beta : \boldsymbol{P}^\alpha - \boldsymbol{\beta}^\alpha \boldsymbol{P}^\beta)] d\gamma^\beta \tag{8.94}$$

$$h_{\alpha\beta} = k_{\alpha\beta} + \tfrac{1}{2}(\boldsymbol{\beta}^\beta : \boldsymbol{P}^\alpha - \boldsymbol{\beta}^\alpha \boldsymbol{P}^\beta) \tag{8.95}$$

위 경화법칙은 Havner와 Shalaby의 단순이론에 비해 다소 완화된 잠재경화효과를 나타내고 있지만, 그래도 실험적 관찰결과에 비해서는 매우 강한 잠재경화효과를 보여준다. 이는 식(8.88)과 (8.95)에서의 대각선 외의 성분들에 기인하는데, 이들 성분은 현재의 코쉬응력 $\boldsymbol{\sigma}$(식(8.59)의 $\boldsymbol{\beta}^\alpha$의 정의 참조)의 효과를 포함하므로, 응력 $\boldsymbol{\sigma}$가 경화계수 $h_{\alpha\beta}$보다 큰 경우에는 대각선 외의 성분들이 대각선 성분들 즉, 자체경화 항들보다 훨씬 커지게 된다. 실제로도, 경화계수 $k_{\alpha\beta}$에 대한 응력의 비율이 1에 비하여 매우 크다면(유한변형을 겪은 후의 FCC결정의 경우 10~100 정도), 식(8.88) 및 (8.95)에서의 응력을 포함하는 항이 너무 커져서, $k_{\alpha\beta}$로 기술하고자 하는 재료거동의 물리적 의미가 상실된다.

8.4.5 Weng의 모델

등방성 경화, 운동성 경화, 등방성과 운동성의 복합경화, 바우싱거 효과, 잠재경화 등을 기술하기 위하여, Weng(1987)은 그 나름대로의 운동성 경화모델을 사용하여, 단결정에 대한 다음과 같은 이방성 경화법칙을 제안하였다.

$$d\tau_\alpha = \sum_{\beta=1}^{n} \lambda_{\alpha\beta} d\tau_{(\beta)} \tag{8.96}$$

$$\lambda_{\alpha\beta} = \alpha_1 + (1-\alpha_1)\cos\theta_{\alpha\beta}\cos\phi_{\alpha\beta} + (\alpha_2 \sin\theta_{\alpha\beta} + \alpha_3 \sin\phi_{\alpha\beta}) \tag{8.97}$$

여기에서,

$$\cos\theta_{\alpha\beta} = \boldsymbol{s}_\alpha \cdot \boldsymbol{n}_\beta, \quad \sin\theta_{\alpha\beta} = (1-\cos^2\theta_{\alpha\beta})^{1/2} \tag{8.98}$$

$$\cos\phi_{\alpha\beta} = \boldsymbol{n}_\alpha \cdot \boldsymbol{n}_\beta, \ \ \sin\phi_{\alpha\beta} = (1-\cos^2\phi_{\alpha\beta})^{1/2} \tag{8.99}$$

단, 식(8.97)에서, α 및 β에 관하여 합의 규약을 적용하지 않으며, $\alpha_1, \alpha_2, \alpha_3$은 모두 상수이다. 차후에 보이겠지만, α_1은 가공경화시 등방성의 정도, α_2는 동일평면 슬립계($\phi_{\alpha\beta}=0$)의 잠재경화에 대한 이방성의 이탈정도, α_3는 교차 슬립계($\phi_{\alpha\beta}\neq 0$)에 대한 이방성의 추가 이탈정도를 나타낸다. 식(8.96)에서 하첨자$_{(\beta)}$에 괄호를 사용한 것은 $d\tau_{(\beta)}$가 자체슬립에 대하여 다음 양만큼 관련되어 있다는 의미이다.

$$d\tau^\beta = h_{\beta\beta} d\gamma^\beta \tag{8.100}$$

단, 위에서 β에는 합산규약을 적용하지 않으며, $d\gamma^\beta$는 β슬립계 위에서의 슬립량이고, $h_{\beta\beta}$는 β슬립계의 자체경화계수이다. 식(8.100)을 식(8.96)에 대입하면, 다음 결과를 얻는다.

$$d\tau^\beta = \sum_{\beta=1}^{n} \lambda_{\alpha\beta} h_{\beta\beta} d\gamma^\beta \tag{8.101}$$

위 식을 경화법칙의 일반형태 식(8.83)과 비교하면, 다음 관계를 얻는다.

$$h_{\alpha\beta} = \lambda_{\alpha\beta} h_{\beta\beta} \tag{8.102}$$

단, 위에서 β에는 합산규약을 적용하지 않는다.

식(8.97)에서 $\alpha=\beta$이면, $\lambda_{\alpha\beta}=1$이 되어, $h_{\alpha\beta}=h_{\beta\beta}$이 된다. 식으로부터, 잠재경화는 계수 $\lambda_{\alpha\beta}$에 의해, 자체경화는 계수 $h_{\beta\beta}$에 의해 지배된다는 것을 알 수 있다. 따라서, $\lambda_{\alpha\beta}$와 $h_{\beta\beta}$를 각각 "잠재경화계수" 및 "자체경화계수"라고 한다. 이제, 잠재경화계수는 식(8.97)로 주어지므로, 자체경화계수 $h_{\beta\beta}$를 결정하는 문제가 남아있다. $h_{\beta\beta}$에 대한 특정 모델에 대하여 설명하기에 앞서서, 잠재경화계수 $\lambda_{\alpha\beta}$의 특성에 대하여 먼저 알아보기로 하자. $\lambda_{\alpha\beta}$의 일반적 형태는 몇 가지 특수한 경우로 나누어 생각할 수 있다.

(1) 완전 등방성인 경우,

$$\text{즉, } \alpha_1=1, \ \alpha_2=\alpha_3=0 \ \text{ 인 경우, } \lambda_{\alpha\beta}=1 \tag{8.103}$$

(2) 완전 운동성인 경우,

즉, $\alpha_1 = \alpha_2 = \alpha_3 = 0$ 인 경우, $\lambda_{\alpha\beta} = \cos\theta_{\alpha\beta} \cos\phi_{\alpha\beta}$ (8.104)

(3) 동일평면 등방성이고, 교차 슬립계에서 잠재경화가 강한 경우,

즉, $\alpha_1 = 1$, $\alpha_2 = 0$, $\alpha_3 > 0$ 인 경우, $\lambda_{\alpha\beta} = 1 + \alpha_3 \sin\theta_{\alpha\beta}$ (8.105)

위 식에서 $\alpha_3 > 0$이고, 동일평면 슬립계에서는 $\sin\phi_{\alpha\beta} = 0$, 비동일평면 슬립계에서는 $0 < \sin\phi_{\alpha\beta} < 1$이므로, 비동일평면 슬립계에 대한 $\lambda_{\alpha\beta}$가 동일평면 슬립계에 대한 것보다 크며, 그 차이는 슬립평면의 상대적 배향 및 상수 α_3에 따른다.

(4) 동일평면 운동성 및 교차 슬립계에 대한 경화가 강한 경우,

즉, $\alpha_1 = \alpha_2 = 0$, $\alpha_3 > 0$ 인 경우, $\lambda_{\alpha\beta} = \cos\theta_{\alpha\beta} \cos\phi_{\alpha\beta} + \alpha_3 \sin\phi_{\alpha\beta}$ (8.106)

이 경우에도, 교차 슬립계에 대한 경화가 강한 정도는 슬립평면 간의 상대적 배향, $\phi_{\alpha\beta} = \boldsymbol{n}^{\alpha} \cdot \boldsymbol{n}^{\beta}$과 상수 α_3에 따른다.

(5) 바우싱거 효과가 강하게 나타나면, 활성 슬립계에 대한 탄성영역의 범위가 줄어든다. 이는 $\alpha_1 < 0$으로 설정함으로써, 얻어진다.

식(8.104)가 운동성 경화효과를 나타낸다는 것을 보이기 위해서는, 이 식이 단지 바우싱거 효과를 나타낸다는 것을 보이면 된다. 즉, 슬립방향으로의 항복응력의 증가는 반대방향으로 같은 양만큼 항복응력이 감소한다는 것을 보이면 된다. 일단, 단일슬립의 경우를 생각하자. 활성 슬립계를 1로 나타내고, 그 반대방향의 슬립계를 $\bar{1}$로 나타내면, 바우싱거 효과는 다음과 같이 표현된다.

$$d\tau_{\bar{1}} = -d\tau_1 \tag{8.107}$$

한편, 두 슬립계 간에는 다음 관계가 성립한다.

$$\boldsymbol{s}^{\bar{1}} = -\boldsymbol{s}^1 \ , \ \boldsymbol{n}^{\bar{1}} = \boldsymbol{n}^1 \tag{8.108}$$

이 경우를 식(8.104)에 대입하면,

$$d\tau_{\bar{1}} = \boldsymbol{P}^{\bar{1}} : \boldsymbol{P}^1 d\tau = (\boldsymbol{s}^{\bar{1}} \cdot \boldsymbol{s}^1)(\boldsymbol{n}^{\bar{1}} \cdot \boldsymbol{n}^1) d\tau_1 = -d\tau_1 \tag{8.109}$$

즉, 위 결과는 식(8.107)로 주어진 바우싱거 효과를 나타내고 있다. 따라서, 식(8.104)로 바우싱거 효과 즉, 운동성 경화를 기술할 수 있게 된다.

지금까지 잠재경화계수 $\lambda_{\alpha\beta}$의 특성에 대하여 알아보았으므로, 이제 자체경화계수 $h_{\beta\beta}$를 결정해 보기로 하자. Weng(1987)은 $h_{\beta\beta}$가 $\lambda_{\alpha\beta}$와 연관되어야 한다고 제안하였다. 즉, $h_{\beta\beta}$에 대한 다음과 같은 두 가지 형태를 제안하였다.

$$h_{\beta\beta} = \left[1 + \sum_{k=1}^{n} (1 - \lambda_{\alpha\beta}) \right] h(\gamma^{\beta}) \tag{8.110}$$

$$h_{\beta\beta} = h(\gamma^{\beta}) + \sum_{k=1}^{n} h\left(\frac{\gamma^{\beta}}{-\lambda_{\beta k}} \right) \tag{8.111}$$

단, 위에서 β에 관하여 합의 규약을 적용하지 않으며, 함수 h는 단일슬립 하에서 실험적으로 측정한 $\tau = \tau(\gamma)$곡선으로부터, 다음과 같이 계산되는 함수이다.

$$h(\gamma) = \frac{d\tau(\gamma)}{d\gamma} \tag{8.112}$$

단일슬립인 경우에, 활성 슬립계($\lambda_{\alpha\beta} = 1$) 위에서 식(8.101)과 (8.110)은 다음과 같이 단순화된다.

$$d\tau = h(\gamma) d\gamma \tag{8.113}$$

만일 $h(\infty)$가 영으로 수렴한다면, 식(8.101) 및 (8.111) 역시 위 식의 결과를 낳는다.

8.5 강소성이론: 단축인장

단결정의 다중슬립에 대한 일반적인 탄소성 구성방정식을 8.3절에 소개한 바 있다. 이 절에서는 일반론에서 단순화된 강소성 모델에 대한 식들을 유도하고, 이 식들을 단일슬립에 적용하여, 단결정시편의 단축인장에 대하여 논의한다. 이로부터, 단축인장의 실험자료를 분석하는데 사용되는 몇 가지 흥미로운 결과들을 살펴본다.

단결정의 강소성이론에 대한 구성방정식은 8.3절에서 소개한 일반적인 이론으로부터 얻을 수 있다. 즉, 식(8.74)를 (8.58)에 대입하면, 다음 결과를 얻는다.

$$\overset{\circ}{\boldsymbol{\sigma}} + \boldsymbol{\sigma}\,\mathrm{tr}(\boldsymbol{D}) = \boldsymbol{C}\boldsymbol{D} - \sum_{\alpha=1}^{n}\sum_{\beta=1}^{n}[\boldsymbol{C}\boldsymbol{P}^{\alpha} + \boldsymbol{\beta}^{\alpha}]k_{\alpha\beta}^{-1}\boldsymbol{P}^{\beta} : \overset{\circ}{\boldsymbol{\sigma}} \tag{8.114}$$

위 식의 양변에 $\boldsymbol{C}^{-1}$을 곱하면,

$$\boldsymbol{C}^{-1} : [\overset{\circ}{\boldsymbol{\sigma}} + \boldsymbol{\sigma}\,\mathrm{tr}(\boldsymbol{D})] = \boldsymbol{D} - \sum_{\alpha=1}^{n}\sum_{\beta=1}^{n}[\boldsymbol{P}^{\alpha} + \boldsymbol{C}^{-1}\boldsymbol{\beta}^{\alpha}]k_{\alpha\beta}^{-1}\boldsymbol{P}^{\beta} : \overset{\circ}{\boldsymbol{\sigma}} \tag{8.115}$$

강소성이론에서는 탄성변형이 무시된다. 즉, 위 식에 다음 관계를 적용한다.

$$\boldsymbol{D}^{e} = 0, \quad \boldsymbol{D} = \boldsymbol{D}^{p} \tag{8.116}$$

따라서, 식(8.115)는 다음과 같은 강소성이론의 구성방정식으로 단순화된다.

$$\boldsymbol{D} = \sum_{\alpha=1}^{n}\sum_{\beta=1}^{n}\boldsymbol{P}^{\alpha}k_{\alpha\beta}^{-1}\boldsymbol{P}^{\beta} : \overset{\circ}{\boldsymbol{\sigma}} \tag{8.117}$$

위 식은 식(8.74)를 (8.32)에 직접 대입하여 얻을 수 있다. 여기에서, 소성스핀텐서는 다음과 같이 주어진다.

$$\boldsymbol{W}^{p} = \sum_{\alpha=1}^{n}\sum_{\beta=1}^{n}\boldsymbol{\Omega}^{\alpha}k_{\alpha\beta}^{-1}\boldsymbol{P}^{\beta} : \overset{\circ}{\boldsymbol{\sigma}} \tag{8.118}$$

탄성변형이 미소하거나, 무시될 수 있다 하더라도, 결정격자는 강체회전을 겪을 수 있으므로, 일반적으로 다음 관계가 성립함에 유의한다.

$$\boldsymbol{W} \neq \boldsymbol{W}^{p} \tag{8.119}$$

단일슬립인 경우, 식(8.116)과 (8.118)은 다음과 같이 단순화된다.

$$\boldsymbol{D} = k_{11}^{-1}(\boldsymbol{P}^{1} : \overset{\circ}{\boldsymbol{\sigma}})\boldsymbol{P}^{1} \quad \text{및} \quad \boldsymbol{W}^{p} = k_{11}^{-1}(\boldsymbol{P}^{1} : \overset{\circ}{\boldsymbol{\sigma}})\boldsymbol{\Omega}^{1} \tag{8.120}$$

단,

$$\boldsymbol{P}^{1} = \tfrac{1}{2}(\boldsymbol{s}^{1}\boldsymbol{n}^{1} + \boldsymbol{n}^{1}\boldsymbol{s}^{1}) \quad \text{및} \quad \boldsymbol{\Omega}^{1} = \tfrac{1}{2}(\boldsymbol{s}^{1}\boldsymbol{n}^{1} - \boldsymbol{n}^{1}\boldsymbol{s}^{1}) \tag{8.121}$$

$$k_{11} = h - \boldsymbol{P}^{1} : \boldsymbol{\beta}^{1} = h - \boldsymbol{P}^{1} : (\boldsymbol{\Omega}^{1}\boldsymbol{\sigma} - \boldsymbol{\sigma}\boldsymbol{\Omega}^{1}) \tag{8.122}$$

여기에서, $\boldsymbol{s}^{1}$과 $\boldsymbol{n}^{1}$은 각각 슬립방향으로의 단위벡터 및 슬립평면에 대한 단위법선벡터이

고, h는 식(8.113)으로 정의된, 단일슬립에 대하여 실험적으로 결정되는 함수이다.

이제, 단축인장을 받는 단결정의 변형에 대하여 생각해 보자. 그림 8.11은 단축인장을 받는 단결정시편을 나타낸다. 이미 설명한 것처럼, 슬립평면에서의 슬립으로 인하여, 격자가 회전한다. 그러나, 격자가 고정되어 있다고 보면, 하중축이 슬립평면에 대하여 회전하는 셈이 된다. 그림에서는 이 과정을 하중축을 나타내는 단위벡터 $\boldsymbol{v}$가 슬립방향 단위벡터 $\boldsymbol{s}^1$ 및 슬립평면 단위법선벡터 $\boldsymbol{n}^1$에 대하여 회전하는 것으로 표시하였다.
이 경우에, 코쉬응력텐서는 다음과 같이 표현된다.

$$\boldsymbol{\sigma} = \sigma \boldsymbol{v}\boldsymbol{v}^T, \quad \sigma > 0 \tag{8.123}$$

하지만, 단축인장시험에서 시편은 시험기의 그립에 의해 구속되므로, 연속체의 전체회전은 영이 된다. 즉,

$$\boldsymbol{W} = 0, \quad \overset{\circ}{\boldsymbol{\sigma}} = \dot{\boldsymbol{\sigma}} \tag{8.124}$$

그림 8.11에 표시한 것과 같이 축방향이 슬립방향 및 슬립평면의 법선방향과 이루는 각도를 각각 λ와 ϕ라 하고, 식(8.121)~(8.124)를 사용하면 다음과 같은 결과를 얻는다.

Fig. 8.11 단축인장시 단결정의 변형

$$\boldsymbol{\beta}^1 = \boldsymbol{\Omega}^1 \cdot \boldsymbol{\sigma} - \boldsymbol{\sigma} \cdot \boldsymbol{\Omega}^1 = 2\boldsymbol{\Omega}^1 \cdot \boldsymbol{\sigma} = \sigma[\boldsymbol{s}^1\boldsymbol{v}(\boldsymbol{n}^1 \cdot \boldsymbol{v}) - \boldsymbol{n}^1\boldsymbol{v}(\boldsymbol{s}^1 \cdot \boldsymbol{v})] \tag{8.125}$$

$$\boldsymbol{P}^1 : \boldsymbol{\beta}^\beta = \frac{\sigma}{2}\left[(\boldsymbol{n}^1 \cdot \boldsymbol{v})^2 - (\boldsymbol{s}^1 \cdot \boldsymbol{v})^2\right] = \frac{\sigma}{2}\left[\cos^2\phi - \cos^2\lambda\right] \tag{8.126}$$

$$k_{11} = h - \frac{\sigma}{2}\left[(\boldsymbol{n}^1 \cdot \boldsymbol{v})^2 - (\boldsymbol{s}^1 \cdot \boldsymbol{v})^2\right] = h - \frac{\sigma}{2}\left[\cos^2\phi - \cos^2\lambda\right] \tag{8.127}$$

$$\boldsymbol{P}^1 : \overset{\circ}{\boldsymbol{\sigma}} = \dot{\boldsymbol{\sigma}}(\boldsymbol{n}^1 \cdot \boldsymbol{v})(\boldsymbol{s}^1 \cdot \boldsymbol{v}) = \dot{\boldsymbol{\sigma}} \cos\phi \cos\lambda \tag{8.128}$$

이들 관계를 이용하면, 다음과 같이 축응력증분 $\dot{\boldsymbol{\sigma}}$과 축변형률증분 $\dot{\boldsymbol{\varepsilon}}$간의 관계를 얻을 수 있다. 즉, 변형속도 $\boldsymbol{D}$의 축성분인 변형률속도는 다음과 같이 정리되므로,

$$\begin{aligned} \dot{\varepsilon} &= \boldsymbol{v} \cdot \boldsymbol{D} \cdot \boldsymbol{v} = \boldsymbol{v}^T \boldsymbol{D} \boldsymbol{v} = \boldsymbol{v}^T \left[\frac{\boldsymbol{P}^1 : \overset{\circ}{\boldsymbol{\sigma}}}{k_{11}} \boldsymbol{P}^1 \right] \boldsymbol{v} \\ &= \boldsymbol{v}^T \left[\frac{\boldsymbol{P}^1 \dot{\sigma} \cos\lambda \cos\phi}{h - \sigma(\cos^2\phi - \cos^2\lambda)/2} \right] \boldsymbol{v} \end{aligned} \tag{8.129}$$

여기에 $\boldsymbol{v}^T \boldsymbol{P}^1 \boldsymbol{v} = \cos\lambda \cos\phi$를 적용하면, 다음 관계를 얻는다.

$$\dot{\sigma} = \left[h - \frac{\sigma}{2}(\cos^2\phi - \cos^2\lambda) \right] \frac{\dot{\varepsilon}}{\cos^2\lambda \cos^2\phi} \tag{8.130}$$

식(8.129)는 결정의 변형에서 볼 수 있는 매우 흥미로운 현상을 나타내고 있다. 즉, 단결정시편이 단일슬립되는 단축인장에서 얻는 유효경화계수는 두 개의 항으로 이루어진다는 점이다. 첫번째 항은 경화계수 h를 포함하며, 경화성 재료에서는 항상 양이 된다($h > 0$). 반면에, 두번째 항은 하중축에 대한 슬립계의 상대적 배향에 의해 결정되는 항이다. 소성변형이 진행됨에 따라서 슬립계의 배향이 변하게 되므로, 두번째 항은 슬립계의 배향에 따라서 양이거나 음, 혹은 영의 값을 갖는다. 게다가, 결정격자가 다음 조건을 만족하도록 회전한다면, 유효경화계수는 음이 될 것이다.

$$\cos^2\phi - \cos^2\lambda > \frac{h}{\sigma} \tag{8.131}$$

즉, 이 조건에서는 축방향 연신이 일어나도 축응력이 감소하므로, $h > 0$인 재료라 하더라도, 변형연화현상이 일어난다. 이러한 연화현상은 재료의 성질에 의한 것이 아니라, 순전히 기하학적인 효과(즉, 격자의 회전)에 의 한 것이므로, "기하학적 연화"라고 한다.

축응력과 슬립계 위의 전단응력 간의 관계는 이미 슈미트의 법칙을 통하여 유도한

바 있다.(식(8.63) 및 (8.65) 참조) 단축인장의 경우에는

$$\tau^1 = \sigma\cos\lambda\cos\phi\,,\ \ \dot{\tau}^1 = \dot{\sigma}\cos\lambda\cos\phi \tag{8.132}$$

한편, 축변형률과 슬립계 위의 슬립변형률 간의 관계는 다음과 같이 주어진다.

$$\dot{\varepsilon} = \boldsymbol{v}\cdot\boldsymbol{D}\cdot\boldsymbol{v} = \boldsymbol{v}\cdot\boldsymbol{P}^1\cdot\boldsymbol{v}\dot{\gamma}^1 = \dot{\gamma}^1\cos\lambda\cos\phi \tag{8.133}$$

위 두 식으로부터, 축응력 σ에 의해 행해지는 단위부피당 일률은 다음과 같다.

$$\dot{w} = \sigma\dot{\varepsilon} = \tau^1\dot{\gamma}^1 \tag{8.134}$$

위 식은 다음과 같이 다중슬립의 경우로 일반화시킬 수 있다.

$$\dot{w} = \boldsymbol{\sigma}:\dot{\boldsymbol{\varepsilon}} = \sum_{\alpha=1}^{n}\tau^\alpha\dot{\gamma}^\alpha \tag{8.135}$$

이 결과는 축응력 σ과 축변형률속도 $\dot{\varepsilon}$의 항으로 나타낸 일률은 모든 슬립계에서의 τ^α 및 λ^α에 의해 행해진 일률의 합과 같다는 것을 의미한다.

축방향 연신량과 총 슬립변형률 γ^1 간의 관계를 얻으려면, 식(8.133)을 적분하여야 한다. 시편의 현재길이를 l이라 할 때, $\dot{\varepsilon} = \dot{l}/l$의 관계가 성립한다. 따라서, 식(8.133)을 다시 쓰면 다음과 같다.

$$\frac{dl}{l} = \cos\lambda\cos\phi d\gamma^1 \tag{8.136}$$

$\cos\lambda$와 $\cos\phi$는 변형중에 계속 변하므로, 위 식은 아직 적분될 수 없다. $\cos\lambda$와 $\cos\phi$는 다음에 설명하는 절차에 따라서 l의 함수로 나타낼 수 있다.

그림 8.11에 나타낸 시편에 대하여, 탄성변형이 무시되고, 슬립평면은 시험기에 의해 고정되므로, 시편 내 임의 질점 $\boldsymbol{X}$의 변위는 슬립평면 위에서의 슬립에 의해서만 생긴다. 따라서,

$$\boldsymbol{u} = \gamma^1 s^1 \boldsymbol{n}^1\cdot\boldsymbol{X} \tag{8.137}$$

시편의 초기길이를 l_o라 할 때, 시편축을 벡터로 나타내면,

$$\boldsymbol{l}_0 = l_0\boldsymbol{v}_0 \tag{8.138}$$

따라서, (변형 후) 현재길이벡터는 다음과 같이 나타낼 수 있다.

$$\boldsymbol{l} = l\boldsymbol{v} = \boldsymbol{l}_0 + \gamma^1 \boldsymbol{s}^1 \boldsymbol{n}^1 \cdot \boldsymbol{l}_0 \tag{8.139}$$

위 두 식으로부터 다음 결과를 얻는다.

$$\boldsymbol{s}^1 \cdot \boldsymbol{l} = l\cos\lambda = l_0 \cos\lambda_0 + l_0 \gamma^1 \cos\phi_0 \tag{8.140}$$

$$\boldsymbol{n}^1 \cdot \boldsymbol{l} = l\cos\phi = l_0 \cos\phi_0 \tag{8.141}$$

이로부터,

$$\cos\lambda = \frac{l_0}{l}\left(\cos\lambda_0 + \gamma^1 \cos\phi_0\right) \tag{8.142}$$

$$\cos\phi = \frac{l_0}{l}\cos\phi_0 \tag{8.143}$$

위 결과를 식(8.136)에 대입하면, 다음 결과를 얻는다.

$$ldl = l_0^2(\cos\phi_0 \cos\lambda_0 + \cos^2\phi_0 \gamma^1)d\gamma^1 \tag{8.144}$$

변형이 진행되더라도 $\cos\lambda_o$와 $\cos\phi_o$는 상수이므로, 위 식을 적분하면 다음 결과를 얻는다.

$$l^2 - l_0^2 = 2l_0^2 \cos\phi_0 \cos\lambda_0 \gamma^1 + l_0^2 \cos^2\phi_0 (\gamma^1)^2 \tag{8.145}$$

혹은

$$\left(\frac{l}{l_0}\right)^2 = 1 + 2\cos\phi_0 \cos\lambda_0 \gamma^1 + \cos^2\phi_0 (\gamma^1)^2 \tag{8.146}$$

위 결과는 연신률 l/l_o를 슬립평면 위에서의 슬립변형률로 나타낸 것이다. $\cos\lambda_o$와 $\cos\phi_o$를 알고 있는 주어진 슬립계에 대하여, 슬립변형률을 알 수 있다면, 시편의 현재 길이가 계산된다. 혹은, 축연신량과 슬립계의 초기배향을 아는 경우에 다음과 같이 식(8.146)을 변경하여 슬립계 위에서의 슬립변형률을 계산할 수 있다.

$$\gamma^1 = \frac{1}{\cos\phi_0}\left\{\sqrt{\left(\frac{l}{l_0}\right)^2 - \sin^2\lambda_0} - \cos\lambda_0\right\} \tag{8.147}$$

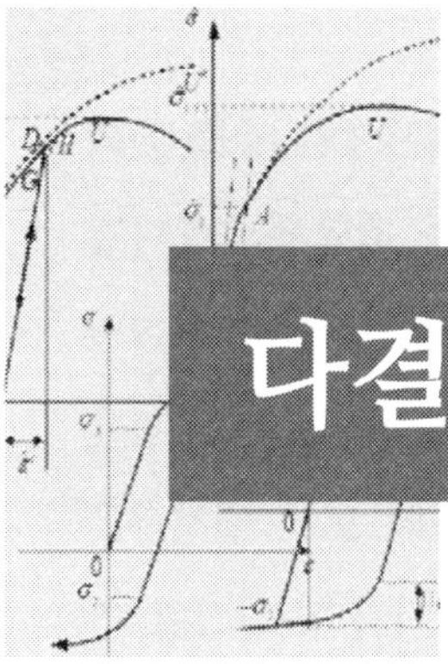

제9장

다결정 소성이론

9.1 다결정 소성이론 개요

다결정이란 배향이 각기 다른 다수의 단결정립이 모인 집합체를 말한다. 다결정 소성이론은 다결정 금속의 거시적 역학거동을 단결정의 근본적인 변형기구와 연관시키는 이론이다. 외부하중에 대한 다결정 금속의 반응은, 하중을 받는 단결정의 거동에 대한 지식을 바탕으로 하여 이를 적절하게 평균화시킴으로써 유도된다. 다결정 소성이론은 단결정 소성변형의 물리학에 근거를 두므로, "**물리적 소성론**"이라고도 한다.

다결정 소성이론을 연구함으로써 얻고자 하는 목적에는 몇 가지가 있다. 우선, 거시적으로 관찰되는 소성변형의 현상을 일으키는 미세기구를 규명하는 것이다. 다음으로는 이러한 소성변형의 원인에 대한 이해를 바탕으로 하여, 제한적인 실험적 관찰결과로만 제시된 수리적 소성론을 합리적으로 보완해주는 것이다. 이로써, 금속의 거시적 소성변형에 대하여 보다 정확한 예측을 할 수 있다. 이 외에도, 다결정 소성이론에 의해서만 설명이 가능한 몇 가지 특정한 현상들이 있다. 이들 현상으로는 내부응력, 대규모 소성변형에 따른 조직의 발달, 결정립의 크기와 형상의 영향 등이 있다.

다결정 소성이론은 응력이나 변형률에 있어서의 거시적인 양과 미시적인 양들 간의 관계를 정식화하는 것이다. 초기의 연구결과들 중에서, Sachs (1928)는 집합체 즉, 다결정을 이루는 모든 단결정립들이 동일한 응력상태를 겪는다는 기본적인 가정을 사용하였다. 이 모델에서는 결정립 경계에서의 평형조건은 만족되지만, 결정립 간의 적합조건은 위배된다. 반면에, 테일러(1938)가 사용한 기본적인 가정은 집합체 내의 모든 결정립은 동일한 변형상태를 겪는 다는 것이었다. 이 경우에는 적합조건이 보장되지만, 결정립 경계에서의 평형조건은 위배된다.

결정립 간의 평형조건 및 적합조건을 모두 만족하는, 자체 일관성이 있는 모델은 Kroner(1958,1961)에 의하여 제안되었고, Budianski와 Wu(1962)에 의하여 확장되었고, 이를 요약하여 "**KBW(자체-일관성) 모델**"이라고 한다. 이 모델에서는, 단결정립과 집합체 내의 다른 부분간의 반력을 근사적으로 계산하기 위하여, 균질의 등방성 무한탄성체 내에 구형의 탄소성 개재물이 포함된 문제의 해(Eshelby, 1957)를 활용한 것이다. 이를 통하여, 집합체 재료에 대하여 정의되는 전체 응력 및 변형률과 각 단결정립 내부에서 정의되는 국부적인 응력 및 변형률 간에 간단한 관계식을 유도함으로써, 미시적인 정보로부터 거시적인 결과를 알 수 있도록 하였다. KBW자체-일관성 모델은 이후에 Hill (1965a, 1965b) 및 Lin(1966, 1974, 1984)에 의하여 보다 확장되었다.

Hill은 집합체의 단결정립에 대한 구속텐서의 개념을 도입함으로써, KBW모델에서는 탄성 특성만 고려하였던 집합체의 탄소성 특성까지도 고려하였다. 반면에, Lin은 상당물체력의 개념을 도입하여, 전체 응력 및 변형률과 국부 응력 및 변형률 간의 관계를 그린함수를 사용한 적분식으로 나타내었다. Lin의 정식화가 보다 정확하지만, 계산도 그만큼 더 복잡하다. 한편, Berveiller와 Zaoui(1979)는 KBW모델을 수정하여 제안하였다. 이들은 Hill의 자체 일관성 모델에서처럼 구속텐서를 유도하는 과정에서, 집합체의 탄소성거동을 대략 등방성이라고 보는 합리적인 가정을 사용하였다. 이 모델은 소성등방성을 가정하고, 스칼라양인 소성적응함수를 도입하여 사용함으로써 KBW모델을 일반화시킨 것으로, 보다 복잡한 Hill의 모델을 대폭 단순화시켰다.

이 장에서는 위에 소개한 각 연구자들에 의하여 제안된 다결정 모델들에 대하여 소개한다. 우선, 거시적인 전체 응력 및 변형률과 미시적인 국부 응력 및 변형률 간의 관계를 정식화할 것이다. 몇 가지 계산결과를 제시함으로써 각 모델 간의 상대적인 장점에 대하여 소개한다. 모든 다결정 모델에서, 미리 지정된 하중이나 변형을 겪는 단결정의 슬립계에 대하여 설명한 후, 다결정 소성이론 모델을 검토한다.

9.2 슬립계의 변형

앞 장에서는 소성변형이 일어나는 슬립계를 결정하는 것에 대하여, 언급하기는 하였지만 상세하게 설명하지는 않았다. 식(8.73)과 (8.74)에서 슬립을 변형속도나 객관성 있는 응력속도의 항으로 나타내면서, 행렬 $k_{\alpha\beta}$와 $g_{\alpha\beta}$가 양한정이라고 가정하였다. 하지만, 앞 장에서 언급한 것처럼, 슬립계는 주어진 변형속도나 객관성있는 응력속도에 의하여 유일하게 결정되지 않으므로, 테일러(1938)에 의해 제안된 "최소일 원리"와 같은 다른 기준을 사용하여야 미리 지정된 변형속도나 응력속도에 상응하는 슬립계의 적절한 조합을 결정할 수 있다.

이 절에서는 슬립계를 결정하는 절차를 상세하게 설명한다. 논의를 명확하게 하기 위하여 FCC결정만을 고려한다. FCC결정의 경우, 주어진 변형속도나 응력속도에 놓여 있을 때, 슬립계의 역방향과 정방향을 동일하게 간주하고 서로 독립적이지 않다고 보면 12개의 활성 슬립계가 있는 셈이고, 만일 정방향과 역방향 슬립계를 상호 독립적이라고 보면 24개의 활성 슬립계가 있게 된다. 또한, 미리 지정된 변형속도나 응력속도를 받는 총 12(혹은 24)개의 슬립계 중에서 활성슬립계의 조합을 결정하는 방법에 대하여, 강소성 모델과 탄소성 모델을 각기 구분하여 설명한다.

9.2.1 강소성 모델에서의 슬립계 선택

소재가 대변형을 겪는 경우에는, 탄성변형속도는 소성변형속도에 비하여 보통 작은 편이므로, 무시될 수가 있다. 즉, 탄성변형은 탄성계수에 대한 작용응력의 비율로 제한되므로, 완전소성재료의 경우에는 변형이 시작되는 순간에서의 상당응력이 재료의 초기 항복응력과 같다. 하지만, 대부분의 금속에서 초기항복응력은 탄성계수(영 계수)보다 2~3차수 낮다. 그 결과로 탄성변형은 대변형 소성변형의 차수에 해당하는 $O(10^0)$보다 2~3차수 낮다. 심지어는 가공경화성 혹은 변형경화성 재료라 하더라도, 후속항복응력은 초기항복응력과 같은 차수이기 때문에, 탄성변형률은 여전히 대변형 소성변형률에 비하여 2~3차수 낮은 상태가 된다.

강소성 모델로 나타낼 수 있는 재료의 거동은 다음 식으로 특징지울 수 있다.

$$\boldsymbol{D} = \boldsymbol{D}^P = \sum_{\alpha=1}^{n} \boldsymbol{P}^\alpha \dot{\gamma}^\alpha \tag{9.1}$$

여기에서, 합산규약은 모든 활성 슬립계에 대하여 적용되고, n은 12(혹은 24)보다 같거나 작은 정수이다. $\boldsymbol{D}$는 대칭텐서이므로, 6개의 성분으로 나타낼 수 있음에 유의하자. 여기에다가, 전위슬립에 의한 소성변형에서는 다음과 같은 비압축성조건에 의하여, 6개의 성분 중에서 5개만이 독립성분이 된다.

$$\mathrm{tr}(\boldsymbol{D}) = D_{ii} = 0 \tag{9.2}$$

따라서, 가능한 활성 슬립계의 수는 소성변형속도의 독립성분의 개수보다 많다. 수학적으로는 식(9.2)를 만족하는 5개의 상호독립적인 슬립계의 어떤 조합도 미리 지정된 변형속도를 일으킬 수 있다는 의미가 된다. 즉, 식(9.2)를 만족시키는 조합은 하나 이상 존재하는 것이 명백하다.

외부요인에 의하여 결정에 어떤 변형률이 발생할 때, 생기는 전단변형 혹은 슬립의 조합을 결정하기 위하여, 테일러(1938)는 다음과 같은 **최소일 원리** 혹은 "**가능한 최소에너지 소산의 원리**"를 제안하였다.

- 최소일 원리: "주어진 변형률을 만들 수 있는 12가지의 모든 가능한 조합 중에서, 에너지 소산이 최소인 조합만이 실제로 활성화된다."

$\dot{\gamma}^\alpha$를 가해진 변형속도 $\boldsymbol{D}$를 만들어내는 실제로 활성화된 슬립 혹은 전단변형이라고 하고, $\dot{\gamma}_*^\alpha$를 지정된 $\boldsymbol{D}$와 기하학적으로 동등한 슬립의 임의 조합이지만, 실제로는 항복

조건(8.62)를 만족하는 응력에 상응하도록 활성화된 슬립은 아니라고 하자. 테일러가 제안한 최소일의 원리는 다음과 같이 부등식으로 표현될 수 있다.

$$\sum_{\alpha=1}^{n} \tau_c^\alpha \dot{\gamma}^\alpha \le \sum_{\alpha=1}^{n} \tau_{c*}^\alpha \dot{\gamma}_*^\alpha \tag{9.3}$$

여기에서, τ_c^α는 외부에서 작용한 응력에 부합하는, α활성슬립계의 현재 전단강도이고, τ_{c*}^α는 외부에서 작용한 응력에는 부합하지 않지만, 기하학적으로 가능한 α슬립계의 현재 전단강도이다. 테일러의 연구에서는 슬립계들이 모두 동일한 속도로 경화된다고 가정하였다. 즉, τ_c^α와 τ_{c*}^α는 모든 슬립계에 대하여 같은 값을 갖는다. 따라서, 식(9.3)은 다음 식과 동등하다.

$$\sum_{\alpha=1}^{n} \left|\dot{\gamma}^\alpha\right| \le \sum_{\alpha=1}^{n} \left|\dot{\gamma}_*^\alpha\right| \tag{9.4}$$

슬립에 절대값을 붙인 이유는 역방향의 전단도 정방향의 슬립과 같은 슬립계라고 간주할 때, 슬립계의 총 개수는 12개이기 때문이다. 테일러의 모델에서 등방성 경화를 가정한다면 식(9.3)과 (9.4)는 서로 동등한 표현이다. 따라서, 테일러의 최소일 원리를 다시 쓰면, "지정된 변형률을 만들어내는 12가지 전단의 가능한 모든 조합들 중에서, 전단의 절대값의 합이 최소인 슬립의 조합만이 활성화된다." 이 문장과 식(9.4)로부터, 최소일 원리를 일반적으로는 '**최소전단의 원리**' 혹은 그냥 '**최소원리**'라고 부르기도 한다.

테일러가 제안한 최소전단의 원리는 단지 공리에 불과하며, 사전에 증명된 것이 아님을 지적하여 둔다. 테일러의 최소원리는 Bishop과 Hill(1951)에 의해서 다음과 같이 증명되었다. $\dot{\gamma}^\alpha$와 $\dot{\gamma}_*^\alpha$는 모두 기하학적으로 $\boldsymbol{D}$와 동등하므로,

$$\boldsymbol{D} = \sum_{\alpha=1}^{n} \boldsymbol{P}^\alpha \dot{\gamma}^\alpha = \sum_{\alpha=1}^{n} \boldsymbol{P}_*^\alpha \dot{\gamma}_*^\alpha \tag{9.5}$$

위 식에 코쉬응력텐서를 곱하면 다음 관계를 얻는다.

$$\sum_{\alpha=1}^{n} \tau^\alpha \dot{\gamma}^\alpha = \sum_{\alpha=1}^{n} \tau_*^\alpha \dot{\gamma}_*^\alpha \tag{9.6}$$

여기에서,

$$\tau^\alpha = \boldsymbol{P}^\alpha : \boldsymbol{\sigma} \quad \text{및} \quad \tau_*^\alpha = \boldsymbol{P}_*^\alpha : \boldsymbol{\sigma} \tag{9.7}$$

로 각각은 상응하는 슬립계 위에서의 분해된 전단응력 즉, 슈미트 응력을 나타낸다. 식(9.6)은 식(9.3)과 그 의미가 다름에 유의하자. 즉, 식(9.3)에서의 τ_c^α와 τ_{c*}^α은 슬립계 위에서의 현재 항복응력으로 재료상수인 반면에, 식(9.7)에서의 τ^α와 τ_*^α는 작용응력 $\boldsymbol{\sigma}$에 의해 발생한 슈미트 응력이다.

$\dot{\gamma}^\alpha$는 실제로 활성화된 슬립이지만, $\dot{\gamma}_*^\alpha$는 활성화된 슬립이 아니므로, τ^α와 τ_*^α는 다음 관계를 만족한다.

$$\tau^\alpha = \tau_c^\alpha = \tau_c, \quad \tau_*^\alpha \le \tau_c \tag{9.8}$$

단, 모든 슬립계에 대하여 동일한 경화속도를 가정하였다. 따라서,

$$\sum_{\alpha=1}^{n} \tau_c^\alpha \dot{\gamma}^\alpha = \tau_c \sum_{\alpha=1}^{n} \left|\dot{\gamma}^\alpha\right| \tag{9.9}$$

$$\sum_{\alpha=1}^{n} \tau_*^\alpha \dot{\gamma}_*^\alpha \le \tau_c \sum_{\alpha=1}^{n} \left|\dot{\gamma}_*^\alpha\right| \tag{9.10}$$

위 두 식을 식(9.6)에 대입하면, 테일러의 최소원리 (9.4)를 바로 얻을 수 있다. 이제 테일러의 최소원리는 외부요인에 의하여 지정된 변형속도가 결정에 작용할 때 발생하는 슬립계의 조합을 결정하는데 사용될 수 있다.

(1) 단일슬립

단축인장이나 단축압축의 경우처럼 가장 단순한 경우를 우선 생각해보자. 이 경우에는 변형속도의 독립성분은 다음과 같은 축방향 변형률속도 뿐이다.

$$\dot{\varepsilon} = \boldsymbol{I} \cdot \boldsymbol{D} \cdot \boldsymbol{I} \tag{9.11}$$

여기에서, $\boldsymbol{I}$은 하중방향으로의 단위벡터를 나타낸다. 명백히, 기하학적인 구속조건 (9.1)을 만족하면서 활성화되는 슬립계는 12개 중에서 하나뿐이다. 이 전단 혹은 슬립은 식(9.11)과 (9.5)를 이용하여 다음과 같이 쉽게 계산할 수 있다.

$$\dot{\gamma} = \frac{\dot{\varepsilon}}{\cos\lambda\cos\phi} \tag{9.12}$$

단, λ는 슬립방향과 하중축이 이루는 각이고, ϕ는 슬립평면의 법선방향과 하중축이 이

루는 각이다. 테일러의 최소원리에 의하면, 12개의 슬립계 중에서 실제로 활성화된 슬립 $\dot{\gamma}$은 $\dot{\varepsilon}$이 지정되었을 때, $\dot{\gamma}$가 최소인 슬립계이다. 식(9.12)로부터, 최소의 $\dot{\gamma}$는 슈미트 인자 $\cos\phi\cos\lambda$가 최대인 경우에 발생한다. 한편, $\tau = \sigma\cos\phi\cos\lambda$이므로, $\dot{\gamma}$가 최소인 조건은 분해된 전단응력 즉, 슈미트 응력이 슬립계 위에서 최대인 경우에 해당한다. 이는 슈미트의 법칙을 말하고 있으며, 슈미트의 법칙은 테일러의 최소원리로부터 유도됨을 알 수 있다. 그러므로, 단일슬립에서 활성화된 슬립계는(가장 단순한 단축하중의 경우에 해당하는) 슈미트의 법칙을 따라서 결정된다. 즉,

$$\frac{\sigma}{\tau} = \frac{\dot{\gamma}}{\dot{\varepsilon}} = \frac{1}{\cos\lambda\cos\phi} = m \tag{9.13}$$

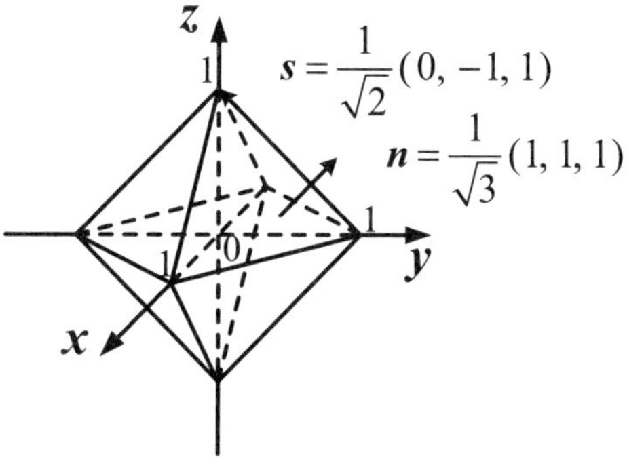

Fig. 9.1 결정구조에 맞추어 설정한 좌표축과 슬립계

이므로,

$$\sigma = m\tau(\gamma) = m\tau(m\varepsilon) \tag{9.14}$$

가 성립한다. 단, $\tau(\gamma)$는 분해 응력-분해 전단(혹은 슬립)곡선을 나타낸다. 위 식은 m이 변형률의 크기에 무관하다고 가정하고 유도한 것임에 유의하여야 한다. 실제로는 m이 변형률의 함수이므로, 위 식은 근사적으로 성립할 뿐이다.

(2) 다중슬립

이제, 변형속도가 임의로 주어지는 일반적인 경우를 생각해보자. 비압축성 조건으로 인하여, 변형속도의 독립성분은 5개이다. 지정된 변형속도와 기하학적으로 동등한 전단

혹은 슬립의 조합을 결정하는 방법은 다음과 같다. 즉, FCC결정을 하나 생각하고, 그림 9.1에 나타낸 것처럼, 결정축과 일치하는 좌표축을 하나 잡는다. 그림에서의 좌표계에서는 4개의 슬립평면에 수직한 방향과 12개의 슬립방향은 표 8.1에 나타낸 것과 같다. 표 8.1에 나타낸 벡터는 단위벡터가 아님에 유의하자. $\dot{\gamma}_{a1}, \dot{\gamma}_{a2}, \cdots, \dot{\gamma}_{d3}$가 각각 슬립계 $a_1, a_2, \cdots, d_3$위에서의 슬립속도를 나타낸다고 하자. 변형속도 $\boldsymbol{D}$의 각 성분 및 이들 슬립속도 간의 관계는 식(9.1)을 이용하여 다음과 같이 쉽게 구할 수 있다.

$$2\sqrt{6}D_{xy} = 2\sqrt{6}\boldsymbol{e}_x \cdot \boldsymbol{D} \cdot \boldsymbol{e}_y = -\dot{\gamma}_{a1} + \dot{\gamma}_{a2} - \dot{\gamma}_{b1} + \dot{\gamma}_{b2} + \dot{\gamma}_{c1} - \dot{\gamma}_{c2} + \dot{\gamma}_{d1} - \dot{\gamma}_{d2} \quad (9.15a)$$

$$2\sqrt{6}D_{yz} = 2\sqrt{6}\boldsymbol{e}_y \cdot \boldsymbol{D} \cdot \boldsymbol{e}_z = -\dot{\gamma}_{a2} + \dot{\gamma}_{a3} + \dot{\gamma}_{b2} - \dot{\gamma}_{b3} - \dot{\gamma}_{c2} + \dot{\gamma}_{c3} + \dot{\gamma}_{d2} - \dot{\gamma}_{d3} \quad (9.15b)$$

$$2\sqrt{6}D_{zx} = 2\sqrt{6}\boldsymbol{e}_z \cdot \boldsymbol{D} \cdot \boldsymbol{e}_x = -\dot{\gamma}_{a3} + \dot{\gamma}_{a1} + \dot{\gamma}_{b3} - \dot{\gamma}_{b1} + \dot{\gamma}_{c3} - \dot{\gamma}_{c1} - \dot{\gamma}_{d3} + \dot{\gamma}_{d1} \quad (9.15c)$$

$$\sqrt{6}D_{xx} = \sqrt{6}\boldsymbol{e}_x \cdot \boldsymbol{D} \cdot \boldsymbol{e}_x = \dot{\gamma}_{a2} - \dot{\gamma}_{a3} + \dot{\gamma}_{b2} - \dot{\gamma}_{b3} + \dot{\gamma}_{c2} - \dot{\gamma}_{c3} + \dot{\gamma}_{d2} - \dot{\gamma}_{d3} \quad (9.15d)$$

$$\sqrt{6}D_{yy} = \sqrt{6}\boldsymbol{e}_y \cdot \boldsymbol{D} \cdot \boldsymbol{e}_y = \dot{\gamma}_{a3} - \dot{\gamma}_{a1} + \dot{\gamma}_{b3} - \dot{\gamma}_{b1} + \dot{\gamma}_{c3} - \dot{\gamma}_{c1} + \dot{\gamma}_{d3} - \dot{\gamma}_{d1} \quad (9.15e)$$

$$\sqrt{6}D_{zz} = \sqrt{6}\boldsymbol{e}_z \cdot \boldsymbol{D} \cdot \boldsymbol{e}_z = \dot{\gamma}_{a1} - \dot{\gamma}_{a2} + \dot{\gamma}_{b1} - \dot{\gamma}_{b2} + \dot{\gamma}_{c1} - \dot{\gamma}_{c2} + \dot{\gamma}_{d1} - \dot{\gamma}_{d2} \quad (9.15f)$$

여기에서, $\boldsymbol{e}_x, \boldsymbol{e}_y, \boldsymbol{e}_z$는 각각 x, y, z 축 방향으로의 단위벡터를 나타낸다.

식(9.15a~f)는 $\dot{\gamma}_{c3}$항을 고려하면 다음과 같이 쉽게 증명된다. 즉, 슬립계 c_3에 대한 슬립방향으로의 단위벡터와 슬립평면의 법선방향 단위벡터는 다음과 같다.(표 8.1 참조)

$$\boldsymbol{n}^T = \tfrac{1}{\sqrt{3}}(-1,1,1) \quad \text{및} \quad \boldsymbol{s}^T = \tfrac{1}{\sqrt{2}}(1,1,0)$$

슬립계 c_3 위에서의 전단이 변형속도 $\boldsymbol{D}$에 기여하는 부분은 다음과 같이 계산된다.

$$\frac{1}{2}(\boldsymbol{s}\boldsymbol{n}^T + \boldsymbol{n}\boldsymbol{s}^T)\dot{\gamma}_{c3} = \frac{\dot{\gamma}_{c3}}{2\sqrt{6}}\begin{bmatrix} -2 & 0 & 1 \\ 0 & 2 & 1 \\ 1 & 1 & 0 \end{bmatrix} \quad (9.16)$$

이 결과와, $\boldsymbol{e}_x^T = (1,0,0)$, $\boldsymbol{e}_y^T = (0,1,0)$, $\boldsymbol{e}_z^T = (0,0,1)$임을 감안하여, $\dot{\gamma}_{c3}$가 식(9.15)에 기여하는 부분을 구할 수 있다. 마찬가지로, 다른 슬립계 위에 작용하는 전단속도의 기여분도 계산할 수 있다.

식(9.15)는 변형속도 $\boldsymbol{D}$의 성분과 12개의 가능한 슬립계 위에 작용하는 12개의 전단 혹은 슬립속도 간의 관계식 6개를 나타낸다. 전단에 의한 소성변형은 비압축성이므로, 식(9.2)가 성립한다. 따라서, 식(9.15)로부터 5개의 독립적인 관계식을 얻을 수 있다. 식(9.15)에는 12개의 전단속도가 포함되어 있지만, 5개의 관계식만으로는 12개의 가능한 슬립계 중에서 5개의 전단에 대한 실제 조합을 유일하게 결정하기에 부족하다. 식(9.15)로 주어지는 5개의 관계식을 만족시키려면, 5개의 독립적인 전단속도가 필요하다. 테일러(1937)는 최소원리가 12개의 전단속도 중에서 7개가 0으로 가정되는 슬립계의 조합에 상응한다고 지적하였다. 따라서, 주어진 변형속도 $\boldsymbol{D}$에 대하여 식(9.15)를 풀려면, 남은 5개의 전단속도의 가능한 모든 조합을 사용하여야 한다. 이 중에서 답이 되는 것은 각 절대값의 합이 최소가 되는 전단속도 조합이다. 이러한 전단속도의 조합이 지정된 변형속도 $\boldsymbol{D}$의 해로 선택되어야 한다.

이상에서, 주어진 $\boldsymbol{D}$에 대한 슬립계의 조합을 결정하는 절차를 설명하였지만, 12개의 전단중에서 5개를 선택하는 방법에는 792가지가 있으므로, 그 중에 하나를 선택한다는 것은 매우 힘든 일이었다. 테일러는 792가지의 방법이 서로 독립적이지 않다는 점을 발견하였다. 예를 들어, 평면상에서는 2개의 기저벡터 만이 상호독립적이므로, 동일 슬립평면 위에 있는 3개의 슬립계는, 그 중에서 2개만이 독립적이고 나머지 하나는 다른 두 슬립계로 나타낼 수 있다. 즉, 표 8.1에 주어진 것처럼, $a_1 = (0,-1,1)$, $a_2 = (1,0,-1)$, $a_3 = (-1,1,0)$라 하면, 다음 관계가 성립함을 쉽게 알 수 있다.

$$\boldsymbol{a}_1 = \tfrac{1}{2}(\boldsymbol{a}_2 + \boldsymbol{a}_3) \tag{9.17}$$

이와 같이 하여, 주어진 변형속도에 대한 해가 될 수 있는 독립적인 전단조합의 수는 96가지로 줄어든다.

이상을 요약하면, 주어진 변형속도 $\boldsymbol{D}$를 실제로 만들어내는 전단속도의 조합을 결정하려면, 12개의 가능한 전단 혹은 슬립속도 중에서 식(9.15)를 만족하는 5개를 선택하여야 한다. 이 과정은 96가지의 독립적인 조합에 대하여 반복되어야 한다. 최종적으로 선택된 실제해는 테일러의 최소전단의 원리를 만족하여야 한다. 즉, 전단속도의 절대값의 합이 최소이어야 한다.

테일러의 최소전단의 원리가 다수의 가능한 후보들 중에서 실제의 전단조합을 선택할 수 있는 기준이 되기는 하지만, 해가 유일하게 선택되는 것은 아님에 유의하여야 한다. 실제로, 식(9.15)를 만족하는 5개의 전단속도 조합 중에서 2개 이상의 조합이 전단속도 절대값의 합이 동일한 최소값을 주는 경우가 있다.

9.2.2 탄소성 모델에서의 슬립계 선택

탄성변형속도가 소성변형속도에 비하여 중요하여 무시될 수 없는 경우에는, 총변형속도 $\boldsymbol{D}$가 더 이상 소성변형속도와 같지 않다. 따라서, 탄소성재료에 대한 슬립계의 조합을 결정하는 데에는 식(9.1)과 (9.15)를 사용할 수 없다. 탄소성 결정에 외부요인에 의해 변형속도 $\boldsymbol{D}$가 주어진 경우를 생각해보자. 제8장에서 설명한 것처럼, 활성화된 슬립계 및 비활성화된 슬립계 모두에 적용되는 구성방정식은 다음과 같다.

$$\dot{\gamma}^{\alpha}=0 \text{ 인 경우,} \qquad \boldsymbol{P}^{\alpha}:(\boldsymbol{C}-\sigma\boldsymbol{I}):\boldsymbol{D}<\sum_{\beta=1}^{n} g_{\alpha\beta}\dot{\gamma}^{\beta},\ (\alpha=1,\cdots,n) \tag{9.18}$$

$$\dot{\gamma}^{\alpha}>0 \text{ 인 경우,} \qquad \boldsymbol{P}^{\alpha}:(\boldsymbol{C}-\sigma\boldsymbol{I}):\boldsymbol{D}=\sum_{\beta=1}^{n} g_{\alpha\beta}\dot{\gamma}^{\beta},\ (\alpha=1,\cdots,n) \tag{9.19}$$

위 식들은 슬립계의 정방향 및 역방향을 서로 구분하여 별도의 슬립계로 간주하므로, 슬립계가 작동중이면 항상 $\dot{\gamma}^{\alpha}>0$이 됨에 유의하자. 만일, 역방향 슬립과 정방향 슬립을 동일한 슬립계로 간주한다면, 작동중인 슬립계에 대하여 위 식의 $\dot{\gamma}^{\alpha}>0$ 대신에 $|\dot{\gamma}^{\alpha}|>0$을 사용하여야 한다. 여기서는 계산상의 편의성을 위하여 정방향 슬립과 역방향 슬립을 구분하여 FCC결정에는 총 24개의 슬립계가 있다고 간주한다.

비압축성 조건 (9.2)에 의하여, 임의의 소성변형속도를 결정하는 데에는 5개의 독립적인 슬립속도 만이 필요하다. 식(9.19)는 총변형속도 $\boldsymbol{D}$의 성분과 5개의 독립 슬립속도 간에 5개의 관계식을 제공해준다. 24개의 가능한 슬립속도 중에서 5개의 슬립속도를 선택하는 방법은 유일하지 않으며, 식(9.19)를 만족하는 다른 가능한 5개의 슬립속도 조합이 분명히 존재한다. 이 중에서 어떤 조합이 $\boldsymbol{D}$에 상응한 것인가를 결정하려면, 별도의 조건이 있어야 한다. 이를 해결하고자 하는 방법들이 여러 가지 제안되어 있는데, 여기에서는 다음과 같은 두 가지 방법을 소개한다.

(1) 실제로 활성화되는 슬립계는 테일러의 최소전단의 원리를 사용하여 결정한다. 즉, 식(9.19)를 만족하는 모든 조합들 중에서 5개 전단속도의 합이 최소인 것이 실제의 조합이다. 식(9.19)를 만족하는 모든 해를 찾는 과정은 많은 계산노력을 필요로 하지만, 강소성의 경우에서 보듯이, 모든 가능한 조합이 서로 독립적인 것이 아니므로, 독립적인 해의 숫자는 대폭 줄어든다. 실제로 오늘날의 강력한 컴퓨터의 힘을 빌린다면, 이 과장은 매우 쉽게 이루어진다.

(2) 슬립계를 결정하는 과정은 비선형문제로 정식화될 수도 있다.(Havner, 1971) 식(9.18)과 (9.19)에 $\dot{\gamma}^{\alpha}$를 곱한 후에, 지수 α에 대하여 합을 취하면,

$$\sum_{\alpha=1}^{n} \boldsymbol{P}^{\alpha} : (\boldsymbol{C} - \boldsymbol{\sigma I}) : \boldsymbol{D}\dot{\gamma}^{\alpha} \le \sum_{\alpha=1}^{n}\sum_{\beta=1}^{n} g_{\alpha\beta}\dot{\gamma}^{\alpha}\dot{\gamma}^{\beta} \ , \ (\dot{\gamma}^{\alpha} \ge 0) \tag{9.20}$$

즉, $$\boldsymbol{I}(\dot{\gamma}^{\alpha}) = \sum_{\alpha=1}^{n}\sum_{\beta=1}^{n} g_{\alpha\beta}\dot{\gamma}^{\alpha}\dot{\gamma}^{\beta} - \sum_{\alpha=1}^{n} \boldsymbol{P}^{\alpha} : (\boldsymbol{C} - \boldsymbol{\sigma I}) : \boldsymbol{D}\dot{\gamma}^{\alpha} \ge 0 \ , \ (\dot{\gamma}^{\alpha} \ge 0) \tag{9.21}$$

식(9.19)가 만족되면 함수 $I(\dot{\gamma}^{\alpha})$은 영이 된다. 따라서, 식(9.19)를 만족하는 슬립속도를 결정하는 문제는 위의 목적함수 $I(\dot{\gamma}^{\alpha})$가 선형구속조건 $\dot{\gamma}^{\alpha} \ge 0$을 만족하면서 최소화되도록 하는 $\dot{\gamma}^{\alpha}$의 조합을 결정하는 문제가 된다. 이는 일반적인 비선형문제로서, 표준방법으로 풀 수 있다. 식(9.21)을 살펴보면, 정방향 슬립과 역방향 슬립을 두 개의 구분된 슬립계로 간주하는 이유가 명확하다. 즉, 이 경우에는 구속조건을 단순히 $\dot{\gamma}^{\alpha} \ge 0$로 놓으면 되지만, 위 두 경우를 구분하지 않는 경우에 생기는 구속조건 $|\dot{\gamma}^{\alpha}| \ge 0$은 수치적으로 다루기가 불편하기 때문이다.

위의 비선형문제에 대한 해는 유일하지 않다는 점을 지적해 둔다. 모든 가능한 해들 중에서 적절한 해를 선택하려면, 여전히 테일러의 최소원리를 사용하여야 한다. 서로 다른 슬립계에서의 경화속도가 서로 같지 않다면(즉, 잠재경화속도가 보다 빠른 경우), 최소전단의 원리(9.4) 대신에 원래의 테일러의 최소일 원리(9.3)을 사용하여야 한다.

이제, 지정된 코쉬응력의 Jaumann 속도 $\overset{\circ}{\boldsymbol{\sigma}}$를 받는 단결정에 대하여 생각해보자. 슬

립계가 만족해야 하는 구성방정식은 식(8.68)로 주어지며, 이를 요약하면 다음과 같다.

$$\overset{\circ}{\boldsymbol{\sigma}} : \boldsymbol{P}^{\alpha} < \sum_{\beta=1}^{n} k_{\alpha\beta} \dot{\gamma}^{\beta} \ , \ \ (\dot{\gamma}^{\alpha} = 0) \tag{9.22}$$

$$\overset{\circ}{\boldsymbol{\sigma}} : \boldsymbol{P}^{\alpha} = \sum_{\beta=1}^{n} k_{\alpha\beta} \dot{\gamma}^{\beta} \ , \ \ (\dot{\gamma}^{\alpha} > 0) \tag{9.23}$$

여기에서도 정방향 및 역방향 슬립계는 서로 다른 슬립계로 구분하는 것으로 한다.

결정이 임의의 지정된 응력속도 $\overset{\circ}{\boldsymbol{\sigma}}$를 받을 때, 변형양상에 상응하는 5개의 독립적인 슬립 혹은 전단속도(24개의 슬립계로부터 선택된)를 결정하는 방법은, 수학적으로 변형속도 $\boldsymbol{D}$가 지정된 문제와 유사하다. 따라서, $\dot{\gamma}^{\alpha}$해를 구하는 과정이 동일하게 적용되므로, 여기에서 반복하지 않기로 한다. 미리 지정된 변형속도나 응력속도를 받고 있는 단결정에 대하여 슬립계를 결정하고 나면, 소성변형속도와 소성스핀은 식(8.32)를 이용하여 구할 수 있다. 고정좌표계에 대한 격자의 회전은 식(8.32)와 다음과 같은 스핀으로부터 구한다.

$$\boldsymbol{W}^{e} = \boldsymbol{W} - \boldsymbol{W}^{p} \tag{9.24}$$

여기에서, $\boldsymbol{W}$와 $\boldsymbol{W}^{p}$는 각각 연속체의 총스핀텐서 및 소성스핀텐서이다. 위 식으로부터, 변형에 따른 단결정의 격자회전뿐 아니라, 이로 인해 야기되는 조직의 발달까지 알 수 있다. 조직의 발달을 계산하는 것은 대규모 유한변형을 받는 다결정의 탄소성거동을 해석하는데 매우 중요하다.

9.3 다결정에 대한 테일러의 강소성모델

단축하중을 받는 다결정 금속의 응력-변형률 관계와 조직의 발달을 단결정의 구성거동의 항을 사용하여 성공적으로 설명한 모델은 테일러(1937,1938)에 의해 처음으로 제안되었다. 테일러의 모델은 다음과 같은 가정에 근거한다.

(1) 탄성변형은 소성변형에 비하여 무시할 수 있을 만큼 작다.

(2) 다결정 집합체를 구성하는 각각의 단결정은 집합체와 동일한 균질변형(변위 및 속도장)을 받는다. 엄격한 적합조건에 해당하는 이 가정을 미소변형률텐서 $\boldsymbol{\varepsilon}$ 으로 나타내면 다음과 같다.

$$\boldsymbol{\varepsilon} = \boldsymbol{\varepsilon}^*, \quad \dot{\boldsymbol{\varepsilon}} = \dot{\boldsymbol{\varepsilon}}^* \tag{9.25}$$

여기에서, $\boldsymbol{\varepsilon}$ 와 $\dot{\boldsymbol{\varepsilon}}$ 은 단결정립 내부의 변형률 및 변형률속도이고(즉, 국부적인 값), $\boldsymbol{\varepsilon}^*$ 와 $\dot{\boldsymbol{\varepsilon}}^*$ 은 다결정 집합체의 변형률 및 변형률속도이다(즉, 전체적인 값). 대변형인 경우에는 식(9.25) 대신에 다음 식을 사용한다.

$$v = v^*, \quad \boldsymbol{D} = \boldsymbol{D}^* \tag{9.26}$$

여기에서, $\boldsymbol{v}$ 와 $\boldsymbol{D}$ 는 단결정립의 속도장 및 변형속도이고, $\boldsymbol{v}^*$ 와 $\boldsymbol{D}^*$ 는 다결정 집합체의 속도장 및 변형속도이다.

(3) 재료거동은 속도의존성이 있고, 모든 슬립계에서의 경화속도는 동일하다고 가정한다(등방성 경화).

$$h_{\alpha\beta} = h \tag{9.27}$$

$$d\tau_c^1 = d\tau_c^2 = \cdots = h\sum_{\beta=1}^{n} d\gamma^\beta \ , \ (d\gamma^\beta > 0) \tag{9.28}$$

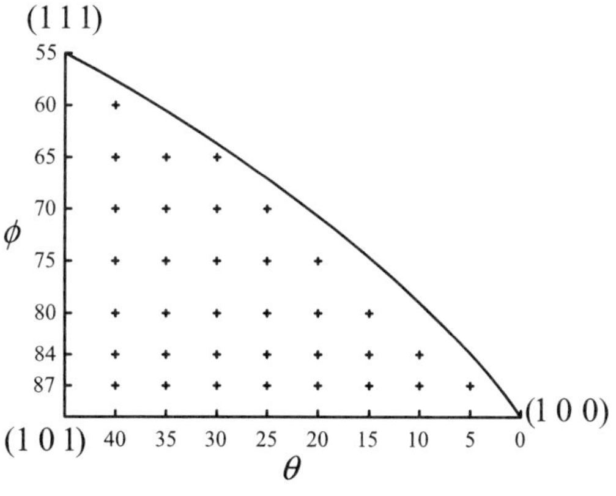

Fig. 9.2 스테레오 투영도 표준삼각형에 나타낸 균일분포된 결정립 배향

이상의 가정을 바탕으로 한 강소성모델을 사용하여, 테일러는 균일한 단축인장을 받는 다결정 FCC알루미늄의 문제를 풀었다. 이 문제에서 변형은 축대칭이고, 다결정 알루미늄 시편은 다수의 단결정립이 모인 집합체라고 보았다. 결정립의 배향은 그림 9.2에 나타낸 스테레오 투영도의 표준삼각형에서 균일하게 분포한다고 보았다. 그림에서 ϕ와 θ는 그림 9.4에서 정의한 것과 같다. 스테레오 투영도 삼각형 내부에 표시한 십자표시는 결정립의 단결정 격자축에 대한 인장축의 배향을 나타낸다. 이하, 테일러가 수행한 계산단계를 설명한다.

(1) 미리 지정된 전체 변형률증분 $d\varepsilon^*$에 대하여, 임의의 단결정 내의 전단증분 $d\gamma^\alpha$의 조합은 다음과 같이 계산된다(각 결정립마다 $d\varepsilon = d\varepsilon^*$).

$$d\varepsilon^* = \sum_{\alpha=1}^{n} \boldsymbol{P}^\alpha d\gamma^\alpha \tag{9.29}$$

또한,
$$d\varepsilon^* = \sum_{\alpha=1}^{n} \left| d\gamma^\alpha \right| = \text{최소} \tag{9.30}$$

여기서, 단결정이 집합체가 받고 있는 단축인장과 동일한 하중을 받는다 해도, 각 단결정이 단일슬립모드를 가지면 적합성조건에 위배되므로, 단일슬립모드는 허용되지 않는다는 점에 주의하여야 한다. 적합성조건을 만족하려면, 다중슬립으로 가정되어야만 한다.

(2) (i)번째 결정립 내에서의 슬립증분 $d\gamma^\alpha$에 상응하는 증분일은 다음과 같다.

$$dw_i = \sum_{\alpha=1}^{n} \tau_\alpha d\gamma_i^\alpha = \tau \sum_{\alpha=1}^{n} d\gamma_i^\alpha \ , (d\gamma_i^\alpha > 0) \tag{9.31}$$

단, τ는 활성 슬립계 위에서의 현재 항복응력이다. 위 식에서 세 번째 표현은 모든 슬립계가 같은 속도로 경화된다는 가정하에 정리된 것이다. 전체 집합체에 대한 총 증분일은 N개의 전체 결정립에 대하여 dw_i를 모두 합한 것이다.

$$dw = \sum_{\alpha=1}^{N} dw_i = \tau \sum_{i=1}^{N} \sum_{\alpha=1}^{n} d\gamma_i^\alpha \tag{9.32}$$

(3) 전체 인장변형률증분 $d\varepsilon^*$에 걸쳐서 전체 인장응력 σ^*이 작용함으로써, 집합체에

가해진 총 증분일은

$$dw = N\sigma^* d\varepsilon^* \tag{9.33}$$

단, 위 식에서는 각 결정립의 부피는 단위부피라고 가정하여 N을 곱하였다. 식 (9.32)와 (9.33)으로부터

$$\sigma^* d\varepsilon^* = \frac{\tau}{N}\sum_{i=1}^{N}\sum_{\alpha=1}^{n} d\gamma_i^\alpha \tag{9.34}$$

$d\varepsilon^*$가 주어졌으므로($d\varepsilon^*$는 지정된 변형률증분텐서 $d\varepsilon^*$의 한 성분임), 이에 상응하는 응력은 다음과 같이 계산된다.

$$\sigma^* = \frac{\tau}{N}\sum_{i=1}^{N}\sum_{\alpha=1}^{n} \frac{d\gamma_i^\alpha}{d\varepsilon^*} \tag{9.35}$$

이상의 절차를 통하여, 단결정에서의 분해된 전단응력-분해된 전단변형률 곡선 $\tau(\gamma)$으로부터, 전체 응력-변형률 곡선 $\sigma^*(\varepsilon^*)$를 계산할 수 있다.

(4) 결정립 격자의 회전으로 인한 조직의 발달은 모든 결정립이 집합체와 동일한 변위 및 속도장에 놓인다는 가정하에 테일러의 모델을 사용하여 계산할 수 있다. 이 모델에 따르면, 각 결정립의 총스핀(혹은 회전량) 역시 집합체의 총스핀과 같다. 단축인장의 경우에는,

$$\boldsymbol{W} = \boldsymbol{W}^* \tag{9.36}$$

즉, 시편이 시험기에 의해 구속되므로, 연속체의 총회전량은 영이 된다. 따라서, 식 (9.24)로부터,

$$d\boldsymbol{W}^e = -d\boldsymbol{W}^p = \sum_{\alpha=1} \boldsymbol{\Omega}^\alpha d^\alpha \tag{9.37}$$

이미 설명한 대로, $\boldsymbol{W}^e$는 격자의 스핀을 나타낸다. 위 식에서 $d\boldsymbol{W}^e$을 결정하면, 스핀에 의한 집합체 내의 모든 결정립의 인장축에 대한 재배향을 계산할 수 있다.

다결정 알루미늄에 대하여, 지금까지 설명한 절차를 따라서 계산된 응력-변형률 곡선 $\sigma^*(\varepsilon^*)$을 그림 9.3에 작은 원으로 나타내었다. 실험자료는 그림에 십자표시로 나타내었는데, 예측치와 실험치 간에 매우 잘 들어맞는 것을 볼 수 있다. 그림에는 알루미늄

단결정의 분해된 전단응력-분해된 전단변형률 곡선을 함께 나타내었다.

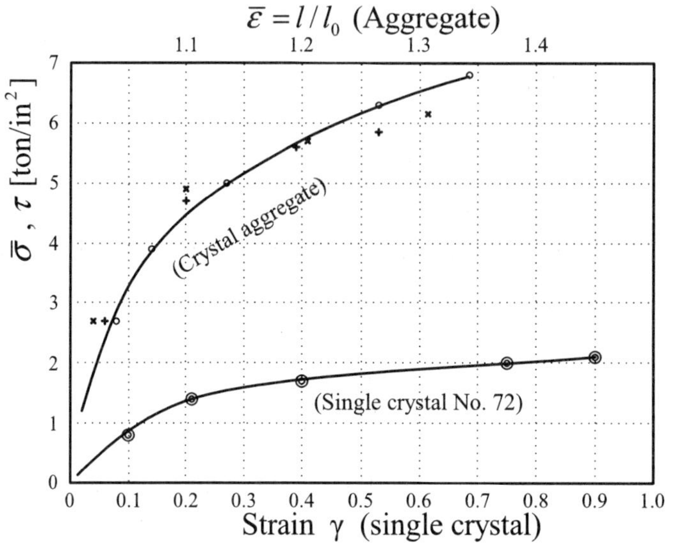

Fig. 9.3 단결정 응력-변형률 곡선으로부터 예측한 다결정 응력-변형률 곡선

지금까지의 계산결과로부터 다결정에 대한 전체 응력-변형률 곡선이 다음 식으로 주어진다는 것을 알았다.

$$\sigma^* = m^* \tau(m^* \varepsilon^*) \tag{9.38}$$

여기에서, $\tau(\gamma)$는 단결정의 분해 전단응력-분해 전단변형률 곡선이다. 단결정립은 다중 슬립상태에 놓여있기 때문에, 변수 m^*는 모든 결정립에 대한 슈미트 인자의 평균치에 해당한다. 테일러의 계산에 따르면, FCC다결정 금속의 경우에 m^*값은 3.1이 된다.

그림 9.4에 시편의 연신율이 2.37%일 때, 서로 상이한 배향을 갖는 각 결정립에 대하여 격자축에 대한 시편축의 회전량을 나타내었다. 그림으로부터, 전체 삼각형이 몇 개의 영역으로 구분됨을 볼 수 있다. 각 영역 내에서는 5개의 전단 혹은 슬립 조합의 한 두개가 활성화 된 것으로, 각 조합에 해당되는 영문자를 그림에 나타내었다. 예를 들어, 영역 G에서는 배향이 다른 모든 결정립에 대한 전단의 조합이 같으므로 영문자 G로 나타내었고, 영역 EC에서는 5개의 전단으로 이루어진 두 개의 상이한 조합이 전단의 절

대값의 합이 정확히 같아서 두 조합이 동등하게 일어난다. 앞서 설명하였듯이, 이 결과는 미리 지정된 변형률에 상응하는 전단의 조합이 유일하지 않음을 입증한다.

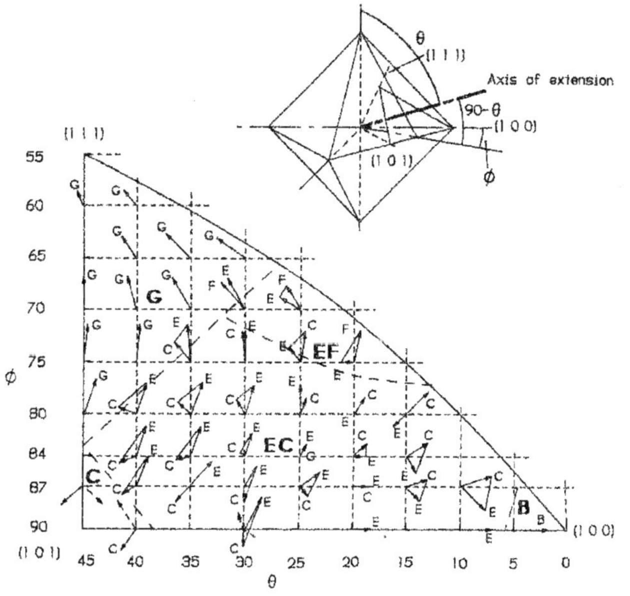

Fig. 9.4 연신율 2.37%에서의 단결정립들의 회전

그림 9.4의 각 점에서 출발하는 화살표는 각 결정립의 결정격자에 대한 인장축(그림에서의 각 점에 해당)의 회전을 나타낸다. 화살표의 시작점은 인장축의 원래 배향을 나타내고, 화살표의 끝점은 시편이 2.37% 연신된 후에 인장축이 회전되었을 때의 배향을 나타낸다. 슬립계의 두 조합이 가능한 영역에서는 각 점마다 두 개의 화살표가 있어서 각 화살표는 5개 전단의 한 조합을 나타낸다. 두 개의 화살표가 이루는 각도는 인장축이 결정격자축에 대하여 상대적으로 움직일 수 있는 범위를 나타낸다. 따라서, 전단의 조합이 유일하지 않음으로 인해 발생하는 직접적인 결과는 격자의 회전 역시 유일하지 않다는 것이다.

테일러의 계산에 의하면, 그림 9.4에 나타낸 것과 같은 재배향의 결과로부터, 집합체 내의 결정립의 결정축이 (111)이나 (100)축을 갖는 상태로 가려고 하는 반면, 연신방향인 (110)축을 갖는 상태로는 가지 않으려는 경향을 보인다. 테일러는 이러한 조직에 대한 계산결과가 실험결과와 일치함을 보였다. 하지만, Bishop(1954)은 테일러 모델에 의해서 예측된 조직이 α-황동에 대한 실험결과와는 어긋남을 발견하였는데, 그는 이러한 불일치를 강한 잠재경화효과에 기인하는 것으로 보았다.

테일러의 모델은 다결정 금속의 탄소성거동을 가장 단순하게 근사한 것으로, 조직의 발달이나 응력-변형률 곡선과 같은 다결정 변형의 기본적인 특성을 잘 나타낸다. 하지만, 테일러의 모델이 갖는 최대의 약점은 모든 결정립들이 집합체와 동일하게 변형한다고 가정함으로써, 결정립계에서의 평형조건을 위배한다는 점이다. 평형조건과 적합조건을 모두 만족시키기 위하여 자체-일관성 있는 모델이 몇 가지 제안되었다. 이들 대부분의 자체-일관성 이론에 사용된 기본적이고도 중요한 도구는 무한하고 균질한 탄성 등방체 내부에 있는 타원체 개재물에 대한 Eshelby의 해이다.

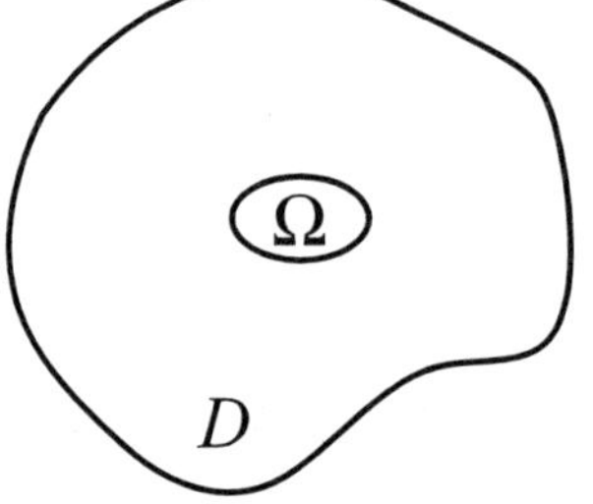

Fig. 9.5 무한 균질 영역(D) 내의 타원체 개재물

9.4 타원체 개재물에 대한 Eshelby의 해

그림 9.5에 나타낸 것처럼, 무한하게 균질한 재료 $\boldsymbol{D}$에서 타원체 영역 Ω을 하나 생각하자. 재료는 타원체 영역 Ω을 포함하여 등방성이고 선형탄성체라고 가정한다. 탄성 영역에서의 변형은 매우 작으므로, 미소변형률텐서 $\boldsymbol{\varepsilon}$를 사용하고, 변형된 모양과 변형되기 전의 모양 간에 구별하지 않는다. 타원체 영역 Ω가 재료 $\boldsymbol{D}$로부터 분리되어 그 경계에 별다른 구속조건 없이 임의의 균질 변형률 $\boldsymbol{\varepsilon}'$을 겪는다고 하자. 그러면, 타원체 영역 Ω은 $\boldsymbol{\varepsilon}'$로 인하여 $\boldsymbol{D}$에 있던 원래의 자리에 맞지 않게 된다. 따라서, Ω가 $\boldsymbol{D}$에

있던 원래의 자리에 맞도록 힘을 가하여 크기와 모양을 변형시킨 후에, 원래의 자리에 맞추어놓고 가했던 힘을 제거한다면, Ω의 내부 및 **D**-Ω경계 바깥쪽에 응력장과 그에 따른 변형률장이 생길 것이다. 물론, 이 때 $\boldsymbol{\varepsilon}'$은 Ω가 자유롭게 변형하도록 허용된 경우에 생긴 변형률장이므로, Ω가 **D**에 맞추어진 후에 내부에 생기는 변형률장과는 다르다. **D**에 맞추어진 후에 Ω내부에 실제로 생긴 변형률은 $\boldsymbol{\varepsilon}$과, 모양에 차이가 남으로 인해 생기는 응력장에 의해 생기는 탄성변형률 $\boldsymbol{\varepsilon}^e$을 더한 합이 된다.

여기서 설명한 $\boldsymbol{\varepsilon}'$을 Eshelby(1957)는 "**무응력변환**(stress-free transformation) **변형률**"이라고 하였다. 또한, 무응력변환 변형률 $\boldsymbol{\varepsilon}'$을 가진 타원체 영역 Ω가 **D**에 자리를 잡았을 때, Ω를 "**타원체 개재물**"이라고 하였다. $\boldsymbol{\varepsilon}'$은 열팽창, 상변태, 소성변형률 등에 의해서 생길 수 있나. Eshelby는 무응력변환 변형률 $\boldsymbol{\varepsilon}'$을 가진 개재물 Ω가 등방성 무한 탄성체 **D**안에 있을 때, Ω로 인하여 **D**에 발생하는 탄성 응력장 및 변형률장에 대한 해를 구하였다. 이 때, **D**의 경계 및 내부에는 외력이 작용하지 않는 것으로 본다.

위 문제에 대한 해 $\boldsymbol{\varepsilon}$과 $\boldsymbol{\sigma}$는 선형탄성에 관한 모든 지배방정식을 만족하여야 한다. 우선, 응력장 $\boldsymbol{\sigma}$는 다음과 같은 자체 평형조건을 만족하여야 한다.

$$\sigma_{ij,j} = 0, \quad (\boldsymbol{X} \in D) \tag{9.39}$$

한편, **D**내부의 변위장을 $\boldsymbol{u}$라 할 때, 변형률장은 다음의 적합조건을 만족하여야 한다.

$$\varepsilon_{ij} = \tfrac{1}{2}(u_{i,j} + u_{j,i}), \quad (\boldsymbol{X} \in D) \tag{9.40}$$

응력과 변형률이 만족하여야 하는 후크의 법칙은 Ω와 (**D**-Ω)영역에서 각각 구분되어 적용되어야 한다.

$$\sigma_{ij} = \lambda\lambda_{ij}(\varepsilon_{mm} - \varepsilon'_{mm}) + 2G(\varepsilon_{ij} - \varepsilon'_{ij}) \quad (\boldsymbol{X} \in \Omega) \tag{9.41}$$

$$\sigma_{ij} = \lambda\delta_{ij}\varepsilon_{mm} + 2G\varepsilon_{ij} \quad (\boldsymbol{X} \in D - \Omega) \tag{9.42}$$

이 때의 경계조건은 다음과 같다.

$$\sigma_{ij} = 0 \quad (\boldsymbol{X} \to \infty) \tag{9.43}$$

위에 주어진 지배방정식 이외에, $\boldsymbol{\sigma}$와 $\boldsymbol{\varepsilon}$해는 개재물 Ω의 경계선을 따라서 평형조건과 적합조건을 모두 만족하여야 한다. Ω내부에서의 $\boldsymbol{\varepsilon}'$가 균일하면, 실제로 발생한 $\boldsymbol{\varepsilon}$도 균일하다는 점을 참작하여, Eshelby는 다음과 같은 4차 텐서인 Eshelby텐서 $\boldsymbol{S}$를 도입하여 $\boldsymbol{\varepsilon}$과 $\boldsymbol{\varepsilon}'$의 관계를 설정하였다. 여기에서 사용되는 4차 텐서 $\boldsymbol{S}$는 앞서 사용하였던 편차응력 텐서(2차)가 아님에 유의하자.

$$\boldsymbol{\varepsilon} = \boldsymbol{S} : \boldsymbol{\varepsilon}' \tag{9.44}$$

$\boldsymbol{S}$는 다음과 같은 대칭성을 갖는다.

$$S_{ijkl} = S_{jikl} = S_{ijik} \tag{9.45}$$

구형 개재물에 대한 $\boldsymbol{S}$의 성분은 ν를 푸와송비라 할 때, 다음과 같이 유도된다.

$$S_{ijkl} = \left(1 - \frac{4(4-5\nu)}{15(1-\nu)}\right)\delta_{ij}\delta_{kl} + \frac{4-5\nu}{15(1-\nu)}(\delta_{ik}\delta_{jl} + \delta_{il}\delta_{jk}) \tag{9.46}$$

위 식을 성분별로 나타내면 다음과 같다.

$$S_{1111} = S_{2222} = S_{3333} = \frac{7-5\nu}{15(1-\nu)} \tag{9.47}$$

$$S_{1122} = S_{2233} = S_{3311} = S_{1133} = S_{2211} = S_{3322} = \frac{5\nu-1}{15(1-\nu)} \tag{9.48}$$

$$S_{1212} = S_{2323} = S_{3131} = \frac{4-5\nu}{15(1-\nu)} \tag{9.49}$$

식(9.45)로 나타낸 대칭성으로 얻어지는 성분 외의 다른 모든 성분들은 영이 된다. 식(9.41)과 (9.46)으로부터 응력성분 σ_{ij}을 모두 구할 수 있다. 예를 들면,

$$\sigma_{11} = -G\frac{16}{15(1-\nu)}\varepsilon_{11} - 2G\frac{5\nu+1}{15(1-\nu)}\varepsilon'_{22} - 2G\frac{5\nu+1}{15(1-\nu)}\varepsilon'_{33} \tag{9.50}$$

이상과 같은 구형 개재물 문제에 대한 해에 대하여 다음과 같은 점을 지적해 둔다.

(1) 다른 모양의 개재물, 예를 들면, 타원체나 동전모양의 개재물이 등방성 탄성체에 개입된 경우의 S_{ijk}에 대한 일반적 표현도 가능하다.(Eshelby, 1957, Mura, 1987)

(2) 위에서 구한 $\boldsymbol{\sigma}$와 $\boldsymbol{\varepsilon}$는 선형탄성론의 모든 식을 만족하고, 개재물의 경계를 따라서의 평형조건과 적합조건도 만족한다.

9.5 KBW(Kroner-Budiansky-Wu) 모델

9.2절에서 설명한 테일러의 초기연구에서는 결정립 경계에서의 적합조건을 보장하기 위해서, 단결정립 내의 변형률 $\boldsymbol{\varepsilon}$(미시적 혹은 국부 변형률)이 단순히 다결정 금속의 전체변형률 $\boldsymbol{\varepsilon}^*$(거시적 변형률)과 같다고 가정하였다. 이렇게 억지로 적합조건을 맞추다 보니, 결정립 간의 평형조건이 위배되었다. 결정립 경계에서의 적합조건과 평형조건을 모두 만족시키기 위하여, Budiansky와 Wu(1962)는 단결정립 내부의 변형률과 응력이 전체 변형률과 응력과 연관되는 자체-일관성 모델을 제안하였다. 그들은 다결정에 대하여 제안한 단순한 모델은 그림 9.6에 나타낸 것처럼, 단결정립과 그를 둘러싼 다결정 집합체 간의 반력을 균질한 다결정 집합체 내에 구형의 개재물이 들어있다고 근사한 것이었다. 여기에다가, 단결정립과 집합체는 탄성적으로 등방성이며, 탄성강성계수가 $\boldsymbol{C}$로 동일한 값을 갖는다고 가정하였다.

단결정은 크기가 매우 작기 때문에, 이 단결정을 포함하는 균질한 집합체는 상대적으로 무한히 크다고 볼 수 있다. 집합체가 전체 응력 $\boldsymbol{\sigma}^*$을 받아서 전체 변형률 $\boldsymbol{\varepsilon}^*$가 생기고, 그 중에서 전체 소성변형률은 $\boldsymbol{\varepsilon}^{*p}$라고 하자. 단, $\boldsymbol{\sigma}^*, \boldsymbol{\varepsilon}^*, \boldsymbol{\varepsilon}^{*p}$는 임의로 분포하는 모든 단결정에서의 국부적인 값 $\boldsymbol{\sigma}, \boldsymbol{\varepsilon}, \boldsymbol{\varepsilon}^p$을 평균한 값임에 유의하자. $\boldsymbol{\sigma}^*$가 작용함에 따라서, 집합체 내에 포함되어 있는 단결정립도 변형하게 된다. $\boldsymbol{\sigma}^*$가 작으면, 단결정립이나 집합체 모두에서 소성변형이 발생하지 않을 것이다. 단결정립이나 집합체 모두 탄성변형의 변수들이 같다고 가정하였으므로, 이 경우에 발생하는 탄성변형률은 균일하다. 하지만, $\boldsymbol{\sigma}^*$가 커지면 (다른 단결정립들의 소성슬립에 따라) 집합체나 현재 고려하고 있는 구형의 결정립에 소성변형이 일어나게 되고, 단결정립과 집합체 간의 소성변형의 변수들이 다르므로 변형은 균일하지 않게 된다.

집합체의 소성변형에 관한 변수는 이미 알려진 상수이고, 이는 소성변형을 겪는 단결정의 거동에 대한 구성방정식으로부터 유도되어야 한다. 앞서 언급한 소성변형시의 불균일성으로 인하여, 구형 결정립의 $\boldsymbol{\sigma}, \boldsymbol{\varepsilon}, \boldsymbol{\varepsilon}^p$은 $\boldsymbol{\sigma}^*, \boldsymbol{\varepsilon}^*, \boldsymbol{\varepsilon}^{*p}$과 달라진다. 그럼에도 불구하고, $\boldsymbol{\sigma}, \boldsymbol{\varepsilon}, \boldsymbol{\varepsilon}^p$은 다음의 세가지 제한조건을 만족하여야 한다. 즉, (1) 결정립 경계에서의 평형조건, (2) 결정립 경계에서의 적합조건, (3) 모든 결정립에 대한 $\boldsymbol{\sigma}, \boldsymbol{\varepsilon}, \boldsymbol{\varepsilon}^p$의 평균은 $\boldsymbol{\sigma}^*, \boldsymbol{\varepsilon}^*, \boldsymbol{\varepsilon}^{*p}$이 되어야 하는 것 등이다.

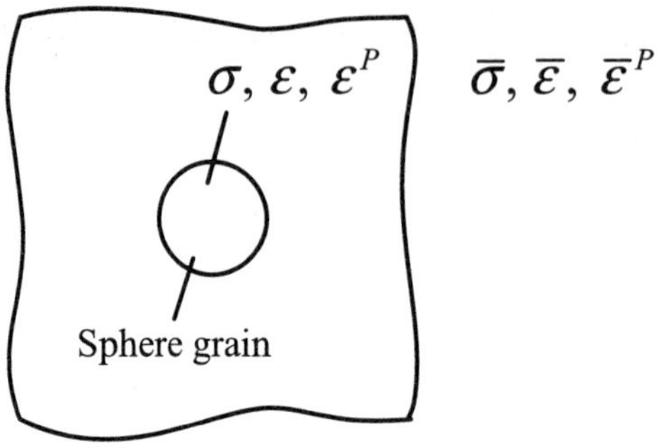

Fig. 9.6 다결정체에 대한 단순모델

Kroner, Budiansky, Wu는 다결정에서 $\boldsymbol{\sigma},\boldsymbol{\varepsilon},\boldsymbol{\varepsilon}^p$과 $\boldsymbol{\sigma}^*,\boldsymbol{\varepsilon}^*,\boldsymbol{\varepsilon}^{*p}$ 간의 관계를 결정하기 위해서, 우선, 집합체 안에 포함된 구형 개재물에 대한 응력$\boldsymbol{\sigma}$, 변형률$\boldsymbol{\varepsilon}$, 소성변형률$\boldsymbol{\varepsilon}^p$을 구한 후에, 이들을 전체 응력$\boldsymbol{\sigma}^*$, 전체 변형률$\boldsymbol{\varepsilon}^*$, 전체 소성변형률$\boldsymbol{\varepsilon}^{*p}$과 연관시켰다. 해 $\boldsymbol{\sigma},\boldsymbol{\varepsilon},\boldsymbol{\varepsilon}^p$는 일반적인 평형조건이나 적합조건 이외에, 위에 열거한 세 가지 제한조건을 만족하여야 한다. 그림 9.6에 나타낸 이 문제는 Eshelby의 해를 이용하여, 그림 9.7에서와 같이 두 과정으로 분리하여 풀 수 있다.

(1) 집합체와 결정립은 전체에 대한 값 $\boldsymbol{\sigma}^*,\boldsymbol{\varepsilon}^*,\boldsymbol{\varepsilon}^{*p}$을 받는다. 이 경우에, 구형 결정립에 생기는 변형률은 다음과 같이 집합체에 생기는 변형률과 같다고 가정한다.

$$\boldsymbol{\varepsilon} = \boldsymbol{C}^{-1} : \boldsymbol{\sigma}^* + \boldsymbol{\varepsilon}^{*p} \tag{9.51}$$

여기에서, $\boldsymbol{C}$는 구형 결정립이나 집합체에서 같은 값을 갖는 탄성강성텐서이다.

(2) 구형 결정립은 무응력변환 변형률 $\boldsymbol{\varepsilon}' = \boldsymbol{\varepsilon}^p - \boldsymbol{\varepsilon}^{*p}$을 받은 후에, 동일한 탄성계수를 갖는 균질한 집합체 내에 삽입된다. 집합체에 작용하는 하중은 없다. 구형의 단결정립은 집합체에 비하여 매우 작아서, 상대적으로 집합체는 무한히 크다고 가정한다. Eshelby에 의하면, 무응력변환 변형률 $\boldsymbol{\varepsilon}'$가 생긴 결정립과 집합체 간의 탄성반력으로 인하여 구형 결정립 내부에 생기는 변형률은 다음과 같다.

$$\boldsymbol{\varepsilon} = \boldsymbol{S} : \boldsymbol{\varepsilon}' = \boldsymbol{S} : (\boldsymbol{\varepsilon}^p - \boldsymbol{\varepsilon}^{*p}) \tag{9.52}$$

단, $\boldsymbol{S}$는 등방성 탄성집합체 내의 구형 개재물에 대하여, 식(9.46)~(9.48)로 주어지는 Eshelby텐서이다.

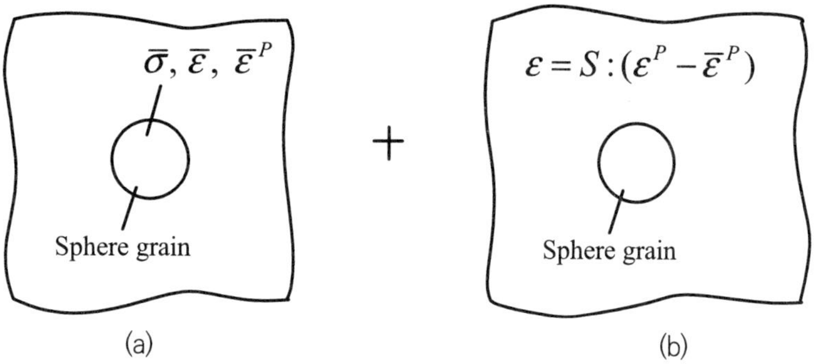

Fig. 9.7 집합체 내 구형개재물 경계면에서의 변형률 분해

그림 9.7에 두 과정으로 분리하여 나타낸 문제와 그림 9.6의 원래 문제는 다음과 같은 이유로 서로 같은 문제가 된다. 즉, 앞서 설명한 것처럼, 집합체에 전체 응력 $\boldsymbol{\sigma}^*$가 가해졌을 때, 결정립 내부에 생기는 $\boldsymbol{\sigma},\boldsymbol{\varepsilon},\boldsymbol{\varepsilon}^p$는 집합체의 $\boldsymbol{\sigma}^*,\boldsymbol{\varepsilon}^*,\boldsymbol{\varepsilon}^{*p}$과 다르다. 이들 간의 차이는 구형 결정립과 집합체의 소성거동이 서로 다르기 때문에, 구형 결정립 내에 생긴 소성변형이 집합체의 소성변형과 달라져서 일어난 것이다. 따라서, 그 차이에 해당하는 $\boldsymbol{\varepsilon}' = \boldsymbol{\varepsilon}^p - \boldsymbol{\varepsilon}^{*p}$을 무응력변환 변형률로 사용하면, 구형 결정립 내부에 실제로 생기는 변형률은 균일변형에 따른 변형률 (9.51)과 소성변형률의 차이로 인해 생기는 변형률 (9.52)의 합만큼 될 것이다.

$$\boldsymbol{\varepsilon} = \boldsymbol{C}^{-1} : \boldsymbol{\sigma}^* + \boldsymbol{\varepsilon}^{*p} + \boldsymbol{S} : (\boldsymbol{\varepsilon}^p - \boldsymbol{\varepsilon}^{*p}) \tag{9.53}$$

식(9.46)으로 주어지는 $\boldsymbol{S}$를 사용하고, $\boldsymbol{\varepsilon}^p$와 $\boldsymbol{\varepsilon}^{*p}$는 편차텐서인 점을 감안하면

$$\boldsymbol{S} : (\boldsymbol{\varepsilon}^p - \boldsymbol{\varepsilon}^{*p}) = \beta(\boldsymbol{\varepsilon}^p - \boldsymbol{\varepsilon}^{*p}) \tag{9.54}$$

단, ν를 집합체(및 결정립의) 푸와송비라고 할 때, 계수β는 다음 식으로 주어진다.

$$\beta = \frac{2(4-5\nu)}{15(1-\nu)} \tag{9.55}$$

식(9.53)은 다음과 같이 다시 쓸 수 있다.

$$\boldsymbol{\varepsilon} = \boldsymbol{C}^{-1} : \boldsymbol{\sigma}^* + \boldsymbol{\varepsilon}^{*p} + \beta(\boldsymbol{\varepsilon}^p - \boldsymbol{\varepsilon}^{*p}) \tag{9.56}$$

위 식으로부터, 구형 결정립 내부의 응력을 다음과 같이 구한다.

$$\boldsymbol{\sigma} = \boldsymbol{C} : \boldsymbol{\varepsilon}^e = \boldsymbol{C} : (\boldsymbol{\varepsilon} - \boldsymbol{\varepsilon}^p) = \boldsymbol{\sigma}^* - 2G(1-\beta)(\boldsymbol{\varepsilon}^p - \boldsymbol{\varepsilon}^{*p}) \tag{9.57}$$

소성이론에서는 구성방정식이 흔히 속도형태나 증분형태로 주어진다. 따라서, 식(9.57)을 다음과 같이 속도형태로 나타내기도 한다.

$$\dot{\boldsymbol{\sigma}} = \dot{\boldsymbol{\sigma}}^* - 2G(1-\beta)(\dot{\boldsymbol{\varepsilon}}^p - \dot{\boldsymbol{\varepsilon}}^{*p}) \tag{9.58}$$

위 두 식을 KBW모델이라고 하며, 두 식 모두 국부적인 양($\boldsymbol{\sigma}, \boldsymbol{\varepsilon}, \boldsymbol{\varepsilon}^p$)과 거시적인 양($\boldsymbol{\sigma}^*, \boldsymbol{\varepsilon}^*, \boldsymbol{\varepsilon}^{*p}$) 간의 관계를 나타내고 있다. 테일러 모델에서의 식(9.25)를 위 식들로 대체하면, 단결정립과 다결정 집합체 간의 반력을 보다 합리적으로 고려할 수 있다. 식(9.56)과 (9.57)은 기본적으로 $\boldsymbol{\sigma}^*$을 받는 무한 집합체에 삽입된 구형 개재물에 대한 해이다. 이 해는 식(9.51)과 (9.52)의 두 부분으로 구성되며, 각각은 결정립 경계에서의 평형조건과 적합조건을 만족한다. 따라서, 이들 조건은 식(9.56)~ (9.58)에서도 만족되며, 이러한 이유로 이 모델을 자체-일관성 모델이라고 부르고 있다. 즉, 식(9.56)~ (9.58)은 다음과 같은 관계를 일관성 있게 보여준다는 것을 쉽게 증명할 수 있다.

$$\boldsymbol{\sigma}^* = (\boldsymbol{\sigma})_{\mathrm{ave}}, \ \dot{\boldsymbol{\sigma}}^* = (\dot{\boldsymbol{\sigma}})_{\mathrm{ave}} \ \text{및} \ \boldsymbol{\varepsilon}^{*p} = (\boldsymbol{\varepsilon}^p)_{\mathrm{ave}}, \ \dot{\boldsymbol{\varepsilon}}^{*p} = (\dot{\boldsymbol{\varepsilon}}^p)_{\mathrm{ave}} \tag{9.59}$$

여기에서, $(\ )_{\mathrm{ave}}$는 모든 결정립에 대한 평균을 나타낸다. 식(9.58)을 통하여, 단결정의 구성거동을 다결정으로 변환하거나, 그 역으로 변환할 수 있다. 단결정 소성론의 지식에 근거하여, 다결정 금속의 기계적 거동을 결정하는데 식(9.58)을 적용하는 방법에 대하여는 9.7절에서 설명한다.

이상에서 설명한 **자체-일관성 모델**에서는 결정립 형상의 영향을 고려할 수 있다는 점이 흥미롭다. 예를 들어, 그림 9.6에 나타낸 결정립이 구형이 아니라 타원체라면, 식(9.58)을 다음과 같이 수정하면 된다.

$$\dot{\boldsymbol{\sigma}} = \dot{\boldsymbol{\sigma}}^* - 2G(\boldsymbol{I} - \boldsymbol{S}) : (\boldsymbol{\varepsilon}^p - \boldsymbol{\varepsilon}^{*p}) \tag{9.60}$$

여기에서, $\boldsymbol{I}$는 4차 단위텐서이고, $\boldsymbol{S}$는 무한한 집합체 안에 삽입된 타원체 개재물에 대한 Eshelby 텐서이다(Mura, 1987). 소성변형에서 이방성이 생기는 이유 중에 하나는 결정립의 형상이 불규칙적이기 때문이라는 것은 이미 잘 알려져 있으며, 이를 "형태론적 이방성"이라고 한다. 따라서, KBW 모델에 적절한 Eshelby 텐서를 도입하여 사용함으로써, 형태론적 이방성의 영향을 산정할 수 있다.

이상을 요약하면, KBW 모델은 결정립과 다결정 집합체 간에 탄성반력이 작용한다고 가정하여 유도된 것이다. 즉, 무한한 집합체에 선형탄성 개재물이 삽입되었다고 보아 식(9.52)에 Eshelby의 해를 적용하였다. 그 결과로, 결정립을 둘러싸고 있는 탄성 집합체가 결정립에 가하는 구속조건이 실제의 경우에 비해 다소 강하게 작용하는 편인데, 그 이유는 실제의 경우에는 집합체가 어느 정도 소성변형을 하기 때문이다. 따라서, 이 모델을 사용하여 전체 응력 $\boldsymbol{\sigma}^*$을 구하면, 이는 실제 응력에 대하여 상계해가 된다. 다결정 집합체 역시 어느 정도 소성변형을 하기 때문에, 실제로 단결정에 가해지는 구속조건은 KBW 모델에서 사용한 탄성 집합체가 가하는 구속조건보다 다소 "약하게" 작용하여야 하며, 이를 고려하는 것이 KBW 모델에 수정을 가하는 주요 동기가 되고 있다.

9.6 KBW의 수정모델

Berveiller와 Zaoui(1979)는 단결정립과 다결정 집합체 간의 탄소성 반력을 고려하여 KBW 모델에 다음과 같이 스칼라함수 α_T를 첨가하여 사용하였다.

$$\dot{\boldsymbol{\sigma}} = \dot{\boldsymbol{\sigma}}^* - 2\alpha_T G(1-\beta)(\dot{\varepsilon}^p - \dot{\varepsilon}^{*p}) \tag{9.61}$$

위 식에 사용된 스칼라함수 α_T를 "**소성적응인자**(plastic accommodation factor)"라고 하며, 다음 식으로 주어진다.

$$\alpha_T = \left(\frac{9K_T + 8G_T}{9K + 8G}\right)\frac{5G_T(3K+4G)}{6G(K_T+2G_T)+G_T(9K_T+8G_T)} \tag{9.62}$$

여기에서, K와 G는 각각 체적탄성계수와 전단탄성계수를 나타내고, K_T와 G_T는 탄소성영역에서 각각 다음 식으로 정의되는 **체적접선계수** 및 **전단접선계수**이다.

$$\dot{\boldsymbol{S}}^* = 2G_T(\dot{\boldsymbol{\varepsilon}}^* - \tfrac{1}{3}\boldsymbol{\varepsilon}_m^*) \tag{9.63}$$

$$\dot{\sigma}_m^* = 3K_T \dot{\varepsilon}_m^* \tag{9.64}$$

단, $\boldsymbol{S}^*$ 전체 편차응력텐서, σ_m^*과 ε_m^*은 각각 전체 평균응력 및 전체 평균변형률을 나타낸다.

식(9.61)로부터, 단결정립과 다결정 집합체 간에 탄소성 반력을 나타내기 위해 도입된 변수는 K_T와 G_T뿐이라는 것을 알 수 있다. 집합체가 탄성변형만을 받거나 탄성제하되는 경우에는 $G_T = G$와 $K_T = K$가 되어, 식(9.62)에서 $\alpha_T = 1$이 된다. 이 경우에는 식(9.61)이 KBW 모델로 환원된다.

Beradi 등(1987)은 대부분의 금속에서

$$\beta \cong \tfrac{1}{2} \ , \ \ \alpha_T \cong G/100 \tag{9.65}$$

가 됨을 보였다. 따라서, 식(9.61)은 다음과 같이 간략히 정리된다.

$$\dot{\boldsymbol{\sigma}} = \dot{\boldsymbol{\sigma}}^* - \frac{G}{100}(\dot{\boldsymbol{\varepsilon}}^p - \dot{\boldsymbol{\varepsilon}}^{*p}) \tag{9.66}$$

소성유동이 발생하는 경우에는 대부분의 금속에서 α_T값은 다음 범위를 갖는다.

$$0.01 < \alpha_T < 0.1 \tag{9.67}$$

식(9.61)은 소성거동이 등방성이라고 가정하여 유도되었다는 점에 유의하자. 즉, 다음 식에서 탄소성 접선강성텐서 $\boldsymbol{C}^{*ep}$가 등방성임을 가정하였다.

$$\dot{\boldsymbol{\sigma}}^* = \boldsymbol{C}^{*ep} : \dot{\boldsymbol{\varepsilon}}^{*p} \tag{9.68}$$

$$C_{ijkl}^{*ep} = G_T \left[\frac{2\nu_T}{1-2\nu_T} \delta_{ij}\delta_{kl} + \delta_{ik}\delta_{jl} + \delta_{il}\delta_{jk} \right] \tag{9.69}$$

단, ν_T는 다음과 같이 G_T와 K_T로 나타낼 수 있는 탄소성 접선 푸와송비이다.

$$\nu_T = \frac{3K_T - 2G_T}{2(3K_T + G_T)} \tag{9.70}$$

식(9.68)과 (9.69)에 대한 가정과 동등한 것으로, 다음 식을 들 수 있다.

$$\dot{\boldsymbol{\varepsilon}}^* = f \dot{\boldsymbol{S}}^* \tag{9.71}$$

위에서, f는 비례상수이다. 이들 가정은 명백히 다결정 집합체의 소성거동을 지나치게 단순화시킨 면이 있지만, 비례하중 하에서는 이들 가정이 실제와 근사한 값을 준다는 것이 밝혀졌다.(Weng, 1982) 결국, 수정된 모델은 소성적응인자 α_T를 사용하여 단결정을 둘러싼 집합체의 소성변형을 근사함으로써, 원래의 KBW 모델에 비하여 단결정립에는 "약화된" 구속조건이 적용된다.

속도형이나 증분형 대신에 종종 총량을 사용하여 상호작용을 나타내는 관계식 (9.61)을 나타내기도 한다. 이 경우에, 응력과 소성적응계수는 다음 식들로 주어진다.

$$\boldsymbol{\sigma} = \dot{\boldsymbol{\sigma}}^* - 2\alpha_s G(1-\beta)(\boldsymbol{\varepsilon}^p - \boldsymbol{\varepsilon}^{*p}) \tag{9.72}$$

$$\alpha_s = \left(\frac{9K_s + 8G_s}{9K + 8G}\right)\frac{5G_s(3K + 4G)}{6G(K_s + 2G_s) + G_s(9K_s + 8G_s)} \tag{9.73}$$

여기에서, K_S와 G_S는 탄소성 영역에서 각각 식(9.63)과 (9.64)와 같은 형태로 정의되는 **체적할선계수**(secant bulk modulus) 및 **전단할선계수**(secant shear modulus)이다. 이로부터, 식(9.72)는 다음 가정으로 간단히 나타낼 수 있으며, 이는 식(9.71)의 경우보다 현실성 있는 가정이다.

$$\boldsymbol{\varepsilon}^{*p} = f\boldsymbol{S}^* \tag{9.74}$$

9.7 Hill의 자체-일관성 모델

앞 절과 다른 접근방식으로 제안된 자체-일관성 모델로 Hill(1965)이 제안한 모델이 있다. 이 모델의 경우에도 앞서 모델들과 마찬가지로, 다결정 집합체에 삽입된 타원체 단결정으로부터 출발하여, 단결정에서의 $\boldsymbol{\varepsilon}$ 및 $\boldsymbol{\sigma}$와 집합체에서의 $\boldsymbol{\varepsilon}^*$ 및 $\boldsymbol{\sigma}^*$는 다음 관계를 이룬다고 가정한다.

$$\dot{\boldsymbol{\sigma}} = \boldsymbol{C}^{ep} : \dot{\boldsymbol{\varepsilon}} \tag{9.75}$$

$$\dot{\boldsymbol{\sigma}}^* = \boldsymbol{C}^{*ep} : \dot{\boldsymbol{\varepsilon}}^* \tag{9.76}$$

여기에서, $\boldsymbol{C}^{ep}$는 앞 장에서 유한변형인 경우에 상세하게 설명하였던, 단결정의 탄소성 접선강성텐서이고, $\boldsymbol{C}^{*ep}$는 다결정 집합체의 탄소성 접선강성텐서이다. $\boldsymbol{C}^{*ep}$는 변형시작 시에는 미지수이고, 단결정의 거동으로부터 $\boldsymbol{C}^{*ep}$를 $\boldsymbol{C}^{ep}$의 항으로 나타내는 것 자체가 다결정 소성론의 목적임을 상기하자.

무한 균질체에 삽입된 타원체 개재물에 대한 Eshelby의 해에 근거하여, Hill은 다음과 같은 전체 구속텐서 $\boldsymbol{L}^*$를 도입하였다.

$$\dot{\boldsymbol{\sigma}} - \dot{\boldsymbol{\sigma}}^* = -\boldsymbol{L}^* : (\dot{\boldsymbol{\varepsilon}} - \dot{\boldsymbol{\varepsilon}}^*) \tag{9.77}$$

단, 구속텐서 $\boldsymbol{L}^*$은 $\boldsymbol{C}^{*ep}$와 타원체 개재물의 기하하적 형상의 영향을 받는 4차텐서이다. 식(9.75)와 (9.76)을 사용하면, (9.77)은 다음과 같이 된다.

$$\boldsymbol{L}^* : \dot{\boldsymbol{\varepsilon}} + \boldsymbol{C}^{ep} : \dot{\boldsymbol{\varepsilon}} = (\boldsymbol{L}^* + \boldsymbol{C}^{*ep}) : \dot{\boldsymbol{\varepsilon}} \tag{9.1}$$

이로부터, 단결정 내의 변형률속도 $\dot{\boldsymbol{\varepsilon}}$는 다음과 같이 집합체의 변형률속도 $\dot{\boldsymbol{\varepsilon}}^*$의 항으로 나타낼 수 있다. $\boldsymbol{L}^*, \boldsymbol{C}^{ep}, \boldsymbol{C}^{*ep}$가 역텐서 $\boldsymbol{L}^{*-1}, \boldsymbol{C}^{ep-1}, \boldsymbol{C}^{*ep-1}$을 갖는다면, 앞서의 경우와 비슷한 $\dot{\boldsymbol{\sigma}}$에 대한 식을 얻는다.

$$\dot{\boldsymbol{\varepsilon}} = (\boldsymbol{L}^* + \boldsymbol{C}^{ep})^{-1} : (\boldsymbol{L}^* + \boldsymbol{C}^{*ep}) : \dot{\boldsymbol{\varepsilon}}^* \tag{9.79}$$

$$\dot{\boldsymbol{\sigma}} = (\boldsymbol{L}^{*-1} + \boldsymbol{C}^{ep-1})^{-1} : (\boldsymbol{L}^{*-1} + \boldsymbol{C}^{*ep-1}) : \dot{\boldsymbol{\sigma}}^* \tag{9.80}$$

식(9.79)와 (9.80)은 단결정의 변형률속도와 응력속도를 전체 변형률속도 및 응력속도의 항으로 나타낸 것이다. 이들 식으로부터, 구속텐서 $\boldsymbol{L}^*$와 강성텐서 $\boldsymbol{C}^{*ep}$를 알고 있다면, 단결정의 변형률속도와 응력속도는 $\dot{\boldsymbol{\varepsilon}}^*$와 $\dot{\boldsymbol{\sigma}}^*$의 항으로 쉽게 구할 수 있다. 하지만, 불행히도 일반적인 탄소성변형에서 $\boldsymbol{L}^*$을 계산하는 것은 매우 까다롭다.

전체 구속텐서 $\boldsymbol{L}^*$은 Eshelby 텐서 $\boldsymbol{S}$의 항으로 다음과 같이 나타낼 수 있다.

$$\boldsymbol{L}^* : \boldsymbol{S} = \boldsymbol{C}^{*ep} : (\boldsymbol{I} - \boldsymbol{S}), \quad (\boldsymbol{I} - \boldsymbol{S}) : \boldsymbol{L}^{*-1} = \boldsymbol{S} : \boldsymbol{C}^{*ep-1} \tag{9.81}$$

단, $\boldsymbol{I}$는 4차 단위텐서로,

$$I_{ijkl} = \tfrac{1}{2}(\delta_{ki}\delta_{lj} + \delta_{li}\delta_{kj}) \tag{9.82}$$

Hill은 소성변형하는 다결정 집합체를 이방성 재료로 간주하였으므로, 위 식에 사용된 Eshelby 텐서는 접선강성텐서가 $\boldsymbol{C}^{*ep}$인 이방성 재료에 삽입되어 무응력변환 변형률 $\boldsymbol{\varepsilon}'$을 가진 타원체 개재물을 고려하여 구하여야 한다(이 점은 9.3절에 설명한 등방성 선형

탄성재료에 개재물이 삽입된 경우와 다름).

식(9.81)로부터, 구속텐서 $\boldsymbol{L}^*$는 다음과 같이 나타낼 수도 있다.

$$\boldsymbol{L}^* = \boldsymbol{C}^{*ep} : (\boldsymbol{S}^{-1} - \boldsymbol{I}) \tag{9.83}$$

이로부터, 전체 구속텐서 $\boldsymbol{L}^*$을 계산하려면, 우선 전체 접선강성텐서 $\boldsymbol{C}^{*ep}$을 미리 알아야 한다. 여기에다가, $\boldsymbol{L}^*$을 계산하는데 필요한, Eshelby 텐서 $\boldsymbol{S}$역시 $\boldsymbol{C}^{*ep}$의 함수이다. 따라서, 다결정 소성론에서는 해석 전반에 걸쳐서 $\boldsymbol{C}^{*ep}$를 알아야 하지만, 이는 해석이 완료되기 전에는 미리 알 수 없는 값이기도 하다. 따라서, $\boldsymbol{L}^*$을 정확하게 구하려면 반복법이 필요하고, 이 과정은 매우 복잡하다. 하지만, 추가로 몇 가지 가정을 도입하면, $\boldsymbol{L}^*$을 근사적으로 계산할 수도 있다.

식(9.69)에 주어진 것처럼, $\boldsymbol{C}^{*ep}$가 등방성이고 개재물이 구형이라면, Hill의 자체-일관성 모델은 수정된 KBW모델이 된다. 즉, 이 경우에 $\boldsymbol{C}^{*ep}$는 식(9.69)로 주어지므로, Eshelby 텐서 $\boldsymbol{S}$는 다음과 같이 간단하게 나타낼 수 있다.

$$S_{ijkl} = (1 - 2\beta_T)\delta_{ij}\delta_{kl} + \tfrac{1}{2}\beta_T(\delta_{ik}\delta_{jl} + \delta_{il}\delta_{jk}) \tag{9.84}$$

단,
$$\beta_T = \frac{2(4 - 5\nu_T)}{15(1 - \nu_T)} \tag{9.85}$$

식(9.84)는 식(9.46)에서 ν 대신에 간단히 ν_T를 대입하여 직접 얻을 수도 있다. 식(9.69)와 (9.84)를 식(9.83)에 대입하면,

$$\boldsymbol{L}^*_{ijkl} = \frac{G_T(3 - 5\nu_T)}{4 - 5\nu_T}\delta_{ij}\delta_{kl} + \frac{G_T(7 - 5\nu_T)}{2(4 - 5\nu_T)}(\delta_{ik}\delta_{jl} + \delta_{il} + \delta_{jk}) \tag{9.86}$$

따라서, 식(9.77)은 다음과 같이 정리된다.

$$\dot{\boldsymbol{\sigma}} - \dot{\boldsymbol{\sigma}}^* = \frac{2GG_T(7 - 5\nu_T)}{G_T(7 - 5\nu_T) + 2G(4 - 5\nu_T)}(\dot{\boldsymbol{\varepsilon}}^p - \dot{\boldsymbol{\varepsilon}}^{*p}) \tag{9.87}$$

위 식에 관계식(9.70)을 사용하면, 정확하게 식(9.61)이 얻어진다. 실제로 Berveiller와 Zaoui (1979)는 이 방법을 사용하여 수정된 KBW모델을 유도하였다. 식(9.87)을 유도함에 있어서, 다음 식들이 사용되었다.

$$\dot{\boldsymbol{\varepsilon}} = \dot{\boldsymbol{\varepsilon}}^e + \dot{\boldsymbol{\varepsilon}}^p \quad \text{및} \quad \dot{\boldsymbol{\varepsilon}}^* = \dot{\boldsymbol{\varepsilon}}^{*e} + \dot{\boldsymbol{\varepsilon}}^{*p} \tag{9.88}$$

$$\dot{\boldsymbol{\varepsilon}}_{kk}^{e} = \dot{\boldsymbol{\varepsilon}}_{kk}^{*e} \tag{9.89}$$

$$\dot{\boldsymbol{\sigma}} - \dot{\boldsymbol{\sigma}}^{*} = 2G(\dot{\boldsymbol{\varepsilon}}^{e} - \dot{\boldsymbol{\varepsilon}}^{*e}) \tag{9.90}$$

식(9.89)와 (9.90)은 단결정립의 탄성거동과 집합체의 탄성거동이 동일하고 등방성이라는 것을 나타낸다.

등방성 탄성거동만을 가정하는 경우에는 $\boldsymbol{C}^{*ep}$ 대신에 선형강성텐서 $\boldsymbol{C}$을 사용하므로, Hill의 모델 (9.77)은 원래의 KBW모델 (9.58)로 돌아간다. 따라서, 자체-일관성 모델인 (9.58)과 (9.61)은 Hill의 일반적 모델 (9.77)의 단순화된 형태라고 볼 수 있다. 이제, 전체 접선강성텐서 $\boldsymbol{C}^{*ep}$을 유도해 놓는 것이 도움이 되리라 생각한다. 이 과정은 식(9.79)를 식(9.75)에 대입함으로써 시작된다.

$$\dot{\boldsymbol{\sigma}} = \boldsymbol{C}^{*ep} : (\boldsymbol{C}^{ep} + \boldsymbol{L}^{*})^{-1} : (\boldsymbol{L}^{*} + \boldsymbol{C}^{*ep}) : \dot{\boldsymbol{\varepsilon}}^{*} \tag{9.91}$$

$\dot{\boldsymbol{\sigma}}^{*} = (\dot{\boldsymbol{\sigma}})_{\text{ave}}$이므로, 모든 결정립에 대하여 위 식의 평균을 취하면,

$$\dot{\boldsymbol{\sigma}}^{*} = [\boldsymbol{C}^{ep} : (\boldsymbol{C}^{ep} + \boldsymbol{L}^{*})^{-1} : (\boldsymbol{L}^{*} + \boldsymbol{C}^{*ep})]_{\text{ave}} : \dot{\boldsymbol{\varepsilon}}^{*} \tag{9.92}$$

이 결과를 식(9.76)과 같게 놓으면,

$$\boldsymbol{C}^{*ep} = [\boldsymbol{C}^{ep} : (\boldsymbol{C}^{ep} + \boldsymbol{L}^{*})^{-1} : (\boldsymbol{L}^{*} + \boldsymbol{C}^{*ep})]_{\text{ave}} \tag{9.93}$$

하지만, 이로부터 $\boldsymbol{C}^{*ep}$를 직접 구하기는 어렵다. 그 이유는 단결정의 접선강성텐서 $\boldsymbol{C}^{ep}$가 $\dot{\boldsymbol{\varepsilon}}$ 및 $\dot{\boldsymbol{\sigma}}$에 의존하고, 또한, $\dot{\boldsymbol{\varepsilon}}$ 및 $\dot{\boldsymbol{\sigma}}$는 전체 변형률속도 $\dot{\boldsymbol{\varepsilon}}^{*}$에 의존하기 때문이다. 즉, 임의의 $\dot{\boldsymbol{\varepsilon}}$에 대하여, $\boldsymbol{C}^{ep} : (\boldsymbol{C}^{ep} + \boldsymbol{L}^{*})^{-1} : (\boldsymbol{L}^{*} + \boldsymbol{C}^{*ep})$는 상수가 아니다. 그럼에도 불구하고, 식(9.93)은 $\boldsymbol{C}^{*ep}$에 대한 합리적인 추산을 할 수 있기 때문에, 아직도 널리 쓰이고 있다. 식(9.93)에서 보는 것처럼, $\boldsymbol{C}^{*ep}$이 우변에도 포함되어 있기 때문에 $\boldsymbol{C}^{*ep}$를 구하는 것은 매우 복잡하다. 즉, $\boldsymbol{C}^{*ep}$를 구하려면, $\boldsymbol{C}^{*ep}$에 대한 초기가정을 하고 반복법을 사용해야 하며, 식(9.93)은 $\boldsymbol{C}^{*ep}$의 개선된 값을 얻는데 사용될 수 있다. 이러한 반복법으로 $\boldsymbol{C}^{*ep}$를 얻으려면 많은 횟수의 반복계산이 필요하다.

앞 절에서의 논의를 참고로 하면, KBW모델을 사용하는 경우의 전체 접선강성텐서는 다음과 같다.

$$\boldsymbol{C}^{*ep} = [\boldsymbol{C}^{ep} : (\boldsymbol{C}^{ep} + \boldsymbol{L}^{*})^{-1} : (\boldsymbol{L}^{*} + \boldsymbol{C})]_{\text{ave}} \tag{9.94}$$

여기에서, $\boldsymbol{L}^*$는 식(9.86)에서 ν_T 및 G_T 대신에 ν 및 G을 사용한 것이다. 수정된 KBW 모델에 대하여는 $\boldsymbol{C}^{*ep}$는 식(9.93)으로 계산할 수 있는데, 우변의 $\boldsymbol{C}^{*ep}$에는 식(9.69), $\boldsymbol{L}^*$에는 식(9.86)을 사용하면 된다. 한편, 테일러의 모델에서는 $\dot{\boldsymbol{\varepsilon}} = \dot{\boldsymbol{\varepsilon}}^*$을 가정하므로,

$$\boldsymbol{C}^{*ep} = (\boldsymbol{C}^{ep})_{\text{ave}} \tag{9.95}$$

가 성립하며, 이는 식(9.75)를 모든 결정립에 대하여 평균화하여 얻을 수 있다.

9.8 자체 일관성 모델의 계산결과

이 장에서는 세 가지 자체-일관성 모델들: KBW 모델, 소성적응 모델(Berveiller와 Zaoui 모델), Hill의 모델을 소개하였다. 공학문제에 이들 모델 중 하나를 적용할 때는, 단결정의 모든 슬립계에 대하여 항복조건을 보충하여 사용하여야 한다. 유한변형의 경우에는 결정격자가 회전할 수 있으며, 이에 필요한 조건은 식(8.62)에 나타내었다. 이제, KBW모델로 단결정의 구성방정식으로부터 단축인장을 받는 다결정 집합체의 탄소성거동을 유도해보자.

8.2절에서 설명한 바와 같이 다결정은 하중축에 대하여 각기 다른 배향을 갖는 다수의 단결정이 모인 집합체라고 볼 수 있다. 이들 결정립의 배향은 스테레오 투영도를 이용하여 그림 9.2에 나타낸 것과 같으며, 그림에서 십자표시는 다수의 단결정립 격자축에 대한 하중축의 배향을 나타낸다. 변형을 받기 전의 다결정에서는 각 결정립의 배향이 임의이고 결정립의 수가 많으므로, 초기의 다결정은 등방성인 것으로 보통 가정된다. 당연히 결정립의 수가 많을수록, 보다 정확한 결과를 얻을 수 있다.

KBW모델에서는 식(9.58)을 통하여, 단결정 내의 응력속도와 소성변형률속도를 전체 응력속도 및 소성변형률속도와 관련시켰다. 편의상, 이를 다시 쓰면 다음과 같다.

$$\dot{\boldsymbol{\sigma}} = \dot{\boldsymbol{\sigma}}^* - 2G(1-\beta)(\dot{\boldsymbol{\varepsilon}}^p - \dot{\boldsymbol{\varepsilon}}^{*p}) \tag{9.96}$$

항복조건을 분해응력 $\boldsymbol{\tau}_\alpha$의 항으로 나타내면, n을 단결정립 안에서 활성화되었거나 활성

화되고 있는 슬립계의 수라고 할 때, 슬립계 위에서의 항복응력 τ_c^α는 다음과 같다.

$$\boldsymbol{\tau}_\alpha = \boldsymbol{P}^\alpha : \boldsymbol{\sigma} = \boldsymbol{\tau}_c^\alpha \tag{9.97}$$

한편, 경화계수를 $h_{\alpha\beta}$라 하면, 슬립계는 다음 법칙에 따라 경화된다.

$$\boldsymbol{\tau}_c^\alpha = \sum_{\alpha=1}^{n} h_{\alpha\beta}\dot{\gamma}^\beta \tag{9.98}$$

미소변형인 경우에는, 식(9.97)로부터 하중/제하 조건이 결정되어,

$$0 \le \tau_\alpha < \tau_c^\alpha \text{ 이면, } \dot{\gamma}^\alpha = 0$$

$$0 < \tau_\alpha = \tau_c^\alpha \text{ 이고 } \boldsymbol{P}^\alpha : \dot{\boldsymbol{\sigma}} < \sum_{\beta=1}^{n} h_{\alpha\beta}\dot{\gamma}^\beta \text{ 이면, } \dot{\gamma}^\alpha = 0 \tag{9.99}$$

$$0 < \tau_\alpha = \tau_c^\alpha \text{ 이고 } \boldsymbol{P}^\alpha : \dot{\boldsymbol{\sigma}} = \sum_{\beta=1}^{n} h_{\alpha\beta}\dot{\gamma}^\beta \text{ 이면, } \dot{\gamma}^\alpha \ge 0 \tag{9.99}$$

위 식은 식(8.62)로부터 유도될 수 있다. 미소변형에서는 격자의 회전을 무시할 수 있으므로, 다음 식이 성립함에 유의하자.

$$\boldsymbol{P}^\alpha = 0 \tag{9.100}$$

$$\dot{\boldsymbol{\tau}}_c^\alpha = \boldsymbol{P}^\alpha : \dot{\boldsymbol{\sigma}} \tag{9.101}$$

단결정립 내의 응력속도 $\dot{\boldsymbol{\sigma}}$는 식(9.96)으로 주어진다. 식(9.96)을 식(9.99)에 대입하면, 다음 결과를 얻는다.

$$\sum_{\beta=1}^{n} h_{\alpha\beta}\dot{\gamma}^\beta + 2G(1-\beta)\boldsymbol{P}^\alpha : \dot{\boldsymbol{\varepsilon}}^p = \boldsymbol{P}^\alpha : [\dot{\boldsymbol{\sigma}} + 2G(1-\beta)\dot{\boldsymbol{\varepsilon}}^{*p}], \quad \alpha = 1, \cdots, n \tag{9.102}$$

단결정립 내의 소성변형률속도 $\dot{\boldsymbol{\varepsilon}}^p$는 슬립평면 위에서 슬립에 의해서만 일어난다고 보면, 식(8.32)를 참조하여 $\dot{\boldsymbol{\varepsilon}}$는 다음과 같이 표현된다.

$$\dot{\boldsymbol{\varepsilon}} = \sum_{\beta=1}^{n} \boldsymbol{P}^\alpha \dot{\gamma}^\alpha \tag{9.103}$$

위 식을 식(9.102)에 대입하면, 다음과 같은 관계를 얻는다.

$$\sum_{\beta=1}^{n} [h_{\alpha\beta}\dot{\gamma}^\beta + 2G(1-\beta)\boldsymbol{P}^\alpha : \boldsymbol{P}^\beta]\dot{\gamma}^\beta = \boldsymbol{P}^\alpha : [\dot{\boldsymbol{\sigma}}^* + 2G(1-\beta)\dot{\boldsymbol{\varepsilon}}^{*p}], \quad \alpha = 1, \cdots, n \tag{9.104}$$

위 식은 주어진 하중이력 $\boldsymbol{\sigma}^*(t)$에 의해서 단결정립에 생기는 n개의 슬립 $\dot{\gamma}^\alpha$를 결정할 수 있는 n개의 방정식을 나타낸다. 위 식의 우변에는 소성변형률속도가 포함되어 있으므로, 반복법으로 계산하여야 한다. 즉, 미리 주어진 전체 응력속도 $\dot{\boldsymbol{\sigma}}^*$에 대하여, 전체 소성변형률속도 $\dot{\boldsymbol{\varepsilon}}^{*p}$의 추정치를 가정하여, $\dot{\boldsymbol{\sigma}}^*$와 $\dot{\boldsymbol{\varepsilon}}^{*p}$를 식(9.104)의 우변에 대입하여 단결정립에 대한 슬립을 우선 구한다. 이 때, 앞서 설명하였던, 활성 슬립계 조합을 결정하는 방법을 사용하면 된다. 그러면, 식(9.103)에 의해 단결정립에 대한 소성변형률속도 $\dot{\boldsymbol{\varepsilon}}^p$을 계산할 수 있다. 각기 배향이 다른 모든 결정립에 대하여 소성변형률속도를 구한 후에, 각 단결정립의 소성변형률속도를 평균하여 다음과 같이 전체 소성변형률속도를 갱신한다.

$$\dot{\boldsymbol{\varepsilon}}^{*ep} = (\dot{\boldsymbol{\varepsilon}}^p)_{\text{ave}} \tag{9.105}$$

평균화의 과정에는 다음과 같은 가장 보편적인 식을 사용한다.

$$\dot{\boldsymbol{\varepsilon}}^{*ep} = \frac{\int_0^{2\pi} d\phi \int_{-\pi/2}^{\pi/2} d\theta \int_0^{2\pi} \sin\theta \dot{\boldsymbol{\varepsilon}}^p d\eta}{8\pi^2} \tag{9.106}$$

단, 각도 ϕ, θ, η는 그림 9.8에 정의한 것과 같다. 특히, ϕ와 θ는 그림 9.4에서 정의한 것과도 같은 각으로, ϕ, θ, η를 "**오일러 각도**"라고 한다.

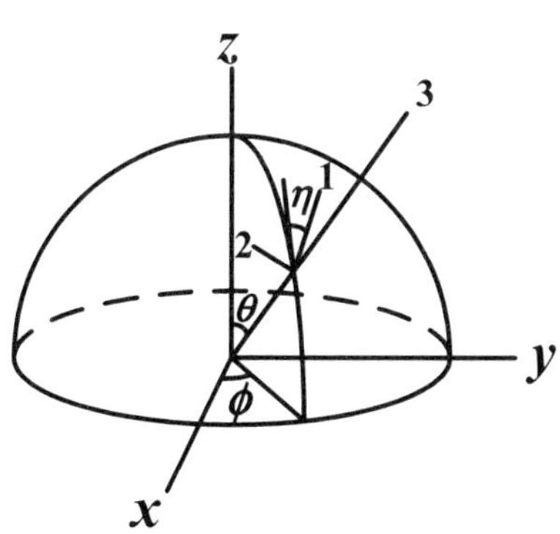

Fig. 9.8 오일러 각도의 정의

그림 9.8에서의 x, y, z는 단결정의 격자축을 나타내고, 숫자 1, 2, 3은 시편축의 전

체좌표계를 나타낸다. 반복법으로 계산된 전체 소성변형률속도 $\dot{\boldsymbol{\varepsilon}}^{*p}$는 추정치와 비교해 보아야 한다. 계산치와 추정치가 같거나 허용공차 이내이면 해를 찾은 것이므로, 다음 단계의 응력증분(혹은 응력속도)으로 넘어가서 계산을 지속한다. 반면에, 두 값이 서로 다르다면, $\dot{\boldsymbol{\varepsilon}}^{*p}$에 대한 새로운 추정치를 사용하여 계산치를 다시 구한다. 이 과정을 반복하여 주어진 $\dot{\boldsymbol{\sigma}}^{*}$에 대하여 만족하는 해를 얻으면 된다. 이상의 계산과정은 주로 KBW모델에 대하여만 설명하였지만, Berveiller와 Zaoui 모델이나 Hill의 모델에도 거의 비슷한 계산과정을 적용하면 되므로, 여기에서는 더 이상의 설명을 생략한다.

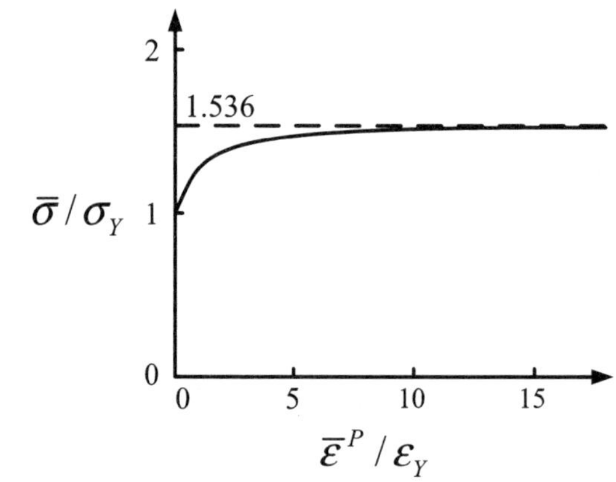

Fig. 9.9 단축인장시 응력-변형률 곡선

Budiansky와 Wu(1962)는 단축인장이나 단순전단을 받는 다결정 시편에 대하여 전체 응력-변형률 곡선을 계산하여 발표하였다. 계산과정에서 $h_{\alpha\beta}=0$과 $\tau_c^\alpha=\tau_Y$를 가정하였고, 단축인장과 단순전단으로부터 얻은 계산결과는 각각 그림 9.9와 9.10에 나타낸 것과 같다. 그림에서 점선은 테일러의 강소성모델로 얻은 결과이며, 테일러의 모델에서는 $h_{\alpha\beta}=0$ 및 다음과 같은 가정을 하였다.

$$\sigma_Y = 2\tau_Y \tag{9.107}$$

$$\varepsilon_Y = \frac{\sigma_Y}{E},\ \ \gamma_Y = \frac{\tau_Y}{G} \tag{9.108}$$

단, E와 G는 각각 영계수 및 전단탄성계수이다. 변형률이 매우 커지면, 이들 문제에 대한 탄소성 해가 테일러의 해에 수렴한다. 변형률이 매우 큰 경우에는,

$$\frac{\sigma^*}{\sigma_Y}=1.536,\ \frac{\tau^*}{\tau_Y}=1.658 \tag{9.109}$$

위에서 σ^*와 τ^*는 변형률이 매우 큰 경우의 인장응력 및 전단응력을 각각 나타내고, σ_Y와 τ_Y는 단결정의 초기항복응력이다. 그림에서 보듯이, 단결정이 완전소성체라 하더라도, 다결정 집합체는 초기항복 이후에 경화거동을 보이며, 다결정의 인장강도는 단결정의 인장강도보다 높아지게 된다.

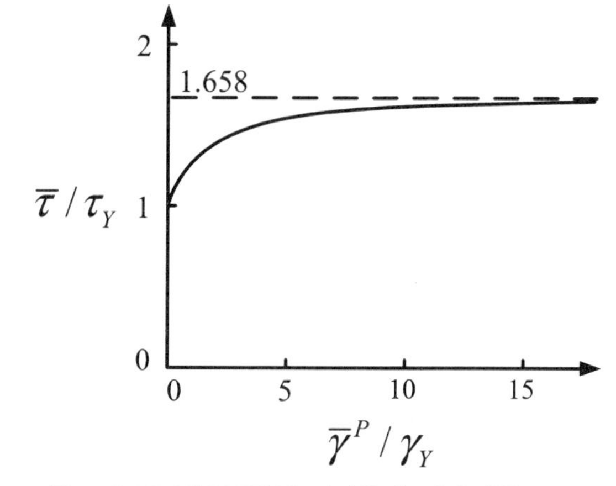

Fig. 9.10 단순전단시 전단응력-전단변형률 곡선

단결정이 경화거동을 보이는 경우에도 다결정 시편의 응력-변형률 곡선을 계산할 수 있다. 단결정의 슬립계가 다음과 같이 등방성 경화를 한다고 보고,

$$h_{\alpha\beta}=b \tag{9.110}$$

인장하중을 받는 다결정 시편에 대하여 응력-변형률 곡선을 계산하면 그림 9.11에 나타낸 것처럼 그려진다. Hutchinson(1964)은 Hill모델에 대하여도 응력-변형률 곡선을 계산하여, 그 결과를 그림 9.12에 나타낸 것처럼 서로 비교하였다. 그림으로부터, KBW모델을 사용한 경우의 응력-변형률 곡선이 Hill모델을 사용한 경우보다 높게 나타나는 것을 볼

수 있다. 이는 이미 설명한 것처럼, KBW모델이 보다 강한 구속조건을 가하므로, 미리 예견된 것이기도 하다. Hill모델은 Eshelby텐서를 계산할 때 다결정 집합체의 탄소성 강성텐서를 사용하므로, KBW모델보다 "약한" 구속조건을 가하는 셈이다. 실제의 경우에서 다결정체가 탄소성변형할 때는 단결정을 둘러싼 집합체의 경계 전체에서 소성변형이 일어나는 것이 아니고, 부분적으로는 탄성변형영역이 남아있게 된다. 따라서, 집합체가 실제로 단결정에 가하는 구속조건은 탄성구속조건(KBW모델)보다는 약하고, 집합체가 소성변형한다고 보는 경우의 구속조건(Hill모델)보다는 강한 셈이 된다. 즉, 실제의 응력-변형률 곡선은 KBW모델 및 Hill모델로 예측된 곡선의 사이에 존재한다.

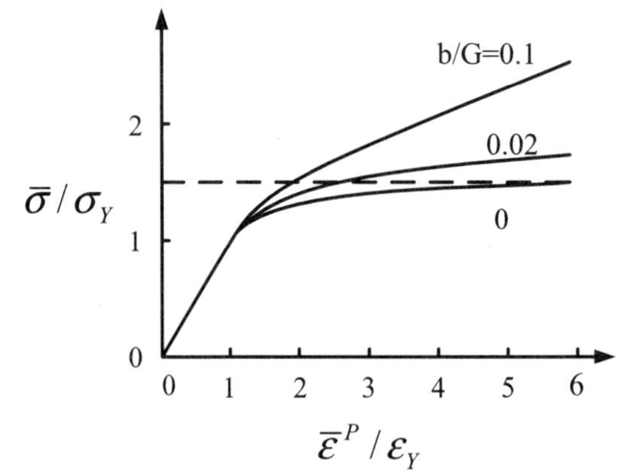

Fig. 9.11 b/G값이 응력-소성변형률 곡선에 미치는 영향

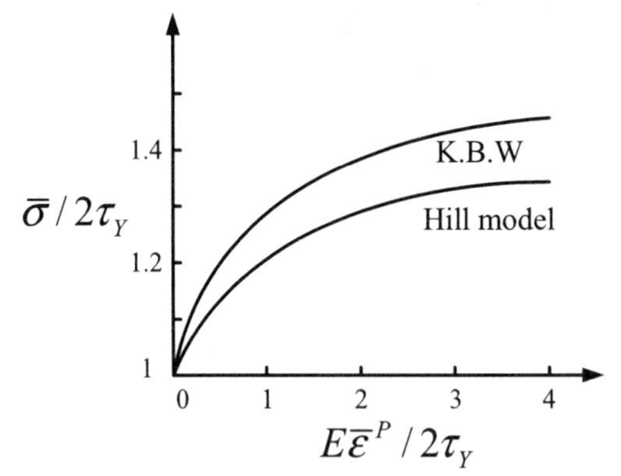

Fig. 9.12 KBW모델과 Hill모델의 비교

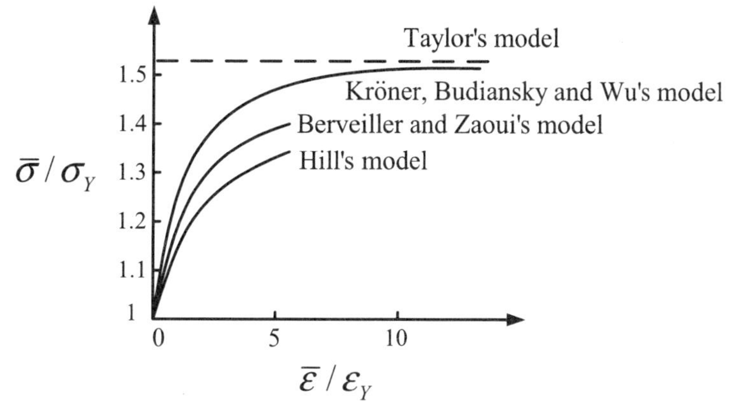

Fig. 9.13 각종 다결정 구성식 모델의 비교

Berveiller와 Zaoui(1979)는 소성적응모델을 이용하여 단축인장을 받는 다결정 시편에 대한 해를 구하였다. 이 때, 다음과 같은 소성적응인자 α_T을 사용하였다.

$$\alpha_T \cong \frac{1}{1+(3G/2)G(\boldsymbol{\varepsilon}^{*p}/\boldsymbol{\sigma}^*)} \tag{9.111}$$

단, $\boldsymbol{\sigma}^*$와 $\boldsymbol{\varepsilon}^{*p}$는 각각 전체 응력 및 전체 소성변형률을 나타낸다. 계산결과를 다른 모델들과 비교하여 그림 9.13에 나타내었다. Berveiller와 Zaoui의 모델은 소성적응인자 α_T을 사용함으로써, 다른 모델들에 비하여 개선된 결과를 얻을 수 있음을 볼 수 있다.

제10장 소성이방성

10.1 개요

금속재료의 결정에서는 근본적으로 격자구조가 방향성을 갖기 때문에, 방향마다 변형거동이 달라진다. 결정립이 임의로 분포된 다결정 금속의 경우라도, 격자구조에서 선택되는 슬립계에 따라서 이방성을 가지며, 이를 **결정학적 이방성**, 혹은 **선택적 이방성**이라고 한다. 한편, 다결정 재료가 변형을 받으면 결정립계나 개재물도 따라서 변형하여 방향성을 나타내고, 이로 인해, 소성거동에 이방성을 보인다(**기계적 섬유화**).

금속판재는 압연공정을 통하여 보통 생산된다. 즉, 금속판재는 한 방향으로 두께가 얇아지도록 심하게 변형된 것으로, 지금까지 설명한 변형기구에 의하여 기계적 성질에 심한 이방성이 나타나게 된다. 금속판재의 특성상, 판재의 두께방향, 길이방향(압연방향), 그리고 폭방향(압연에 수직한 방향)으로 변형거동이 대표적으로 다르며, 이 경우의 이방성은 그 주축이 서로 직교하는 것이 보통이다. 이렇게 “판재의 두께 방향 뿐만 아니라, 평면 상에서의 이방성까지 고려하는 것”을 **평면이방성**(planar anisotropy)이라고 한다. 반면에, “평면상의 변형거동은 일정하다고 보고, 단지 두께방향으로만 변형거동이 달라지는 것"을 **수직이방성**(normal anisotropy)이라고 한다.

이방성을 고려하여 재료의 소성거동을 기술하려면, 이방성과 관련된 재료상수를 포함하는 항복조건과 연관 유동법칙을 사용하여야 한다. 이 장에서는 이방성의 척도와 유용한 이방성 항복조건들을 소개한다.

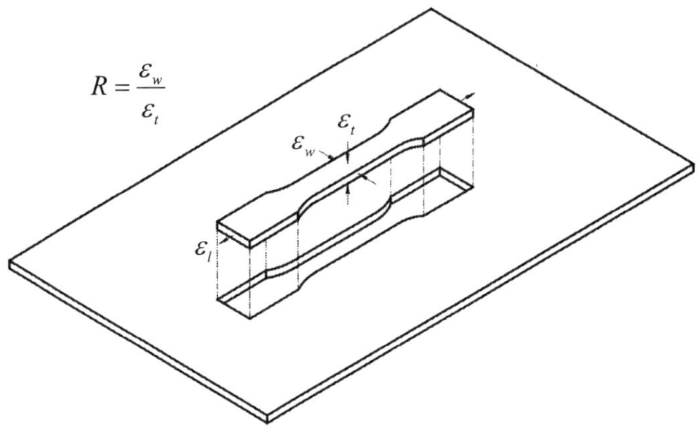

Fig. 10.1 판재시편과 변형률비

10.2 이방성의 척도

재료에 나타나는 이방성의 정도를 거시적으로 표현하는 방법으로 Lankford 변수 즉, 방향별 변형률비인 r값을 정의하여 사용한다(Lankford, 1950). 이 값은 **이방성계수**라고 잘못 사용되기도 하며, 판재시편을 단축인장시험하여 다음과 같이 결정할 수 있다(참고로, 이방성계수는 후술하는 이방성 항복함수의 응력항에 곱해지는 계수를 의미한다).

$$r = \frac{\varepsilon_2}{\varepsilon_3} = \frac{\varepsilon_w}{\varepsilon_t} \tag{10.1}$$

여기에서, ε_w와 ε_t은 그림 10.1에 나타낸 것처럼, 각각 시편의 폭방향 및 두께방향으로의 변형률이다. 위 식을 시편의 치수로 나타내면 다음과 같다. 단, b_o 및 b는 시편의 초기 폭 및 최종 폭을 나타내고, t_o 및 t는 시편의 초기 두께 및 최종 두께를 나타낸다.

$$r = \frac{\ln(b/b_0)}{\ln(t/t_0)} \tag{10.2}$$

판재시편의 두께는 일반적으로 폭에 비하여 작으므로(보통은 한 차수 정도 작음), 위 두 변형률을 측정할 때의 상대오차는 서로 다르다. 따라서, 위 식을 직접 사용하는 대신에, 차수가 서로 비슷한 시편의 길이와 폭의 항으로 바꾸어서 사용하는 것이 합리적이다. 즉, 시편의 체적일정조건에 의해

$$\varepsilon_1 + \varepsilon_2 + \varepsilon_3 = 0 \tag{10.3}$$

따라서, 식(10.1)은 다음과 같이 나타낼 수 있다.

$$r = -\frac{\varepsilon_2}{\varepsilon_1 + \varepsilon_2} \tag{10.4}$$

이로부터, l_o 및 l을 초기 표점거리 및 최종 표점거리라 할 때, 식(10.2)는 다음과 같이 변환된다.

$$r = \frac{-\ln(b/b_0)}{\ln(l/l_0) + \ln(b/b_0)} \tag{10.5}$$

위 식은 다음과 같이 정리하여 r값을 실제로 산정할 때 사용된다.

$$r = \frac{\ln(b/b_0)}{\ln(l_0 b_0/(lb))} \tag{10.6}$$

r값은 변형의 정도에 따라서 달라질 수 있으므로, 비교의 편의를 위하여 관습적으로 20%의 연신율에 대하여 결정한다. 오늘날의 인장시험기에는 r값은 계산하는데 필요한 양들을 매 순간마다 측정할 수 있어서, 인장시험 도중에도 r값을 계산할 수 있다. 즉, 20%의 연신율에 대한 값뿐 아니라, 변형률의 증가에 따른 r값의 변화까지도 알 수 있다.

판재의 실험결과를 살펴보면, r값은 시편이 평면 내에 놓인 방향에 따라서 달라진다. 즉, 인장시편의 길이축의 방향이 판재를 압연한 방향과 이루는 각도에 따라서 r값이 달라지므로, 이 각도를 하첨자로 표시하여 구분한다. 즉, 시편의 길이방향 축이 압연방향과 평행하면 r_0, 직각을 이루면 r_{90} 등으로 표시한다. 다음과 같이 금속판재의 평면방향으로 이방성계수를 평균하여 구한 값을 수직이방성계수 r_n이라고 한다.

$$r_n = \frac{r_0 + 2r_{45} + r_{90}}{4} \tag{10.7}$$

한편, 이방성계수가 압연방향에 따라서 변화하는 정도를 나타내는 값을 평면이방성 계수Δr 라고 하며, 이는 다음과 같이 정의된다.

$$\Delta r = \frac{r_0 + r_{90} - 2r_{45}}{2} \tag{10.8}$$

10.3 이방성 재료에 대한 이차식 항복조건

10.3.1 이방성 항복조건의 요건

미리 예상할 수 있겠지만, 이방성 재료에 대한 항복조건을 결정하는 것은 등방성 재료에 대한 것보다 훨씬 까다롭다. 또한, 이방성 재료의 항복거동을 특성화시키는 데는 보다 많은 재료상수가 필요하다. 예를 들어, 한 방향으로의 단축인장 항복응력은 다른 방향으로의 항복응력과 다르게 된다. 따라서, 이방성 재료에서 한 방향으로의 항복응력 σ_Y만으로는 임의 방향으로의 항복응력을 예측하기에 불충분하다.

완전한 이방성 재료에 대한 초기항복조건은 다음과 같이 응력텐서 $\boldsymbol{\sigma}$의 6개 독립성분을 모두 사용하여 나타내야 한다.

$$F(\sigma_{ij})=0 \quad \text{즉,} \quad F(\sigma_{xx},\sigma_{yy},\sigma_{zz},\sigma_{xy},\sigma_{yz},\sigma_{zx})=0 \tag{10.9}$$

이 조건을 기하학적으로 해석하면, 일반적인 6차원 응력공간에서 탄성영역을 둘러싸는 경계면이라고 볼 수 있다. 위 조건을 주응력 $\sigma_1,\sigma_2,\sigma_3$와 그에 상응하는 주방향 $\boldsymbol{n}^{(1)}$, $\boldsymbol{n}^{(2)},\boldsymbol{n}^{(3)}$의 항으로 달리 나타낼 수도 있다.

$$F(\sigma_1,\sigma_2,\sigma_3,\boldsymbol{n}_1,\boldsymbol{n}_2,\boldsymbol{n}_3)=0 \tag{10.10}$$

위 식은 이방성 재료의 항복은 응력텐서 $\boldsymbol{\sigma}$의 크기(주응력의 크기)뿐 아니라, 그 방향(주방향)에도 영향을 받음을 나타내고 있다.

이방성 재료의 항복조건에 관한 연구는 기본적으로 등방성 재료에 대한 Tresca 조건이나 von Mises 조건을 수정하여 재료상수를 추가시킴으로써, 이방성 재료에 대한 항복조건을 만들고자 하였다. 이방성 재료에 대한 항복함수는 von Mises(1928)에 의하여 이차식 함수의 형태로 처음 제안되었다. 이 함수는 원래 이방성 단결정의 소성거동을 기술하고자 사용되었지만, 나중에는 다결정에 대하여도 사용되었다. 함수의 형태는 다음과 같다.

$$\begin{aligned}\phi = h_{11}\sigma_x^2 + h_{22}\sigma_y^2 + h_{33}\sigma_z^2 + h_{44}\tau_{xy}^2 + h_{55}\tau_{yz}^2 + h_{66}\tau_{zx}^2 + 2h_{12}\sigma_x\sigma_y + \\ 2h_{13}\sigma_x\sigma_z + 2h_{14}\sigma_x\tau_{xy} + 2h_{15}\sigma_x\tau_{yz} + 2h_{16}\sigma_x\tau_{zx} + 2h_{23}\sigma_y\sigma_z + \\ 2h_{24}\sigma_y\tau_{xy} + 2h_{25}\sigma_y\tau_{yz} + 2h_{26}\sigma_y\tau_{zx} + 2h_{34}\sigma_z\tau_{xy} + 2h_{35}\sigma_z\tau_{yz} + \\ 2h_{36}\sigma_z\tau_{zx} + 2h_{45}\tau_{xy}\tau_{yz} + 2h_{46}\tau_{xy}\tau_{zx} + 2h_{56}\tau_{yz}\tau_{zx}\end{aligned} \tag{10.11}$$

여기에서, $h_{ij}(i, j=1,\cdots,6)$는 기계적 시험에 의하여 결정되는 이방성계수들이다. 위 식은 수직응력과 전단응력 모두의 곱으로 구성되는 이차식 함수이다. 수직이방성 재료의 경우에는, 위 식이 6개의 항과 이방성계수로 구성되는 이차식 함수로 단순화된다.

10.3.2 Hill의 1948년 항복조건

Hill(1948)은 von Mises의 항복조건을 이방성 재료에 일반화시켜서 이방성 항복조건을 제안하였다. 이 때, 재료는 3개의 수직대칭면을 갖는 이방성을 갖는다고 보았다. Hill의 항복조건은 다음과 같은 몇 가지 가정을 근거로 한다.

(1) 재료는 수직이방성을 갖는다. 따라서, 각 질점에서 상호직교하는 대칭면이 존재한다. 이들 평면의 교차선은 이방성의 주축이다.

(2) 정수압응력은 항복에 영향을 주지 않는다.

(3) 바우싱거 효과는 무시한다.

Hill이 제안한 항복조건은 이방성 주축 x, y, z에 대하여 다음과 같은 이차식 함수 f로 표현된다.

$$2f(\sigma_{ij}) = F(\sigma_y - \sigma_z)^2 + G(\sigma_z - \sigma_x)^2 + H(\sigma_x - \sigma_y)^2 + 2L\sigma_{yz}^2 + 2M\sigma_{zx}^2 + 2N\sigma_{xy}^2 - 1 = 0 \qquad (10.12)$$

여기에서, F, G, H, L, M, N은 재료의 이방성을 나타내는 재료상수 즉, 이방성계수이다. 일반적으로 금속판재인 경우에는, x는 압연방향과 평행한 방향, y는 폭방향, z는 두께방향을 나타낸다. 6개의 재료상수 F, G, H, L, M, N을 결정하려면, 우선 세 개의 이방성 주축 방향으로의 인장항복응력 X, Y, Z를 측정하여, 이들 항복응력을 위 식에 대입한다.

$$\frac{1}{X^2} = G + H \qquad (10.13)$$

$$\frac{1}{Y^2} = H + F \qquad (10.14)$$

$$\frac{1}{Z^2} = F + G \qquad (10.15)$$

이 되므로 F, G, H를 다음과 같이 결정할 수 있다.

$$F = \frac{1}{2}\left(\frac{1}{Y^2} + \frac{1}{Z^2} - \frac{1}{X^2}\right) \qquad (10.16)$$

$$G = \frac{1}{2}\left(\frac{1}{Z^2} + \frac{1}{X^2} - \frac{1}{Y^2}\right) \qquad (10.17)$$

$$H = \frac{1}{2}\left(\frac{1}{X^2} + \frac{1}{Y^2} - \frac{1}{Z^2}\right) \qquad (10.18)$$

나머지 계수들을 결정하려면, 단축항복응력 X, Y, Z외에 각 이방성 직교평면 상에서의 순수전단 항복응력을 알아야 한다. 이들 순수전단 항복응력을 각각 R, S, T라 하면, 이들을 식(10.12)에 대입하여 다음 관계를 끌어낼 수 있다.

$$L = \frac{1}{2R^2} \qquad (10.19)$$

$$M = \frac{1}{2S^2} \qquad (10.20)$$

$$N = \frac{1}{2T^2} \qquad (10.21)$$

식(10.12)에서 $L = M = N = 3F = 3G = 3H$ 이면, 등방성 재료에 대한 von Mises 항복

조건으로 돌아가게 된다. L, M, N은 항상 양이고, F, G, H중에는 하나만이 음이 될 수 있는데, 실제의 경우에는 항복응력 간에 매우 큰 차이가 나지 않으면 F, G, H도 양이 된다. F, G, H 간의 대소관계는 $X > Y$인 경우에만 $F > G$가 되고, 다른 경우도 마찬가지이다. 이로부터, 재료의 이방성을 완전하게 기술하려면, 독립적인 6개의 항복응력(X, Y, Z, R, S, T)와 함께 이방성의 주축방향을 알아야 한다. 위의 항복조건은 응력성분의 6차원 공간에서 곡면으로 나타난다. 이 곡면의 내부에 위치하는 응력점은 탄성상태를 나타내는 반면, 곡면 위에 있는 점은 소성상태에 있음을 나타낸다.

항복조건 식(10.12)를 연관유동법칙에 대입하면 다음과 같은 변형률속도 성분을 얻을 수 있다.

$$\dot{\varepsilon}_x = \dot{\lambda}\frac{\partial f}{\partial \sigma_x} = \dot{\lambda}\{-G(\sigma_z - \sigma_x) + H(\sigma_x - \sigma_y)\}, \tag{10.22}$$

$$\dot{\varepsilon}_y = \dot{\lambda}\frac{\partial f}{\partial \sigma_y} = \dot{\lambda}\{F(\sigma_y - \sigma_z) - H(\sigma_x - \sigma_y)\}, \tag{10.23}$$

$$\dot{\varepsilon}_z = \dot{\lambda}\frac{\partial f}{\partial \sigma_z} = \dot{\lambda}\{-F(\sigma_y - \sigma_z) + G(\sigma_z - \sigma_x)\}, \tag{10.24}$$

$$\dot{\varepsilon}_{yz} = \dot{\lambda}\frac{\partial f}{\partial \tau_{yz}} = \dot{\lambda}L\tau_{yz},\ \dot{\varepsilon}_{zx} = \dot{\lambda}\frac{\partial f}{\partial \tau_{zx}} = \dot{\lambda}M\tau_{zx},\ \dot{\varepsilon}_{xy} = \dot{\lambda}\frac{\partial f}{\partial \tau_{xy}} = \dot{\lambda}N\tau_{xy} \tag{10.25}$$

위에서, 전단응력성분은 항복함수에 $2\tau_{ij}^2 = \tau_{ij}^2 + \tau_{ji}^2$가 포함되는 것이므로, 편미분한 계수가 2가 아닌 1임에 유의하자. 위 식은 다음과 같이 변환될 수 있다.

$$G\dot{\varepsilon}_y - H\dot{\varepsilon}_z = \dot{\lambda}(FG + GH + HF)(\sigma_y - \sigma_z) \tag{10.26}$$

$$G\dot{\varepsilon}_z - H\dot{\varepsilon}_x = \dot{\lambda}(FG + GH + HF)(\sigma_z - \sigma_x) \tag{10.27}$$

$$G\dot{\varepsilon}_x - H\dot{\varepsilon}_y = \dot{\lambda}(FG + GH + HF)(\sigma_x - \sigma_y) \tag{10.28}$$

이방성 항복조건에서의 유효응력과 유효변형률속도는 등방성 재료와 마찬가지로 단위체적당 변형일률이 같도록 정의한다.

$$\begin{aligned} u = \bar{\sigma}\dot{\bar{\varepsilon}} = \sigma_{ij}\dot{\varepsilon}_{ij} = \dot{\lambda}\{&-G\sigma_x(\sigma_z - \sigma_x) + H\sigma_x(\sigma_x - \sigma_y) + F\sigma_y(\sigma_y - \sigma_z) \\ &-H\sigma_y(\sigma_x - \sigma_y) - F\sigma_z(\sigma_y - \sigma_z) + G\sigma_z(\sigma_z - \sigma_x) \\ &+2\tau_{yz}L\tau_{yz} + 2\tau_{zx}M\tau_{zx} + 2\tau_{xy}N\tau_{xy}\} = \dot{\lambda} \end{aligned} \tag{10.29}$$

이로부터,
$$\dot{\bar{\varepsilon}} = \frac{\dot{\lambda}}{\bar{\sigma}} \tag{10.30}$$

즉, 유효응력이 정의되면, 상응하는 유효변형률속도를 정의할 수 있다. 식(10.26)~(10.28)을 항복조건 식(10.12)에 대입하면, 다음과 같이 정리할 수 있다.

$$\dot{\lambda}^2 = \frac{F(G\dot{\varepsilon}_y - H\dot{\varepsilon}_z)^2 + G(H\dot{\varepsilon}_z - F\dot{\varepsilon}_x)^2 + H(F\dot{\varepsilon}_x - G\dot{\varepsilon}_y)^2}{(FG+GH+HF)^2} + \frac{2}{L}\dot{\varepsilon}_{yz}^2 + \frac{2}{M}\dot{\varepsilon}_{zx}^2 + \frac{2}{N}\dot{\varepsilon}_{xy}^2 \tag{10.31}$$

압연방향으로의 단축인장 항복응력을 $X = \sigma_0$로 나타내고, 단축인장 조건에서 $\bar{\sigma} = \sigma_0$되도록 유효응력을 정의한다고 하자. 식(10.13)으로부터, $(G+H)\bar{\sigma}^2 = 1$이 성립하므로,

$$\bar{\sigma} = \frac{1}{\sqrt{(G+H)}}\{F(\sigma_y - \sigma_z)^2 + G(\sigma_z - \sigma_x)^2 + H(\sigma_x - \sigma_y)^2 + 2L\sigma_{yz}^2 + 2M\sigma_{zx}^2 + 2N\sigma_{xy}^2\}^{1/2} \tag{10.32}$$

가 되고, 이에 상응하는 유효변형률속도는 다음과 같이 정리된다.

$$\dot{\bar{\varepsilon}} = \frac{\dot{\lambda}}{\bar{\sigma}} = \sqrt{(G+H)}\left[\frac{F(G\dot{\varepsilon}_y - H\dot{\varepsilon}_z)^2 + G(H\dot{\varepsilon}_z - F\dot{\varepsilon}_x)^2 + H(F\dot{\varepsilon}_x - G\dot{\varepsilon}_y)^2}{(FG+GH+HF)^2} + \frac{2}{L}\dot{\varepsilon}_{yz}^2 + \frac{2}{M}\dot{\varepsilon}_{zx}^2 + \frac{2}{N}\dot{\varepsilon}_{xy}^2\right]^{\frac{1}{2}} \tag{10.33}$$

10.3.3 평면응력조건에서의 이차식 항복조건

평면응력조건($\sigma_z = \tau_{xz} = \tau_{yz} = 0, \sigma_x \neq 0, \sigma_y \neq 0, \tau_{xy} \neq 0$)에서 Hill의 항복함수는 다음과 같이 요약된다.

$$2f(\sigma_{ij}) \equiv (G+H)\sigma_x^2 - 2H\sigma_x\sigma_y + (H+F)\sigma_y^2 + 2N\tau_{xy}^2 = 1 \tag{10.34}$$

위 식에 항복응력 X, Y, Z와 T를 대입하면,

$$\frac{1}{X^2}\sigma_x^2 - \left(\frac{1}{X^2}+\frac{1}{Y^2}-\frac{1}{Z^2}\right)\sigma_x\sigma_y + \frac{1}{Y^2}\sigma_y^2 + \frac{1}{T^2}\tau_{xy}^2 = 1 \tag{10.35}$$

판재의 압연방향을 x 방향으로 잡고, 압연방향과 각도 α를 이루는 시편을 채취하여 인장시험을 하면, 항복응력 σ_α와 발생응력 $\sigma_x, \sigma_y, \tau_{xy}$간에는 다음 관계가 성립한다.

$$\sigma_x = \sigma_\alpha \cos^2\alpha\,,\ \ \sigma_y = \sigma_\alpha \sin^2\alpha\,,\ \ \tau_{xy} = \sigma_\alpha \sin\alpha\cos\alpha \tag{10.36a}$$

이 때, 판재시편의 두께방향에 대한 폭방향 변형률의 비는 다음과 같다.

$$r_\alpha = \frac{\dot{\varepsilon}_w}{\dot{\varepsilon}_z} = \frac{\dot{\varepsilon}_x \sin^2\alpha + \dot{\varepsilon}_y \cos^2\alpha - 2\dot{\varepsilon}_{xy}\sin\alpha\cos\alpha}{\dot{\varepsilon}_z} \tag{10.36b}$$

한편, 평면응력조건에서의 변형률속도 성분은 다음과 같다.

$$\dot{\varepsilon}_x = \dot{\lambda}\{G\sigma_x + H(\sigma_x - \sigma_y)\}\,,\ \ \dot{\varepsilon}_y = \dot{\lambda}\{F\sigma_y - H(\sigma_x - \sigma_y)\}\,,\ \ \dot{\varepsilon}_z = -\dot{\lambda}(F\sigma_y + G\sigma_x)\,,$$

$$\dot{\varepsilon}_{xy} = \dot{\lambda}N\tau_{xy}$$

따라서, 식(10.36b)는 다음과 같이 정리된다.

$$r_\alpha = \frac{H + (2N - F - G - 4H)\sin^2\alpha\cos^2\alpha}{F\sin^2\alpha + G\cos^2\alpha} \tag{10.37a}$$

이로부터 (r_0, r_{45}, r_{90})와 F, G, H 간의 관계를 다음과 같이 정리할 수 있다.

$$r_0 = \frac{H}{G},\quad r_{90} = \frac{H}{F},\quad r_{45} = \frac{N}{F+G} - \frac{1}{2} \tag{10.37b}$$

또한, 이방성 주축방향으로의 항복응력 $X = \sigma_0$, $Y = \sigma_{90}$과 이방성계수 간의 관계는 다음과 같이 정리된다.

$$\frac{\sigma_0}{\sigma_{90}} = \sqrt{\frac{r_0(1 + r_{90})}{r_{90}(1 + r_0)}} \tag{10.38}$$

위 식으로부터, $r_0 > r_{90}$이면, $\sigma_0 > \sigma_{90}$가 되고, 그 역도 성립함을 알 수 있지만, 실제의 어떤 재료들은 이 조건을 만족시키지 않는 경우도 있다. 이러한 재료들을 "**2차 변칙재료**"라고 한다. 식(10.37b)의 마지막 식은 다음과 같이 쓸 수 있다.

$$N = (F + G)(r_{45} + \tfrac{1}{2}) \tag{10.39}$$

이를 이용하여, 식(10.15)을 정리하면, 다음과 같다.

$$2N = \frac{1}{Z^2}(2r_{45}+1) = \frac{1}{\sigma_0^2}\frac{r_0+r_{90}}{r_{90}(1+r_0)}(2r_{45}+1) \tag{10.40}$$

따라서, 식(10.35)는

$$\frac{\sigma_x^2}{\sigma_0^2} - \left(\frac{1}{\sigma_0^2}+\frac{1}{\sigma_{90}^2}-\frac{1}{\sigma_0^2}\frac{r_0+r_{90}}{r_{90}(1+r_0)}\right)\sigma_x\sigma_y + \frac{\sigma_y^2}{\sigma_{90}^2} + \frac{1}{\sigma_0^2}\frac{r_0+r_{90}}{r_{90}(1+r_0)}(2r_{45}+1)\tau_{xy}^2 = 1 \tag{10.41}$$

위 식에서 σ_0와 σ_{90}은 서로 독립적이지 않고 식(10.38)의 관계를 가지므로, 다음과 같이 나타낼 수 있다.

$$\sigma_x^2 - \frac{2r_0}{1+r_0}\sigma_x\sigma_y + \frac{r_0(1+r_{90})}{r_{90}(1+r_0)}\sigma_y^2 + \frac{r_0+r_{90}}{r_{90}(1+r_0)}(2r_{45}+1)\tau_{xy}^2 = \sigma_0^2 \tag{10.42}$$

혹은

$$\bar{\sigma} = \sigma_0 = \sqrt{f\sigma_y^2 + g\sigma_x^2 + h(\sigma_x-\sigma_y)^2 + 2n\tau_{xy}^2} \tag{10.43}$$

여기에서, f, g, h, n은 각각 다음과 같다.

$$f = \frac{r_0}{r_{90}(1+r_0)},\quad g = \frac{1}{1+r_0},\quad h = \frac{r_0}{1+r_0},\quad n = \frac{(r_0+r_{90})(2r_{45}+1)}{2r_{90}(1+r_0)} \tag{10.44}$$

$\bar{\sigma}$에 상응하는 유효변형률속도는 위의 f, g, h, n을 대신하여 이방성계수를 대입하면 다음 식으로 정리된다.

$$\dot{\bar{\varepsilon}} = \left[\frac{(1+r_0)r_{90}}{(1+r_0+r_{90})}\left(\frac{1+r_{90}}{r_{90}}\dot{\varepsilon}_x^2 + \frac{1+r_0}{r_0}\dot{\varepsilon}_y^2 + 2\dot{\varepsilon}_x\dot{\varepsilon}_y + \frac{4(1+r_0+r_{90})}{(r_0+r_{90})(1+2r_{45})}\dot{\varepsilon}_{xy}^2\right)\right]^{\frac{1}{2}} \tag{10.45}$$

응력텐서의 주방향이 이방성 주축방향과 일치하는 경우에는 $\sigma_x = \sigma_1$, $\sigma_y = \sigma_2$, $\tau_{xy} = 0$이 되며, Hill의 1948년 항복조건은 다음과 같이 주응력의 항으로 정리된다.

$$\sigma_1^2 - \frac{2r_0}{1+r_0}\sigma_1\sigma_2 + \frac{r_0(1+r_{90})}{r_{90}(1+r_0)}\sigma_2^2 = \sigma_0^2 \tag{10.46}$$

식(10.38)를 사용하여 위 식을 σ_{90}에 대하여도 정리할 수 있다.

$$\sigma_1^2 - \frac{2r_0}{1+r_0}\sigma_1\sigma_2 + \frac{r_0(1+r_{90})}{r_{90}(1+r_0)}\sigma_2^2 = \frac{r_0(1+r_{90})}{r_{90}(1+r_0)}\sigma_{90}^2 \tag{10.47}$$

위에 정리한 두 식으로부터, 평면응력조건에서 항복을 정의하려면, 3개의 기계적 변수 즉, 계수 r_0 및 r_{90}과 단축항복응력 σ_0나 σ_{90}중 하나가 필요함을 알 수 있다. 위의 두 식은 기하학적으로 σ_1-σ_2응력평면에서 변수 r_0 및 r_{90}에 따라 변하는 타원군으로 나타난다. 재료가 단지 수직이방성($r_0 = r_{90} = r$)만을 보이는 경우에는, 식(10.38)에 의하여 $\sigma_0 = \sigma_{90}$이 되므로, 식(10.46)과 (10.47)은 σ_u를 단축항복응력이라 할 때, 다음과 같이 단순화된다.

$$\sigma_1^2 - \frac{2r}{1+r}\sigma_1\sigma_2 + \sigma_2^2 = \sigma_u^2 \qquad (10.48)$$

변수 r과 σ_u가 항복곡선에 미치는 영향은 그림 10.2에 나타낸 것과 같다. $r<1$인 경우에는 Hill의 1948년 항복조건은 von Mises항복곡선의 내부에 위치하게 되고, $r<1$이면, von Mises항복곡선의 외부에 위치한다. 한편, Woodthrope과 Pearce(1970), Pearce (1968)는 일부 재료(특히, 특정한 알루미늄 합금들)는 r이 1보다 작음에도 불구하고, 항복곡선이 Mises항복곡면보다 외부에 위치한다는 사실을 발견하였다. 이러한 거동은 Hill의 1948년 항복조건으로는 적절히 설명되지 않으므로, 당시에는 이들 재료가 "**변칙**"거동을 보인다고 하였다. 실제로, 식(10.48)을 등축인장상태($\sigma_1 = \sigma_2 = \sigma_b$)에 대하여 정리하면,

$$\sigma_b = \sigma_u\sqrt{\frac{1+r}{2}} \qquad (10.49)$$

단, σ_b는 등축항복응력이다. 따라서, $r>1$인 경우에는 $\sigma_b > \sigma_u$, $r<1$인 경우에는 $\sigma_b < \sigma_u$이어야 한다. 이를 만족하지 못하는 재료를 "**1차 변칙재료**"라고 한다.

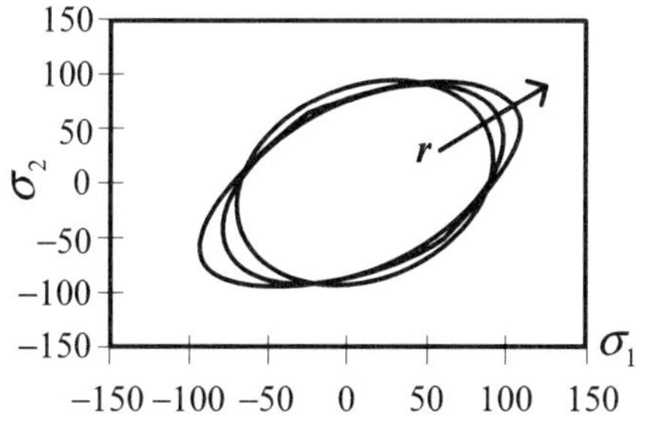

(a) influence of coefficient r

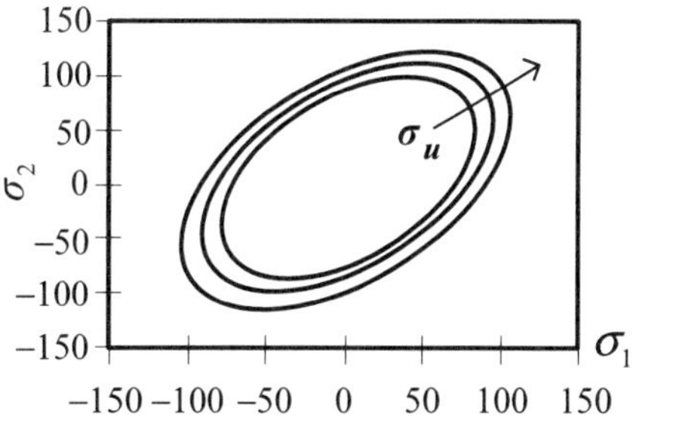

(b) influence of σ_u

Fig. 10.2 이방성계수와 단축항복응력이 항복곡선에 미치는 영향

그림 10.2(b)로부터, 단축항복응력이 커지면 항복곡면도 균일하게 확장되는 등방성 경화 현상을 볼 수 있다. 식(10.48)은 다음과 같은 형태로 다시 쓸 수 있다.

$$(1+2r)\left(\frac{\sigma_1-\sigma_2}{\sigma_u}\right)^2+\left(\frac{\sigma_1+\sigma_2}{\sigma_u}\right)^2=2(1+r) \tag{10.50}$$

등방성 재료의 경우는($r=1$), 식(10.48)과 (10.50) 모두 Mises 항복조건식으로 환원된다.

10.3.4 이차식 항복조건의 특징

이방성 재료의 항복을 나타낼 때, Hill의 1948년 항복조건은 사용된 기본가정이 이해하기 쉽다는 점에서 장점을 갖고 있으며, 이러한 이유로 실제 많이 사용되고 있다. 또한, 이 조건은 항복함수를 정하는데 사용하는 재료상수의 수가 적다. 즉, 평면응력조건에서는 3개의 변수, r_0, r_{90}, σ_0(혹은 σ_{90})만 알면 된다. 실제의 경우에서는 이방성계수의 값들과 평균화된 단축항복응력(σ_u)를 사용한다.

Hill의 1948년 항복조건은 장점과 함께, 다음과 같은 단점도 안고 있다.

(1) 이 조건은 식(10.46)의 관계를 규정하므로, Woodthrope과 Pearce에 의해 관찰된 "변칙" 거동인 $r<1$인 경우의 $\sigma_b<\sigma_u$을(혹은 그 역) 나타내지 못한다.

(2) 이 조건은 식(10.38)의 관계를 규정하므로, "이차 변칙" 거동인 $r_0/r_{90}>1$인 경우의 $\sigma_0/\sigma_{90}<1$을(혹은 그 역) 나타내지 못한다.

(3) 이 조건은 축대칭 딥드로잉 공정에서 2개나 4개의 "귀"가 생기는 재료에만 적용 가능하다. 하지만, 실제의 경우에서는 이와 다른 수의 귀가 생기기도 한다.

(4) 이 조건에 따르면, 한 재료에 대한 상당응력($\bar{\sigma}$)-상당변형률($\bar{\varepsilon}$) 곡선은 하중경로에 무관하게 유일하게 결정되어야 하지만, 실제의 여러 가지 재료들은 하중경로에 따라 다른 곡선을 보여준다.(운동성 경화 혹은 이동경화)

(5) 단축인장시험으로 항복응력을 방향에 따라 측정해 보면, 방향에 따른 계수 r의 변화를 적절하게 근사하더라도, 이 조건에서 예측하는 결과와 잘 맞지 않는다.

10.4 이차식이 아닌 항복조건

이차식 항복조건은 알루미늄 합금과 같은 특정 재료들의 소성거동을 기술하지 못한다. 이들 금속은 r값이 1보다 작지만, 실험적으로 확인된 항복곡면은 von Mises항복곡면보다 외부에 놓여 있다($\sigma_b > \sigma_u$). Hill의 1948년 항복조건이 이러한 상황을 나타내지 못했으므로, Woodthrope과 Pearce(1970, 1968)는 이 거동을 "변칙"이라고 부적절하게 표현하였다. 이 실험적 관찰결과로부터 출발하여, 1970년대의 몇몇 연구자들은 각자 이차식이 아닌 항복조건을 사용해야만 한다고 결론지었다. 여기에서는 소위 "변칙"거동을 기술하기 위하여 제안된 여러 가지 항복조건에 대하여 설명한다. Hill에 의한 이차식 항복조건은 금속판재와 환봉에 모두 적용될 수 있음에 반해, 여기에 소개하는 이차식이 아닌 항복조건은 일반적으로 금속판재에만 적용 가능하다.

10.4.1 Hill의 1979년 항복조건

Hill(1979)은 이차식이 아닌 항복조건의 일반적 형태와 4가지 특별한 경우의 항복조건을 발표하였다. 주응력의 방향이 이방성 주축과 일치하는 경우에 이 항복조건은 다음과 같이 정리된다.

$$\begin{aligned} &f|\sigma_2-\sigma_3|^m+g|\sigma_3-\sigma_1|^m+h|\sigma_1-\sigma_2|^m+a|2\sigma_1-\sigma_2-\sigma_3|^m \\ &+b|2\sigma_2-\sigma_1-\sigma_3|^m+c|\sigma_3-\sigma_1-\sigma_2|^m=\bar{\sigma}^m \end{aligned} \qquad (10.51)$$

여기에서, f, g, h, a, b, c는 이방성계수이고, 지수 m은 위 조건이 등축인장조건과 단축인장조건에 각각 적용될 때, 다음과 같은 비선형식으로부터 수치적으로 구할 수 있다.

$$\left(\frac{\sigma_b}{\sigma_u}\right)^m=\frac{1}{2}(1+r)\left(1+\frac{(2^{2m-1}-2)(a-c)}{a+2^{m-1}c+f}\right) \qquad (10.52)$$

식(10.48)의 항복함수는 $m \neq 2$이면, 각기 다른 값을 갖는 7개의 변수를 가지므로(항복곡면의 볼록성에 따라서), Hill의 1948년 항복조건에 비해 많은 유연성을 보여준다.

평면응력조건($\sigma_3=0$)에 대하여, Hill은 식(10.51)이 다음과 같은 4가지 특정한 형태로 정리된다는 것을 보였다.

(1) $a=b=h=0$, $f=g$

$$c|\sigma_1+\sigma_2|^m+f\left(|\sigma_1|^m+|\sigma_2|^m\right)=\bar{\sigma}^m \tag{10.53a}$$

(2) $a=b$, $c=f=g=0$

$$a\left(|2\sigma_1-\sigma_2|^m+|2\sigma_2-\sigma_1|^m\right)+h|\sigma_1-\sigma_2|^m=\bar{\sigma}^m \tag{10.53b}$$

(3) $a=b$, $f=g$, $c=h=0$

$$a\left(|2\sigma_1-\sigma_2|^m+|2\sigma_2-\sigma_1|^m\right)+f\left(|\sigma_1|^m+|\sigma_2|^m\right)=\bar{\sigma}^m \tag{10.53c}$$

(4) $a=b=f=g=0$

$$c|\sigma_1+\sigma_2|^m+h|\sigma_1-\sigma_2|^m=\bar{\sigma}^m \tag{10.53d}$$

Lian 등은(1989) Hill의 1979년 항복조건의 4가지 형태 모두가 두 개의 계수, r과 m 만의 함수로 표현된다는 것을 증명하였다. 식(10.53)의 계수들을 정리하면 다음과 같다.

(1)의 경우: $$c=\frac{1+2r}{1+r},\qquad f=\frac{r}{1+r} \tag{10.54}$$

(2)의 경우: $$a=\frac{1}{(1+r)(2^{m-1}-1)},\qquad h=1-\frac{2^m+1}{(1+r)(2^{m-1}-1)} \tag{10.55}$$

(3)의 경우: $$a=\frac{r}{(1+r)(2^{m-2}+2)},\qquad f=1-\frac{2^{m+1}r}{(1+r)(2^{m-2}+2)} \tag{10.56}$$

(4)의 경우: $$c=\frac{1}{2(1+r)},\qquad h=\frac{1+2r}{2(1+r)} \tag{10.57}$$

이들 네 가지 특정한 형태는 금속판재의 평면 위에서 제1축과 제2축이 임의로 설정될 수 있고 전단응력과 연관된 항은 불필요하다는 특정한 평면이방성의 가정 위에 근거하고 있다. 하지만, 이러한 Hill의 1979년 항복조건은 보다 일반적인 평면이방성을 고려하도록 일반화시킬 수 있다.

평면이방성에 대하여, 가장 널리 쓰이는 항복조건은 위 (4)의 경우이다. 식(10.57)을 (10.53d)에 대입하여 정리하면,

$$|\sigma_1+\sigma_2|^m+(1+2r)|\sigma_1-\sigma_2|^m=2(1+r)\sigma_u^m \tag{10.58}$$

위 식이 항복곡면의 **볼록성 조건**을 만족하려면, m은 1보다 커야 한다. 한편, 식(10.57)을 (10.52)에 대입하면 다음 관계를 얻는다.

$$\left(\frac{\sigma_b}{\sigma_u}\right)^m=\frac{1+r}{2^{m-1}} \tag{10.59}$$

위 식을 실험결과에 대하여 풀면, 보통 정수가 아닌 m값을 얻게 된다. 예를 들어, 알루미늄 합금 DIN-AlMgSi1은 σ_u=138 MPa, σ_b=156 MPa, r=0.51 이므로, m=1.358을 얻는다(Miller, 1996). $m=2$이면, 이 조건은 식(10.45)으로 표현된 Hill의 1948년 항복조건으로 환원된다.

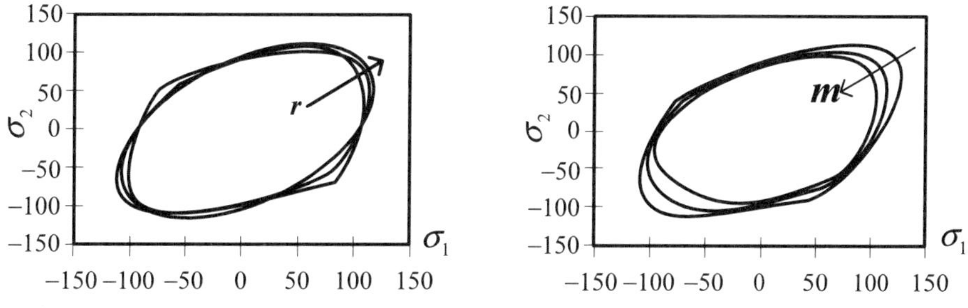

(a) influence of coefficient r (b) influence of coefficient m

그림 10.3 Hill 1979 항복곡선에 영향을 미치는 변수

그림 10.3에 식(10.58)로 주어지는 항복곡선의 모양에 두 변수가 미치는 영향을 나타내었다. 그림으로부터, 타원의 길이는 m에 의하여 주어지고, r값은 주로 타원이 좌표축과 만나는 지점에서의 경사도에 영향을 준다는 것을 볼 수 있다. 그림 10.2(a)와 비교해 볼 때, r값의 영향이 매우 작다는 것도 확인할 수 있다.

Hill의 1979년 항복조건이 갖고 있는 장점은 다음과 같다.

(1) 이 조건은 Woodthrope과 Pearce가 제시한 재료의 "변칙"거동을 나타낸다.

(2) 비교적 단순한 형태를 갖는다.

(3) 연관 유동법칙과 상당변형률을 해석적인 식으로 나타낼 수 있다.

반면에, 다음과 같은 단점도 갖고 있다.

(1) 이 조건은 주응력의 항으로만 나타낼 수 있다.

(2) 전단응력 항은 포함하지 않고 있다.

(3) $r_0/r_{90} \neq 1$인 경우 $\sigma_0/\sigma_{90} \neq 1$이 되는 재료의 거동을 나타내지 못한다.

(4) 지수 m이 일반적으로 정수가 아니므로, 단순한 경우라도 해를 구하려면, 수치적 방법을 사용해야 한다.

(5) "변칙"거동을 나타내기는 하지만, 이 조건으로 예측된 항복곡면은 Bishop-Hill 이론(Bishop 및 Hill, 1951)에 따라 실험적으로 작성된 결과와 매우 상이한 경우가 있다.

10.4.2 Bassani 항복조건

Bassani(1977)는 Hill과 독자적으로 4개의 변수로 표현되는 항복함수군을 제안하여, Bishop-Hill 이론에 따라 계산되는 횡적 등방성(transversally isotropic) 항복곡면에 비교적 광범위하게 적용될 수 있음을 보였다. 제안된 항복함수는 다음과 같다.

$$f = \left| \frac{\sigma_1 + \sigma_2}{2\sigma_b} \right|^n + \left| \frac{\sigma_1 - \sigma_2}{2\tau} \right|^m - 1 \tag{10.60}$$

여기에서, τ는 순수전단 항복응력이고, n과 m은 각각 1보다 큰 상수이다. 이 함수는 Hill의 1979년 항복조건 중에서 네 번째 경우를 보다 일반화한 것임을 알 수 있다. 실제로, $n = m$이면, 위 식은 식(10.53d)로 환원된다.

10.4.3 Hosford 항복조건

Hosford(1979) 역시 Hill과 독자적으로 다음과 같은 형태의 항복조건을 제안하였다.

$$F|\sigma_y - \sigma_z|^a + G|\sigma_z - \sigma_x|^a + H|\sigma_x - \sigma_y|^a = \sigma^a \tag{10.61}$$

위 식은 4.3.5절에 소개한 등방성 조건을 일반화 시킨 것이다. 이 조건은 Hill의 1979년 항복조건의 한 특별한 형태(식(10.51)에서 $a = b = c = 0$)라고 볼 수 있다. Hosford와 Hill

의 접근방법에서 기본적인 차이점은 지수 a를 정하는 방법이 서로 다르다는데 있다. Hosford(1985, 1993, 1996)는 a를 재료의 결정학적 구조와 연관하여 결정하였다. 즉, 그는 FCC재료에는 $a=6$, BCC재료에는 $a=8$이 재료의 항복을 가장 잘 나타낸다고 결론지었다. Hosford 항복조건에서 지수 $a=2$이면 Hill의 1948년 항복식이 된다.

식(10.61)는 평면응력의 경우에 다음과 같이 정리된다.

$$r_{90}\,|\sigma_x|^a + r_0\,|\sigma_y|^a + r_0 r_{90}\,|\sigma_x - \sigma_y|^a = r_{90}(r_0+1)\sigma_0^a \qquad (10.62)$$

위 식에 나타난 계수 중에서 r_{90}은 항복곡선의 위아래 부분에만 영향을 주는 반면에, r_0는 항복곡면의 전반적 모양에 영향을 준다.

Hosford 항복조건의 주요 장점은 지수 a를 조절하여 Bishop-Hill 이론으로 계산되는 항복곡선이나 실험결과에 모두 잘 맞출 수 있다는 점이다. 하지만, 이 항복조건의 중요한 단점으로는 전단응력이 포함되어 있지 않다는 것을 들 수 있다. 이로 인해, 방향에 따른 계수 r의 변화(평면이방성)를 예측할 수 없다.

10.4.4 초기의 Barlat 항복조건

Barlat과 Richmond(1987)는 등방성 재료에 대한 Hosford 항복조건에서 x, y, z축이 반드시 주방향과 일치할 필요가 없도록 다음과 같은 소위, "세 성분 평면응력 항복곡면" 형태로 수정하여 제안하였다.

$$f = |k_1 + k_2|^M + |k_1 - k_2|^M + |2k_2|^M = 2\bar{\sigma}^M \qquad (10.63)$$

여기에서, k_1과 k_2는 응력텐서의 불변량이고, M은 Hosford 항복조건에서와 같은 중요도를 갖는 정수의 지수이다. k_1과 k_2는 다음 식으로 구한다.

$$k_1 = \frac{\sigma_x + \sigma_y}{2} \quad \text{및} \quad k_2 = \sqrt{\left(\frac{\sigma_x - \sigma_y}{2}\right)^2 + \tau_{xy}^2} \qquad (10.64)$$

식(10.63)에는 전단응력 성분이 k_2에 포함되어 있지만, $\tau_{xy}=0$이면 $\sigma_x \to \sigma_1$ 및 $\sigma_y \to \sigma_2$가 되므로, 식(10.63)는 등방성에 대한 Hosford 항복조건으로 환원된다. 식

(10.63)로 주어지는 항복조건은 다음과 같이 수직이방성의 경우로 확장될 수도 있다.

$$f = a|k_1 + k_2|^M + b|k_1 - k_2|^M + c|2k_2|^M = 2\bar{\sigma}^M \tag{10.65}$$

여기에서, a, b, c는 다음과 같이 이방성계수로 결정되는 상수이다.

$$a = b = 2 - c = \frac{2}{1+r} \tag{10.66}$$

Barlat과 Lian(1989)은 식(10.65)을 평면이방성 거동을 보이는 재료에 적용할 수 있도록 다음과 같은 항복함수를 발표하였다.

$$f = a|k_1 + k_2|^M + a|k_1 - k_2|^M + c|2k_2|^M = 2\bar{\sigma}^M \tag{10.67}$$

계수 k_1과 k_2는 다음과 같이 주어지고,

$$k_1 = \frac{\sigma_x + h\sigma_y}{2} \quad \text{및} \quad k_2 = \sqrt{\left(\frac{\sigma_x - h\sigma_y}{2}\right)^2 + p^2\tau_{xy}^2} \tag{10.68}$$

a, c, h, p는 다음 식으로 결정되는 재료상수이다.

$$\begin{gathered} a = 2 - c = \frac{2(\bar{\sigma}/\tau_{s2})^M - 2(1+\bar{\sigma}/\sigma_{90})^M}{1+(\bar{\sigma}/\sigma_{90})^M - (1+\bar{\sigma}/\sigma_{90})^M}, \\ h = \frac{\bar{\sigma}}{\sigma_{90}}, \quad p = \frac{\bar{\sigma}}{\tau_{s1}}\left(\frac{2}{2a+2^M c}\right)^M \end{gathered} \tag{10.69}$$

여기에서, τ_{s1}과 τ_{s2}는 각각 서로 다른 유형의 전단시험을 통하여 결정되는 항복응력으로, $\sigma_x = \sigma_y = 0$인 조건에서 $\tau_{xy} = \tau_s$이고, $\tau_{xy} = 0$인 조건에서 $\sigma_y = -\sigma_x = \tau_{s2}$이다. 다른 절차를 거쳐서 위의 계수들을 r_0와 r_{90}의 값으로 나타낼 수도 있다.

$$a = 2 - c = 2 - 2\sqrt{\frac{r_0 r_{90}}{(1+r_0)(1+r_{90})}}, \quad h = \sqrt{\frac{r_0(1+r_{90})}{(1+r_0)r_{90}}} \tag{10.70}$$

식(10.69)에서, 계수 p는 식(10.69)을 이용하여, 수치해법으로 계산하여야 한다. $\tau_{xy} = 0$인 경우에, 식(10.67)과 (10.68)는 상수 h가 곱해지는 것을 제외하면 주응력으로만 나타낸 Hosford 항복조건으로 환원된다.

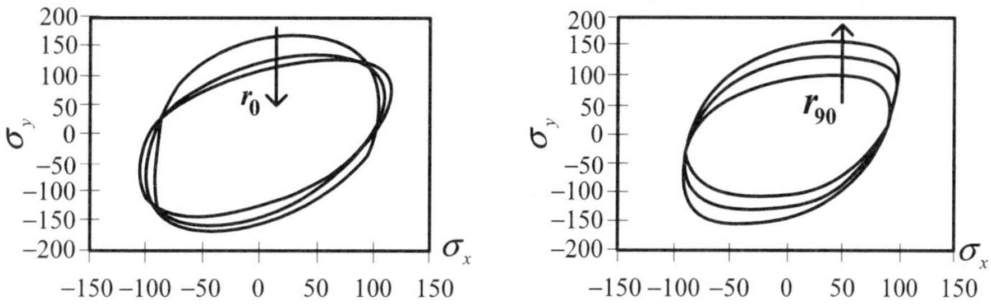

(a) influence of coefficient r_0 (b) influence of coefficient r_{90}

그림 10.4 이방성계수가 Barlat-Lian 항복곡면에 미치는 영향

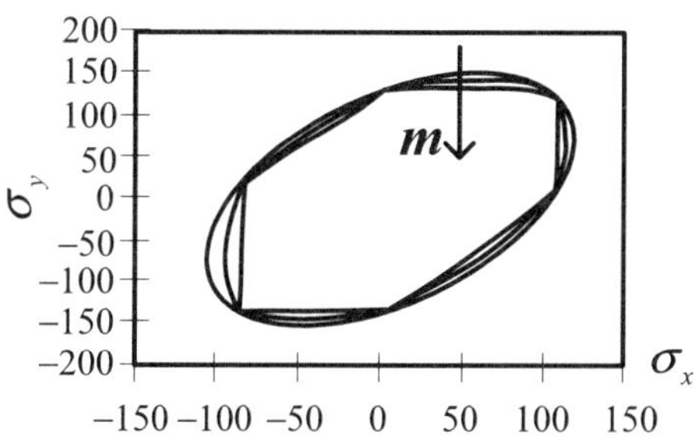

그림 10.5 지수 M이 Barlat-Lian 항복곡면에 미치는 영향

그림 10.4에 계수 r_0와 r_{90}가 항복곡선에 미치는 영향을 도시하였다. 세 성분 평면 응력조건에 대하여, 지수 M이 미치는 영향은 그림 10.5에 나타낸 것처럼, 항복곡선을 양축인장의 범위로 확장시킨다. 그림으로부터 알 수 있듯이, Barlat과 Lian의 항복조건은 변수를 많이 사용하므로, 유연성이 뛰어나다. 즉, 재료상수로 r_0, r_{90}, σ_u, τ_{s1}을 사용하고(응력으로만 나타내면 σ_0, σ_{90}, τ_{s1}, τ_{s2}), 재료의 결정학적 구조에 맞도록 M을 사용한다. 항복함수에 사용된 변수를 결정할 때는, 등이축 항복응력으로부터 구하면 편리하다.

Barlat과 Lian의 항복조건의 장점은 평면이방성 뿐 아니라, 모든 평면응력 성분들을 포함하는데 있다. 지수 M을 정확히 선정하여 사용하면, 특히 등이축인장의 경우에 있어서, Bishop-Hill 이론으로 계산하는 항복곡선과 매우 잘 일치한다. 이 항복조건으로 판재의 평면 내에서의 r과 단축항복응력의 분포를 계산할 수도 있다. 이 경우에도 Bishop-Hill 이론으로 주어지는 분포와 잘 일치한다.

Hosford 항복조건에 전단응력 성분을 포함시킨 Barlat의 제안에 근거하여, Chu (1995)는 Hill의 1979년 항복조건(경우 (4))을 다음과 같이 일반화시켰다.

$$C\,|\sigma_x + B\sigma_y|^m + H\,|(\sigma_x - B\sigma_y)^2 + (2D\tau_{xy})^2|^{m/2} = \bar{\sigma}^m \tag{10.71}$$

재료상수 B, C, D, H는 다음과 같이 이방성계수의 함수로 주어진다.

$$\begin{aligned} B &= \sqrt{\frac{r_0(1+r_{90})}{r_{90}(1+r_0)}}, \quad C = \frac{1}{2}\left(1 - \sqrt{\frac{r_0 r_{90}}{(1+r_0)}}\right), \\ H &= \frac{1}{2}\left(1 + \frac{r_0 r_{90}}{(1+r_{90})}\right), \quad D = \frac{1}{2}\left(\frac{C\,|1+B|^m\,(2r_{45}+1)}{H}\right)^{1/m} \end{aligned} \tag{10.72}$$

지수 m은 Hill의 1979년 항복조건에서 구하는 것과 같은 방법으로 구할 수 있다. 항복곡면의 볼록성을 보장하려면, C와 H는 양이어야 한다. $\tau_{xy} = 0$이고, B, C, D, H를 $r_0 = r_{90} = r$의 항으로 나타내면, 식(10.71)는 Hill의 1979년 항복조건(경우 4)으로 환원된다. 이 항복조건에서 항복곡면을 정의하는데 필요한 기계적 변수는 $(\sigma_u, \sigma_b, r_0, r_{45}, r_{90})$의 5개가 필요하다. 이들을 측정하려면, 압연방향과 각각 0°, 45°, 90°를 이루는 시편에 대한 단축인장시험 3번과 등이축인장시험 등 총 4가지 인장시험이 필요하다.

10.4.5 Hill의 1990년 항복조건

앞서 설명한 것처럼, Hill이 1979년에 제안한 항복조건은 주응력이 이방성 직교축과 일치하는 경우에만 사용할 수 있으므로, 사용에 심한 제약이 따른다. 이를 극복하여 항복조건을 일반화시키려면 다음과 같이 일반 좌표계에서 표현하여야 한다.(Hill, 1990)

$$\begin{aligned} \phi = &\left|\sigma_x + \sigma_y\right|^m + (\sigma_b^m / \tau^m)\left|(\sigma_x - \sigma_y)^2 + 4\tau_{xy}^2\right|^{m/2} \\ &+ \left|\sigma_x^2 + \sigma_y^2 + 2\tau_{xy}^2\right|^{(m/2)-1}\left\{-2a(\sigma_x^2 - \sigma_y^2) + b(\sigma_x - \sigma_y)^2\right\} = \left(2\sigma_b\right)^m \end{aligned} \tag{10.73}$$

여기에서, σ_b는 등이축인장시의 항복응력이고, τ는 순수전단변형($\sigma_1 = -\sigma_2$)에서의 항복응력이며, a와 b는 재료상수, m은 다음 식으로 정해지는 계수이다.

$$\left(2\sigma_b / \sigma_{45}\right)^m = 2(1 + r_{45}) \tag{10.74}$$

$$a = \frac{1}{4}\left|\left(\frac{2\sigma_b}{\sigma_{90}}\right)^m - \left(\frac{2\sigma_b}{\sigma_0}\right)^m\right|, \quad b = \frac{1}{2}\left[\left(\frac{2\sigma_b}{\sigma_0}\right)^m + \left(\frac{2\sigma_b}{\sigma_{90}}\right)^m\right] - \left(\frac{2\sigma_b}{\sigma_{45}}\right)^m \tag{10.75}$$

비율 σ_b / τ 역시, 계수 r_{45}의 함수로 표현될 수 있다.

$$\left(\frac{\sigma_b}{\tau}\right)^m = 1 + 2r_{45} \tag{10.76}$$

상수 a와 b는 다음과 같이 이방성계수 r_0, r_{45}, r_{90}의 함수로 결정하거나,

$$a = \frac{(r_0 - r_{90})\left[1 - (m-2)r_{45}/2\right]}{(r_0 + r_{90}) - (m-2)r_0 r_{90}}, \quad b = \frac{m\left[2r_0 r_{90} - r_{45}(r_0 + r_{90})\right]}{(r_0 + r_{90}) - (m-2)r_0 r_{90}} \tag{10.77}$$

식(10.14) 및 (10.15)에 나타낸 계수들의 함수로 결정할 수도 있다.

$$a = \frac{F - G}{F + G}, \qquad b = \frac{F + G + 4H - 2N}{F + G} \tag{10.78}$$

상수 a와 b를 식(10.75)를 이용하여 항복응력으로부터 결정하거나, 혹은 식(10.77)을 이용하여 이방성계수로부터 결정하여 식(10.73)에 대입하면 각각 항복곡선이 얻어지는데, 응력을 사용하여 상수를 구한 경우가 테일러 이론을 따르는 항복곡선에 더 잘 맞는다는 것이 밝혀졌다[Lin 및 Ding, 1996].

항복함수 (10.73)를 주응력 (σ_1, σ_2)의 항으로 나타내면 다음과 같다.

$$\begin{aligned}\phi = &\left|\sigma_1 + \sigma_2\right|^m + \left(\frac{\sigma_b^m}{\tau_m}\right)\left|\sigma_1 - \sigma_2\right|^m + \\ &\left|\sigma_1^2 + \sigma_2^2\right|^{\frac{m}{2}-1}\left[-2a(\sigma_1^2 - \sigma_2^2) + b(\sigma_1 - \sigma_2)^2 \cos 2\alpha\right]\cos 2\alpha = (2\sigma_b)^m\end{aligned} \tag{10.79}$$

여기에서, α는 σ_1의 방향과 압연방향이 이루는 각이다. $a = b$이거나, $\alpha = \pi/4$이면 식(10.73)과 (10.79)은 Hill의 1979년 항복조건(경우 4)으로 환원된다. 이 항복조건과 연관

되는 유동법칙은 참고문헌(Chung 및 Shah, 1992)에 소개되어 있다.

Hill의 1990년 항복조건은 1979년 항복조건의 모든 장점을 갖는 외에, 응력텐서의 평면성분($\sigma_x, \sigma_y, \tau_{xy}$)을 모두 포함하고 있다. 그 결과로, 금속판재의 평면 내에서 단축항복응력과 이방성계수의 분포를 구할 수 있다. 식(10.73)~(10.75)으로부터, 이 항복조건을 정의하는 데는 5개의 변수, ($\sigma_0, \sigma_{45}, \sigma_{90}, \sigma_b, r_{45}$)가 필요함을 알 수 있다. 상수 a와 b를 정할 때, 식(10.76)과 (10.77)을 사용한다면, 항복조건을 정의하는데 필요한 기계적 변수는 ($\sigma_{45}, \sigma_b, r_0, r_{45}, r_{90}$)가 되며, 이들을 결정하려면, 세 번의 단축인장시험과 양축인장시험을 모두 수행하여야 한다.

Lin과 Ding(1996)은 Hill의 1990년 항복조건을 분석하면서, 보다 일반적인 다음과 같은 항복함수를 제안하였다.

$$\begin{aligned} \phi &= |\sigma_1 + \sigma_2|^m + (1+2R)|\sigma_1 - \sigma_2|^m + |\sigma_1^2 + \sigma_2^2|^{m-\frac{1}{2}} A\cos 2\alpha = (2\sigma_b)^m \\ A &= -2a(|\sigma_1|^s - |\sigma_2|^s) + b|\sigma_1 - \sigma_2|^s \cos 2\alpha \end{aligned} \tag{10.80}$$

단, 위에서 R과 s는 재료상수이다. $\alpha = \pi/4$이고, $s=2$이면, 위 식은 식(10.53)와 같아져서, Hill의 1979년 항복조건(경우 4)으로 환원된다. 위 항복조건의 특성은 추가된 항들이 이차식이 아니라는 점이다. $B_{90} = (2\sigma_b/\sigma_{90})^m$, $B_0 = (2\sigma_b/\sigma_0)^m$라 할 때, 지수 s와 계수 R은 다음 식으로 결정한다.

$$s = \frac{-mr_0\left\{2(r_{90} - R) + r_{90}\left[B_{90} - 2(1+R)\right]\right\}}{(1+R)(r_0 - r_{90}) - \frac{1}{2}(r_0 + r_{90} + 2r_0 r_{90})\left[B_{90} - 2(1+R)\right]} \tag{10.81}$$

$$R = \tfrac{1}{2}\left[B_{90} - 1\right] \tag{10.82}$$

한편, 상수 a와 b를 응력의 항으로 나타내면 다음과 같다.

$$a = \tfrac{1}{4}\left[B_{90} - B_0\right], \quad b = \tfrac{1}{2}\left[B_0 + B_{90}\right] - 2(1+R) \tag{10.83}$$

이로부터,

$$s = \frac{m\left[(b-2a)r_0 + 2(r_0 - r_{45})\right]}{(1+r_0)b} \tag{10.84}$$

위 식들로부터, 제안된 항복함수를 정의하려면, 식(10.81)를 사용하는 경우, 6개의 변수

$(\sigma_0, \sigma_{45}, \sigma_{90}, \sigma_b, r_0, r_{90})$를 알아야 하고, 식(10.84)를 사용하는 경우에는 $(\sigma_0, \sigma_{45}, \sigma_{90}, \sigma_b, r_0, r_{45})$를 알아야 한다. 이들 변수를 측정하려면, 역시 세 번의 단축인장시험과 한 번의 양축인장시험을 하여야 한다. Lin과 Ding이 제안한 항복함수는 원래의 Hill의 1990년 항복함수에 이차식이 아닌 항들이 추가되어, 테일러 이론에 따르는 항복곡면에 더 근접한다.

10.4.6 Hill의 1993년 항복조건

금속판재가 평면 직교축을 따라서 복잡한 하중을 받는 경우에는 지금까지 제안된 어떤 항복조건으로도 완전하게 표현이 안되는 특수한 상황이 발생하는 경우가 관찰된다. Hill(1993)은 이 문제에 대한 완전한 분석을 소개하면서, 지금까지 소개한 모든 항복조건은 $\sigma_0 = \sigma_{90}$이면 $r_0 = r_{90}$, 혹은 그 역이 항상 성립한다는 점을 지적하였다. 하지만, 어떤 재료들(특히, 황동이나 알루미늄 합금) 중에는 압연방향 및 횡방향 항복응력이 거의 같지만, r_0값과 r_{90}이 매우 다르다는 것이 실험적으로 관찰되었다. 예를 들면, 70-30황동 판재의 경우, σ_0=126 MPa, σ_{90}=125 MPa, r_0=1.51, r_{90}=0.37, AlMgSi 1 판재의 경우, σ_0=143 MPa, σ_{90}=133 MPa, r_0=0.48, r_{90}=0.61 등으로 측정된다.

이러한 현상을 "**제2차 변칙거동**"이라고 한다. 이는 알루미늄 합금에서 $r<1$임에도 등이축 항복응력이 단축항복응력보다 커지는($\sigma_b / \sigma_u > 1$) "**제1차 변칙거동**"과 구분하기 위하여 명명되었다. Hill은 1979년에 제안한 항복조건의 일반성을 유지하면서, "**제1차 변칙거동**"과 "**제2차 변칙거동**"을 모두 다룰 수 있는 새로운 항복함수를 제안하였다.

이 때의 구속조건은 얇은 금속판재가 주로 받는 응력상태인 응력평면의 제1상한에 있는 응력상태(양축인장)에 적용할 수 있는 다음과 같은 다항식으로 만족시킬 수 있다.

$$\frac{\sigma_1^2}{\sigma_0^2} - \frac{c\sigma_1\sigma_2}{\sigma_0\sigma_{90}}\sigma_1\sigma_2 + \frac{\sigma_2^2}{\sigma_{90}^2} + \left\{(p+q) - \frac{(p\sigma_1 + q\sigma_2)}{\sigma_b}\right\}\frac{\sigma_1\sigma_2}{\sigma_0\sigma_{90}} = \sigma_u^2 \quad (10.85)$$

여기에서,

$$\frac{c}{\sigma_0\sigma_{90}} = \frac{1}{\sigma_0^2} + \frac{1}{\sigma_{90}^2} - \frac{1}{\sigma_b^2} \quad (10.86)$$

이고, p와 q는 항복곡선이 응력좌표축과 만나는 점에서 변형률속도 텐서가 항복곡면에 수직하는 조건(직교성)을 식(10.85)에 적용함으로써, 다음과 같이 결정된다.

$$p=\left[\frac{2r_0(\sigma_b-\sigma_{90})}{(1+r_0)\sigma_0^2}-\frac{2r_{90}\sigma_b}{(1+r_{90})\sigma_{90}^2}+\frac{c}{\sigma_0}\right]\frac{1}{\left(\frac{1}{\sigma_0}+\frac{1}{\sigma_{90}}-\frac{1}{\sigma_b}\right)} \tag{10.87}$$

$$q=\left[\frac{2r_{90}(\sigma_b-\sigma_{90})}{(1+r_0)\sigma_{90}^2}-\frac{2r_0\sigma_b}{(1+r_0)\sigma_0^2}+\frac{c}{\sigma_{90}}\right]\frac{1}{\left(\frac{1}{\sigma_0}+\frac{1}{\sigma_{90}}-\frac{1}{\sigma_b}\right)} \tag{10.88}$$

위 식들로부터, 항복함수를 완전하게 정의하려면 5개의 기계적 변수 ($r_0,r_{90},\sigma_0,\sigma_{90}$, σ_b)가 필요함을 알 수 있다. 이들 변수는 두 번의 단축인장시험과 한 번의 등이축 인장시험을 통하여 결정할 수 있다.

$\sigma_0=\sigma_{90}=\sigma_u$이고 $r_0\neq r_{90}$인 경우에, 식(10.85)은 다음과 같이 정리된다.

$$\sigma_1^2-\left(2-\frac{\sigma_u^2}{\sigma_b^2}\right)\sigma_1\sigma_2+\sigma_2^2+\left\{(p+q)-\frac{(p\sigma_1+q\sigma_2)}{\sigma_b}\right\}\sigma_1\sigma_2=\sigma_u^2 \tag{10.89}$$

여기에서, $R_{ub}=\sigma_u/\sigma_b$라 할 때, p와 q는 다음과 같이 주어진다.

$$p=\left[\frac{2}{1+r_0}+\left(\frac{2}{1+r_{90}}-\frac{2}{1+r_0}\right)\frac{1}{R_{ub}}-R_{ub}^2\right]\frac{1}{(2-R_{ub})} \tag{10.90a}$$

$$q=\left[\frac{2}{1+r_0}+\left(\frac{2}{1+r_0}-\frac{2}{1+r_{90}}\right)\frac{1}{R_{ub}}-R_{ub}^2\right]\frac{1}{(2-R_{ub})} \tag{10.90b}$$

따라서, 이 경우의 항복함수는 4개의 기계적 변수 ($r_0,r_{90},\sigma_u,\sigma_b$)로 정의되며, "**제1차 변칙거동**"만 표현할 수 있다. 만일, 좀 더 가정해서 $\sigma_0=\sigma_{90}=\sigma_u$이고 $r_0=r_{90}=r$인 경우에는 식(10.90)으로 주어진 변수 p와 q는 다음과 같이 단순화된다.

$$p=q=\frac{2/(1+r)-R_{ub}^2}{2-R_{ub}} \tag{10.91}$$

이 결과를 식(10.89)에 대입하면, 다음과 같이 정리된다.

$$\sigma_1^2-(2-R_{ub}^2)\sigma_1\sigma_2+\sigma_2^2+p\{2-(\sigma_1+\sigma_2)/\sigma_b\}\sigma_1\sigma_2=\sigma_u^2 \tag{10.92}$$

이 경우에는 3개의 기계적 변수 (r, σ_u, σ_b)를 알면 항복함수를 정의할 수 있다.

식(10.85), (10.89), (10.92)의 3차식 항으로부터, 주응력 σ_1과 σ_2의 계수를 응력평면 (σ_1, σ_2)의 다른 상한에 적용될 수 있도록 외삽한다면, 이 항복함수를 일반 응력상태에도 사용할 수 있다. 하지만, 이 경우에는 항복곡선에 불연속점이 생기게 되고, 불연속오차가 실험오차의 한계 이내일 때만 사용이 가능하다. 또한, 식(10.85), (10.89), (10.92)으로 제안되는 항복함수는 σ_1과 σ_2에 대하여 비동차 방정식이다. 따라서, 직교성 조건으로부터 변형률증분에 대한 명백한 표현식을 얻을 수가 없다.

Hill의 1993년 항복조건의 장점은 다음과 같다.

(1) 이 조건을 사용하면, "**제1차 변칙거동**"($r<1$임에도 $\sigma_b/\sigma_u>1$)과 "**제2차 변칙거동**" ($\sigma_0>\sigma_{90}$이면서 $r_0<r_{90}$, 혹은 그 역)을 모두 나타낼 수 있다.

(2) 비교적 단순하고 사용하기에 편리한 식의 형태로 표현되고, 5개의 기계적 변수가 포함되므로, 상당한 유연성을 갖는다.

반면에, 다음과 같은 단점도 갖고 있다.

(1) 항복함수가 σ_1과 σ_2에 대하여 비동차 방정식이므로, 변형률증분에 대한 명백한 표현식을 얻을 수가 없다

(2) 주응력의 방향이 직교이방성 축과 일치할 때만 사용할 수 있다.

(3) 판재의 평면에서 단축항복응력이나 이방성계수의 변화를 나타낼 수 없다.

(4) 이 함수로 표현된 항복곡면은 다결정 소성이론(테일러 이론이나 Bishop-Hill 이론)으로부터 얻는 곡면과 상당한 차이를 나타낸다.

10.4.7 Barlat의 1991년 항복조건

Barlat과 Richmond는 Hosford의 항복조건(평면 형태)을 일반화하여 주응력 방향이 직교이방성 축과 일치하지 않은 경우에도 적용될 수 있는 항복조건을 제안하였다고 설명한 바 있다.(10.4.4절 참조) 그들은 이 새로운 제안을 "세 성분 항복조건"이라고 불렀다.

Barlat 등(1991)은 삼차원의 경우에도 Hosford의 등방성 항복조건을 이와 유사하게 일반화하였다. 즉, 어떤 응력상태에서도 제약 없이 사용될 수 있도록 6개의 응력성분 (σ_x, $\sigma_y, \sigma_z, \tau_{xy}, \tau_{yz}, \tau_{zx}$)을 모두 포함하는 항복조건을 제안하였다. 이를 설명하기 위하여, Hosford의 등방성 항복조건을 다시 요약하여 편차 주응력 s_1, s_2, s_3의 항으로 정리하면 다음과 같다. 복잡한 변환과정을 거쳐서, Bishop-Hill의 기호를 응력으로 나타내면,

$$\phi = |s_1 - s_2|^m + |s_2 - s_3|^m + |s_3 - s_1|^m = 2\bar{\sigma}^m \tag{10.93}$$

Barlat은 이를 Hosford의 등방성 항복조건에 적용하여 다음과 같이 정리하였다.

$$\phi = (3I_2)^{m/2}\left\{\left|2\cos\left(\frac{2\theta+\pi}{6}\right)\right|^m + \left|2\cos\left(\frac{2\theta+3\pi}{6}\right)\right|^m + \left|2\cos\left(\frac{2\theta+5\pi}{6}\right)\right|^m\right\} = 2\bar{\sigma}^m \tag{10.94}$$

단,

$$\theta = \arccos\left(\frac{I_3}{I_2^{3/2}}\right) \tag{10.95}$$

여기에서, I_2와 I_3는 각각 응력텐서의 제2불변량 및 제3불변량을 나타낸다. 이들을 Bishop-Hill의 기호로 나타내면 다음과 같다.

$$I_2 = \frac{F^2+G^2+H^2}{3} + \frac{(A-C)^2+(C-B)^2+(B-A)^2}{54} \tag{10.96}$$

$$I_3 = \frac{(C-B)(A-C)(B-A)}{54} + FGH - \frac{(C-B)F^2+(A-C)G^2+(B-A)H^2}{6} \tag{10.97}$$

위에서 정의한 항복함수를 이방성을 고려할 수 있도록 가중계수(a,b,c,f,g,h)를 응력성분에 곱하여 불변량을 구하면 다음과 같다.

$$I_2 = \frac{(fF)^2+(gG)^2+(hH)^2}{3} + \frac{(aA-cC)^2+(cC-bB)^2+(bB-aA)^2}{54} \tag{10.98}$$

$$I_3 = \frac{(cC - bB)(aA - cC)(bB - aA)}{54} + (fF)(gG)(hH)$$
$$- \frac{(cC - bB)(fF)^2 + (aA - cC)(gG)^2 + (bB - aA)(hH)^2}{6} \quad (10.99)$$

즉, 가중계수(a,b,c,f,g,h)는 재료의 이방성을 나타낸다. 이들은 직교이방성 축방향으로의 세 번의 단축인장시험과(a,b,c)세 번의 전단시험을(f,g,h) 통하여 결정된다. 평면응력인 경우에는, 계수의 수가 4개(a,b,c,h)로 줄어든다. 이들 계수는 세 번의 단축인장시험(압연방향에 대하여 각각 0°, 45°, 90°)과 z 방향으로의 단축압축시험을 통하여 결정할 수 있다.

이방성 항복함수에서 지수 m은 1보다 크며, Hosford의 항복조건의 경우에서와 마찬가지로 결정한다. $a=b-c=f=g=h=1$이면, 식(10.94)로 주어진 항복조건은 Hosford의 등방성 항복조건 (10.93)으로 환원된다. 이방성 항복함수를 사용한 경우의 연관 유동법칙을 얻는 방법은 꽤 복잡하며, 이는 참고문헌 (Chung 및 Shah, 1992)에 상세하게 설명되어 있다. 그림 10.6에 몇몇 변수가 항복곡선에 미치는 영향을 나타내었다. 계수 a는 Hosford항복조건의 r_{90}처럼, 제1상한에서 항복곡선의 윗부분을 변화시키는 반면에, 계수 b는 항복곡선은 오른쪽 부분을 주로 변화시킨다.

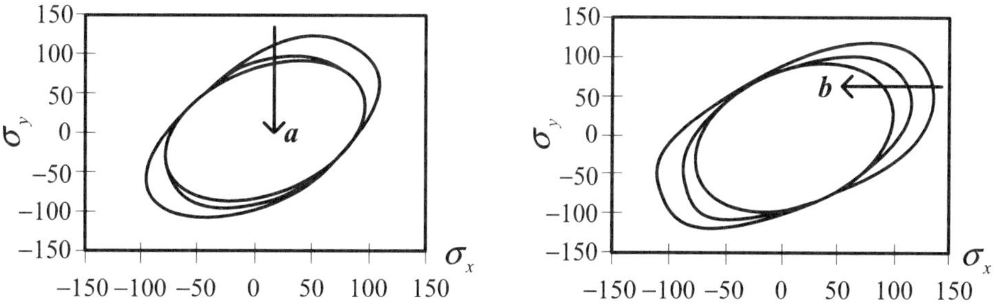

(a) influence of coefficient a (b) influence of coefficient b

Fig. 10.6 Barlat 1991년 항복곡선 형상에 영향을 주는 인자들

Barlat의 1991년 항복조건은 다음 절에서 설명하는 Karafillis-Boyce 항복조건의 한 특수한 경우($c=0$)에 해당한다고 볼 수 있다. Barlat의 1991년 항복조건은 일반적이고 유연하다는(Hill의 1948년 항복조건처럼, 이 조건도 6개의 응력성분을 모두 가짐) 장점과 함께, 다결정이론(테일러 이론 및 Bishop-Hill 이론)으로 계산되는 항복곡면과 잘 일치하며, 유한요소코드에 적용하기가 용이하다는 장점도 갖는다. 또한, 판재의 평면에서 단축항복응력과 계수 r의 분포를 현실적으로 예측해 준다. 이 항복조건의 최대 단점은 유동법칙이 너무 복잡하여 사용하기가 불편하다는 점에 있다.

Lian과 Chen(1991)은 위와 비슷한 방법으로 Hill의 1979년 항복조건을 다음과 같이 일반화시켜서 삼차원 응력상태에 적용될 수 있도록 하였다.

$$\begin{aligned} & 2^m J_2^{m/2}\left\{ f\left|\sin\left(\frac{\varphi}{3}\right)\right|^m + g\left|\cos\left(\frac{\varphi}{3}+\frac{\pi}{6}\right)\right|^m + h\left|\cos\left(\frac{\varphi}{3}-\frac{\pi}{6}\right)\right|^m \right. \\ & \left. +3^{m/2}\left[a\left|\cos\left(\frac{\varphi}{3}\right)\right|^m + b\left|\cos\left(\frac{\varphi}{3}-\frac{\pi}{3}\right)\right|^m + c\left|\cos\left(\frac{\varphi}{3}+\frac{\pi}{3}\right)\right|^m \right]\right\} = \bar{\sigma}^m \end{aligned} \tag{10.100}$$

여기에서, φ는 편차응력텐서의 제2 불변량과 제3 불변량의 함수이다. 이와 같이, 항복조건이 6개의 응력성분을 모두 포함하도록 한 Lian과 Chen의 방법은 매우 일반적이어서, 주응력으로 표현된 어떤 항복조건에도 적용될 수가 있다.

10.4.8 Karafillis-Boyce 항복조건

Karafillis와 Boyce(1993)는 매우 일반적인 항복조건을 제안하였다. 기본 동기는 von Mises항복조건에 대한 표현과 Tresca 항복조건에 대한 표현을 각각 가중하여 나타내고, 동시에 등방성에서 이방성으로 넘어갈 때 선형변환을 사용하도록 한 것이다. 제안된 항복조건은 다음 식으로 표현된다.

$$\phi = (1-c)\phi_1 - c\phi_2 \tag{10.101}$$

여기에서,

$$\phi_1 = |s_1 - s_2|^{2k} + |s_2 - s_3|^{2k} + |s_3 - s_1|^{2k} = 2\bar{\sigma}^{2k} \tag{10.102}$$

$$\phi_2 = |s_1|^{2k} + |s_2|^{2k} + |s_3|^{2k} = \frac{2^{2k}+2}{3^{2k}}\bar{\sigma}^{2k} \tag{10.103}$$

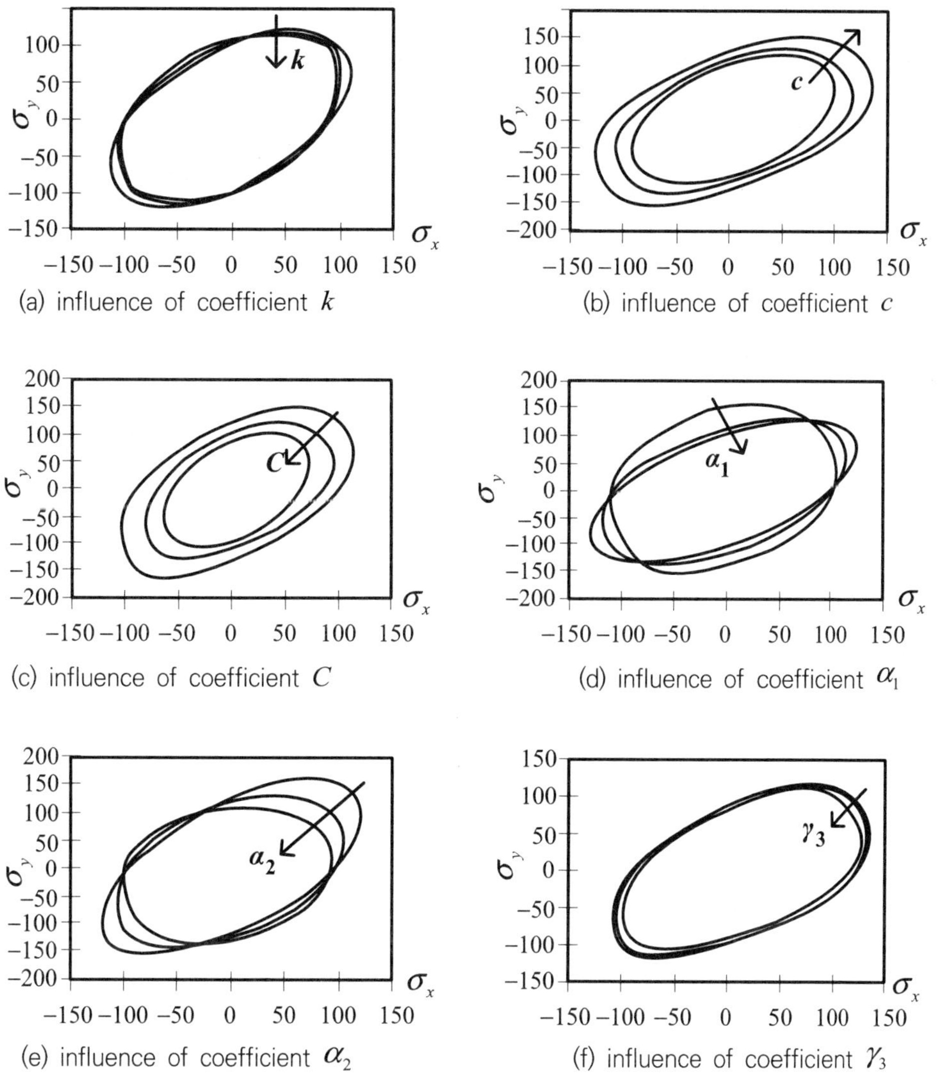

(a) influence of coefficient k　(b) influence of coefficient c

(c) influence of coefficient C　(d) influence of coefficient α_1

(e) influence of coefficient α_2　(f) influence of coefficient γ_3

Fig. 10.7 Karafillis-Boyce 항복곡선의 형상에 영향을 주는 인자들

단, s_1, s_2, s_3은 편차 주응력을 나타내고, c는 가중계수이며, $2k$는 Hosford 항복조건에서의 지수 a와 같은 중요도를 갖는 지수이다. $k=1$이면 식(10.102)와 (10.103)는 von Mises 형태가 되고, $k=\infty$이면, 식(10.102)는 Tresca형태, 식(10.103)는 항복곡면의 상계가 된다. 계수 c는 [0,1]의 범위로, 항복함수 ϕ에서 함수 ϕ_1과 ϕ_2의 가중 정도를 나타낸다. 다른 항복함수는 단지 한 개의 변수(지수 a나 m)를 사용한 것에 비하여, 위의 항복함수는 두 개의 변수, k와 c를 사용하여 항복곡선의 모양을 조정할 수 있다. 그 결과로 이 항복함수는 유연성이 매우 높다. 그림 10.7에 변수, k와 c가 항복곡선에 미치는 영향을 나타내었다.

식(10.101)~(10.103)는 등방성 재료의 경우에 적용되는 식들이다. Karafillis와 Boyce는 이들 식을 이방성 재료에 적용하기 위하여, 다음과 같은 선형변환을 제안하였다.

$$\tilde{\boldsymbol{S}} = \tilde{\boldsymbol{L}} \cdot \tilde{\boldsymbol{\sigma}} \tag{10.104}$$

여기에서, $\tilde{\boldsymbol{S}}$는 "상당 등방성 소성(IPE, isotropic plastic equivalent)"상태에 연관되는 편차응력텐서이고, $\tilde{\boldsymbol{\sigma}}$는 실제의 이방성 응력텐서이며, $\tilde{\boldsymbol{L}}$은 다음과 같이 정의되는 선형연산자이다.

$$\tilde{\boldsymbol{L}} = C \begin{bmatrix} 1 & \beta_1 & \beta_2 & 0 & 0 & 0 \\ \beta_1 & \alpha_1 & \beta_3 & 0 & 0 & 0 \\ \beta_2 & \beta_3 & \alpha_2 & 0 & 0 & 0 \\ 0 & 0 & 0 & \gamma_1 & 0 & 0 \\ 0 & 0 & 0 & 0 & \gamma_2 & 0 \\ 0 & 0 & 0 & 0 & 0 & \gamma_3 \end{bmatrix} \tag{10.105}$$

단, $$\beta_1 = \frac{\alpha_2 - \alpha_1 - 1}{2}, \quad \beta_2 = \frac{\alpha_1 - \alpha_2 - 1}{2}, \quad \beta_3 = \frac{1 - \alpha_1 - \alpha_2}{2} \tag{10.106}$$

및 $\alpha_1, \alpha_2, \gamma_1, \gamma_2, \gamma_3, C$은 금속재료의 이방성을 정의하는 계수들이다. 이로부터 Karafillis-Boyce 항복함수는 8개의 계수 $(\alpha_1, \alpha_2, \gamma_1, \gamma_2, \gamma_3, c, C, k)$로 정의된다. 등방성 재료에 대하여는, 계수들이 다음과 같은 값을 갖는다.

$$C = \tfrac{2}{3}, \quad \alpha_1 = \alpha_2 = 1, \quad \gamma_1 = \gamma_2 = \gamma_3 = \tfrac{3}{2} \tag{10.107}$$

평면 외의 전단응력들이 무시될 수 있을 정도이면$(\tau_{zv} = \tau_{xz} \approx 0), \gamma_2 = \gamma_3 \approx \tfrac{3}{2}$이 성립한다. 모든 성분이 나타나도록 식(10.104)을 다시 쓰면,

$$\begin{bmatrix} s_x^i \\ s_y^i \\ s_z^i \\ s_{yz}^i \\ s_{zx}^i \\ s_{yx}^i \end{bmatrix} = C \cdot \begin{bmatrix} 1 & \beta_1 & \beta_2 & 0 & 0 & 0 \\ \beta_1 & \alpha_1 & \beta_3 & 0 & 0 & 0 \\ \beta_2 & \beta_3 & \alpha_2 & 0 & 0 & 0 \\ 0 & 0 & 0 & \gamma_1 & 0 & 0 \\ 0 & 0 & 0 & 0 & \gamma_2 & 0 \\ 0 & 0 & 0 & 0 & 0 & \gamma_3 \end{bmatrix} \begin{bmatrix} \sigma_x^a \\ \sigma_y^a \\ \sigma_z^a \\ \tau_{yz}^a \\ \tau_{zx}^a \\ \tau_{yx}^a \end{bmatrix} \tag{10.108}$$

단, 상첨자 "i"와 "a"는 각각 "등방성"과 "이방성" 상태를 나타낸다. 평면응력조건에서 식(10.108)은 다음과 같이 단순화된다.

$$\begin{bmatrix} s_x^i \\ s_y^i \\ s_{xy}^i \end{bmatrix} = C \begin{bmatrix} 1 & (\alpha_2 - \alpha_1 - 1)/2 & 0 \\ (\alpha_2 - \alpha_1 - 1)/2 & \alpha_1 & 0 \\ 0 & 0 & \gamma_3 \end{bmatrix} \begin{bmatrix} \sigma_x^a \\ \sigma_y^a \\ \tau_{xy}^a \end{bmatrix} \tag{10.109}$$

즉, 항복곡면을 정의하는데 6개의 계수 $(\alpha_1, \alpha_2, \gamma_3, c, C, k)$만 있으면 되는데, 이는 Barlat의 1991년 항복조건보다 1개가 더 많은 것으로, Karafillis-Boyce 항복조건은 그만큼 더 유연하다.

이방성 응력상태 $\tilde{\boldsymbol{\sigma}}^a$을 선형변환시켜서 등가의 등방성 응력상태 $\tilde{\mathbf{S}}^i$를 얻었을 때, Karafillis와 Boyce는 이를 "상당 등방성 소성(IPE, isotropic plastic equivalent)" 편차응력이라고 불렀다. 평면응력조건에서 Karafillis-Boyce 항복함수를 얻는 방법은 다음과 같다.

(1) $\sigma_x, \sigma_y, \tau_{xy}$를 이방성 응력텐서의 평면성분이라고 하자.

(2) 응력성분을 선형변환식 (10.109)에 대입하면, 다음과 같이 "상당 등방성 소성(IPE)" 편차응력을 구할 수 있다.

$$\begin{aligned} s_x &= C\left(\sigma_x + \frac{\alpha_2 - \alpha_1 - 1}{2}\sigma_y\right) \\ s_y &= C\left(\frac{\alpha_2 - \alpha_1 - 1}{2}\sigma_x + \alpha_1\sigma_y\right) \\ s_{xy} &= \gamma_3 \cdot \tau_{xy} \end{aligned} \tag{10.110}$$

(3) 편차 주응력을 계산한다.

$$
\begin{aligned}
s_1 &= (s_x + s_y)/2 + \sqrt{\{(s_x + s_y)/2\}^2 + s_{xy}^2} \\
s_2 &= (s_x + s_y)/2 - \sqrt{\{(s_x + s_y)/2\}^2 + s_{xy}^2} \\
s_3 &= -(s_1 + s_2)
\end{aligned}
\tag{10.111}
$$

(4) 편차 주응력을 식(10.101)에 대입하면, 이방성 응력텐서와 계수 $(\alpha_1, \alpha_2, \gamma_3, c, C, k)$ 의 항으로 항복함수를 나타낼 수 있다.

$$\phi = \phi\left(\sigma_x, \sigma_y, \sigma_{xy}, c, C, \alpha_1, \alpha_2, \gamma_3, k, \bar{\sigma}\right) \tag{10.112}$$

이와 같은 방법을 사용하면, Barlat의 1991년, 1994년, 1996년 항복조건들을 모두 유도할 수 있다. 이방성 상태에서의 연관유동법칙을 구하려면, 다음과 같은 역변환을 사용한다.

$$\tilde{\boldsymbol{D}}^a = \tilde{\boldsymbol{L}} \cdot \tilde{\boldsymbol{D}}^i \tag{10.113}$$

여기에서, $\tilde{\boldsymbol{D}}^a$는 이방성 변형률속도텐서(소성항복이 일어나는 초기의)이고, $\tilde{\boldsymbol{D}}^i$는 "상당 등방성 소성(IPE)" 재료로 변환된 등방성 변형률속도텐서이다. $\tilde{\boldsymbol{D}}^i$는 항복함수 ϕ가 식(10.101)으로 주어진다고 할 때, 다음과 같은 연관유동법칙으로부터 계산될 수 있다.

$$\tilde{\boldsymbol{D}}^i = \lambda \frac{\partial \phi}{\partial \boldsymbol{S}} \tag{10.114}$$

Karafillis-Boyce 항복조건으로 계산되는 항복곡면은 실험결과 및 Bishop-Hill 이론에 의한 항복곡면과 매우 잘 맞는다. 또한, 판재의 평면 내에서의 단축항복응력 및 이방성 계수의 변화를 실험으로 구한 결과와도 잘 맞는다. 이 항복조건에 사용되는 재료상수는 단축인장시험으로만 구해질 수 있다는 것도 장점이다. Karafillis-Boyce 항복조건은 수학적으로 볼 때, 명쾌하고 정확한 방법이다. 이 항복조건의 단점이라면, 텐서연산자를 구하는 방법이 복잡하고 수치해를 필요로 한다는 점이다. 하지만, 이러한 단점도 이 항복조건을 유한요소코드에 사용하는 경우에는 별 문제가 되지 않을 것이다.

10.4.9 Barlat의 1994년, 1996년 항복조건

실험적 연구를 통하여, 지금까지 소개한 항복조건들로는 알루미늄 합금의 소성거동을 모델링하기가 매우 까다롭다는 것이 밝혀졌다. 이 문제를 다루기 위하여, Barlat 등(1997)은 1991년에 제안한 항복조건보다 더 일반적인 항복함수를 제안하였다. 제안된 항복함수는 식(10.93)의 각 항에 가중인자를 곱한 것으로 다음과 같다.

$$\phi = \alpha_x \left| s_y - s_z \right|^m + \alpha_y \left| s_z - s_x \right|^m + \alpha_z \left| s_x - s_y \right|^m = 2\bar{\sigma}^m \tag{10.115}$$

가중인자 $\alpha_x, \alpha_y, \alpha_z$는 재료의 이방성에 따라 결정되고, s_x, s_y, s_z는 선형변환 (10.104)에 의하여 수정된 응력텐서의 수직성분이다. 전단응력이 영일 때, $\boldsymbol{L}$ – 연산자는 다음과 같다.

$$\boldsymbol{L} = \frac{1}{3}\begin{bmatrix} c_2 + c_3 & -c_3 & -c_2 \\ -c_3 & c_3 + c_1 & -c_1 \\ -c_2 & -c_1 & c_1 + c_2 \end{bmatrix} \tag{10.116}$$

여기에서, c_1, c_2, c_3는 재료의 이방성을 나타내는 재료상수이다.

이 항복조건에서는 평면응력조건에 대하여 6개의 계수를 결정하여 사용하여야 한다. 따라서, $\sigma_0, \sigma_{45}, \sigma_{90}, r_0, r_{90}$을 결정하기 위한 세 번의 단축인장시험과 σ_b를 결정하기 위한 양축인장시험 등 총 네 가지 기계적 시험이 수행되어야 한다. 이 항복조건으로 계산되는 항복곡면은 Bishop-Hill 이론에 따른 계산결과 및 실험결과와 잘 맞는다. 하지만, 딥드로잉 공정에서의 귀발생에 대한 유한요소해석 결과에서는 이 항복조건이 정확하지 않다는 것이 나타났다(Hayashida 등, 1995).

Barlat 등(1997)은 1994년 항복조건에서 $\alpha_x, \alpha_y, \alpha_z$를 상수가 아닌 응력텐서의 주방향과 이방성 주축 간의 각도 $\beta_1, \beta_2, \beta_3$의 함수로 보아 1994년 항복조건을 보다 일반화시킨 1996년 항복조건을 다시 제안하였다. 그 결과, 원통형 컵에 대한 유한요소해석으로 예측된 귀생김이 실험결과와 잘 일치하였다. 또한, 판재의 평면에서 단축항복응력과 이방성 계수의 분포에 대하여 이론과 실험이 매우 잘 일치하였다.

10.5 극좌표로 나타낸 항복조건

10.5.1 Budiansky 항복조건

평면이방성은 판재시편의 방향에 따라 이방성의 분포를 보이는 것이므로, 이차원 항복조건을 응력점 $(\sigma_1+\sigma_2)$과 $(\sigma_1-\sigma_2)$의 함수로 나타내면 적절하게 모델링할 수 있다. Budiansky(1984)는 이에 근거하여, 적절한 평면 구성방정식과 함께 사용하기에 적합한 일반적인 항복조건을 제안하였다. 이를 식으로 나타내면 다음과 같다.

$$x=\frac{\sigma_1+\sigma_2}{2\sigma_b}=g(\alpha)\cos\alpha,\quad y=\frac{\sigma_2-\sigma_1}{2\sigma_s}=g(\alpha)\sin\alpha \tag{10.117}$$

여기에서, $g(\alpha)>0$은 항복곡면 위에 있는 점의 반경좌표이고, α는 극각도이며, σ_s는 순수전단 항복응력, σ_b는 등이축인장 항복응력을 나타낸다.

이 항복조건에서의 기본적인 관건은 $g(\alpha)$를 결정하는 방법이다. 재료의 특성을 비 $X=\sigma_b/\sigma_u$ 및 $Y=\sigma_b/\sigma_s$와 같은 무차원변수로 나타내면, 식(10.117)은 다음과 같이 쓸 수 있다.

$$\frac{\sigma_1+\sigma_2}{2\sigma_u}=Xg(\alpha)\cos\alpha,\quad \frac{\sigma_2-\sigma_1}{2\sigma_u}=\frac{Xg(\alpha)\sin\alpha}{Y} \tag{10.118}$$

따라서,

$$\alpha=\tan^{-1}\left[\frac{Y(\sigma_2-\sigma_1)}{\sigma_2+\sigma_1}\right] \tag{10.119}$$

위 항복함수에 대한 연관 유동법칙은 참고문헌 (Budiansky, 1984)에 자세히 소개되어 있다.

10.5.2 Ferron 항복조건

보통의 항복조건들은 이방성 직교축 (x,y,z)에 대하여 응력텐서의 성분끼리의 관계를 나타내고자 하는데 반하여, Ferron 등, 1994)은 다음과 같이 주응력 σ_1,σ_2와 이방성 직교축 방향과 주응력 방향이 이루는 각 α의 식으로 이루어진 항복곡면에서 출발하는 항복조건을 제안하였다.

$$\phi(\sigma_1, \sigma_2, \alpha) = 1 \tag{10.120}$$

앞 절에서 소개한 것과 유사한 대입과정을 거쳐서, 다음과 같은 관계를 얻을 수 있다.

$$x_1 = \frac{\sigma_1 + \sigma_2}{2\bar{\sigma}}, \quad x_2 = \frac{\sigma_1 - \sigma_2}{2\bar{\sigma}} \tag{10.121}$$

단, $\bar{\sigma}$는 상당응력(등이축 항복응력 σ_b로부터 결정되는)이다. 따라서, 항복곡면에 대한 식은 다음과 같이 된다.

$$\psi(x_1, x_2, \alpha) = 1 \tag{10.122}$$

여기에서, x_1과 x_2는 각각 다음과 같이 매개변수의 함수로 나타낼 수 있다.

$$\begin{aligned} x_1 &= x_1(\theta, \alpha) = g(\theta, \alpha)\cos\theta, \\ x_2 &= x_2(\theta, \alpha) = g(\theta, \alpha)\sin\theta \end{aligned} \tag{10.123}$$

위에서, $g(\theta, \alpha)$는 항복곡면 위에 있는 응력점의 반경좌표이고, θ는 이 점의 극각도이다.

이상의 수식화 과정은 함수 g가 두 개의 변수 θ와 α의 함수로 표현되기 때문에, Budiansky가 제안한 것보다 일반적이다. 함수 $g(\theta, \alpha)$는 Budiansky 항복조건에 사용된 함수 $g(\alpha)$에도 부과되었던 대칭조건 및 볼록성 조건을 역시 만족하여야 하고, Drucker의 등방성 조건으로부터 결정되어야 한다. Drucker의 등방성 조건을 극좌표 형태로 나타내면 다음과 같다.

$$(1-k)\,g(\theta)^{-6} = \left(\cos^2\theta + 3\sin^2\theta\right)^3 - k \cdot \cos^2\theta\left(\cos^2\theta - 9\sin^2\theta\right)^2 \tag{10.124}$$

여기에서, $k = 4c/27$이고, c는 재료상수이다($c < 9/4$, 4.3.4절 참조).

Ferron은 우선, 수직이방성 만을 보이는 판재에 대하여 재료상수 k, A, B를 사용하여 다음과 같은 항복조건을 제안하였다.

$$(1-k)\,g(\theta)^{-6} = F(\theta) = \left(\cos^2\theta + A\sin^2\theta\right)^3 - k \cdot \cos^2\theta\left(\cos^2\theta - B\sin^2\theta\right)^2 \tag{10.125}$$

판재의 평면이방성까지 고려하기 위하여, 위 식을 일반화시키면 다음과 같다.

$$\begin{aligned} &(1-k)^{m/6}\,g(\theta, \alpha)^{-m} = F(\theta)^{m/6} \\ &+ 2\alpha\sin\theta\cos^{2n-1}\theta\cos 2\alpha + 6\sin^{2p}\theta\cos^{2q}2\alpha \end{aligned} \tag{10.126}$$

여기에서, a, b, m, p, q는 재료상수이다. 이들 재료상수는 단축인장시험과 전단시험을 통하여 결정한다. 이상의 Ferron 항복함수에는 5개의 독립적인 상수가 사용되며, 이로 인해 항복조건은 매우 유연해진다. 항복조건으로부터 작성되는 항복곡면은 실험결과와 잘 일치한다. 또한, 이 항복조건을 사용하여 판재의 평면에서의 단축항복응력과 계수 r의 분포를 정확하게 모델링할 수 있다.

10.6 이방성 항복조건의 사용에 대한 제안

등방성 재료에 대하여는 일반적으로 von Mises 항복조건이 널리 사용되고, 평면응력의 특수한 경우에는 Tresca조건이 사용되기도 한다. 하지만, 이방성 재료에 대한 항복조건으로는 지금까지 소개한 많은 항복조건들이 혼용되고 있어서, 어떤 항복조건을 사용하는 것이 좋은지, 사용자들에게 다소 혼란을 주고 있다. 실제의 경우에서는 특정한 이방성 항복조건을 선택하여 사용하려면 그에 맞는 재료시험을 수행하여야 하고, 이로 인해 항복조건의 사용에 제약을 받기도 한다.

Table 10.1 각 항복조건을 결정하는데 필요한 실험자료

<table>
<tr><th colspan="2">항복조건</th><th>σ_0</th><th>σ_{45}</th><th>σ_{90}</th><th>σ_b</th><th>τ</th><th>r_0</th><th>r_{45}</th><th>r_{90}</th></tr>
<tr><td rowspan="6">Hill 그룹</td><td>Hill 1948</td><td>x</td><td></td><td></td><td></td><td></td><td>x</td><td></td><td>x</td></tr>
<tr><td>Hill 1979</td><td>x</td><td></td><td></td><td>x</td><td></td><td>x</td><td></td><td></td></tr>
<tr><td>Hill 1990</td><td>x</td><td>x</td><td>x</td><td>x</td><td>x</td><td></td><td></td><td></td></tr>
<tr><td>Hill 1993</td><td>x</td><td></td><td>x</td><td>x</td><td></td><td>x</td><td></td><td>x</td></tr>
<tr><td>Chu 1995</td><td>x</td><td></td><td></td><td>x</td><td></td><td>x</td><td>x</td><td>x</td></tr>
<tr><td>Lin, Ding 1996</td><td>x</td><td></td><td>x</td><td>x</td><td></td><td>x</td><td>x</td><td>x</td></tr>
<tr><td rowspan="6">Hosford 그룹</td><td>Hosford 1979</td><td>x</td><td></td><td></td><td></td><td></td><td>x</td><td></td><td>x</td></tr>
<tr><td>Barlat, Lian 1989</td><td>x</td><td></td><td></td><td></td><td>x</td><td>x</td><td></td><td>x</td></tr>
<tr><td>Barlat 외 1991</td><td colspan="8">변수 4개</td></tr>
<tr><td>Karafillis-Boyce</td><td colspan="8">변수 6개</td></tr>
<tr><td>Barlat 외 1994</td><td colspan="8">변수 6개</td></tr>
<tr><td>Barlat 외 1996</td><td>x</td><td>x</td><td>x</td><td>x</td><td></td><td>x</td><td>x</td><td>x</td></tr>
</table>

표 10.1에 각종 항복조건을 사용할 때 수행해야 할 재료시험의 범위를 나타내었다. 재료시험을 수행할 때의 관건은 양축 항복응력을 결정하여야 하는 문제이다. 양축 항복응력을 측정하려면 교차 인장시험기나 유압벌지시험기와 같은 특수한 시험기가 필요하며, 그나마 후자의 경우에는 판재의 평면에서 모든 방향에 평균된 σ_b값만을 측정할 수 있다.

상용 프로그램에서는 Hill의 1948년 항복조건이나 1990년 항복조건을 흔히 사용한다. 최근에는 Barlat의 항복조건이나 Karafillis-Boyce항복조건도 사용하는 추세이다. 앞에서 소개한 모든 항복조건의 장점과 단점을 고려하여 다음과 같은 제안을 할 수 있다.

(1) Hill의 1948년 항복조건은 판재의 이방성 거동을 간단하게 근사하는데 사용될 수 있다. 하지만, 알루미늄 합금에는 사용을 피하여야 한다.

(2) Hill의 1990년 항복조건, Barlat의 1996년 항복조건, Karafillis-Boyce항복조건은 금속판재, 특히 알루미늄 합금의 이방성 소성거동을 정확하게 모델링하는데 사용될 수 있다.

Hill의 1948년 항복조건을 제외하고는 대부분의 항복조건들이 등이축 항복응력 σ_b를 실험적으로 구하여야 한다. 반면에, Karafillis-Boyce항복조건을 사용하면, σ_b를 구하지 않고도 근사적인 계산을 수행할 수 있다.

제11장 손상과 성형한계

11.1 개요

금속재료가 변형을 받으면 전위의 이동으로 인해서 소성변형이 쉽고 부드럽게 일어난다고 설명한 바 있다. 더구나, 변형이 지속되면 전위가 집적되면서 변형경화의 원인이 된다고 하였다. 하지만, 전위는 그 자체로 선결함이므로 인장응력을 받는다면 아주 작은 공극으로 발전할 소지가 된다. 즉, 물체가 소성변형 하면 재료 내부에는 결함이 만들어지고 이는 현상적으로 재료의 평균적인 거동으로 나타날 것이다.

만일 물체에 인장(+)방향으로 정수압응력이 걸리면 질점 사이에 존재하는 원자수준의 결함이 그림 11.1에 나타낸 것과 같은 아주 미세한 공극으로 발전할 것이다. 금속재료의 경우에는 선결함인 전위의 이동과 집적이 심해질수록 미세 공극(void)이 발생할 소지를 많이 준다. 비금속재료에서도 분자 간의 미끄러짐으로 인해 소성변형이 발생한다면, 인장하중 하에서 미세 공극이 만들어진다. 인장응력이 지속되면 이 공극이 점점 커지고 연결되어서 결국 물체가 파단된다고 볼 수 있다. 연성파단된 인장시편의 파단면을 관찰하면 이러한 공극들이 존재하였음을 알 수 있다.

물체 내부에 생기는 결함과 미세 공극은 질점 간의 접합층의 강도를 약화시키므로, 기계적인 측면에서 재료가 손상된다고 볼 수 있다. 결함이나 미세 공극이 생겨서 물체의 강도가 저하되더라도 여전히 물체를 평균적인 연속체로 가정하여 변형거동을 기술하는 이론을 연속체 손상역학(CDM, continuum damage mechanics)라고 한다. 연속체 손상역학에서는 여러 가지 손상모델(damage model)과 연성파단조건(DFC, ductile fracture criteria)을 사용하여 재료에 누적되는 손상값이나 손상증분을 나타내고, 이로부터 연성파단이 일어나는 시점을 예측한다. 실용적으로는 측정하기 쉬운 조건에서 연성파단 결과를 얻고, 이로부터 역공학으로 손상모델에 사용되는 손상계수들을 결정하는 편이다.

손상모델은 부피성형가공과 판재성형가공에서 소재에 균열이 생기거나 파단되는 시점을 예측하는데 사용되므로, 성형공정설계에서 중요한 역할을 한다. 또한, 항복점 이하에서도 아주 국부적이고 미세한 소성변형으로 인해 손상이 누적될 수 있다고 본다면, 재료의 피로수명을 예측하는 데도 활용될 수 있다.

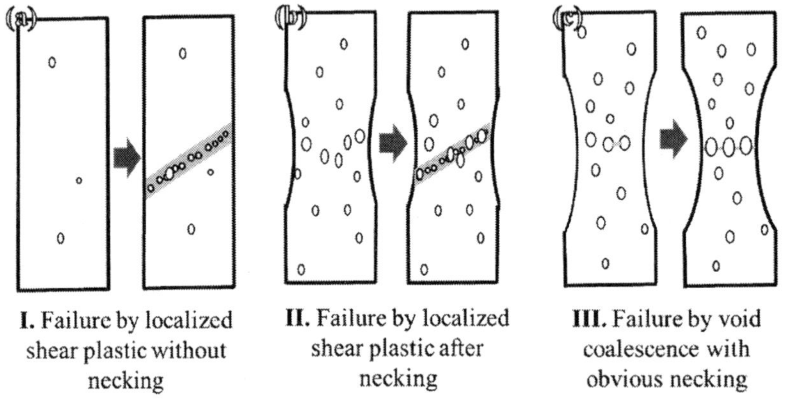

(a) 네킹없는 국부전단파단, (b) 네킹 발생후 국부전단파단,
(c) 심한 네킹 발생후 미세공극의 연결에 의한 파단.

Fig. 11.1 인장시편에서 미세공극(손상)의 누적에 따른 연성파단모델:

11.2 손상값과 정수압응력비

단축인장시험에서 시편이 최대하중점에 이를 때까지는 균질변형을 겪는다. 최대하중점 이후에는 시편에 네킹이 생기면서 국부적인 변형이 심해지고 이 부분에서 본격적으로 손상이 누적된다. 즉, 네킹으로 인해 단면적이 줄어들면서 동시에 재료의 손상으로 인해서 유동응력도 저하된다. 따라서, 그림 11.2에 나타낸 것처럼, 최대하중점 이후에는 손상모델이 적용되어야만 제대로 변형거동을 설명할 수 있다.

시편에서 손상을 받은 정도를 손상값 D로 나타내자. 시편이 손상을 받지 않았으면 $D=0$이지만, 지속적이거나 반복적인 소성변형으로 인해 손상의 정도가 심해지면 이 값이 증가하고, 궁극적으로 임계값 D_{cr}에 도달하면 시편이 파단된다고 하자. 손상모델은 D가 증가하는 양상을 수식으로 나타낸 것이다.

재료는 인장방향(+) 정수압응력을 받을 때 결합강도가 저하됨이 많은 실험적 관찰로 확인되었다. 따라서, 손상정도에 큰 역할을 하는 정수압응력비(triaxiality, 삼축응력이라고 잘못 사용되기도 함.)를 다음과 같이 정의한다.

$$\eta = \frac{\sigma_H}{\bar{\sigma}} = \frac{(\sigma_1 + \sigma_2 + \sigma_3)}{3\bar{\sigma}} \tag{11.1}$$

여기에서 σ_H는 정수압응력 혹은 평균응력이고, $\bar{\sigma}$는 항복조건에 따라서 결정되는 유효응력이다. 응력상태에 따라서 정수압응력비는 다음과 같은 값을 갖는다.

$$\text{순수전단 응력상태: } \eta = 0 \tag{11.2}$$

$$\text{단축인장 응력상태: } \eta = 1/3 \tag{11.3}$$

$$\text{평면변형률 응력상태: } \eta = \sqrt{3}/2 = 0.577 \tag{11.4}$$

$$\text{등이축인장 응력상태: } \eta = 2/3 \tag{11.5}$$

파단변형률이 정수압응력비에 따라서 달라진다는 것이 실험적으로 관찰되었으며(그림 11.3), 다양하게 정수압응력비를 얻으려면 특별한 형태의 시편이 고안되어 사용되어야 한다. 인장시편에서 정수압응력비는 변형이 진행되는 동안에 일정한 값으로 유지되지 않는 것이 보통이다.

연성파단의 삼단계 과정은 보통 다음과 같이 모델링된다.

(1) 공극의 발생(nucleation): 등가 소성변형률의 함수

(2) 공극의 성장(growth): 정수압응력비의 함수

(3) 공극의 연결(coalescence): 최대 전단응력의 함수

11.3 손상모델

손상모델은 크게 다음과 같이 구분된다.

(1) 손상증분형

재료에 하중이 가해져서 소성변형이 발생함에 따라 매 응력상태에서 손상값의 증가율 $\dot{D}$을 모델링한 것으로 응력상태 연동형(coupled)과 비연동형(uncoupled model) 모델이 있다. 연동형은 $\dot{D}$가 현재 응력상태의 함수이며, $\dot{D}$가 누적되어 미세 공극 즉, 손상이 커지면 재료의 전체적인 강성과 강도를 감소시킨다는 모델이다. 여기에서 강성은 탄성계수, 강도는 유동응력이라고 할 수 있다. 비연동형 모델로는 B & W 모델이 있다.(Bai & Wierzbicki, 2008)

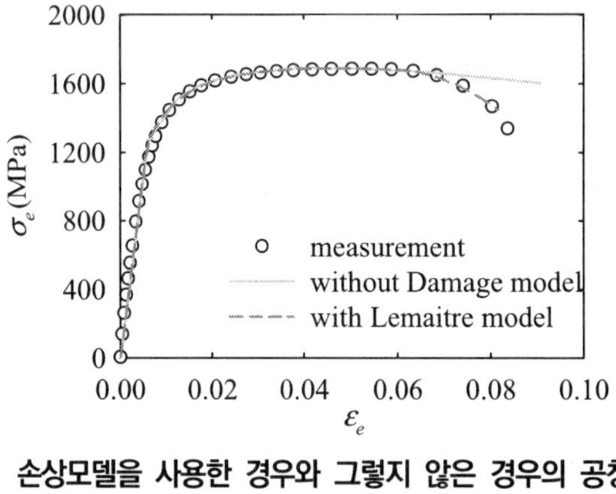

Fig. 11.2 손상모델을 사용한 경우와 그렇지 않은 경우의 공칭응력 곡선. 손상모델을 사용하지 않으면, 최대하중점 이후의 변형거동을 설명할 수 없다.

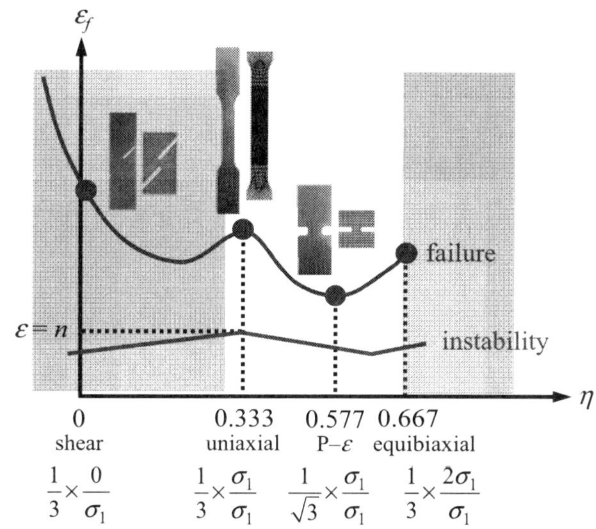

Fig. 11.3 정수압응력비가 파단변형률에 미치는 영향. 다양한 시편을 사용하여 특정한 응력상태를 얻는다.

(2) 연성파단기준형

손상값의 변화를 모델링하는 대신에 손상값이 어느 한계에 도달하면 파단이 일어나는 상황을 수식으로 모델링한 것으로 정수압응력비를 상수로 취급하는 해석적 모델과 변수로 취급하는 적분모델이 있다.

11.3.1 LeMaitre 손상모델

LeMaitre 손상모델은 다음과 같은 근거에서 출발하는 연동형 손상증분 모델이다. 즉, 물체에 하중이 가해졌을 때 물체 내부가 손상되지 않은 경우와 손상된 경우에 발생하는 응력을 각각 σ, $\tilde{\sigma}$라 하자. 손상연화(damage softening)되는 이 두 응력 사이의 관계를 손상값에 대하여 선형적으로 나타내면

$$\tilde{\sigma} = \frac{\sigma}{(1-D)} \tag{11.6}$$

손상된 물체에 축적되는 탄성변형에너지는

$$W_e = \frac{1}{2}\tilde{\sigma}\varepsilon^e \tag{11.7}$$

가 되고, 이로부터 응력과 변형률의 관계는 다음과 같이 정리된다.

$$\varepsilon^e = \frac{\tilde{\sigma}}{E} = \frac{\sigma}{(1-D)E} \tag{11.8}$$

이제 선형탄성체가 등방성 소성변형 및 손상을 받는 경우에 사용할 수 있는 다음과 같은 포텐셜함수를 생각하자.

$$\psi = \frac{1}{2\rho}\cdot a:\varepsilon^e:\varepsilon^e\left(1-D\right) + \psi^p\left(\alpha, \varepsilon^p\right) \tag{11.9}$$

여기에서 a는 탄성계수들로 구성된 4계 텐서이고, 그 값은 온도와 밀도(ρ)의 영향을 받는다. 여기에서 손상된 정도는 탄성변형에 $(1-D)$를 곱함으로써 연동된다.

포텐셜함수로부터 응력과 손상누적 상태변수는 다음과 같이 나타낼 수 있다.

$$\sigma = \rho\frac{\partial\psi}{\partial\varepsilon^e} = a:\varepsilon^e\left(1-D\right) \tag{11.10}$$

$$Y = \rho\frac{\partial\psi}{\partial D} = -\frac{1}{2}a:\varepsilon^e:\varepsilon^e \tag{11.11}$$

손상누적 상태변수는 다음과 같이 손상된 물체의 기계적 성질과 연관 짓는다.

$$-Y = \frac{\bar{\sigma}}{2E(1-D)}\left\{\frac{2}{3}(1-\nu) + 3(1-2\nu)\eta^2\right\} \tag{11.12}$$

여기에서 ν는 푸아송비, $\bar{\sigma}$는 von Mises 유효응력, η는 정수압응력비 이다.

이상과 같이 가정할 때, LeMaitre 손상증분 모델은 손상모델계수 b, S_0를 사용하여 다음과 정리된다.

$$\dot{D} = \frac{\dot{\varepsilon}_{total}}{(1-D)}\left(\frac{-Y}{S_0}\right)^b \tag{11.13}$$

손상모델계수 b, S_0은 단순인장실험 결과에 맞추어서 결정하면 된다.

11.3.2 GTN 손상모델

Gurson(1977), Tvergaard(1981), Tvergaard와 Needleman(1984)의 모델들을 종합한 GTN (Gurson-Tvergaard-Needleman) 모델은 연동형 손상모델로 미세공극의 발생과 성장 과정을 나타내는 모델이다. 이 모델은 Gurson(1977)이 제안한 다음 식으로 주어지는 압력민감성 항복함수의 각 변수에 대한 수식으로 정리된다.

$$\Phi = \left(\frac{\bar{\sigma}}{\sigma_0}\right)^2 + 2f^* q_1 \cdot \cosh\left(q_2 \frac{3\sigma_H}{2\sigma_0}\right) - 1 - q_3 \left(f^*\right)^2 = 0 \tag{11.14}$$

여기에서 σ_0는 손상되지 않은 상태에서의 유동응력 즉, 미손상 유동응력, σ_H는 정수압응력, f^*는 유효 공극분율(effective void volume fraction)을 나타낸다. q_1, q_2, q_3는 소성변형을 받는 동안에 공극 간의 상호작용을 나타내기 위해 Tvergaard에 의해 도입된 보정계수 들이다.

유효 공극분율 f^*는 공극끼리 연결되어 보다 큰 공극으로 성장하는 상태를 나타내기 위해 도입된 변수로, 이 값이 한계값에 도달하면 재료가 파단 된다고 본다. f^*는 공극연결 임계값 f_c를 기준으로 다음과 같이 정의된다.

$$f^* = \begin{cases} f & \text{for } f \le f_c \\ f_c + \dfrac{f_u^* - f_c}{f_f - f_c}(f - f_c) & \text{for } f > f_c \end{cases} \tag{11.15}$$

여기에서 f_f는 파단시 공극률을 나타내고, $f_u^* = 1/q_1$이다.

한편, 공극분율의 증가율은 이미 존재하는 공극의 성장속도와 새로 공극이 발생하는 속도의 합으로 볼 수 있다. 즉,

$$\dot{f} = \dot{f}_{growth} + \dot{f}_{nucleation} \tag{11.16}$$

기존 공극의 성장속도는 ε_H를 소성변형률의 정수압성분이라 할 때, 다음과 같이 모델링 된다.

$$\dot{f}_{growth} = 3(1-f)\varepsilon_H \tag{11.17}$$

신규 공극의 생성률 $\dot{f}_{nucleation}$는 소성변형률에 선형비례한다고 보고, 비례상수는 소성변형률에 따라서 정규분포한다고 보았다.

$$\dot{f}_{nucleation} = A\dot{\varepsilon}_p \tag{11.18}$$

$$A = \frac{f_N}{S_N\sqrt{2\pi}}\exp\left\{-\frac{1}{2}\left(\frac{\bar{\varepsilon}_p - \varepsilon_N}{S_N}\right)^2\right\} \tag{11.19}$$

$$\bar{\varepsilon}_p = \frac{\sum \varepsilon_H}{(1-f)\sigma_0} \tag{11.20}$$

여기에서 f_N는 공극이 생성되는 입자의 체적분율, ε_N과 S_N은 각각 공극이 생성되는 입자가 받은 변형률의 평균값과 표준편차를 나타낸다.

11.3.3 GISSMO 손상모델

GISSMO(Generalized Incremental Stress-State dependent damage MOdel)는 응력상태에 따른 일반화된 증분형 손상모델로, 재료의 불안정성과 국부변형을 정확하게 반영하여 충돌해석의 정확도를 높이기 위하여 개발된 모델이다. 이 모델은 식(11.6)처럼 기계적 성질의 손상정도가 선형적이라는 LeMaitre 손상모델을 보다 일반화하였다.

$$\tilde{\sigma} = \sigma\left(1 - \left(\frac{D - D_{cr}}{1 - D_{cr}}\right)^m\right) \tag{11.21}$$

여기에서 임계손상값 D_{cr}와 지수 m은 재료상수로 실험적으로 결정해야 할 값들이다. 위 식을 유효변형률에 미분하여 도함수를 구함으로써, 손상값 변화율(혹은 증분)을 다음과 같이 불안정점 변형률과 손상값의 함수로 나타내었다.

$$\Delta D = \frac{n_D}{\bar{\varepsilon}_{loc}} D^{\left(1 - \frac{1}{n_D}\right)} \Delta\bar{\varepsilon} \tag{11.22}$$

여기에서 $\bar{\varepsilon}_{loc}$는 그림 11.3에서 정수압응력비 η의 함수로 주어지는 불안정점 변형률이고, n_D은 재료상수이다.

이 모델을 사용하려면, 단순인장시편이나 노치시편을 사용하여 인장시험을 수행하여, 특정 정수압응력비 η 하에서의 D_{cr}와 $\bar{\varepsilon}_{loc}$을 구해야 한다. 지수 m과 n_D는 재료상수이다. 이 과정에서 불안정점 이후에는 정수압응력비가 변동하므로, 평균값이나 적분형태의 적절한 알고리즘을 사용하여 D_{cr}을 결정한다.

11.4 판재의 성형한계

판재성형공정에서 네킹(necking)이 일어날 때까지의 성형성(formability)을 예측하는 것은 공정설계 및 제품 품질에 매우 중요하다. 판재의 성형성을 예측하는데 일반적으로 사용되는 것은 주변형률과 부변형률의 도표를 이용한 Keeler(1963)와 Goodwin (1968)의 성형한계 변형률선도 즉, 성형한계도(FLD, forming limit diagram)이다. 변형률 영역에서의 성형한계도는 파단이 일어나기 전까지 비례변형경로(proportional strain path)를 거친다는 가정을 통해 판재의 성형성을 정의한다.

하지만, 최근의 다수의 실험과 연구에 의하여 비례하중이 아닌, 경로가 변화하는 일반적 성형과정에서는 판재의 파단이 선택된 변형경로에 의존하는 것이 알려졌다. 즉, 비례변형경로로 예측되는 기존의 성형한계보다 더 크거나 혹은 더 작은 변형률을 가진 상황에서 실제 파단이 일어난다.

성형한계도의 경로 의존성을 고려할 수 있는 유용한 방법으로는 다음 두 가지가 있다.

(1) 적절한 손상모델을 사용하는 방법

(2) 응력상태에 기초한 성형한계 응력선도(FLSD, forming limit stress diagram)를 사용하는 방법

이 중에서 손상모델을 사용하여 판재의 성형한계도를 얻는 방법은 많은 연구가 진행되고 있으므로, 추후에 별도로 정리하기로 한다.

한편, 응력선도 방법은 성형한계에 있어서의 응력의 상태는 변형경로에 무관하다는 사실에 근거한다.(Kleemola와 Pelkkikangas, 1977) 즉, 변형의 경로가 바뀌더라도, 응력이 해당 재료의 응력임계선에 도달하기 전까지는 재료가 파단이 일어나지 않지만 응력임계선을 넘으면 재료가 파단된다는 것에 근거한다. 기존의 변형률에 기초를 둔 성형한계 변형률선도가 변형경로에 의존하므로 경로를 고려한 성형한계를 예측하기 힘든 단점에도 불구하고, 많이 쓰이는 이유는 실제 현장에서 변형률을 비교적 쉽게 측정할 수 있기 때문이다. 그렇지만, 이제는 전산기술의 발달로 컴퓨터 상에서 유한요소법을 이용하여 응력상태 및 변형경로를 알 수 있기 때문에 성형한계 응력선도를 쉽게 이용할 수 있게 되었다.

비례변형경로를 따르는 성형한계 변형률선도는 실험에 의해서나 재료의 상수만으로 M-K 이론(Marciniak과 Kuczynski, 1967)등을 통해 비교적 쉽게 구할 수 있다. 반면에, 성형한계 응력선도는 기존의 성형한계 변형률선도에 응력-변형률 관계를 이용하여 응력선도로 변환하여 얻는다(Choi와 Kim, 2001).

이 절에서는 성형한계 변형률선도를 성형한계 응력선도로 전환하는 방법을 정리하여, 성형한계에 대한 실험결과들이 하나의 성형한계 응력선도로 표시될 수 있음을 보이고, 이 곡선을 역변환하여 예변형에 따른 성형한계 변형률선도의 변화를 살펴본다. 또한, 항복조건이 이들 변환에 영향을 주는지 여부를 고찰하고, 변형경로에 따른 성형한계 곡선의 이동을 예측함으로써, 판재성형공정의 설계시 유의할 사항에 대하여 소개한다.

11.4.1 응력 상태와 변형률 상태 간의 변환

판재의 경우에 평면응력상태를 가정하면 두께 방향의 응력은 무시할 수 있다 ($\sigma_3 = 0$). 판재에 작용하는 주 진응력을 σ_1, 부 진응력을 σ_2라 하고, 주진응력에 대한 부진응력의 비 α를 다음과 같이 정의하자.

$$\alpha = \frac{\sigma_2}{\sigma_1} \tag{11.23}$$

마찬가지로, 주 변형률속도에 대한 부 변형률속도의 변형률비 ρ를 다음과 같이 정의한다.

$$\rho = \frac{\dot{\varepsilon}_2}{\dot{\varepsilon}_1} \tag{11.24}$$

평면이방성 재료에서, 주응력 방향이 이방성 주축방향과 일치하는 응력성분에 대해서는 유효응력 $\bar{\sigma}$을 주응력의 항들로 정의할 수 있다.

$$\bar{\sigma} = \bar{\sigma}(\sigma_1, \sigma_2) \tag{11.25}$$

Hosford의 항복식 (10.62)는 평면이방성을 가정하면 다음 식으로 표현된다.

$$|\sigma_1|^a + |\sigma_2|^a + r|\sigma_1 - \sigma_2|^a = (1+r)\bar{\sigma}^a \tag{11.26}$$

이 항복조건에 대한 유효응력($\bar{\sigma}$)은 다음과 같이 σ_1과 α의 항으로 표현될 수 있다.

$$\bar{\sigma} = \sigma_1 \phi(\alpha) \tag{11.27}$$

또한, 유효변형률 속도($\dot{\bar{\varepsilon}}$) 는 다음과 같이 $\dot{\varepsilon}_1$ 와 α, ρ, ϕ 의 항들로 표현된다.

$$\dot{\bar{\varepsilon}} = \dot{\varepsilon}_1 \beta(\alpha, \rho, \phi) \tag{11.28}$$

단, ϕ, β, ρ는 재료상수의 함수로 다음과 같이 결정된다.

$$\phi = \frac{\bar{\sigma}}{\sigma_1} = \frac{1}{\sigma_1}\left[\frac{|\sigma_1|^a + |\sigma_2|^a + r|\sigma_1 - \sigma_2|^a}{(r+1)}\right]^{1/a} = \left[\frac{1^a + \alpha^a + r(1-\alpha)^a}{(r+1)}\right]^{1/a} \tag{11.29}$$

$$\beta = \frac{\dot{\bar{\varepsilon}}}{\dot{\varepsilon}_1} = (1+\alpha\rho)\frac{\sigma_1}{\bar{\sigma}} \tag{11.30}$$

$$\rho = \frac{\dot{\varepsilon}_2}{\dot{\varepsilon}_1} = \frac{\alpha^{a-1} - r(1-\alpha)^a}{1 + r(1-\alpha)^{a-1}} \tag{11.31}$$

한편, 유효변형률은 다음과 같이 유효변형률 속도를 적분하여 구한다.

$$\bar{\varepsilon} = \int \dot{\bar{\varepsilon}} dt \tag{11.32}$$

성형한계 응력선도를 얻기 위해서는 항복조건과 함께 유효응력과 유효변형률 간의 관계 즉, 유동응력 곡선을 나타낼 수 있어야 한다. 그 이유는, 변형경로를 통해 알 수 있는 변형률로부터 변형상태에 대응하는 응력을 구하며, 이 응력을 이용하여 파단시에 얻게 되는 하나의 응력선도상의 파단 기준선으로 파단을 판단해야 하기 때문이다. 일반적으로는 Hollomon 형태의 가공경화식(power law)이 많이 쓰이며, 다음과 같다.

$$\bar{\sigma} = K\bar{\varepsilon}^{n} \tag{11.33}$$

여기에서, K와 n은 재료상수이다.

응력상태와 변형률상태 간의 변환에 사용하는 가정은 다음과 같다. 우선, 단축인장에서 결정된 유효응력-유효변형률 관계가 모든 응력상태에 적용 가능하다고 가정한다. 여기에 추가하여, 다음과 같은 몇 가지 가정을 한다. 첫째로 전체 경로에서 주 변형률과 부 변형률 비가 한 번만 변하는 2단계의 변형 진행상태만을 가정한다. 둘째, 예변형 후에 두 번째 변형을 줄 때 유효응력이 처음 예변형의 마지막 단계의 유효응력과 같은 수준에 도달할 때까지 항복이 일어나지 않는다고 가정한다. 마지막으로, 전단응력이 없다고 가정하고 주응력만을 고려한다. 그리고 이것을 이용하여 주응력축이 선정된 좌표축과 일치하도록 하여 계산을 단순화시킨다. 따라서 여기에서는 1, 2의 첨자를 각각 주응력축으로 보고 1을 주변형 방향 그리고 2를 부변형 방향으로 삼는다.

예변형의 결과로써 변형률이 생긴다면, 첨자 i를 붙여서 표현하며, 따라서 예변형률을 $\bar{\varepsilon}_{1i}$와 $\bar{\varepsilon}_{2i}$로 나타낸다. 두 번째 변형단계는 첨자 f로써 표현한다면 두 번째 단계의 변형률을 $\bar{\varepsilon}_{1f}$ 와 $\bar{\varepsilon}_{2f}$로써 표시할 수 있다. 이것을 사용하여 두 번째 단계의 응력을 구하면 다음과 같다.

$$\sigma_1 = \frac{\bar{\sigma}\left(\bar{\varepsilon}(\bar{\varepsilon}_{1i}, \bar{\varepsilon}_{2i}) + \bar{\varepsilon}(\bar{\varepsilon}_{1f} - \bar{\varepsilon}_{1i}, \bar{\varepsilon}_{2f} - \bar{\varepsilon}_{2i})\right)}{\phi\left(\alpha((\bar{\varepsilon}_{2f} - \bar{\varepsilon}_{2i})/(\bar{\varepsilon}_{1f} - \bar{\varepsilon}_{1i}))\right)} \tag{11.34}$$

$$\sigma_2 = \alpha\left(\frac{\bar{\varepsilon}_{2f} - \bar{\varepsilon}_{2i}}{\bar{\varepsilon}_{1f} - \bar{\varepsilon}_{1i}}\right)\sigma_1 \tag{11.35}$$

여기에서, $\alpha(\rho)$는 주진응력에 대한 부진응력의 비이며, $\bar{\sigma}(\bar{\varepsilon})$는 유동응력 곡선이다.

위 두 식을 이용하면, 성형한계 변형률선도를 응력선도상의 성형한계곡선으로 변환할 수 있다. 이렇게 변환된 응력선도를 성형한계 응력선도(FLSC, forming limit stress curve)라고 한다. 이러한 변형경로에 독립적인 고유한 성형한계 응력선을 다음 식으로 역변환하면, 예변형을 포함한 성형한계 변형률선도를 구할 수 있다(Stoughton, 2000).

$$\varepsilon_{1f} = \varepsilon_{1i} + \frac{\bar{\varepsilon}\left(\bar{\sigma}(\sigma_1, \sigma_2)\right) - \bar{\varepsilon}(\varepsilon_{1i}, \varepsilon_{2i})}{\beta\left(\rho(\sigma_2/\sigma_1)\right)} \tag{11.36}$$

$$\varepsilon_{2f} = \varepsilon_{2i} + (\varepsilon_{1f} - \varepsilon_{1i})\rho(\sigma_2/\sigma_1) \tag{11.37}$$

여기에서, $\beta(\alpha)$는 유효변형률에 대한 주변형률의 비이다. 위 식들을 이용하면, 임의의 변형경로를 따라 거동하는 판재에서 변형률 경로가 주어지면 응력이 성형한계 응력선도에 도달할 때의 변형률을 알 수 있다. 이로부터, 변형경로에 따라 변하는 성형한계 변형률선도를 구할 수 있다.

11.4.2 성형한계 응력선도

성형한계에 대한 실험은 주로 2단계의 변화를 고려한 실험들이 실행되어 왔다. Graf와 Hosford(1993)가 실험한 2008-T4 알루미늄에 대한 단축인장, 양축인장, 준평면변형률 변형상태의 예변형량을 준 실험결과와 Nam 등(1997)이 DDQ 강판과 BP 강판에 단축인장, 양축인장의 예변형을 준 성형한계도 실험결과를 발표하였다. 이들 재료에 대하여, 식(11.32)의 유동응력식을 사용하고(표 11.1 참조), Hosford 항복식(11.25)에서 알루미늄에 대해서 $a=8$, 강판은 $a=6$의 값을 사용한 성형한계 응력선도는 그림 11.4에 나타낸 것과 같다.

Table 11.1 판재 재료별 기계적 성질

판재종류	n	r_0	r_{45}	r_{90}	r
Al 2008-T4	0.285	0.58	0.48	0.78	0.58
DDQ 강판	0.28	·	·	·	1.8
BP 강판	0.26	·	·	·	1.75

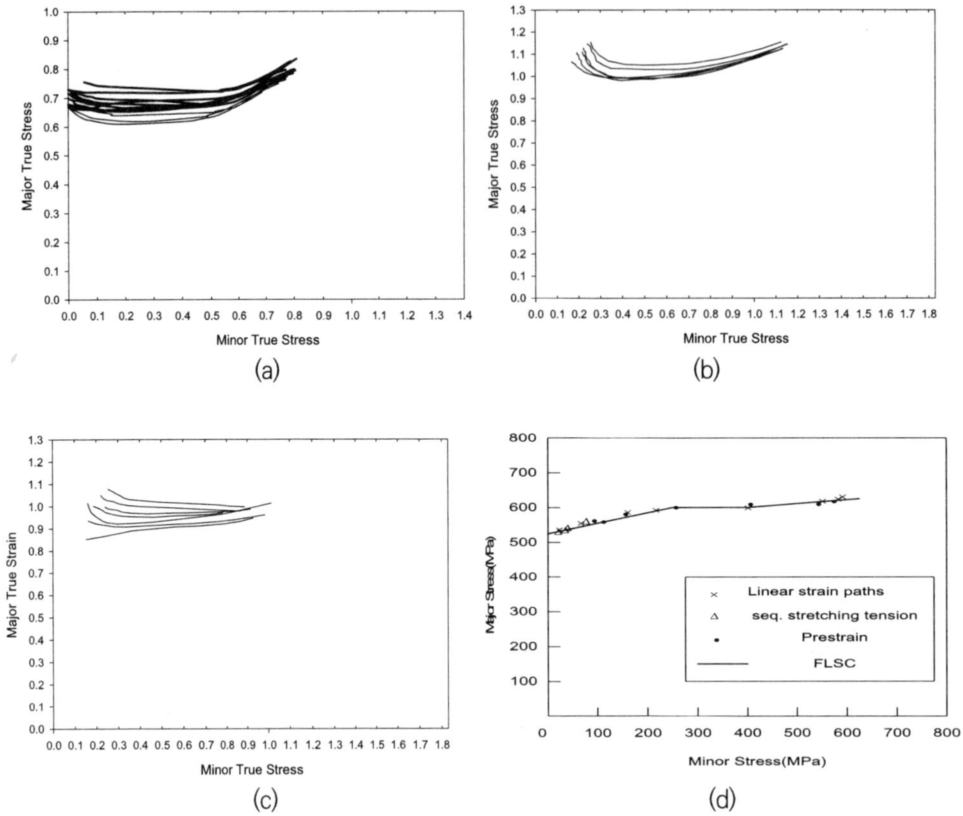

Fig. 11.4 K로 표준화된 성형한계 응력선도: (a) 2008-T4 Al의 15개 FLD, (b) DDQ 강의 7개 FLD, (c) BP 강의 7개 FLD, (d) Arrieux(1997)의 실험점과 계산된 곡선

그림 11.4(a)는 그림 11.5의 2008-T4 알루미늄에 대한 실험의 결과인 15개의 성형한계 변형률 선도를 응력선도 상으로 변환한 결과이다. 그림 11.4(b)는 그림 11.5(a)와 (b)의 DDQ 강판, 그림 11.4(c)는 그림 11.5(c)와 (d)의 BP 강판에 대한 성형한계 변형률 선도를 응력선도상으로 각각 변환한 것이다. 각각의 응력선도상의 결과는 비교적 서로 차이가 적은 유사한 응력선들로 나타나는 것을 볼 수 있다. Arrieux(1997)와 다른 연구자들은 판재의 파단시의 한계응력 상태가 변형률경로에 무관하다고 주장하였다. 그림 11.4(d)는 Arrieux가 서로 다른 변형 경로를 주었을 때의 실험결과로서 얻은 파단시의 응력점들을 이론적으로 계산된 파단시의 응력선도와 비교한 그림이다. 그림에서 실험결과들이 이론적으로 계산된 파단시의 응력선도와 정확히 일치하는 단일한 선으로 나타나는 것을 알 수 있다.

11.4.3 실험결과와의 비교(1): Al 2008-T4

성형한계 응력선도가 변형경로에 상관없이 재료에 따라 유일하게 존재하여야 다양한 변형경로에 하나의 파단기준을 적용할 수 있지만, 그림 11.4(a)에서는 서로 일치하지 않는 성형한계 응력선도들이 구해졌다. 따라서, 여러 응력선들 중 하나를 파단응력의 기준이 되는 성형한계 응력선도라고 가정하자. 비례변형경로를 통해 구한 성형한계도가 가장 오차가 작은 결과를 주므로, 모든 경우에 있어서 비례변형경로를 통해 구한 성형한계도를 응력선도로 전환한 성형한계 응력선도를 파단기준으로 사용할 수 있다.

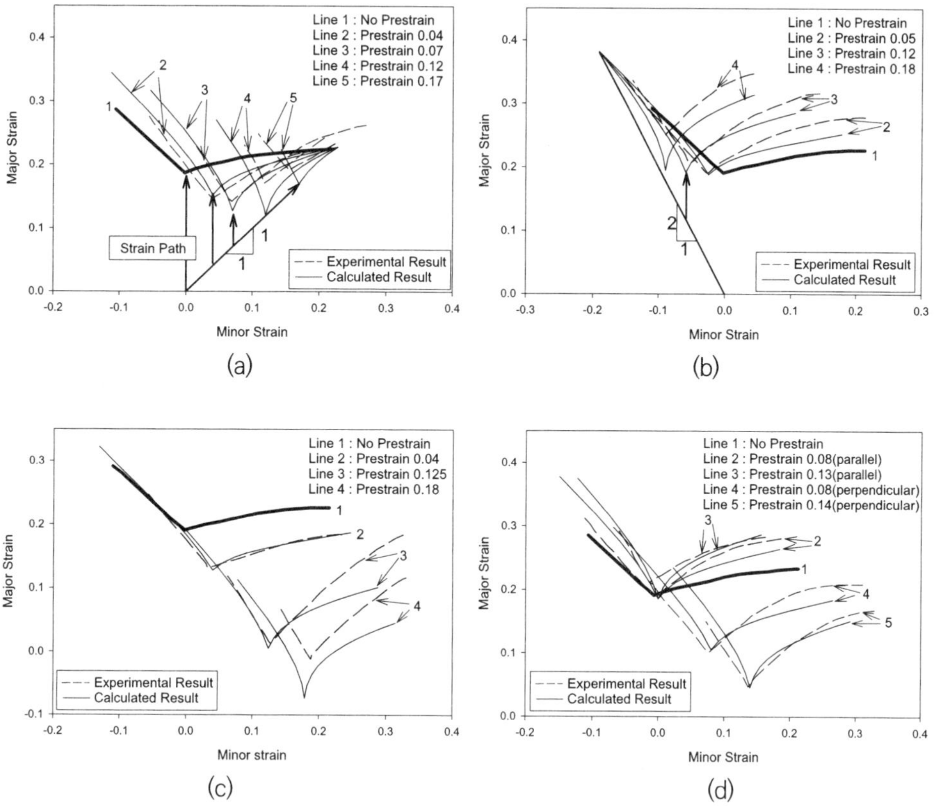

Fig. 11.5 알미늄 2008-T4의 실험결과(Graf와 Hosford, 1993)를 FLSD로 변환한 후 재작성한 FLD: (a) 이축 예변형, (b) 단축인장 예변형(두번째 변형의 주변형률 축이 처음 주변형률 축과 일치), (c) 단축인장 예변형(두번째 변형의 주변형률 축이 처음 주변형률 축과 수직), (d) 평면변형률 조건 예변형

그림 11.5(a)는 알미늄 2008-T4에 양축인장 예변형을 준 경우이다. 그림에서, 예변형의 변형량은 예변형 단계에서 주변형이 되는 방향축에 대한 변형률로 나타내었다. 그림 가운데의 화살표로 표시한 선은 2단계 변형이 평면변형률 경로일 때의 변형경로를 나타낸다. 또한 성형한계 응력선도를 최소 성형한계 응력점을 기준으로 좌우에 2개의 3차 다항식으로 보간하였다. 그림 11.5(b)는 단축인장 예변형을 받으며, 2번째 성형 과정의 주변형률 축이 처음의 주변형률 축과 일치하는 경우이다. 그림 11.5(c)는 단축인장 예변형을 받은 경우이며, 그림 11.5(b)와 반대로 처음의 주변형률 축에 수직으로 두 번째 성형과정에서 주변형을 주는 경우이다. 그림 11.5(d)는 준평면변형률 변형상태의 예변형을 준 경우이다. 예변형이 없는 경우인 1번 실선을 기준으로 위쪽의 2, 3번 선은 2번째 변형의 주변형률 축과 초기의 주변형률 축이 동일한 경우이며, 우측 하단의 4, 5번 선의 경우는 2번째 주변형률 축과 초기의 주변형률 축이 수직한 경우이다.

실험결과로부터 얻은 다수의 성형한계도는 그 모양과 이동량이 경로 의존적이며 기존의 비례경로를 가정한 성형한계도와 많이 다른 것을 알 수 있다. 그리고 실험결과와 이론적 계산에 의한 성형한계도가 예변형량이 작은 경우에 대해서는 잘 일치하나 예변형률이 크면 오차가 상대적으로 커지는 것을 알 수 있다. 성형한계도에서 예변형량이 클수록 실험 및 이론 성형한계선들간에 차이가 커지는 경향은 우선 그림 11.5(a)의 3, 4번 성형한계선에서 볼 수 있는데, 1단계와 2단계에서 모두 양축인장을 받은 성형한계선 우측 끝의 파단점은 한 번에 양축인장의 파단점까지 도달한 예변형이 없을 때의 양축인장의 파단점과 같아야 함에도 불구하고 서로 큰 차이를 보이고 있다. 반면, 그림에서 이론적인 성형한계선들은 양축인장에서의 파단점이 모두 일치하는 것을 볼 수 있다

Nam(1997)의 연구결과에 의하면, 동일하게 예변형을 준 후 2단계 변형경로를 준 실험에서는 기본적으로 2단계 경로에서 평면변형률 경로를 따를 때 파단이 가장 빨리 일어난다. 따라서 그림 11.5(a)에서 평면변형률 방향의 화살표 끝에서 가장 빨리 파단이 나타나게 된다. 이론결과를 보면 예변형량이 0.12와 0.17은 파단에 가까이까지 예변형을 받았기 때문에 평면변형률 상태가 주어지면 곧바로 파단에 도달하는 것을 볼 수 있다. 그런데 양축인장 예변형을 0.17만큼 받은 경우를 실험적인 경우와 이론적인 경우의 결

과를 비교하면, 이론적인 결과는 2단계 변형이 예변형의 마지막 상태부터 주변형률 축과 평행한 변형경로로 거동하는 평면변형률 거동상태에서 주변형률 축을 기준으로 파단의 최소점이 나타나는 것을 볼 수 있다. 반면에, 실험결과를 보면 가장 빨리 파단이 일어나는 주변형률의 최소점이 예변형의 마지막 상태보다 좌측으로 이동하여 위치하는 것을 볼 수 있다.

실험결과에서의 차이는 변형과정이 2단계 변형에서 평면변형률 경로를 따라 변형하지 않았거나 변형상태가 소재에서 불균일하게 일어났음을 말하는 것이다. 그러므로 이 차이는 실험값의 오차로 인해 발생한 것으로 볼 수 있다. 유사한 차이를 0.12 예변형을 준 경우와 0.18 예변형을 각각 준 경우에서도 볼 수 있다. 그림 11.5(b)와 (c)에서 이론값은 예변형만큼 변형후에 평면변형률을 준 상태에서 파단의 최소점이 발생하지만 실험값은 모두 우측으로 이동한 것을 볼 수 있다. 또한, 그림 11.5(d)에서 평면변형률로 예변형이 진행된 이후 2단계 변형에서 평면변형률 상태로 변형경로를 주면 예변형이 없는 경우의 평면변형률에서의 파단점과 일치하여야만 하는데, 이론치는 일치하나 실험치는 왼쪽 위로 이동하는 것을 볼 수 있으므로, 이 또한 계산결과가 논리적으로 타당한 결과를 주었다고 볼 수 있다. 따라서, 실험결과 자체는 중요한 의미를 갖지만, 실험에서의 오차가 결과적으로 응력선도상에서도 성형한계 응력선들이 분산되는 것처럼 보이게 만드는 것이다.

그림 11.5(a)에서 예변형이 없는 경우의 단축인장모드에서의 성형한계 주변형률(ε_1)이 약 0.33이므로 파단응력이 $\sigma_1 / K = \varepsilon_1^n = 0.33^{0.285} = 0.729$ 정도로서 그림 11.4(a)의 성형한계 응력선의 평균치와 거의 일치하는 결과를 준다. 이는 판재의 성형한계가 주응력(σ_1)에 의존함을 보여준다. 그러나, 단순히 단축인장의 파단응력값을 성형한계 응력선의 기준으로 보았을 때는 성형한계도에서 변환하여 구한 성형한계 응력선도보다는 오차가 커지는 문제가 생긴다. 그럼에도 불구하고 단축인장시험의 파단응력값은 성형한계 응력선도를 추정하는 하나의 방법으로 사용될 수 있다.

11.4.4 실험결과와의 비교(2): 강판

알루미늄 2008-T4와 동일은 과정을 DDQ 강판 및 BP 강판에 대해서도 실행한 결과는 그림 11.6 및 11.7에 나타낸 것과 같다. 그림에 나타낸 모든 경우에서 처음의 주변형률축과 2단계 성형의 주변형률축의 방향이 같다. DDQ와 BP 강판에서 단축인장과 양축인장의 이론적 결과는 알루미늄 2008-T4에서의 결과와 비슷한 경향을 보인다. 하지만, 역시 예변형이 커지면 오차가 커지는 경향을 나타낸다. 그리고, 알루미늄 2008-T4에 비해서는 예변형량이 커질수록 오차가 더 커지며, 성형한계도의 평면변형상태에서의 파단점, 즉 최소 주변형률의 점에서 급격하게 꺽이는 형태를 보이고 있다.

예변형이 없는 경우의 실험 결과, 성형한계도에서는, 단축인장 쪽의 성형한계선이 단축인장의 변형경로와 거의 평행하게 놓여 있다. 따라서, 단축인장의 성형한계점은 양축인장의 성형한계점보다 상당히 크다. 그림 11.6에서는 단축인장 경로의 파단점이 나타나지 않으며, 이것은 단축인장 쪽의 성형한계영역이 너무 과대평가된 것으로 생각된다. 단축인장 쪽의 성형한계영역이 과대하게 나타난 것이 예변형이 큰 경우에 성형한계도의 평면변형상태에서의 파단점을 기준으로 단축인장 쪽과 양축인장 쪽의 성형한계선이 급격하게 꺽이는 것처럼 나타나는 이유이다. 따라서, 성형한계 응력선도를 구하는 기준으로 삼은 예변형이 없는 경우의 성형한계도가 오차를 많이 가지고 있다면, 성형한계 응력선도가 잘못 얻어지는 것이기 때문에 변형경로를 주어 구한 모든 경우의 이론적 성형한계도 역시 오차를 수반할 수밖에 없다.

하지만, 그림 11.4의 결과는 성형한계 응력선도가 서로 일치하지 않으며, 따라서 성형한계 응력선의 유일성을 주장하는데는 아직 논리적 문제가 있는 것이 사실이다. 만약 성형한계 응력선도가 성형한계도에서 만큼은 아니더라고 변형경로의 경향에 따라 일정한 변형양상을 보인다면, 알루미늄 2008-T4와 DDQ 강판 및 BP 강판에서 변형률이 커질수록 오차가 커지는 이유는 예변형이 없는 경우의 성형한계도에서 변환하여 구한 하나의 성형한계 응력선도를 이용해서 구한 이유일 수가 있다.

그러나, 앞에 언급한 연구자들과 Vacher(1998) 등 최근의 많은 자료가 판재의 성형성을 평가하는데 응력선도가 변형경로에 무관하게 독립적으로 존재함을 주장했다. 또한,

알루미늄 2008-T4와 DDQ 강판 및 BP 강판의 실험치와 이론치와의 비교에서는 서로 유사한 경향을 보이며 예변형이 작을 경우는 잘 일치하는 것은 성형한계 응력선도를 이용한 방법이 변형경로를 고려한 성형한계도의 좋은 예측방법이 될 수 있다는 것을 알 수 있다.

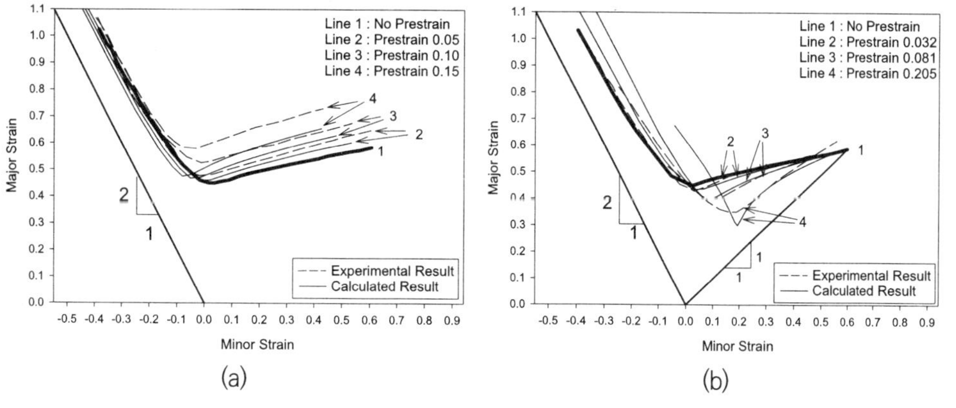

Fig. 11.6 DDQ 강판의 실험 FLD(Nam 외, 1997)를 FLSD로 변환한 후 계산한 FLD: (a) 단축 예변형, (b) 양축 예변형

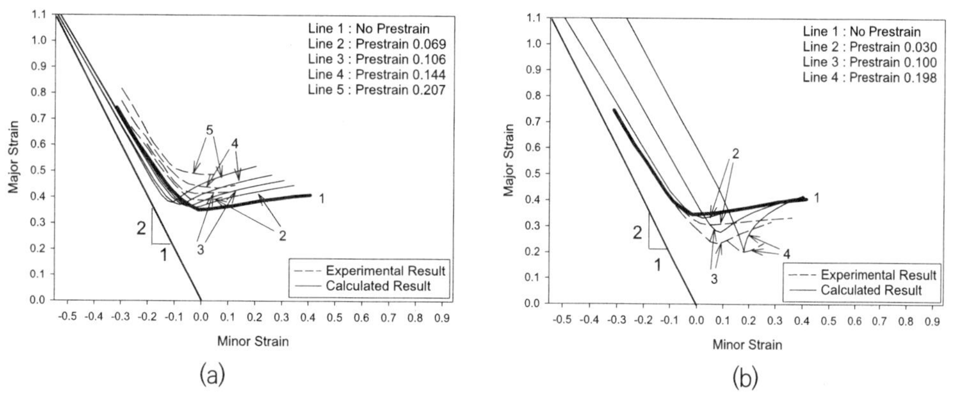

Fig. 11.7 BP 강판의 실험 FLD(Nam 외, 1997)를 FLSD로 변환한 후 계산한 FLD: (a) 단축 예변형, (b) 양축 예변형

참고문헌

Arrieux, R. 1997. Determination and Use of the Forming Limit Stress Surface of Orthotropic Sheets. Journal of Materials Processing Technology. **64**:25-32.

Asaro, F. J. 1983. Micromechanics of crystals and polycrystals. *Advances in Applied Mechanics,* vol.23. San Diego: Academic Press.

Bai, Y., Wierzbicki, T., A new model of metal plasticity and fracture with pressure and Lode dependence, International Journal of Plasticity 24 (2008) 1071–1096

Barlat, F., and Lian, J. 1989. Plastic behavior and strechability of sheet metals (Part I): A yield function for orthotropic sheet under plane stress conditions. *Int. J. Plasticity* **5**:51-56.

Barlat, F., and Richmond, O. 1987. Prediction of tricomponent plane stress yield surfaces and associated flow and failure behavior of strongly textured FCC polycrystalline sheets. Mat. Sci. Eng. **91**:15-29.

Barlat, F., et al. 1997. Yield function development for aluminum alloy sheets. *J. Mech. Phys. Solids.* **45**:1727-1763.

Barlat, F., Lege, D. J., and Brem, J. C. 1991. A six-component yield function for anisotropic materials, *Int. J. Plasticity* **7**:693-712.

Bassani, J. L. 1977. Yield characterization of metals with transversally isotropic plastic properties. *Int. J. Mech. Sci.* **19**:651-654.

Beradi, Ch., Berveiller, M., and Lipinski, P. 1987. Plasticity of metallic polycrystals under complex loading paths. *Int. J. Plast.* **3**:143.

Berveiller M., and Zaoui, A. 1979. An extension of the self-consistent scheme to plastically flowing polycrystals. *J. Mech. Phys. Solids.* **26**:325–344.

Bishop, J. F. W. 1954. A theory of the tensile and compressive textures of face-centered cubic metals. *J. Mech. Phys. Solids* **3**:130.

Bishop, J. F. W., and R. Hill. 1951. A theory of plastic distortion of a polycrystalline aggergate under combined stress. *Phil. Mag.* **42**:414.

Bridgman, P. W. 1923. The compressibility of thirty metal as a function of pressure and temperature. *Proc. Am. Acad. Arts Sci.* **58**:165.

Bridgman, P. W. 1947. The effect of hydrostatic pressure on the fracture of brittle substance. *J. Appl. Phys.* **18**:246.

Bridgman, P. W. 1949a. The physics of high pressure. London: Bell and Sons.

Bridgman, P. W. 1949b. Linear compressions to 30000 kglcm, including relatively incompressible substances. *Proc. Am. Acad. Arts Sci.* **77**:189.

Bridgman, P. W. 1952. Studies in Large Plastic Flow and Fracture with Special Emphasis on the Effect of Hydrostatic Pressure. New York: McGraw-Hill.

Budiansky, B. 1984. Anisotropic plasticity of plane-isotropic sheets. In: Dvorak, G. J., and Shield, R. T. (eds): Mechanics of material behavior. Amstredam: Elservier. 15-29.

Budiansky, B., and T. Y. Wu. 1962. Theoretical prediction of plastic strains of polycrystals. *Proc. 4th U.S. Nat. Congr. Appl. Mech.* 1175.

Burke, E. C. and W. R. Hibbard. 1952. *Trans. AIME.* **194**:295.

Cao et al., A comparative study of three ductile damage approaches for fracture prediction in cold forming processes, Journal of Materials Processing Technology 216 (2015) 385–404

Cao et al., Identification methodology and comparison of phenomenological ductile damage models via hybrid numerical–experimental analysis of fracture experiments conducted on a zirconium alloy, International Journal of Solids and Structures 50 (2013) 3984–3999

Cauchy, A. L. 1827. Ex. de. Math. 2. 42.

Chen Z., Dong X., The GTN damage model based on Hill'48 anisotropic yield criterion and its application in sheet metal forming, Computational Materials Science 44 (2009) 1013-1021

Choi, K. K., and Kim. N. 2001. Prediction of Forming Limit Diagram Dependent on Strain History in Sheet Metal Forming. *Trans. of KSME (A).* **25**:**7**:1107-1118.

Chu, E. 1995. Generalization of Hill's 1979 anisotropic yield criterion. *J. Mater. Process. Technol.* **50**:207215.

Chung, K., and Shah, K. 1992. Finite element simulation of sheet metal forming for planar anisotropic metals. *Int. J. of Plasticity* **8**:453-476.

Coleman, B. D. 1964. Thermodynamics of materials with memory. *Arch. Rat. Mech. Anal.* **17**:1.

Coulomb, C. A. 1773. Sur une application des regles de maxims te minims a qulaues problems de statique relatifs à I'architecture. *Mémoires de Mathématique et de Physique, Acad. Sci.,* Paris **7**:343

Dafalias, Y. F. 1985. The plastic spin. *ASME J. Appl. Mech.* **52**:865.

Dafalias. Y. F. 1983. A missing link in the macroscopic constitutive formulation of large plastic deformations. *Plasticity Today,* ed. A. Sawczuk, and G. Bianchi. P. 135. Elsevier Applied Science Publishers, London.

Dash, W. C. 1956. *J. Appl. Phys.* **27**:1193.

de Saint-Venant, B. 1870. Memoier sur l'établissement des equations différentielles mouvements intérieurs opérés dans les corps solids ductile au delà des limites ou l'élasticité pourrait les ramener a leur premier état. *C. R. Acad. Sci., Paris* **70**:473.

Drucker, D. C. 1949. Relations of experiments to mathematical theory of plasticity, *J. Appl. Mech.* **16**:349-357.

Drucker, D. C. 1950. Some implications of work hardening and ideal plasticity. *Quart. Appl. Math.* **7**:411.

Drucker, D. C. 1951. A more fundamental approach to plastic stress-strain relations. *Proc. First*

U.S. Nat. Congr. Appl. Mech.:487.

Drucker, D. C., and W. Prager. 1952. Soil mechanics and plastic analysis or limit design. *Quart. Appl. Math.* **10**:157

Eshelby, J. D. 1957. The determination of the elastic field of an ellipsoidal inclusion and related problems. *Proc. R. Soc., London* **A241**:398.

Eshelby, J. D., F. C. Frank, and F. R. N. Nabarro. 1951. *Phil. Mag.* **42**:351.

Ewing, J. A., and Rosenhain, W. 1900. The crystalline structure of metals. *Phil. Trans. T. Soc. London* **193**:353

Ewing, J. A., and W. Rosenhain. 1899. Experiments in micro-metallography: Effects of strain, preliminary notice. *Proc. R. Soc., London* **65**:85-90.

Ferron, G., Tourki, Z., Makkouk, R., and Zeghloul, A. 1994. Orthotropic plasticity in metal sheets. *J. Mater. Process.Technol.* **45**:453–458.

Frank, F. C. 1950. Pittsburgh conference on plastic deformation of crystals. *Carnegie Institute of Technology,* P. 100.

Frank, F. C., and W. T. Read, Jr. 1950. Multiplication processes for slow moving dislocations. *Phys. Rev.* **79**:722-724.

Frenkel, J. 1926. Zur Theorie der Tlastizaitätsgrenze und dert gestigheit kristallinischer Körper. *Z. phys.* **37**:572-609.

Goodwin, G. M. 1968. Application of Strain Analysis to Sheet Metal Forming Problems in the Press Shop. *Transactions Society of Automotive Engineering.* No. 680093. 380-387.

Green, A. E., and B. C. McInnis. 1967. Generalized hypoelasticity. *Proc. T. Soc., Edinburgh* A57, pt. 3: 220.

Green, A. E., and P M. Naghdi. 1965. A general theory of an elastic-plastic continuum. *Arch. Rat. Mech. Anal.* **18**:251.

Green, A. E., and P. M. Naghdi. 1971. Some remarks on elastic-plastic deformation at finite strain. *Int. J. Eng. Sc.*:1219.

Havner, K. S., and A. H. Shalaby. 1977. A simple mathematical theory of finite distortional latent hardening in single crystal. *Proc. R. Soc., London* **A358**:47

Hayashida, Y., et al. 1995. FEM analysis of punch stretching and cup drawing tests for aluminum alloys using an planar anisotropic yield function, in: Shen, S. F., and Dawson, P. R. (eds): Simulation of materials processing Theory, methods and applications, Rotterdam: Balkema. 712-722.

Hencky, H. Z. 1924. Zur Theorie plasticher deformationen und der hierdurch im Material hervorgerufenen Nachspannungen. *Z. Angew. Math. Mech.* **4**:323

Hill, R. 1948. A theory of the yielding and plastic flow of anisotropic metals. *Proc.Roy.Soc. London* A **193**:281-297.

Hill, R. 1965a. Continuum micro-mechanics of elastoplastic polycrystals. *J. Mech. Phys. Solids* **13**:89.

Hill, R. 1965b. A self-consistent mechanics of composite materials. *J. Mech. Phys. Solids.* **13**:213.

Hill, R. 1979. Theoretical plasticity of textured aggregates, *Math. Proc. Cambridge Philosophical Soc.* **85**:179-191.

Hill, R. 1990. Constitutive modeling of orthotropic plasticity in sheet metals. *J. Mech. Phys. Solids* **38**:405-417.

Hill, R. 1993. A user-friendly theory of orthotropic plasticity in sheet metals. *Int. J. Mech. Sci.* **15**:19-25.

Hill, R., and J. R. Rice. 1972. Constitutive analysis of elasto-plastic crystals at arbitrary strain. *J. Mech. Phys. Solid* **20**:401

Holloman, J.H., and Zener , C. 1944. *J. Appl. Phys.* **15**: 22.

Hooke, R. 1678. Lectures De Potential Restitutiva, or of Spring, Explaining the Power of Springing Bodeis. London: John Martyn.

Hosford, W. F. 1972. A generalized isotropic yield criterion. *J. Appl. Mech.* **39**:607-609.

Hosford, W. F. 1979. On yield loci of anisotropic cubic metals. In: Proc. 7th North American Metalworking Conf. (NMRC), SME, Dearborn, MI, 191-197.

Hosford, W. F. 1985. Comments on anisotropic yield criteria. *Int. J. Mech. Sci.* **27**:423-427.

Hosford, W. F. 1993. The Mechanics of Crystals and Textured Polycrystals. New York: Oxford University Press.

Hosford, W. F. 1996. O the crystallographic basis of yield criteria. *Texture and Micro-Microstructures,* **26-27**:479-493.

Huber, M. T. 1904. *Czasopismo Techniczne,* Lemberg, Austria, **22**:181.

Hutchinson, J. W. 1964. Plastic stress-strain relations of F.C.C. polycrystalline metals hardening according to Taylor's rule. *J. Mech. Phys. Solids.* **12**:11.

Ilyushin, A. A. 1960. On the increment of plastic deformation and the yield surface. *PMM* **24**:663.

Kami et al., Numerical determination of the forming limit curves of anisotropic sheet metals using GTN damage model, Journal of Materials Processing Technology 216 (2015) 472-483

Karafillis, A. P, and Boyce, M. C. 1993. A general anisotropic yield criterion using bounds and a transformation weighting tensor. *J. Mech. Phys. Solids.* **41**:1859-1886.

Keeler, S. P., and Back, W. A. 1963. Plastic Instability and Fracture in Sheets Stretched over Rigid Punches. *ASM Transactions Quarterly.* 25-48.

Kleemola, H. J., and Pelkkikangas, M. T. 1977. Effect of Predeformation and Strain Path on Forming Limits of Steel Copper and Brass. *Sheet Metal Industries.* 591-599.

Kocks, U. F. 1970. The relation between polycrystal deformation and single crystal deformation. *Metall. Trans.* **1**:1121.

Kroner, E. 1958. Kontinuumstheorie der Versetzungen and Eigenspannungen. Berlin: Springer- Verlag.

Kroner, E. 1961. Zur plastischen verformung des vielkristalls. *Acta Met.* **9**:153.

Lee, E. H., Mallet, R. L., and Wertheimer, T. B. 1983. Stress analysis of anisotropic hardening in finite-deformation plasticity. *ASME, J. Appl. Mech.,* **50**:554.

Levy, M. 1870. Memories sur les equations generals des mouvements interieurs des corps solides ductile au dela des limites ou l'élasticite pourrait les ramener a leur premier état. *J. Math. Pure Appl.* **70**:1323

Levy, M. 1871. Extrait du memories sur les equations generals des mouvements interieurs des corps solides ductile au dela des limites ou l'élasticite pourrait les ramener a leur premier état. *J. Math. Pure Appl.* **16**:369.

Lian, J., and Chen, J. 1991. Isotropic Polycrystal Yield Surfaces of BCC and FCC Metals: Crystallographic and continuum mechanics approaches. *Acta Met.* **39**:2285-2294.

Lian, J., Zhou, D., and Baudelet, B. 1989. Application of Hill's new theory to sheet metal forming-Pt. I. Hill's 1979 criterion and its application to predicting sheet forming limits, *Int. J. Mech. Sci.* **31**:237-244.

Lianis, G., and H. Ford. 1957. An experimental investigation of the yield criterion and the stress-strain law. *J. Mech. Phys.* Solids **5**:215.

Lin, S. B., and Ding, J. L. 1996. A modified form of Hill's orientation-dependent yield criterion of orthotropic sheet metals. *J. Mech. Phys. Solids* **44**:1739-1764.

Lin. T. H. 1984. A physical theory of plasticity and creep. *J. Eng. Mater. Tech.* **106**:290.

Lin. T. H., and Y. M. Ito. 1966. Theoretical plastic stress-strain relationships of a polycrystal and comparison with von Mises' and Tresca's plasticity theories. *Int. J. Eng. Sci.* **4**:543.

Lin. T. H., Y. M. Ito, and C. L. Yu. 1974. A new slip theory of plasticity. *J. Appl. Mech.* **41**:587.

Lode, W. 1925. Verscuche über den Einfluss der mittleren Hauptspannung auf des Fliessen der Metalle-Eisen, Kupfer und Nickel. *Z. Tech. Phys.* **36**:11.

Ludwick, P. 1909. Elemente der Technologischen Mechanik, Berlin: Springer.

Malvern, L. E. 1969. Introduction to the Mechanics of a Continuous Medium. Prentice Hall.

Marciniak , Z., and Kuczynski, K. 1967. *Int. J. Mech. Sci.* **9**:609.

Miller, W. 1996. Characterization of sheet metal under multiaxial load (in German). Berichte aus dem Institut for Umformtechnik, Universitat Stuttgart, Nr. 123, Berlin, Springer.

Mott, N. F. 1952. A theory of work-hardening of metal crystals. *Phil. Mag.* **43**:1151.

Mott, N. F., and F. R. N. Nabarro. 1948. Report on strength of solids. Physical Society, London.

Mura, T. 1987. Micromechanics of defects in solids. Deventer, The Netherlands: Martinus- Nijhoff.

Naghdi, P. M., F. Essenberg, and W.Koff. 1958. An Experimental study of initial and subsequent yield surfaces in plasticity. *J. Appl. Mech.* 25:201.

Nakada, Y., and A. S. Keh. 1966. Latent hardening in iron single crystals. *Acta Metall.* **14**:961.

Nam, J. B., Park, K. C., and Jeong, K. J. 1997. Determination of Forming Limit Curves of Steel Sheets with Considering the Effect of Strain-Path Changes. *Journal of the Korean Society for Technology of Plasticity.* **6**: 1: 36-45.

Olszak, W., and Urbanowski, W. 1956. The orthotropy and the non-homogeneity on the theory of plasticity. *Pol. Arch. Mech. Stos.* **8**:85-110.

Orowan, E. 1934. Zur Kristall plastizitat. III: Uber den Mechanisms des Gleituor-ganges. *Z.*

Phys. **89**:634

Otroshi, M., Rossel, M., Meschut, G., Stress state dependent damage modeling of self-pierce riveting process simulation using GISSMO damage mode. *J. of Advanced Joining Processes 1 (2020) 100015*

Pearce, R. 1968. Some aspects of anisotropic plasticity in sheet metals. *Int. J. Mech. Sci.* **10**:995-1001.

Peierls, R. 1940. The size of dislocation. *Proc. Soc.* **50**:34.

Peirce, D., R. J. Asaro, and A. Needleman. 1983. An analysis of non-uniform and localized deformation in ductile single crystals. *Acta Metall.* **31**:1951.

Phillips, A. and P. K. Das. 1985. Yield surfaces and loading surfaces of aluminum and brass: An experimental investigation at room and elevated temperatures. *Int. J. Plast.* **1**:87

Polanyi, Von, M. 1934. Uber eine Ant Gltterstorung die einen Kristall plastisch machen Konnte. *Z. Phys.* **89**:660.

Prager, W. 1956. On conjugate states of plane strain. *J. Mech. Phys. Solids* **4**:3: 167-171.

Prager, W. 1961. Introduction to Mechanics of Continua. Boston: Ginn.

Prandtl. L. 1924. Spannungverteilung in plastischen Koerpern. *Proc. 1st Int. Congr. On Appl. Mech., Delft,* p.43.

Ramberg, W., and Osgood, W. T. 1943. Description of stress–strain curves by three parameters. National Advisory Committee for Aeronautics.

Reuss, A. 1930. Beruecksichtigung der elastischen Formaenderungen in der Plastizitratetstheories. *Z, Angen. Math. Mech.* **10**:266.

Rivlin, R. S. 1955. Further remarks on the stress-deformation relations for isotropic materials. *J. Rat. Mech. Anal.* **4**:681.

Sache, G. 1928. Zur ableilung einer flessbedingung. *VDI Z.* **72**:734.

Schmid, E. 1924. *Proc. Int. Congr. Appl. Mech.* (Delft), p.342.

Spaniel et al., Calibration of fracture locus in scope of uncoupled elastic-plastic-ductile fracture material models, Advances in Engineering Software 72(2014) 95-108

Spencer, A. J. M. 1980. Continuum Mechanics. London: Longman Group.

Storen, S., and J. R. Eice, 1975. Localized necking in thin sheets. *J. Mech. Phys. Solids* **23**:421.

Stoughton, T. B. 2000. A General Forming Limit Criterion for Sheet Metal Forming. *International Journal of Mechanical Sciences.* **42**:1-27.

Swift, H. W. 1947. *Engineering* **163**:253-257.

Taylor, G. I. 1934. The mechanism of plastic deformation of crystals. *Proc. R. Soc., London* **A165**:3662

Taylor, G. I. 1938. Plastic strain in metals. *J. inst. Metals* **62**:307

Taylor, G. I., and C. F. Elam. 1925. The plastic extension and fracture of aluminum crystals. *Proc. Roy. Soc.* **A108**:28.

Taylor, G. I., and H. Quinney. 1931. The plastic distortion of metals. *Phil. Trans. R. Soc., London* **A230**:323.

Tresca, H. 1864. Sur l'écoulement des corps solides soumis á de fortes pressions. *C. R. Acad. Sci., Paris* **59**:754.

Truesdall , C. 1955. The simplest rate theory of pure elasticity. *Comm. Pure Appl. Math.* **8**: 123.

Truesdell, C. 1952. The mechanical foundations of elasticity and fluid dynamics. *J. Rat. Mech. Anal.* **1**:125.

Truesdell, C., and W, Noll. 1965. The nonlinear field theories of mechanics. *Encyclopedia of Physics*, vol. III/3, ed. S. Flügge. Berlin: Springer-Verlag.

Vacher, P., Arrieux, R., and Tabourot, L. 1998. Analysis of a Criterion of Deep Drawing Operation Capability for Thin Orthotropic Sheets. *Journal of Materials Processing Technology.* **78**:190-197.

Voce, E. 1948. The relationship between stress and strain for homogeneous deformation, *J. Inst. Met.* **74**: 537-562.

von Mises, R. 1913. Mechanik der festen Körper im plastisch deformation Zustand. *Nachr. Ges Wiss. Göttingen*: 582.

von Mises, R. 1928. Mechanik der plastischen Formanderung von Kristallen. *Z. Angen. Math. Mech.* **8**:161

Weng, G. J. 1987. Anisotropic hardening in single crystals and the plasticity of polycrystals. *Int. J. Plast.* **3**:315.

Weng. G. I. 1982. A unified, self-consistent theory for the plastic-creep deformation of metals. *J. Appl. Mech.* **49**:728.

Woodthorpe, J., and Pearce, R. 1970. The anomalous behavior of aluminum sheet under balanced biaxial tension. *Int. J. Mech. Sci.* **12**:314-347.

Ziegler, H. 1959. A modifications of Prager's hardening rule. *Quart. Appl. Math.* **17**:55

색인

ㅂ

ㅅ

ㅈ(ㅈ)

ㅊ

ㅋ

E

ㅍ

ㅎ

탄소성변형이론

Theory of Elastic-Plastic Deformation

1판1쇄 2021년 8월 23일

편저자 김낙수
발행인 이경화

발행처 디자인21
주소 04560 서울특별시 중구 퇴계로 293-1(쌍림동 원진프라자 3층)
전화 02-2269-6561(대)
팩스 02-2269-6568
e-mail 21publish@naver.com

등록번호 제1-1128호
등록일자 1991. 2. 12

ISBN 978-89-6131-069-7 93550

정가 30,000원

* 본 도서의 내용을 무단으로 복제시 저작권법에 의해 처벌을 받을 수 있습니다.
* 잘못 만들어진 책은 교환하여 드립니다.

http://21publish.co.kr/
https://blog.naver.com/publish21